AF371103

TRAITÉ

D'ASTRONOMIE ET DE MÉTÉOROLOGIE

APPLIQUÉES A LA NAVIGATION

TOME DEUXIÈME

NAVIGATION

PARIS. — IMPRIMERIE ARNOUS DE RIVIÈRE, RUE RACINE, 26.

TRAITÉ

D'ASTRONOMIE

ET DE

MÉTÉOROLOGIE

APPLIQUÉES A LA

NAVIGATION

PAR

G. CHABIRAND	L. BRAULT
Lieutenant de vaisseau	Lieutenant de vaisseau
Ancien élève de l'École polytechnique	Ancien élève de l'École polytechnique

TOME DEUXIÈME

NAVIGATION

PAR

G. CHABIRAND

PARIS

ARTHUS BERTRAND, ÉDITEUR

LIBRAIRIE MARITIME ET SCIENTIFIQUE

LIBRAIRE DE LA SOCIÉTÉ CENTRALE DE SAUVETAGE MARITIME

21, Rue Hautefeuille, 21

1878

TABLE DES MATIÈRES.

CHAPITRE II.

CALCUL DU TEMPS.

DE QUELQUES PROBLÈMES RELATIFS AU MOUVEMENT DIURNE.

CHAPITRE III.

CALCUL DE L'AZIMUT. — DÉTERMINATION DE LA DIRECTION DU MÉRIDIEN.

CHAPITRE IV.

CALCUL DE LA LATITUDE.

CHAPITRE V.

TEMPS ET LATITUDE PAR DEUX OBSERVATIONS DE HAUTEUR.

DÉTERMINATION DU TEMPS ET DE LA LATITUDE AU MOYEN
DE DEUX OBSERVATIONS DE HAUTEUR.

LIVRE VI.

DÉTERMINATION DU TEMPS DU PREMIER MÉRIDIEN. PROBLÈME DES LONGITUDES.

CHAPITRE IV.

ÉCLIPSES DE SOLEIL. OCCULTATIONS D'ÉTOILES.

CHAPITRE V.

CALCUL DE LA LONGITUDE AVEC DES OBSERVATIONS DE PETITES DISTANCES LUNAIRES.

LIVRE VII.

DÉVIATION DE L'AIGUILLE AIMANTÉE A BORD.
RÉGULATION DES COMPAS.

———

CHAPITRE I.

DÉVIATION DE L'AIGUILLE AIMANTÉE A BORD.

CHAPITRE II.

THÉORIE DE LA DÉVIATION. — ÉQUATIONS DE POISSON. — CONSTANTES OU COEFFICIENTS NUMÉRIQUES. — DÉVIATION DE BANDE.

CHAPITRE III.

RÉGULATION DES COMPAS A BORD.

LIVRE VIII.

EXPOSÉ SOMMAIRE DES CALCULS LES PLUS USUELS A LA MER.

CHAPITRE I.

POINT D'ESTIME. — ARC DE GRAND CERCLE. — MARÉES.

CHAPITRE II.

CALCUL DU POINT ASTRONOMIQUE.

CHAPITRE III.

CALCUL DE L'AZIMUT. — RÉGULATION DES COMPAS.

FIN DE LA TABLE DES MATIÈRES.

PRÉFACE DU SECOND VOLUME

———

Mesurer les coordonnées géographiques d'un point quelconque de la surface de la Terre, tel est le problème dont la résolution est le but final de la plupart des calculs de géographie et de navigation. Ce problème ainsi formulé présente un très grand degré de généralité : il y a lieu de le décomposer en deux autres plus faciles à préciser qui offrent encore chacun un champ très vaste aux investigations : 1° calcul des coordonnées géographiques, quand on connaît déjà le temps du premier méridien ; 2° calcul du temps du premier méridien au moyen de l'observation directe de certains phénomènes célestes ; et l'on pourra reconnaître que cette division se trouve justifiée tant par la nature des calculs à exécuter que par le caractère particulier des observations astronomiques qui leur servent de base. Le premier problème est en réalité l'objet principal de la navigation proprement dite : sa solution se traduit par ce que l'on appelle le calcul du point astronomique à la mer; le second, bien que lié assez intimement aux choses de la navigation, peut être regardé comme appartenant plus particulièrement au domaine de la géographie : il a en effet pour conséquence la détermination de la longitude absolue du lieu de l'observation. L'étude du double problème qui vient d'être défini est le but que nous nous sommes proposé dans cette seconde partie de notre ouvrage. Mais comme en dehors de la connaissance exacte de sa position à la surface des mers, le navigateur a encore besoin de savoir déterminer la route à suivre pour se rendre à destination, et que le tracé de cette route est aujourd'hui subordonné à des phénomènes magnétiques assez complexes, nous avons dû en outre traiter avec un certain soin de l'application de l'aiguille aimantée à la mise en route du navire.

C'est en nous laissant guider par les considérations précédentes que nous avons été conduit à établir la classification des matières exposées dans ce second volume.

Le *cinquième livre* traite de la détermination des coordonnées géographiques dans l'hypothèse où le temps du premier méridien est connu avec une exactitude suffisante; comme nous l'avons fait observer tout à l'heure, ce problème est celui dont la solution s'impose tous les jours au navigateur d'une manière à peu près absolue.

Le temps du premier méridien est donné à bord par les *chronomètres*, appareils d'horlogerie qui transportent avec eux l'heure du premier méridien. On ne peut pas dire que la marche de ces instruments ait une régularité parfaite: leurs indications sont en réalité plus ou moins incertaines; mais il est bien facile d'exercer sur elles un contrôle tel qu'il soit toujours permis d'en conclure le temps du premier méridien avec toute la précision nécessaire. A partir de l'époque déjà assez ancienne où les règlements de la marine ont prescrit à bord des bâtiments de l'État la présence d'au moins trois chronomètres, les officiers n'ont pas tardé à reconnaître qu'il était inutile désormais de chercher à obtenir en mer, par des moyens directs, le temps du premier méridien, et que les observations comparées des chronomètres entre eux (ces instruments étant supposés avoir été réglés préalablement au point de départ) pouvaient fournir, dans la plupart des cas, ce temps au moins à quelques secondes près; cette approximation est généralement plus que suffisante pour les besoins ordinaires de la navigation.

A la mer, il n'est jamais nécessaire de connaître le temps du premier méridien avec ce que l'on peut appeler une précision astronomique : toutes les fois que les chronomètres donnent avec certitude ce temps à quelques secondes près, ce qui a toujours lieu quand ils sont entre les mains d'un bon observateur, on est en droit d'admettre qu'ils sont suffisamment bien réglés : dans cette hypothèse, en effet, le degré de précision des données du chronomètre est en général supérieur à celui des autres éléments fournis par l'observation qui interviennent dans les calculs du point. C'est pourquoi, si l'on veut s'attacher à apporter quelques perfectionnements à ce calcul lui-même, on pourra en principe regarder le temps du premier méridien comme toujours bien connu, et se préoccuper surtout des conditions dans lesquelles doivent être faites les observations astronomiques, et de la manière dont il faudra diriger les opérations numériques pour pouvoir conclure de ces observations les éléments cherchés avec toute l'exactitude désirable.

Le calcul particulier de la latitude ou de la longitude, quand l'une de ces coordonnées est déjà connue, est toujours des plus élémentaires : il n'y a guère lieu de se préoccuper que du choix de l'époque la plus favorable aux observations. Le problème ordinaire du point en navigation est plus complexe : il suppose que la latitude et la longitude ou, ce qui est la même chose, le temps du lieu, sont à la fois, sinon tout à fait inconnus, du moins estimés avec une incertitude plus ou moins grande.

La résolution de ce problème a été jusqu'à ce jour l'objet principal des recherches de tous les auteurs qui se sont occupés de la science de la navigation ; de notre côté nous en avons fait une étude approfondie. On pourra conclure de l'analyse qui a guidé nos développements théoriques, que le calcul simultané des deux coordonnées, temps et latitude, ne présente aucune difficulté sérieuse, et qu'il peut être traité d'un très grand nombre de manières. Le difficile est de trouver une solution qui satisfasse aux exigences de la pratique, ou en d'autres termes, qui ne donne lieu qu'à des calculs d'une exécution rapide, tout en permettant d'obtenir les éléments cherchés avec la plus grande approximation possible. La plupart des procédés adoptés jusqu'à ce jour par les marins pour calculer le point astronomique ont été exposés à la fin du cinquième livre. Tous sont au fond basés sur des calculs d'approximation successives ; nous avons cherché à nous rendre compte des principes d'où dépend en général l'économie de ces calculs : nous avons alors été conduit à préciser leur théorie et à présenter de nouvelles méthodes qui, tant au point de vue de la simplicité des opérations qu'à celui de la précision des résultats, nous ont paru susceptibles d'une application avantageuse pour le calcul du point astronomique.

Le *sixième livre* a pour objet la détermination du temps du premier méridien. Ce problème est de beaucoup le moins élémentaire de tous ceux que l'on a à résoudre en navigation : les observations astronomiques à exécuter exigent, en effet, un soin extrème et les calculs qui doivent leur être appliqués supposent des opérations très minutieuses et toujours fort longues. La nécessité de calculer une longitude en mer s'impose, il est vrai, assez rarement aujourd'hui, grâce à l'usage des chronomètres ; le fait peut toutefois se présenter, et le marin doit savoir alors déterminer directement le temps du premier méridien ; la seule méthode astronomique à laquelle il puisse avoir recours dans ce cas est celle des *distances lunaires*. Le calcul de réduction que nous avons donné, dans l'exposé de cette méthode, paraîtra assez compliqué au premier abord : cela tient à ce que nous avons commencé par procéder au calcul de tous les éléments de correction en en précisant les moindres détails : de là des développements fort longs et pourtant indispensables. Du reste, on pourra remarquer que les résultats fournis par l'ensemble de nos opérations sont d'une rigueur absolue, et que, par suite, l'erreur commise sur la longitude calculée dépend uniquement des erreurs d'observation ou des erreurs des tables astronomiques.

L'étude des calculs d'éclipses de soleil ou d'occultations d'étoiles nous a conduit à des conséquences que nous avons jugées assez importantes pour en faire l'objet de développements particuliers : nous avons démontré, en effet, la possibilité de déterminer simultanément les longitudes d'un grand nombre de points, indépendamment de toute erreur tabulaire, sans aucun calcul numérique, à l'aide d'observations faciles à exécuter pendant le cours d'une éclipse de soleil ou dans le voisinage de l'époque d'un phénomène d'occultation. De là une méthode très simple pour mesurer des différences de longitude ; cette méthode, nous l'espérons, appellera l'attention des observateurs et pourra devenir le point de départ d'intéressantes applications pratiques.

Dans le *septième livre* nous avons exposé la théorie de la *déviation de l'aiguille aimantée* à bord et les procédés pratiques que l'on en peut conclure pour régler les compas des navires. La théorie de la déviation est aujourd'hui entièrement acquise à la science ; c'est un fait qui semble admis par tous les auteurs ; aussi les publications relatives à cette importante question deviennent tous les jours de plus en plus nombreuses. Mais ce qui paraît manquer jusqu'à présent, ce sont des méthodes simples destinées à vulgariser la connaissance du phénomène, et à rendre la mise en pratique des principaux résultats établis par la théorie facilement intelligible, même pour ceux qui sont peu familiarisés avec les calculs ordinaires de l'algèbre. Nous avons essayé de combler cette lacune, au moins dans une certaine mesure, en adoptant de nouvelles constantes d'un calcul des plus élémentaires dans des conditions déterminées toujours faciles à réaliser. L'idée que nous avons eue n'est sans doute pas entièrement neuve; mais il ne semble pas que l'on ait su en tirer un grand parti pour les applications. La méthode que nous en avons déduite nous a permis de préciser d'une manière très nette tous les phénomènes qui se rattachent à la déviation de l'aiguille aimantée à bord et d'en conclure pour les compas du navire des procédés de régulation dont la simplicité paraîtra sans doute laisser bien peu à désirer.

Nous ne dirons qu'un mot du *huitième livre* : c'est une sorte d'aide-mémoire où nous avons réuni, d'une manière sommaire, les divers éléments nécessaires aux calculs ordinaires de navigation et rappelé, sous une forme synthétique, quelques-uns de ces calculs eux-mêmes. Ce livre n'a d'autre objet que de faciliter l'exécution des opérations numériques qui se présentent tous les jours à la mer en évitant les recherches théoriques au calculateur.

Nous devons maintenant répondre à une objection qui nous sera très-probablement adressée par les officiers dont les nombreuses recherches ont depuis quelques années jeté un nouveau jour sur la science de la navigation : nous n'avons parlé nulle part de ce que l'on a appelé *les nouvelles méthodes en navigation.* Or, si nous remarquons que ces méthodes n'ont pu véritablement être qualifiées de *nouvelles* que eu égard aux interprétations géométriques qui sont leur caractère distinctif, il nous sera facile de répondre à cette objection et peut-être même de justifier le programme que nous avons cru devoir adopter. Cet ouvrage a été conçu à un point de vue essentiellement analytique : il a pour objet principal *le calcul numérique des coordonnées géographiques et le tracé de la route;* on s'y est proposé avant toutes choses de déterminer ces éléments avec une approximation au moins égale à celle des données d'observation. Ce but a très certainement été atteint; nous n'avons pas trouvé que l'application d'un tracé géométrique fût susceptible d'y ajouter un complément utile; il ne faut pas oublier en effet que les résultats fournis par le calcul sont d'une précision telle, qu'il est véritablement impossible de les reproduire d'une manière suffisamment exacte dans un tracé graphique sur une carte. Il eût été assurément très facile de donner une interprétation géométrique aux méthodes exposées dans le cinquième livre; nous plaçant alors à un point de vue tout à fait spéculatif, nous eussions pu reproduire au moins quelques-unes des intéressantes propositions de la nouvelle navigation, peut-être même en établir de nouvelles ; cela eût été fait très probablement, si dans cet ouvrage une plus grande part avait été réservée à la théorie pure. Disons, du reste, que les remarquables travaux publiés récemment par quelques auteurs sur les nouvelles méthodes semblent des plus complets, et qu'il est sans doute difficile, quant à présent, d'ajouter encore aux connaissances déjà acquises dans cette branche des sciences nautiques.

Nous terminerons ces diverses considérations en appelant l'attention sur une question qui est devenue aujourd'hui d'un ordre capital en navigation. Le cas d'un navire pourvu de chronomètres venant à se perdre à la suite d'une erreur de point est extrêmement rare et ne se présente pour ainsi dire jamais ; en revanche, les naufrages dus à des erreurs de compas se multiplient depuis quelques années dans une proportion effrayante : c'est un fait de statistique malheureusement incontestable. Il est permis de conclure de là qu'à l'époque actuelle les chronomètres sont toujours assez bien réglés pour donner un point d'une exactitude suffisante, mais que les compas le sont généralement fort mal et que par suite le tracé de la route est souvent très mauvais. La gravité de cet état de choses ne saurait échapper à personne : c'est le salut même du navire qui se trouve mis en cause. Nous n'insisterons pas davantage ici sur cet important sujet : nous aurons l'occasion d'y revenir fort souvent ; nous voulons seulement en tirer la conséquence suivante : si l'on veut désormais apporter de véritables perfectionnements à la navigation et faire faire à cette science des progrès réels, il importe, et nous pouvons ajouter que c'est là une nécessité impérieuse, de se préoccuper essentiellement de tous les problèmes dont la solution peut faciliter le tracé de la route, et de chercher à rendre la régulation des compas aussi pratique et aussi usuelle que celle des chronomètres.

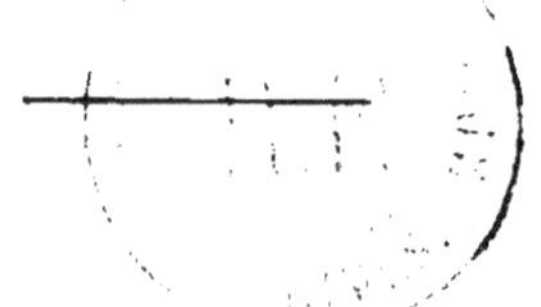

ERRATA

Page 10, ligne 4 en remontant. Au lieu de 1er *octobre*, lire 1er *juillet*.
— 15, — 2 en remontant. Au lieu de $(1+x)(1+x)$, lire $(1+x)(1+y)$.
— 16, — 6 en remontant. Au lieu de 9,563 9010, lire 9.436 0831.
— 19, — 7 en remontant. Au lieu de T_0, lire T_m.
— 26, lignes 4 et 6. Au lieu de 13^h, lire 14^h.
— 47, ligne 9 en remontant. Au lieu de $\Delta\varphi^3$, lire $\Delta\varphi^2$.
— 50, — 3. Remplacer le signe — par le signe +.
— 73, — 13. Au lieu de $2 - (s - z)$, lire $2(s - z)$.
— 114, — 2 en remontant. Au lieu de *acquise*, lire *requise*.
— 116, — 3 en remontant. Au lieu de $8\cos^3\varphi\cos^3\delta$, lire $8\cos^3\delta$.
— 137, — 19. Au lieu de 2θ, lire 2α.
— 166, — 17. Au lieu de $49'$, lire $29'$ et au lieu de $319°$, lire $317°$.
— id., — 18. Au lieu de $24'$, lire $14'$ et de $159°$, lire $158°$.
— id., — 21. Au lieu de $159°$, lire $158°$.
— 167, — 5 en remontant. Au lieu de 54, lire 59.
— 189, — 4 en remontant. Au lieu de $\sin - \delta$, lire $\sin(s - \delta)$.
— 213, — 15. Au lieu de $A_1 - A_2$, lire $A_2 - A_1$.
— 221, lignes 20 et 22. Remplacer le signe + par le signe —.
— 227, ligne 12 en remontant. Au lieu de $T_{m_0} + \psi$, lire $T_{m_0} - \psi$.
— 268, — 5 en remontant. Au lieu de h_0, lire h'_0 et remplacer le signe = par le signe +.
— 269, — 12 en remontant. Au lieu de $p' - r'$, lire $r' - p'$.
— 272, lignes 14 et 15. Au lieu de $s - h_0$, $s - h'_0$ et $s - \Delta_0$, lire $2(s - h_0)$, $2(s - h'_0)$ et $2(s - \Delta_0)$.
— 306, — 3. Au lieu de x, lire y.
— 319, — 2. Au lieu de *géométrique*, lire *géocentrique*.
— 321, — 4 en remontant. Au lieu de $+\psi$, lire $-\psi$.
— 343, — 2 en remontant. Au lieu de a, mettre D.
— 385, — 3. Au lieu de $0b' = X'$, lire $0b' = Y'$.
— 456, — 1 en remontant. Au lieu de *au*, lire *ou*.
— 490, — 13 en remontant. Au lieu de *ou*, lire *en*.
— 517, — 9. Au lieu de *plus grand*, lire *plus petit*.
— id., — 13. Au lieu de N, lire M et au lieu de M, lire N.

TRAITÉ

D'ASTRONOMIE ET DE MÉTÉOROLOGIE

APPLIQUÉES A LA NAVIGATION

NAVIGATION

LIVRE V

CALCUL DES COORDONNÉES GÉOGRAPHIQUES AU MOYEN DU TEMPS DU PREMIER MÉRIDIEN.

INTRODUCTION.

Ce livre renferme l'exposé de tous les problèmes dont la solution, objet ordinaire des calculs de navigation, s'impose à tous les marins d'une manière à peu près absolue, comme un travail de chaque jour. Ainsi que le titre l'indique, le temps du premier méridien est en principe supposé exactement connu : il est fourni à bord par le chronomètre. Cet instrument ayant été réglé préalablement sur le temps du premier méridien, transporte avec lui le temps de ce méridien, qui devient alors une donnée fondamentale au moyen de laquelle on détermine la valeur d'un élément astronomique déjà calculé dans les éphémérides pour une époque du premier méridien.

Les coordonnées dont la connaissance importe avant tout au navigateur sont : la latitude, la longitude ou le temps moyen du lieu et l'azimut ou la direction du méridien. Ces trois éléments constituent : le premier, un côté, et les deux autres, deux angles du triangle formé par le pôle, le zénith et le centre de l'astre observé; d'où il résulte que leur détermination suppose la résolution de ce triangle. Avec le temps du premier méridien et les tables des éphémérides on conclut immédiatement la déclinaison de l'astre observé, de sorte que l'un des côtés du triangle (la distance polaire) se trouve toujours connu *à priori*; l'observation fournit un second élément qui peut être la distance zénithale (complément de la hauteur), l'angle horaire ou l'azimut. Si, par un procédé quelconque, on est arrivé à la connaissance d'un troisième élément, la résolution du triangle deviendra possible : elle aura pour conséquence la détermination des coordonnées géographiques de la position du navire et celle de la route à suivre pour se rendre à la destination que l'on se propose.

En fait, il arrive le plus souvent que la distance polaire est le seul élément qui soit exactement connu. Deux observations sont indispensables pour fournir deux autres éléments et conduire à la résolution du triangle. Or, la nature des observations susceptibles d'être faites à la mer avec une certaine précision est d'un ordre tel que ces observations sont toujours extrêmement limitées : elles se réduisent en effet à des mesures de hauteur. Il en résulte que, si l'on veut établir une position à l'aide de deux observations, elles doivent être exécutées soit sur un même astre à deux époques différentes, soit sur deux astres différents à la même époque. Le calcul devient alors beaucoup plus compliqué : il doit en effet avoir pour objectif, non plus la résolution d'un simple triangle, mais bien celle d'un quadrilatère sphérique. Le problème de la détermination d'une position géographique, envisagé dans sa plus grande généralité, suppose dans tous les cas deux observations distinctes : la théorie doit le traiter à ce point de vue et en chercher une solution générale, sauf à tenir compte ensuite des circonstances qui se présentent dans la réalité pour formuler des calculs simples susceptibles de s'adapter aux exigences de la pratique.

D'après cet ordre d'idées, on peut regarder ce livre comme composé de deux parties distinctes : dans la première, nous avons eu pour objet la résolution du triangle formé par le zénith, le pôle et le centre de l'astre observé, et dans la seconde celle du quadrilatère déterminé par le zénith, le pôle et les deux positions observées sur la sphère céleste.

La résolution du triangle suppose la connaissance de trois éléments qui sont généralement la distance polaire, la distance zénithale et un troisième qui peut être pris arbitrairement, mais qui, en principe, a toujours été choisi eu égard aux conditions ordinaires qui se présentent dans la pratique. D'après cela, les calculs du temps, de l'azimut et de la latitude ont été établis séparément, et chacune de ces coordonnées a été déterminée en fonction de trois éléments dont un seul, qui est habituellement la distance zénithale, mais quelquefois aussi le temps où l'azimut a été fourni par une observation directe.

Chaque calcul est suivi d'un développement différentiel qui fait connaître la variation de l'élément calculé en fonction des variations des éléments qui ont servi à le calculer. Ces développements différentiels, qui ont toujours été poussés au moins jusqu'au second ordre inclus, ont leur utilité tant au point de vue théorique qu'au point de vue pratique. D'un côté, en effet, ils mettent en évidence d'une manière très nette le degré de précision des calculs, eu égard aux éléments dont on s'est servi, et deviennent la base d'une discussion toujours d'un grand intérêt pour le calculateur; d'un autre côté, ils fournissent des termes de correction dont l'application pourra dispenser de l'exécution d'un nouveau calcul complet dans le cas où, pour une cause quelconque, on serait conduit à faire subir de légères modifications aux données qui ont servi au calcul de l'élément cherché.

Nous dirons maintenant quelques mots au sujet des développements particuliers que nous avons donnés aux théories concernant l'azimut et la latitude. La construction des navires en fer à grande vitesse a créé pour la navigation des conditions toutes nouvelles. Il est indispensable non-seulement de s'assurer de la position du navire par des observations astronomiques fréquentes, mais encore de vérifier les indications des compas avec un soin minutieux. La déviation des compas, jadis à peine appréciable, est devenue un élément important qui doit être l'objet d'une étude attentive. Il importe aujourd'hui non-seulement de mesurer la variation du compas toutes les fois que l'on détermine la position du navire, mais encore d'avoir des moyens simples et usuels de se rendre compte à vue de la grandeur de cette variation et de contrôler avec soin l'état du compas. Nous avons donc insisté longuement sur les calculs d'azimut, en particulier sur ceux dont la mise en pratique nous a paru utile. Comme la variation ne saurait être mesurée trop souvent, il nous a paru avantageux de mettre à profit dans ce but toutes les observations astronomiques qui se font à la mer : la détermination de l'azimut est devenue alors le corollaire ordinaire de tous nos calculs de temps et de latitude. La connaissance de l'azimut se trouve avoir son utilité à un autre point de vue : les lignes trigonométriques de l'azimut entrent fréquemment dans l'expression des termes des développements différentiels, de sorte que cet angle devient un argument dont on a besoin pour ainsi dire à chaque instant dans tous les calculs de corrections ou d'approximations successives. Ainsi qu'on pourra le remarquer du reste, nous ferons souvent usage de l'azimut dans nos calculs, tant pour les recherches théoriques que pour l'établissement des formules finales destinées aux applications.

Nous avons exposé un grand nombre de calculs ayant pour objet la détermination de la latitude. Il n'est pas inutile de faire remarquer à ce sujet que la plupart des marins sont portés à se servir d'une manière à peu près exclusive des observations méridiennes ou circumméridiennes : or, les observations extraméridiennes sont susceptibles de donner des résultats, sinon d'une exactitude absolue, du moins d'une approximation plus que suffisante. Les calculs relatifs à ces observations ont été traités avec soin; nous en avons donné quelques autres destinés à fournir des mesures de latitude au moyen d'observations d'azimut même très imparfaites, par exemple avec des relèvements obtenus au compas. Enfin le calcul des observations circumméridiennes a reçu des développements particuliers qui pourraient en faire une théorie nouvelle. Jusqu'à ce jour, les auteurs n'ont donné que le terme du premier ordre de la correction circumméridienne : il en résulte que leurs calculs sont généralement assez imparfaits. Nous avons développé cette correction jusqu'au troisième ordre, en indiquant une méthode générale qui permettra dans tous les cas de pousser le développement aussi loin qu'on le voudra. Nous avons obtenu de cette manière une série qui donne la solution complète du problème avec une rigueur absolue.

Nous avons déjà fait remarquer que la détermination d'une position géographique ou, suivant l'expression consacrée en navigation, le calcul du point à la mer à l'aide de deux observations de hauteur était en réalité le problème général de la navigation. Cette question a dû en conséquence être traitée avec tous les développements théoriques nécessaires : le quadrilatère sphérique formé par le zénith, le pôle et les deux positions observées a été résolu par une méthode géométrique, et l'ensemble des formules établies peut être regardé comme donnant le calcul complet du point astronomique envisagé dans son acception la plus étendue. Nous avons fait suivre la solution théorique du problème d'un certain nombre d'applications numériques qui renferment à peu près tous les cas imaginables. Ces applications, qui ont été traitées avec un soin minutieux, peuvent être présentées comme des exercices d'un certain intérêt : elles réunissent en effet toutes les difficultés que l'on est susceptible de rencontrer dans les calculs de navigation.

La résolution du quadrilatère sphérique n'est pas, il y a lieu de le reconnaître, d'une application bien pratique : elle exige par le fait un temps beaucoup trop long. Cette résolution ne saurait, du reste, s'imposer d'une manière absolue que dans le cas où l'on ne possède aucune notion préalable sur les coordonnées géographiques du lieu. Or, ce fait ne se présente jamais dans la pratique : on connaît toujours avec une certaine approximation la latitude et la longitude. A bord, par exemple, le point d'estime fournit à chaque instant des valeurs plus ou moins approchées de ces deux éléments. On doit alors se servir de ces valeurs approchées pour remplacer la résolution complexe du quadrilatère sphérique par un calcul d'*approximations successives* qui dans presque tous les cas donne rapidement les éléments cherchés avec toute la précision désirable. Ce genre de calcul, qui est aujourd'hui à peu près exclusivement employé par les marins, a été développé avec détails sous les dénominations de *méthode anglaise* et de *méthode française*.

Le *calcul par approximations successives* peut être remplacé avantageusement par une *méthode différentielle*, cette méthode ayant pour objet en principe de substituer à l'ensemble des termes de correction du calcul par approximations successives une correction différentielle unique qui, au fond, n'en est que la traduction synthétique. Le paragraphe consacré à l'emploi des méthodes différentielles peut être regardé comme renfermant l'exposé de toute une nouvelle théorie. L'application des corrections différentielles au calcul du point n'est assurément pas une innovation en navigation: mais la théorie de ce genre de calcul ne nous paraît pas avoir encore été traitée d'une manière complète : on remarquera en effet que la seule méthode mise en pratique jusqu'à présent est de beaucoup la plus mauvaise entre toutes celles que l'on peut imaginer. La théorie que nous avons exposée nous a permis d'établir la possibilité de faire correspondre une méthode différentielle spéciale à chaque système d'observations : nous avons, d'après cela, donné plusieurs de ces méthodes.

Nous appellerons particulièrement l'attention sur celles que nous avons appelées *méthode des latitudes* et *méthode des hauteurs*. La seconde surtout, qui présente l'avantage de s'appliquer dans tous les cas en donnant toujours rapidement des résultats d'une grande approximation, peut rendre au calculateur de véritables services. Il est facile de reconnaître en effet que le calcul du point basé sur cette méthode est au moins aussi exact et généralement plus court que tous ceux qui ont été imaginés jusqu'à présent.

CHAPITRE I.

PROBLÈME DU POINT. — USAGE DES CHRONOMÈTRES.

1. Exposé général du problème du point. — La position d'un point à la surface de la Terre est déterminée par ses deux coordonnées géographiques : sa longitude et sa latitude.

La route à suivre pour se transporter d'un point à un autre est donnée par l'angle qu'elle fait avec une direction déterminée qui est celle du méridien du premier point. L'angle de route résulte immédiatement soit de la résolution d'un triangle sphérique quand les coordonnées géographiques des deux points sont données, soit d'un simple tracé graphique effectué sur la carte; si donc la direction du méridien du lieu a été déterminée, la direction de la route à suivre sera elle-même déterminée.

Les divers problèmes astronomiques de la navigation ont pour objet de faire connaître à un moment donné la position de l'observateur et la route qu'il doit suivre pour se rendre d'un point à un autre. Ils ont pour inconnues : 1° la latitude et la longitude; 2° la direction du méridien ou, ce qui est la même chose, l'azimut d'un astre par rapport à ce méridien.

Pour résoudre ces problèmes, on observe au moyen d'un instrument la position apparente d'un astre sur la sphère céleste. Les données de cette observation, introduites dans les formules ordinaires de transformations de coordonnées, servent ensuite à effectuer un calcul trigonométrique qui donne finalement les éléments inconnus que l'on cherche.

Ce calcul suppose toujours préalablement la connaissance exacte de la position de l'astre observé sur la sphère céleste. Or, ainsi qu'on l'a vu précédemment, cette position résulte elle-même de l'étude du mouvement des corps célestes et de la détermination des coordonnées de ces corps au moyen des formules de l'astronomie. Les Éphémérides donnent pour tous les jours de l'année les coordonnées des divers astres susceptibles d'être observés. Il suffira donc de prendre dans les Éphémérides les éléments dont on aura besoin pour effectuer le calcul dont nous venons de parler.

Les Éphémérides sont habituellement calculées pour des époques relatives au méridien de l'Observatoire ou, ce qui est la même chose, en temps de ce méridien ou méridien principal.

Le temps d'un méridien ayant pour origine le passage à ce méridien d'un point déterminé du ciel, et ce point mettant 24 heures à effectuer sa révolution diurne, c'est-à-dire à parcourir les divers méridiens terrestres, il en résulte que les temps des deux méridiens différents ne sont pas les mêmes; de sorte que les coordonnées d'un astre ayant été calculées pour le temps de l'un d'eux, l'observateur qui se trouve sur un autre méridien a besoin de faire subir à ces coordonnées une certaine correction qui dépend de la différence des temps des deux méridiens, avant de les introduire dans ses calculs.

L'usage des Éphémérides, et par suite le calcul de navigation qui en est la conséquence, suppose donc préalablement connu ou le temps du méridien du lieu de l'observation ainsi que sa différence avec celui du méridien principal, ou seulement le temps du méridien principal à l'époque de l'observation.

Il est facile d'établir que la différence des temps de deux méridiens est égale à la différence de leurs longitudes ; mais auparavant il y a lieu de revenir sur la définition purement géométrique qui a été donnée précédemment à la longitude et de la compléter par de nouvelles considérations.

2. Définition astronomique de la longitude. — Si l'on prend deux points sur le globe terrestre et que par chacun de ces points on fasse passer un plan méridien, l'angle dièdre formé par ces deux plans est dit la différence des longitudes des deux points considérés.

Si l'on admet que l'un des deux méridiens soit pris pour origine des longitudes, l'angle dièdre dont nous venons de parler s'appelle simplement la longitude du point placé sur le second méridien, la longitude du premier se trouvant alors égale à zéro.

Le méridien pris pour origine des longitudes est désigné sous le nom de *premier méridien* ou *méridien principal.*

Les longitudes se comptent sur le grand cercle de l'équateur de 0° à 360° dans le sens du mouvement diurne ou de 0° à 180° à droite et à gauche du méridien principal; dans ce dernier cas, les longitudes comptées vers l'est sont dites orientales et celles qui sont comptées vers l'ouest s'appellent longitudes occidentales.

Chaque nation ayant l'habitude de prendre pour premier méridien le méridien de son observatoire principal, les travaux astronomiques exécutés chez les différents peuples, comme la construction des éphémérides ou des cartes géographiques, ne sont comparables qu'à la condition de subir une correction qui a pour objet de les ramener à une origine commune ou à un méridien unique. Cette correction est toujours facile à effectuer quand on connaît exactement la différence des longitudes des divers observatoires.

La différence des longitudes de deux points est mesurée par l'arc de l'équateur intercepté par les méridiens de ces deux points, cet arc étant compté soit sur le globe terrestre supposé sphérique, soit sur la sphère céleste.

La sphère céleste exécutant son mouvement diurne apparent dans l'espace de 24 heures, un point de l'équateur terrestre a dans son méridien et à son zénith le même point du ciel toutes les 24 heures, si l'on admet que ce point soit relativement fixe dans l'espace, ce qui est sensiblement exact pour la plupart des étoiles.

Il résulte de là que si l'on considère une étoile placée dans le plan de l'équateur le temps que cette étoile mettra dans le mouvement diurne à passer d'un méridien à un autre mesurera exactement l'angle de ces deux méridiens, c'est-à-dire la différence de leurs longitudes.

Cette manière de parler sera justifiée par l'assimilation que l'on est conduit à faire entre les 360 degrés de la circonférence et les 24 heures employées par un astre à les parcourir.

Or, quelle que soit sa position dans le ciel, une étoile met toujours le même temps à passer d'un méridien à un autre, de sorte que pour mesurer l'angle de deux méridiens, il n'est pas nécessaire de prendre une étoile placée précisément dans le plan de l'équateur; en vertu du mouvement diurne, une étoile quelconque peut servir à cette détermination.

L'introduction du temps dans la mesure des angles nous permet donc d'évaluer une différence de longitude au moyen d'un astre quelconque.

Or, dire que la différence des longitudes de deux méridiens est égale au temps employé par un point de la sphère céleste à passer de l'un à l'autre, c'est la même chose qu'énoncer que cette différence est égale à celle des temps des deux méridiens, ces temps étant comptés au moyen du mouvement du point considéré. Si l'on suppose en effet que le point considéré serve lui-même à fixer l'origine du temps par son passage au méridien, qu'il soit le Soleil moyen, par exemple, de sorte qu'il est 0 heure ou midi quand il se trouve dans le plan du méridien, la chose devient tout à fait évidente.

Nous sommes donc conduit finalement à donner une nouvelle définition à la longitude, définition purement astronomique, mais qui par cela même nous permettra de nous servir des observations faites sur les corps célestes pour calculer les longitudes à la surface de la Terre.

Nous dirons donc alors que la différence des longitudes de deux points du globe est égale à la différence des temps de ces deux points, ces temps ayant pour origine le passage d'un même astre au méridien de chaque lieu. Il résulte de cette définition que, pour évaluer une différence de longitudes, il faut calculer pour le même instant les temps respectifs des deux points considérés.

Si l'on désigne par T_0 le temps du méridien principal et par T le temps d'un méridien quelconque de longitude ψ, on aura, d'après ce qui précède, la relation fondamentale

$$T_0 - T = \psi \quad \text{ou} \quad T_0 = T + \psi.$$

Ceci suppose que la longitude soit comptée de 0^h à 24^h; si l'on convient de la compter de 0^h à 12^h, à droite et à gauche du premier méridien, il faudra établir que les longitudes occidentales auront le signe $+$ et les longitudes orientales le signe $-$, et avec cette convention la relation précédente sera encore applicable.

En effet soit, par exemple, $\psi = 270° = 18^h$; on aurait $T_0 = T + 18^h$. Mais $18^h = 24^h - 6^h$, de sorte que $T_0 = 24^h + (T - 6^h)$, ou simplement $T_0 = T - 6^h$, puisque les longitudes se comptant de 0^h à 24^h, il faut retrancher de toute valeur de longitude le nombre d'heures 24 ou ses multiples. Or, 18^h de longitude comptée dans le sens du mouvement diurne, c'est la même chose que 6^h de longitude orientale ou -6^h, en adoptant la convention indiquée tout à l'heure, de sorte qu'en vertu de cette convention la relation fondamentale donne immédiatement $T_0 = T - 6^h$. Cette convention se trouve donc justifiée.

De tout ce qui précède il résulte que, si l'on connaît le temps d'un lieu quelconque et sa longitude, on peut en conclure immédiatement le temps du premier méridien au moyen de la relation $T_0 = T + \psi$.

3. Calcul d'un élément astronomique pour un méridien quelconque. — Les coordonnées des astres sont données pour des époques déterminées du premier méridien, par exemple pour midi moyen. On les calculera pour le temps T_0 de la relation précédente, et l'on obtiendra ainsi les valeurs de ces coordonnées pour le temps de l'observation qui a été faite sous le méridien de longitude ψ.

La détermination d'un élément astronomique pour une époque donnée T d'un méridien quelconque revient, d'après cela, au calcul de cet élément pour l'époque correspondante T_0 du premier méridien, au moyen des données fournies par les Éphémérides.

EXEMPLES. — I. *Calculer, à la date du 1ᵉʳ octobre 1874, le temps sidéral pour midi temps moyen d'un lieu dont la longitude est* $8^h 29^m 50^c$ *(ouest).*

D'après la *Connaissance des temps*, à midi T. M. de Paris, 1ᵉʳ octobre 1874

$$\theta_0 \quad \text{ou} \quad \text{Temps sidéral} = 12^h 40^m 10^s,30.$$

Le temps sidéral ou ascension droite moyenne du Soleil, qu'il ne faut pas confondre ici avec l'heure sidérale, doit être calculé pour $8^h 29^m 50$ T. M. de Paris; car il est $8^h 29^m 50$ à Paris quand il est midi au lieu considéré. Ce temps sidéral varie d'ailleurs de $3^m 56^s,555$ en 24 heures. La variation en $8^h 29^m 50^s$ sera, d'après cela (table VI), égale à $1^m 23^s 76$. Ajoutons à θ_0, on trouvera

$$\text{Temps sidéral à midi moyen du lieu} = 12^h 41^m 34^s,06.$$

Cet élément pourra servir à déterminer l'*heure sidérale* du lieu pour une époque quelconque T. M. de Paris, ou, inversement, à passer de l'heure sidérale du lieu au T. M. de Paris.

Si l'on veut, par exemple, l'heure sidérale du lieu qui correspond à $9^h 40^m 25^s$ T. M. de Paris, on remarquera que cette heure moyenne devra être diminuée de la longitude ψ pour donner l'heure correspondante du lieu; on obtiendra ainsi

$$\text{Heure T. M. du lieu} = 1^h 10^m 35^s \text{ pour } 9^q 40^m 25^s \text{ T. M. de Paris.}$$

Ajoutant à cette heure moyenne ($1^h 10^m 35^s$) la variation de temps sidéral ou d'ascension droite moyenne $11^s,60$ (table VI) qui lui correspond, on obtiendra $1^h 10^m 46^s,60$ pour l'intervalle du temps sidéral qui, ajouté au temps sidéral ou heure sidérale à midi moyen du lieu, donnera $13^h 52^m 20^s,66$ pour l'heure sidérale du lieu cherchée. Inversement s'il s'agissait de passer de l'heure sidérale du lieu au temps moyen correspondant du premier méridien, on aurait :

Heure sidérale du lieu.	$= 13^h 52^m 20^s,66$
Temps sidéral ou heure sidérale du lieu à midi moyen	$= 12\ 41\ 34\ ,06$
Intervalle sidéral.	$=\quad 1^h 10^m 46^s,60$
Variation correspondante (table V).	$=\qquad\quad 11\ ,60$
Intervalle T. M. ou heure T. M. du lieu.	$=\quad 1^h 10^m 35^s,00$
Longitude du lieu.	$=\quad 8\ 29\ 50$
Heure T. M. de Paris cherchée.	$=\ 9^h 40^m 25^s.$

II. *Calculer, le 1er juillet 1874, l'équation du temps pour le lieu dont la longitude est $20^h 30^m$ à $1^h 30^m$ T. M. du lieu.*

D'après la *Connaissance des temps*, le 1er octobre à midi T. M. de Paris.

$$\text{Eq} = 3^m 28^s,71, \quad \Delta = +11^s 39, \quad \Delta^2 = -0^s,27.$$

Quand il est $1^h 30^m$ (T) T. M. au lieu considéré, il est 22^h (T $+\psi$)

T. M. à Paris, d'après la valeur de la longitude; il résulte de là que pour obtenir l'élément cherché, il faut le calculer pour 22^h T. M. de Paris au moyen des données fournies par la *Connaissance des temps*.

On aura alors :

$$\text{Équation du temps à midi T. M. de Paris} \dots \dots = 3^m 28^s,71$$
$$\text{Correction par parties proportionnelles pour } 22^h \dots = +10,44$$
$$\text{Correction pour les différences secondes} \dots \dots = + 0,01$$
$$\text{Équation du temps pour le lieu ou valeur cherchée} \dots = 3^m 39^s,16$$

Nous pourrions multiplier les exemples, mais cela nous paraît inutile. Le principe est toujours le même. Si l'on convient de compter les longitudes ψ de 0 à 360°, toutes les fois que l'on voudra, pour une époque T. M. du lieu dont la longitude est ψ, la valeur d'un élément astronomique, on calculera cet élément pour l'époque $(T + \psi) = T_0$ T. M. du premier méridien.

Dans les calculs ordinaires de navigation, la longitude n'est pas connue : elle est au contraire l'un des éléments cherchés ; c'est alors le temps du premier méridien qui est donné et qui sert à déterminer la valeur des éléments dont on a besoin dans les calculs.

Le temps du premier méridien est fourni par les instruments appelés chronomètres. Ces instruments ayant été réglés une fois pour toutes sur le temps du premier méridien, servent à la fois et à déterminer les coordonnées des astres au moyen des éphémérides, et à conclure immédiatement la longitude du lieu quand on a calculé directement le temps du lieu.

Supposons, par exemple, que sur un point du globe on fasse une observation astronomique : on notera le temps du chronomètre qui correspond à l'époque de l'observation. Comme ce temps est celui du premier méridien, c'est-à-dire du méridien pour lequel ont été calculées les éphémérides, on calculera par interpolation pour ce temps les coordonnées dont on a besoin. Introduisant ensuite ces coordonnées dans le calcul, on en déduira les éléments cherchés, entre autres le temps du lieu. Soit T le temps du lieu ainsi obtenu, T_0 le temps du chronomètre ou temps du premier méridien, on conclura immédiatement d'après la relation fondamentale de tout à l'heure :

$$\psi = T_0 - T,$$

c'est-à-dire la valeur de la longitude du lieu.

Nous supposerons, dans tout ce qui va suivre, que le temps du premier méridien est exactement donné par le chronomètre, de sorte qu'il est toujours possible de calculer avec précision les coordonnées de l'astre observé.

4. Calcul du point astronomique. — Le calcul de la longitude se trouvant, par ce qui précède, ramené à la détermination du temps du lieu quand le temps du premier méridien est déjà connu, on peut dire que, dans cette hypothèse, tout calcul de navigation a pour objet de faire connaître le temps, la latitude et la direction du méridien du lieu ou l'azimut de l'astre observé.

Ces trois éléments résultent de la résolution du triangle ZPC formé par le zénith Z, le pôle P et le centre C de l'astre observé. On a en effet dans ce triangle :

$$PZ = \text{complément de la latitude} = 90° - \varphi,$$

$$ZC = \text{distance zénithale} = \text{complément de la hauteur} = 90° - h,$$

$$PC = \text{complément de la déclinaison} = 90° - \delta,$$

$$ZPC \text{ angle au pôle} = P, \quad PZC = \text{angle au zénith} = Z,$$

$$PCZ = \text{angle de position} = C.$$

Ainsi qu'on l'a vu dans la théorie de la transformation des coordonnées, les angles P et Z pourront être remplacés par l'angle horaire T et l'azimut A, si l'on convient de se servir des formules (1), (2), (3),... etc. (tome I, liv. II).

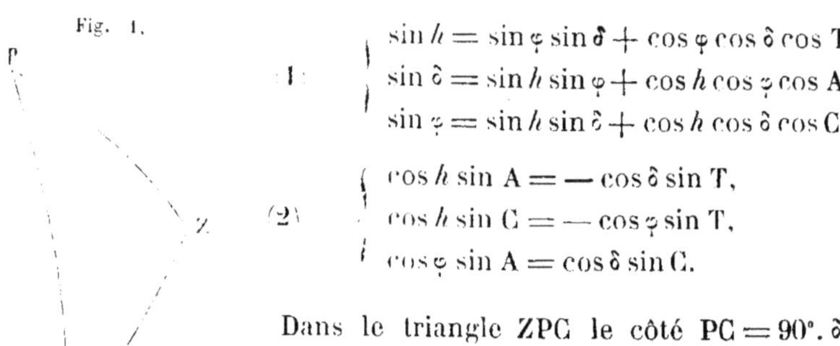

$$(1) \quad \begin{cases} \sin h = \sin \varphi \sin \delta + \cos \varphi \cos \delta \cos T, \\ \sin \delta = \sin h \sin \varphi + \cos h \cos \varphi \cos A, \\ \sin \varphi = \sin h \sin \delta + \cos h \cos \delta \cos C. \end{cases}$$

$$(2) \quad \begin{cases} \cos h \sin A = - \cos \delta \sin T, \\ \cos h \sin C = - \cos \varphi \sin T, \\ \cos \varphi \sin A = \cos \delta \sin C. \end{cases}$$

Dans le triangle ZPC le côté $PC = 90°. \delta$ est donné par les éphémérides au moyen du temps du chronomètre ou temps du premier méridien ; le côté ZC est fourni par l'observation directe de la hauteur de l'astre considéré.

Pour résoudre le triangle, il faudrait connaître un troisième élément ou obtenir une seconde équation entre les éléments cherchés.

Dans les circonstances ordinaires de la navigation, on ne saurait songer à mesurer un troisième élément du triangle : on a recours alors à une seconde observation de hauteur sur un astre différent du premier, ou sur le même astre, à un intervalle de temps bien déter miné, mais suffisamment grand pour que la seconde observation ne se confonde pas avec la première.

De quelque façon que l'on opère, on obtient deux hauteurs h_1 et h_2; ces deux hauteurs introduites dans la première des formules (1) donnent deux équations que nous mettrons sous la forme générale

$$h_1 = f(\varphi, \mathrm{T}), \quad h_2 = \mathrm{F}(\varphi, \mathrm{T}).$$

φ et T sont les éléments cherchés ou les inconnues à déterminer. Les deux inconnues étant liées entre elles par un système de deux équations, on peut dire qu'elles sont en général déterminées, et que par suite la résolution des équations considérées est susceptible de fournir leurs valeurs.

On se trouve ainsi amené à conclure que deux observations de hauteur suffisent en général pour calculer le temps et la latitude et, par suite, l'azimut, puisqu'alors le triangle ZPC se trouvera entièrement déterminé, vu que l'on aura déjà calculé quatre de ses éléments.

Nous reviendrons plus tard sur les deux équations précédentes : nous en donnerons même une résolution complète. Pour le moment, nous avons voulu montrer seulement que le problème qui nous occupe est en général déterminé. Nous ajouterons dès à présent que la résolution des deux équations, prises dans toute leur généralité, n'est pas ordinairement un calcul pratique. Les circonstances dans lesquelles on se trouve habituellement permettent presque toujours de simplifier considérablement ce calcul.

En réalité, dans les conditions ordinaires, on connaît toujours les éléments que l'on cherche avec une certaine approximation. Le véritable problème à résoudre consiste à savoir se servir des observations pour calculer les valeurs exactes de ces éléments en mettant à profit les valeurs approchées que l'on en possède déjà. A ce point de vue, tout calcul de navigation est au fond un véritable calcul d'approximations successives, et doit être traité en conséquence. Nous allons, du reste, mettre en évidence ce point important.

Prenons la relation fondamentale

$$\sin h = \sin \varphi \sin \delta + \cos \varphi \cos \delta \cos \mathrm{T},$$

et différentions cette relation par rapport à φ et à **T** :

$$(\cos \varphi \sin \delta - \sin \varphi \cos \delta \cos \mathrm{T})\, d\varphi - \cos \varphi \cos \delta \sin \mathrm{T}\, d\mathrm{T} = 0,$$

ou en substituant à $\cos \delta \cos \mathrm{T}$ sa valeur $\dfrac{\sin h - \sin \varphi \sin \delta}{\cos \varphi}$ tirée de la relation fondamentale, et effectuant les réductions

$$(\sin \delta - \sin \varphi \sin h)\, d\varphi - \cos^2\varphi \cos \delta \sin T\, dT = 0,$$

et comme d'après la seconde des relations (1)

$$\sin \delta - \sin \varphi \sin h = \cos h \cos \varphi \cos A.$$
$$\cos h \cos A\, d\varphi - \cos \varphi \cos \delta \sin T\, dT = 0,$$

d'où

$$d\varphi = \frac{\cos \varphi \cos \delta \sin T}{\cos h \cos A}\, dT, \quad dT = \frac{\cos h \cos A}{\cos \varphi \cos \delta \sin T}\, d\varphi.$$

Il résulte de la première de ces relations que si $T = 0$, c'est-à-dire si l'astre est dans le plan du méridien, $d\varphi$ est nul quel que soit dT, et de la seconde que si $A = 90°$, ce qui correspond au cas de l'astre placé dans le premier vertical, dT est nul quel que soit $d\varphi$. On conclura de là que si l'astre observé est dans le méridien ou dans son voisinage, une erreur de temps ne donnera aucune erreur de latitude, et que si l'astre est dans le premier vertical ou seulement dans son voisinage, une erreur de latitude n'influera en rien sur la précision du calcul du temps.

Si donc on a soin d'exécuter les observations à certaines époques convenablement choisies, une seule équation $h = f(\varphi, T)$ pourra servir à déterminer successivement le temps et la latitude en prenant les valeurs approchées de φ et de T que l'on connaît déjà.

Pratiquement, on ne saurait s'astreindre à observer exactement dans le plan du méridien ou du premier vertical; mais on s'en rapproche le plus possible. Les erreurs qui existent dans les valeurs approchées de φ et de T interviennent alors dans une certaine limite; mais, dans tous les cas, les nouvelles valeurs qui sont données par le calcul sont au moins beaucoup plus approchées que les valeurs primitives. Si toutefois ces dernières valeurs étaient affectées de grandes erreurs, on pourrait recommencer le calcul en se servant des valeurs calculées comme d'éléments approchés, et arriver ainsi à toute la précision désirable.

On voit en définitive que l'on est conduit, de cette manière, à exécuter un véritable calcul d'approximations successives. Ainsi que nous aurons l'occasion de le reconnaître, tous les calculs de navigation sont des calculs de ce genre. Connaissant une valeur approchée E_0 d'un élément cherché E, on se propose de déterminer une certaine correction ΔE_0, de manière que l'on ait $E = E_0 + \Delta E_0$. Toutes les recherches théoriques doivent avoir pour objet de donner une expression simple et commode de ΔE_0 susceptible, tout en restant d'un calcul pratique et par conséquent usuel, de déterminer la valeur de ΔE_0 et, par suite, celle de E avec une approximation qui soit en rapport avec celle de l'observation elle-même.

Dans le rapide aperçu qui vient d'être donné des calculs ordinaires de navigation, nous avons supposé le temps du premier méridien connu et nous avons indiqué comment, au moyen de cet élément, on peut arriver à déterminer la longitude, la latitude et la direction du méridien du lieu. Il peut arriver que le temps du premier méridien soit lui-même inconnu, ou au moins donné avec une approximation insuffisante; il faut alors le calculer directement d'après les données que l'astronomie est susceptible de fournir à cet égard. Cette nouvelle recherche, qui constitue ce que l'on appelle ordinairement le problème des longitudes, sera l'objet du livre suivant.

5. Réduction des observations. — Dans tous les calculs qui seront exécutés dans ce livre, nous supposerons que les données d'observation ont été préalablement *réduites*. Ces données seront toujours des *Hauteurs*, des *Azimuts* ou des *Temps*. La détermination du temps résulte de l'usage des chronomètres : nous donnerons tout à l'heure des développements suffisants sur la manière de se servir des indications fournies par ces instruments. La théorie des réductions qui conviennent aux hauteurs et aux azimuts observés a été exposée en détail dans le livre IV (tome Ier) : il suffira d'en faire l'application; nous rappellerons toutefois en quelques mots les petits calculs préparatoires qui résultent de la mise en pratique de ces diverses réductions.

La mesure fournie par l'observation doit tout d'abord être corrigée de la somme des *erreurs instrumentales* $\pm \varepsilon$ qui dépendent de l'instrument employé et dont la détermination appartient exclusivement à l'observateur. Si l'on a observé à l'horizon de la mer, il faut en second lieu tenir compte de la *Dépression apparente* de l'horizon : cette correction, qui est fournie à vue par des tables (I de Guépratte, VII de Callet et XV de Caillet), se retranche toujours de la hauteur observée.

Hauteur apparente $h_0 = $ Hauteur observée $\pm \varepsilon$ — Dépression.

La hauteur ainsi obtenue h_0 sera ce que nous appellerons la hauteur observée ou hauteur apparente. Cette hauteur h_0 sera corrigée successivement de la *Réfraction*, du *Demi-diamètre apparent* et de la *Parallaxe*.

La *Réfraction* R à employer sera la *Réfraction moyenne* R_m réduite préalablement des variations dues à la température et à la pression barométrique :

$$R = R_m(1 + x)(1 + x) = R_m + xR_m + yR_m.$$

Les trois corrections R_m, xR_m et yR_m sont données par des tables (IV et

V de Guépratte, VIII et VIII *bis* de Callet, XVI et XXI de Caillet); on
entre dans ces tables avec la hauteur h_0 prise pour argument. La réfraction se retranche toujours de la hauteur observée et s'ajoute aux
distances zénithales: appelant h_0 la hauteur indépendante de la réfraction :

$$h_1 = h_0 - \mathrm{R}.$$

Si à la hauteur h_1 ainsi obtenue on ajoute le *Demi-diamètre appa-
rent* $\frac{1}{2}\mathrm{D}$ fourni par les Éphémérides pris avec le signe $+$ ou le signe $-$
suivant que le bord observé est le bord inférieur ou le bord supérieur,
on aura la hauteur du centre h_2

$$h_2 = h_1 \pm \tfrac{1}{2}\mathrm{D} = h_0 - \mathrm{R} \pm \tfrac{1}{2}\mathrm{D}.$$

Dans le cas de la Lune, mais dans ce cas seulement, il faudra ajouter
à ce résultat une légère correction due à l'augmentation apparente du
demi-diamètre causée par la parallaxe. Le demi-diamètre apparent est
grandi par la parallaxe, d'où il résulte que la hauteur observée du bord
inférieur est trop petite et celle du bord supérieur trop grande.
  Soit

$$\tfrac{1}{2}\mathrm{D}_1 = \tfrac{1}{2}\mathrm{D} + \textit{Augmentation en hauteur}.$$
$$h'_2 = h_0 - \mathrm{R} \pm \tfrac{1}{2}\mathrm{D}_1.$$

L'augmentation du demi-diamètre apparent en hauteur a pour expression :

$$\textit{Augmentation en hauteur} = \tfrac{1}{2}\mathrm{D}\rho\pi\sin 1'' \sin h_2 = \tfrac{1}{2}\mathrm{D} \cdot \frac{\tfrac{1}{2}\mathrm{D}\sin 1''}{\mathrm{K}} \sin h_2.$$

$\rho =$ rayon de la Terre au lieu de l'observation ; $\pi =$ parallaxe horizontale équatoriale donnée par les Éphémérides ; $\rho\pi = \pi - \delta\pi = \mathrm{P} =$ parallaxe horizontale du lieu. La correction $\delta\pi$ est donnée à vue par une
table à double entrée ayant pour arguments la latitude et la parallaxe :
elle est toujours moindre que $11'',5$, et n'est applicable qu'à la Lune.
$\mathrm{K} =$ rayon de la Lune estimé avec le rayon de la Terre pris pour
unité.

$$\mathrm{K} = 0{,}27295, \qquad \log \mathrm{K} = 9{,}5639010.$$

La hauteur vraie h s'obtiendra en ajoutant au résultat obtenu tout
à l'heure la parallaxe en hauteur ; pour la Lune, il faudra tenir compte
d'une correction de second ordre due à l'aplatissement de la Terre,
correction qui s'exprime en fonction de la différence des verticales
$i = \varphi - \varphi'$, de la hauteur et de l'azimut observés.

Ainsi pour le Soleil $p = \mathrm{P}\cos h_2$ et pour la Lune

$$p = \mathrm{P}\cos h'_2 + i\mathrm{P}\sin 1'' \sin h'_2 \cos \mathrm{A}.$$

Finalement, d'une manière générale :

$$h = h_0 - \mathrm{R} \pm \tfrac{1}{2}\mathrm{D}_1 + p.$$

Telle sera la valeur de la hauteur vraie du centre de l'astre observé.

Si l'on avait besoin de connaître la hauteur apparente du centre de l'astre et la réfraction qui correspond à cette hauteur, ainsi que cela a lieu dans les calculs de réductions des distances lunaires, il faudrait tenir compte, dans l'estime du demi-diamètre apparent, de l'*Accourcissement* dû à la réfraction. On ajouterait alors à la hauteur observée du bord h_0 le demi-diamètre $\tfrac{1}{2}\mathrm{D}$ corrigé de l'accourcissement et au besoin de l'augmentation en hauteur, de sorte que si l'on pose

$$\tfrac{1}{2}\mathrm{D}'' = \tfrac{1}{2}\mathrm{D} + \textit{Augmentation en hauteur} - \textit{Acc}.$$

$$\textit{Hauteur apparente du centre} = h_0 \pm \tfrac{1}{2}\mathrm{D}''.$$

Cette hauteur apparente servira d'argument pour le calcul de la réfraction qui convient à la hauteur du centre du disque de l'astre.

L'accourcissement a pour expression $\tfrac{1}{2}m\mathrm{D}$, m étant la variation de réfraction pour $1'$ de hauteur, et $\tfrac{1}{2}\mathrm{D}$ le demi-diamètre exprimé en unités et fractions de minutes. $\tfrac{1}{2}m\mathrm{D}$ est, par le fait, la variation de réfraction moyenne qui correspond à une variation de hauteur égale à $\tfrac{1}{2}\mathrm{D}$, de sorte que cet élément est en réalité une réfraction moyenne, qu'il doit être traité comme tel et corrigé en conséquence des influences de la température et de la pression. (Voir à ce sujet quelques développements, liv. VI, chap. III, § 2.)

Toutes les fois que l'on aura en vue uniquement la détermination de la hauteur ou de la distance zénithale vraie, on devra éviter d'avoir à tenir compte de l'accourcissement; pour cela il suffira de procéder comme nous l'avons indiqué tout à l'heure, c'est-à-dire d'appliquer la correction de réfraction à la hauteur du bord observé et d'ajouter algébriquement au résultat le demi-diamètre des Éphémérides $\tfrac{1}{2}\mathrm{D}$ corrigé au besoin de l'augmentation en hauteur.

L'azimut observé ne doit être l'objet d'une réduction que dans le cas où il aurait été observé avec une certaine exactitude au moyen d'un théodolithe. Si l'observation a été exécutée avec un instrument magnétique, ainsi que cela cela se fait à bord, on a dû observer, non pas le bord de l'astre, mais bien le centre, le disque étant bissexté à vue par le fil de l'alidade : il y a lieu alors de s'en tenir purement et simplement au résultat de l'observation.

Si l'on a observé à terre avec un instrument de précision, on a dû viser l'un des bords de l'astre. Le résultat obtenu doit alors, en dehors des erreurs instrumentales, être réduit du demi-diamètre apparent corrigé au besoin de l'augmentation en hauteur. La réduction du demi-diamètre aura le signe $+$ ou le signe $-$ suivant la position du bord observé par rapport au pôle nord et eu égard à la convention adoptée pour compter les azimuts de $0°$ à $360°$. En d'autres termes, si l'astre est dans l'Est, on appliquera le signe $+$ ou le signe $-$ suivant que le bord observé sera le plus voisin ou le plus éloigné du pôle nord : ce sera l'inverse qui aura lieu si l'astre est dans l'Ouest.

Dans le cas de la Lune, il y aura lieu en outre de tenir compte de la parallaxe azimutale qui peut s'élever à plusieurs secondes et par suite n'être nullement négligeable. Finalement si A' est l'azimut de l'observation, on aura en général

$$A_1 = A' \pm \tfrac{1}{2} D_1$$

et si A est l'azimut vrai,

$$A = A_1 + \mathit{dP} \sin 1'' \frac{\sin A_1}{\cos (h_0 + \tfrac{1}{2} D)}.$$

Nous allons maintenant donner quelques développements sur l'usage des chronomètres et l'application de ces instruments à la détermination du temps du premier méridien ou à celle du temps du lieu de l'observation.

6. État et marche d'un chronomètre. — Les chronomètres sont des appareils d'horlogerie destinés à servir à la mesure du temps.

L'aiguille d'un chronomètre exécute sa révolution dans l'espace de 24 heures, ou plutôt dans deux périodes de 12 heures qui correspondent à 24 heures, environ de temps moyen ou de temps sidéral suivant que l'instrument est destiné à mesurer le temps moyen ou le temps sidéral.

Théoriquement, l'aiguille d'un chronomètre devrait être animée d'un mouvement rigoureusement uniforme ; mais quelle que soit la précision apportée à la construction de ces instruments, il n'en est jamais ainsi. Le mouvement du chronomètre possède toujours une certaine accélération dont il est nécessaire de se préoccuper. Cette accélération doit être assez faible pour qu'il ne soit pas nécessaire d'en tenir compte au moins dans un intervalle de 24 heures, de manière que dans cet intervalle le mouvement puisse être regardé comme parfaitement uniforme avec une approximation d'un centième de seconde. Cette condition étant remplie, si l'on a soin de comparer fréquemment le temps accusé par le chronomètre au temps moyen déterminé directement par des observations astronomiques, il sera toujours possible de régler l'instrument avec toute la précision désirable.

Un chronomètre n'exécute pas, en général, sa révolution de 24 heures dans une période rigoureusement égale à 24 heures de temps moyen, tout en étant animé d'un mouvement uniforme; en d'autres termes, la vitesse de l'aiguille de l'instrument n'est pas égale à la vitesse du Soleil moyen dans sa révolution diurne : elle est plus petite ou plus grande.

On appelle *État d'un chronomètre* l'avance ou le retard du temps du chronomètre sur le temps moyen pour une époque donnée, qui est habituellement le midi moyen ou le passage du Soleil moyen au méridien. L'état peut être déterminé pour un méridien quelconque; mais comme le chronomètre doit servir au calcul des éléments des Éphémérides, on choisit ordinairement le premier méridien; l'état s'appelle alors *État absolu*. On dira donc que l'état absolu d'un chronomètre est l'avance ou le retard du chronomètre sur le midi moyen du premier méridien. D'une manière plus générale on peut dire que l'état absolu est l'avance ou le retard du temps du chronomètre sur le temps moyen du premier méridien pour une époque déterminée. Si d'après cela on désigne par T_{ch} le temps du chronomètre, par T_0 le temps du premier méridien et par E l'état absolu du chronomètre, on aura

$$T_0 = T_{ch} + E.$$

Nous conviendrons de donner à E le signe $+$ quand il représentera une avance du temps moyen sur le temps du chronomètre et le signe $-$ quand il représentera un retard.

Comme on a, entre le temps T_0 du premier méridien et le temps T_m d'un méridien quelconque, la relation

$$T_0 = T_m + \psi,$$

ψ étant la valeur de la longitude affectée du signe $+$ si elle est occidentale et du signe $-$ si elle est orientale, on aura entre le temps du chronomètre et le temps d'un méridien quelconque

$$T_{ch} = T_0 - E = T_m - (E - \psi) = T_m - E_m,$$

E_m sera alors l'état du chronomètre par rapport au temps du méridien considéré. Cette relation permettra de calculer immédiatement l'état absolu, quand cet état aura été déterminé pour un méridien quelconque, on aura, en effet,

$$E = E_m + \psi.$$

La *Marche* d'un chronomètre est l'*Avance* ou le *Retard* du temps du chronomètre sur 24 heures de temps moyen, cette avance ou ce retard étant exprimé en secondes de temps moyen. La marche est par suite la variation que subit l'état du chronomètre en 24 heures de temps moyen.

Il arrive souvent qu'on a besoin de connaître la marche du chronomètre, non pas en temps moyen, mais en temps du chronomètre. On peut, en général, regarder ces deux marches comme représentées par le même nombre de secondes, soit qu'il s'agisse du temps moyen, soit qu'il s'agisse du temps du chronomètre. On a, en effet :

$$T_m = T_{ch} + E_m.$$

En différentiant cette relation successivement par rapport à T_{ch} et T_m, on a

$$\frac{dT_m}{dT_{ch}} = 1 + \frac{dE_m}{dT_{ch}}, \quad \frac{dT_{ch}}{dT_m} = 1 - \frac{dE_m}{dT_m}.$$

Et en multipliant ces deux équations l'une par l'autre

$$1 = \left(1 + \frac{dE_m}{dT_{ch}}\right)\left(1 - \frac{dE_m}{dT_m}\right),$$

ou

$$\frac{dE_m}{dT_{ch}} = \frac{dE_m}{dT_m} + \frac{dE_m}{dT_{ch}}\frac{dE_m}{dT_m}.$$

Mais $\dfrac{dE_m}{dT_m}$ est la marche M du chronomètre sur le temps moyen, puisque d'après la définition même de la marche, E_0 étant l'état pour une époque initiale, on a pour une époque quelconque $E_m = E_0 + Mt$; de même $\dfrac{dE_m}{dT_{ch}}$ est la marche du temps moyen sur le chronomètre; en la désignant par M', on aura donc

$$M' = M + MM',$$

M n'est jamais bien différent de M', de sorte que l'on a

$$M' = M + M^2 \quad \text{ou} \quad M = M' - M'^2,$$

et si l'on veut que M ou M' représente en secondes la marche dans l'intervalle de 24 heures ou 86 400 secondes,

$$M = M' - M'\frac{M'}{86\,400}, \quad M' = M + M\frac{M}{86\,400}.$$

En supposant une marche égale à 50 secondes, ce qui est un cas extrême, on trouve que $M \dfrac{M}{86400} < 0^s,06$, de sorte qu'à environ $0^s,06$ près, $M = M'$; ce qui veut dire que le nombre abstrait qui représente en secondes de temps moyen, la marche du chronomètre dans l'intervalle de 24 heures de temps moyen est, en général, avec une approximation suffisante, le même que celui qui représente, en secondes du temps du chronomètre, la marche du temps moyen sur le temps du chronomètre. Ces deux nombres pourront être pris l'un pour l'autre dans les usages ordinaires, toutes les fois que la marche donnée en temps moyen sera moindre que 50 secondes de temps moyen.

Le raisonnement précédent suppose que la marche du chronomètre est constante, en d'autres termes que le mouvement du chronomètre peut être considéré comme uniforme dans l'intervalle de temps considéré. Nous supposons toujours qu'il en est effectivement ainsi. Cette hypothèse n'est pas, il est vrai, absolument conforme à la réalité; mais il est toujours possible de se mettre dans des conditions telles qu'elle peut être regardée comme rigoureuse; il suffit pour cela de diminuer la grandeur des intervalles. Si, en effet, on a constaté que la marche n'est pas sensiblement constante dans l'espace de 24 heures, on la déterminera pour 12 heures ou même pour 6 heures ou moins si c'est nécessaire, de manière à arriver finalement à une marche qui soit susceptible d'être regardée comme constante avec une approximation suffisante dans l'intervalle de temps considéré. On conçoit donc d'après cela que l'hypothèse d'une marche constante ne saurait altérer en rien la justesse des raisonnements qui supposeront cette hypothèse admise implicitement.

Tout à l'heure, en donnant la définition de l'*État d'un chronomètre*, nous avons dit que nous donnerions à cet état le signe $+$ ou le signe $-$ suivant qu'il représenterait une avance ou un retard du *temps moyen sur le temps du chronomètre;* il y a lieu de justifier cette convention par quelques explications. Si l'on se rappelle ce qui a été dit précédemment au sujet du temps vrai et du temps moyen, on ne pourra s'empêcher de remarquer qu'il existe une analogie parfaite entre la relation qui existe entre ces deux espèces de temps et celle que nous considérons actuellement entre le temps moyen et le temps chronométrique.

On a en effet, entre le temps moyen et le temps vrai, la relation

$$T_m = T_v + Eq,$$

dans laquelle Eq, équation du temps, est affectée du signe $+$ ou du signe $-$, suivant que le temps moyen est en avance ou en retard sur

le temps vrai, ou, inversement, suivant que le temps vrai est en retard
ou en avance sur le temps moyen.

On a de même, entre le temps moyen et le temps chronométrique,

$$T_m = T_{ch} + E.$$

L'état E est une quantité qu'il faut ajouter au temps chronométrique pour obtenir le temps moyen. Cette quantité est par suite tout
à fait analogue à celle que nous avons appelée équation du temps. On
pourrait envisager les choses d'une manière inverse et dire que l'état
est la quantité à ajouter au temps moyen pour obtenir le temps chronométrique. Elle serait alors l'avance ou le retard du temps du chronomètre sur le temps moyen. Mais comme le temps du chronomètre
est un temps variable, absolument comme le temps vrai par rapport
au temps moyen, il nous paraît rationnel d'adopter la convention déjà
établie pour ces deux derniers temps et de poser en conséquence

$$T_m = T_{ch} + E,$$

en convenant *de donner dans cette relation le signe + ou le signe — à
la quantité* E, *suivant que* T_m *sera plus grand ou plus petit que* T_{ch}, *en
d'autres termes, suivant que le temps moyen sera en avance ou en retard
sur le temps chronométrique.*

Comme la convention inverse est quelquefois adoptée, il est essentiel de bien fixer les idées à ce sujet.

On a vu que la *Marche* du chronomètre est la variation de E dans
l'espace de 24 heures de temps moyen. Il résultera de ce qui vient
d'être dit que *la marche sera positive ou négative, suivant que le temps
moyen avancera ou retardera sur le temps chronométrique.*

Par conséquent la marche doit être prise avec le signe + ou le
signe —, suivant que le chronomètre retarde ou avance sur le temps
moyen. Ce résultat semble au premier abord contraire aux usages reçus, d'après la définition que l'on donne dans le langage ordinaire à
la marche d'une pendule. D'ailleurs, 24 heures de temps moyen étant
un intervalle de temps constant, on est porté naturellement à considérer la variation ou marche de temps chronométrique comme appartenant à ce temps et devant avoir un signe particulier en conséquence.
Cette considération serait juste si l'état et la marche du chronomètre
étaient exprimés en temps du chronomètre; or il n'en est pas ainsi :
ces deux éléments sont exprimés en temps moyen, et il ne saurait en
être autrement. En réalité, T_{ch} est un nombre abstrait d'heures, de
minutes et de secondes donné d'une manière absolue par la position
de l'aiguille du chronomètre et la quantité E est le nombre variable
qu'il faut lui ajouter pour obtenir un nombre qui donne le temps

moyen. D'ailleurs, ce nombre variable E est exprimé en temps moyen, sa variation doit donc également être exprimée en temps moyen et doit par suite, ainsi que E, être affectée du signe de la variation de T_m par rapport à T_{ch} considéré comme nombre absolu ou nombre constant.

Ainsi finalement, de ce que *l'état et la marche du chronomètre sont exprimés en temps moyen, il en résulte que*

$$T_m = T_{ch} + E, \quad E = E_0 + MI,$$

E_0 étant un état initial, M la marche et I un intervalle de temps quelconque, et que dans ces relations

E *aura le signe* $+$ *ou le signe* $-$, *suivant que le temps du chronomètre sera en retard ou en avance sur le temps moyen;*

M *sera positif ou négatif, suivant que le chronomètre retardera ou avancera sur le temps moyen dans l'intervalle de 24 heures,* en d'autres termes, *que la variation de E sera positive ou négative dans cet intervalle.*

Il arrive très souvent que l'on a besoin de comparer un chronomètre à un autre chronomètre et que l'on part de cette comparaison pour régler le second chronomètre par rapport au temps moyen, le premier chronomètre étant déjà réglé par rapport à ce temps moyen.

Soient T_{ch_1}, T_{ch_2} les temps de deux chronomètres par rapport au temps moyen T_m; E_1, E_2 les deux états correspondants par rapport à ce même temps, de sorte que

$$T_{ch_1} = T_m - E_1, \quad T_{ch_2} = T_m - E_2.$$

En retranchant ces deux équations l'une de l'autre

$$T_{ch_1} = T_{ch_2} - (E_1 - E_2) = T_{ch_2} + (E_2 - E_1).$$

Comme E_1, E_2 représentent respectivement des intervalles de temps moyen, $E_1 - E_2$ est également exprimé en temps moyen.

Or, si l'on avait comparé directement les deux chronomètres l'un à l'autre, on aurait obtenu une relation de la forme

$$T_{ch_1} = T_{ch_2} + E'.$$

E' est alors l'état du chronomètre ch_2 par rapport au chronomètre ch_1, et doit par suite, conformément à la convention générale, être regardé comme exprimé en temps de ch_1 et affecté du signe $+$ ou du signe $-$, suivant que T_{ch_1} est plus grand ou plus petit que T_{ch_2}.

Et comme on a trouvé tout à l'heure que l'intervalle temps moyen qui exprime l'état de ch_2 par rapport à ch_1 est égal à $E_2 - E_1$ on conclura

$$E_2 - E_1 = E',$$

d'où

$$E_2 = E_1 + E'.$$

Cette relation permettra de calculer l'état absolu du second chronomètre connaissant l'état absolu, la marche du premier chronomètre et l'état du second chronomètre par rapport au premier.

On conclura aisément de là la règle suivante :

Quand on connaît déjà l'état absolu et la marche d'un chronomètre, on obtiendra l'état absolu d'un chronomètre quelconque, en déterminant préalablement l'état du second chronomètre par rapport au premier, en ayant soin d'affecter cet état du signe + ou du signe —, suivant que le premier est en avance ou en retard sur le second, en faisant finalement la somme algébrique du résultat ainsi obtenu et de l'état absolu du premier chronomètre.

Les diverses considérations qui viennent d'être exposées sont au fond d'une grande simplicité. Toutefois elles doivent faire comprendre que la pratique des opérations qui viennent d'être exposées doit toujours exiger une certaine attention. Il en est effectivement ainsi : la même remarque est applicable du reste à tous les calculs où l'on a à faire entrer des temps d'espèces différentes. Nous avons cherché dans toutes les circonstances à faire ressortir les difficultés de ces calculs en mettant en évidence les éléments pris pour unités, ceux qui doivent être regardés comme variables et ceux qui doivent être pris comme constants ou plutôt être estimés en nombres abstraits, de manière que les équations restent toujours homogènes; enfin, en adoptant une règle unique pour les signes, il nous a semblé que les opérations de la pratique étaient susceptibles de s'effectuer beaucoup plus commodément et avoir surtout l'avantage de n'exiger aucune attention particulière relativement à la nature des temps considérés.

Nous allons compléter maintenant ce qui précède par l'exposé des divers problèmes relatifs aux chronomètres, qui se présentent à chaque instant dans la pratique de la navigation. Dans la résolution de ces problèmes, nous supposons naturellement que l'état et la marche du chronomètre qui servent de base aux observations sont connus avec toute la précision désirable, en d'autres termes, que ce chronomètre est bien réglé.

7. Calcul du temps du premier méridien. — On se servira de la relation

$$T_0 = T_{ch} + E.$$

T_{ch} est le temps chronométrique donné, E sera l'état pour l'époque qui correspond à ce temps. E se calculera au moyen de l'état initial E_0, donné pour midi moyen, de la marche M et de l'intervalle chronométrique, écoulé depuis le midi moyen

$$E = E_0 + I\,\frac{M}{86.400}.$$

Comme I est un intervalle de temps chronométrique et que M représente la marche dans un intervalle de 24 heures de temps moyen, il faudrait ici, à la rigueur, connaître la marche en 24 heures de temps chronométrique ; mais nous avons démontré précédemment que dans les limites ordinaires, ces deux marches peuvent être prises l'une pour l'autre et regardées comme représentées par le même nombre abstrait.

Nous prendrons donc pour valeur de M la marche donnée qui correspond à 24 heures de temps moyen.

L'intervalle de temps chronométrique s'obtiendra évidemment en ajoutant au temps chronométrique donné T_{ch} le temps accusé par le chronomètre à midi moyen, c'est-à-dire l'état initial E_0, de sorte que

$$I = T_{ch} + E_0.$$

Exemples. I. *Le chronomètre marquait* $10^h 32^m 10^s,50$; *sachant qu'à midi moyen du premier méridien ce chronomètre était en retard de* $2^h 54^m 23^s,34$ *et possédait une avance de* $5^s,75$ *sur le temps moyen dans l'espace de 24 heures, on demande l'heure temps moyen du premier méridien à l'époque de l'observation.*

On a dans ce cas particulier :

$$T_{ch} = 10^h 32^m 10^s,50, \quad E_0 = +2^h 54^m 23^s,34, \quad M = -5^s,75.$$

$$T_m = T_{ch} + E, \quad E = E_0 + I\,\frac{M}{86.400}, \quad I = T_{ch} + E_0$$

$$
\begin{aligned}
T_{ch} &= \quad 10^h 32^m 10^s,50 \\
E_0 &= +2 \;\; 54 \;\; 23\,,34 \\
\hline
I &= \quad 13 \;\; 26 \;\; 33\,,84 = 48.393^s,84 \\
\log I &= 4,684\,789\,7 \\
\log M &= 0,759\,667\,8 \\
\text{et } \log 86.400 &= 5,063\,486\,3 \\
\hline
& \qquad\qquad 0,507\,943\,8
\end{aligned}
$$

correction de $E_0 = 3,22$ (avec le signe — puisque M est négatif).

$$E = E_0 - 3^s,22 = + 2^h 54^m 20^s,12$$
$$T_{ch} = \quad 10 \quad 32 \quad 10 ,50$$
$$T_m = T_{ch} + E = \quad 13^h 26^m 30^s,62$$

Le temps du premier méridien correspondant à l'époque où le chronomètre marquait $10^h 32^m 10^s,50$ est $13^h 26^m 30^s,62$.

II. — *On demande l'heure temps moyen du premier méridien qui correspond à l'heure chronométrique* $2^h 42^m 47^s,00$, *sachant qu'à midi moyen le chronomètre avançait de* $3^h 21^m 34^s,06$ *sur le temps moyen avec un retard diurne de* $6^s,72$ *sur le temps moyen.*

$$T_{ch} = 2^h 42^m 47^s,00, \quad E_0 = - 3^h 21^m 34^s,06, \quad M = + 6^s,72.$$

$I = T_{ch} + E_0$: les intervalles doivent toujours être pris positivement: on ajoute à T_{ch} 24 pour que E_0 puisse se retrancher de T_{ch}.

$$T_{ch} = \quad 26^h 42^m 47^s,00$$
$$E_0 = - 3 \quad 21 \quad 34 ,06$$
$$I = T_{ch} + E_0 = \quad 23^h 21^m 12^s,94 = 84.072^s,94$$

$$E = E_0 + I . \frac{M}{86.400} = E_0 + 6^s,54$$

$$E_0 = - 3^h 21^m 34^s,06$$
$$+ 0 \quad 00 \quad 06 ,54$$
$$E = - 3 \quad 21 \quad 27 ,52$$
$$T_{ch} = \quad 26 \quad 42 \quad 47 ,00$$
$$T_m = T_{ch} + E = \quad 23^h 21^m 19^s,48$$

L'heure temps moyen cherché est $23^h 21^m 19^s,48$.

8. Calcul de la longitude d'un lieu avec le temps moyen de ce lieu. — On calculera d'abord l'heure temps moyen T_0 du premier méridien qui correspond à l'heure du chronomètre et l'on trouvera ainsi $T_0 = T_{ch} + E$. Si T_m est l'heure du lieu et ψ sa longitude, on a alors

$$T_0 = T_m + \psi \quad \text{d'où} \quad \psi = T_0 - T_m.$$

Examples. I. *Le temps moyen du lieu étant* $4^h 24^m 25^s,3$, *le temps du chronomètre étant* $9^h 12^m 24^s,30$, *l'état absolu* $+ 3^h 35^m 10^s,50$ *et la marche diurne* $+ 8^s,20$, *on demande la longitude du lieu.*

On estimera le temps du premier méridien ainsi qu'il a été expliqué pour les exemples précédents. On trouvera

$$T_{ch} = 9^h 12^m 24^s,30, \quad E_0 = + 3^h 25^m 10^s,50, \quad M = + 8^s,20$$

$$I = T_{ch} + E_0 = 12^h 37^m 34^s,80 = 45454^s,80.$$

$$I \cdot \frac{M}{86400} = + 4^s,31, \quad E = E_0 + I \cdot \frac{M}{86400} = + 3^h 25^m 14^s,81$$

$$T_0 = T_{ch} + E = 12^h 37^m 39^s,11$$
$$T_m = \quad 4 \;\; 24 \;\; 35 \;,30$$
$$\overline{\psi = T_0 - T_m = \quad 8^h 13^m 03^s,81}$$

La longitude cherchée est $8^h 13^m 03^s,81$ ou $123° 15' 57'',15$ ouest. ψ est ouest ou est suivant que $T_0 - T_m$ est positif ou négatif.

II. *Les données du chronomètre étant les mêmes que dans l'exemple précédent, on demande la longitude sachant que le temps moyen du lieu est* $13^h 44^m 53^s,20$.

On a dans ce cas

$$T_0 = \quad 12^h 37^m 39^s,11$$
$$T_m = \quad 13 \;\; 44 \;\; 53 \;,20$$
$$\overline{\psi = T_0 - T_m = - 1^h 07^m 14^s,09}$$

La longitude cherchée sera égale à $1^h 07^m 14,09$ ou $16° 48' 31'',35$ *est.*

9. Calcul du temps moyen d'un lieu avec la longitude de ce lieu. — Ce problème ne diffère pas sensiblement du précédent. Il faudra calculer préalablement l'heure temps moyen T_0 du premier méridien au moyen du chronomètre, et en déduire immédiatement après l'heure temps moyen T_m du lieu avec la relation

$$T_0 = T_m + \psi$$

dans laquelle ψ a le signe $+$ ou le signe $-$ suivant que la longitude est occidentale ou orientale.

$$T_m = T_0 - \psi.$$

EXEMPLES. I. *Ayant déterminé le temps* $T_0 = 8^h 44^m 52^s,60$ *du premier méridien au moyen du chronomètre, on demande le temps moyen du lieu sachant que la longitude est ouest et égale à* $10^h 10^m 23^s,50$.

$$T_0 = 32^h 44^m 52^s,60$$
$$\psi = 10 \quad 10 \quad 23^s,50$$
$$\overline{T_m = 22^h 34^m 29^s,10}$$

Dans ce cas, la longitude étant positive doit se retrancher de T_0 en vertu de l'équation $T_m = T_0 - \psi$; mais comme T_0 est moindre que ψ en valeur absolue, on y ajoute 24 heures et l'on effectue la soustraction; on trouve ainsi pour l'heure temps moyen du lieu $22^h 34^m 29^s,10$. Il y a lieu de remarquer que dans ce cas particulier le temps du lieu aura une date inférieure d'une unité à celle du premier méridien. Le fait d'avoir ajouté 24 heures diminue d'une unité la date du jour de T_0. Si, par exemple, le temps T_0 est relatif au 2 mars pour $T_0 = 8^h 44^m 52^s,60$, la valeur $T_0 = 32^h 44^m 52^s,60$ correspond au 1er mars, de sorte que finalement, pour le lieu considéré, la date est le 1er mars et le temps moyen $22^h 34^m 29^s,10$.

II. *On a trouvé pour le temps du premier méridien* $T_0 = 2^h 23^m 12^s,30$, *on demande le temps moyen correspondant du lieu dont la longitude est* $3^h 15^m 54^s,20$ *est.*

Dans ce cas, la longitude est affectée du signe — et deviendra par suite additive d'après l'équation $T_m = T_0 - \psi$.

$$T_0 = 2^h 23^m 12^s,30$$
$$\psi = 3 \quad 15 \quad 54 ,20$$
$$\overline{T_m = 5^h 39^m 06^s,50}$$

$5^h 39^m 06^s,50$ est l'heure temps moyen du lieu.

Si ce temps était supérieur à 24 heures, on retrancherait 24 du nombre obtenu et l'on augmenterait la date du jour d'une unité.

10. Régler un chronomètre par rapport au premier méridien, au moyen de son état par rapport à un autre méridien. — Le temps d'un lieu se détermine à la suite d'observations de hauteurs ou de distances zénithales d'un astre quelconque, par le calcul de l'angle horaire de l'astre observé. Si le temps du chronomètre à l'époque de l'observation a été estimé exactement, il est évident que la différence entre le temps du chronomètre et le temps moyen observé sera l'état du chronomètre à cette époque et pour le méridien du lieu de l'observation. Si l'on calcule ainsi pendant plusieurs jours consécutifs un certain nombre d'états, les différences qu'ils présenteront entre eux seront les marches du chronomètre pendant les intervalles de temps des observations; ramenant ces intervalles à la même unité, c'est-à-dire au jour moyen, ainsi que les marches correspondantes, on obtiendra finalement la marche diurne du chronomètre. On indiquera ultérieurement les détails de ce genre de calcul; mais on conçoit facilement, d'après ce qui précède, que les opérations qui s'y rattachent sont toujours fort simples, et que s'il est possible de déterminer exactement par une observation directe le temps moyen du lieu, il sera toujours facile d'en conclure immédiatement l'état et la marche du chronomètre pour le lieu de l'observation.

La marche reste évidemment invariable quel que soit le méridien sous lequel on opère; la marche obtenue pour un lieu quelconque convient par suite également pour le premier méridien. Mais il n'en est pas de même de l'état qui, ainsi qu'on l'a vu, varie avec la longitude.

En désignant par E l'état absolu pour le premier méridien, E_m l'état pour un méridien quelconque de longitude ψ, on a trouvé précédemment la relation

$$E = E_m + \psi.$$

Il suffit donc, d'après cela, d'ajouter algébriquement la longitude à l'état obtenu pour un lieu déterminé pour en conclure immédiatement l'état absolu pour le premier méridien.

EXEMPLES. I. *Dans un lieu situé par* $7^h 21^m 32^s,50$ *de longitude ouest, on a trouvé, par des observations astronomiques, qu'un chronomètre marquait* $5^h 11^m 33^s,40$ *à midi, temps moyen du lieu; on demande l'état absolu de ce chronomètre par rapport au premier méridien.*

On a

$$
\begin{aligned}
E &= E_m + \psi, \\
E_m &= -\ 5^h 11^m 33^s,40 \\
\psi &= +\ 7\ \ 21\ \ 32\ .50 \\
\hline
E &= +\ 2^h 09^m 59^s,10
\end{aligned}
$$

L'état absolu cherché est égal à $+ 2^h 09^m 59^s,10$.

Si E_m était affecté du signe $+$ au lieu d'être négatif, on trouverait $E = + 12^h 32^m 05^s,90$; dans ce cas, l'état absolu cherché serait ce résultat moins 12^h, c'est-à-dire $+ 0^h 32^m 05^s,90$.

On prend toujours les états moindres que 12^h; cela tient à ce que le cadran du chronomètre est divisé en 12^h seulement et non pas 24 heures. Inversement, quand on a à retrancher une longitude d'un état trop faible, on augmente ce dernier d'une période de 12 heures.

II. *Dans un lieu situé par* $3^h 14^m 13^s,30$ *de longitude est, on a observé, à midi moyen, que le chronomètre était en retard de* $0^h 23^m 17^s,70$; *on demande l'état absolu par rapport au premier méridien.*

$$E_m = + 0^h 23^m 17^s,70$$
$$\psi = - 3\ 14\ 13\ ,30$$
$$E = + 9^h 09^m 04^s,40$$

L'état cherché est égal à $+ 9^h 09^m 04^s,40$: en d'autres termes, à midi moyen, le chronomètre est en retard de $9^h 09^m 04^s,40$ sur le temps du premier méridien.

11. Régler un chronomètre par comparaison. — En appelant E_2 l'état absolu cherché, E_1 l'état absolu connu et E' l'état relatif donné par la comparaison, nous avons vu que l'on a entre ces éléments la relation

$$E_2 = E_1 + E,$$

relation tout à fait analogue à celle qui existe entre la longitude et le méridien ; E' est, dans ce cas, l'élément correspondant à la longitude.

Le problème actuel se résoudra donc absolument comme le précédent. Au moyen des éléments donnés, on calculera l'état E_1 qui correspond à l'époque de l'observation, ajoutant algébriquement le résultat à l'état relatif E', on obtiendra immédiatement l'état absolu cherché E_2.

EXEMPLES. I. *En comparant le chronomètre* ch_2 *au chronomètre* ch_1, *on a observé que le premier marquait* $5^h 17^m 48^s,50$ *pour le temps* $6^h 20^m 00^s$ *du second. Sachant qu'à midi moyen, ce dernier, c'est-à-dire le chronomètre* ch_1 *est en avance de* $2^h 42^m 43^s,96$ *et possède une avance diurne de* $7^s,68$, *on demande l'état absolu du chronomètre* ch_2.

On calcule d'abord l'état E_1 du chronomètre ch_1 au moment de l'observation.

$$E_{0_1} = - 2^h 42^m 43^s,96, \quad M_1 = - 7^s,68.$$

$$E_1 = E_{0_1} + I \frac{M_1}{86400}, \quad I = T_{ch_1} + E_{0_1}$$

$$
\begin{array}{ll}
T_{ch_1} = \quad 6^h 20^m 00^s,00 & \log I = 4,1151457 \\
E_{0_1} = - 2\ 42\ 43,96 & \log M_1 = 0,8853612 \\
\hline
I = \quad 3^h 37^m 16^s,04 = 13036^s,04 & c^t \log 86400 = 5,0634863 \\
\end{array}
$$

$$0,0639932\ (1,16)$$

$$I \frac{M_1}{86400} = - 1^s,16$$

$$E_{0_1} = - 2^h 42^m 43^s,96$$
$$- 0\ 00\ 01\ ,16$$
$$E_1 = - 2^h 42^m 45^s,12$$

L'état absolu de ch_1 se trouve ainsi obtenu pour l'époque de l'observation, il ne reste plus qu'à l'ajouter à l'état relatif E'.

$$T_{ch1} = \quad 6^h 20^m 00^s,00$$
$$T_{ch2} = \quad 5\ 17\ 48,50$$

$$E' = +\ 1\ 02\ 11,50$$
$$E_1 = -\ 2\ 42\ 45,12$$

$$E_2 = E_1 + E' = -\ 1^h 40^m 33^s,62$$

L'état absolu du chronomètre ch_2 pour l'instant de l'observation est égal à $-1^h 40^m 33^s,62$, ce qui signifie que ce chronomètre est en avance de cet intervalle de temps sur le temps moyen.

En déterminant un certain nombre d'états de la même manière, on pourra conclure la marche du chronomètre ch_2 sur le temps moyen.

II. *En comparant le chronomètre* ch_2 *au chronomètre* ch_1, *on a trouvé que le premier marquait* $7^h 34^m 16^s,20$, *quand le second indiquait* $6^h 15^m 48^s,00$. *Sachant qu'à midi moyen le chronomètre* ch_1 *est en avance de* $10^h 38^m 29^s,10$ *et possède un retard diurne de* $5^s,42$, *on demande l'état absolu du chronomètre* ch_2.

Calculant comme précédemment l'état du chronomètre ch_1 au moment de l'observation, on aura

$$E_{0_1} = -10^h 38^m 29^s,10; \quad M_1 = +5^s,42.$$

$$E_1 = E_{0_1} + I\frac{M_1}{86\,400}; \quad I = T_{ch1} + E_{0_1},$$

$$T_{ch1} = 6^h \text{ ou } 30^s\ 15^m 48^s,00 \qquad \log I = 4,8490440$$
$$E_{0_1} = -\quad 10\ 38\ 29,10 \qquad \log M_1 = 0,7339993$$
$$\overline{\quad\quad} \qquad\qquad c^t \log 86\,400 = 5,0634863$$
$$I = \quad 19^h 37^m 18^s,90$$
$$= 70638^s,90 \qquad\qquad 0,6465296\ (4,43)$$

$$I\frac{M_1}{86\,400} = +4^s,43, \quad E_1 = -10^h 38^m 24^s,67$$

$$T_{ch1} = \quad 6^h 15^m 48^s,00$$
$$T_{ch2} = \quad 7\ 34\ 16\ 20$$

$$E' = T_{ch1} - T_{ch2} = -\ 1^h 18^m 28^s,20$$
$$E_1 = -10\ 38\ 24\ 67$$

$$E_2 = E_1 - E' = -\ 11^h 56^m 52^s,87$$

L'état absolu demandé pour le second chronomètre est égal à
$- 11^{\text{h}} 56^{\text{m}} 52^{\text{s}},87$, ce qui signifie que pour l'époque de l'observation le
chronomètre ch_2 est en avance de $11^{\text{h}} 56^{\text{m}} 52^{\text{s}},87$ sur le temps moyen.

12. Convertir un intervalle de temps moyen en intervalle de temps chronométrique et réciproquement. — De
la relation générale $T_m = T_{ch} + E$ on tire

$$\Delta T_m = \Delta T_{ch} + \Delta E,$$

expression que l'on traduira en disant que le nombre qui représente
un intervalle de temps moyen est égal au nombre qui représente le
temps chronométrique correspondant augmenté algébriquement de la
variation de l'état absolu relative à l'intervalle considéré.

Si l'on appelle M la marche, on aura par définition

$$\frac{M}{24^{\text{h}}} = \frac{\Delta E}{\Delta T_m} \quad \text{d'où} \quad \Delta E = \Delta T_m \frac{M}{24^{\text{h}}} = \Delta T_m \frac{M}{86\,400}.$$

Changeant la notation et posant $I_m = \Delta T_m$, $I_{ch} = \Delta T_{ch}$, I étant d'une
manière générale l'intervalle de temps considéré, I_m cet intervalle
exprimé en temps moyen, et I_{ch} le même intervalle en temps chronométrique

$$I_m = I_{ch} + I_m \frac{M}{86\,400}.$$

Telle sera la relation qui permettra de passer d'un intervalle de temps
chronométrique à un intervalle de temps moyen et réciproquement.

Si I_m est donné, on aura

$$I_{ch} = I_m - I_m \frac{M}{86\,400}.$$

Si c'est au contraire I_{ch}, on aura, avec une approximation suffisante,
en général,

$$I_m = I_{ch} + I_{ch} \frac{M}{86\,400}.$$

EXEMPLES. I. *Au moment d'une première observation le chronomètre
marquait* $4^{\text{h}} 53^{\text{m}} 25^{\text{s}},30$ *et à une seconde observation* $8^{\text{h}} 24^{\text{m}} 32^{\text{s}},50$; *on demande l'intervalle de temps moyen qui sépare les deux observations, sa-
chant que la marche du chronomètre est* $+ 8^{\text{s}},90$.

Seconde observation. . . . . $8^h 24^m 32^s,50$

Première observation. . . . . $4\ 53\ 25\ \ 30$

Intervalle chronométrique $= I_{ch} = 3^h 31^m 07^s,20 = 12667^s,20$

$$I_m = I_{ch} + I_{ch}\, \frac{M}{86400}.$$

On trouvera $I_{ch}\, \dfrac{M}{86400} = + 1^s,30$; ajoutant à l'intervalle de temps I_{ch}, on trouvera $3^h 31^m 08^s,50$ pour l'intervalle de temps moyen cherché.

II. *A* $7^h 54^m 30^s,00$, *temps moyen, un chronomètre marquait* $2^h 44^m 53^s,50$. *Sachant que la marche de ce chronomètre est* $-7^s,53$, *on demande son état absolu pour midi moyen.*

On cherchera l'intervalle de temps chronométrique qui correspond à $7^h 54^m 30^s$ de temps moyen, on en conclura l'heure du chronomètre pour midi moyen et par suite l'état absolu demandé.

$$I_{ch} = I_m - I_m\, \frac{M}{86400}, \qquad I_m = 7^h 54^m 30^s,00 = 28470^s,00$$

$$I_m \cdot \frac{M}{86400} = -2^s,48.$$

Par suite $I_{ch} = 7^h 54^m 32^s,48$; retranchant ce résultat de $2^h 44^m 53^s,50$, on trouvera $18^h 50^m 21^s,02$ pour l'heure indiquée par le chronomètre à midi moyen, d'où résultera

$$\text{État à midi moyen} = + 5^h 09^m 38^s,98.$$

On aurait pu arriver à ce résultat d'une autre manière; en appelant E l'état à une époque quelconque, E_0 l'état à midi moyen, on a

$$E = E_0 + I \cdot \frac{M}{86400},$$

I étant l'intervalle qui sépare l'époque considérée du midi moyen; dans le cas précédent, $I = 7^h 54^m 32^s,48$ de sorte que $I \cdot \dfrac{M}{86400} = -2^s,48$.

L'état E relatif à l'époque de l'observation s'obtiendra en retranchant T_{ch} de T_m d'après la relation générale $T_m = T_{ch} + E$

$$T_m = 7^h 54^m 32^s,48, \qquad T_{ch} = 2^h 44^m 53^s,50,$$

de sorte que

$$E = T_m - T_{ch} = + 5^h 09^m 38^s,50.$$

Or

$$E_0 = E - 1 \cdot \frac{M}{86\,400} = + 5^h 09^m 36^s,50 + 2^s,48 = + 5^h 09^m 38^s,98,$$

ce qui est l'état absolu demandé.

13. Régler un chronomètre pour une époque quelconque. — Les divers exemples qui viennent d'être examinés renferment à peu près tous les cas qui sont susceptibles de se présenter dans la pratique. Il y a lieu de remarquer toutefois que ces exemples ont été réduits à leur plus grande simplicité ; on a évité de les compliquer pour pouvoir plus facilement mettre en évidence les principes sur lesquels on doit s'appuyer. Ces principes étant bien compris, il sera toujours facile dans les applications de ramener à l'un des cas qui ont été traités tous les problèmes qui pourront se rencontrer, quelque compliqués qu'ils puissent paraître au premier abord. Nous ajouterons toutefois encore quelques mots au sujet d'un cas qui est susceptible de se présenter quelquefois.

Dans les exemples précédents on a supposé que l'état du chronomètre était donné pour le midi moyen qui précédait immédiatement l'époque de l'observation. Les choses ne se présentent pas toujours ainsi. Il arrive assez souvent que l'on inscrit seulement sur le registre des chronomètres les états qui sont relatifs aux époques où ils ont été calculés, ainsi que les marches qui en ont été la conséquence. La marche est supposée rester constante jusqu'à l'époque d'une nouvelle observation d'état, et l'on se dispense d'écrire journellement les états qui sont la conséquence de cette marche. Il résulte de là que si l'on a besoin d'un élément du chronomètre, on peut avoir à le calculer pour un intervalle qui se compose de plusieurs périodes de 24 heures et d'une fraction de jour déterminée. Dans ce cas on calcule d'abord l'élément pour le midi moyen qui précède immédiatement l'observation en prenant pour variation de l'état le produit de la marche par le nombre de jours écoulés, et l'on se trouve ainsi ramené au cas que nous avons supposé dans nos exemples. Ce calcul préparatoire est évidemment toujours très simple quand on reste dans le même lieu ; mais quand on se déplace et que par suite la longitude varie, il faut prendre garde de se tromper de date et par suite de commettre une erreur de 24 heures, qui correspondrait à une erreur de temps égale à la marche du chronomètre.

Prenons l'exemple suivant :

Le 1ᵉʳ mars un chronomètre dont la marche est $+ 6^s,72$ *marquait* $3^h 24^m 42^s,22$ *à midi, temps moyen de Paris : le 30 mars ce chronomètre indiquait* $2^h 42^m 47^s,00$, *on demande l'heure de Paris, temps moyen.*

On reconnaît immédiatement que du 1ᵉʳ (à midi moyen) au 30 à l'époque considérée il s'est écoulé 29 jours plus un certain intervalle I facile à déterminer.

29 jours correspondent à une variation de marche de $+ 3^m 14^s,88$, de sorte que l'état du chronomètre au midi moyen qui précède immédiatement l'observation, est

$$(- 3^h 24^m 42^s,22 + 3^m 14^s,88) = - 3^h 21^m 27^s,34 = E_0.$$

L'intervalle I sera alors

$$I = T_{ch} + E_0 = 23^h 21^m 19^s,66 = 24079^s,66,$$

et l'on aura

$$E = E_0 + I \frac{M}{86400}; \quad I \cdot \frac{M}{86400} = + 6^s,54.$$

Par suite

$$E = - 3^h 21^m 20^s,80$$

et enfin

$$T_m = T_{ch} + E = 23^h 21^m 26^s,20.$$

C'est là l'heure temps moyen cherchée pour l'époque de l'observation.

On a supposé qu'aux deux époques le méridien de l'observateur restait le même. Mais si l'observateur se trouvait le 30 mars (temps moyen de Paris) par une longitude Est $4^h 10^m 30^s$, par exemple, l'heure temps moyen du lieu de l'observation serait $27^h 31^m 49^s,66$ ou $3^h 31^m 49^s,66$ le 31 mars. Dans l'énoncé du problème on aurait donc la date du 31 mars à la place de celle du 30 mars. On évitera toute chance d'erreur en passant du temps moyen du lieu au temps moyen de Paris au moyen de la longitude avant d'effectuer aucune opération.

Le problème précédent se serait présenté de la manière suivante : le 31 mars, par $4^h 10^m 30^s$ de longitude Est vers $3^h 31^m 50^s$, temps moyen du lieu, on a observé au chronomètre le temps $2^h 42^m 47^s$, on demande le temps moyen correspondant de Paris, sachant, etc.

On calcule d'abord le temps approché de Paris au moyen du temps moyen du lieu

$$T_0 = T_m + \psi$$

$$T_m = 3^h \text{ ou } 27^h 31^m 50^s$$

$$\psi = \quad - 4 \ 10 \ 30$$

$$\overline{T_0 = T_m + \psi = \quad 23^h 21^m 20^s}$$

Le temps obtenu étant inférieur à 24 heures, il faudrait en conclure que la date de Paris est le 30 et non pas le 31 et faire le calcul qui a été effectué plus haut.

Dans le cas inverse, c'est-à-dire pour une longitude Ouest, on serait exposé à se tromper d'une unité en moins sur la date.

Toute chance d'erreur se trouvera évitée si l'on calcule la date du premier méridien avec le temps moyen approché du lieu qui est toujours pour cela connu avec une exactitude suffisante.

On peut du reste s'épargner toute préoccupation à ce sujet, si l'on a le soin d'écrire tous les jours l'état du chronomètre pour midi moyen, calculé au moyen de la marche résultant de la dernière observation d'état absolu, sauf à avoir sur le registre une colonne à part où l'on inscrira seulement les états, résultats directs des observations astronomiques au fur et à mesure qu'elles seront exécutées. Au lieu d'enregistrer chaque jour ce que l'on appelle l'état, il est préférable d'écrire le temps moyen à midi du chronomètre; on évite ainsi les états négatifs. D'après cette manière de procéder, toutes les fois que le temps moyen sera plus grand que le temps chronométrique, le nombre qui donnera le temps moyen représentera en grandeur, en signe, ce que nous avons appelé l'état du chronomètre; dans le cas contraire, l'état sera le complément à 12 de ce nombre affecté du signe —. La notation que nous avons adoptée dans tout ce qui précède suppose que le registre des chronomètres est tenu ainsi qu'il vient d'être expliqué.

Cette notation, il y a lieu de l'observer ici, n'est pas d'un usage général; on trouvera souvent l'état et la marche affectés de signes contraires à ceux que nous leur avons donnés. Ainsi que nous l'avons déjà dit, nous avons préféré adopter la convention que nous avons établie parce qu'elle est conforme à celle qui existe déjà pour le temps moyen et le temps vrai dans la *Connaissance des temps*. En pareille matière, on ne saurait trop chercher l'uniformité dans toutes les méthodes. Les calculs relatifs aux diverses espèces de temps ne sont pas difficiles assurément; mais ils ont tous cela de commun qu'ils exigent beaucoup d'attention; on peut se dispenser d'une partie de cette attention au moins au moyen de règles simples et précises d'une application uniforme. La partie numérique d'un calcul nécessite par elle-même assez de soin pour que l'on cherche à s'éviter toute préoccupation étrangère.

14. Résumé des formules. Réflexions générales. — Tous les problèmes relatifs aux chronomètres peuvent se résumer dans l'application des formules suivantes :

$$T_0 = T_{ch} + E; \quad E = E_0 + I\,\frac{M}{86\,400}; \quad I = T_{ch} + E_0;$$

$$T_0 = T_m + \psi; \quad E = E_m + \psi.$$

$$T_{ch_1} = T_{ch_2} + E'; \quad E_2 = E_1 + E'; \quad I_m = I_{ch} + I_{ch} \frac{M}{86400};$$

$$I_{ch} = I_m - I_m \frac{M}{86400}.$$

$T_0 =$ *Temps du premier méridien pour l'époque de l'observation.*

$T_{ch} =$ *Temps du chronomètre*   *id.*   *id.*

$T_m =$ *Temps du méridien du lieu*   *id.*   *id.*

$E =$ *État du chronomètre*   *id.*   *id.*   *par rapport au premier méridien.*

$E_0 =$ *État du chronomètre à midi moyen et par rapport au premier méridien.*

$E_m =$ *État du chronomètre pour l'époque de l'observation et par rapport au méridien du lieu.*

$I =$ *Intervalle de temps qui sépare le midi moyen de l'époque de l'observation.*

$M =$ *Marche du chronomètre en 24 heures de temps moyen.*

$\psi =$ *Longitude du lieu.*

$E \gtrless 0$ *suivant que* $T_0 - T_{ch} \gtrless 0.$

$\psi \gtrless 0$ *suivant que la longitude est Ouest ou Est.*

$M \gtrless 0$ *suivant que le temps moyen est en avance ou en retard sur le temps du chronomètre.*

$T_{ch_1} =$ *Temps d'un premier chronomètre à l'époque de l'observation.*

$T_{ch_2} =$ *Temps d'un second chronomètre*   *id.*   *id.*

$E' =$ *État du second chronomètre par rapport au premier à l'époque de l'observation.*

$E_1 =$ *État absolu du premier chronomètre à l'époque de l'observation.*

$E_2 =$ *État absolu du second chronomètre*   *id.*   *id.*

$E' \gtrless 0$ *suivant que* $T_{ch_1} - T_{ch_2} \gtrless 0.$

$I_m =$ *Intervalle de temps moyen donné.*

$I_{ch} =$ *Intervalle de temps chronométrique correspondant.*

Nous terminons ce que nous avons à dire ici au sujet de l'usage des chronomètres, en ajoutant quelques mots sur la pratique de ces instruments dans les observations.

Dans toutes les observations astronomiques où l'on se sert des chronomètres, on se propose en général de déterminer aussi exactement que possible le temps du chronomètre à l'instant où l'on observe le contact de deux images au foyer de la lunette. La précision de l'observation dépend à la fois de la manière dont l'œil apprécie le contact de celle dont l'oreille qui suit les battements du chronomètre parvient à estimer le temps.

Pour bien déterminer le temps, il est indispensable de s'être beaucoup exercé avec l'instrument dont on se sert. On ne saurait donner de règles à ce sujet; le but à atteindre étant connu, chaque observateur cherche à y arriver par les moyens qui lui sont propres, en se créant suivant les circonstances les règles et les méthodes qui lui sont dictées par son expérience personnelle.

Dans les observations nautiques, l'observateur ne saurait s'astreindre à compter lui-même le temps; les positions plus ou moins incommodes qu'il est obligé de prendre dans certains cas, et, en outre, le bruit inévitable qui a lieu autour de lui rendent la chose généralement impossible; d'ailleurs les observations effectuées à bord ne comportent jamais une précision assez grande pour qu'il soit utile de s'en préoccuper. On se contente alors de faire compter le temps par un aide qui tient le chronomètre et suit avec attention le mouvement de l'aiguille des secondes en comptant chaque seconde à haute voix. On doit admettre que dans cette manière de procéder le temps ne sera jamais estimé à moins d'une seconde; on peut toutefois arriver à une précision plus grande, mais alors la personne qui compte le temps doit elle-même être fort exercée.

Pour les observations qui servent à déterminer des états absolus, l'observateur doit, autant que possible, chercher à compter le temps lui-même. Cela présente souvent des difficultés pratiques il est vrai, mais si l'on s'est exercé à ce genre d'observations et surtout si l'on possède un instrument qui batte la demi-seconde, on arrivera toujours à se placer dans des conditions suffisamment avantageuses pour que l'opération soit praticable.

Quand on compare des chronomètres entre eux, il est toujours très facile de le faire sans aucun aide; on suit de l'œil l'aiguille de l'un des chronomètres pendant que l'on écoute les battements du second, et l'on arrive sans peine en quelques instants à déterminer pour un moment donné les temps correspondants des deux chronomètres. Si l'un des chronomètres bat la demi-seconde, on le choisit de préférence pour écouter des battements; l'expérience montre qu'avec un peu d'habitude on arrive ainsi à comparer très vite les deux chronomètres au moins au quart de seconde.

CHAPITRE II.

CALCUL DU TEMPS.

---

1. Calcul de l'angle horaire au moyen d'une observation de hauteur. — On a vu précédemment que le midi moyen d'un lieu est déterminé par le passage du Soleil moyen au méridien de ce lieu. L'heure temps moyen peut également se conclure du passage d'un astre quelconque au méridien quand on connaît la relation qui existe entre le temps moyen et le temps de cet astre ou simplement la différence des ascensions droites de l'astre et du Soleil moyen. Le Soleil moyen n'est pas observable en réalité, mais on connaît toujours la différence de son ascension droite α_m avec celle du Soleil vrai qui est l'équation du temps, de sorte qu'ayant estimé l'heure du passage du Soleil vrai au méridien, on peut conclure immédiatement le temps moyen par la relation générale

$$T_m = T_v + (\alpha - \alpha_m) \text{ ou Eq.}$$

Nous nous proposons ici de calculer le temps moyen à une époque quelconque en estimant directement le temps vrai ou, ce qui est la même chose, l'angle horaire du Soleil vrai sur la sphère céleste. Cet angle résultera immédiatement de la résolution du triangle de position ou triangle formé par le Soleil avec le pôle et le zénith du lieu. Les données du problème seront la hauteur de l'astre, sa déclinaison et la latitude du lieu. La hauteur sera fournie par une observation instrumentale; la déclinaison s'obtiendra par les Éphémérides à l'aide du temps connu du premier méridien indiqué par le chronomètre pour l'époque de l'observation; enfin la latitude sera supposée déjà déterminée par un moyen quelconque; dans la réalité, à la mer, la latitude n'est jamais exactement connue au moment où l'on fait un calcul d'angle horaire; mais quant à présent nous avons seulement en vue la détermination de l'angle horaire; nous nous occuperons ultérieurement d'estimer exactement la correction qui peut être la conséquence d'une erreur de latitude.

Cela posé, soient, d'après la notation ordinaire, h la hauteur de l'astre, δ sa déclinaison et φ la latitude du lieu, l'angle horaire T sera donné par la relation fondamentale

$$\sin h = \sin \delta \sin \varphi + \cos \delta \cos \varphi \cos T.$$

On déduira de cette relation une expression de T, calculable par logarithmes, au moyen d'une série de transformations qui ont été exposées en détail précédemment (livre II, page 122), et que nous rappelons sommairement :

$$\cos T = \frac{\sin h - \sin \delta \sin \varphi}{\cos \delta \cos \varphi}$$

$$1 - \cos T = 2 \sin^2 \tfrac{1}{2} T = \frac{\cos (\varphi - \delta) - \sin h}{\cos \varphi \cos \delta};$$

$$1 + \cos T = 2 \cos^2 \tfrac{1}{2} T = \frac{\cos (\varphi + \delta) + \sin h}{\cos \varphi \cos \delta}.$$

Appelant z la distance zénithale : $z = 90° - h$, d'où $h = 90° - z$. On remplacera h par cette valeur, et l'on posera :

$$2s = \varphi + \delta + z, \quad 2(s - z) = \varphi + \delta - z, \quad 2(s - \delta) = \varphi + z - \delta,$$
$$2(s - \varphi) = z + \delta - \varphi.$$

D'où, après substitution dans les relations de tout à l'heure

$$\sin^2 \tfrac{1}{2} T = \frac{\sin (s - \delta) \sin (s - \varphi)}{\cos \delta \cos \varphi}; \quad \cos^2 \tfrac{1}{2} T = \frac{\cos s \cos (s - z)}{\cos \delta \cos \varphi};$$

$$\operatorname{tg}^2 \tfrac{1}{2} T = \frac{\sin (s - \delta) \sin (s - \varphi)}{\cos s \cos (s - z)}.$$

L'une quelconque de ces formules pourra servir à calculer la valeur de $\tfrac{1}{2} T$ et par suite celle de T. Il sera toujours préférable d'employer la troisième, parce qu'un angle est mieux déterminé par sa tangente que par son sinus ou son cosinus.

Admettant que l'on calcule $\tfrac{1}{2} T$ au moyen de la troisième formule, on remarquera que $\operatorname{tg} \tfrac{1}{2} T$ est affecté du double signe : cela tient à ce que l'angle horaire T se comptant de 0° à 360°, $\tfrac{1}{2} T$ est compris entre 0° et 180°. Le signe $+$ convient au cas où l'astre est dans l'ouest, et le signe $-$ à celui ou l'astre est dans l'est : dans ce dernier cas, la *Valeur Tabulaire* obtenue pour $\tfrac{1}{2} T$ devra être remplacée par son supplément pour devenir *Valeur absolue*.

Nous donnerons immédiatement une application du calcul de l'angle horaire avec le détail des opérations numériques.

EXEMPLE. — *Le 19 avril 1874, dans un lieu situé par $49°38'35''$ de latitude nord, à $5^h35^m51^s$, temps moyen de Paris, on a observé une hauteur de Soleil égale à $14°50'25''$. On demande l'heure, temps moyen du lieu. (L'astre était placé dans l'ouest.)*

Au moyen de l'heure temps moyen de Paris, on calculera tout d'abord la déclinaison pour l'époque de l'observation. D'après la *Connaissance des temps*, le 19 avril à midi moyen $\delta = +11°12'39'',7$ avec une variation de $+20'38'',6$ en 24 heures; on conclura pour l'époque de l'observation $\delta = +11°17'30''$.

Le calcul sera alors disposé de la manière suivante :

$$
\begin{aligned}
z = 90° - h = \quad & 75°\ 09'\ 35'' \\
\delta = + \quad & 11\ \ 17\ \ 30 \\
\varphi = + \quad & 49\ \ 38\ \ 35 \\
\hline
2s = \quad & 136°\ 05'\ 40'' \\
s = \quad & 68\ \ 02\ \ 50 \quad \ldots\ldots\ c'\log\cos s \quad = 0,4273116 \\
z - s = \quad & 7\ \ 06\ \ 45 \quad \ldots\ldots\ c'\log\cos(s-z) = 0,0033549 \\
s - \delta = \quad & 56\ \ 45\ \ 20 \quad \ldots\ldots\ \log\sin(s-\delta) = 9,9223825 \\
s - \varphi = \quad & 18\ \ 24\ \ 15 \quad \ldots\ldots\ \log\sin(s-\varphi) = 9,4992994
\end{aligned}
$$

$$
\begin{aligned}
\log \mathrm{tg}^2 \tfrac{1}{2} T &= 9,8523484 \\
\log \mathrm{tg} \tfrac{1}{2} T &= 9,9261742 \\
[\tfrac{1}{2} T] &= 40°\ 09'\ 12'',4
\end{aligned}
$$

Dans ce cas particulier, l'astre étant placé dans l'ouest, $\mathrm{tg}\,\tfrac{1}{2} T$ est affecté du signe $+$, de sorte que la valeur absolue de $\tfrac{1}{2} T$ est égale à la valeur tabulaire, et par suite :

$$T = [T] = 80°\ 18'\ 24'',8$$

ou

$$= 5^h\ 21^m\ 13^s,6$$

Dans le calcul précédent, il y a lieu de remarquer que les éléments φ et δ doivent toujours être pris avec leurs signes, et les somme s, $s-z$, $s-\delta$, $s-\varphi$, calculés algébriquement en conséquence; c'est là un point qu'il est bon de ne jamais oublier dans la pratique.

Dans le détail du calcul qui vient d'être fait $s-z$ vient d'être remplacé par $z-s$ pour éviter une valeur négative; cela n'avait aucune importance, parce que $\cos(s-z) = \cos(z-s)$. On pourrait craindre que les valeurs de s et de $(s-z)$ fussent plus grandes que $90°$, que

celles de $(s - \delta)$ et $(s - \varphi)$ devinssent négatives dans certains cas;
cela n'est jamais possible, $\operatorname{tg} \frac{1}{2} T$ a toujours une valeur réelle. Il est
du reste facile de le démontrer en quelques mots. Dans un triangle,
un côté étant plus petit que la somme des deux autres :

$$z < 90° - \varphi + 90° - \delta \qquad \text{ou} \qquad z + \delta + \varphi < 180°.$$

Par suite

$$s < 90° \quad \text{et } \textit{a fortiori } s - z < 90°$$

et en outre

$$s - \delta < 180° \qquad \text{et} \qquad s - \varphi < 180°.$$

Donc, dans tous les cas :

$$\cos s > 0, \quad \cos (s - z) > 0; \quad \sin (s - \delta) > 0, \quad \sin (s - \varphi) > 0.$$

Le calcul précédent a donné la valeur de l'angle horaire T de l'astre
dont on avait observé la hauteur. Cet astre était le Soleil; mais il est
bien évident que le même calcul pourrait s'appliquer à un astre quelconque, à la Lune, à une planète ou à une étoile. Le résultat du calcul
serait toujours *l'angle horaire formé par l'astre avec le méridien du lieu
de l'observation ou l'heure du lieu exprimée en temps de l'astre considéré*.
On obtiendra dans tous les cas l'heure temps moyen du lieu par la
relation générale

$$T_m = T + (\alpha - \alpha_m).$$

dans laquelle α représente l'ascension droite de l'astre observé et α_m
l'ascension droite du Soleil moyen à l'époque de l'observation.
Dans le cas particulier du Soleil

$$\alpha - \alpha_m = \text{Équation du Temps} = \text{Eq.}$$

De sorte que

$$T_m = T + \text{Eq.}$$

Pour conclure le temps moyen du calcul de tout à l'heure, on calculera donc, à l'aide des Éphémérides, l'équation du temps pour
l'époque de l'observation.
Or, d'après la *Connaissance des temps*, le 19 avril 1874 :

$$\textit{Temps moyen à midi vrai} = 11^h 59^m 04^s,28$$

Et pour l'heure de l'observation $\qquad 11^h 59^m 01^s,2$

Finalement, on aura pour le temps moyen cherché :

$$\textit{Temps vrai ou angle horaire calculé} = \text{T} = 5^h 21^m 13^s,6$$
$$\textit{Equation du Temps} = Eq = 11^h 59^m 01^s,2$$

$$\textit{Temps moyen cherché} = \text{T}_m = 5^h 20^m 14^s,8$$

2. De l'approximation du calcul de l'angle horaire, conditions favorables. — La détermination de l'angle horaire T s'effectuant au moyen des valeurs des éléments h, φ et δ, lesquelles ne sont jamais données qu'avec une certaine approximation, il est indispensable d'étudier de quelle manière la précision du calcul de T sera influencée par le degré de cette approximation. Pour cela, il suffit de différentier la formule fondamentale par rapport aux divers éléments, et de considérer la relation différentielle qui sera ainsi obtenue. Mais, comme il arrive souvent dans la pratique que les erreurs ou les incertitudes qui affectent les éléments donnés ne sont pas assez faibles pour être assimilées à des différentielles avec une approximation suffisante, nous considérerons les différences ou variations quelconques de ces éléments, et nous prendrons en conséquence pour base de la discussion qui va suivre, la série qui donne ΔT en fonction de Δh, $\Delta\delta$ et $\Delta\varphi$ (tome Ier, liv. II, page 130) :

$$\Delta\text{T} = \frac{\Delta h}{\sin\text{A}\,\cos\varphi} - \frac{\cotg\text{C}}{\cos\delta}\,\Delta\delta - \frac{\cotg\text{A}}{\cos\varphi}\,\Delta\varphi + \tfrac{1}{2}\,\frac{\cotg\text{A}\,\cotg\text{C}}{\cos\delta\,\cos\varphi\,\sin\text{T}}\,\Delta h^2$$

$$+ \tfrac{1}{2}\left(\frac{\cotg\text{A}\,\cotg\text{C}}{\cos\varphi\,\cos\delta\,\sin\text{T}} - \frac{\cotg\text{T}}{\cos^2\delta}\right)\Delta\delta^2$$

$$+ \tfrac{1}{2}\left(\frac{\cotg\text{A}\,\cotg\text{C}}{\cos\delta\,\cos\varphi\,\sin\text{T}} - \frac{\cotg\text{T}}{\cos^2\varphi}\right)\Delta\varphi^2 + \frac{\cotg\text{A}\,.\,\Delta h\,\Delta\delta}{\cos h\,\cos\delta\,\sin^2\text{C}}$$

$$+ \frac{\cotg\text{C}\,.\,\Delta h\,\Delta\varphi}{\cos h\,\cos\varphi\,\sin^2\text{A}}\cdot + \frac{\Delta\varphi\,\Delta\delta}{\cos^2\delta\,\sin^2\text{C}\,\sin\text{T}} + .$$

Pour que T puisse être calculé avec précision, il faut que le second nombre soit une série convergente. Or, la convergence de cette série série dépend à la fois des angles A, C et T et des côtés h, δ et φ. Nous supposerons d'abord que ces derniers éléments diffèrent notablement de 90°; comme ils figurent en dénominateur par leurs cosinus, ils donneront alors des produits toujours différents de zéro.

Dans ces conditions, on reconnaîtra immédiatement que la série ne sera convergente que si A, C et T sont différents de zéro; le maximum de la convergence aura lieu pour A = 90°, C = 90°, T = 90°, c'est-à-dire quand le triangle formé par l'astre, le zénith et le pôle sera trirectangle; mais alors on a également h = 90°, δ = 90°, φ = 90°, ce qui suppose une position-limite qui ne se présente jamais : en effet, l'observateur devrait se trouver au pôle et l'astre à son zénith, d'où il résulterait que le triangle se réduirait à un point.

Dans le cas général où h, δ et φ sont différents de zéro et moindres que 90°, l'approximation de T dépendra de la grandeur des angles A, C, T : ces angles doivent en principe être aussi voisins que possible de 90°.

Toute bonne observation de hauteur destinée à fournir un angle horaire suppose en premier lieu que l'angle horaire sera grand, de sorte que cotg T est une petite quantité.

Si cotg A $= 0$ ou A $= 90°$, ΔT sera indépendant de $\Delta\varphi$, du moins au second ordre près; de même si cotg C $= 0$ ou C $= 90°$, ΔT sera indépendant de $\Delta\delta$.

La condition A $= 90°$ correspond au cas de l'astre placé dans le premier vertical. Dans ce cas, la deuxième des relations (1) donne

$$\sin \delta = \sin h \sin \varphi,$$

d'où $\sin h = \dfrac{\sin \delta}{\sin \varphi}$ et, au moyen de la première des relations (1),

$$\cos T = \operatorname{tg} \delta \operatorname{cotg} \varphi.$$

Pour que l'on puisse conclure de l'équation $\sin h = \dfrac{\sin \delta}{\sin \varphi}$ une valeur observable pour h, il faut :

1° Que $\dfrac{\sin \delta}{\sin \varphi}$ soit positif, c'est-à-dire que δ et φ soient de même signe;

2° Que $\dfrac{\sin \delta}{\sin \varphi}$ soit plus petit que 1, c'est-à-dire que δ soit plus petit que φ.

Ainsi quand la déclinaison et la latitude étant de même nom, la déclinaison est moindre que la latitude, il est toujours possible d'observer une hauteur dans le premier vertical ou tout au moins dans le voisinage du premier vertical, l'heure de l'observation sera donnée par la formule $\cos T = \operatorname{tg} \delta \operatorname{cotg} \varphi$. Dans ce cas, l'approximation de l'angle horaire sera, à une quantité du second ordre près, indépendante de celle avec laquelle la latitude est déterminée.

La condition C $= 90°$ est celle de l'angle de position droit.

Dans ce cas, la troisième des relations (1) donne

$$\sin \varphi = \sin h \sin \delta,$$

d'où

$$\sin h = \frac{\sin \varphi}{\sin \delta} \quad \text{et} \quad \cos T = \operatorname{tg} \varphi \operatorname{cotg} \delta.$$

h sera observable si :

1° $\dfrac{\sin \varphi}{\sin \delta} > 0$, c'est-à-dire si δ et φ sont de même signe ;

2° $\dfrac{\sin \varphi}{\sin \delta} < 1$, c'est-à-dire quand φ est plus petit que δ.

Quand la déclinaison et la latitude étant de même nom, la latitude est moindre que la déclinaison, il est toujours possible d'observer un astre dans une position telle que son angle de position soit droit ou dans le voisinage de cette position : l'heure de l'observation sera donnée par la relation $\cos T = \operatorname{tg} \varphi \operatorname{cotg} \delta$. Dans ce cas, l'erreur de l'angle horaire sera indépendante de celle qui pourrait exister sur la déclinaison par suite d'une erreur du chronomètre ou du temps du premier méridien.

En ne tenant compte que du premier ordre, ΔT est lié à Δh par la relation

$$\Delta T = \frac{\Delta h}{\sin A \cos \varphi}.$$

Si φ est différent de zéro, on aura donc toujours $\Delta T > \Delta h$.

On doit chercher à rendre toujours ΔT minimum ; cette condition sera évidemment remplie si $A = 90°$, c'est-à-dire quand l'astre observé sera placé dans le premier vertical.

Quand il n'est pas possible d'observer dans le premier vertical, on doit observer au moment où $\sin A \cos \varphi$ est le plus grand possible.

Or

$$\frac{1}{\sin A \cos \varphi} = \frac{dT}{dh}; \quad \text{cette quantité sera minimum pour} \quad \frac{d^2T}{dh^2} = 0,$$

$$\frac{d^2T}{dh^2} = \tfrac{1}{2} \frac{\operatorname{cotg} A \operatorname{cotg} C}{\cos \delta \cos \varphi \sin T} = 0,$$

ou simplement

$$\operatorname{cotg} A \operatorname{cotg} C = 0,$$

équation qui sera satisfaite pour $A = 90°$ ou $C = 90°$.

Il résulte de là que l'erreur de hauteur aura une influence minimum sur la valeur calculée pour l'angle horaire, quand l'astre considéré se sera trouvé dans une position telle que l'azimut ou l'angle de position fût droit au moment de l'observation. On a trouvé tout à l'heure que ces circonstances se présenteront quand on aura

$$(a) \qquad \sin h = \frac{\sin \delta}{\sin \varphi}, \quad \text{d'où} \quad \cos T = \operatorname{tg} \delta \, \operatorname{cotg} \varphi ;$$

$$(b) \qquad \sin h = \frac{\sin \varphi}{\sin \delta}, \quad \text{d'où} \quad \cos T = \operatorname{tg} \varphi \, \operatorname{cotg} \delta.$$

Les formules (a) et (b) donneront par conséquent la hauteur et l'heure pour les circonstances les plus favorables à la détermination de l'angle horaire.

Ces formules ont été mises en tables ; ces tables se trouvent habituellement dans tous les recueils de tables nautiques (table XXV, de Callet).

Connaissant d'une manière approchée la latitude du lieu et la déclinaison de l'astre que l'on veut observer, on prend à vue, dans ces tables, la valeur correspondante de l'angle horaire T ; cette valeur fait connaître l'heure temps vrai du lieu (s'il s'agit du Soleil) et en général l'angle horaire de l'astre qui est le plus favorable aux observations de hauteur.

On remarquera que si l'on se place dans les conditions d'observation les plus avantageuses, eu égard à l'erreur de hauteur, on se trouvera forcément par cela même dans les circonstances favorables pour se rendre autant que possible indépendant soit de l'erreur de déclinaison, soit de l'erreur de latitude. Il y a donc doublement avantage à rechercher les conditions favorables aux observations de hauteur. Toutefois cet avantage n'est véritablement réel que pour le cas du premier vertical. Dans les conditions ordinaires de la navigation, l'erreur de déclinaison possible est en effet généralement négligeable : il est loin d'en être de même de l'erreur de latitude.

Quoi qu'il en soit, on se trouvera dans les conditions les plus favorables, suivant que l'on pourra avoir A = 90° ou C = 90°, ou encore $\sin h = \frac{\sin \delta}{\sin \varphi}$, $\sin h = \frac{\sin \varphi}{\sin \delta}$.

Dans le cas particulier où $\sin \varphi = \sin \delta : \sin h = 1$, $h = 90°$; alors on a simultanément A = 90° et C = 90°, mais en même temps T = 0, c'est-à-dire que l'on serait conduit à observer dans le méridien et au moment même du passage de l'astre au zénith. Dans ce cas, la formule qui a servi au calcul de T ne serait plus applicable, puisque dans cette formule cos T deviendrait nul. L'observation donnera néanmoins le temps, si l'on parvient à noter exactement l'instant du passage au méridien. Mais alors cette observation ne serait plus une

observation de hauteur ordinaire, ce serait une véritable observation
de passage, tout à fait analogue à celles que l'on effectue avec la lunette
méridienne. On ne se préoccuperait plus de la hauteur : on chercherait
uniquement à saisir l'instant où l'astre se trouve dans le méridien :
comme dans ce moment le mouvement en azimut est très rapide, ce
genre d'observation ne saurait présenter aucune difficulté au point de
vue théorique. Il y a lieu de remarquer toutefois que dans la pratique
une pareille observation sera toujours fort délicate, surtout si l'on
se trouve à la mer. Il sera alors plus sûr et surtout plus commode
d'observer les hauteurs aussi près que possible du méridien et de faire
ensuite un calcul d'angle horaire. Dans ce cas, $\sin T$ et $\cos h$ seront
très voisins de 0 et $\cotg T$ de ∞; la série qui donne ΔT ne sera plus
convergente, ainsi qu'on l'a remarqué dès le commencement de cette
discussion. On doit se rendre compte alors de la limite dans laquelle
il est possible de se rapprocher au méridien pour avoir des résultats
suffisamment précis.

En général, $\Delta\delta$ est assez petit pour qu'il n'y ait pas lieu d'en tenir
compte ; en admettant qu'il en soit ainsi, on remarquera facilement qu'il ne peut y avoir lieu de se préoccuper que du terme en $\Delta\varphi^2$
dans le développement de ΔT, comme étant celui qui est susceptible
de donner les plus grandes valeurs

$$\frac{1}{2}\left(\frac{\cotg A \, \cotg C}{\cos\varphi\,\cos\delta\,\sin T} - \frac{\cotg T}{\cos^2\varphi}\right)\Delta\varphi^2.$$

Comme on suppose $\cotg A$ et $\cotg C$ très voisins de zéro, on pourra
admettre que $\cotg A \, \cotg C$ est du second ordre par rapport à $\sin T$,
de sorte que le premier terme du coefficient de $\Delta\varphi^2$ est lui-même du
second ordre par rapport au second $\dfrac{\cotg T}{\cos^2\varphi}$ et que l'on peut supposer
ce coefficient réduit à ce second terme, le seul qui soit susceptible de
prendre une grande valeur.

Soit proposé de trouver une valeur de T telle que

$$\frac{1}{2}\frac{\cotg T}{\cos^2\varphi}\,\Delta\varphi^2 < 30'',$$

et, supposant le cas généralement extrême de $\Delta\varphi = 10'$,

On conclura en remplaçant les petits arcs par leurs sinus

$$\cotg T < \frac{\sin 1'}{\sin^2 10'}\cos^2\varphi;$$

pour $\varphi = 23°30'$, on trouvera

$$T > 2°00'$$

et pour $\varphi = 0$

$$T > 1°20'.$$

On voit que l'on pourra observer suffisamment près du méridien pour se trouver dans les circonstances favorables sans que la convergence de la série qui donne ΔT soit notablement altérée, et par suite sans qu'il résulte de grandes erreurs sur le calcul de T.

Dans le cas de $\varphi = 23°30'$, en observant seulement à $2°$ du méridien, une erreur de $18'$ de latitude donnerait seulement $30''$ ou 2 secondes de temps sur l'angle horaire. Avec une erreur de $1'$ de latitude, on obtiendrait la même approximation avec $T > 2'$. On peut conclure de là qu'il est toujours possible de se rapprocher suffisamment du méridien pour se trouver dans les conditions favorables.

On pourra résumer tout ce qui vient d'être dit relativement aux circonstances favorables aux observations de hauteur, en disant :

Quand la déclinaison et la latitude sont de même nom, une erreur de hauteur a le moins d'influence possible sur le calcul de l'angle horaire :

1° Quand la latitude étant plus grande que la déclinaison, l'astre observé se trouve dans le premier vertical ;

2° Quand la latitude étant moindre que la déclinaison, l'angle de position est droit ;

3° Quand la latitude étant égale à la déclinaison, l'astre se trouve aussi près que possible du méridien.

Si la latitude et la déclinaison sont de signes contraires, la valeur de h qui satisfait à l'équation $\operatorname{cotg} A \operatorname{cotg} C = 0$ est négative et correspond par suite à une position de l'astre au-dessous de l'horizon. La position favorable aux observations n'est donc pas susceptible d'être observée. On cherchera alors à s'en rapprocher en observant le plus près possible de l'horizon, c'est-à-dire en prenant des hauteurs très petites. A cause des incertitudes de la réfraction, on ne doit pas néanmoins prendre des hauteurs inférieures à $12°$.

Soient

$$h = 12°00'00'', \qquad \varphi = 45°00'00'', \qquad \delta = -23°30',$$

on trouvera

$$A = 37°54', \qquad \frac{1}{\sin A \cos \varphi} = 2,30.$$

Par conséquent, pour $\Delta h = 10''$,

$$\Delta T = 23'' = 1',57.$$

Pour les latitudes inférieures à 45°, les observations de Soleil donneront en général des erreurs de temps inférieures à 23″ ou 1′,60, l'erreur de hauteur étant supposée au plus égale à 10″.

Nous avons supposé jusqu'à présent que les éléments h, δ et φ étaient en général notablement différents de 90°. Dans un cas particulier toutefois, celui où $\varphi = \delta$ ou en est très voisin, h devient 90° ou en diffère peu; mais nous avons vu que dans ce cas on pouvait se rapprocher suffisamment du méridien sans s'éloigner sensiblement des conditions d'observation favorables. Il n'y a jamais lieu de s'occuper du cas de $\delta = 90°$, où $\cos \delta = 0$. Les astres voisins du pôle seront exclus des observations d'angle horaire par l'unique raison qu'il est toujours possible d'en trouver d'autres qui donneront des résultats meilleurs. Mais le cas de $\cos \varphi$ voisin de zéro se présentera forcément toutes les fois que l'observateur sera placé à une haute latitude. Dans ce cas, il sera généralement possible d'observer dans des conditions telles que $A = 90°$ et $\cotg A = 0$, de sorte que l'erreur de latitude n'aura aucune influence, et l'erreur de temps de ΔT résultant de Δh pourra être réduite à son minimum.

Pour $\varphi = 75°$, ce qui est ordinairement le cas extrême susceptible de se présenter, on trouve $\Delta T < 4\Delta h$; si donc $\Delta h < 10″$, on aura $\Delta T < 40″$.

En somme, les basses latitudes sont favorables aux observations de hauteurs destinées à un calcul d'angle horaire; les hautes latitudes leur sont au contraire défavorables. Ainsi qu'on le verra plus loin, c'est l'inverse qui a lieu pour les observations de latitude.

3. Calcul de la hauteur et de l'azimut au moyen de l'angle horaire. — Nous venons de calculer l'angle horaire T au moyen de la hauteur h supposée donnée par une observation directe. Il arrive assez souvent que l'on a besoin de faire le calcul inverse, c'est-à-dire de calculer la hauteur au moyen d'un angle horaire donné. Dans ce cas, on se servira des formules qui servent à transformer les coordonnées angle horaire et déclinaison en azimut et hauteur (t. Ier, liv. II, p. 113). On posera

$$\operatorname{tg} M = \frac{\operatorname{tg} \delta}{\cos T},$$

et l'on aura

$$\operatorname{tg} A = \frac{\cos M \operatorname{tg} T}{\sin(\varphi - M)}, \qquad \operatorname{tg} h = -\cos A \cotg(\varphi - M).$$

La variation de h, exprimée en fonction des variations de φ, δ et T, est donnée par la série

$$\Delta h = \sin A \cos\varphi\, \Delta T + \cos A\, \Delta\varphi + \cos C\, \Delta\delta + \tfrac{1}{2}\frac{\cos\delta \cos\varphi}{\cos h}\cos A \cos C\, \Delta T^2$$

$$-\tfrac{1}{2}\,\mathrm{tg}\,h \sin^2 A\, \Delta\varphi^2 - \tfrac{1}{2}\,\mathrm{tg}\,h \sin^2 C\, \Delta\delta^2 + \frac{\sin^2 A \cos C}{\sin T}\, \Delta T\, \Delta\varphi$$

$$-\frac{\sin^2 C \cos A}{\sin T}\, \Delta T\, \Delta\delta + \frac{\sin A \sin C}{\cos h}\, \Delta\varphi\, \Delta\delta + \ldots$$

Suivant que l'azimut A ou l'angle de position C sera droit, la hauteur calculée sera indépendante de l'erreur de latitude ou de l'erreur de déclinaison; Δh sera indépendant de ΔT si $A = 0$, c'est-à-dire si la position calculée correspond au méridien ou à une position voisine : dans ce cas, il y a lieu de remarquer que l'influence de $\Delta\varphi$ sera précisément maximum.

Le mouvement d'un astre en hauteur pendant l'espace de temps ΔT étant égal à $\sin A \cos\varphi\, \Delta T$, $\sin A \cos\varphi$ sera le mouvement en hauteur dans l'unité de temps, ou, d'une manière absolue, le mouvement en hauteur de l'astre considéré.

$$\text{Mouvement en hauteur} = \frac{dh}{dT} = \sin A \cos\varphi.$$

On obtiendra le mouvement en hauteur maximum en égalant $\dfrac{d^2 h}{dT^2}$ à zéro

$$\frac{d^2 h}{dT^2} = \tfrac{1}{2}\frac{\cos\delta \cos\varphi}{\cos h}\cos A \cos C = 0,$$

ou simplement

$$\cos A \cos C = 0 ;$$

équation qui est satisfaite par $A = 90°$ ou $C = 90°$, c'est-à-dire quand l'azimut ou l'angle de position est droit.

On a vu précédemment que les époques favorables aux observations de hauteur sont précisément celles où l'on a $A = 90°$. On voit, d'après ce qui précède, que ces époques sont celles où le mouvement en hauteur est maximum. Il est évident qu'il doit en être ainsi. Si, en effet, les circonstances sont telles qu'à la plus grande variation de hauteur possible correspond la plus petite variation de temps, à l'erreur d'observation ordinaire qui doit affecter la hauteur dans tous les cas, correspondra l'erreur la plus faible sur l'angle horaire.

4. Calcul de l'angle horaire au moyen d'un grand nombre d'observations de hauteur. — Il arrive habituellement, dans la pratique, que l'on a observé, non pas une seule hauteur, mais un nombre de hauteurs plus ou moins considérable et l'on doit se

proposer de déduire de l'ensemble de ces hauteurs la valeur de temps
la plus probable. Dans l'observation, on a dû grouper les hauteurs
par séries distinctes séparées les unes des autres par des intervalles
de temps notables, et exécutées de telle sorte que les erreurs systématiques y soient autant que possible différentes par suite des modifications que l'observateur a apportées aux conditions dans lesquelles il se
trouvait. Les observations d'une même série doivent toujours, au contraire, n'être séparées que par des intervalles de temps très faibles; si
elles sont affectées d'erreurs systématiques, ces erreurs affecteront
alors également toutes les observations.

Il ne serait pas commode de calculer isolément toutes les observations d'une même série; on ramène toutes les hauteurs à une seule au
moyen du calcul suivant : on regarde la hauteur h comme une fonction du temps T, et l'on développe Δh au moyen de ΔT, suivant la formule de Taylor,

$$\Delta h = \frac{\Delta\mathrm{T}}{1}\frac{dh}{d\mathrm{T}} + \frac{\Delta\mathrm{T}^2}{1.2}\frac{d^2h}{d\mathrm{T}^2} + \frac{\Delta\mathrm{T}}{1.2.3}\frac{d^3h}{d\mathrm{T}^3} + \ldots$$

Cela posé, supposons qu'aux hauteurs observée h_1, h_2.....h_n correspondent les temps T_1, T_2.....T_n; soit T la moyenne des temps
T_1,T_2.....T_n, de sorte que $(T_1 - T) + (T_2 - T) + \ldots + (T_n - T) = 0$,
et soit h la hauteur qui correspond au temps T.

En remplaçant dans le développement de tout à l'heure Δh par $h_n - h$
et ΔT par $T_n - T$, on aura successivement

$$h_1 = h + \frac{T_1 - T}{1}\frac{dh}{d\mathrm{T}} + \frac{(T_1 - T)^2}{1.2}\frac{d^2h}{d\mathrm{T}^2} + \ldots$$

$$h_2 = h + \frac{T_2 - T}{1}\frac{dh}{d\mathrm{T}} + \frac{(T_2 - T)^2}{1,2}\frac{d^2h}{d\mathrm{T}^2} + \ldots$$

$$\cdot\ \cdot\ \cdot\ \cdot\ \cdot\ \cdot\ \cdot\ \cdot\ \cdot\ \cdot\ \cdot\ \cdot$$

$$h_n = h + \frac{T_n - T}{1}\frac{dh}{d\mathrm{T}} + \frac{(T_n - T)^2}{1.2}\frac{d^2h}{d\mathrm{T}^2} + \ldots$$

Ajoutant toutes ces équations les unes aux autres et remarquant que
$(T_1 - T) + (T_2 - T) + \ldots + (T_n - T) = 0$, et négligeant les termes
d'un ordre supérieur au deuxième

$$h_1 + h_2 + \ldots + h_n = nh + \frac{1}{2}\frac{d^2h}{d\mathrm{T}^2}\Sigma(T_n - T)^2.$$

D'où pour la valeur de h

$$h = \frac{h_1 + h_2 + \ldots + h_n}{n} - \frac{1}{2n}\frac{d^2h}{d\mathrm{T}^2}\Sigma(T_n - T)^2.$$

Il résultera de là qu'à la moyenne des temps T on pourra faire correspondre la moyenne des hauteurs observées, mais à la condition de faire subir à cette moyenne une certaine correction donnée par le second terme du second membre. Il serait facile de voir que ce calcul revient à remplacer la courbe $h = f(T)$ par un arc de parabole dans l'intervalle des observations (*).

Pour former le terme de correction, on se servira de la valeur de $\dfrac{d^2h}{dT^2}$ donnée précédemment

$$\frac{d^2h}{dT^2} = \frac{\cos\delta\,\cos\varphi}{\cos h}\,\cos A\,\cos C.$$

La somme $\Sigma(T_n - T)^2$ s'obtiendra au moyen des valeurs $T_n - T$ calculées directement avec la moyenne $T = \dfrac{T_1 + T_2 + \ldots T_n}{n}$ et ses différences successives avec $T_1, T_2, \ldots T_n$. On remplace alors $T_n - T$ par $\sin(T_n - T)$, et l'on calcule la somme $\Sigma\sin^2(T_n - T)$ au moyen d'une table qui donne les carrés des sinus des petits arcs. On trouve habituellement des tables de ce genre dans la plupart des recueils de tables nautiques.

On remarquera que dans l'expression $\Sigma\sin^2(T_n - T)$, T représente l'angle horaire cherché et se trouve par suite inconnu. En réalité, on a noté les temps chronométriques $T_{ch_1}, T_{ch_2}\ldots, T_{ch_n}$, et la moyenne de ces temps est le temps chronométrique T_{ch}. Mais, à une quantité du second ordre près, on aura toujours les intervalles des temps chronométriques égaux aux intervalles de temps vrai ou de temps de l'astre considéré, de sorte que

$$\Sigma\sin^2(T_n - T) = \Sigma\sin^2(T_{ch_n} - T_{ch}).$$

(*) En effet, supposons que n soit très grand, de manière que $\dfrac{h_n}{n}$ devienne la différentielle de h et $\dfrac{T_n - T}{n}$ la différentielle de T, la correction indiquée revient à poser

$$h_0 = \int dh - k\int T\,dT,$$

c'est-à-dire $h_0 = h - \dfrac{k}{2}(T^2 - T^2)$, en appelant T_0 le temps initial qui correspond à la hauteur h_0. Par suite

$$h = h_0 + \frac{k}{2}(T^2_0 - T^2).$$

équation du second degré entre h et T qui représente une parabole.

Le calcul de cette somme pourra donc toujours s'effectuer au moyen des données mêmes de l'observation.

La correction Δh à faire subir à la hauteur moyenne h pour obtenir la hauteur qui correspond au temps du premier méridien T_{ch} sera donc finalement

$$\Delta h = -\frac{1}{2n}\frac{\cos\delta\cos\varphi}{\cos h}\cos A\cos C\,\Sigma\sin^2(T_{chn}-T_{ch}).$$

Pour tenir compte de cette correction, on dirigera le calcul de la manière suivante : on calculera d'abord l'angle horaire T_0 qui correspond à la hauteur moyenne h au moyen du temps du premier méridien T_{ch}. Il en résultera un temps T_0 qui sera affecté d'une erreur ΔT_0 résultant de l'erreur Δh commise sur h en négligeant le terme de correction, de sorte que

$$T = T_0 + \Delta T_0.$$

Or nous avons trouvé précédemment qu'au second ordre près

$$\Delta T = \frac{\Delta h}{\sin A\cos\varphi}.$$

On aura donc, en remplaçant Δh par sa valeur de tout à l'heure.

$$\Delta T_0 = -\frac{1}{2n}\frac{\cos\delta}{\cos h}\cot A\cos C\,\Sigma\sin^2(T_{chn}-T_{ch}).$$

Et comme $-\dfrac{\cos\delta}{\cos h} = \dfrac{\sin A}{\sin T}$,

$$\Delta T_0 = +\frac{1}{2n}\frac{\cos A\cos C}{\sin T}\Sigma\sin^2(T_{chn}-T_{ch}).$$

Les angles A, C seront obtenus au moyen de la valeur de T_0 et des valeurs h, δ, φ déjà employées dans le calcul de T_0 ; on aura finalement pour l'angle horaire cherché T

$$T = T_0 + \frac{1}{2n}\frac{\cos A\cos C}{\sin T_0}\Sigma\sin^2(T_{chn}-T_{ch}).$$

Si l'observation de h a été faite dans les circonstances favorables, c'est-à-dire quand $A = 90°$ ou $C = 90°$, on remarquera que le terme de correction s'annule. On conclura de là que le fait d'observer à l'époque des circonstances favorables permet de remplacer rigoureusement les hauteurs observées par leur moyenne arithmétique et par suite de simplifier notablement le calcul. C'est là un troisième avantage qui vient s'ajouter aux deux autres qui ont déjà été signalés.

EXEMPLE. *On demande de déterminer le temps par un seul calcul d'angle horaire au moyen des observations suivantes de hauteur qui ont été faites sur le Soleil et dans l'Est.*

Heures chronométriques	Hauteurs observées.
$20^h 59^m 30^s$	$39° 58' 50''$
20 59 50	40 01 45
21 00 30	40 07 30
21 01 10	40 13 45
21 01 30	40 16 10
21 02 00	40 20 30

La moyenne h des hauteurs observées est égale à $40°09'30''$; elle correspond au temps $21^h 00^m 45^s$ du chronomètre; la déclinaison est égale à $+ 15°22'20''$, et la latitude est $+ 49°38'40''$.

On aura

$$
\begin{aligned}
z &= 49°50'20'' \\
\delta &= 15\ 22\ 20 \\
\varphi &= 49\ 38\ 40 \\
\hline
2s &= 114°50'80'' \\
s &= 57\ 25\ 40 \\
s - z &= \ \ 7\ 35\ 20 \\
s - \delta &= 42\ 03\ 20 \\
s - \varphi &= \ \ 7\ 47\ 00
\end{aligned}
$$

et log cos $= 0,2689254$

et log cos $= 0,0038207$

log sin $= 9,8259784$

log sin $= 9,4317064$

$$
\begin{aligned}
& 19,2304306 \\
\log \operatorname{tg} \tfrac{1}{2}T &= 9,6152153 \\
\tfrac{1}{2}T &= 22°24'23'',2 \\
T &= 44\ 48\ 46\ ,4 = 2^h 59^m 15^s,09 \\
T &= 360° - T = 315\ 11\ 13\ ,6 = 21\ 00\ 44\ ,91
\end{aligned}
$$

L'angle horaire ainsi obtenu, on calculera l'azimut A et l'angle de position C

$$
\sin A = - \frac{\cos \delta}{\cos h} \sin T. \qquad \sin C = - \frac{\cos \delta}{\cos h} \sin T.
$$

Dans le cas considéré l'astre est à droite du méridien, de sorte que
l'angle horaire T est plus grand que 12 heures ou 180 degrés : le sinus
de cet angle est par suite négatif.

$$\log \cos \delta = 9,9841780 \qquad \log \cos \varphi = 9,8112592$$
$$\text{et } \cos h = 0,1167737 \qquad \text{et } \cos h = 0,1167737$$
$$\log \sin T = 9,8480485 \qquad \sin T = 9,8480485$$

$$\log \sin A = 9,9490002 \qquad \log \sin C = 9,7760814$$
$$[A] = 62°46'20'' \qquad\qquad C = 36°40'00''$$
$$A = 117\ 19\ 40$$

Le temps moyen T_{ch0} qui correspond à la hauteur moyenne h est égal
à $21^h00^m45^s$: on formera les différences $T_{ch0} - T_{ch}$, et l'on trouvera

$T_{ch0} - T_{ch}$	1^m15^s	0^m55^s	0^m15^s	0^m25^s	0^m45^s	1^m15^s
ou	$18'45''$	$13'45''$	$3'45''$	$6'15''$	$11'15''$	$18'45''$

Et en formant la somme des carrés des sinus

$$\sin^2 18'45'' = 6'',04$$
$$\sin^2 13\ 45 = 3\ ,31$$
$$\sin^2\ 3\ 45 = 0\ ,24$$
$$\sin^2\ 6\ 15 = 0\ ,68$$
$$\sin^2 11\ 15 = 2\ ,21$$
$$\sin^2 18\ 45 = 6\ ,04$$

$$\Sigma \overline{\sin}^2 (T_{ch0} - T_{ch}) = 18'',52$$
$$n = 6 \qquad \frac{1}{2n} \Sigma \sin^2 (T_{h0} - T_{ch}) = 1\ ,54$$

$$\Delta T = +\frac{1}{2n}\frac{\cos A \cos C}{\sin T}\Sigma \sin^2(T_{ch0} - T_{ch}) = + \frac{\cos A \cos C}{\sin T} 1'',54 =$$
$$= +0'',80 \ (\sin T \text{ est négatif}).$$

Comme ce résultat doit être exprimé en temps, on le divisera par 15,
de sorte que

$$\Delta T = +0^s,05$$
$$T_0 = 21^h00^m44^s,91$$
$$\Delta T_0 = +\ 0\ 00\ 00,05$$

$$T = T_0 + \Delta T_0 = 21^h00^m44^s,96$$

C'est là la valeur de l'angle horaire cherché.

Dans l'exemple que nous venons de traiter, on remarquera que la correction ΔT est très faible quoique l'on se soit notablement écarté de l'époque des circonstances favorables. Il en sera toujours ainsi toutes les fois que l'on aura observé un astre dont la déclinaison reste constante pendant l'intervalle des observations, à moins que son azimut ne varie d'une manière très rapide dans cet intervalle, ce qui est une circonstance très défavorable aux calculs d'angle horaire : alors en effet sin A est forcément très petit, et l'erreur de hauteur a par suite une influence très grande sur l'erreur d'angle horaire. Dans le cas actuel ΔT se trouvera généralement d'un ordre inférieur à l'erreur qui résultera immédiatement de la mesure de hauteur et sera par suite négligeable.

On peut dire que toutes les fois que l'astre observé a une déclinaison sensiblement constante, les hauteurs peuvent être regardées comme variant proportionnellement au temps, et la correction ΔT qui vient d'être calculée, négligée d'une manière absolue quand la précision sur laquelle on peut compter dans le calcul de l'angle horaire ne dépassera pas $0^s,5$, ce qui est le plus souvent la limite que l'on puisse atteindre dans les calculs relatifs à la navigation même pour la régulation des chronomètres.

Quand il s'agit d'un astre dont la déclinaison varie rapidement, de la Lune par exemple, il y aura généralement lieu de tenir compte du terme d'interpolation ΔT si l'on n'a pas observé à une époque voisine des circonstances favorables.

5. Détermination du temps sidéral au moyen de l'angle horaire. — L'angle horaire ayant été calculé pour un astre quelconque fait connaître la position de cet astre par rapport au méridien du lieu et par suite le temps du lieu par rapport à la révolution diurne de l'astre considéré ou encore ce que l'on peut appeler le temps de cet astre. Pour obtenir le temps particulier que l'on a appelé temps sidéral, on se servira de la relation générale qui existe entre ce temps, l'ascension droite et l'angle horaire de l'astre observé

$$\theta = \alpha + T.$$

S'il s'agit du Soleil, de la Lune ou des planètes, on déterminera l'ascension droite α au moyen des Éphémérides avec le temps du premier méridien supposé donné par le chronomètre à l'époque de l'observation; ajoutant à cette ascension droite l'angle horaire calculé et compté comme il convient, on obtiendra immédiatement l'heure sidérale du lieu.

EXEMPLE. — *Le 2 mai 1874 au matin, on a observé un angle horaire du Soleil* $2^h 59^m 15^s$; *le chronomètre indiquant* $20^h 57^m 90^s$ *temps moyen de Paris, on demande l'heure sidérale du lieu.*

On trouvera, dans la *Connaissance des temps* pour l'époque de l'observation.

$$\text{Ascension droite du Soleil} = \alpha = 2^\text{h}37^\text{m}14^\text{s},60.$$

L'angle horaire du Soleil étant relatif au matin doit être remplacé par son complément à 24 heures ; il est par suite égal à $21^\text{h}00^\text{m}45^\text{s}$.

On aura alors

$$\alpha = \quad 2^\text{h}37^\text{m}14^\text{s},60$$
$$T = 21 \quad 00 \quad 45 \quad 00$$

$$\theta = \alpha + T = 23^\text{h}37^\text{m}59^\text{s},60$$

θ est l'heure, temps sidéral, cherchée.

Le calcul est identiquement le même, soit qu'il s'agisse du Soleil, de la Lune, d'une planète ou d'une étoile.

DE QUELQUES PROBLÈMES RELATIFS AU MOUVEMENT HORAIRE.

6. Culmination des astres. — On dit qu'un astre culmine quand il atteint sa hauteur maximum. D'après les conditions du mouvement diurne, il est évident *à priori* que cette hauteur sera obtenue à l'époque du passage de l'astre au méridien. Toutefois, cela n'est rigoureusement vrai que si la déclinaison reste constante. Quand la déclinaison est variable, l'astre culmine dans le voisinage du méridien et à une distance de ce méridien d'autant plus grande que le mouvement en déclinaison est plus rapide.

Pour trouver l'époque de la culmination d'un astre dont la déclinaison est variable, on différentiera la relation

$$\sin h = \sin\delta \sin\varphi + \cos\delta \cos\varphi \cos T$$

par rapport à h, δ et T ; on trouvera ainsi

$$\cos h\, dh = (\cos\delta \sin\varphi - \sin\delta \cos\varphi \cos T)\, d\delta - \cos\delta \cos\varphi \sin T\, dT.$$

Au moment de la culmination, le mouvement en hauteur est nul, de sorte que $dh = 0$. L'équation deviendra alors, en divisant par $\cos\delta \cos\varphi\, dT$,

$$\sin T = (\text{tg}\,\varphi - \text{tg}\,\delta \cos T)\,\frac{d\delta}{dT}.$$

L'angle T est toujours très petit, de sorte que l'on peut poser $\cos T = 1$

$$\sin T = \frac{\sin(\varphi - \delta)}{\cos \delta \cos \varphi} \frac{d\delta}{dT}.$$

Si dT est l'unité de temps et égal 1 seconde, $\frac{d\delta}{dT}$ représente le mouvement en déclinaison dans l'espace de 1 seconde; l'expression précédente donnera alors l'époque de la culmination ou l'angle horaire T du méridien dans lequel s'effectue cette culmination en égard au mouvement en déclinaison de l'astre considéré.

Quand $d\delta = 0$, c'est-à-dire quand la déclinaison est constante ou atteint son maximum, $\sin T = 0$ et la culmination a lieu dans le plan du méridien. Le même fait se présente quand $\delta = \varphi$; on a vu en effet que dans ce cas l'azimut A et l'angle de position deviennent droits au passage au méridien, ce qui indique que dans son mouvement horaire l'astre décrit sur la sphère céleste un arc perpendiculaire au méridien.

Pour la Lune, qui est de tous les astres celui dont le mouvement est le plus rapide $\frac{d\delta}{dT} < 0'',30$ à l'époque où le mouvement en déclinaison est maximum; comme à cette époque $\delta = 0$ ou à peu près, on aura pour valeur de l'angle horaire correspondant à la culmination qui s'éloigne le plus du méridien

$$T = 0''.30 \; \mathrm{tg} \; \varphi.$$

Par suite, pour les latitudes inférieures à 45°, on a toujours

$$T < 0',02.$$

Pour le Soleil T serait, dans les mêmes conditions, moindre que $0',002$, de sorte que dans les conditions actuelles des observations, la culmination du Soleil peut être regardée comme s'effectuant rigoureusement dans le plan du méridien.

On peut se demander quelle sera la hauteur qui correspondra à la culmination en dehors du méridien; il est évident *a priori* qu'elle devra différer très peu de la hauteur méridienne, puisque cette hauteur se trouvant dans le voisinage de son maximum doit varier très peu. Soient δ_m et δ les déclinaisons, h_m et h les hauteurs qui correspondent à la culmination et au passage au méridien

$$\sin h_m = \sin \delta_m \sin \varphi + \cos \delta_m \cos \varphi \cos T$$

ou

$$\sin h_m = \cos(\varphi - \delta_m) - 2 \cos \delta_m \cos \varphi \sin^2 \tfrac{1}{2} T.$$

et comme T est un angle très petit,

$$\sin h_m = \cos (\varphi - \delta_m) \quad \text{ou} \quad h_m = 90° + \delta_m - \varphi$$

pour la hauteur méridienne $T = 0$ et l'on a

$$\sin h = \cos (\varphi - \delta), \quad \text{d'où} \quad h = 90° + \delta - \varphi$$

on conclura de là

$$h_m - h = \delta_m - \delta \quad \text{ou} \quad h_m = h + \Delta\delta,$$

$\Delta\delta$ étant la variation de déclinaison dans l'intervalle de temps T angle horaire de la culmination; $\Delta\delta$ sera par conséquent une quantité d'ordre tout à fait inférieur et par suite toujours négligeable.

Il résultera de tout ce qui précède que l'époque de la culmination d'un astre est en général celle de son passage au méridien; pour trouver cette époque, il suffira donc de déterminer, au moyen des Éphémérides et de la longitude du lieu, l'heure du passage au méridien. Pour le Soleil et les étoiles, le problème est toujours très simple; pour la Lune, il est un peu plus compliqué.

7. Calcul de l'heure, temps moyen, du passage d'un astre au méridien d'un lieu quelconque. — Le temps moyen du lieu où l'angle horaire du Soleil moyen pour ce lieu est toujours lié au temps ou à l'angle horaire de l'astre considéré par la relation générale

$$T_m = T + (\alpha - \alpha_m).$$

Si l'astre passe au méridien $T = 0$, de sorte que $T_m = \alpha - \alpha_m$; la détermination de l'heure temps moyen du passage de l'astre se trouve donc ramenée au calcul de l'époque à laquelle le temps moyen du lieu est égal à la différence entre l'ascension droite de l'astre considéré et l'ascension droite moyenne du Soleil.

Dans le cas du Soleil $\alpha - \alpha_m = Eq$, d'où l'on conclut que le Soleil passe au méridien quand le temps moyen est égal à l'équation du temps, ce qui était évident *à priori*, l'équation du temps n'étant autre chose que le temps moyen à midi vrai. Pour obtenir l'heure du passage du Soleil au méridien pour un lieu donné en temps moyen de ce lieu, il suffit donc de calculer l'équation du temps pour ce lieu.

EXEMPLE. *On demande pour le 19 mars 1874 l'heure (temps moyen du lieu) du passage du Soleil au méridien d'un lieu situé par $4^h 15^m 30^s$ de longitude.*

D'après la *Connaissance des temps*, le 19 mars 1874 :

$$\text{Eq}_0 = \text{temps moyen à midi vrai} = \text{heure (temps moyen de Paris)}$$
$$\text{du passage du Soleil au méridien de Paris} = 0^h 07^m 54^s,18$$

avec une variation ou différence première de $-17^s,92$ en 24 heures et une différence seconde de $+0^s,14$.

Pour obtenir le temps cherché, il suffira de corriger l'équation du temps de sa variation pendant l'intervalle exprimé par la longitude du lieu.

$$\text{Eq}_0 = 0^h 07^m 54^s,18$$
$$\Delta \text{Eq}_0 = A \Delta \text{Eq}_0 + B \Delta^2 \text{Eq}_0 = - A . 17^s,92 + B . 0^s,14.$$

Par un calcul de parties proportionnelles,

$$A = \frac{4^h 15^m 30^s}{24} = \frac{15\,330}{86\,400} = 0,177.$$

Par les tables d'interpolation, pour les différentes secondes.

$$B = -0,073,$$

d'où

$$\Delta \text{Eq}_0 = -0,177 \times 17^s,92 - 0,073 \times 0^s,14 = -3^s,18$$
$$\text{Eq} = \text{Eq}_0 + \Delta \text{Eq}_0 = 0^h 07^m 51^s,00$$

Le Soleil passe au méridien à $0^h 07^m 51^s,00$, temps moyen du lieu considéré.

S'il s'agit d'une étoile, on pourra calculer le temps cherché T_m au moyen de la relation $T_m = \alpha - \alpha_m$; mais comme il faut déterminer α_m pour l'époque T_m, laquelle est inconnue, il y a lieu de procéder par approximations successives : dans ce cas particulier, le problème est toujours fort simple et peut être résolu aisément par parties proportionnelles.

EXEMPLE. *Trouver pour le 10 mai 1874 l'heure du passage de Sirius au méridien du lieu dont la longitude est* $\psi = 3^h 47^m 50^s$ *(ouest).*

On trouvera dans la *Connaissance des temps* pour le 10 mai 1874 à midi, temps moyen de Paris,

$$\text{Ascension droite de Sirius ou } \alpha = 6^h 39^m 35^s,05.$$
$$\text{Temps sidéral ou } \alpha_{m_0} = 3 \ \ 12 \ \ 26,16$$

A la longitude donnée ψ correspond une variation de $+37^s,43$ sur l'ascension droite moyenne α_{m_0} (table VI de la *Connaissance des temps*), de sorte que pour le lieu considéré à midi moyen.

$$\alpha_{m_0} = 3^h 13^m 03^s,59;$$

on conclura de là

$$\alpha - \alpha_{m_0} = 3^h 26^m 31^s,46.$$

L'heure du passage au méridien sera $3^h 26^m$ environ; il faut alors tenir compte de la variation de α_{m_0} dans cet intervalle.

$$\alpha - \alpha_m = 3^h 26^m 31^s,46 \text{ pour midi moyen du lieu.}$$

Correction pour la variation de α_m en 3^h $-29,27$

$$\alpha - \alpha_m = 3^h 26^m 01^s,89 \text{ pour } 3^h \text{ T. M. du lieu.}$$

Correction pour 26^m. . . . . $-4,27$

$$\alpha - \alpha_m = 3^h 25^m 57^s,62 \text{ pour } 3^h 26^m$$

Correction pour $2^s,38$. . . . . $+0,01$

$$\alpha - \alpha_m = 3^h 25^m 57^s,63$$

Par conséquent Sirius passera au méridien du lieu à $3^h 25^m 57^s,63$ T. M. de ce lieu,

Le calcul précédent est ce que l'on appelle vulgairement un calcul de fausse position; nous l'avons employé parce que dans ce cas particulier il se présente toujours sous une forme des plus simples. Il n'en serait plus ainsi si α était une quantité variable. Il vaut mieux le remplacer par le suivant, qui a l'avantage d'être général et de s'appliquer dans tous les cas.

De la relation $\theta = \alpha + T$, on conclut pour l'époque du passage au méridien d'un astre quelconque, auquel cas $T = 0 : \theta = \alpha$ ou $\theta - \alpha = 0$. Il résulte de là que pour obtenir l'heure temps moyen du passage d'un astre au méridien d'un lieu, il faut chercher à quelle époque T. M. de ce lieu le temps sidéral est égal à l'ascension droite de l'astre ou simplement résoudre l'équation $\theta - \alpha = 0$.

Si l'on reprend l'exemple précédent, on trouvera d'abord par la *Connaissance des temps* que $\theta = 3^h 12^m 26^s,16$ à midi T. M. de Paris; pour le lieu dont la longitude est $\psi = 3^h 47^m 50^s$, il faudra ajouter la correction $37^s,43$ (table VI) et l'on aura $\theta = 3^h 13^m 03^s,59$ pour le temps sidéral à midi moyen du lieu. Si l'on retranchait cette valeur de θ de l'ascension droite α, on trouverait $3^h 26^m 31^s,46$; d'après ce résultat, il est visible que l'heure cherchée est comprise entre $3^h 20^m$ et $3^h 30^m$ T. M. du lieu. On conclura donc immédiatement θ pour $3^h 20^m$:

$$\theta = 3^h 13^m 03^s,59 \text{ à midi moyen du lieu.}$$

$$\text{Correction pour } 3^h 20 \qquad 32,85$$

$$\theta = 6^h 33^m 36^s,44 \text{ à } 3^h 20^m \text{ T. M. du lieu,}$$

$$\alpha = 6 \ 39 \ 35 ,05$$

$$\theta - \alpha = \quad 5^m 58^s,61 = 358^s,61$$

Comme α est une quantité constante et que θ varie proportionnellement au temps à raison de $1^h 00^m 09^s,86$ par heure ou de $10^m 01^s,64$ par 10^m de temps moyen, il n'y a pas lieu ici de calculer plusieurs valeurs équidistantes de $\theta - \alpha$ et d'appliquer la formule d'interpolation. Un calcul de parties proportionnelles suffit :

$$\frac{358^s,61}{10^m 01^s,64 \text{ ou } 601,64} = \frac{x}{600},$$

d'où

$$x = \frac{358^s,61 \times 600}{601,64} = 357^s,63 = 5^m 57^s,63.$$

Par conséquent

$$\text{temps moyen cherché} = 3^h 20^m + x = 3^h 25^m 57^s,63$$

en temps moyen du lieu. Telle sera l'heure du passage de l'étoile au méridien.

Le calcul précédent est susceptible d'applications fréquentes à la mer quand il devient nécessaire de vérifier souvent pendant la nuit l'état des compas, et, par suite, de contrôler la route suivie par le navire.

Nous donnerons maintenant un second exemple d'un ordre plus général : cet exemple a déjà été traité au sujet des interpolations (tome I, livre II, page 190); mais la question est assez importante pour qu'il ne soit pas inutile d'y revenir.

Trouver l'heure T. M. du lieu du passage de la Lune au méridien pour le lieu dont la longitude est $\psi = 4^h 47^m 30^s$ *(Ouest), le 15 mars 1874.*

On cherchera à quelle heure T. M. du lieu $\theta - \alpha = 0$. Un examen préliminaire des données de la *Connaissance des temps* fera toujours connaître immédiatement quelles sont les deux heures consécutives entre lesquelles aura lieu le phénomène. Mais comme les *Éphémérides* donnent toujours l'heure du passage de la Lune au méridien pour le premier méridien, il sera avantageux de s'en servir. Ainsi pour le cas de l'exemple précédent, la *Connaissance des temps* donne $22^h 42^m$ environ pour l'heure du passage au méridien de Paris; on en conclura que le passage au méridien du lieu considéré aura lieu entre 22^h et 23^h T. M. de ce lieu ou à très peu près. D'après cela on calculera les valeurs de θ et de α pour les heures consécutives 22^h, 23^h, 24^h etc., T. M. de ce lieu.

Le 15 mars, à midi moyen de Paris, temps sidéral ou $\theta_0 = 23^h 31^m 39^s,1$, tenant compte de la longitude du lieu ψ, on obtiendra les valeurs consécutives de θ

$$21^h 36^m 03^s,17 ; \quad 22^h 36^m 13^s,03 ; \quad 23^h 36^m 22^s,88 : \quad 24^h 36^m 32^s,74$$

pour les heures 22^h, 23^h, 0^h, 1^h T. M. du lieu.

Il faudra calculer ensuite les ascensions droites qui correspondent aux mêmes époques, c'est-à-dire aux heures T. M. du lieu augmentées de la longitude ψ pour le méridien de Paris, puisque les ascensions droites sont calculées pour ce méridien. On cherchera donc dans la *Connaissance des temps* les ascensions droites de la Lune aux heures

$$2^h 47^m 30^s ; \quad 3^h 47^m 30^s ; \quad 4^h 47^m 30^s ; \quad 5^h 47^m 30^s \text{ T. M. de Paris.}$$

On formera alors le tableau suivant :

HEURE T. M. du lieu.	θ	α	$\theta - \alpha$	Δ	Δ^2
22^h	$21^h 36^m 03^s,17$	$22^h 27^m 18^s,61$	$-\ 51^m 15^s,44$		
				$+ 57^m 48^s,35$	
23	$22\ 36\ 13\ ,03$	$22\ 29\ 40\ ,12$	$+\ \ 6\ 32\ ,91$		$+ 0^s,20$
				$57\ 48\ ,55$	
0	$23\ 36\ 22\ ,88$	$22\ 32\ 01\ ,42$	$+\ 64\ 21\ ,46$		$+ 0\ ,21$
				$57\ 48\ ,76$	
1	$24\ 36\ 32\ ,74$	$22\ 34\ 22\ ,52$	$+ 122\ 10\ ,22$		

Il ne restera plus qu'à appliquer la formule générale des approximations successives relative aux interpolations (tome I, livre II, page 186)

$$x = a + ca^2 + da^3 + \ldots$$

Dans le cas actuel, il suffira de s'arrêter au second ordre.

$$E - E_0 = 51^m 15^s,44 = 3075,44 ; \quad B = \Delta - \tfrac{1}{2}\Delta^2 = 3468,25 ;$$
$$C = \tfrac{1}{2}\Delta^2 = 0,10.$$

$$a = \frac{E - E_0}{B} = 0,886741 ; \quad ca^2 = -\frac{C}{B}a^2 = -0,000023.$$

$$x = a + ca^2 = 0,886718.$$

$$i = 3600 ; \quad t = ix = 3192^s,18 = 53^m 12^s,18.$$

Le passage de la Lune au méridien aura lieu à $22^h 53^m 12^s,18$ T. M. du lieu considéré.

8. Durée du passage d'un astre au méridien. — Quand un astre a un diamètre apparent comme, par exemple, le Soleil ou la Lune, il emploie un certain temps à traverser le méridien. Le temps employé par l'astre à effectuer son passage au méridien est facile à calculer. Si l'on suppose que l'astre vienne tangenter le méridien et que l'on considère le triangle formé par le pôle, le centre de l'astre et le point de contact de son disque avec le méridien, on pourra admettre sans erreur sensible que le centre de l'astre viendra couper le méridien à ce point de contact: appelant alors t l'angle horaire formé par le méridien avec le cercle horaire qui passe par le centre de l'astre, on aura la relation

$$\cos \tfrac{1}{2} D = \sin^2 \delta + \cos^2 \delta \cos t,$$

D représentant le diamètre apparent exprimé en minutes et secondes d'arc.

On transformera la relation précédente et on la mettra sous la forme suivante :

$$\sin \tfrac{1}{4} D = \cos \delta \sin \tfrac{1}{2} t,$$

d'où

$$\sin \tfrac{1}{2} t = \frac{\sin \tfrac{1}{4} D}{\cos \delta}.$$

Comme les angles t et D sont toujours très petits, les sinus seront remplacés par les arcs correspondants avec une approximation suffisante; par conséquent

$$t = \tfrac{1}{2} \frac{D}{\cos \delta}$$

ou, puisque t doit être exprimé en temps,

$$t = \tfrac{1}{15} \frac{\tfrac{1}{2} D}{\cos \delta}.$$

Cette formule donnera en temps de l'astre considéré la durée du passage au méridien, en temps vrai s'il s'agit du Soleil, en temps sidéral s'il s'agit d'une étoile ; transformant l'intervalle de temps t en temps moyen on obtiendra la durée du passage au méridien exprimé en temps moyen.

EXEMPLE. *Le 20 janvier 1874, trouver la durée du passage du Soleil au méridien de Paris.*

D'après la *Connaissance des temps*, pour cette époque :

$$\tfrac{1}{2} D = 16'16'',85 = 976'',85, \qquad \delta = 20°05'48'',5.$$

Par conséquent

$$t = \tfrac{1}{15} \frac{\tfrac{1}{2} D}{\cos \delta} = \tfrac{1}{15} 1040'',18 = \tfrac{1}{15} (17'20''.18) = 1^m 09^s,34.$$

La différence de l'équation du temps est égale à $+ 17^s,90$, ce qui indique que l'intervalle 24^h T. V. équivaut à $(24^h + 17^s,90)$ T. M. Il sera facile d'en conclure que $1^m 09^s,34$ T. V. correspond à $1^m 09^s,36$ T. M., ou, en d'autres termes, que la durée du passage au méridien cherchée sera égale à $1^m 09^s,36$ de temps moyen.

9. Passage d'un astre au premier vertical. — Si l'on fait $A = 90°$ dans la première des relations trigonométriques fondamentales (3) (*), on trouvera

$$\sin \delta \cos \varphi = \cos \delta \sin \varphi \cos T,$$

d'où

$$\cos T = \operatorname{tg} \delta \cot g \varphi \qquad \text{ou} \qquad \operatorname{tg}^2 \tfrac{1}{2} T = \frac{\sin (\varphi - \delta)}{\sin (\varphi + \delta)}.$$

Si δ est constant, comme cela a lieu pour les étoiles, cette relation donnera immédiatemeut l'angle horaire qui correspond au passage au premier vertical : il sera facile d'en conclure l'heure T. M. de ce phénomène.

Si δ est variable, il faudra se servir d'abord d'une valeur approchée de cet élément : en en conclura une valeur de T, puis une heure T. M. qui permettra d'obtenir une valeur plus exacte de δ avec laquelle on recommencera le calcul. S'il s'agit du Soleil, T s'obtiendra toujours très rapidement en opérant de cette manière : pour la Lune, le calcul sera un peu plus compliqué à cause de la variation rapide de la déclinaison. Il y a lieu de remarquer que la hauteur qui correspondrait à l'angle horaire T, calculé ainsi que nous venons de l'indiquer, sera une hauteur vraie : or on n'observe que des hauteurs apparentes, c'est-à-dire des hauteurs affectées de diverses corrections telles que la réfraction, la parallaxe, etc. Ces corrections s'effectuent, il est vrai, suivant le vertical de l'astre, et par suite, dans le cas actuel, suivant le premier vertical, mais elles n'en ont pas moins pour conséquence de faire paraître l'astre à une hauteur différente de celle qui lui appartient réelle-

---

(*) Tome I, liv. ii, p. 100.

Chabirand, ii.

ment, et par suite de donner un angle horaire apparent différent de l'angle horaire vrai. Si l'on veut avoir l'angle horaire qui, transformé en temps moyen, fera connaître l'époque du passage au premier vertical, il faudra calculer l'angle horaire apparent, ce qui pourra se faire assez simplement en corrigeant l'angle horaire vrai T de la variation ΔT due à Δh, cette quantité étant la somme des corrections relatives à la hauteur

$$\Delta T = \pm \left(\frac{\cos \varphi}{\cos^2 \delta} \, \Delta h - \tfrac{1}{2} \sin 2\varphi \, \text{tg} \, \delta \, \frac{\sin T}{\cos \delta} \, \Delta h^2 + \dots \right).$$

Le signe $+$ convient au cas où l'astre est dans l'est et le signe $-$ à celui où il se trouve dans l'ouest.

Nous n'insisterons pas davantage sur les calculs relatifs à la détermination du temps du passage d'un astre au premier vertical : l'application s'en présente assez rarement dans la pratique; les observations au premier vertical sont en somme peu usuelles en astronomie pour les mesures qui doivent avoir une certaine précision. En navigation la connaissance du passage au premier vertical n'importe guère que dans le cas où l'on veut avoir l'époque à laquelle les observations de hauteur seront exécutées dans les conditions les plus favorables pour le calcul de l'angle horaire. Or, cette époque est précisément celle du passage au premier vertical : il est donc utile de la connaître toutes les fois que l'on veut calculer le temps avec une grande précision. Il n'est pas nécessaire alors d'observer au moment précis du passage au méridien : il suffit de déterminer la hauteur de l'astre dans le voisinrge de l'époque de ce passage, soit avant, soit après, ou, en d'autres termes, à cette époque estimée à quelques minutes près. Dans ces conditions, il est généralement inutile de se préoccuper d'une petite erreur de déclinaison et de l'influence de la réfraction et de la parallaxe sur la hauteur.

On a mis en table la formule $\cos T = \text{tg} \, \delta \, \text{cotg} \, \varphi$ (Callet, table XXV). Cette table, qui a pour arguments la déclinaison δ et la latitude φ, donne immédiatement la valeur de l'angle horaire T qui correspond au passage au premier vertical : transformant cet angle T en temps moyen, on a l'heure T. M. du passage. S'il s'agit du Soleil, la valeur de T correspondra au temps vrai; on pourra le plus souvent prendre le temps vrai pour le temps moyen; toutefois si l'équation du temps était considérable et que l'on voulût faire un calcul d'horaire d'une grande précision, il y aurait lieu de transformer le temps vrai en temps moyen. Mais dans les calculs exécutés à la mer, il suffira généralement de prendre le temps vrai pour le temps moyen et de s'en tenir à la valeur de T donnée à vue par les tables.

10. Du lever et du coucher des astres. — Quand un astre

se lève ou se couche, il est à l'horizon, de sorte que sa hauteur est nulle. Si l'on fait $h = 0$ dans la première des relations trigonométriques fondamentales, on aura

$$\sin \delta \sin \varphi + \cos \delta \cos \varphi \cos T = 0,$$

d'où

$$\cos T = - \operatorname{tg} \delta \operatorname{tg} \varphi \quad \text{ou} \quad \operatorname{tg}^2 \tfrac{1}{2} T = \frac{\cos (\varphi - \delta)}{\cos (\varphi + \delta)}.$$

L'une ou l'autre de ces deux formules pourra servir à calculer l'angle horaire qui correspond au lever ou au coucher; mais avant de nous occuper de ce calcul, nous déduirons de la discussion des relations précédentes quelques conséquences dont la connaissance offre un certain intérêt. Nous supposerons qu'il s'agisse du Soleil en particulier : il sera facile de conclure des résultats obtenus les phénomènes apparents relatifs à un astre quelconque.

Si $\varphi = 0$: $\cos T = 0$ et $T = 90°$, quel que soit δ.

L'angle horaire de l'astre à son lever ou à son coucher est égal à $90°$ ou 6^h, de sorte que l'intervalle de temps qui s'écoule entre sa culmination et son lever ou son coucher est de 6^h (temps de l'astre), d'où il résulte que la durée du séjour de l'astre au-dessus de l'horizon, ou l'intervalle entre son lever ou son coucher, est de 12^h (temps de l'astre). Pour les lieux placés sur l'équateur, le jour est donc égal à la nuit, quelle que soit la déclinaison du Soleil.

Si $\delta = 0$: $\cos T = 0$ et $T = 90°$, quel que soit φ.

Pour tous les points du globe terrestre, le jour est égal à la nuit quand la déclinaison du Soleil est nulle : c'est l'époque des équinoxes.

Supposons maintenant que φ soit positif; en d'autres termes, considérons le cas d'un point placé dans l'hémisphère nord ; on en conclura aisément les phénomènes correspondants pour l'hémisphère sud.

Si $\delta < 0$: $\cos T > 0$ et $T < 90°$.

Le jour est plus petit que la nuit toutes les fois que la déclinaison est négative ou que le Soleil se trouve dans l'hémisphère sud, c'est-à-dire pendant les saisons automne et hiver.

Si $\delta < 0$: $\cos T < 0$ et $T > 90°$.

Le jour est plus grand que la nuit quand la déclinaison est positive, c'est-à-dire pendant les saisons printemps et été.

Pour qu'il soit possible d'obtenir une valeur de T donnant l'époque du lever ou du coucher, il faut que l'on ait

$$\operatorname{tg} \delta \operatorname{tg} \varphi < 1,$$

en valeur absolue, ou

$$\operatorname{tg} \delta < \operatorname{cotg} \varphi,$$

c'est-à-dire

$$\delta < 90° - \varphi.$$

Si

$$\operatorname{tg}\delta\operatorname{tg}\varphi = -1 \quad \text{ou} \quad \delta + \varphi = 90°, \quad \cos T = -1 \quad \text{et} \quad T = 180°.$$

Il n'y a ni lever ni coucher; l'astre fait le tour de l'horizon.

Ce phénomène se présente pour le pôle le jour de l'équinoxe, de sorte qu'il y a exception pour ce point en ce qui concerne l'égalité du jour à la nuit; il n'y a pas d'équinoxe pour les pôles.

Le même phénomène se présentera successivement pour toutes les latitudes comprises entre le pôle et le cercle polaire au fur et à mesure que le Soleil s'avancera dans l'hémisphère Nord; pour le cercle polaire, il aura lieu le jour du solstice.

Si $\operatorname{tg}\delta\operatorname{tg}\varphi > 1$ en valeur absolue, il n'y a plus ni lever ni coucher; l'astre reste constamment au-dessus de l'horizon.

Pour tous les points placés entre le pôle et le cercle polaire, il n'y a plus de nuit à partir du jour où le Soleil a paru à l'horizon ($\operatorname{tg}\delta\operatorname{tg}\varphi = -1$) décrivant le grand cercle de l'horizon; de même il n'y a plus de jour aussitôt après que le Soleil s'éloignant dans l'hémisphère Sud a décrit le même grand cercle ($\operatorname{tg}\delta\operatorname{tg}\varphi = 1$). Pour le pôle en particulier, le jour et la nuit ont chacun une durée égale à six mois.

Si, au lieu du Soleil, on considère un astre quelconque, par exemple une étoile, on pourra établir des conclusions tout à fait analogues. On trouvera ainsi que, pour chacun des deux hémisphères, la valeur de la déclinaison d'une étoile voisine du pôle sera telle que l'on aura toujours $\operatorname{tg}\delta\operatorname{tg}\varphi > 1$ en valeur absolue; alors l'étoile n'aura ni lever ni coucher et restera constamment au-dessus de l'horizon.

Nous allons nous proposer maintenant de calculer en temps moyen l'époque du lever ou du coucher d'un astre quelconque.

Si la déclinaison est constante, ce qui a lieu pour les étoiles, le problème est toujours très simple. La relation $\cos T = -\operatorname{tg}\delta\operatorname{tg}\varphi$ donne immédiatement l'angle horaire qui correspond au lever ou au coucher vrais. On en conclura l'heure T. M. du phénomène : $T_m = T + (\alpha - \alpha_m)$. Si l'on veut l'heure du lever ou du coucher apparent, il faudra tenir compte de la réfraction; comme à l'époque du phénomène la hauteur apparente est nulle, la valeur de réfraction sera connue; ce sera la réfraction horizontale corrigée des influences de température et de pression. Ajoutant cette valeur de la réfraction à la distance zénithale apparente 90°, on obtiendra $90° + $ réf. pour distance zénithale vraie. Un calcul d'angle horaire exécuté avec cette distance zénithale donnera ensuite la valeur T de l'angle horaire qui correspond à l'époque du phénomène par la relation ordinaire

$$\operatorname{tg}^2 \tfrac{1}{2} \mathrm{T} = \frac{\sin(s - \varphi)\sin(s - \delta)}{\cos s \cos(s - z)}.$$

Il ne restera plus qu'à conclure l'heure temps moyen, à l'aide de l'angle horaire ainsi calculé.

Si l'astre considéré a une déclinaison variable, le problème est un peu plus compliqué; comme on ne connaît pas l'heure du phénomène, on ne peut se servir immédiatement d'une déclinaison exacte, de sorte qu'il y a lieu de procéder par approximations successives.

Dans le cas du Soleil, l'époque du lever ou du coucher se calculera assez rapidement de la manière suivante :

On se donnera à vue, en consultant les Éphémérides ou en tenant compte simplement de la saison, une heure T. M. que l'on supposera voisine de l'époque du phénomène, et l'on calculera la déclinaison du Soleil qui convient à cette heure. La relation $\cos \mathrm{T} = -\operatorname{tg}\delta \operatorname{tg}\varphi$ donnera alors avec cette déclinaison une valeur de l'angle horaire T qui ne correspond, en réalité, ni au lever ni au coucher vrais, ni au lever ni au coucher apparents, mais qui en est toujours très voisine ; la déclinaison du Soleil calculée pour l'heure T. M. déduite de cet angle horaire T permettra généralement de déterminer l'époque du phénomène apparent avec toute la précision désirable ; dans tous les cas, il n'y aura lieu de faire subir au résultat qu'une correction insignifiante. Le calcul s'exécutera à l'aide de la formule générale donnée tout à l'heure pour $\operatorname{tg}\tfrac{1}{2}\mathrm{T}$, la distance zénithale employée étant égale à $90° + $ réf. $-$ paral.

EXEMPLE. *Calculer l'heure du coucher du Soleil, le 13 mai 1874, pour le lieu dont la longitude* $4^{\mathrm{h}}47^{\mathrm{m}}40^{\mathrm{s}}$ *et la latitude* $48°50'10''$.

Nous supposerons que le phénomène a lieu à 7 heures du soir ; nous calculerons en conséquence δ pour cette heure T. M. du lieu pour $(7^{\mathrm{h}} + \psi) = 11^{\mathrm{h}}47^{\mathrm{m}}40^{\mathrm{s}}$ T. M. de Paris.

D'après la *Connaissance des temps*, à midi T. M. de Paris, le 13 mai 1874, $\delta = +18°24'39'',5$; $\Delta = +14'37'',5$ et $\Delta^2 = -18'',8$. D'après cela pour l'époque $11^{\mathrm{h}}47^{\mathrm{m}}40^{\mathrm{s}}$ T. M. de Paris ou 7^{h} T. M. du lieu $\delta = 18°31'53'',1$.

Prenant alors la relation

$$\cos \mathrm{T} = -\operatorname{tg}\delta \operatorname{tg}\varphi,$$

$$\log \operatorname{tg}\delta = 9,5253107$$

$$\log \operatorname{tg}\varphi = 0,0583290$$

$$\overline{\log \cos \mathrm{T} = 9,5836397}$$

$$[\mathrm{T}] = 67°27'22'',4 ;$$

comme $\cos T$ est négatif,

$$T = 180° - |T|,$$

de sorte que

$$T = 112°32'37'',6 = 7^h30^m10^s,54.$$

On pourrait songer à transformer le temps vrai qui vient d'être obtenu en temps moyen; ce calcul est généralement inutile, du moins toutes les fois que l'équation du temps n'est pas considérable; or, c'est ce qui a lieu dans le cas actuel.

Nous prendrons la déclinaison qui correspond à 7^h30^m T. M. du lieu : $\delta = 18°32'11$; la réfraction horizontale, la température étant supposée 10°C. et la pression 0,760 est égale à 33'05''; d'ailleurs la parallaxe est 8'',8; par suite :

$$\textit{Réfraction} - \textit{Parallaxe} = 32'56''$$

et

$$\textit{Distance zénithale } z = 90°32'56''.$$

Avec cette distance zénithale, la déclinaison δ obtenue tout à l'heure et la latitude du lieu, on exécutera alors le calcul de l'angle horaire par la formule ordinaire

$$\operatorname{tg}^2 \tfrac{1}{2} T = \frac{\sin(s-\delta)\sin(s-\varphi)}{\cos s \cos(s-z)}.$$

Effectuant les calculs numériques, nous trouverons

$$\tfrac{1}{2} T = 56°45'12'',4;$$
$$T = 113°30'24'',8 = 7^h34^m01^s,65,$$

D'ailleurs

$$Eq = 11^h56^m06^s,66.$$

Par conséquent

$$\textit{Heure T. M. du phénomène} = T + Eq = 7^h30^m08^s,31.$$

Cette heure étant celle pour laquelle on a calculé δ, ou du moins cette heure avec une approximation plus que suffisante, il n'y a pas lieu de lui faire subir de correction; elle sera donc l'époque cherchée. Mais si l'heure moyenne ainsi trouvée s'écartait de quelques minutes de celle pour laquelle δ a été calculée, il ne serait pas nécessaire de recommencer le calcul: il suffirait de corriger la valeur de T avec la relation différentielle

$$\Delta T = - \frac{l \operatorname{tg} \varphi}{\cos \delta \sin A} \Delta \delta.$$

On pourrrait de même passer immédiatement de l'angle horaire T calculé avec la relation $\cos = - \operatorname{tg} \delta \operatorname{tg} \varphi$ à l'angle horaire qui correspond à l'époque du phénomène apparent, en se servant d'une formule différentielle

$$\Delta T = \frac{\Delta h}{\cos \varphi \sin A} - \frac{\operatorname{tg} \varphi}{\cos \delta \sin A} \Delta \delta,$$

dans laquelle $\Delta h = $ réf. — paral. et $\Delta \delta = $ erreur de déclinaison. Mais en procédant de cette manière on n'obtiendra pas toujours T à une seconde près : cela tient à ce que Δh a une valeur notable; il faudrait prendre le terme en Δh^2 du développement, ce qui compliquerait le calcul; il vaut mieux en somme exécuter le calcul de l'angle horaire.

Le calcul du lever et du coucher de la Lune devra s'exécuter absolument de la même manière que celui qui vient d'être exposé pour le Soleil. mais il sera généralement un peu plus long; la variation rapide des éléments lunaires aura souvent pour conséquence la nécessité de plusieurs approximations successives qui entraîneront quelques longueurs. Nous ne donnerons pas d'exemples de ce calcul, parce que la détermination exacte de l'époque du lever ou du coucher de la Lune ne saurait offrir qu'un intérêt secondaire dans la pratique. Le phénomène lui-même est difficile à bien observer, même avec un horizon très beau, cela surtout parce que le disque lunaire constamment modifié par les phases se présente rarement dans de bonnes conditions.

Le calcul exact de l'époque du lever ou du coucher du Soleil peut dans certains cas donner lieu à des applications tout à fait pratiques. Il existe des parages (en particulier la mer Rouge et les côtes de l'Afrique) où l'horizon apparaît presque toujours avec une netteté remarquable; l'instant du lever ou du coucher peut alors être observé avec une précision presque astronomique. La seule cause d'erreur de ce genre d'observation est l'incertitude qui règne sur la réfraction horizontale et la dépression de l'horizon dont il y aurait lieu de tenir compte. On remarquera à ce sujet, qu'inversement, dans les circonstances où le phénomène est susceptible d'être bien observé, on peut s'en servir pour exécuter des déterminations de réfraction horizontale d'un grand intérêt.

CHAPITRE III.

CALCUL DE L'AZIMUT. DÉTERMINATION DE LA DIRECTION DU MÉRIDIEN.

1. Définition. — On appelle azimut d'un astre à un moment donné, l'angle formé à ce moment par le vertical de l'astre avec le méridien, cet angle étant compté de 0° à 360°, du point nord vers la direction est.

L'azimut d'un astre peut être déterminé soit au moyen de la hauteur de l'astre obtenue par une observation directe, soit à l'aide du temps moyen ou de la longitude du lieu, le temps du premier méridien étant supposé donné par le chronomètre.

Si à l'époque de l'observation on a eu soin de déterminer l'angle formé par le vertical de l'astre avec une direction fixe quelconque, il est évident que l'azimut étant connu, on aura immédiatement l'angle formé par cette direction avec celle du méridien, et par suite la direction du méridien lui-même.

En navigation, la direction fixe qui sert à déterminer le méridien du lieu est celle du méridien magnétique, donnée à chaque instant par l'aiguille aimantée ou compas du navire. Le méridien magnétique n'a pas une direction absolument fixe : il varie non-seulement avec la position de l'observateur à la surface du globe terrestre, mais encore avec la nature des corps qui se trouvent dans le voisinage de l'aiguille aimantée, et qui sont susceptibles de produire sur elle des attractions locales plus ou moins complexes. Il devient alors nécessaire de déterminer très fréquemment l'azimut du méridien magnétique du navire, ou, ce qui revient au même, l'angle formé par le vertical d'un astre avec la direction accusée par l'aiguille aimantée en même temps que l'on calcule l'azimut absolu, pour pouvoir conclure la direction du méridien, et par suite la route à suivre pour se rendre d'un point à un autre.

2. Détermination de l'azimut par une observation de hauteur. — Cette détermination s'effectue au moyen d'un calcul trigonométrique très simple ; on se sert de la seconde des relations fondamentales :

$$\sin \delta = \sin \varphi \sin h + \cos \varphi \cos h \cos A.$$

On remplace h par $90° - z$; ensuite, d'après un calcul connu (*voir* Ier vol., liv. II), on a successivement :

$$\cos A = \frac{\sin \delta - \sin \varphi \cos z}{\cos \varphi \sin z},$$

d'où .

$$1 - \cos A = 2\sin^2 \tfrac{1}{2} A = \frac{\sin (\varphi + z) - \sin \delta}{\cos \varphi \sin z} = \frac{2\sin\frac{1}{2}(\varphi + z - \delta)\cos\frac{1}{2}(\varphi + z + \delta)}{\cos \varphi \sin z};$$

$$1 + \cos A = 2\cos^2 \tfrac{1}{2} A = \frac{\sin (z - \varphi) + \sin \delta}{\cos \varphi \sin z} = \frac{2\sin\frac{1}{2}(z + \delta - \varphi)\cos\frac{1}{2}(\delta + \varphi - z)}{\cos \varphi \sin z}.$$

Soit :

$$z + \delta + \varphi = 2s,$$

d'où

$$z + \delta - \varphi = 2 (s - \varphi); \; z + \varphi - \delta = 2 (s - \delta); \; \delta + \varphi - z = 2 - (s - z).$$

Par suite :

$$\sin^2 \tfrac{1}{2} A = \frac{\sin (s - \delta) \cos s}{\cos \varphi \sin z}; \quad \cos^2 \tfrac{1}{2} A = \frac{\sin (s - \varphi) \cos (s - z)}{\cos \varphi \sin z};$$

$$\operatorname{tg}^2 \tfrac{1}{2} A = \frac{\sin (s - \delta) \cos s}{\sin (s - \varphi) \cos (s - z)}.$$

On se servira de cette dernière formule pour calculer la valeur de l'azimut. Tg $\tfrac{1}{2}$ A est affectée du double signe, parce que A étant compris entre 0° et 360°, $\tfrac{1}{2}$ A peut être plus grand que 90°. Le signe $+$ convient au cas où l'astre est dans l'est, et le signe $-$ quand il est dans l'ouest.

Si l'astre se trouve dans l'est, l'azimut sera donné immédiatement par le double de la valeur tabulaire calculée [$\tfrac{1}{2}$ A] ; si au contraire l'astre est dans l'ouest, $\tfrac{1}{2}$ A devra être remplacé par 180° $- \tfrac{1}{2}$ A, parce que tg $(180° - \tfrac{1}{2}$ A$) = -$ tg $\tfrac{1}{2}$ A, et l'azimut cherché A aura pour valeur 360° $-$ [A].

Il arrive assez rarement en navigation que l'on ait à exécuter le calcul qui vient d'être développé. Le plus souvent, quand on a mesuré une hauteur, on s'en sert pour calculer l'angle horaire ; dans le courant du calcul on conclut accessoirement l'azimut et l'angle de position C par les relations connues :

$$\operatorname{tg} \tfrac{1}{2} A \operatorname{tg} \tfrac{1}{2} T = \pm \frac{\sin (s - \delta)}{\cos (s - z)};$$

$$\operatorname{tg} \tfrac{1}{2} A \operatorname{tg} \tfrac{1}{2} C = \pm \frac{\cos s}{\cos (s - z)}.$$

Voici néanmoins une application du calcul précédent :

Le 19 *avril* 1874, *dans un lieu situé par* 49° 38' 35" *de latitude nord et* 0° *de longitude, à* 5ʰ 35ᵐ 51ˢ, *temps moyen de Paris, on a observé une hauteur de Soleil égale à* 14° 50' 25"; *on demande l'azimut du Soleil.*

À l'aide de la *Connaissance des temps*, on trouvera pour l'époque de l'observation :

$$\delta = + 11° 17' 30''.$$

On aura alors :

$$
\begin{aligned}
s &= 68° 02' 50'' \ldots & \log. \cos s &= 9,5726884 \\
s - \delta &= 56\ 45\ 20 \ldots & \log \sin (s - \delta) &= 9,9223825 \\
s - \varphi &= 18\ 24\ 45 \ldots & c' \log \sin (s - \varphi) &= 0,5007006 \\
z - s &= \ \ 7\ 06\ 45 \ldots & c' \log \cos (s - z) &= 0,0033549 \\
\end{aligned}
$$

$$9,9994264$$

$$\log \operatorname{tg} \tfrac{1}{2} A = 9,9995632$$
$$[\tfrac{1}{2} A] = 44° 58' 16''.$$

D'après l'époque de l'observation, l'astre se trouvait dans l'ouest, de sorte que la valeur tabulaire doit être remplacée par son supplément

$$180° - [\tfrac{1}{2} A] = 135° 01' 44''.$$

Par suite :

$$\text{Azimut cherché} = A = 270° 03' 28''.$$

3. De l'approximation du calcul de l'azimut. Conditions favorables. — En développant ΔA en fonction de $\Delta\delta$, $\Delta\varphi$ et Δh, on a trouvé :

$$
\begin{aligned}
\Delta A = {}&- \frac{\Delta\delta}{\cos h \sin C} - \frac{\operatorname{cotg} T}{\cos\varphi}\Delta\varphi + \frac{\operatorname{cotg} C}{\cos h}\Delta h - \frac{1}{2}\frac{\operatorname{cotg} C \operatorname{cotg} T}{\cos\varphi \cos h \sin A}\Delta\delta^2 \\
&- \frac{1}{2}\left(\frac{\operatorname{cotg} C \operatorname{cotg} T}{\cos\varphi \cos h \sin A} + \frac{\operatorname{cotg} A}{\cos^2\varphi}\right)\Delta\varphi^2 - \frac{1}{2}\left(\frac{\operatorname{cotg} C \operatorname{cotg} T}{\cos\varphi \cos h \sin A} + \frac{\operatorname{cotg} A}{\cos^2 h}\right)\Delta h^2 \\
&- \frac{\operatorname{cotg} C\ \Delta\delta\,\Delta\varphi}{\cos\varphi \cos\delta \sin^2 T} + \frac{\operatorname{cotg} T\ \Delta\delta\,\Delta h}{\cos\delta \cos h \sin^2 C} + \frac{\Delta h\,\Delta\varphi}{\cos^2 h \sin A \sin^2 C} + \cdots
\end{aligned}
$$

Le second membre formera une série d'autant plus convergente que les quantités δ, h et φ seront plus voisines de 0, et que les angles T, C, A seront plus rapprochés de 90°.

ΔA sera, au second ordre près, indépendant de l'erreur de latitude $\Delta\varphi$ si cotg T $= 0°$ ou si l'angle horaire T $= 90° = 6^{\text{h}}$.

ΔA sera de même indépendant de l'erreur de hauteur Δh si cotg C $= 0°$ ou si l'angle de position C $= 90°$.

ΔA ne sera jamais indépendant de $\Delta\delta$; mais il en dépendra d'autant moins que $\cos h \sin$ C sera plus voisin de sa valeur maximum ou $\dfrac{1}{\cos h \sin \text{C}}$ de sa valeur minimum.

Le minimum de $\dfrac{1}{\cos h \sin \text{C}} = -\dfrac{d\text{A}}{d\delta}$ sera donné par l'équation $\dfrac{d^2\text{A}}{d\delta^2} = 0$ ou cotg A cotg T $= 0$ qui sera satisfaite, soit par T $= 90°$, soit par C $= 90°$.

Les circonstances seront donc favorables pour l'observation de l'azimut suivant que l'on aura cotg T $= 0$ ou cotg C $= 0$, c'est-à-dire T $= 90°$ ou C $= 90°$.

Dans le premier cas,

$$\sin h = \sin \delta \sin \varphi$$

et dans le second,

$$\sin h = \frac{\sin \delta}{\sin \varphi}.$$

Ces deux équations donneront toujours une valeur positive ou observable de h si δ et φ sont de même signe, ou, en d'autres termes, si $\sin \delta \sin \varphi > 0$ et $\dfrac{\sin \delta}{\sin \varphi} > 0$, à la condition que $\sin \delta \sin \varphi < 1$ et $\dfrac{\sin \delta}{\sin \varphi} < 1$.

La condition $\sin \delta \sin \varphi < 1$ est toujours possible à réaliser; il n'en sera de même pour la seconde que si δ est plus petit que φ.

On conclura de ce qui précède que :

1° *L'observation d'azimut sera rendue indépendante de l'erreur de hauteur si l'angle de position est droit, ce qui est possible quand la déclinaison et la latitude étant de même nom, la déclinaison est moindre que la latitude.*

Dans ce cas,

$$\sin h = \frac{\sin \delta}{\sin \varphi}, \qquad \cos \text{T} = \text{tg}\,\delta\,\text{cotg}\,\varphi.$$

2° *L'observation d'azimut sera rendue indépendante de l'erreur de latitude si l'angle horaire est droit, ce qui est toujours possible quand la déclinaison et la latitude sont de même nom.*

Dans ce cas,

$$\sin h = \sin \delta \sin \varphi.$$

3° *Quand l'observation d'azimut a été rendue indépendante soit de l'erreur de hauteur, soit de l'erreur de latitude, elle se trouve par cela même aussi indépendante que possible de l'erreur de déclinaison.*

4° *Enfin quand la latitude et la déclinaison sont de signes contraires, les circonstances favorables à l'observation de l'azimut sont les plus petites hauteurs possibles eu égard à la réfraction.*

Il peut arriver que l'on ait simultanément

$$\cot T = 0, \quad \cot C = 0,$$

alors

$$\sin h = \frac{\sin \delta}{\sin \varphi} \quad \text{et} \sin \quad h = \sin \delta \sin \varphi,$$

ce qui n'est possible qu'à la condition

$$\sin h = \sin \delta = \sin \varphi = 1$$

ou

$$h = \delta = \varphi = 90°.$$

L'observateur serait alors placé au pôle et l'astre observé serait également au pôle sur la sphère céleste.

Des diverses conditions énumérées tout à l'heure, il résulte qu'aucune observation de hauteur faite dans le voisinage du méridien n'est susceptible de donner de valeur précise pour l'azimut; on a vu qu'il en est de même pour le calcul de l'angle horaire. Il ne faudrait pas conclure de là que les observations faites dans le méridien ou dans son voisinage ne permettent jamais de déterminer le temps ou l'azimut; il faut seulement entendre par cette conclusion qu'aucun calcul trigonométrique basé sur la mesure directe de la hauteur n'est susceptible de fournir soit le temps, soit l'azimut avec une approximation suffisante. Mais si au lieu de mesurer la hauteur on estime directement le temps ou l'azimut lui-même, les conditions ne seront plus les mêmes et les conclusions précédentes ne seront plus applicables; pour trouver celles qui conviendraient dans la nouvelle hypothèse, il faudra différentier par rapport au nouvel élément mesuré.

4. Des observations méridiennes. — Les observations méridiennes ont pour objet de déterminer directement soit le temps quand la direction du méridien est connue, soit la direction du méridien ou l'azimut d'un astre quand le temps est connu, soit encore la latitude du lieu par l'observation de la hauteur maximum de l'astre.

Le temps s'obtient en estimant directement le moment du passage de l'astre au méridien et comparant ce temps à celui d'un chronomètre. Quand l'astre passe au méridien, son angle horaire est nul, de sorte que $T_v = 0$ et $\theta = \alpha$ ou $T_m = \alpha - \alpha_m$ et dans le cas particulier du Soleil $T_m = Eq$.

Si donc l'ascension droite de l'astre ou l'équation du temps sont connues, on a immédiatement le temps sidéral ou le temps moyen du lieu.

L'appréciation du temps du passage dépend évidemment de l'exactitude avec laquelle on sera parvenu à se placer dans le méridien, ou ce qui revient au même de l'erreur commise sur l'azimut de l'astre, en le supposant exactement placé dans le plan du méridien à l'époque de l'observation.

En différentiant la relation

$$\cos h \sin A = - \cos \delta \sin T,$$

on aura

$$- \sin h \sin A\, dh + \cos h \cos A\, dA = - \cos \delta \cos T\, dT$$

L'astre étant placé dans le voisinage du méridien, son mouvement en hauteur sera nul, ou tout au moins d'ordre tout à fait inférieur, de sorte que $dh = 0$; alors on aura

$$\cos h \cos A\, dA = - \cos \delta \cos T\, dT$$

et comme

$$\frac{\cos h}{\cos \delta} = - \frac{\sin T}{\sin A}$$

$$\cotg A\, \tg T\, dA = dT$$

et d'après la première des relations fondamentales (4)

$$\left(\frac{\tg \delta \cos \varphi}{\cos T} - \sin \varphi \right) dA = - dT.$$

L'astre étant supposé très près du méridien, T est voisin de zéro et l'on peut poser $\cos T = 1$; par suite

$$dT = - \frac{\sin (\delta - \varphi)}{\cos \delta}\, dA.$$

Quand on fait $T = 0$ dans la première des relations fondamentales (1), on trouve $\sin h = \cos (\delta - \varphi)$ ou $\cos z = \cos (\delta - \varphi)$, de sorte que $z = \delta - \varphi$ ou $\varphi - \delta$ et la formule précédente peut se mettre sous la forme

$$dT = \pm \frac{\sin z}{\cos \delta}\, dA.$$

D'où l'on conclura que dans les observations méridiennes, l'erreur d'azimut influera d'autant plus sur la mesure du temps que la distance zénithale sera plus grande. Quand la distance zénithale est nulle, ce qui arrive quand l'astre passe au zénith, la mesure du temps est indépendante de l'erreur azimutale.

Quand on veut conclure l'azimut du temps du passage au méridien, on a $dA = \mathrm{tg}\, A \cot g\, T dT$ et au moyen de la cinquième des relations fondamentales (1)

$$dA = -\left(\frac{\mathrm{tg}\, h \cos \varphi}{\cos A} - \sin \varphi\right) dT,$$

et en faisant $A = 0$ ou $\cos A = 1$

$$dA = -\frac{\sin (h - \varphi)}{\cos h}\, dT.$$

La deuxième des relations fondamentales (1) donne

$$\sin \delta = \cos (h - \varphi),$$

c'est-à-dire

$$h - \varphi \text{ ou } \varphi - h = 90^\circ - \delta.$$

Donc

$$dA = \pm \frac{\cos \delta}{\cos h}\, dT;$$

d'où il résulte que l'erreur de temps n'aura aucune influence sur la mesure de l'azimut si $\delta = 90^\circ$, ce qui correspond au cas de l'astre placé au pôle ; par suite, les erreurs de temps auront d'autant moins d'influence que l'astre observé sera plus voisin du pôle.

Nous aurons l'occasion de revenir plus loin sur cette conclusion. Nous avons voulu seulement ici montrer comment on peut conclure soit le temps d'une observation du passage au méridien, soit l'azimut ou plutôt la direction du méridien du temps du passage au méridien, et faire connaître dans le premier cas l'erreur de temps résultant d'une erreur dans la direction du méridien ou erreur azimutale, et dans le second cas l'erreur d'azimut résultant d'une erreur commise sur le temps du passage.

5. Calcul de l'azimut au moyen d'un grand nombre d'observations de hauteurs. — Quand on a observé une série d'un grand nombre de hauteurs, on peut toujours remplacer pour le calcul toutes ces hauteurs par une hauteur unique qui sera la moyenne des hauteurs observées, sauf une correction facile à déterminer.

Nous avons trouvé précédemment qu'en appelant h_1, h_2..... h_n, les hauteurs observées aux temps T_1, T_2..... T_n, h la hauteur qui correspond à la moyenne des temps T, on obtient

$$h = \frac{h_1 + h_2 + ... + h_n}{n} - \frac{1}{2n} \frac{d^2 h}{dT^2} \Sigma (T_n - T)^2.$$

D'ailleurs $\frac{d^2 h}{dT^2} = \frac{\cos \delta \cos \varphi}{\cos h} \cos A \cos C$, et en remplaçant les arcs $T_n - T$ par les sinus correspondants $\Sigma (T_n - T)^2 = \Sigma \sin^2 (T_n - T)$.

L'erreur commise Δh en remplaçant h par la moyenne $\dfrac{h_1 + h_2 + ... + h_n}{n}$

sera par conséquent

$$\Delta h = - \frac{1}{2n} \frac{\cos \delta \cos \varphi}{\cos h} \cos A \cos C \, \Sigma \sin^2 (T_n - T).$$

Mais on a trouvé précédemment que $\Delta A = \dfrac{\cotg C}{\cos h} \Delta h$ en négligeant les quantités de second ordre ; on conclura donc

$$\Delta A = - \frac{1}{2n} \frac{\cos \delta \cos \varphi}{\cos^2 h} \cos A \cos C \cotg C \, \Sigma \sin^2 (T_n - T)$$

ou

$$\Delta A = - \frac{1}{4n} \frac{\cos^2 C}{\sin^2 T} \sin 2A \, \Sigma \sin^2 (T_n - T).$$

En appelant alors A_0 l'azimut calculé au moyen de la moyenne des hauteurs, A l'azimut cherché

$$A = A_0 + \Delta A_0 = A_0 - \frac{1}{4n} \frac{\cos^2 C}{\sin^2 T} \sin 2A \, \Sigma \sin^2 (T_n - T).$$

La correction ΔA_0 n'est applicable qu'à des déterminations du méridien effectuées avec une grande précision à terre, au moyen d'un théodolithe. A la mer elle n'est jamais susceptible d'être employée.

6. Détermination de l'azimut avec le temps du lieu. — Quand on connaît le temps moyen ou le temps sidéral du lieu, on peut se servir du temps du premier méridien pour calculer immédiatement l'azimut pour une époque donnée. Il suffit pour cela d'appliquer les formules données pour transformer les coordonnées angle horaire et déclinaison en azimut et hauteur.

On pose

$$\operatorname{tg} M = \frac{\operatorname{tg} \delta}{\cos T},$$

et l'on a

$$\operatorname{tg} A = \frac{\cos M \operatorname{tg} T}{\sin (\varphi - M)}.$$

L'angle horaire T s'obtiendra, soit avec le temps sidéral, soit avec le temps moyen du lieu par les relations ordinaires

$$T = \theta - \alpha, \quad \text{ou} \quad T = T_m - (\alpha - \alpha_m).$$

α, α_m et δ seront calculés au moyen du temps du premier méridien donné par le chronomètre, θ avec le temps sidéral du premier méridien et la longitude du lieu.

EXEMPLES. — *Trouver l'azimut de α de la grande Ourse dans un lieu situé par $43°07'20''$ de latitude Nord et $0^h14^m20^s$ de longitude Est, à $11^h19^m30^s$ temps moyen du lieu, le 20 mai 1874.*

A l'époque indiquée le chronomètre donne $11^h05^m10^s$ pour le temps moyen de Paris : on trouvera pour cette époque dans la *Connaissance des temps*

$$
\begin{aligned}
\text{Déclinaison de } \alpha \text{ de la grande Ourse} &= \delta = 62°26'04'' \\
\text{Ascension droite} &= \alpha = 10^h53^m58^s,30 \\
\text{Temps sidéral à midi moyen ou } \alpha_{m_0} &= 3\ 51\ 51,73 \\
\text{Variation de } \alpha_{m_0} \text{ pour } 11^h05^m10^s \text{ (table VI)} &= 00\ 01\ 49,27 \\
\hline
\alpha_m &= 3^h53^m41^s,00 \\
\alpha - \alpha_m &= 7\ 02\ 17,30
\end{aligned}
$$

$$
\begin{aligned}
\alpha - \alpha_m &= 7^h02^m17^s,30 \\
\text{Temps moyen du lieu} = T_m &= 11\ 19\ 30,00 \\
\hline
\text{Angle horaire} = T = T_m - (\alpha - \alpha_m) &= 4^h17^m12^s,70 = 64°18'10''
\end{aligned}
$$

En se servant de l'heure sidérale du lieu, on aurait fait le calcul suivant :

$$\text{Temps sidéral à Paris à 0 heure} = 3^h 51^m 51^s,73$$
$$\text{Variation pour la longitude (table VI)} = 00 \ 00 \ 02,36$$

$$\text{Temps sidéral pour le lieu à } 0^h = \theta_0 = 3^h 51^m 49^s,37$$
$$\text{Temps moyen du lieu} = T_m = 11 \ 19 \ 30,00$$
$$\text{Variation de } \theta_0 \text{ pour } 11^h 19^m 30^s \text{ (table VI)} = 00 \ 01 \ 51,63$$

$$\text{Heure sidérale ou } \theta = 15^h 13^m 11^s,00$$
$$\alpha = 10 \ 55 \ 58,30$$

$$T = \theta - \alpha = 4^h 17^m 12^s,70$$

L'angle horaire T étant connu, on obtiendra A par le calcul suivant :

$$\operatorname{tg} M = \frac{\operatorname{tg} \delta}{\cos T} \qquad \log \operatorname{tg} \delta = 0,2823111$$
$$\text{et } \log \cos T = 0,3628953$$

$$\log \operatorname{tg} M = 0,6452064 \qquad \varphi = 43° 07' 20''$$

$$M = 77° 14' 44'' \qquad \varphi - M = -34 \ 07 \ 24$$

$$\operatorname{tg} A = \frac{\cos M \operatorname{tg} T}{\sin (\varphi - M)} \qquad \log \cos M = 9,3439461$$
$$\log \operatorname{tg} T = 0,3176674$$
$$\text{et } \log \sin (\varphi - M) = 0,2510556$$

$$\log \operatorname{tg} A = 9,9126691$$

$$\text{Valeur tabulaire} = [A] = 39° 16' 40''$$

$\varphi - M$ étant négatif, la valeur obtenue pour tg A est négative ; mais l'angle horaire étant moindre que 12 heures, l'astre est placé dans l'Ouest, et son azimut plus grand que 270 degrés ; comme d'ailleurs tg $(360° - A) = -\operatorname{tg} A$, on remplacera l'angle A obtenu par $360° - A$, de sorte que

$$A = Azimut \ cherché = 320° 43' 20'' ;$$

à l'époque de l'observation l'astre considéré se relevait au Nord 39° 16' 40'' Ouest ou au Sud 140° 43' 20'' Ouest.

AUTRE EXEMPLE. — *Calculer l'azimut de α de la Croix du Sud le 19 février 1874 à 8^h 40^m 18^s temps moyen d'un lieu situé par 12° 34' 20'' de latitude Sud et 1^h 14^m 50^s de longitude Ouest.*

$$\text{Latitude du lieu} = \varphi = -12°34'20''$$
$$\text{Longitude} = \psi = + 1^\text{h}14^\text{m}50^\text{s}$$
$$\text{Temps moyen du lieu} = T_m = \quad 8\ 40\ 18$$
$$\text{Temps moyen de Paris} = T_{m0} = T_m + \psi = \quad 9\ 55\ 08$$

On trouvera dans la *Connaissance des temps* pour le 19 février à midi ou 0 heure temps moyen de Paris

$$\text{Ascension droite de l'étoile} = \alpha = \quad 12^\text{h}19^\text{m}36^\text{s},88$$
$$\text{Déclinaison} = \delta = \quad -62°23'50''$$
$$\text{T. sidér.} = \text{asc. dr. moy. du Soleil} = \alpha_{m0} = \quad 24^\text{h}57^\text{m}01^\text{s},80$$
$$\text{Variation pour } 9^\text{h}55^\text{m}08^\text{s} = \quad +00\ 01\ 37\ 77$$

$$\text{Asc. dr. moy. du Soleil p}^\text{r}\text{ l'époq.} = \alpha_m = \quad 21^\text{h}58^\text{m}39^\text{s},57$$
$$\alpha = \quad 12\ 19\ 36\ ,88$$

$$\alpha - \alpha_m = \quad -9^\text{h}39^\text{m}02^\text{s},69$$
$$T_m = \quad 8\ 40\ 18\ ,00$$

$$\text{Angle horaire} = T = T_m - (\alpha - \alpha_m) = \quad 18^\text{h}19^\text{m}20^\text{s},69$$
$$= 24^\text{h} - 5\ 40\ 39\ ,31 = 360° - 85°09'50''$$

$$\text{tg M} = \frac{\text{tg } \delta}{\cos T} \qquad \log \text{tg } \delta = \quad 0,2816236 \qquad (\text{tg } \delta \text{ est négatif})$$
$$\text{et } \log \cos T = \quad 1,0741422$$

$$\log \text{tg M} = \quad 1,3557658 \qquad (\text{tg M est négatif})$$
$$M = -87°28'34''$$
$$\varphi = -12\ 34\ 20$$
$$\varphi - M = +74\ 54\ 14$$

$$\text{tg A} = \frac{\cos M \text{ tg } T}{\sin(\varphi - M)} \qquad \log \cos M = \quad 8,6438073$$
$$\log \text{tg } T = \quad 1,0725933 \qquad (\text{tg T est négatif})$$
$$\text{et } \log \sin(\varphi - M) = \quad 0,0152544$$

$$\log \text{tg A} = \quad 9,7316550 \qquad (\text{tg A est négatif})$$
$$\text{Valeur tabulaire} = |A| = \quad 28°19'40''$$

Dans le cas dont il s'agit, l'angle horaire de l'astre étant plus grand que 12 heures, l'astre est placé dans l'Est; comme tg A est négatif, l'angle A est plus grand que 90°; par suite, comme tg (180°—A)=—tg A,

$$A = \textit{Azimut cherché} = 151° 40' 20''.$$

L'astre considéré devra être relevé au S. 28° 19' 40'' Est.

On remarquera facilement d'après les deux exemples qui viennent d'être traités que dans le calcul dont il s'agit il faut minutieusement tenir compte des signes des éléments employés et de ceux qui en sont la conséquence pour les éléments calculés; aussi ce calcul est essentiellement algébrique : il ne présente aucune difficulté, mais il exige toujours une certaine attention à cause des changements de signes.

On résumera les conventions adoptées pour les signes et les conséquences qui en résultent pour le calcul en disant :

La latitude et la déclinaison ont le signe + quand elles sont boréales, et le signe — quand elles sont australes.

L'élément auxiliaire M *est positif ou négatif, mais toujours moindre que 90°, de sorte qu'il est compris entre* — 90° *et* + 90°.

Si le calcul donne pour tg A *une valeur positive, la valeur correspondante de* A *fournie directement par les tables et par suite moindre que 90° sera l'azimut cherché toutes les fois que l'astre sera placé dans l'Est; si l'astre se trouve au contraire dans l'Ouest, l'azimut sera* 180° + A, *parce que* tg (180° + A) = + tg A.

Si le calcul donne pour tg A *une valeur négative et que l'astre soit dans l'Est, l'azimut sera* 180° — A, *parce que* tg 180° — A = — tg A; *si au contraire l'astre est dans l'Ouest, l'azimut sera égal à* 360° — A, *parce que* tg (360° — A) = — tg A.

La position de l'astre par rapport au méridien fait connaître la demi-circonférence dans laquelle vient se terminer l'arc qui mesure l'azimut; le signe de la tangente indique en outre le quadrant où se trouve l'extrémité de cet arc; il ne reste plus qu'à déterminer dans ce quadrant l'arc dont la tangente est égale à la tangente donnée.

Le calcul qui vient d'être exposé a pour complément la détermination de la hauteur h; quelquefois même il n'en est que le préliminaire. En traitant de l'angle horaire, on a indiqué précédemment ce calcul; il y a lieu, en somme, de calculer les trois formules suivantes :

$$\mathrm{tg\,M} = \frac{\mathrm{tg}\,\delta}{\cos \mathrm{T}}, \qquad \mathrm{tg\,A} = \frac{\cos \mathrm{M}\,\mathrm{tg\,T}}{\sin (\varphi - \mathrm{M})}, \qquad \mathrm{tg}\,h = - \cos \mathrm{A}\,\mathrm{cotg}(\varphi - \mathrm{M}).$$

Nous venons de voir comment on effectue le calcul de A et comment on en conclut l'azimut. Pour avoir h, il suffit de se servir des valeurs obtenues pour A et $(\varphi - \mathrm{M})$, en tenant compte des signes.

Dans le premier exemple, on a trouvé

$$\varphi - M = - \quad 34°07'24'' \qquad \text{cotg}(\varphi - M) \text{ est négatif,}$$
$$A = \quad 320°43'20'' \qquad \cos A \text{ est positif,}$$

$$\cos 320°43'20'' = \cos 39°16'40''$$

$$\log \cos A = 9,8887891$$
$$\log \text{cotg}(\varphi - M) = 0,1689978$$
$$\overline{\qquad\qquad\qquad}$$
$$\log \text{tg}\, h = 0,0577869$$

$$h = 48°48'00''$$

Pour le second exemple

$$\varphi - M = + \quad 74°54'44'', \qquad \text{cotg}(\varphi - M) \text{ est positif};$$
$$A = \quad 151°40'20'', \qquad \cos A \text{ est négatif.}$$

$$\log \cos A = \quad 9,9446048$$
$$\log \text{cotg}(\varphi - M) = \quad 9,4309916$$
$$\overline{\qquad\qquad\qquad}$$
$$\log \text{tg}\, h = \quad 9,3755964$$

$$h = 13°24'30''$$

Il n'est pas inutile, dans la pratique du calcul, d'avoir un moyen de vérification pour contrôler les résultats obtenus; on se servira, pour cela, de la relation $\cos h \sin A = - \cos \delta \sin T$, qui donnera, soit A au moyen de h et de T, soit T au moyen de h et A. On devra toujours avoir soin d'effectuer cette vérification si l'on a le moindre doute sur l'exactitude des résultats. Cette vérification a une importance particulière dans le cas dont il s'agit à cause de la facilité avec laquelle ou commet toujours des erreurs de signe, faute d'une attention suffisante.

7. De l'approximation du calcul. — Pour se rendre compte de l'approximation avec laquelle l'azimut est susceptible d'être calculé au moyen du temps moyen du lieu, on développera ΔA en fonction de φ, δ et T; on a trouvé

$$\Delta A = - \frac{\sin C}{\cos h} \Delta\delta + \frac{\sin h \sin A}{\cos h} \Delta\varphi + \frac{\cos \delta}{\cos h} \cos C \Delta T - \frac{\sin h \sin 2C}{\cos^2 h} \frac{\Delta\delta^2}{2}$$

$$+ \frac{1}{2} \frac{1 + \sin^2 h}{\cos^2 h} \sin 2A \frac{\Delta\varphi^2}{2}$$

$$+ \frac{\cos \delta \cos \varphi}{\cos^2 h} \sin A \cos C (\sin h - \text{tg}\, C \cot g\, A) \frac{\Delta T^2}{2}$$

$$- \frac{\sin C \cos A}{\cos^2 h} (\sin h - \text{tg}\, A \cot g\, C) \Delta\delta\, \Delta\varphi$$

$$- \frac{\cos\varphi}{\cos^2 h} \sin A \sin C (\sin h + \cotg A \cotg C) \Delta\delta \, \Delta T$$

$$+ \frac{\cos\delta}{\cos^2 h} \cos A \cos C (\sin h + \tg A \tg C) \Delta T \, \Delta\varphi + \ldots$$

Il résulte immédiatement de l'inspection de la série qui forme le second membre, que cette série est d'autant plus convergente que h est plus voisin de 0, A de 0 ou de 180° et C de 90°.

ΔA sera indépendant de $\Delta\delta$ si $C = 0$; mais cette condition a peu d'importance, $\Delta\delta$ étant en général une quantité négligeable.

ΔA sera indépendant de $\Delta\varphi$ si $h = 0$ ou $A = 0$, si la hauteur est nulle ou l'astre placé dans le méridien.

ΔA sera indépendant de ΔT si $\delta = 90°$, si l'astre est placé au pôle ou l'angle de position droit.

On conclura facilement de là qu'il est toujours avantageux, pour le calcul de l'azimut, de choisir des astres voisins du pôle; dans ce cas, en effet, $\cos\delta$ est petit, de sorte que ΔT a peu d'influence, de plus A est toujours voisin de 0 ou de 180°, et alors l'influence de $\Delta\varphi$ est toujours faible; enfin si pour le cas d'une étoile voisine du pôle on choisit l'époque où C est égal à 90°, l'influence de ΔT est rigoureusement nulle, et celle de $\Delta\varphi$ est toujours très petite, puisqu'alors, ainsi qu'on vient de le remarquer, $\sin A$ est voisin de zéro; si en outre h est petit, on se trouvera, pour ces diverses raisons réunies, dans des conditions essentiellement favorables; alors, en effet, les erreurs de latitude et de longitude que l'observateur peut commettre sur sa position géographique n'influent que d'une quantité du second ordre sur la précision du calcul de l'azimut.

La détermination de l'azimut au moyen du temps du passage de l'astre au méridien ou de l'angle de position droit est susceptible d'applications très fréquentes.

8. Détermination de l'azimut au moyen du temps du passage au méridien. — Quand un astre passe au méridien, son azimut est égal à 0° ou 180°, suivant que l'astre est dans le sud ou dans le nord, par rapport au zénith de l'observateur. Si donc on a calculé l'heure temps moyen du passage de l'astre au méridien, son azimut sera connu pour cette époque. On a développé précédemment le calcul du temps du passage d'un astre au méridien; il n'y a pas lieu d'y revenir.

L'erreur commise en estimant l'azimut égal à 0° ou 180° à l'époque calculée du passage au méridien, eu égard à l'erreur du temps de cette époque sera, ainsi qu'on l'a vu tout à l'heure, indépendante à la fois de $\Delta\delta$ et de $\Delta\varphi$, qui ont respectivement pour coefficients $\dfrac{\sin C}{\cos h}$ et $\tg h \sin A$.

qui s'annulent à l'époque du passage, puisqu'alors $\sin C = 0$ et $\sin A = 0$: cette erreur dépendra donc uniquement de l'erreur de temps

$$dA = \pm \frac{\cos \delta}{\cos h} dT.$$

Cette erreur sera d'autant plus faible que δ sera plus voisin de 90°; dans tous les cas, elle sera une fraction de ΔT si δ est plus grand que h.

Les astres qui se trouvent dans le voisinage des pôles sont donc en général susceptibles de donner d'excellentes observations d'azimut par leur passage au méridien.

9. Détermination de l'azimut au moyen du temps correspondant à l'angle de position droit. — Quand l'angle de position C est droit, le mouvement de l'astre autour du pôle par rapport à l'observateur, se trouve dans une phase particulière que l'on désigne habituellement sous le nom de *digression maximum*. La distance angulaire de l'astre au pôle pour l'observateur est alors maximum en valeur absolue, ou, ce qui revient au même, son azimut prend une valeur maximum ou minimum.

Pour avoir le maximum de l'azimut, il suffit d'égaler à zéro $\dfrac{dA}{dT}$;

$$\frac{dA}{dT} = \frac{\cos \delta}{\cos h} \cos C = 0,$$

ce qui donne $C = 90°$ ou l'angle de position droit.

On traduit géométriquement le phénomène de la digression maximum en disant qu'à cette époque le grand cercle mené du zénith à l'astre est tangent au petit cercle de déclinaison décrit par l'astre dans son mouvement horaire.

Quand un astre est à sa digression maximum, ou quand son angle de position C est égal à 90° $\sin h = \dfrac{\sin \varphi}{\sin \delta}$; d'où il résulte que si la déclinaison est constante, la hauteur est toujours la même à l'époque de la digression maximum. Comme d'ailleurs cette digression maximum se présentera à droite et à gauche du plan du méridien, il résultera que les angles au pôle faits de part et d'autre du méridien seront rigoureusement égaux.

Les hauteurs de l'astre à l'époque des digressions sont dites *hauteurs correspondantes;* ces hauteurs étant égales sont influencées de la même manière par la réfraction, de sorte que l'on peut remarquer que la moyenne des temps relatifs aux hauteurs correspondantes apparentes sera toujours rigoureusement égale au temps du passage au méridien, et cela indépendamment de toute correction de réfraction. Cette remarque est susceptible d'une application précieuse pour la détermination du méridien à terre ; elle peut également être mise à profit à bord, malgré le déplacement continu de l'observateur, toutes les fois que ce déplacement n'est pas considérable, et cela eu égard à la faible approximation (environ 30') avec laquelle on a besoin de connaître l'azimut.

Le calcul de la valeur de l'azimut pour l'époque où l'angle de position est droit se fera de la manière suivante : de la 1re des relations fondamentales (1) on conclura d'abord au moyen de la relation

$$\sin h = \frac{\sin \varphi}{\sin \delta}$$

$$\cos T = \operatorname{tg} \varphi \operatorname{cotg} \delta,$$

La troisième des relations fondamentales (2) donnera ensuite, en y faisant $\sin C = 1$.

$$\sin A = \frac{\cos \delta}{\cos \varphi}.$$

EXEMPLE. *Calculer le temps de la plus grande digression de la polaire et l'azimut correspondant pour le lieu dont la latitude est 43°23'30" et la longitude 4^{h}53^{m}20^s, le 19 novembre 1874.*

La *Connaissance des temps* donne, pour le 19 novembre à midi moyen de Paris,

Ascension droite de la polaire. . . . . $\alpha = $ 1^{h}13^{m}13^s,7
Déclinaison. $\delta = $ 88°38'45",0
Temps sidéral ou ascension droite moyenne $= \alpha_m = $ 15^{h}53^{m}21^s,51.

On trouvera pour l'angle horaire à l'époque de la digression

$\cos T = \operatorname{tg} \varphi \operatorname{cotg} \delta$ $\qquad$ $\log \operatorname{tg} \varphi = 0,0515373$

$\qquad\qquad\qquad\qquad\quad$ $\log \operatorname{cotg} \delta = 8,3736304$

$\qquad\qquad\qquad\qquad\quad$ $\log \cos T = 8,4251677$

$T = 88°28'29" = 5^h53^m53^s,9$

ou $\qquad T = 360° - 88°28'29" = 24^h - 5^h53^m53^s,9 = 18^h06^m06^s,1.$

La formule donne à la fois les deux valeurs correspondantes à la digression ouest et à la digression est qui, ainsi qu'on l'a déjà remarqué, sont symétriques par rapport aux méridien. Cela posé, on déterminera l'heure, temps moyen du lieu, de la digression en calculant d'abord le temps sidéral $\theta = \alpha + T$.

$$\alpha = 1^h 13^m 13^s,7 \qquad\qquad 1^h 13^m 13^s,7$$
$$T = 5\ 53\ 53\ ,9 \qquad\qquad 18\ 06\ 06\ ,1$$

$$\theta = T + \alpha = 7^h 07^m 07^s,6 \qquad\qquad 19^h 19^m 19^s,8$$

L'heure sidérale qui correspond à chaque digression se trouvant ainsi obtenue, on passera facilement au temps moyen de la manière suivante :

Ascension droite moyenne du Soleil ou heure sidérale à Paris à midi moyen. . . . . $= 15^h 53^m 21^s,51$

Variation pour la longitude $(+ 4^h 53^m 20^s)$ (table VI). $= \qquad + 48\ ,19$

Ascension droite moyenne du Soleil ou heure sidérale à midi moyen du lieu. . . . . $\alpha_m = 15^h 54^m 09^s,70$

$$\alpha_m = 15^h 54^m 09^s,7 \qquad 15^h 54^m 09^s,7$$
Heure sidérale du lieu. . . . . . . $\theta = \ 7\ 07\ 07,6 \qquad 19\ 19\ 19,8$

Intervalle sidéral écoulé depuis midi moyen. . . . . $= 15^h 12^m 57^s,9 \qquad 3^h 25^m 10^s,1$

(*) Correction pour transformer en temps moyen (table V). . . . . . $= \ - 2\ 29,6 \qquad\qquad - 33^s,6$

Heure temps moyen de la digression. $= 15^h 10^m 28^s,3 \qquad 3^h 24^m 36^s,5$

Comme l'angle horaire qui correspond au premier résultat est moindre que 12^h et le second plus grand que 12^h, on conclura que la digression ouest aura lieu à $15^h 10^m 28^s,3$ et la digression est à $3^h 24^m 36^s,5$, temps moyen du lieu.

(*) On remarquera qu'ici nous obtenons le temps moyen sans appliquer la méthode générale résultant de la relation $T_m = T + (\alpha - \alpha_m)$; cela tient à ce que nous avons immédiatement l'intervalle sidéral écoulé depuis midi moyen et qu'il est plus court de le transformer directement en intervalle temps moyen avec la table V. Du reste, en appliquant la règle générale, on aurait :

α_{m_0}. . . . . $15^h 54^m 09^s,7 \quad 15^h 54^s 09^s,7$

Variation de α_m résultant de l'intervalle sidéral écoulé. $\quad + 2^m 29^s,6 \qquad + 33^s,6$

Valeur de α_m à l'époque des digressions. . . . . $15^h 56^m 39^s 3 \quad 15^h 54^m 43^s,3$
Ascensien droite de l'étoile ou α. . . . . $1\ 13\ 13\ ,7 \quad\ \ 1\ 13\ 13\ 7$

$\alpha - \alpha_m$. . . . . $9^h 16^m 34^s.4 \quad\ 9^h 18^m 30^s,4$
Angle horaire ou T. . . . . $5\ 53\ 53\ ,9 \quad 18\ 06\ 06\ ,1$

Temps moyen $T_m = T + (\alpha - \alpha_m)$. . . . . $15^h 10^m 28^s,3 \qquad 3^h 24^m 36^s,5$

Il peut y avoir doute au premier abord sur la date du jour de chaque digression. On pourrait se demander en effet si les deux heures trouvées conviennent au même jour ou à deux jours consécutifs, par exemple si l'étoile, après s'être trouvée à sa digression ouest le 19 novembre à $15^h 10^m 28^s,3$, passera à la seconde le 20 novembre à $3^h 24^m 36^s,5$, ou si, s'étant trouvée à sa digression est le 19 novembre à $3^h 24^m 36^s,5$, elle passera à la digression ouest le même jour à $15^h 10^m 28^s,3$. Ce doute ne saurait subsister si l'on réfléchit un instant au calcul qui a été fait : le temps trouvé représente en effet l'*intervalle temps moyen écoulé depuis le midi moyen du 19 novembre;* ce qui tend a produire de la confusion, c'est que l'on a en réalité la deuxième digression avant la première. D'ailleurs, on serait fixé par l'heure temps moyen du passage au méridien qui est égale à $\alpha - \alpha_m$ ou environ $9^h 17^m$.

On peut remarquer aussi que l'intervalle de temps qui sépare deux digressions et qui comprend le passage au méridien supérieur est toujours moindre que 12 heures; celui au contraire qui comprend le passage au méridien inférieur est toujours plus grand que 12 heures. Dans le cas actuel

$$15^h 10^m 28^s,3 -\ 3^h 24^m 36^s,5 = 11^h 45^m 51^s,8 < 12^h,$$
$$3\ 24\ 36,5 - 15\ 10\ 28,3 = 12\ 14\ 08^s,2 > 12,$$

d'où l'on conclut que la digression qui a lieu à $3^h 24^m,36^s,5$ précède immédiatement le passage au méridien supérieur et qu'au contraire la seconde vient après.

Ainsi finalement dans le cas considéré, la polaire se trouvera à sa digression est le 19 novembre à $3^h 24^m 36^s,5$; puis, après avoir passé au méridien, à sa digression ouest le même jour à $15^h 10^m 28^s,3$.

Il n'y a guère lieu de faire la discussion précédente qu'au sujet de l'étoile polaire qui est très voisine du pôle; pour les autres étoiles on sera toujours averti bien vite par l'observation directe de la position de l'étoile considérée par rapport à la polaire de l'erreur que l'on aurait commise si l'on avait fait confusion.

Ayant calculé les temps des deux digressions, on aura immédiatement le temps du passage au méridien en en prenant la moyenne, puisque ces deux digressions correspondent à des angles au pôle rigoureusement égaux.

Temps moyen de la première digression. . . $= 3^h 24^m 36^s,5$
Temps moyen de la deuxième digression. . . $= 15\ 10\ 28\ ,3$

$$18^h 34^m 64^s,8$$

Temps moyen du passage au méridien, . . . $= 9^h 17^m 32^s,4$

Les temps des digressions étant connus, on déterminera les azimuts correspondants

$$\sin A = \frac{\cos \delta}{\cos \varphi}$$

$$\log \cos \delta = 8,3735091$$
$$et \ \log \cos \varphi = 0,1778090$$
$$\overline{\log \sin A = 8,5513181}$$

$$A = [A] = 2°02'22''.$$

L'azimut correspondant à la digression Est est moindre que 90°, de sorte que la valeur tabulaire est l'azimut cherché.

L'azimut correspondant à la digression ouest est plus grand que 270°, de sorte que sin A est négatif. La formule ne l'indique pas, parce qu'elle est déduite de la relation $\cos \varphi \sin A = \cos \delta \sin C$ et que l'on n'a fait aucune convention pour indiquer que l'angle C se touve dans l'est ou dans l'ouest. Mais le signe de sin A résulte immédiatement de la relation $\cos h \sin A = - \cos \delta \sin T$, dans laquelle sin T est positif, puisque $T = 5^h 53^m 53^s,9$ est moindre que 12^h ou 180°. sin A étant négatif, la valeur trouvée pour A devra être remplacée par 360° — A, parce que $\sin (360° - A) = - \sin A$.

On aura donc finalement

Azimut de la digression est. . . . . $= \quad 2°02'22''$ à $\quad 3^h 24^m 36^s,5$

Azimut pour le passage au méridien. . . $= \quad 0 \ 00 \ 00$ à $\quad 9 \ 17 \ 32 \ ,4$

Azimut de la digression ouest. . . . . . $= 357 \ 57 \ 38$ à $15 \ 10 \ 28 \ ,3$

Le calcul précédent, qui est en réalité toujours d'une grande simplicité, donne donc immédiatement trois azimuts pour trois époques équidistantes. En répétant le même calcul pour deux autres étoiles convenablement choisies, on obtiendrait neuf azimuts à des époques suffisamment rapprochées pour permettre de fixer la direction du méridien et par suite la direction de la route d'un navire avec toute la précision désirable.

Il existe dans le voisinage des pôles un grand nombre d'étoiles remarquables, faciles à reconnaître, qui peuvent être choisies à toutes les époques de l'année pour ce genre de calcul. On peut citer dans l'hémisphère nord : α et β de la Petite Ourse, α, β, γ, δ de la Grande Ourse, α de Cassiopée, α et β de Persée, α de Céphée, α du Cocher (la Chèvre), etc., et dans l'hémisphère sud : α et β de la Croix du Sud, α et β du Centaure, α du Navire (Canopus), β du Navire, Achernar ou α de l'Éridan, etc.

10. Détermination de l'azimut d'un objet terrestre par l'observation de sa distance à un astre dont l'azimut

est connu. — Quand on veut orienter un point placé à la surface de la Terre par rapport aux quatre points cardinaux ou, ce qui revient au même, déterminer son azimut, il suffit de mesurer directement avec un théodolithe l'angle que fait la direction de ce point avec la direction du méridien, ce méridien étant supposé connu préalablement. Quand la direction du méridien n'est pas donnée directement, l'azimut de l'objet s'obtient en mesurant sa distance angulaire à un astre déterminé : de l'observation on conclut immédiatement l'azimut de l'objet par rapport à l'astre; connaissant ensuite soit la hauteur de l'astre, soit le temps moyen du lieu à l'époque de l'observation, on calcule l'azimut de l'astre. Ajoutant alors l'azimut de l'objet à l'azimut de l'astre, ou retranchant le premier du second suivant que l'objet est à gauche ou à droite de l'astre, on obtiendra l'azimut de l'objet terrestre.

Soient h la hauteur de l'astre, h' la hauteur de l'objet terrestre au-dessus de l'horizon, Δ la distance angulaire de l'objet de l'astre, Z l'angle au zénith formé par les deux grands cercles menés du zénith à l'objet et à l'astre, angle que l'on pourrait appeler l'azimut de l'objet par rapport à l'astre; le triangle formé par le zénith, l'objet et l'astre donnera la relation

$$\cos \Delta = \sin h \sin h' + \cos h \cos h' \cos Z,$$

d'où l'on conclura, par une transformation connue en posant $h + h' + \Delta = 2S$,

$$\sin^2 \tfrac{1}{2} Z = \frac{\sin (S-h) \sin (S-h')}{\cos h \cos h'}, \quad \cos^2 \tfrac{1}{2} Z = \frac{\cos S \cos (S-\Delta)}{\cos h \cos h'},$$

$$\operatorname{tg}^2 \tfrac{1}{2} Z = \frac{\sin (S-h) \sin (S-h')}{\cos S \cos (S-\Delta)}.$$

Pour le cas particulier où l'on aurait $h' = 0$, c'est-à-dire quand l'objet est placé à l'horizon même

$$S-h = \tfrac{1}{2}(\Delta - h), \quad S - h' = \tfrac{1}{2}(\Delta + h), \quad S = \tfrac{1}{2}(\Delta + h), \quad S - \Delta = \tfrac{1}{2}(h - \Delta),$$

et la formule devient

$$\operatorname{tg}^2 \tfrac{1}{2} Z = \operatorname{tg} \tfrac{1}{2} (\Delta + h) \operatorname{tg} \tfrac{1}{2} (\Delta - h).$$

Au moyen de la hauteur h, on calculera l'azimut A de l'astre, et l'on aura ensuite, en appelant A' l'azimut de l'objet,

$$A' = A \pm Z,$$

suivant que l'objet sera placé à doite ou à gauche de l'astre observé.

Quand h n'est pas donné par une observation directe, on peut se servir du temps de l'observation de distance Δ pour calculer à la fois h et A au moyen des formules ordinaires

$$\operatorname{tg} M = \frac{\operatorname{tg} \delta}{\cos T}, \quad \operatorname{tg} A = \frac{\cos M \operatorname{tg} T}{\sin(\varphi - M)}, \quad \operatorname{tg} h = -\cos A \operatorname{cotg}(\varphi - M).$$

L'azimut d'un objet terrestre étant connu, il est évident que ce point se trouve orienté par rapport au point cardinal Nord et par suite par rapport aux quatre points cardinaux, et que, par conséquent, la direction de chacun de ces points eux-mêmes, si elle n'est pas connue d'avance, résulte immédiatement de la position et de l'azimut de l'objet considéré. Inversement, quand les points cardinaux sont connus et déterminés par des repères convenablement placés, l'angle formé par la direction d'un objet quelconque avec la direction de l'un de ces points et par suite avec la direction du point Nord fera connaître l'azimut de l'objet.

Quand dans un lieu situé à terre, on veut exécuter un certain nombre d'observations astronomiques ou simplement déterminer la route à suivre pour se rendre à un point déterminé donné par ses coordonnées géographiques. on commence toujours par déterminer préalablement la direction du méridien et conséquemment la position des quatre points cardinaux. Cette détermination s'effectuera par la mesure de l'azimut d'un objet quelconque au moyen de l'observation de la position sur la sphère céleste d'un astre dont les coordonnées astronomiques sont bien connues. L'azimut déterminé, la ligne droite menée du lieu de l'observation à l'objet observé deviendra alors une direction fixe que l'on pourrait prendre pour origine et à laquelle on rapporterait tous les points de l'horizon.

On a vu que, par une convention spéciale, on a pris pour origine des azimuts le point cardinal Nord. Ce point sera connu par cela même que l'on aura l'azimut d'un point fixe ou ce qui est la même chose l'angle formé par la direction horizontale du point fixe avec la direction horizontale du point Nord.

Ayant déterminé la direction du point Nord, on la fixera par un alignement qui sera formé par le lieu de l'observation et une mire convenablement installée; cet alignement donnera évidemment la direction même du méridien et la méridienne du lieu. Le point de cette méridienne diamétralement opposé au point Nord par rapport au lieu de l'observation sera le point cardinal Sud; si l'on mène une perpendiculaire à la direction du méridien, cette perpendiculaire donnera la direction du premier vertical et par suite les points cardinaux Est et Ouest.

La direction du méridien et la position des points cardinaux ainsi obtenues, il sera facile au moyen d'un cercle horizontal de leur rapporter la direction d'un point quelconque de l'horizon et par suite de tracer immédiatement la route à suivre pour se rendre à un point placé dans une direction déterminée.

11. De la variation des compas à bord. — En mer, l'observateur ne peut comme à terre avoir à sa disposition des points fixes susceptibles de lui permettre de déterminer d'une manière constante la direction du méridien par l'observation d'un azimut; d'ailleurs il se déplace sans cesse, de sorte que pour lui la direction relative du méridien est éminemment variable et qu'elle ne saurait être déterminée avec profit même par des azimuts de points terrestres dans le cas où il se trouverait dans le voisinage des côtes. On se sert alors comme direction fixe pour y rapporter les azimuts et, par suite, la route à suivre, de la direction du méridien magnétique donnée à chaque instant et pour un lieu quelconque par la boussole ou compas du navire.

On sait que l'aiguille aimantée jouit de la propriété remarquable de s'orienter d'une manière constante dans une direction fixe déterminée par deux foyers d'attractions que l'on désigne sous le nom de pôles magnétiques. L'axe longitudinal de l'aiguille aimantée supposée orientée dans la direction des pôles détermine avec la verticale du lieu la position du méridien magnétique. L'angle formé par le méridien magnétique avec le méridien du lieu a reçu le nom particulier de *Variation de l'aiguille aimantée*. Les pôles magnétiques sont placés dans le voisinage des pôles terrestres. Théoriquement, on peut concevoir ces deux points placés aux extrémités d'un même diamètre de la Terre qui serait l'axe magnétique et tout grand cercle mené par cet axe représentant un méridien magnétique. Les observations montrent qu'il n'en est pas tout à fait ainsi dans la réalité. Les pôles magnétiques ne paraissent pas placés symétriquement par rapport au centre de la Terre; d'un autre côté, l'ensemble des points pour lesquels le méridien magnétique fait le même angle avec le méridien géographique ne forme pas un arc de grand cercle. On appelle alors méridien magnétique ou *ligne isogonique* le lieu des points pour lesquels la variation ou plutôt la déclinaison de l'aiguille aimantée est la même; ce lieu est, comme nous avons déjà eu l'occasion de le dire (tome I, livre I), une courbe plus ou moins sinueuse qui diffère en général notablement d'un arc de grand cercle.

Les pôles magnétiques ne sont pas fixes, ils se déplacent avec le temps, de sorte que pour un même lieu la variation change constamment; toutefois elle se modifie assez peu pendant un intervalle de temps relativement considérable.

La variation de l'aiguille aimantée à bord, telle que nous l'avons

définie tout à l'heure, l'angle formé par le méridien magnétique avec
le méridien géographique se compose de deux parties essentiellement
distinctes : la *Déclinaison de l'aiguille aimantée* et la *Déviation*. La première dépend exclusivement de l'influence magnétique terrestre; la
seconde est due au magnétisme propre du navire. Ces deux éléments
peuvent être estimés séparément : le premier au moyen des cartes de
lignes isogoniques construites à l'aide d'observations magnétiques
particulières exécutées en différents points de la surface du globe terrestre; le second avec les tables de déviations des compas du navire
et les calculs qui s'y rattachent. Comme nous le remarquions tout à
l'heure, les lignes isogoniques varient avec le temps; mais leur mouvement est assez faible pour que l'on puisse se servir des mêmes
cartes pendant plusieurs années; à défaut de cartes magnétiques, on
emploiera des valeurs de déclinaisons qui se trouvent généralement
inscrites sur les cartes géographiques. La déviation peut être donnée
immédiatement par des tableaux particuliers que l'on a eu soin de
dresser à bord pendant que le navire était dans le port; mais ces
tableaux ne peuvent guère servir que dans les parages voisins du port
où ils ont été construits, la déviation variant avec les positions géographiques; la détermination directe de la déviation des compas doit
alors s'obtenir par des calculs d'un ordre particulier; ces calculs feront
plus tard l'objet d'une des théories les plus importantes de cet ouvrage
(livre VII).

Nous devons maintenant dire ici quelques mots sur la nécessité
de déterminer à bord par des mesures fréquentes, sinon séparément
la déclinaison et la déviation, du moins la variation qui est la somme
algébrique de ces deux quantités. Ces éléments varient en général
avec les positions géographiques, mais les changements qu'ils subissent sont souvent très irréguliers; faibles et insensibles dans certains parages, ils deviennent dans d'autres extrêmement considérables
et se modifient avec une rapidité extrême: il est à remarquer que les
grands mouvements ont lieu surtout dans le voisinage des côtes, c'est
là ce qui les rend particulièrement dangereux toutes les fois que la
variation du compas n'est pas l'objet d'une attention suffisante. La
simple inspection d'une carte magnétique fait ordinairement connaître à vue quels sont les parages où la déclinaison de l'aiguille
aimantée est susceptible d'éprouver des modifications rapides; ces
parages se trouvent généralement dans le voisinage des pôles magnétiques; toutes les fois que l'on est appelé à les fréquenter, on est alors
pour ainsi dire averti d'avance que la route sera soumise à des changements fréquents et que la variation devra être calculée souvent et
les compas du navire veillés avec un soin tout particulier.

Les choses ne se passent pas tout à fait de la même manière en ce
qui concerne la déviation. Les formules fournies par la théorie per-

mettent bien de prévoir en général dans quelles circonstances on doit s'attendre à des modifications importantes dans l'état des compas, et cela en s'en tenant uniquement aux éléments magnétiques fournis par les cartes (déclinaison, inclinaison, intensité magnétique) et aux constantes connues calculées pour le compas; mais il y a des cas où la déviation subit tout à coup des changements brusques qu'au premier abord rien ne semble faire prévoir. Ce phénomène se présente en particulier pour les navires en fer qui naviguent dans le voisinage des côtes. Il arrive que certains caps, de hautes falaises ou des montagnes voisines de la plage renferment de grandes masses ferrugineuses qui agissent par induction sur le fer du navire; sous cette influence la déviation se modifie très-rapidement et prend quelquefois tout à coup des proportions inusitées.

Théoriquement, le phénomène qui vient d'être signalé se traduit dans les formules de la déviation par une variation importante de deux constantes principales; si l'on a eu soin de calculer à propos ces deux constantes, il devient facile de déterminer la perturbation que doit subir la déviation; mais cela n'a généralement pas lieu parce que l'on n'a pas été prévenu en temps opportun. Les mouvements extraordinaires de la déviation dont nous venons de parler sont d'autant plus dangereux qu'ils se produisent quelquefois dans des parages où l'influence magnétique terrestre est toujours très faible et varie avec une lenteur extrême (*) et où par suite le navigateur est sans défiance au sujet de ses compas.

La déviation, toujours très faible et pour ainsi dire insignifiante à bord des navires en bois, devient très notable sur les bâtiments en fer eu égard aux grandes masses de fer qui peuvent s'y trouver accumulées. Ces bâtiments portant en général une machine puissante et étant par suite susceptibles d'acquérir de grandes vitesses et de franchir des espaces considérables dans un temps relativement court, on comprend aisément que la variation doit y subir des changements rapides. Il importe alors de s'assurer de la grandeur de cette variation par des mesures fréquentes de manière à pouvoir modifier en temps opportun la route donnée au compas; il y a donc lieu de contrôler aussi souvent que possible l'état

---

(*) Par exemple, sous les tropiques; on peut citer en particulier les abords du détroit de Bab-el-Mandeb, le cap Guardafui et les îles de la partie sud de la mer Rouge.

A l'époque où ces lignes ont été écrites, je ne connaissais les dangers des parages que je viens de nommer qu'à la suite de quelques observations personnelles. Depuis on a signalé la perte de deux grands navires en fer dont le *Meikong*, paquebot des Messageries, qui l'un et l'autre ont fait côte au cap Guardafui. Je suis convaincu que ces deux sinistres ont eu pour causes principales des erreurs de compas.

des compas avec un soin minutieux, en particulier quand on navigue dans le voisinage des terres, et cela surtout pendant la nuit ou en temps de brume. Il n'est pas téméraire d'affirmer que les quatre cinquièmes au moins des navires à vapeur en fer qui viennent faire côte doivent leur perte uniquement à des erreurs de compas. Ce fait suffit pour mettre en évidence l'importance du sujet que nous traitons; nous y reviendrons encore plus tard en traitant de la déviation des compas; on ne saurait trop insister, dans un ouvrage de navigation, pour combattre énergiquement la force d'inertie avec laquelle la routine et l'ignorance ont lutté jusqu'à ce jour contre la mise en pratique des données nouvelles établies par la science dans la théorie des compas.

12. Calcul pratique de la variation du compas à la mer. — Nous avons déjà vu dans la première partie de cet ouvrage (tome Ier, liv. Ier, page 55), que la route au compas ou route magnétique R_m se déduit de la route géographique ou route sur la carte R_g et de la variation V au moyen de la relation élémentaire

$$R_g = R_m + V;$$

et il est résulté de là que la variation V est un élément fondamental que le navigateur doit connaître avant toutes choses pour passer de la route tracée sur la carte à la route au compas.

Si l'on remplace les routes R_g et R_m par deux orientations déterminées ou, ce qui est la même chose, deux azimuts A_g et A_m, la relation précédente va devenir

$$A_g = A_m + V,$$

d'où

$$V = A_g - A_m,$$

ce qui indique que la variation est la différence entre l'azimut géographique et l'azimut magnétique et justifie par suite la définition donnée tout à l'heure pour la variation : l'angle entre le méridien géographique et le méridien magnétique.

Il résultera de là que la variation peut se calculer immédiatement, au moyen d'observations astronomiques d'azimuts exécutées sur un astre déterminé; or, nous avons vu tout à l'heure que la variation s'estime également en faisant la somme algébrique des deux éléments qui la composent, la déclinaison et la déviation, de sorte que $V = D + \delta$. De là, par suite, deux moyens de déterminer la variation : nous ne nous occuperons ici que du premier; le second résultera de la théorie de la déviation qui sera donnée plus tard. Mais nous devons faire remarquer, dès à présent, qu'il importe de calculer aussi souvent que possible la variation par les deux procédés, et de mettre les résultats en parallèle; toutes les fois qu'en opérant ainsi on constatera entre ces résultats des différences notables, on sera certain que les tables de déviation ne sont plus exactes et qu'elles doivent être l'objet d'un nouveau calcul; d'un autre côté, on pourra reconnaître que l'état des compas subit des modifications importantes; l'attention sera alors éveillée, et l'on exercera sur les compas un contrôle particulier au moyen d'observations astronomiques plus fréquentes; enfin il peut arriver que l'on soit surpris par la brume, dans le voisinage des terres, ou que les nuages empêchent de voir les astres. On se trouvera alors fort heureux de pouvoir compter sur les éléments de la déviation de manière à estimer la variation, indépendamment des observations astronomiques.

Quand on veut déterminer la variation V par une observation astronomique, on pointe l'alidade du compas sur un astre déterminé. Le relèvement ainsi obtenu, estimé de 0° à 360° par rapport au nord de la rose, est l'azimut magnétique de l'astre. On calcule, d'un autre côté, pour l'époque de cette observation, l'azimut astronomique de l'astre, soit au moyen d'une mesure de hauteur, soit à l'aide du temps connu du lieu : la différence des deux azimuts est égale à la variation cherchée :

$$V = A_g - A_m.$$

La mesure de A_m ne peut guère s'obtenir avec une précision plus grande que 15 minutes dans les conditions les plus favorables ; cette précision est toujours plus que suffisante, eu égard à celle sur laquelle on doit compter quant à ce qui est de la direction de la route elle-même.

La détermination de A_m ne pouvant s'exécuter qu'avec une faible approximation, il est tout à fait superflu de chercher à calculer — l'azimut géographique ou astronomique A_g avec une précision plus grande. Les considérations exposées dans le paragraphe précédent nous ont montré d'ailleurs qu'il importe de déterminer très fréquemment la variation V et, par suite, les azimuts A_g et A_m, et cela en vue de la sécurité même du navire. Le problème pratique à résoudre pour obtenir la variation à la mer sera donc le suivant : *mesurer aussi souvent que possible, avec une faible approximation, l'azimut magnétique et l'azimut astronomique.*

La mesure de l'azimut magnétique ne saurait présenter aucune difficulté, puisqu'elle résulte immédiatement d'un simple pointé exécuté avec l'alidade du compas; mais il n'en est pas de même de l'azimut astronomique, cet azimut résultant en général d'un calcul plus ou moins compliqué.

Dans les diverses théories qui ont été exposées précédemment au sujet de la mesure de l'azimut, les calculs ont toujours été exécutés avec une grande précision; cette précision, indispensable pour des déterminations astronomiques ou géographiques, ne saurait convenir dans le cas actuel; la pratique de la navigation exige seulement des calculs peu approchés, mais toujours simples et expéditifs.

Les observations nécessaires pour le calcul du point peuvent fournir des valeurs de l'azimut sans qu'il soit nécessaire de faire un calcul auxiliaire. Ainsi qu'on pourra le reconnaître souvent, la connaissance de l'azimut est généralement indispensable dans presque tous les calculs destinés à déterminer soit le temps, soit la latitude. Au moment où l'on prend une hauteur, on a soin de faire pointer l'astre observé au compas; l'azimut astronomique se trouvant ensuite donné comme conséquence du calcul que l'on a exécuté, on obtient, par le fait, une valeur de variation pour l'époque de l'observation. Mais les calculs de point ne s'exécutent guère, en réalité, que deux ou trois fois dans le courant de la journée; il n'en résulte par suite que deux ou trois valeurs d'azimut, ce qui est en général tout à fait insuffisant.

Le lever et le coucher des astres sont susceptibles de fournir, le matin et le soir, de nouvelles valeurs au moyen de ce que l'on appelle *l'amplitude ortive* et *l'amplitude occase*.

Si dans la relation

$$\sin \delta = \sin h \sin \varphi + \cos h \cos \varphi \cos A,$$

on fait $h = 0$, on obtient

$$\sin \delta = \cos \varphi \cos A,$$

d'où

$$\cos A = \sin. \text{Amplitude} = \frac{\sin \delta}{\cos \varphi}.$$

On a mis en tables la quantité $\dfrac{\sin \delta}{\cos \varphi}$ (table XXIV) de Callet, de sorte que l'on a à vue la valeur de l'amplitude, et par suite celle de l'azimut.

Nous n'avons pas parlé de ce calcul dans la théorie de l'azimut, parce qu'il ne saurait jamais donner qu'une précision très faible; mais à la mer il donne des résultats suffisants. Il suffit du reste de l'énoncer pour qu'on en saisisse immédiatement le mode d'application.

On ne saurait s'assujettir à déterminer souvent dans le courant de la journée la valeur de l'azimut par des mesures de hauteur : le calcul est toujours un peu long et par suite ne saurait être pratique. On pourrait, il est vrai, se servir du temps connu du lieu à la suite de la détermination exacte de la position géographique du navire, en employant les deux relations

$$\operatorname{tg} M = \frac{\operatorname{tg} \delta}{\cos T}, \qquad \operatorname{tg} A = \frac{\cos M \operatorname{tg} T}{\sin (\varphi - M)}.$$

Mais le calcul serait encore trop long, surtout s'il s'agissait d'une observation de nuit. Il y a lieu de remarquer en effet que dans les cas dangereux, il faut pouvoir obtenir au moins une valeur d'azimut toutes les heures : si le jour il est facile de satisfaire à cette nécessité, il ne saurait en être de même pendant la nuit.

Il y a quelques années, M. Labrosse a eu l'idée de construire pour chaque latitude des tables destinées à faire connaître à vue l'azimut du Soleil pour une époque quelconque. Comme l'azimut n'a besoin d'être connu qu'au demi-degré près pour le calcul de la variation, ces tables ont pu être réunies sous un volume assez petit et devenir alors d'un usage pratique pour la navigation.

Le principe de la construction des tables de M. Labrosse est facile à saisir : prenons les deux formules ci-dessus destinées à calculer l'azimut au moyen de l'angle horaire T ; éliminant M, on obtient $A = f(\delta, \varphi, T)$; si l'on donne à φ une valeur déterminée, cette expression pourra servir à construire une table à double entrée ayant pour arguments δ et T qui donnera la valeur de l'azimut A pour une déclinaison et un angle horaire quelconque et par suite pour telle époque que l'on voudra.

Faisant varier φ de degré en degré de 0° à 63°, M. Labrosse a calculé 63 tables qui permettent de déterminer à vue pour chaque degré de latitude l'azimut en fonction de la déclinaison et de l'angle horaire ; ces tables étant construites spécialement pour le Soleil, on y a fait varier la déclinaison δ de 0° à 24° ; d'un autre côté, T représentant un angle horaire, elles donnent l'azimut en fonction du temps vrai ; mais, d'après ces conditions mêmes, il est évident qu'elles peuvent servir à estimer l'azimut d'une étoile dont la déclinaison est moindre que 24°, au moyen de l'angle horaire de cette étoile.

Les tables de M. Labrosse sont éminemment pratiques pendant le jour : elles permettent à la suite d'une simple observation d'azimut au compas de déterminer, au moyen du temps vrai du lieu, la variation du compas sans autre calcul qu'une simple soustraction. Elles peuvent également servir pendant la nuit ; mais alors elles supposent que l'angle horaire de l'étoile observée a été préalablement calculé, et que cette étoile se trouve placée entre les tropiques. Eu égard à ces conditions, il est préférable pendant la nuit de se servir d'étoiles voisines du pôle et de déterminer la variation par des observations méridiennes.

Les observations de passage d'étoiles au méridien doivent être préférées : 1° parce que le calcul du temps du passage est aussi simple que celui de l'angle horaire ; 2° qu'une erreur de temps notable commise sur le temps ne se traduit que par une erreur d'azimut insignifiante, quand il s'agit d'une étoile circumpolaire. Il résulte de là qu'il est toujours possible de calculer à l'avance les temps des passages d'un certain nombre d'étoiles au méridien pendant la nuit et d'en dresser un tableau qui permettra de suivre la marche de la variation avec toute la précision désirable.

Dans les conditions normales, les navires à vapeur à grande vitesse, les paquebots-poste, par exemple, ne franchissent guère, en moyenne, dans l'intervalle de 12 heures, un espace supérieur à 2 degrés en longitude, ce qui équivaut à 10 minutes de temps. Si l'on calcule le temps du passage d'une étoile au méridien moyen entre les deux positions extrêmes, l'azimut correspondant conviendra encore pour chacune de ces positions, sauf l'erreur correspondante à 5 minutes de temps, erreur qui sera d'autant plus faible que l'étoile sera plus voisine du pôle. Si donc on dresse une table des passages au méridien moyen entre les deux positions, cette table pourra servir à mesurer la variation pendant le temps que le navire met à passer d'une position à l'autre, par exemple pendant tout le courant de la nuit. Comme le temps moyen des passages n'a pas besoin d'être estimé avec une précision supérieure à une minute, cette table sera toujours facile à construire dans l'espace de quelques instants. En voici du reste un exemple.

Le 24 avril 1874, à 8 heures du soir, temps moyen du lieu, un navire se trouvait par 76° de longitude, faisant route au N.-E.; on a estimé qu'il devait atteindre le méridien 74 vers 6 heures du matin : trouver d'heure en heure ou à peu près en temps moyen du méridien moyen 75 les temps des passages au méridien d'un certain nombre d'étoiles faciles à reconnaître.

Le 26 avril 1874, à midi temps moyen de Paris, $\theta_0 = 2^h 17^m 14^s,37$; d'où pour la longitude 75° ou 5^h $\theta = 2^h 18^m 03^s,65$; on en conclura les heures sidérales du lieu pour les heures temps moyen 8^h, 9^h, 10^h, etc. Cela fait, on cherchera dans la *Connaissance des temps* quelles sont les étoiles faciles à reconnaître dont l'ascension droite se rapproche le plus des heures sidérales ainsi obtenues.

On formera ensuite les différences $\theta - \alpha$ ou $\alpha - \theta$; ces différences étant réduites en nombres ronds de demi-minutes, on les ajoutera au temps moyen correspondant ou on les retranchera suivant les circonstances, sans se préoccuper d'une approximation plus grande. L'heure temps moyen ainsi obtenue sera en général, à 1 minute près, l'heure temps moyen du lieu du passage au méridien cherché.

Pour le cas de l'exemple donné, on aura le tableau suivant :

HEURE T.M. du lieu.	θ OU HEURE sidérale du lieu.	ÉTOILES observées.	ASCENSIONS droites ou α.	$\alpha - \theta$.	HEURES des passages, T. M. du lieu.
8^h du soir .	$10^h 19^m 22^s,50$	α de la G^{de}-Ourse.	$10^h 55^m 59^s,22$	$+36^m 36^s,72$	$8^h 36^m 30^s$
9	11 19 32 ,36	γ id.	11 47 14 ,48	$+27$ 42 ,12	9 27 30
10	12 19 42 ,22	ε id.	12 48 32 ,06	$+28$ 49 ,84	10 29 00
11	13 19 52 ,07	η id.	13 42 37 ,21	$+22$ 35 ,14	11 22 30
12	14 20 01 ,93	α du Bouvier. . .	14 09 56 ,60	-10 05 ,33	11 50 00
		β de la P^{te}-Ourse.	14 51 01 .77	$+21$ 09 ,84	12 21 00
13^h ou 1^h du matin	15 20 11 ,78	α de la Couronne.	15 29 22 .93	$+$ 9 11 ,15	13 09 00
14 2. . . .	16 20 21 ,64	α du Scorpion. .	16 21 42 ,43	$+$ 1 19 .79	14 01 30
15 3. . .	17 20 31 ,50	β du Dragon. . .	17 27 36 ,80	$+$ 7 05 ,30	15 07 00
16 4. . . .	18 20 41 ,35	α de la Lyre. . .	18 32 41 ,12	$+11$ 59 ,77	16 12 00
17 5. . . .	19 20 51 ,21	α de l'Aigle. . .	19 44 38 ,47	$+23$ 47 ,26	17 24 00
18 6. . . .	20 21 01 ,06	α du Dauphin.. .	20 33 47 ,17	$+12$ 46 ,11	18 13 00

Quand on se trouve dans l'hémisphère nord, l'observation de l'étoile polaire peut dispenser de toute autre mesure de la variation. L'alidade du compas pointée sur cette étoile à une époque quelconque permettra presque toujours d'estimer la variation du compas en général au degré près.

On se servira donc, dans ce cas, de l'observation de la polaire d'une manière à peu près exclusive. L'alidade ayant été dirigée sur cette étoile, on s'assurera immédiatement de la grandeur de la variation aussi souvent qu'on le voudra.

Nous devons faire remarquer que les mesures fréquentes de la variation dont l'exposé vient de nous occuper assez longuement ont pour objet moins la détermination de la variation elle-même que la connaissance de toute modification importante venant à se produire inopinément dans l'état des compas. La variation est toujours estimée avec toute la précision désirable quand on fait le point et qu'ensuite, ayant tracé la route sur la carte, on donne la route au compas. La route ainsi établie doit être changée le plus rarement possible; mais alors il importe de savoir pendant combien de temps on pourra la conserver sans qu'il y ait danger pour le navire : c'est ce qu'il est généralement difficile, sinon impossible, de prévoir à l'avance, l'état des compas étant susceptible de subir à l'improviste des modifications importantes. Le navigateur doit se mettre en garde contre ces changements brusques : pour cela, il fera surveiller avec soin la grandeur de la variation, de manière à pouvoir être averti à temps, s'il venait de se produire quelque chose d'extraordinaire. La mise en pratique des mesures fréquentes de variations que nous indiquions tout à l'heure, n'a pas d'autre objet que de fournir des moyens de reconnaître immédiatement tout mouvement important qui viendrait à se produire dans l'état des compas. Aussitôt que l'on est averti, on vérifie avec soin la grandeur de la variation, on change la route au besoin, en un mot, on prend toutes les précautions qui peuvent devenir nécessaires. L'essentiel est d'être toujours prévenu en temps opportun.

CHAPITRE IV

CALCUL DE LA LATITUDE.

1. Méthode générale pour calculer la latitude et l'azimut. — Quand on connaît le temps moyen du lieu et par suite l'angle horaire de l'astre observé, la latitude peut se conclure directement d'une mesure de hauteur au moyen des deux formules fondamentales :

$$\sin h = \sin \delta \sin \varphi + \cos \delta \cos \varphi \cos T.$$
$$\cos h \cos A = \sin \delta \cos \varphi - \cos \delta \sin \varphi \cos T,$$

que l'on disposera pour le calcul de la manière suivante :

On posera

$$\sin \delta = m \sin M.$$
$$\cos \delta \cos T = m \cos M,$$

m étant une quantité positive et M un arc positif ou négatif, mais toujours moindre que 90°, de sorte qu'il est compris entre — 90° et + 90°.

$$\operatorname{tg} M = \frac{\operatorname{tg} \delta}{\cos T}.$$

D'ailleurs, en substituant les valeurs de $\sin \delta$ et de $\cos \delta \cos T$ dans les relations fondamentales

$$\sin h = m (\sin M \sin \varphi + \cos M \cos \varphi) = m \cos (\varphi - M),$$
$$\cos h \cos A = m (\cos \varphi \sin M - \sin \varphi \cos M) = - m \sin (\varphi - M),$$

d'où l'on déduira

$$(1) \qquad \cos (\varphi - M) = \frac{\sin h}{m} = \frac{\sin h \sin M}{\sin \delta}.$$

$$(2) \qquad \sin(\varphi - M) = -\frac{\cos h \cos A}{m} = -\frac{\cos h \cos A \sin M}{\sin \delta}.$$

$$(3) \qquad \operatorname{tg}(\varphi - M) = -\cos A \operatorname{cotg} h.$$

L'une quelconque de ces trois relations servira à calculer $(\varphi - M)$ et par suite la latitude cherchée φ. Il y a lieu de remarquer toutefois que les deux dernières, renfermant l'azimut, on ne pourra les appliquer qu'à la condition d'avoir calculé ou mesuré directement l'azimut A.

Au moyen de la hauteur h et de l'angle horaire T, on peut calculer facilement dans ce cas l'azimut par la relation $\sin A = -\dfrac{\cos \delta \sin T}{\cos h}$.

Dans les calculs ordinaires de navigation, la mesure de l'azimut étant généralement inséparable de toute détermination de temps et de latitude, nous supposerons ici que l'on veuille à la fois calculer la latitude et l'azimut. Ce double problème se trouve entièrement résolu par l'un quelconque des deux systèmes suivants :

$$(a) \quad \begin{cases} \operatorname{tg} M = \dfrac{\operatorname{tg} \delta}{\cos T}, \\[2ex] \cos(\varphi - M) = \dfrac{\sin h \sin M}{\sin \delta}, \\[2ex] \cos A = -\operatorname{tg}(\varphi - M)\operatorname{tg} h. \end{cases}$$

$$(b) \quad \begin{cases} \operatorname{tg} M = \dfrac{\operatorname{tg} \delta}{\cos T}, \\[2ex] \sin A = -\dfrac{\cos \delta \sin T}{\cos h}, \\[2ex] \operatorname{tg}(\varphi - M) = -\cos A \operatorname{cotg} h. \end{cases}$$

Avec le système (a) on obtient la latitude d'abord et l'on s'en sert pour avoir l'azimut; avec le système (b) c'est l'inverse qui a lieu.

Chacun des deux systèmes donne lieu à une ambiguïté particulière qui doit être l'objet d'une discussion. Dans le système (a) la valeur $(\varphi - M)$ étant donnée par un cosinus, il y a incertitude sur son signe; dans le système (b) A étant donné par un sinus, on ne voit pas *à priori:* 1° si l'astre étant placé dans l'est, la valeur moindre que 90° donnée pour A par les tables de logarithmes, représentera l'azimut, ou devra être remplacée par 180° — A; 2° si l'astre se trouvant dans l'ouest, l'azimut sera 180° + A ou 360° — A. En un mot, on sait bien d'après la grandeur de T, si l'astre est dans l'est ou dans l'ouest, mais on ne voit pas immédiatement s'il se trouve au sud ou au nord du premier vertical.

La valeur de A résulte du signe de $(\varphi - M)$ dans le système (a); avec le système (b) c'est le signe de $(\varphi - M)$ qui est la conséquence de la valeur de A; chacune des deux ambiguïtés doit donc être attribuée à la même cause, à la position de l'astre par rapport au premier vertical.

Si

$$\varphi - M > 0 \qquad \cos A > 0.$$

Quand l'astre est dans l'ouest, la valeur tabulaire A sera remplacée par $360° - A$, parce que $\cos 360° - A = + \cos A$. L'astre est dans le NO.

Quand l'astre est dans l'est, la valeur tabulaire A est celle de l'azimut; l'astre est dans le NE.

Si

$$(\varphi - M) < 0 \qquad \cos A < 0.$$

Quand l'astre est dans l'ouest, A doit être remplacé par $(180° + A)$, parce que $\cos(180° + A) = - \cos A$; l'astre est dans le SO.

Quand l'astre est dans l'est, l'azimut est égal à $(180° - A)$, parce que $\cos(180° - A) = - \cos A$; l'astre est dans le SE.

Réciproquement, si l'astre se trouve dans le NE ou le NO, $\cos A$ sera positif, et $(\varphi - M)$ aura le signe —; si l'astre se trouve dans le SE ou SO, $\cos A$ sera négatif, et $(\varphi - M)$ aura le signe +.

Il est toujours facile avec un théodolithe, à terre, quand la direction du méridien est bien connue, de savoir immédiatement quelle est la position de l'astre observé par rapport aux deux points cardinaux les plus voisins; à bord, on arrive au même résultat au moyen du compas de relèvement; toutefois, eu égard à la faible approximation des indications données par cet instrument, il peut y avoir doute si l'astre considéré est dans le voisinage du premier vertical : or, dans ce cas, ainsi qu'on le verra plus loin, les observations de hauteur ne peuvent donner aucune précision dans l'estime de la latitude, et doivent par suite être remplacées par d'autres effectuées dans de meilleures conditions.

Il y a lieu de remarquer que, dans la pratique, la latitude est toujours connue avec une certaine approximation, de sorte que, indépendamment de toute mesure de A, le signe de $\varphi - M$ est connu d'avance; il ne peut y avoir incertitude que dans le cas ou $\varphi - M$ serait petit, c'est-à-dire de l'ordre même de l'approximation de φ; alors l'astre serait très voisin du premier vertical lors du passage au méridien; pour $\varphi - M = 0 : M = \delta$, $h = 90°$ et $A = 90°$.

EXEMPLE : *Le 25 mai 1874, dans un lieu situé par $3^h 44^m 30^s$ de longitude ouest, on a observé à $23^h 04^m 15^s$, T. M. du lieu, une hauteur de Soleil $75°06'54''$, l'astre se trouvant dans le SE ; on demande la latitude du lieu et l'azimut du Soleil.*

D'après la longitude du lieu, le temps de Paris qui correspond à l'époque de l'observation sera $26^h 49^m 15^s$, ou le 26 mai $2^h 49^m 15^s$, heure qui aurait pu être donnée immédiatement par le chronomètre.

Pour le 26 mai à midi, temps moyen de Paris, la connaissance des temps donne

$$\text{Déclinaison du Soleil} = + 21°08'58''.2.$$
$$\text{Équation du temps} = \text{Eq} = 11^h 56^m 44^s,42.$$

On conclura par interpolation pour l'époque de l'observation :

$$\delta = + 21° 10' 01'' .0.$$
$$\text{Eq} = \quad 11^h 56^m 45^s ,16.$$
$$\text{Temps moyen du lieu} = T_m = \quad 23 \ 04 \ 15 \ ,00.$$
$$\text{Angle horaire } T = T_m - \text{Eq} = \quad 23^h 07^m 29^s ,44 = \ 24^h - \ 0^h 52^m 30^s,16$$
$$= 360° - 13° 07' 32'',4$$

Les éléments du calcul se trouvant ainsi déterminés, on aura en appliquant le système (a)

$$\lg M = \frac{\text{tg} \, \delta}{\cos T} \qquad\qquad \cos(\varphi - M) = \frac{\sin h \sin M}{\sin \delta}$$

$$\log \text{tg} \, \delta = 9,5879475 + \qquad\qquad \log \sin h = 9,9854742 +$$
$$c' \log \cos T = 0,0114971 + \qquad\qquad \log \sin M = 9,5675762 +$$
$$\qquad\qquad\qquad\qquad\qquad\qquad c' \log \sin \delta = 0,4423886 +$$
$$\log \text{tg} \, M = 9,5994446 +$$
$$M = + 21°40'58'' \qquad\qquad \log \cos (\varphi - M) = 9,9954390 +$$
$$\varphi - M = + \ 8° 33' 23'' \ \text{(l'astre est dans le N. E.}$$
$$M = + 21 \ 40 \ 58 \qquad \varphi - M \text{ est positif.)}$$
$$\varphi = + 30° 14' 21''$$

$$\cos A = - \text{tg}(\varphi - M) \, \text{tg} \, h \qquad \log \text{tg}(\varphi - M) = 9,1773989 +$$
$$\log \text{tg} \, h = 0,5754471 +$$
$$\log \cos A = 9,7528460 - \ \text{(cos A est négatif.)}$$
$$|A| = 55°31'32''$$

L'astre se trouvant dans le SE à l'époque de l'observation $\varphi - M$ est positif, de sorte que la latitude cherchée est $+ 30° 14'21''$: pour la même raison cos A est négatif, de sorte que la valeur tabulaire trouvée pour A, c'est-à-dire $55°31'32''$, doit être remplacée par son supplément

$$A = 124°28'28''.$$

Si l'on n'avait eu besoin que de la latitude, on aurait pu se contenter du calcul de $\varphi - M$ et se dispenser de celui de A ; mais il importe toujours d'être bien fixé sur le signe de $(\varphi - M)$. Le calcul de l'azimut a cela d'avantageux, qu'il indique immédiatement les cas où il pourrait y avoir du doute à cet égard. Dans l'exemple précédent, l'azimut étant notablement différent de $90°$, on reconnaît immédiament qu'il ne saurait y avoir aucune incertitude.

Au lieu du système (a) appliquons le système (b).

$$\mathrm{tg}\,M = \frac{\mathrm{tg}\,\delta}{\cos T} :$$ nous avons déjà calculé M.

$$M = + 21°40'58''.$$

$$\sin A = -\frac{\cos \delta \sin T}{\cos h}$$

$\log \cos \delta = 9,9696639$

$\log \sin T = 9,3561942$ (sin T est négatif parce

$c'\log \cos h = 0,5902701 \quad$ que $T > 12^h$),

$\log \sin A = 9,9161282$ (sin A est positif parce que sin T est négatif).

$$[A] = 55°31'32''.$$

L'astre se trouvant dans le SE à l'époque de l'observation, la valeur tabulaire $55°31'32''$ sera remplacée par son supplément.

$$\mathrm{tg}(\varphi - M) = -\cos A \cot\!\mathrm{g}\,h$$

$\log \cos A = 9,7528460.$

$\log \cot\mathrm{g}\,h = 9,4245529,$

$\log \mathrm{tg}(\varphi - M) = 9,1773989.$ tg $(\varphi - M)$ et par suite $(\varphi - M)$ es positif parce que cos A < 0.

$$\varphi - M = + 8°33'23''.$$
$$M = + 21\ 40\ 58$$
$$\varphi = + 30°14'21''$$

AUTRE EXEMPLE : *Le 17 mai 1874, dans un lieu situé par $11^h40^m10^s$ de longitude est, on a observé à $1^h10^m20^s$, T. M. du lieu, une hauteur de Soleil $51°45'27''$, l'astre se trouvant dans le NO ; on demande la latitude du lieu et l'azimut du Soleil.*

D'après la longitude du lieu, le temps du méridien de Paris qui correspond à l'époque de l'observation sera le 16 mai, $12^h50^m30^s$.

Pour le 16 mai, à midi moyen de Paris, la *Connaissance des temps* donne :

$$\text{Déclinaison du Soleil} = \delta = +19°07'35'',3,$$
$$\text{Équation du temps} = \text{Eq} = 11^h 56^m 07^s,29.$$

On trouvera pour l'époque de l'observation

$$\delta = +19° 14' 56'',6$$

$$\text{Eq} = 11^h 56^m 07^s,93$$
$$\text{Temps moyen du lieu} = \text{T}_m = 1 \quad 10 \quad 20 \ ,00$$

$$\text{Angle horaire } \text{T} = \text{T}_m - \text{Eq} = 1^h 06^m 27'',93 = 16° 36 \ 59''$$

Les éléments du calcul se trouvant ainsi obtenus, on aura en appliquant le système (*a*) :

$$\text{tg}\,M = \frac{\text{tg}\,\delta}{\cos T}$$
$$\log \text{tg}\,\delta = 9,5430707 +$$
$$c'\log \cos T = 0,0185254 +$$
$$\overline{\log \text{tg}\,M = 9,5615961 +}$$
$$M = +20°01'21''$$

$$\cos(\varphi - M) = \frac{\sin h \sin M}{\sin \delta}$$
$$\log \sin h = 9,8950891 +$$
$$\log \sin M = 9,5345198 +$$
$$c'\log \sin \delta = 0,4819139 +$$
$$\overline{\log \cos(\varphi - M) = 9,9115228}$$
$$\varphi - M = -35° 20' 41'' \quad \text{(l'astre est dans le N. O.}$$
$$M = +20 \quad 01 \quad 21 \qquad \varphi - M \text{ est négatif.)}$$
$$\overline{\varphi = -15° 19' 20''}$$

$$\cos A = -\text{tg}(\varphi - M)\,\text{tg}\,h \qquad \log \text{tg}(\varphi - M) = 9,8507761 -$$
$$\log \text{tg}\,h = 0,1034047 +$$
$$\overline{\log \cos A = 9,9541808 +} \quad \text{(cos A est positif.)}$$
$$[A] = 25°51'31''$$
$$A = 334°08'29''$$

L'astre se trouvant placé dans le N. O. $(\varphi - M)$ a le signe —; la latitude est australe et égale à 15°19'20''; de même cos A est positif et l'on doit remplacer la valeur tabulaire [A] par 360° — [A] pour avoir l'azimut A que l'on trouvera alors égal à 334°08'29'' ou N. 25°51'31''O.

Si au lieu du système (*a*) on applique le système (*b*), on trouvera

$$M = + 20°01'21''.$$

$$\sin A = -\frac{\cos \delta \sin T}{\cos h}$$

$$\log \cos \delta = 9,9750154 +$$
$$\log \sin T = 9,4563090 +$$
$$\text{et } \log \cos h = 0,2083156 +$$

$$\log \sin A = 9,6396400 +$$

$$[A] = 25°51'31''$$
$$A = 334°08'29''$$

L'astre se trouvant dans l'ouest, sin A est négatif; de plus, l'astre se trouve dans le N. O. et la valeur tabulaire [A] doit alors être remplacée par 360° — [A].

$$\operatorname{tg}(\varphi - M) = -\cos A \operatorname{cotg} h$$

$$\log \cos A = 9,9541808 +$$
$$\log \operatorname{cotg} h = 9,8965953 +$$

$$\log \operatorname{tg}(\varphi - M) = 19,8507761 - \varphi$$

$$\varphi - M = -35°20'41''$$
$$M = + 20\ 01\ 21$$

$$\varphi = -15°19'20''$$

Les deux exemples précédents suffisent pour montrer comment doivent s'exécuter les opérations de ce genre; les calculs ne présentent jamais de difficultés; ils exigent seulement une certaine attention pour l'application des signes; il n'y a pas lieu de revenir ici sur les conventions adoptées; on rappellera seulement que dans le cas dont il s'agit $(\varphi - M)$ a toujours le signe de $\cos A$ et réciproquement, et que par suite cette quantité est positive pour l'astre placé dans le S. E. ou le S. O. et négative pour l'astre placé dans le N. E. ou N. O.

2. De l'approximation des calculs de latitude et d'azimut. Circonstances favorables. — D'après la théorie précédente, la latitude et l'azimut ont été calculés au moyen de la hauteur de la déclinaison et de l'angle horaire; en développant $\Delta\varphi$ en fonction de Δh, $\Delta\delta$ et ΔT, on a trouvé

$$\Delta\varphi = \frac{\Delta h}{\cos A} - \frac{\cos C}{\cos A}\Delta\delta - \frac{\cos \varphi \sin A}{\cos A}\Delta T + \frac{\operatorname{tg} h \sin^2 A}{\cos^3 A}\frac{\Delta h^2}{2}$$

$$+ \tfrac{1}{2}\frac{\sin^3 C}{\cos^2 \varphi \cos^3 A}(\sin 2\varphi \cos A + \sin 2\delta \cos C)\frac{\Delta\delta^2}{2}$$

$$- \frac{\cos \varphi \operatorname{tg} A}{\cos^2 A}(\operatorname{cotg} T + \tfrac{1}{2}\sin \varphi \sin 2A)\frac{\Delta T^2}{2} - \frac{\operatorname{tg}\delta \operatorname{tg}^2 A}{\cos A}\Delta h \Delta\delta$$

$$+ \frac{\operatorname{cotg} T \operatorname{tg}^2 A}{\cos A}\Delta h \Delta T + \frac{\cos C}{\cos^3 A}(\sin \delta \operatorname{tg} C - \tfrac{1}{2}\sin \varphi \sin 2A)\Delta\delta \Delta T.$$

La convergence de la série dépend essentiellement de la valeur de l'azimut A ; elle est d'autant plus grande que A est plus voisin de zéro, c'est-à-dire que l'astre est plus voisin du méridien.

Les observations faites dans le méridien ou dans le voisinage du méridien sont donc favorables en général aux déterminations de latitude.

L'erreur de latitude n'est jamais indépendante de l'erreur de hauteur ou de l'erreur de déclinaison ; elle est toujours plus grande pour les observations faites en dehors du méridien ; mais elle lui sera rigoureusement égale si $A = 0$ ou $180°$, c'est-à-dire si l'on a observé dans le méridien.

L'erreur de latitude résultant de l'erreur de temps est toujours moindre que cette dernière quand $A < 45°$; elle en est indépendante, au second ordre près, si $A = 0$ ou $180°$, c'est-à-dire si l'astre se trouve dans le méridien.

Dans ce cas, le terme du second ordre en ΔT^2 devient en valeur absolue pour $A = 0$ ou $180°$ et $T = 0$

$$\frac{\cos \varphi}{\cos^2 A} \operatorname{tg} A \operatorname{cotg} T = \frac{\cos \varphi}{\cos h} \sin (\varphi \pm h) = \frac{\sin (\delta \mp h)}{\cos h} \cos \delta.$$

Ce terme n'est susceptible de devenir très grand que dans l'hypothèse où h est voisin de $90°$, c'est-à-dire quand l'astre passe au méridien dans le voisinage du zénith, circonstance très défavorable pour les observations de latitude.

Pour le cas particulier où l'astre passerait au zénith, A et C sont chacun égaux à $90°$ pour ce moment ; chacun des termes de la série se présente alors sous la forme ∞ ; cette série n'a par suite aucune signification et $\Delta\varphi$ reste indéterminé. Ainsi qu'on l'a vu déjà, l'astre passe au zénith quand δ et φ étant de même signe $\delta = \varphi$. Les observations de hauteur qui correspondent à cette position ou à une position voisine ne sont susceptibles de donner aucune exactitude dans la détermination de la latitude.

Dans ce cas, les observations de latitude ne doivent plus être faites dans le voisinage du méridien, mais bien le plus près possible de l'horizon ; on peut remarquer que c'est l'inverse de ce qui a lieu pour les mesures d'angle horaire.

En développant ΔA en fonction de Δh, $\Delta\delta$ et ΔT, on a trouvé :

$$\Delta A = + \operatorname{tg} h \operatorname{tg} A \Delta h - \operatorname{tg} \delta \operatorname{tg} A \Delta\delta + \operatorname{tg} A \operatorname{cotg} T \Delta T$$

$$+ \frac{\operatorname{tg} A}{\cos^2 h \cos^2 A} (\cos^2 A + \sin^2 h) \frac{\Delta h^2}{2}$$

$$- \frac{\operatorname{tg} A}{\cos^2 \delta \cos^2 A} (\cos^2 A - \sin^2 \delta) \frac{\Delta\delta^2}{2}$$

$$- \frac{\operatorname{tg} A}{\sin^2 T \cos^2 A} (\cos^2 A - \cos^2 T) \frac{\Delta T^2}{2} - \frac{\operatorname{tg} h \operatorname{tg} \delta \operatorname{tg} A}{\cos^2 A} \Delta h \Delta \delta$$

$$+ \frac{\operatorname{tg} h \operatorname{tg} A \cot T}{\cos^2 A} \Delta h \Delta T - \frac{\operatorname{tg} \delta \operatorname{tg} A \cot T}{\cos^2 A} \Delta \delta \Delta T \ldots$$

La convergence de la série dépend essentiellement de A; elle est d'autant plus grande que A est plus voisin de 0° ou de 180°.

Les observations méridiennes ou faites dans le voisinage du méridien sont donc dans ce cas favorables aux déterminations d'azimut.

Pour $A = 0$ ou 180°, c'est-à-dire lors du passage au méridien ΔA est indépendant de Δh et de $\Delta \delta$, de sorte que l'azimut est obtenu indépendamment des erreurs de latitude et de déclinaison.

Le coefficient de ΔT n'est jamais nul; mais il devient minimum et égal à $\dfrac{\sin (\varphi \pm h)}{\cos h}$ ou $\dfrac{\cos \delta}{\cos h}$ quand $A = 0$ et $T = 0$ ou 180°, c'est-à-dire quand l'astre passe au méridien.

Quand l'astre passe au zénith, les divers termes de la série se présentent sous la forme ∞, de sorte que ΔA est indéterminé. Ainsi quand en général δ est peu différent de φ, les observations méridiennes ou voisines du méridien ne conviennent pas à la détermination de l'azimut.

Ces diverses remarques présentent beaucoup d'analogie avec celles qui ont été déjà faites pour la latitude; on en conclura que si l'on détermine à la fois la latitude et l'azimut au moyen de la hauteur, de la déclinaison et de l'angle horaire, les circonstances favorables au calcul de la latitude sont également favorables au calcul de l'azimut.

Les circonstances favorables dans les deux cas seront donc :

1° Le passage de l'astre au méridien ou dans le voisinage du méridien quand la déclinaison et la latitude étant de même nom diffèrent notablement l'une de l'autre, ou, en d'autres termes quand l'astre ne passe pas au méridien dans le voisinage du zénith;

2° Les petites hauteurs, quand l'astre passe au méridien dans le voisinage du zénith.

3. Détermination de la latitude et de l'azimut au moyen d'un grand nombre d'observations de hauteurs. — On a vu précédemment que plusieurs hauteurs peuvent toujours être remplacées par leur moyenne, à la condition de faire subir au résultat de calcul obtenu au moyen de cette moyenne une correction déterminée. On a trouvé, en effet :

$$h = \frac{h_1 + h_2 + \ldots + h_n}{n} - \frac{1}{2n} \frac{\cos \delta \cos \varphi}{\cos h} \cos A \cos C \, \Sigma \sin^2 (T_{ch_n} - T_{ch})$$

Cette remarque est applicable dans le cas actuel; on remplacera les hauteurs d'une même série par leur moyenne, et les angles horaires correspondant également par leur moyenne et l'on fera le calcul de latitude et d'azimut avec ces valeurs moyennes. Il en résultera des erreurs $\Delta\varphi$ et ΔA due à l'erreur de hauteur Δh

$$\Delta h = -\frac{1}{2n}\frac{\cos\delta\cos\varphi}{\cos h}\cos A\cos C\,\Sigma\sin^2(\mathrm{T}_{ch_n} - \mathrm{T}_{ch}).$$

On en conclura immédiatement, au moyen des séries données tout à l'heure pour $\Delta\varphi$ et ΔA, les corrections correspondantes sur les résultats obtenus

$$\Delta\varphi = -\frac{1}{2n}\frac{\cos\delta\cos\varphi}{\cos h}\cos C\,\Sigma\sin^2(\mathrm{T}_{ch_n} + \mathrm{T}_{ch}) + \ldots$$

$$\Delta A = -\frac{1}{2n}\frac{\cos\delta\cos\varphi}{\cos h}\operatorname{tg}h\,\sin A\cos C\,\Sigma\sin^2(\mathrm{T}_{ch_n} - \mathrm{T}_{ch} + \ldots$$

Ces termes de correction, qui sont généralement négligeables dans les observations de hauteurs destinées à fournir un angle horaire, parce qu'alors le coefficient de la correction est presque toujours très voisin de zéro, ne le sont plus dans le cas actuel. Toutefois ces corrections ne sont jamais applicables qu'aux mesures géographiques effectuées à terre; à la mer les observations étant suffisamment exactes quand elles donnent la latitude à 1 minute près et l'azimut à 15′ près, les corrections en question ne sont jamais susceptibles d'être employées.

4. Des observations méridiennes. — Les observations méridiennes présentant l'avantage remarquable de donner des mesures de latitude et d'azimut affectées d'une somme d'erreur minimum, eu égard à l'erreur des éléments employés, on doit chercher à les appliquer le plus fréquemment possible.

Les observations dans le méridien ne peuvent être bien exécutées qu'à la condition d'être faites avec une lunette méridienne bien installée; de même on ne peut rigoureusement observer dans le premier vertical que si l'on a disposé préalablement une lunette dans ce but. Une circonstance particulière permet, dans les observations nautiques, de se dispenser de toute installation de ce genre. L'astre, en passant au méridien, atteint sa culmination ou son maximum de hauteur, du moins il en est absolument ainsi pour les étoiles : cela n'est pas rigoureusement exact pour les astres dont la déclinaison est variable; mais nous avons démontré qu'en général, dans ce cas, la correction dont il faudrait tenir compte est toujours très faible même pour la Lune. Nous avons du reste donné l'expression de cette correction qui n'est jamais applicable dans les calculs de mer. Il est toujours facile de déterminer par l'observation directe la plus grande hauteur qu'un astre peut atteindre, et cela sans se préoccuper en rien de la direction du méridien Il suffit de commencer à observer l'astre quelques instants avant la culmination et de suivre attentivement son mouvement ascensionnel : tant que l'astre n'a pas atteint sa culmination, la hauteur augmente; au moment de la culmination elle paraît stationnaire un instant; elle est à son maximum, après quoi elle commence à décroître.

La hauteur maximum obtenue par l'observateur est donc la hauteur correspondante à la culmination et par suite la hauteur méridienne.

La latitude se conclut de la hauteur méridienne presque sans calcul. Les formules du système (a) et du système (b) se simplifient considérablement en effet dans ce cas particulier : on a simultanément $A = 0$ ou 180 et $T = 0$, de sorte que

$$M = \delta \quad \text{et} \quad \cos(\varphi - \delta) = \sin h \quad \text{ou} \quad \operatorname{tg}(\varphi - \delta) = \pm \cotg h,$$

ou simplement en appelant z la distance zénithale

$$\varphi - \delta = \pm z.$$

D'après la discussion déjà faite, le signe $+$ correspond au cas de $A = 180°$ ou de l'astre placé dans le Sud par rapport à l'observateur et le signe $-$ au cas de $A = 0$ ou de l'astre placé dans le Nord.

On traduit habituellement ce résultat en disant *que l'on appliquera le signe $+$ et que l'on aura*

$$\varphi = \delta + z$$

quand l'observateur a effectué l'observation méridienne en faisant face au Sud; et que l'on appliquera le signe $-$, d'où par suite

$$\varphi = \delta - z$$

quand l'observateur faisait face au Nord.

Dans le premier cas l'azimut correspondant à la culmination est égal à $180°$; dans le second il est égal à 0.

L'observation de l'azimut n'est pas susceptible de s'exécuter avec autant de précision que celle de la latitude au moyen de la culmination de l'astre : cela tient à ce qu'il n'est pas aussi facile de saisir le moment où la hauteur passe exactement par son maximum que de mesurer la hauteur maximum elle-même.

D'ailleurs, vers l'époque de la culmination, à un petit mouvement en hauteur correspond un grand mouvement en azimut dans le même intervalle de temps : le mouvement de l'azimut est même maximum par rapport au temps à l'époque de la culmination, ainsi que l'indique la relation

$$\Delta A = \frac{\cos \delta}{\cos h} \cos C \Delta T + \frac{\cos \delta \cos \varphi}{\cos^2 h} \sin A \cos C (\sin h - \operatorname{tg} C \cot A) \frac{\Delta T^2}{2}$$

obtenue en ne tenant compte que de la variation de temps ΔT.

Il résultera de là que l'on ne saurait songer à saisir directement l'instant de la culmination pour en conclure l'azimut; mais si, en observant la hauteur maximum, on note à un moment donné le temps du chronomètre, on pourra, au moyen de ce temps et de la hauteur maximum, conclure un bon résultat d'azimut.

Soit en effet T l'angle horaire qui correspond au temps de l'observation, on aura

$$\sin A = - \frac{\cos \delta}{\cos h} \sin T,$$

et comme dans ce cas A et T sont toujours très petits, du moins si l'on ne considère que les arcs correspondants comptés à partir du méridien, soit à droite, soit à gauche,

$$A = \pm \frac{\cos \delta}{\cos h} \left(T - \frac{T^3}{6} + \dots \right)$$

On remarquera qu'à une valeur déterminée de T correspondra une valeur de A relativement d'autant plus grande que $\cos h$ sera plus petit et par suite h plus voisin de 90°.

On aura

$$A = + \frac{\cos \delta}{\cos h} \left(T - \frac{T^3}{6} + \dots \right) : \text{Azimut} = A \text{ ou } 180° - A$$

si l'astre est placé dans l'Est, et

$$A = - \frac{\cos \delta}{\cos h} \left(T - \frac{T^3}{6} + \dots \right) : \text{Azimut} = 180° + A \text{ ou } 360° - A$$

dans le cas contraire.

Les observations méridiennes sont usuelles en navigation pour la détermination de la latitude; la remarque précédente suffit pour montrer comment on peut s'en servir pour calculer en même temps un azimut avec toute la rigueur acquise en pareille circonstance.

5. Des observations circumméridiennes. — La facilité

élémentaire qui caractérise les observations méridiennes et la simplicié du calcul qui en résulte pour la détermination de la latitude, a fait souvent négliger la méthode générale en leur faveur. Mais comme il arrive souvent que précisément au moment de la culmination un nuage vient empêcher l'observation, on a cherché à se servir des hauteurs obtenues dans le voisinage du méridien pour en déduire la latitude au moyen d'une correction simple et facile à calculer : de là une méthode particulière de calcul dite des hauteurs circumméridiennes.

Si l'on désigne par z_1, une distance zénithale prise en dehors du méridien, δ_1 la déclinaison correspondante, le résultat de latitude φ_1 que l'on obtiendrait en faisant la somme $\delta_1 \pm z_1$ sera affecté d'une erreur $\Delta\varphi_1$ due au petit angle horaire ΔT formé par l'astre avec le méridien ; nous avons donné précédemment l'expression générale de $\Delta\varphi$ pour une position quelconque ; en faisant $T = 0$ et $A = 0$ dans cette expression on trouvera pour le cas dont il s'agit

$$\Delta\varphi = - \frac{\cos\varphi}{\cos h} \sin(\varphi \pm h) \frac{\Delta T^2}{2} = - \frac{\cos(\delta_1 + z_1)\cos\delta}{\sin z_1} \frac{\Delta T^2}{2},$$

ou

$$\Delta\varphi = + \frac{\cos(\delta_1 - z_1)\cos\delta}{\sin z_1} \frac{\Delta T^2}{2},$$

suivant que $A = 180°$ ou $A = 0$ ou que l'observateur aura fait face au Sud ou face au Nord pendant l'observation.

La latitude cherchée $\varphi = \varphi_1 + \Delta\varphi_1$ sera alors

$$\varphi = \delta_1 \pm z_1 \pm \frac{\cos\delta\cos(\delta_1 \pm z_1)}{\sin z_1} \frac{\Delta T^2}{2}.$$

La correction que l'on ajoute ainsi à $\delta_1 \pm z_1$ est ce que l'on appelle la correction des hauteurs circumméridiennes.

Nous allons calculer le développement complet de cette correction et en faire connaître l'expression générale jusqu'au sixième ordre.

Reprenons la formule fondamentale

$$\cos z = \sin\varphi\sin\delta + \cos\varphi\cos\delta\cos T,$$

et remplaçons $\cos T$ par $1 - 2\sin^2 \tfrac{1}{2}T$, de sorte que

$$\cos z = \cos(\varphi - \delta) - 2\cos\varphi\cos\delta\sin^2 \tfrac{1}{2}T,$$

ou

$$\cos(\varphi - \delta) = \cos z + 2\cos\varphi\cos\delta\sin^2 \tfrac{1}{2}T.$$

Dans le cas actuel, $\varphi - \delta$ est peu différent de z, de sorte que l'on peut développer $\varphi - \delta$ en fonction de z par la série qui donne y au moyen de x quand on a $\cos y = \cos x + b$ et que b est une petite quantité

$$y = x - \frac{b}{\sin x} - \tfrac{1}{2} \operatorname{cotg} x \, \frac{b^2}{\sin^2 x} - \tfrac{1}{6}(1 + 3 \operatorname{cotg}^2 x) \frac{b^3}{\sin^3 x} \ldots$$

On trouvera donc

$$\varphi - \delta = z - \frac{2\cos\varphi\cos\delta}{\sin z} \sin^2 \tfrac{1}{2}T - \tfrac{1}{2}\operatorname{cotg} z \, \frac{4\cos^2\varphi\cos^2\delta}{\sin^2 z} \sin^4 \tfrac{1}{2}T -$$

$$- \tfrac{1}{6}(1 + 3\operatorname{cotg}^2 z) \frac{8\cos^3\varphi\cos^3\delta}{\sin^3 z} \sin^6 \tfrac{1}{2}T \ldots$$

Pour $\varphi - \delta$ positif ou $A = 180°$ ou face au Sud

$$\varphi = \delta + z - \frac{2\cos\varphi\cos\delta}{\sin z} \sin^2 \tfrac{1}{2}T - \tfrac{1}{2}\operatorname{cotg} z \, \frac{4\cos^2\varphi\cos^2\delta}{\sin^2 z} \sin^4 \tfrac{1}{2}T \ldots$$

Pour $\varphi - \delta$ négatif, ou $A = 0$ ou face au Nord

$$\varphi = \delta - z + \frac{2\cos\varphi\cos\delta}{\sin z} \sin^2 \tfrac{1}{2}T + \tfrac{1}{2}\operatorname{cotg} z \, \frac{4\cos^2\varphi\cos^2\delta}{\sin^2 z} \sin^4 \tfrac{1}{2}T \ldots$$

On peut remarquer que cette dernière expression ne diffère de la première que par le changement de z en $-z$.

Le second membre contient φ, c'est-à-dire la quantité cherchée ; mais comme $\delta + z$ ou $\delta - z$ est déjà une valeur très rapprochée de cette quantité et que d'ailleurs les coefficients de $\cos\varphi$, $\cos^2\varphi$, etc., sont du second ordre, on pourra résoudre l'équation par la formule des approximations successives.

Effectuons le calcul de la deuxième expression, par exemple ; pour avoir le résultat correspondant à la première, il suffira de changer dans l'expression obtenue z en $-z$, d'après la remarque faite tout à l'heure.

Posons pour abréger

$$\delta - z = a, \qquad 2\frac{\cos\delta}{\sin z} \sin^2 \tfrac{1}{2}T = b, \qquad \tfrac{1}{2}\operatorname{cotg} z \, \frac{4\cos^2\delta}{\sin^2 z} \sin^4 \tfrac{1}{2}T = c.$$

$$\tfrac{1}{6}(1 + 3\operatorname{cotg}^2 z) \frac{8\cos^3\varphi\cos^3\delta}{\sin^3 z} \sin^6 \tfrac{1}{2}T = d \, ;$$

l'équation à résoudre deviendra

$$\varphi = a + b\cos\varphi + c\cos^2\varphi + d\cos^3\varphi + \ldots,$$

expression de la forme $y = x + mf(x)$, à laquelle on peut appliquer la formule de Lagrange

$$y = x + mf(x) + \frac{m^2}{2}\frac{df(x)^2}{dx} + \frac{m^3}{6}\frac{d^2 f(x)^3}{dx^2} + \dots$$

Effectuant les calculs de détail et limitant l'approximation au troisième ordre, on trouvera

$$\varphi = a + b\cos a + c\cos^2 a + d\cos^3 a - b^2 \sin a \cos a - 3bc \sin a \cos^2 a$$
$$+ b^3 \sin^2 a \cos a - \tfrac{1}{2}b^3 \cos^3 a.$$

Remarquant que

$$c = \tfrac{1}{2}\cotg z \cdot b^2 \quad \text{et} \quad d = (\tfrac{1}{6} + \tfrac{1}{2}\cotg^2 z)b^3,$$

ou en posant

$$\tfrac{1}{2}\cotg z = q, \quad \text{que} \quad c = qb^2 \quad \text{et} \quad d = (\tfrac{1}{6} + 2q^2)b^3;$$

substituant et ordonnant par rapport à b,

$$\varphi = a + b\cos a + (q - \tg a)b^2 \cos^2 a$$
$$+ (\tfrac{1}{6} + 2q^2 - 3q\,\tg a + \tg^2 a - \tfrac{1}{2})\, b^3 \cos^5 a + \dots$$

Faisant $p = \tg a$, changeant le signe du terme du second ordre et réduisant le coefficient du terme du troisième ordre, on aura finalement

$$\varphi = a + b\cos a - (p - q)b^2 \cos^2 a + [(p - q)(p - 2q) - \tfrac{1}{3}]b^3 \cos^3 a + \dots$$

ou, en mettant en évidence l'angle horaire T, remplaçant a par $\delta - z$ et faisant $\dfrac{2\cos\delta \cos a}{\sin z} = \dfrac{2\cos\delta \cos(\delta - z)}{\sin z} = P$,

$$(N) \quad \left\{ \begin{array}{l} \varphi = \delta - z + P\sin^2 \tfrac{1}{2}T - (p - q)P^2 \sin^4 \tfrac{1}{2}T \\ \qquad + [(p - q)(p - 2q) - \tfrac{1}{3}]P^3 \sin^6 \tfrac{1}{2}T + \dots \end{array} \right.$$

Cette formule correspond au cas $\varphi - \delta$ négatif, c'est-à-dire de $A = 0$, ou de l'observateur faisant face au nord.

Pour le cas de $A = 180°$, ou de l'observateur faisant face au sud, il suffit de remplacer z par $- z$ ou P par $- P$ et q par $- q$, de sorte que

$$P = \frac{2\cos\delta \cos(\delta + z)}{\sin z},$$

et l'on a pour l'observation face au sud

$$(S) \quad \begin{cases} \varphi = \delta + z - \mathrm{P} \sin^2 \tfrac{1}{2} \mathrm{T} - (p + q)\mathrm{P}^2 \sin^4 \tfrac{1}{2} \mathrm{T} \\ \qquad - [(p + q)(p + 2q) - \tfrac{1}{3}] \mathrm{P}^3 \sin^6 \tfrac{1}{2} \mathrm{T}\dots \end{cases}$$

La convergence des séries (N) et (S) sera évidemment d'autant plus grande que T sera plus petit, et d'autant moindre que la distance zénithale z sera plus petite. Tous les termes contiennent en effet en dénominateur soit sin z, soit les puissances de sin z.

Toutes les fois que z sera relativement grand, il est à remarquer que la série est suffisamment convergente pour pouvoir, dans les circonstances ordinaires, être réduite à ses trois premiers termes, quand l'astre observé est très éloigné du méridien. Comme d'ailleurs les circonstances favorables pour l'observation de la latitude se présentent quand l'azimut est voisin de 0° ou 180°, ce qui équivaut à la double condition d'un petit angle horaire et d'une grande distance zénithale, on peut dire d'une manière générale que la latitude peut presque toujours être calculée par l'une des deux relations

$$(S) \qquad \varphi = \delta + z - \mathrm{P} \sin^2 \tfrac{1}{2} \mathrm{T} - (p + q)\,\mathrm{P}^2 \sin^4 \tfrac{1}{2} \mathrm{T},$$

$$(N) \qquad \varphi = \delta - z + \mathrm{P} \sin^2 \tfrac{1}{2} \mathrm{T} - (p - q)\,\mathrm{P}^2 \sin^4 \tfrac{1}{2} \mathrm{T},$$

avec toute l'approximation nécessaire dans les calculs de navigation. En comparant le calcul que l'on est obligé d'effectuer à celui qui résulte de la méthode générale, on reconnaîtra facilement qu'il n'est pas sensiblement plus long. Il résulte de là que les formules que nous venons de calculer peuvent être d'une application pratique dans les circonstances ordinaires. Nous allons du reste en donner des exemples en prenant des cas pour ainsi dire extrêmes.

EXEMPLE I. *Le 13 avril 1874, dans un lieu situé sur le méridien de Paris, à* $23^h 30^m$ *T. M. du lieu, on a observé une hauteur de Soleil* 49°43'05". *On demande la latitude du lieu.*

La *Connaissance des temps* donne pour le 13 avril 1874 à midi moyen de Paris

$\delta_0 =$ Déclin. du Soleil $= + 9°05'07"$ et $\Delta\delta_0 = + 21'39",9$ en 24^h,

$\mathrm{Eq}_0 =$ équation du temps $= 0^h 00^m 30^s,65$ et $\Delta\mathrm{Eq}_0 = - 15^s,30$ en 24^h.
On conclut pour l'époque de l'observation

$$\delta = + \ 9°04'40"$$
$$\mathrm{Eq} = \quad 0^h 00^m 30^s,97$$
$$\mathrm{T}_m = \quad 23\ 30\ 00\ ,00$$

angl. h. $\mathrm{T} = \mathrm{T}_m - \mathrm{Eq} = \quad 23^h 29^m 29^s,03 = 24^h - 0^h 30^m 30^s,97 = 360° - 7°37'45".$

Dans l'exemple dont il s'agit l'observateur faisait face au sud, de sorte qu'il y a lieu d'employer la formule (S).

Les quantités à calculer seront

$$P = \frac{2\cos(\delta + z)\cos\delta}{\sin z}, \qquad \sin\tfrac{1}{2}T, \qquad p = \operatorname{tg}(\delta + z) \qquad q = \tfrac{1}{2}\cotg z,$$

et les éléments à employer

$$\delta = 9°04'\ 40''$$
$$z = 40\ \ 16\ \ 55$$
$$\delta + z = 49\ \ 21\ \ 35$$
$$\tfrac{1}{2}T = \ \ 3\ \ 48\ \ 52$$

Le calcul se présentera de la manière suivante :

$$\log\cos\delta = 9{,}9945261 \qquad \log\operatorname{tg}(\delta + z) = 0{,}0663488$$
$$\log\cos(\delta + z) = 9{,}8138109 \qquad \log\cotg z = 0{,}0713507$$
$$\log 2 = 0{,}3010300 \qquad p = \operatorname{tg}(\delta + z) = 1{,}1150$$
$$c'\sin z = 0{,}1893983 \qquad q = \tfrac{1}{2}\cotg z = 0{,}5899$$

$$\log P = 0{,}2987653 \qquad\qquad p + q = 1{,}7049$$
$$\log\sin^2\tfrac{1}{2}T = 7{,}6459756 \qquad \log(p + q) = 0{,}2316989$$
$$\log P\sin^2\tfrac{1}{2}T = 7{,}9447409 \qquad \log P^2\sin^4\tfrac{1}{2}P = 5{,}8894818$$
$$c'\log\sin 1'' = 5{,}3444251$$
$$\qquad\qquad\qquad 6{,}1211807$$
$$3{,}2591660 \qquad c'\log\sin 1'' = 5{.}3144251$$
$$1816'',2 \qquad\qquad 1{,}4356058$$
$$P\sin^2\tfrac{1}{2}T = 30'16'',2 \qquad\qquad 27'',3$$

$$\delta + z = 49°\ 21'\ 35''$$
$$P\sin^2\tfrac{1}{2}T = -\ \ 30\ \ 16\ ,2$$

$$\overline{\qquad\qquad 48°\ 51'\ 18'',8}$$
$$(p + q)P^2\sin^4\tfrac{1}{2}T = -\ \ \ \ 27\ ,3$$

$$\overline{\qquad\qquad 48°\ 50'\ 51'',5}$$

D'après le rapport des deux termes calculés, on peut supposer que le terme en $\sin^6\tfrac{1}{2}T$ ne donnera que des dixièmes de seconde; on le trouve en effet égal à $0'',50$; de sorte que $48°50'52''$ est la latitude cherchée à $1''$ près.

En s'en tenant au premier terme, on aurait trouvé 48°51' qui est la latitude, à une demi-minute près.

Ce résultat aurait une approximation suffisante pour un calcul de mer.

EXEMPLE II. *Le 17 mai 1874, dans un lieu situé par* $11^h 40^m 10^s$ *de longitude est, on a observé à* $1^h 10^m 20^s$ *T. M. du lieu une hauteur de Soleil 51°45'27", l'astre se trouvant dans le N. O. ; on demande la latitude du lieu.*

Cet exemple est l'un de ceux qui ont été traités précédemment au sujet des applications de la méthode générale ; on a trouvé alors pour éléments du calcul

$$\delta = + 19°14' 57''$$
$$T = \quad 16\ 37\ 00$$

L'observateur faisant face au nord, la formule à employer sera la formule (N) les quantités à calculer

$$\delta - z, \quad P = \frac{2\cos(\delta - z)\cos\delta}{\sin z}, \quad \sin\tfrac{1}{2}T, \quad p = \operatorname{tg}(\delta - z), \quad q = \tfrac{1}{2}\cotg z,$$

et les éléments dont il faudra se servir

$$\delta = + 19°14' 57''$$
$$z = \quad 38\ 14\ 33$$
$$\delta - z = - 18\ 59\ 36$$
$$\tfrac{1}{2}T = \quad 8\ 18\ 30$$

On trouvera

$$\log \cos \delta = 9.9750150$$
$$\log \cos(\delta - z) = 9,9756875$$
$$\log 2 = 0,3010300$$
$$c' \sin z = 0,2083156$$
$$\overline{\qquad\qquad}$$
$$\log P = 0,4600481$$
$$\log \sin^2 \tfrac{1}{2}T = 8,3197364$$
$$\overline{\qquad\qquad}$$
$$\log P \sin^2 \tfrac{1}{2}T = 8,7797745$$
$$c' \sin 1'' = 5,3144251$$
$$\overline{\qquad\qquad}$$
$$4,0942096$$
$$12\,422'',5$$
$$3°27'02'',5$$

$$\log \operatorname{tg}(\delta - z) = - 9,5368084$$
$$\log \cotg z = \quad 0,1034053$$
$$p = - 0,3442$$
$$q = + 0,6344$$
$$\overline{\qquad\qquad}$$
$$p - q = - 0,9786$$
$$\log(p - q) = \quad 9,9906052$$
$$\log P^2 \sin^4 \tfrac{1}{2}T = \quad 7,5595690$$
$$c' \sin 1'' = \quad 5,3144251$$
$$\overline{\qquad\qquad}$$
$$2,8645993$$
$$732'',1$$
$$12'12'',1$$

$$(p-q)(p-2q)-\tfrac{1}{3}=1{,}2452$$
$$\log=0{,}0952391$$
$$\log \mathrm{P}^3\sin^6\tfrac{1}{2}\mathrm{T}=6{,}3393535$$
$$c'\sin 1''=5{,}3144251$$
$$\overline{}$$
$$1{,}7490177$$
$$56'',1$$

$$\delta-z=-18°59'36''$$
$$\mathrm{P}\sin^2\tfrac{1}{2}\mathrm{T}=+\;3\;27\;02\;,5$$
$$\overline{}$$
$$-15°32'33'',5$$
$$(p+q)\mathrm{P}^2\sin^4\tfrac{1}{2}\mathrm{T}=+\;12\;12\;,1$$
$$\overline{}$$
$$-15°20'21'',4$$
$$+\;56\;,1$$
$$\overline{}$$
$$-15°19'25'',3$$

On trouverait en s'arrêtant au troisième terme que la latitude cherchée est sud et égale à $15°19'25''$; on a trouvé précédemment $15°19'20''$. Or, le cas actuel est tout à fait extrême, puisque l'angle horaire est relativement considérable $(16°37')$, et atteint par suite une limite que l'on doit éviter de dépasser pour les mesures de latitude.

Dans ce cas, la série limitée à son troisième terme donnerait donc encore la latitude à quelques secondes près; limitée à son deuxième terme, elle la donnerait à 1 minute près.

Si l'on effectuait le même calcul pour le premier exemple traité précédemment, on ne trouverait pas un résultat aussi satisfaisant quoique l'astre soit plus rapproché du méridien; cela tient à ce que dans cet exemple la distance zénithale est relativement petite, ce qui limite beaucoup la convergence de la série.

Quoi qu'il en soit, les deux exemples précédents montrent suffisamment que toutes les fois que l'observation aura été faite dans les conditions voulues pour donner un bon calcul de latitude, c'est-à-dire avec un astre suffisamment rapproché du méridien, les formules précédentes pourront être employées avantageusement d'une manière générale pour effectuer tous les calculs de latitude.

6. Usage des tables pour le calcul des observations circumméridiennes. — Dans la plupart des ouvrages de navigation, les formules (S) et (N) sont limitées au terme en $\sin^2\tfrac{1}{2}\mathrm{T}$; on donne alors le nom particulier d'observations circumméridiennes à toutes les observations pour lesquelles le calcul ainsi réduit présente encore une approximation suffisante. On admet que les séries peuvent se réduire à leur premier terme

$$(\text{S})\quad \varphi=\delta+z-\mathrm{P}\sin^2\tfrac{1}{2}\mathrm{T},\qquad (\text{N})\quad \varphi=\delta-z+\mathrm{P}\sin^2\tfrac{1}{2}\mathrm{T},$$

si l'erreur commise en négligeant les autres termes est moindre que 1 minute de latitude. Vu la convergence de la série, on peut admettre que ce résultat sera obtenu toutes les fois que le premier terme négligé est lui-même moindre que 1 minute ou, en d'autres termes, que l'on a

$$(p + q)\mathrm{P}^2 \sin^4 \tfrac{1}{2} \mathrm{T} < \sin 1' \quad \text{ou} \quad (p - q)\mathrm{P}^2 \sin^4 \tfrac{1}{2} \mathrm{T} < \sin 1',$$

d'où l'on conclut

$$\sin \tfrac{1}{2} \mathrm{T} < \frac{1}{\sqrt{\mathrm{P}}} \sqrt[4]{\frac{\sin 1'}{(p + q)}} \quad \text{et} \quad \sin \tfrac{1}{2} \mathrm{T} < \frac{1}{\sqrt{\mathrm{P}}} \sqrt[4]{\frac{\sin 1'}{p - q}}.$$

Toutes les fois que T satisfait à l'une des deux inégalités précédentes, on dit que l'observation est circumméridienne. On remarquera que la limite précédente est donnée habituellement sous une autre forme

$$\sin \tfrac{1}{2} \mathrm{T} < \frac{1}{\sqrt{\mathrm{P}}} \sqrt[4]{\frac{\sin 1'}{\tfrac{1}{2} \cotg z}} \quad \text{ou} \quad \sin \tfrac{1}{2} \mathrm{T} < \frac{1}{\sqrt{\mathrm{P}}} \sqrt[4]{\frac{\sin 1'}{q}},$$

z représentant dans ce cas la *distance zénithale méridienne;* dans nos formules, au contraire, z représente la distance zénithale à l'époque de l'observation.

La limite donnée par l'inégalité $\sin \tfrac{1}{2} \mathrm{T} < \dfrac{1}{\sqrt{\mathrm{P}}} \sqrt[4]{\dfrac{\sin 1'}{q}}$ n'est qu'approchée; on a été conduit à l'adopter faute d'avoir calculé de développement exact de φ en fonction de z.

Sous la dénomination de *Changement en hauteur d'un astre pendant la minute qui précède ou qui suit son passage au méridien* (*), les recueils de tables nautiques donnent des tables particulières qui permettent d'obtenir à vue la quantité que nous avons désignée par P. Quelques explications suffiront pour faire comprendre la construction de ces tables et les applications que l'on peut en faire.

En désignant par m le *nombre de secondes d'arc* représentés par le

---

(*) On a trouvé précédemment le développement de Δh en fonction de $\Delta\delta$, $\Delta\varphi$ et $\Delta \mathrm{T}$; en ne tenant compte que des termes en $\Delta \mathrm{T}$:

$$\Delta h = \sin \mathrm{A} \cos \varphi \, \Delta \mathrm{T} - \frac{\cos \delta \cos \varphi}{\cos h} \cos \mathrm{A} \cos \mathrm{C} \frac{\Delta \mathrm{T}^2}{2},$$

Si l'on fait

$$\mathrm{A} = 0, \quad \mathrm{C} = 0, \quad \Delta h = - \frac{\cos \delta \cos \varphi}{\cos h} \frac{\Delta \mathrm{T}^2}{2} = - 2 \frac{\cos \delta \cos \varphi}{\sin z} \sin^2 \frac{\mathrm{T}}{2},$$

en faisant $\Delta \mathrm{T} = \mathrm{T}$ et remplaçant l'arc par le sinus. c'est-à-dire l'expression de la quantité P.

produit $P \sin^2 \frac{1}{2} T$, on a

$$m = \frac{P \sin^2 \frac{1}{2} T}{\sin 1''};$$

d'un autre côté, si l'on admet que T soit assez petit pour que le sinus puisse être remplacé par l'arc correspondant, sans qu'il en résulte d'erreur sensible, eu égard à l'approximation que l'on se propose d'obtenir, on aura

$$\sin \tfrac{1}{2} T = \tfrac{1}{2} T \sin 1'', \quad \text{d'où} \quad \sin^2 \tfrac{1}{2} T = \tfrac{1}{4} T^2 \sin^2 1'',$$

T représentant alors le nombre de secondes d'arc correspondant à l'angle horaire T; on conclura alors

$$m = \tfrac{1}{4} PT^2 \sin 1''.$$

Soit $T = 1$ minute ou 60 secondes de temps ou $60 \times 15 = 900$ secondes d'arc

$$m = \tfrac{1}{4} P \overline{900}^2 \sin 1''.$$

m représente une certaine variation (la variation de la hauteur méridienne) en 1 seconde de temps; la variation M, correspondante à n secondes de temps, sera évidemment

$$M = \frac{n^2}{4} P \overline{900}^2 \sin 1'',$$

ou, en remplaçant P par sa valeur et suivant les cas de face au Sud et de face au Nord,

$$(S) \qquad M = \frac{n^2}{2} \frac{\cos(\delta + z) \cos \delta}{\sin z} \overline{900}^2 \sin 1'',$$

$$(N) \qquad M = \frac{n^2}{2} \frac{\cos(\delta - z) \cos \delta}{\sin z} \overline{900}^2 \sin 1''.$$

Les tables dont nous avons parlé contiennent la valeur des produits $\tfrac{1}{2} \frac{\cos(\delta - z) \cos \delta}{\sin z} \overline{900}^2 \sin 1''$ ou $\tfrac{1}{2} \frac{\cos(\delta - z) \cos \delta}{\sin z} \overline{900}^2 \sin 1''$, ces produits étant exprimés en *secondes d'arc*.

Ces tables devraient avoir pour arguments la déclinaison δ et la distance zénithale z; il n'en est pas ainsi, les arguments sont la latitude et la déclinaison. Il est facile de voir comment on peut être conduit à procéder de la sorte; reprenons les deux formules (S) et (N) réduites à leur premier terme d'approximation

$$(S) \quad \varphi = \delta + z - P \sin^2 \tfrac{1}{2} T, \qquad\qquad (N) \quad \varphi = \delta - z + P \sin^2 \tfrac{1}{2} T,$$

ou

$$(S) \qquad \varphi = \delta + z - \frac{2\cos(\delta + z)\cos\delta}{\sin z} \sin^2 \tfrac{1}{2} T,$$

$$(N) \qquad \varphi = \delta - z + \frac{2\cos(\delta - z)\cos\delta}{\sin z} \sin^2 \tfrac{1}{2} T.$$

Regardons $\delta + z$ ou $\delta - z$ comme une valeur approchée φ_0 de la latitude et éliminons z au moyen de φ_0

$$(S) \qquad \varphi = \varphi_0 - \frac{2\cos\varphi_0 \cos\delta}{\sin(\varphi_0 - \delta)} \sin^2 \tfrac{1}{2} T,$$

$$(N) \qquad \varphi = \varphi_0 + \frac{2\cos\varphi_0 \cos\delta}{\sin(\delta - \varphi_0)} \sin^2 \tfrac{1}{2} T,$$

formules qui se ramènent à une seule

$$\varphi = \varphi_0 - \frac{2\cos\varphi_0 \cos\delta}{\sin(\varphi_0 - \delta)} \sin^2 \tfrac{1}{2} T.$$

Deux cas sont à considérer : φ_0 et δ sont de même signe, auquel cas on a la formule précédente; φ_0 et δ sont de signes contraires, auquel cas

$$\varphi = \varphi_0 - \frac{2\cos\varphi_0 \cos\delta}{\sin(\varphi_0 + \delta)} \sin^2 \tfrac{1}{2} T.$$

Une première table s'applique au cas où la latitude et la déclinaison sont de même signe et donne le produit

$$\tfrac{1}{2} \frac{\cos\varphi_0 \cos\delta}{\sin(\varphi_0 - \delta)} \overline{900}^2 \sin 1''.$$

Une seconde table s'applique au cas où la latitude et la déclinaison sont de signes contraires et contient le produit

$$\tfrac{1}{2} \frac{\cos\varphi_0 \cos\delta}{\sin(\varphi_0 + \delta)} \overline{900}^2 \sin 1''.$$

Les arguments des tables sont les éléments φ_0 et δ.

Il est facile de se rendre compte par une discussion de détail que pour l'application des formules (S) et (N), on pourra prendre le produit dont on a besoin dans la table qui le fournit et l'introduire tel quel dans la formule dont il y a lieu de se servir indépendamment de toute considération de signes. Cette discussion se trouve renfermée dans le tableau suivant :

φ_0 positif et δ positif.

$\varphi > \delta$ face au Sud (S) $\quad \varphi = \delta + z - \dfrac{2\cos(\delta+z)\cos\delta}{\sin z}\sin^2\tfrac{1}{2}T \quad$ ou $\quad \varphi = \varphi_0 - \dfrac{2\cos\varphi_0\cos\delta}{\sin(\varphi_0-\delta)}\sin^2\tfrac{1}{2}T$

$\varphi < \delta$ face au Nord (N) $\quad \varphi = \delta - z + \dfrac{2\cos(\delta-z)\cos\delta}{\sin z}\sin^2\tfrac{1}{2}T \quad$ ou $\quad \varphi = \varphi_0 + \dfrac{2\cos\varphi_0\cos\delta}{\sin(\delta-\varphi_0)}\sin^2\tfrac{1}{2}T$

φ_0 négatif et δ négatif.

$\varphi > \delta$ face au Nord (N) $\quad \varphi = \delta - z + \dfrac{2\cos(\delta-z)\cos\delta}{\sin z}\sin^2\tfrac{1}{2}T \quad$ ou $\quad \varphi = \varphi_0 + \dfrac{2\cos\varphi_0\cos\delta}{\sin(\varphi_0-\delta)}\sin^2\tfrac{1}{2}T$

$\varphi < \delta$ face au Sud (S) $\quad \varphi = \delta + z - \dfrac{2\cos(\delta+z)\cos\delta}{\sin z}\sin^2\tfrac{1}{2}T \quad$ ou $\quad \varphi = \varphi_0 - \dfrac{2\cos\varphi_0\cos\delta}{\sin(\delta-\varphi_0)}\sin^2\tfrac{1}{2}T$

φ_0 positif et δ négatif.

face au Sud toujours (S) $\quad \varphi = \delta + z - \dfrac{2\cos(\delta+z)\cos\delta}{\sin z}\sin^2\tfrac{1}{2}T \quad$ ou $\quad \varphi = \varphi_0 - \dfrac{2\cos\varphi_0\cos\delta}{\sin(\varphi_0+\delta)}\sin^2\tfrac{1}{2}T$

φ_0 négatif et δ positif.

face au Nord toujours (N) $\quad \varphi = \delta - z + \dfrac{2\cos(\delta-z)\cos\delta}{\sin z}\sin^2\tfrac{1}{2}T \quad$ ou $\quad \varphi = \varphi_0 + \dfrac{2\cos\varphi_0\cos\delta}{\sin(\varphi_0+\delta)}\sin^2\tfrac{1}{2}T.$

En résumé, si l'on convient de prendre toujours positivement la différence $\varphi_0 - \delta$, on aura, quand φ_0 et δ sont de même signe,

1° Pour l'observation face au Sud $\quad$ (S) $\quad \varphi = \varphi_0 - \dfrac{2\cos\varphi_0\cos\delta}{\sin(\varphi_0-\delta)}\sin^2\tfrac{1}{2}T ;$

2° Pour l'observation face au Nord $\quad$ (N) $\quad \varphi = \varphi_0 + \dfrac{2\cos\varphi_0\cos\delta}{\sin(\varphi_0-\delta)}\sin^2\tfrac{1}{2}T.$

et, quand φ_0 et δ sont de signes contraires,

1° Pour l'observation face au Sud $\quad$ (S) $\quad \varphi = \varphi_0 - \dfrac{2\cos\varphi_0\cos\delta}{\sin(\varphi_0+\delta)}\sin^2\tfrac{1}{2}T ;$

2° Pour l'observation face au Nord $\quad$ (N) $\quad \varphi = \varphi_0 + \dfrac{2\cos\varphi_0\cos\delta}{\sin(\varphi_0+\delta)}\sin^2\tfrac{1}{2}T.$

Si donc on désigne par M le produit donnée par la table pour le cas de la latitude et de la déclinaison de même signe

$$M = \tfrac{1}{2}\,\frac{\cos\varphi_0 \cos\delta}{\sin(\varphi_0 - \delta)}\,\overline{900}^2 \sin 1'',$$

et par N le même produit pour le cas où la latitude et la déclinaison ont des signes différents

$$N = \tfrac{1}{2}\,\frac{\cos\varphi_0 \cos\delta}{\sin(\varphi_0 + \delta)}\,\overline{900}^2 \sin 1'',$$

et si l'on appelle n le nombre de minutes de temps renfermées dans l'angle horaire T qui correspond à l'époque d'observation, on aura, pour le cas de la latitude et de la déclinaison de même signe :

1° Face au Sud

$$\varphi = \varphi_0 - n^2 M ;$$

2° Face au Nord

$$\varphi = \varphi_0 + n^2 M ;$$

et, pour le cas de la latitude et de la déclinaison de signes contraires :

1° Face au Sud

$$\varphi = \varphi_0 - n^2 N ;$$

2° Face au Nord

$$\varphi = \varphi_0 + n^2 N .$$

Dans la théorie qui vient d'être exposée, les tables dont il a été question sont interprétées comme donnant en secondes, soit le produit $\tfrac{1}{2}\,\frac{\cos\varphi_0 \cos\delta}{\sin(\varphi_0 - \delta)}\,\overline{900}^2 \sin 1''$, soit le produit $\tfrac{1}{2}\,\frac{\cos\varphi_0 \cos\delta}{\sin(\varphi_0 + \delta)}\,\overline{900}^2 \sin 1''$, la quantité φ_0 se trouvant définie par la somme $\delta + z$ ou $\delta - z$ suivant que l'on fait face au Sud ou face au Nord, δ étant d'ailleurs pris avec le signe qui lui convient. Dans plusieurs ouvrages de navigation, on prend pour φ_0 la latitude estimée; au fond, cela peut n'avoir pas beaucoup d'inconvénients eu égard à la faible approximation que l'on se propose d'obtenir; mais il n'en est pas moins vrai que le calcul ainsi effectué est essentiellement vicieux en principe, le degré d'approximation de la latitude estimée étant en général tout à fait incertain, et la formule ne permettant en aucune manière de rectifier analytiquement l'erreur qui affecte cette latitude. Si, au contraire, on adopte pour valeur approchée de la latitude, soit $\varphi_0 = \delta + z$, soit $\varphi_0 = \delta - z$, suivant les circonstances, comme les formules (S) et (N) sont parfaitement rigoureuses, il sera toujours possible d'obtenir la valeur de φ avec toute l'approximation que l'on voudra, cette approximation étant uniquement limitée par le terme du développement auquel on s'est arrêté. A ce point de vue la théorie précédente peut être regardée comme une des applications les plus intéressantes de la formule des approximations successives.

On a pu remarquer que l'emploi des nombres M et N donnés par les tables est basé sur l'hypothèse que $\sin \frac{1}{2} T$ peut être remplacé par l'arc correspondant. Cette restriction rend tout à fait illusoire l'emploi des deuxième et troisième termes du développement dans le cas où il faudrait les calculer par suite de la grandeur de T; l'erreur commise sur le premier terme pourrait alors en effet être de l'ordre du deuxième terme. Ainsi l'usage des tables pour le calcul de M ou de N doit être limité au cas où les observations sont circumméridiennes, c'est-à-dire où le deuxième terme est négligeable. En se tenant dans cette limite, on ne sera même pas toujours sûr d'obtenir des résultats approchés à 1 minute. Quoi qu'il en soit, il est facile de voir comment il serait possible de construire des tables qui permissent d'exécuter les calculs avec toute la rigueur désirable.

Le calcul de la latitude par la méthode qui vient d'être exposée ne donne pas immédiatement l'azimut; on l'obtiendra alors par la relation $\sin A = -\dfrac{\cos \delta \sin T}{\cos h}$, que l'on peut au besoin développer en série, ainsi qu'il a été indiqué précédemment.

7. Latitude par la polaire. — L'étoile polaire étant très voisine du pôle, sa hauteur pour un lieu déterminé est peu différente de la latitude de ce lieu. D'après cela, il doit être possible de développer la latitude en fonction de la distance de l'étoile polaire au pôle, et ensuite au moyen du développement obtenu de calculer très rapidement la latitude toutes les fois que la hauteur de l'astre a été déterminée par une observation directe. Nous allons déduire ce développement de celui qui a été obtenu précédemment pour le cas des observations circumméridiennes, l'observateur faisant face au nord :

$$\varphi = \delta - z + P \sin^2 \tfrac{1}{2} T - (p - q) P^2 \sin^4 \tfrac{1}{2} T$$
$$+ [(p - q)(p - 2q) - \tfrac{1}{3}] P^3 \sin^6 \tfrac{1}{2} T \dots$$

On appellera d la distance polaire, de sorte que $\delta = 90^\circ - d$.

Remplaçant les différents éléments par leurs expressions et limitant l'approximation à la troisième puissance de d, on trouvera

$$\delta - z = 90^\circ - d - z = h - d.$$

$$P = \frac{2\cos \delta \cos(\delta - z)}{\sin z} = \frac{2\sin d \sin(d + z)}{\sin z} = 2\sin d (\sin d \cotg z + \cos d)$$
$$= \sin 2d + 2\sin^2 d \cotg z.$$

Remplaçant $\sin d$ et $\sin 2d$ par leurs développements en fonction de d et remarquant, d'après la relation adoptée, que

$$\tfrac{1}{2}\,\mathrm{cotg}\,z = q \quad \text{ou} \quad \mathrm{cotg}\,z = 2q,$$
$$\mathrm{P} = 2d + 4qd^2 - \tfrac{4}{3}\,d^3,$$

et par suite

$$\mathrm{P}^2 = 4d^2 + 16qd^3, \qquad \mathrm{P}^3 = 8d^3.$$

D'ailleurs

$$p = \mathrm{tg}\,(\delta - z) = \mathrm{cotg}\,(d+z) = \mathrm{cotg}\,z - \frac{d}{\sin^2 z} = 2q - d - 4q^2 d,$$
$$p - q = q - d - 4q^2 d, \qquad (p-q)\,\mathrm{P}^2 = 4qd^2 - 4d^3.$$

Substituant ces valeurs on trouvera

$$\varphi = h - d + (2d + 4qd^2 - \tfrac{4}{3}d^3)\sin^2 \tfrac{1}{2}\,\mathrm{T} - (4qd^2 - 4d^3)\sin^4 \tfrac{1}{2}\,\mathrm{T}$$
$$- \tfrac{8}{3}\,d^3 \sin^6 \tfrac{1}{2}\,\mathrm{T}\ldots\ldots,$$

ou en ordonnant par rapport à d

$$\varphi = h - d\,(1 - 2\sin^2 \tfrac{1}{2}\,\mathrm{T}) + 4qd^2\,(\sin^2 \tfrac{1}{2}\,\mathrm{T} - \sin^4 \tfrac{1}{2}\,\mathrm{T})$$
$$- \tfrac{4}{3}\,d^3\,(\sin^2 \tfrac{1}{2}\,\mathrm{T} - 3\sin^4 \tfrac{1}{2}\,\mathrm{T} + 2\sin^6 \tfrac{1}{2}\,\mathrm{T})\ldots\ldots$$

c'est-à-dire en réduisant

$$\varphi = h - d\cos\mathrm{T} + qd^2 \sin^2 \mathrm{T} - \tfrac{1}{3}\,d^3 \sin^2 \mathrm{T}\cos\mathrm{T} + \ldots\ldots$$

ou en remplaçant q par sa valeur $\tfrac{1}{2}\,\mathrm{cotg}\,z = \tfrac{1}{2}\,\mathrm{tg}\,h$,

$$\varphi = h - d\cos\mathrm{T} + \tfrac{1}{2}\,d^2\,\mathrm{tg}\,h \sin^2 \mathrm{T} - \tfrac{1}{3}\,d^3 \sin^2 \mathrm{T}\cos\mathrm{T}.$$

Telle est la formule qui sert à calculer la latitude au moyen de l'étoile polaire. Les trois termes de correction de cette formule ont été mis en tables pour faciliter la rapidité des calculs.

Une première table donne la valeur $d\cos\mathrm{T}$; elle a pour argument le temps sidéral θ parce que $\mathrm{T} = \theta - \alpha$, α étant l'ascension droite de la polaire.

Une deuxième table donne $\tfrac{1}{2}\,d^2\,\mathrm{tg}\,h \sin^2 \mathrm{T}$ avec h et θ pour arguments.

Enfin une troisième table, qui a θ pour argument, donne le terme en d^3. Ces tables se trouvent habituellement dans le *Nautical Almanack* et dans le *Jahrbuch* de Berlin. Une disposition particulière permet en outre de tenir compte des variations des coordonnées apparentes de la polaire, de sorte que l'on peut s'en servir pour les observations les plus précises des observatoires.

Dans la pratique de la navigation, la formule donnée tout à l'heure peut toujours être réduite à son premier terme de correction, de sorte qu'elle devient simplement

$$\varphi = h - d\cos T.$$

Cette formule serait tout à fait usuelle à la mer si, pendant la nuit, il était possible d'obtenir avec une certaine approximation des observations de hauteur ; malheureusement l'impossibilité d'avoir un horizon suffisamment net rend toujours ces observations extrêmement défectueuses. Malgré toutes les recherches faites jusqu'à ce jour pour mesurer des hauteurs d'étoiles pendant la nuit, on peut dire que les résultats obtenus sont encore à peu près négatifs. Les moyens dont on dispose par ailleurs pour déterminer sa position sont au fond susceptibles d'une approximation beaucoup plus grande que ceux qui résultent des observations de hauteur pendant la nuit : aussi nous n'insisterons pas davantage sur l'application de la formule précédente.

8. Des calculs de la latitude basés sur la mesure de l'azimut. — Dans tous les calculs qui précèdent, la latitude a été calculée au moyen de la hauteur de l'astre déterminée par une observation directe et de l'angle horaire déduit de la connaissance préalable du temps moyen du lieu.

La latitude peut se calculer également au moyen de l'azimut donné par une observation directe et de la hauteur obtenue de la même manière, ou au moyen de l'azimut observé directement et de l'angle horaire calculé à l'aide du temps moyen du lieu supposé connu avec une approximation suffisante.

La mesure de l'azimut s'effectue à terre avec un théodolite et à bord avec le compas de relèvement. Dans le premier cas, la précision de l'observation dépendra de la puissance de l'instrument et du degré d'exactitude avec laquelle la direction du méridien aura été déterminée préalablement ; dans le second, elle sera limitée par la perfection plus ou moins grande qui aura été donnée à la construction du compas et en outre par le degré de précision sur lequel on peut compter dans la régulation de cet instrument. Ainsi qu'on a déjà eu l'occasion de le remarquer ailleurs, les compas dont on se sert à bord des navires sont des instruments très grossiers ; leur construction laisse beaucoup à désirer sous plusieurs rapports, mais quelque imparfaits qu'ils soient, ils peuvent rendre souvent de grands services si l'on a soin de ne leur demander que ce qu'ils peuvent donner ; d'ailleurs il ne faut pas oublier qu'ils pourraient subir des perfectionnements notables et qu'alors un observateur intelligent pourrait en tirer un grand parti. Nous limiterons la précision des observations obtenues avec le compas à 1/4 de degré ou 15′, et nous aurons soin d'indiquer dans quelles limites on peut observer, pour qu'au moyen de cette approximation assez élémentaire il soit néanmoins possible d'obtenir des résultats qui présentent toutes les garanties désirables au point de vue de la précision requise dans les calculs de mer.

9. Latitude au moyen de l'azimut et de la hauteur. — On se servira de la deuxième des formules fondamentales (1)

$$\sin \delta = \sin h \sin \varphi + \cos h \cos \varphi \cos A.$$

On aura

$$\sin \delta = \sin h (\sin \varphi + \cos \varphi \cot g h \cos A),$$

et en posant

$$\operatorname{tg} N = \cos A \cot g h,$$

N étant un angle auxiliaire qui peut être positif ou négatif, mais est toujours moindre que 90°,

$$\sin \delta = \frac{\sin h}{\cos N} \sin (\varphi + N).$$

D'où enfin

$$\sin (\varphi + N) = \frac{\sin \delta \cos N}{\sin h}.$$

Dans l'application de cette formule, on donnera à δ et φ le signe qui leur convient, suivant les conventions ordinaires; le signe de N sera déterminé par celui de $\cos A$, qui résultera lui-même de la convention adoptée pour compter l'azimut.

EXEMPLE I. *L'azimut d'un astre a été trouvé égal à* 124°28'28" *et sa hauteur au même instant* 75°06'54"; *on demande la latitude du lieu sachant que la déclinaison de l'astre était* + 21°10'01".

$$\operatorname{tg} N = \cos A \cot g h \qquad\qquad \sin (\varphi + N) = \frac{\sin \delta \cos N}{\sin h}$$

$$\log \cos A = 9,7528460 \ (-) \qquad\qquad \log \sin \delta = 9,5576114 \ (+)$$
$$\log \cot g h = 9,4245529 \qquad\qquad\quad \log \cos N = 9,9951390 \ (+)$$
$$\overline{} \qquad\qquad c^{t} \log \sin h = 0,0148258$$
$$\log \operatorname{tg} N = 9,1773989 \ (-) \qquad\quad \overline{\phantom{c^{t} \log \sin h = 0,0148258}}$$
$$N = -8°33'23" \qquad\qquad \log \sin (\varphi + N) = \quad 9,5675762 \ (+)$$
$$\varphi + N = +21°40'58"$$
$$N = -\quad 8\ 33\ 23$$
$$\overline{}$$
$$\varphi = +30°14'21"$$

La latitude cherchée est nord et égale à 30°14'21".

Exemple II. *L'azimut d'un astre a été trouvé égal à 334° 08′ 29″ (N. 25° 51′ 31″,0) et sa hauteur à 51° 45′ 27″; on demande la latitude sachant que la déclinaison était* + 19° 14′ 57″.

$$\operatorname{tg} N = \cos A \operatorname{cotg} h \qquad\qquad \sin(\varphi + N) = \frac{\sin\delta\,\cos N}{\sin h}$$

$$\log\cos A = 9{,}9541808 \ (+)$$
$$\log\operatorname{cotg} h = 9{,}8965953$$
$$\overline{\log\operatorname{tg} N = 9{,}8507761 \ (+)}$$
$$N = +35° 20′ 41″$$

$$\log\sin\delta = 9{,}5180861 \ (+)$$
$$\log\cos N = 9{,}9115228 \ (+)$$
$$c'\log\sin h = 0{,}1049109$$
$$\overline{\log\sin(\varphi + N) = 9{,}5345198 \ (+)}$$
$$\varphi + N = +20° 01′ 21″$$
$$N = +35\ \ 20\ \ 41$$
$$\overline{\varphi = -15° 19′ 20″}$$

La latitude est sud et égale à 15° 19′ 20″.

Les deux exemples qui viennent d'être donnés suffisent pour montrer que dans tous les cas le calcul sera des plus élémentaires.

De l'approximation des résultats. — En développant $\Delta\varphi$ en fonction de $\Delta\delta$, Δh et ΔA, on a trouvé :

$$\Delta\varphi = \frac{1}{\cos T}\Delta\delta - \frac{\cos C}{\cos T}\Delta h - \cos\varphi\,\operatorname{tg}T\,\Delta A + \frac{\operatorname{tg}\delta\,\sin^2 T}{\cos^3 T}\frac{\Delta\delta^2}{2}$$

$$+ \tfrac{1}{2}\frac{\sin^2 C}{\cos^2\varphi\,\cos^3 T}(\sin 2\varphi\,\cos T + \sin 2h\,\cos C)\frac{\Delta h^2}{2}$$

$$- \frac{\cos\varphi\,\sin T}{\cos^3 T}(\operatorname{cotg}A + \tfrac{1}{2}\sin\varphi\,\sin 2T)\frac{\Delta A^2}{2} - \frac{\operatorname{tg}h\,\sin^2 T}{\cos^3 T}\Delta\delta\,\Delta h$$

$$- \frac{\cos C}{\cos^3 T}(\sin h\,\operatorname{tg}C + \tfrac{1}{2}\sin\varphi\,\sin 2T)\Delta h\,\Delta A$$

$$+ \frac{\operatorname{cotg}A\,\sin^2 T}{\cos^3 T}\Delta A\,\Delta\delta.$$

$\cos T$ est l'argument caractéristique de la convergence de la série : la convergence sera d'autant plus grande que T sera plus voisin de zéro.

Le calcul de la latitude au moyen de la hauteur et de l'azimut exige donc des observations faites dans le voisinage du méridien.

Les observations ayant été soumises à cette condition, on remarquera que l'erreur de hauteur Δh affectera tout entière la latitude; car pour le passage au méridien du lieu $\dfrac{\cos C}{\cos T} = 1$, de sorte que $\Delta\varphi = -\Delta h$.

Mais l'erreur d'azimut ΔA aura d'autant moins d'influence que T sera plus petit; pour $\varphi = 45°$ et $T = 10°$, $\cotg T < 0,1$; de sorte que si $\Delta A = 15'$, $\cos\varphi\, \tg T\, \Delta A < 1',5$; pour $\varphi = 45°$, $T = 5°$ et $\Delta A = 30'$, on trouverait encore $\cos\varphi\, \tg T\, \Delta A < 1',5$.

Il résultera de là qu'une observation d'azimut très imparfaite est susceptible de donner une erreur très faible dans le calcul de la latitude. Cette conséquence est importante à signaler au point de vue de la navigation, car elle met en évidence une application remarquable du compas de relèvement : elle montre en effet que cet instrument, tout grossier qu'il puisse paraître au premier abord, puisqu'il ne donne pas en général les angles à une approximation plus grande que 15', est néanmoins susceptible de fournir des observations permettant de calculer la latitude avec toute la précision requise dans un calcul de mer.

L'expression générale de $\Delta\varphi$ donne lieu à une autre remarque non moins importante. Cette expression étant indépendante de l'azimut, du moins quant au premier ordre, il en résulte que le calcul de la latitude au moyen de la hauteur et de l'azimut peut s'effectuer avantageusement, même quand l'astre culmine près du zénith.

Or, nous avons eu l'occasion de remarquer précédemment que, dans ce cas, le calcul de la latitude au moyen de la hauteur et de l'angle horaire n'est susceptible de quelque précision que si l'on a soin de limiter le temps de l'observation à un intervalle qui est d'autant plus restreint que l'astre passe plus près du zénith.

Dans le cas dont il s'agit, on voit d'après la discussion précédente que, si l'on observe quelques minutes avant le passage de l'astre au méridien (au plus 20 minutes), on pourra toujours, au moyen d'une hauteur et de l'azimut donné par le compas de relèvement, calculer la latitude à 1' près. La conclusion précédente est applicable au cas où l'astre passerait exactement au zénith (la latitude égale à la déclinaison), cas extrême qui fait habituellement le désespoir des marins qui ne savent calculer leur latitude qu'au moyen de la hauteur méridienne ou des hauteurs circumméridiennes.

Le calcul de la latitude au moyen de la hauteur et de l'azimut peut être appliqué avantageusement aux observations de nuit ou observations d'étoiles ; on devra remarquer que, sauf le cas où l'on a $\cos C = 0$ ou $C = 90°$, l'erreur de hauteur se portant tout entière sur la latitude, ces observations ne donneront jamais des résultats comparables au point de vue de la précision à ceux que l'on obtiendrait pendant le jour. Si en effet, dans les circonstances ordinaires, l'horizon est assez net pour que l'on puisse en général compter sur une approximation de 15″ dans les observations obtenues au moyen du sextant pendant le jour, il est loin d'en être de même pour les observations de hauteur faites pendant la nuit. On doit alors s'estimer très satisfait si l'on peut obtenir des hauteurs exactes à 1 minute près; en revanche, la précision des relèvements n'est pas sensiblement différente de celle que l'on réalise pendant le jour, de sorte que l'erreur due à l'erreur d'azimut reste la même. On est par suite en droit de conclure que les observations de hauteur et d'azimut qui, pendant le jour, donneraient la latitude a 1 minute près, pourront fournir la même latitude pendant la nuit à 2 ou 3 minutes près. C'est là un résultat qui peut être regardé comme plus que suffisant dans la pratique de la navigation.

10. **Latitude au moyen de l'azimut et du temps**. — Pour effectuer le calcul, on prend la première des formules fondamentales (4) :

$$\sin T \, \mathrm{cotg}\, A = \sin \varphi \, \cos T - \mathrm{tg}\, \delta \, \cos \varphi,$$

que l'on met sous la forme

$$\mathrm{tg}\, T \, \mathrm{cotg}\, A = \sin \varphi - \frac{\mathrm{tg}\, \delta \, \cos \varphi}{\cos T};$$

on pose $\dfrac{\mathrm{tg}\, \delta}{\cos T} = \mathrm{tg}\, M$, et l'on a finalement

$$\sin (\varphi - M) = \mathrm{tg}\, T \, \mathrm{cotg}\, A \, \cos M.$$

Cette formule permettra, dans tous les cas, de calculer $\varphi - M$ et par suite la latitude φ au moyen de l'angle horaire T, obtenu avec le temps moyen du lieu, de l'azimut A observé directement, et de l'angle auxiliaire M défini par la relation $\mathrm{tg}\, M = \dfrac{\mathrm{tg}\, \delta}{\cos T}$, angle qui pourra être positif ou négatif, mais sera toujous moindre que 90° en valeur absolue : $\mathrm{tg}\, T$ et $\mathrm{cotg}\, A$ auront en outre les signes qui leur conviennent d'après la convention générale adoptée pour les angles horaires et les azimuts.

De l'approximation des résultats. — En développant $\Delta \varphi$ en fonction de $\Delta \delta$, ΔA et ΔT, on a trouvé

$$\Delta \varphi = \frac{\sin C}{\sin A \, \sin h} \, \Delta \delta + \frac{\cos h}{\sin A \, \sin h} \, \Delta A - \frac{\cos C \, \cos \delta}{\sin A \, \sin h} \, \Delta T$$

$$- \frac{\cos h \, \sin C}{\sin A \, \sin^2 h} \, (\cos C + \mathrm{tg}\, \delta \, \mathrm{cotg}\, h) \, \frac{\Delta \delta^2}{2} - \frac{\mathrm{cotg}\, A \, \cos h}{\sin A \, \sin^3 h} \, (1 + \sin^2 h) \, \frac{\Delta A^2}{2}$$

$$+ \frac{\cos \delta \, \cos h \, \sin C}{\sin A \, \sin^3 h} (\sin \varphi \, \mathrm{tg}\, h - \cos h \, \mathrm{cotg}\, C \, \mathrm{cotg}\, T) \frac{\Delta T^2}{2} - \frac{\mathrm{tg}\, \delta \, \cos h}{\sin A \, \sin^3 h} \Delta \delta \, \Delta A$$

$$+ \frac{\mathrm{cotg}\, T \, \cos h}{\sin A \, \sin^3 h} \, \Delta A \, \Delta T + \frac{\sin \varphi}{\sin A \, \sin^2 h} (\cos C - \cos T \, \mathrm{cotg}\, \varphi \, \mathrm{cotg}\, h) \Delta T \Delta \delta.$$

$\sin A \sin h$ est l'argument caractéristique de la convergence ; comme cette quantité est en général plus petite que l'unité, on peut dire que la série sera d'autant plus convergente que sin A sin h sera plus voisin de l'unité, et que le maximum de la convergence aura lieu quand on aura sin A sin $h = 1$, ce qui correspond à la double condition A $= 90°$ et $h = 90°$ ou au cas particulier de l'astre culminant au zénith.

On devra conclure de là que, sauf le cas où l'azimut serait déterminé avec une grande précision, le calcul précédent ne sera susceptible d'une application avantageuse que si l'astre observé s'est trouvé près du zénith et dans le voisinage du premier vertical à l'époque de l'observation. Comme dans ce cas l'angle C sera très voisin de 90°, il y a lieu de remarquer que l'erreur de temps ΔT n'aura guère qu'une influence de second ordre. On peut donc dire que toute observation d'azimut effectuée sur un astre qui se trouve près du zénith et dans le voisinage du premier vertical est susceptible de donner immédiatement une bonne mesure de latitude.

Pour $h = 84°$ et A $= 90°$, si $\Delta A < 15'$, on trouvera $\Delta \varphi < 1',5$.

En général, pour des hauteurs supérieures à 84°, A restant égal à 90°, on trouvera la latitude à 1 minute près au moins.

On remarquera que, d'après cette discussion, le champ des observations demeure toujours extrêmement limité et qu'en particulier, pour les observations de jour ou observations exécutées sur la Lune ou le Soleil, le calcul en question ne sera susceptible d'être appliqué que dans des circonstances exceptionnelles ; aussi doit on lui préférer dans ce cas le calcul au moyen de l'azimut et de la hauteur. Pour les observations de nuit, il n'en est pas de même : il est toujours possible, quelle que soit la latitude du lieu, de trouver dans les Éphémérides une étoile dont la déclinaison diffère peu de cette latitude, et qui par suite culmine près du zénith. Comme d'ailleurs on n'a pas besoin de mesurer la hauteur de l'astre, ce qui est un avantage des plus appréciables, vu l'impossibilité de mesurer cette hauteur avec une approximation suffisante, on concevra facilement que la méthode qui vient d'être indiquée soit susceptible de rendre fréquemment de véritables services. Aussi nous allons la compléter en mettant à profit les résultats de la discussion, pour présenter le résultat sous une autre forme qui, dans certains cas, pourra permettre d'abréger le calcul.

De ce que l'astre au moment de l'observation se trouve dans le voisinage du 1er vertical et près du zénith ou du méridien, il résulte que l'angle avec le méridien $t = T$ ou 360° $- T$ suivant que l'astre est dans l'ouest ou dans l'est est toujours très petit, et que par suite l'angle auxiliaire M diffère peu de δ.

$$\operatorname{tg} M = \frac{1}{\cos t}\, \operatorname{tg} \delta .$$

En développant d'après une formule connue

$$M = \delta + \mathrm{tg}^2 \tfrac{1}{2} t \sin 2\delta + \tfrac{1}{2} \mathrm{tg}^4 \tfrac{1}{2} t \sin 4\delta +,$$

ou en remplaçant $\mathrm{tg}\tfrac{1}{2} t$ par son développement en fonction de t et limitant l'approximation au 3ᵉ ordre.

$$M = \delta + \frac{t^2}{4} \sin 2\delta.$$

Par suite,

$$\cos M = \cos \delta - \frac{t^2}{4} \sin 2\delta \sin \delta +.$$

D'après les conditions mêmes imposées à l'observation, l'astre devant se trouver dans le voisinage du premier vertical, l'azimut diffère peu de 90° ou de 270° suivant que l'astre est placé dans l'est ou dans l'ouest, de sorte que l'on peut poser $A = 90° - \alpha$ ou $A = 270° - \alpha$, α pouvant être positif ou négatif.

Alors

$$\cot A = \mathrm{tg}\,\alpha = \alpha + \frac{\alpha^3}{3} +.$$

Remplaçant $\mathrm{tg}\,T$, $\cot A$ et $\cos M$ par leurs expressions en fonction de t, α et δ et limitant l'approximation au 3ᵉ ordre, on aura

$$\mathrm{tg}\,T \cot A \cos M = \left(t + \frac{t^3}{3} \right) \left(\alpha + \frac{\alpha^3}{3} \right) \left(\cos \delta - \frac{t^2}{4} \sin 2\delta \sin \delta \right) = \alpha t \cos \delta.$$

D'ailleurs $\varphi - M = \varphi - \delta - \dfrac{t^2}{4} \sin \delta$, ou comme φ est peu différent de δ en posant $\varphi = \delta + \varepsilon$.

$$\varphi - M = \varepsilon - \frac{t^2}{4} \sin 2\delta,$$

et

$$\sin (\varphi - M) = \varepsilon - \frac{t^2}{4} \sin 2\delta - \frac{\varepsilon^3}{6} +.$$

Substituant dans la formule générale $\sin (\varphi - M) = \mathrm{tg}\,T \cot A \cos M$, et limitant l'approximation au troisième ordre, on aura finalement

$$\varepsilon = \alpha t \cos \delta + \frac{t^2}{4} \sin 2\delta.$$

Pour calculer ε, il faudra, indépendamment du signe de α, tenir compte de celui de t et aussi de celui de δ. Il y aurait lieu de faire à ce sujet une petite discussion : nous la résumerons en disant que dans la relation précédente :

α *différence entre l'azimut* A *et* 90° *ou* 270° *suivant que l'astre est dans l'est ou dans l'ouest est une quantité positive pour l'astre placé dans le N.-E ou le S.-O, et négative pour l'astre placé dans le S.-E ou le N.-O.*

t *qui est égal à l'angle horaire* T *quand l'astre est dans l'ouest, et à* 360° — T *s'il est dans l'est, est une quantité positive pour l'astre placé dans l'ouest, et négative pour l'astre placé dans l'est.*

Enfin δ *a le signe* + *ou le signe* — *suivant que la déclinaison est boréale ou australe, conformément à la convention générale.*

Le signe de ε *et par suite celui de la latitude* φ *résulte de la combinaison des signes de* α, t *et* δ.

On aura finalement pour expression de la latitude :

$$\varphi = \delta + \alpha t \cos \delta + \frac{t^2}{4} \sin 2\delta = \delta + \sin \frac{t}{2} \cos \delta \,(2\alpha + t \sin \delta),$$

expression qui pourra se réduire à

$$\varphi = \delta + \frac{\sin^2 \dfrac{t}{2} \sin 2\delta}{\sin 1''},$$

si α est suffisamment petit, c'est-à-dire si l'observation a été faite dans le premier vertical ou à peu près.

Exemple. — *Déterminer le* 22 *juin* 1874, *au moyen d'un azimut d'étoile près du zénith, la latitude d'un lieu dont la latitude estimée est supposée* 38° 40' *environ et la longitude* 15^m 50^s *Ouest.*

On cherchera dans le catalogue de la *Connaissance des temps*, une étoile dont la déclinaison diffère peu de la latitude estimée ; on trouvera ainsi que Véga ou α de la Lyre, qui a pour déclinaison $+\,38°\,39'\,56''$, satisfait aux conditions de l'observation ; on pourra reconnaître d'ailleurs que cette étoile passe au méridien du lieu vers minuit et demi, temps moyen du lieu.

Cela posé, nous supposerons qu'on ait relevé Véga au $S.89°17'E$ à $12^h\,14^m\,56^s,5$ temps moyen du lieu : on calculera la latitude de la manière suivante :

On déterminera d'abord l'angle horaire T et par suite l'angle t

$$T = T_m - (\alpha - \alpha_m).$$

L'ascension droite moyenne α_m se déduira de l'ascension droite α_{0m}

(temps sidéral) à midi moyen donnée par la *Connaissance des temps*, du temps moyen et de la longitude du lieu

$$\alpha_{0m} = 6^h 01^m 58^s,15 \text{(Temps sidéral à midi)}$$
$$\text{Correction pour } T_m \text{ et } \psi = 00 \ 02 \ 03 \ ,33 \quad \text{moyen le 22 juin)}$$

Asc. dr. p^r l'époq. de l'observ. ou $\alpha_m = 6^h 04^m 01^s,48$
Ascension droite de l'étoile ou $\alpha = 18 \ 32 \ 42 \ ,60$

$$\alpha - \alpha_m = 12^h 28^m 41^s,12$$
$$T_m = 12 \ 14 \ 56 \ ,50$$

$$T = T_m - (\alpha - \alpha_m) = 23^h 46^m 15^s,38 = 24^h - 0^h 13^m 44^s,62$$

Par suite

$$t = 13^m 44^s,6, \quad \text{ou} \quad 3°26'10'' = 12370''.$$

D'ailleurs

$$\alpha = 90° - A = - 0°43', \quad \text{et} \quad \delta = + 38°39'56''.$$

Il est facile maintenant de calculer la correction $\sin \dfrac{t}{2} \cos \delta (2\alpha + t \sin \delta)$.

On trouvera, en remarquant que l'astre se trouvant dans le S.-E α et t sont négatifs,

$$\log t = 4,092\,3697\,(-) \qquad 2\alpha = 5166''\,(-) \qquad \log \sin \dfrac{t}{2} = 8,476\,8495\,(-)$$
$$\log \sin \delta = 9,795\,7285\,(+) \qquad t \sin \delta \ 7729\,(-) \qquad \log \cos \delta = 9,892\,5432\,(+)$$
$$\overline{\ 3,888\,0982\,(-)} \qquad \overline{\ 12895''\,(-)} \qquad \log 2\alpha + t \sin \delta) = 4,110\,4213\,(-)$$
$$t \sin \delta = - 7729''\ (-) \qquad\qquad\qquad \overline{\ 2,479\,8140}$$
$$+ 301'',9 \text{ ou } 5'02''$$

$$\delta = + 38°39'56''$$
$$+ 5 \ 02$$
$$\overline{\varphi = + 38°44'58''}$$

La latitude cherchée sera $+ 38°45'$ à 1 minute près.

Pour se rendre compte de l'approximation de ce résultat, on peut prendre l'expression de $\Delta\varphi$

$$\Delta\varphi = \frac{\cot g \, h}{\sin A} \Delta A - \frac{\cos \delta \cos C}{\sin h \sin A} \Delta T.$$

Pour le cas dont il s'agit $h = 87°32'$ environ; C peut être pris égal à A.

On trouvera

$$\frac{\cotg h}{\sin A} < 0,044. \qquad \frac{\cos \delta \cos C}{\sin h \sin A} < 0,010,$$

de sorte que

$$\Delta\varphi < 0,05\Delta A + 0,01\Delta T.$$

Si donc A et T sont exacts à 15 minutes, la latitude trouvée est approchée au moins à 1 minute.

On peut toujours abréger le calcul précédent en ayant soin d'exécuter l'observation dans le premier vertical ou à peu près, ce que l'on pourra toujours faire facilement sans compliquer beaucoup l'observation : cela est d'ailleurs naturellement indiqué, puisque l'on est obligé de préparer l'observation d'avance; comme d'ailleurs l'astre se meut très rapidement en azimut, on n'aura jamais besoin d'attendre bien longtemps le passage de l'étoile au premier vertical si l'on s'est suffisamment bien préparé; on remarquera du reste que si l'époque du passage au vertical diffère beaucoup de l'époque prévue, cela indique immédiatement que la latitude estimée est notablement erronée.

Dans l'exemple précédent, on trouverait que le passage au premier vertical a lieu quand la hauteur est égale à $86°32'20''$ et l'angle horaire t à $4°26'10''$

$$\sin h = \frac{\sin \delta}{\sin \varphi}, \qquad \sin t = \frac{\cos h}{\cos \delta}.$$

On conclura alors immédiatement

$$\frac{\sin^2 \dfrac{t}{2} \sin 2\delta}{\sin 1''} = +301'' = +5'01'',$$

et par suite

$$\varphi = \delta + \frac{\sin^2 \dfrac{t}{2} \sin 2\delta}{\sin 1''} = +38°44'57''$$

pour la latitude cherchée.

Il est facile de reconnaître que ce calcul est au fond d'une grande simplicité et qu'il est par suite d'une application pratique dans beaucoup de circonstances. Si l'on remarque en outre que par suite du mouvement rapide en azimut il sera presque toujours possible d'obtenir deux observations au premier vertical à droite et à gauche du méridien à un intervalle très court, on verra que l'on pourra avoir finalement deux résultats de latitude qui pourront se contrôler mutuellement, et dans tous les cas fournir une moyenne qui aura toute l'exactitude voulue.

Ce qui caractérise essentiellement cette méthode, c'est la possibilité d'obtenir une latitude très approchée au moyen d'un relèvement et d'une longitude d'une précision tout à fait inférieure; comme d'ailleurs elle est presque toujours applicable pendant la nuit, on voit qu'elle peut être d'un emploi fréquent sur les navires. On ne saurait se dissimuler pourtant qu'à bord les observations zénithales sont toujours assez incommodes avec les compas dont on dispose généralement; mais il serait bien facile de faire subir à ces instruments de légères modifications qui permettraient d'exécuter dans tous les cas avec la plus grande facilité ce genre d'observation. Il y a du reste évidemment à cela un véritable intérêt si l'on veut apporter quelque soin à la détermination de sa position, les instruments à réflexion ne pouvant jamais donner pendant la nuit que des mesures de hauteur très incertaines.

CHAPITRE V.

TEMPS ET LATITUDE PAR DEUX OBSERVATIONS DE HAUTEUR.

---

1. Objet de cette théorie. — Dans les calculs qui ont été exposés jusqu'à présent, nous avons fait voir successivement comment, la latitude d'un lieu étant connue, on pouvait obtenir le temps moyen et par suite la longitude d'un lieu, et comment le temps moyen ou la longitude du lieu étant donné, on arrivait à déterminer la latitude, en se servant d'une observation de hauteur ou d'azimut et du temps du premier méridien supposé estimé exactement au moyen du chronomètre. Le plus souvent la détermination d'une position géographique est un problème qui se présente d'une manière plus générale : la latitude et la longitude sont à la fois inconnues ou ne sont tout au moins données qu'avec une faible approximation. Il faut alors calculer à la fois ces deux coordonnées. Dans les théories qui ont été exposées, nous avons bien montré, il est vrai, comment il était possible de diriger les observations de manière à pouvoir calculer le temps indépendamment de l'erreur de latitude ou la latitude indépendamment de l'erreur de temps ; mais les résultats que l'on obtient de cette manière ne sauraient être suffisamment exacts que si les erreurs qui affectent les éléments dont on se sert sont assez petites pour pouvoir être assimilées à des différentielles. S'il n'en est pas ainsi, en effet, les premiers termes des séries qui nous ont servi à estimer l'approximation pourront être du même ordre que les quantités à calculer et par suite ne seront plus négligeables ; d'un autre côté, les séries ne seront plus convergentes. Enfin, dans la pratique, il n'est pas toujours possible d'exécuter les observations dans les conditions indiquées par la théorie, de manière que les termes de correction soient négligeables ou, en d'autres termes, que les erreurs qui affectent les éléments du calcul n'altèrent pas d'une manière trop notable la précision des résultats calculés. Dans ce qui va suivre, nous nous proposons de montrer comment, au moyen de deux observations de hauteur, il est toujours possible d'obtenir à la fois la latitude et la longitude du lieu, et cela quelles que soient les données préalables que l'on ait sur l'estime de ces deux coordonnées : c'est en cela que consiste véritablement le problème du point ou en général la détermination de toute position géographique.

Mais avant d'aborder ce problème, nous traiterons deux questions subsidiaires dont la solution est indispensable. Ainsi que nous venons de le dire, pour calculer simultanément la longitude et la latitude, il faut disposer de deux observations : quand ces deux observations ont été faites sur deux astres différents, elles doivent avoir été exécutées dans le même temps, et quand elles ont été faites sur le même astre, elles doivent avoir été obtenues dans le même lieu, mais à des époques différentes. Dans la pratique, il arrive toujours que les deux observations ont été effectuées en réalité à des époques voisines, mais différentes, de sorte que l'on est obligé de les ramener par le calcul à la même époque. D'un autre côté, à bord d'un navire, l'observateur se déplaçant à chaque instant, toutes les fois que deux observations seront séparées par un intervalle de temps notable, il arrivera qu'elles auront été exécutées dans des lieux différents, de sorte qu'il deviendra indispensable, avant de les comparer l'une à l'autre, de les ramener préalablement au même lieu. De là deux problèmes particuliers dont l'application se présentera fréquemment.

2. Calculer pour une époque donnée une observation de hauteur exécutée à une époque différente. — Soient h_1 une hauteur donnée par une première observation, δ_1 la déclinaison correspondante de l'astre observé et φ la latitude estimée du lieu de l'observation ; l'angle horaire de l'astre résultant de cette observation sera calculé au moyen de la relation $\sin h_1 = \sin \delta_1 \sin \varphi + \cos \delta_1 \cos \varphi \cos T_1$, par la formule ordinaire

$$\operatorname{tg} \tfrac{1}{2} T_1 = \frac{\sin (S_1 - \delta_1) \sin (S_1 - \varphi)}{\cos S \cos (S - z)}, \quad 2S = \delta_1 + \varphi + z_1, \quad z_1 = 90° - h_1.$$

Soient, en second lieu, h_2 la hauteur du même astre qui correspondrait à une époque distante de la première de l'intervalle temps chronométrique τ_{ch}, δ_2 la déclinaison correspondante de l'astre et φ la latitude estimée du lieu ; soit en outre T_2 l'angle horaire de l'astre : cet angle horaire T_2 pourra être évalué au moyen de l'intervalle chronométrique et de la variation d'ascension droite de l'astre, avec la plus grande facilité, ainsi qu'il est facile de le voir :

Soient T_{m_1}, T_{m_2} les temps moyens des deux hauteurs h_1, h_2 et T_{ch_1}, T_{ch_2} les temps correspondants du chronomètre et E_1, E_2 les états

$$T_{m_1} = T_{ch_1} + E_1,$$
$$T_{m_2} = T_{ch_2} + E_2,$$

d'où

$$T_{m_2} - T_{m_1} = \tau_{ch} + (E_2 - E_1).$$

D'un autre côté, en appelant α_1 et α_2 les ascensions droites vraies de l'astre, α_{m_1}, α_{m_2} les ascensions droites moyennes du Soleil

$$T_{m_1} = T_1 + \alpha_1 - \alpha_{m_1},$$
$$T_{m_2} = T_2 + \alpha_2 - \alpha_{m_2},$$

d'où

$$T_{m_2} - T_{m_1} = T_2 - T_1 + [(\alpha_2 - \alpha_{m_2}) - (\alpha_1 - \alpha_{m_1})],$$
$$T_2 - T_1 = T_{m_2} - T_{m_1} - [(\alpha_2 - \alpha_{m_2}) - (\alpha_1 - \alpha_{m_1})]$$

et en remplaçant $T_{m_2} - T_{m_1}$ en fonction du temps du chronomètre

$$T_2 - T_1 = \tau_{ch} + (E_2 - E_1) - [(\alpha_2 - \alpha_{m_2}) - (\alpha_1 - \alpha_{m_1})].$$

Telle sera la variation de l'angle horaire de l'astre en fonction de l'intervalle chronométrique des deux époques. Il y a lieu de remarquer que, dans le cas qui nous occupe, l'intervalle τ_{ch} est toujours très petit (10 minutes au plus). Or, dans cette hypothèse, les chronomètres dont on se sert habituellement sont construits avec assez de précision pour que la variation de l'état dans ce petit intervalle soit insensible, et l'on peut généralement poser $E_2 - E_1 = 0$; d'un autre côté, s'il s'agit du Soleil $\alpha_1 - \alpha_{m_1} = Eq_1$ est l'équation du temps à la première époque, de même $\alpha_2 - \alpha_{m_2} = Eq_2$ est l'équation du temps à la seconde, de sorte que $(\alpha_2 - \alpha_{m_2}) - (\alpha_1 - \alpha_{m_1}) = Eq_2 - Eq_1$ est la variation de l'équation du temps dans l'intervalle chronométrique τ_{ch}; cette variation est également insensible pour le petit intervalle que nous considérons. On pourra donc, pour le cas du Soleil, poser en général

$$T_2 - T_1 = \tau_{ch},$$

ce qui reviendra à prendre l'intervalle chronométrique pour l'intervalle horaire de l'astre observé qui sépare les deux observations.

S'il s'agit d'une étoile

$$T_2 - T_1 = \tau_{ch} + (\alpha_{m_2} - \alpha_{m_1}).$$

Alors, en effet, l'ascension droite est constante $\alpha_2 = \alpha_1$; dans ce cas, $\alpha_{m_2} - \alpha_{m_1}$ n'est pas négligeable pour $\tau_{ch} = 10^m$, on trouve $\alpha_{m_2} - \alpha_{m_1} = 1^s,64$. Enfin pour la Lune, on aurait

$$T_2 - T_1 = \tau_{ch} - [(\alpha_2 - \alpha_{m_2}) - (\alpha_1 - \alpha_{m_1})]$$

ou

$$T_2 - T_1 = \tau_{ch} - (\Delta\alpha - \Delta\alpha_m),$$

$\Delta\alpha$ représentant la variation d'ascension droite de la Lune dans l'intervalle τ_{ch} et $\Delta\alpha_m$ la variation correspondante d'ascension droite du Soleil.

Dans les applications, on devra, autant que possible, chercher à n'employer que la relation simple $T_2 - T_1 = \tau_{ch}$, c'est-à-dire à ne ramener à une époque différente de celle de l'observation que les hauteurs du Soleil. Mais, dans tous les cas, la théorie précédente montre comment on pourrait facilement calculer la correction à faire subir à l'intervalle chronométrique τ_{ch} si cela devenait nécessaire.

Finalement si l'on a calculé T_1 au moyen de la hauteur h_1, on aura pour valeur de l'angle horaire T_2

$$T_2 = T_1 + \tau_{ch} + \text{correction} = T_1 + \tau.$$

Toutes les fois qu'il s'agira du Soleil, τ pourra être pris égal à τ_{ch}. Connaissant l'angle horaire T_2 et la déclinaison δ_2, on déterminera la hauteur h_2 au moyen de la latitude estimée φ par les formules ordinaires

$$\operatorname{tg} M = \frac{\operatorname{tg}\delta_2}{\cos T_2}, \quad \operatorname{tg} A_2 = \frac{\operatorname{tg} T_2 \cos M}{\sin(\varphi - M)}, \quad \operatorname{tg} h_2 = \cos A_2 \cot g(\varphi - M).$$

On pourrait abréger un peu le calcul en ne calculant pas l'azimut et estimant seulement h_2 au moyen de la formule

$$\sin h_2 = \sin\delta_2\sin\varphi + \cos\delta_2\cos\varphi\cos T_2$$

rendue calculable par logarithmes : on poserait $\cot g\,\delta_2\cos T_2 = \operatorname{tg} N$ et l'on aurait

$$\sin h_2 = \frac{\sin\delta_2\sin(\varphi + N)}{\cos N}.$$

Mais ce procédé n'est pas sensiblement plus court que le premier au point de vue du nombre de logarithmes à chercher; le premier a, du reste, l'avantage de donner immédiatement la valeur de l'azimut, élément que l'on a toujours besoin de connaître dans les calculs de position par deux hauteurs.

Dans le problème qui nous occupe, on se propose de trouver par le calcul pour une époque donnée une hauteur identique à celle que l'observation aurait donnée pour cette même époque. Il est facile de voir que ce résultat est obtenu par le calcul précédent. En effet, en s'en tenant au premier ordre et négligeant les erreurs de hauteur et de déclinaison qui doivent se trouver les mêmes pour les deux époques, l'angle horaire calculé T_1 se trouve affecté d'une erreur ΔT_1 qui dépend de l'erreur de latitude

$$\Delta T_1 = - \frac{\cot g\, A}{\cos \varphi} \Delta \varphi.$$

D'un autre côté, h_2, qui est calculé au moyen de φ et de T_3 ou plutôt de $T_1 + \tau$, est affecté à la fois de $\Delta \varphi$ et de ΔT_1

$$\Delta h_2 = \cos A \Delta \varphi + \sin A \cos \varphi \Delta T.$$

Remplaçant ΔT_1 par son expression de tout à l'heure, on trouvera $\Delta h_2 = 0$, ce qui indique que $\Delta \varphi$ et ΔT_1 n'ont aucune influence particulière sur l'approximation de la valeur calculée de T_2 et que par suite la valeur de h_2 est bien celle que donnerait l'observation. Il y a lieu de remarquer toutefois que le raisonnement qui vient d'être fait suppose que l'azimut de l'astre est le même pour les deux époques, ce qui n'est pas rigoureusement exact : il serait facile de calculer Δh_2 d'une manière tout à fait rigoureuse en tenant compte de la variation de l'azimut. On verrait alors que cette variation a pour conséquence une variation de h_2 du second ordre qui est le plus souvent négligeable. Dans tous les cas, il sera permis de conclure que la réduction de hauteur présentera toute la précision désirable toutes les fois que l'azimut variera peu, c'est-à-dire quand l'astre considéré se trouvera dans le voisinage du premier vertical; c'est donc pour cette position qu'il faudra s'attacher, autant que possible, à effectuer les réductions de hauteur.

Le calcul précédent est applicable dans tous les cas, quel que soit l'intervalle des deux époques : la précision du résultat ne sera limitée, ainsi qu'on vient de le voir, que par la variation de l'azimut dans cet intervalle. Il y a lieu d'ajouter toutefois que si l'erreur de latitude est nulle, cette variation d'azimut n'aura aucune influence.

Quand l'intervalle τ_{ch} est petit (au moins inférieur à 5 minutes), on pourra, au lieu de calculer directement h_2, déterminer la différence $\Delta h_1 = h_2 - h_1$ au moyen d'une formule différentielle. Nous avons donné précédemment le développement de Δh en fonction de $\Delta \varphi$, $\Delta \delta$ et ΔT; ce développement peut être regardé comme représentant la variation de h quand les éléments φ, δ et T varient de $\Delta \varphi$, $\Delta \delta$ et ΔT; dans le cas actuel φ reste constant, de sorte que $\Delta \varphi = 0$; le développement devient alors

$$\Delta h_1 = \cos C \Delta \delta_1 + \sin A \cos \varphi \Delta T_1 - \operatorname{tg} h \sin^2 C \frac{\Delta \delta^2}{2}$$

$$+ \frac{\cos \delta \cos \varphi}{\cos h} \cos A \cos C \frac{\Delta T^2}{2} - \frac{\cos \varphi}{\cos h} \sin C \cos A \Delta \delta \Delta T \dots$$

Il n'y a guère lieu de tenir compte de $\Delta\delta$ que si l'astre considéré est la Lune dont la déclinaison varie dans certains cas avec une grande rapidité ; pour le cas du Soleil $\Delta\delta$ sera plus souvent négligeable ; si en outre le Soleil se trouve à peu près au premier vertical, le terme du second ordre en ΔT^2 sera également négligeable et l'on aura simplement

$$\Delta h_1 = \sin A_1 \cos \varphi \Delta T_1.$$

Sous cette forme la correction sera d'une application commode ; on n'aura même pas besoin de calculer A_1 ; il sera toujours donné avec une approximation suffisante par un relèvement pris directement au compas.

Exemple. *Le 19 avril 1874, dans un lieu situé par $49°38'35''$ de latitude nord, on a observé une hauteur de Soleil $14°50'25''$ à $5^h 35^m 51^s$ T. M. de Paris, l'astre se trouvant placé dans l'ouest ; on demande quelle sera la hauteur du Soleil cinq minutes plus tard, c'est-à-dire à $5^h 40^m 51^s$ T. M. de Paris.*

Au moyen de la latitude $\varphi = +49°38'35''$ de la hauteur $h_1 = 14°50'25''$ et de la déclinaison qui sera trouvée $\delta_1 = +11°17'30''$, on calculera l'angle horaire T_1 et l'on trouvera

$$T_1 = 5^h 21^m 13^s,6 \quad \text{ou} \quad 80°18'25''.$$

L'angle horaire T_2 correspondant à la seconde époque sera :

$$T_2 = T_1 + \tau = 5^h 21^m 13^s,6 + 5^m 00^s,00 = 5^h 26^m 13^s,6 = 81°33'25''.$$

Au moyen de T_2, de φ et de $\delta_2 = +11°17'33''$, on calculera ensuite h_2.

$$\operatorname{tg} M = \frac{\cos T_2}{\operatorname{tg} \delta_2} \qquad\qquad \operatorname{tg} A = \frac{\operatorname{tg} T_2 \cos M}{\sin(\varphi - M)}$$

$\log \operatorname{tg} \delta_2 = 9,3003425\ (+)$	$\log \operatorname{tg} T_2 = 0,8284635\ +$
$c^l \log \cos T_2 = 0,8331959\ (+)$	$\log \cos M = 9,7726093\ +$
$\overline{\log \operatorname{tg} M = 0,1335384\ (+)}$	$c^l \log \sin(\varphi - M) = 1,1531758\ (-)$
$M = +53°40'23''$	$\overline{\log \operatorname{tg} A_2 = 1,7542486\ (-)}$
$\varphi = +49\ 38\ 35$	$[A_2] = 88°59'28''$
$\overline{\varphi - M = -\ 4°01'48''}$	$A_2 = 360° - [A_2] = 271°00'32''$

$$\operatorname{tg} h_2 = \cos A_2 \operatorname{cotg}(\varphi - M)$$

$$\log \cos A_2 = 8,2456983\ (+)$$
$$\log \cos(\varphi - M) = 1,1521006\ (-)$$
$$\overline{\log \operatorname{tg} h_2) = 9,3977989}$$
$$h_2 = 14°01'54''.$$

La hauteur cherchée sera donc $14°01'55''$.

En se servant de la formule différentielle $\Delta h = \sin A_1 \cos \varphi \Delta T$, on trouvera sensiblement le même résultat.

$$A_1 = 270°03'28'' \qquad \Delta T = 5^m = + 1°15' = + 4500''$$

$$\log \sin A_1 = 9,9999938 \,(-)$$

$$\log \cos \varphi = 9,8112716 \,(+) \qquad h_1 = 14°50'25''$$

$$\log \Delta T = 3,6532125 \,(+) \qquad \Delta h_1 = -\,0\ 48\ 34$$

$$\log \Delta h = 3,4644779 \,- \qquad h_2 = 14°01'51''$$

$$\Delta h = -\,2913'',9 = -\,48'33'',9$$

Dans ce cas, la hauteur obtenue au moyen du premier terme de la série qui donne Δh est estimée avec une grande approximation ; cette approximation serait encore plus grande si l'on avait tenu compte de la petite variation de déclinaison $(+3'')$ au moyen de la correction $\cos C \Delta \delta$; on aurait eu alors $14°01'53''$. Cela tient à ce que dans le cas considéré l'astre est très voisin du premier vertical, de sorte que $\cos A$ est voisin de zéro et qu'alors le terme du second ordre dont le coefficient contient $\cos A$ en facteur est tout à fait négligeable.

3. Calculer pour un lieu donné une observation de hauteur exécutée dans un lieu différent. — Ce problème présente la plus grande analogie avec le précédent ; il se résoudra d'une manière tout à fait identique.

Soient h_1 la hauteur observée, φ_1 la latitude du lieu de l'observation, δ la déclinaison et T_1 l'angle horaire résultant.

Soient de même h_2 la hauteur correspondante pour le second lieu de latitude φ_2 et T_2 l'angle horaire correspondant ; soit en outre τ la différence des longitudes des deux lieux ou $\tau = \psi_2 - \psi_1$.

On aura évidemment dans tous les cas

$$T_2 = T_1 - \tau,$$

τ étant positif ou négatif suivant que $\psi_2 - \psi_1 \gtrless 0$.

Au moyen de T_2, φ_2 et δ, on calculera h_2 par les formules ordinaires :

$$\operatorname{tg} M = \frac{\cos T_2}{\operatorname{tg} \delta}, \qquad \operatorname{tg} A_2 = \frac{\sin(\varphi_2 - M)}{\operatorname{tg} T_2 \cos M}, \qquad \operatorname{tg} h_2 = -\cos A_2 \cot(\varphi_2 - M).$$

Telle sera la solution générale du problème.

Dans les applications, la distance qui sépare les deux lieux est généralement inférieure à $60'$; il y a alors avantage à se servir de la formule différentielle, cette formule pouvant toujours se réduire au terme du premier ordre

$$\Delta h = \cos A \Delta\varphi + \sin A \cos\varphi \Delta T - \lg h \sin^2 A \, \frac{\Delta\varphi^2}{2}$$

$$+ \frac{\cos\delta\cos\varphi}{\cos h}\cos A \cos C \, \frac{\Delta T^2}{2} - \frac{\cos\delta}{\cos h}\sin A \cos C \, \Delta\varphi\Delta T.$$

En négligeant les termes du second ordre, on aura pour les applications

$$\Delta h = \cos A \Delta\varphi + \sin A \cos\varphi \Delta T,$$

ou en remplaçant ΔT par la différence des longitudes et remarquant alors que $\Delta T = T_2 - T_1 = -\tau$,

$$\Delta h = \cos A \Delta\varphi - \sin A \cos\varphi . \tau.$$

En se servant de ce que l'on appelle l'*angle de route* R et de la distance qui sépare les deux points, on peut mettre cette expression sous une autre forme

$$- \tau \cos\varphi = (\psi_1 - \psi_2) \cos\varphi = \text{chemin parcouru en longitude} = S \sin R$$
$$\Delta\varphi = \text{chemin parcouru en latitude} = S \cos R$$

et en substituant

$$\Delta h \text{ ou } h_2 - h_1 = S \cos (A - R)$$

Fig. 2.

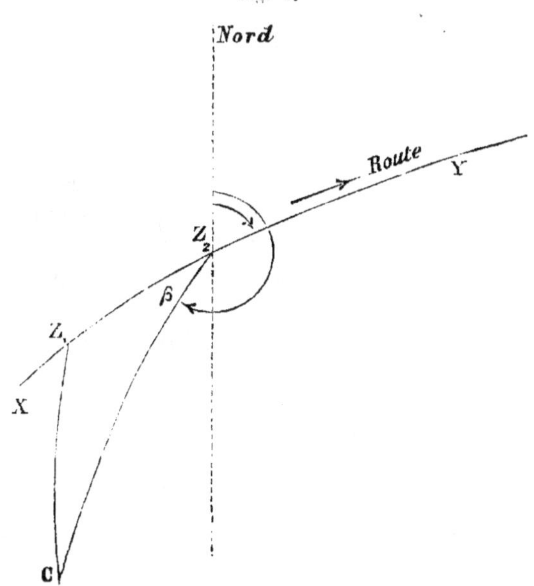

On peut du reste obtenir directement le développement complet de Δh en fonction de la route parcourue du premier point au second et de la différence A — R entre l'azimut et l'angle de route.

Soient Z_1, Z_2 les zéniths des deux lieux, C la position de l'astre considéré; appelons a le côté $Z_1 Z_2$, b le côté $Z_2 C$ et c le côté $C Z_1$ et β l'angle $C Z_2 Z_1$.

Le côté a est très petit, de sorte que le triangle $C Z_2 Z_1$ peut être résolu au moyen de la formule

$$b = c + a \cos \beta - \tfrac{1}{2} a^2 \cotg c \sin^2 \beta - \tfrac{1}{2} a^3 (\tfrac{1}{3} + \cotg^2 c) \cos \beta \sin^2 \beta + \dots$$

Or

$$b = \text{distance zénithale par rapport au second lieu} = 90° - h_2,$$
$$c = \text{distance zénithale par rapport au premier lieu} = 90° - h_1,$$
$$a = \text{distance des deux zéniths} = \text{chemin parcouru du premier lieu au second} = S.$$

On a donc en substituant

$$h_2 = h_1 - S \cos \beta + \tfrac{1}{2} S^2 \tg h_1 \sin^2 \beta + \tfrac{1}{2} S^3 (\tfrac{1}{3} + \tg^2 h_1) \cos \beta \sin^2 \beta + \dots$$

Soit N la direction du point nord : $C Z_2 N = A$ est l'azimut de l'astre pour le second lieu; si l'angle de route est compté de même à partir du point nord $N Z_2 Y$, est l'angle de route R ; $\beta = 180° - Y Z_2 C$; or $Y Z_2 C = A - R$, de sorte que $\beta = 180° - (A - R)$; on aura donc

$$h_2 = h_1 + S \cos(A - R) + \tfrac{1}{2} S^2 \tg h_1 \sin^2 (A - R).$$

Telle sera l'expression qui donnera la différence des deux hauteurs au moyen de la route parcourue et de la différence entre l'angle de route et l'azimut. Pour appliquer cette formule, il suffira de se conformer avec soin à la convention adoptée pour compter les azimuts et les routes.

EXEMPLE. *Dans un lieu situé par $3^h 43^m 10^s$ de longitude ouest et $29° 53' 10''$ de latitude nord, on a observé une hauteur $75° 33' 07''$; on demande quelle serait au même instant la hauteur du même astre pour le lieu dont la longitude est $3^h 44^m 30^s$ ouest et la latitude $30° 14' 21''$ nord, sachant que pour se rendre du premier point au second, il faut parcourir $27' 21''$ en faisant route au nord $39° 11' 20''$ ouest, c'est-à-dire à $320° 48' 40''$ et que du second point on relève l'astre au sud $55° 31' 30''$ est ou $124° 28' 30''$.*

On aura

$$S = 27'21'' = 1641''$$

$$\text{Angle de route} = \text{N.}\, 39°11'20'',0 \quad \text{ou} \quad R = 320°48'40''$$

$$\text{Azimut} = A = 124°28'30$$

$$\beta = A - R = -196°20'10'' \quad |(16°20'10'')$$

$$\log S = 3,2154086 \qquad\qquad h_1 = 75°33'07''$$

$$\log \cos \beta = 9,9821030 \;(-) \qquad S \cos \beta = -\;26'15''$$

$$\overline{3,1972116} \qquad \overline{h_2 = 75°06'52''}$$

$$S \cos \beta = 1574'',8 = -\;26'14'',8$$

Le terme de correction du second ordre donnerait $1'',5$ environ, de
sorte que la hauteur cherchée est $75°06'53'',5$; le résultat est exact à
$0'',5$ près.

Cet exemple suffit pour donner une idée de la précision du calcul
indiqué. En somme, la convergence de la série qui donne la correction de hauteur est très grande, de sorte que, dans les applications,
cette série peut être réduite à son premier terme et l'on a alors

$$h_2 = h_1 + S \cos (A - R).$$

La précision du résultat est subordonnée surtout à l'approximation
de S et dans une certaine limite à celle des angles R et A.

Dans les conditions ordinaires de la navigation S n'est jamais estimé
à moins d'une minute; l'approximation résultante pour h_2 sera sensiblement la même, sauf le cas où R — A serait voisin de 90°, et cela eu
égard au peu de précision avec laquelle R est généralement estimé.

Le calcul qui a été donné pour exemple a été effectué avec une
grande précision, puisque le résultat obtenu est exact à moins d'une
demi-seconde; il a pu servir à montrer ainsi le degré d'exactitude que
l'on est en droit d'attendre du mode de calcul indiqué.

Dans la pratique de la navigation, toutes les fois que l'on aura à
appliquer le calcul en question, on devra, eu égard à l'approximation
de S et de R ne pas s'attendre à obtenir h_2 à moins d'une minute près:
on négligera alors les secondes et *à fortiori* les termes du second
ordre de la correction : le résultat présentera toute l'approximation
nécessaire, car dans un calcul de navigation un point estimé avec certitude à 1 minute ou 1 mille près doit toujours être regardé comme
des plus satisfaisants.

DÉTERMINATION DU TEMPS ET DE LA LATITUDE AU MOYEN
DE DEUX OBSERVATIONS DE HAUTEUR.

4. Cas le plus général dans lequel on suppose que l'on n'a aucune notion préalable sur le temps et sur la latitude. — Soient h_1, h_2 les deux hauteurs observées, δ_1, δ_2 les deux déclinaisons, T_1, T_2 les deux angles horaires correspondants, et φ la latitude du lieu; si l'on applique la première des relations fondamentales (1) à chaque observation, on aura

$$\sin h_1 = \sin \delta_1 \sin \varphi + \cos \delta_1 \cos \varphi \cos T_1,$$
$$\sin h^2 = \sin \delta_2 \sin \varphi + \cos \delta_2 \cos \varphi \cos T_2.$$

Il est facile de reconnaître que ces deux relations constituent un véritable système de deux équations à deux inconnues qu'il est toujours possible de résoudre : en effet, supposons en premier lieu que les deux observations soient relatives à deux astres différents, mais aient été exécutées à la même époque, temps moyen du lieu : soient T_m le temps, α_m l'ascension droite moyenne du Soleil, α_1, α_2 les ascensions droites des deux astres pour cette époque :

$$T_1 = T_m - (\alpha_1 - \alpha_m)$$
$$T_2 = T_m - (\alpha_2 - \alpha_m)$$

et

$$T_2 - T_1 = \alpha_1 - \alpha_2 = 2\tau.$$

D'ailleurs en appelant T l'angle horaire moyen entre T_1 et T_2, de sorte que

$$T_1 + T_2 = 2T,$$

on conclut

$$T_1 = T - \tau, \qquad T_2 = T + \tau.$$

Supposons maintenant que les deux observations aient été faites sur le même astre, mais à des époques différentes T_{m_1}, T_{m_2}

$$T_1 = T_{m_1} - (\alpha_1 - \alpha_{m_1}),$$
$$T_2 = T_{m_2} - (\alpha_2 - \alpha_{m_2}),$$

d'où

$$T_2 - T_1 = T_{m_2} - T_{m_1} - (\alpha_2 - \alpha_1) + (\alpha_{m_2} - \alpha_{m_1}) = T_{m_2} - T_{m_1} - (\Delta\alpha - \Delta\alpha_m),$$

ou

$$T_2 - T_1 = 2\tau.$$

2τ représentant ici l'intervalle temps moyen qui sépare les deux observations augmenté de la différence des variations d'ascension droites. Dans le cas particulier du Soleil, $\alpha_1 - \alpha_{m_1} = Eq$ est l'équation du temps et $2\tau = T_{m_2} - T_{m_1} - \Delta Eq$. Pour les étoiles, $\alpha_2 - \alpha_1 = 0$ et $2\tau = T_{m_2} - T_{m_1} - \Delta\alpha_m$.

Soit comme tout à l'heure T l'angle horaire moyen, de sorte que

$$T_1 + T_2 = 2T,$$

on conclura

$$T_1 = T - \tau \quad \text{et} \quad T_2 = T + \tau.$$

Substituant ces valeurs de T_1 et de T_2, on aura donc dans tous les cas

$$(a) \quad \begin{cases} \sin h_1 = \sin \delta_1 \sin \varphi + \cos \delta_1 \cos \varphi \cos (T - \tau), \\ \sin h_2 = \sin \delta_2 \sin \varphi + \cos \delta_2 \cos \varphi \cos (T + \tau), \end{cases}$$

équations qui ont pour inconnues les éléments φ et T. On voit immédiatement la possibilité d'éliminer, soit φ, soit T entre ces deux équations; cette élimination ne présente d'ailleurs aucune difficulté de détail : il en résulte une équation du second degré en tg T ou en tg φ qui se résout immédiatement. Il y a lieu de reconnaître toutefois que cette manière de procéder donne toujours lieu à un calcul long et compliqué quoique susceptible d'être présenté sous une forme très symétrique : aussi nous nous contenterons de l'indiquer ici dans le seul but de montrer que la résolution des deux équations considérées est toujours théoriquement possible, et que par suite le problème de la détermination du temps et de la latitude par deux hauteurs différentes est en général parfaitement déterminé.

Au lieu de résoudre algébriquement le système des équations (a), nous traiterons la question d'une manière géométrique, et nous ferons

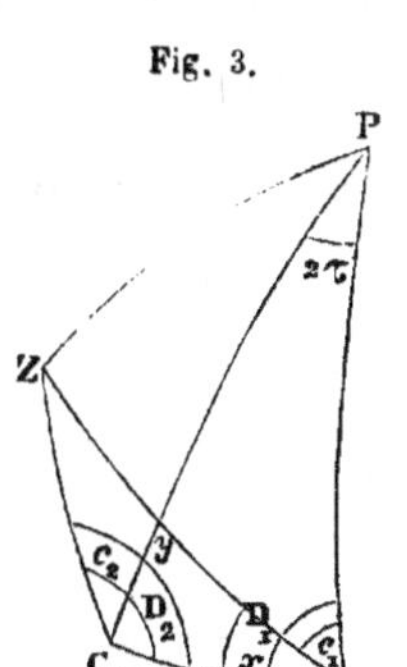
Fig. 3.

dépendre la recherche des inconnues de la résolution d'une série de triangles : nous serons conduit ainsi par un calcul très rapide à des résultats susceptibles d'une application tout à fait pratique.

Prenons pour exemple le cas particulier où les deux astres sont placés d'un même côté du méridien et dans l'Est, sauf à généraliser en temps opportun les résultats qui seront obtenus.

Soient C_1, C_2 les deux astres observés, P le pôle et Z le zénith.

Dans chacun des triangles ZC_1P, ZC_2P, on connaît deux côtés, la distance zénithale qui est donnée par l'observation et la distance polaire qui est fournie par les Éphémérides au moyen du temps du premier méridien supposé connu par le chronomètre.

On connaît en outre l'angle $C_1 P C_2$ qui est la différence des angles horaires T_1, T_2 et se trouve par suite égal à la quantité que nous avons désignée précédemment par 2τ.

$C_1 P C_2 = 2\tau = \alpha_1 - \alpha_2 = $ Différence des ascensions droites si les deux astres considérés ont été observés à la même époque.

$C_1 P C_2 = 2\tau = T_{m_2} - T_{m_1} - (\Delta\alpha - \Delta\alpha_m) = $ Intervalle temps moyen des observations diminué de la variation (positive ou négative) de la différence des ascensions droites α et α_m, s'il s'agit du même astre observé à des époques différentes.

Dans le cas particulier du Soleil

$$2\tau = T_{m_2} - T_{m_1} - \Delta Eq.$$

c'est-à-dire l'intervalle temps moyen qui sépare les deux observations diminué de la variation (positive ou négative) de l'équation du temps dans cet intervalle (*); dans la pratique, la différence $T_{m_2} - T_{m_1}$ sera l'intervalle chronométrique qui sépare les deux observations corrigé de la marche du chronomètre.

Ces préliminaires posés, on remarquera que s'il n'y a pas lieu de songer à résoudre l'un ou l'autre des triangles $Z C_1 P$, $Z C_2 P$ dont on ne connaît que deux éléments la distance polaire et la distance zénithale, il est possible de résoudre le triangle $C_1 P C_2$ dans lequel on connaît deux côtés (distances polaires) et l'angle compris 2τ : on peut donc calculer le côté $C_1 C_2$ et les angles en C_1 et C_2. On connaîtra alors les trois côtés du triangle $C_1 Z C_2$; on pourra par suite résoudre ce triangle et mesurer les angles en C_1 et C_2. Au moyen de ces angles et de ceux qui ont déjà été calculés dans le triangle $C_1 P C_2$, il est évident que l'on conclura ce que l'on est convenu d'appeler les *angles de position* des deux astres $P C_1 Z$, $P C_2 Z$. Alors on se trouvera connaître dans chacun des triangles $Z C_1 P$, $Z C_2 P$ deux côtés et l'angle compris : l'un et l'autre

---

(*) Il importe de faire remarquer ici que le langage employé pour définir $T_{m_2} - T_{m_1}$ n'est intelligible que sous la réserve des conventions ordinaires relatives à la corrélation des angles et des temps (tome I, pages 339 et suiv.) ; $T_{m_2} - T_{m_1}$ est en réalité un angle dans le cas considéré. Cet angle est mesuré par le nombre d'heures, de minutes et de secondes qui se trouve mesurer également le temps moyen correspondant, ou l'arc de l'équateur parcouru par le soleil moyen ; ce nombre est par suite au fond véritablement un nombre abstrait ; ΔEq ou $\Delta\alpha - \Delta\alpha_m$ est également un nombre abstrait représenté par le nombre de secondes qui figure la variation de l'équation du temps ou de la différence $\Delta\alpha - \Delta\alpha_m$ dans l'intervalle de *temps moyen* représenté par $T_{m_2} - T_{m_1}$.

de ces deux triangles sera par suite susceptible d'être résolu et donnera immédiatement les éléments cherchés.

Résolution du triangle C_1PC_2.

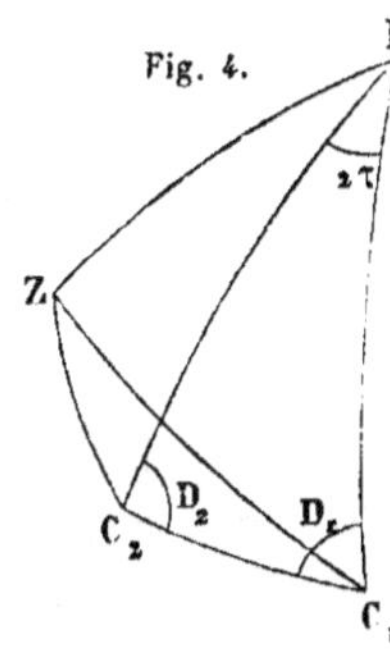

$$C_1PC_2 = 2\tau, \qquad C_1P = 90° - \delta_1, \qquad C_2P = 90° - \delta_2.$$

On appellera D_1, D_2 les angles en C_1 et C_2 et Δ la distance C_1C_2 de sorte que

$$PC_1C_2 = D_1, \qquad PC_2C_1 = D_2, \qquad C_1C_2 = \Delta.$$

Appliquant les analogies de Néper (liv. II. p. 96)

$$(1) \quad \begin{cases}
\operatorname{tg} \tfrac{1}{2}(D_1 + D_2) = \dfrac{\cos \tfrac{1}{2}(\delta_1 - \delta_2)}{\sin \tfrac{1}{2}(\delta_1 + \delta_2)} \operatorname{cotg}\tau, \\[2mm]
\operatorname{tg} \tfrac{1}{2}(D_1 - D_2) = \dfrac{\sin \tfrac{1}{2}(\delta_1 - \delta_2)}{\cos \tfrac{1}{2}(\delta_1 + \delta_2)} \operatorname{cotg}\tau, \\[2mm]
\operatorname{tg} \tfrac{1}{2}\Delta = \dfrac{\cos \tfrac{1}{2}(D_1 + D_2)}{\cos \tfrac{1}{2}(D_1 - D_2)} \operatorname{cotg}\tfrac{1}{2}(\delta_1 + \delta_2). \\[2mm]
\operatorname{tg} \tfrac{1}{2}\Delta = \dfrac{\sin \tfrac{1}{2}(D_1 + D_2)}{\sin \tfrac{1}{2}(D_1 - D_2)} \operatorname{tg}\tfrac{1}{2}(\delta_1 - \delta_2).
\end{cases}$$

Les deux premières formules donneront les angles D_1 et D_2: l'une ou l'autre des deux dernières servira à calculer Δ: on emploiera de préférence celle dont le dénominateur est le plus voisin de l'unité. la première si $\tfrac{1}{2}(D_1 - D_2)$ est voisin de zéro, la seconde au contraire si $\tfrac{1}{2}(D_1 - D_2)$ diffère peu de 90°.

Les déclinaisons δ_1 et δ_2 pouvant être positives ou négatives, il en sera de même des valeurs de $\operatorname{tg}\tfrac{1}{2}(D_1 + D_2)$ et $\operatorname{tg}\tfrac{1}{2}(D_1 - D_2)$. On remarquera alors que D_1 et D_2 sont toujours respectivement moindres que 180° et que par suite $\tfrac{1}{2}(D_1 + D_2) < 180°$ et $\tfrac{1}{2}(D_1 - D_2) < 90°$. On en conclura que :

1° Si les valeurs des tangentes sont positives, $\tfrac{1}{2}(D_1 + D_2)$ et $\tfrac{1}{2}(D_1 - D_2)$ sont donnés immédiatement par les valeurs tabulaires:

2° Si les valeurs des tangentes sont négatives, $\tfrac{1}{2}(D_1 + D_2)$ est égale au supplément de la valeur tabulaire, et $\tfrac{1}{2}(D_1 - D_2)$ à la valeur tabulaire prise négativement.

Sous la réserve de ces observations, la détermination des angles D_1 et D_2 en véritable grandeur ne présentera aucune incertitude.

Résolution du triangle C_1ZC_2.

$$C_1Z = 90° - h_1, \qquad C_2Z = 90° - h_2, \qquad C_1C_2 = \Delta.$$

On se propose de calculer les angles en C_1 et C_2

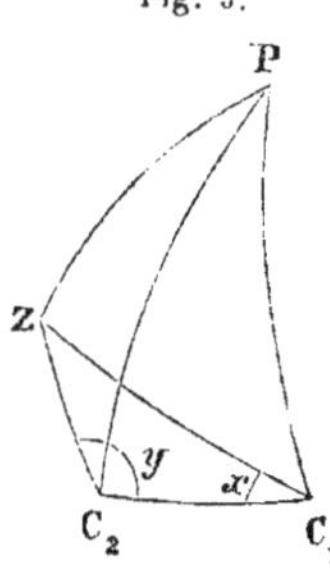

$$x = ZC_1C_2, \qquad y = ZC_2C_1.$$

Ces angles x et y s'obtiendront au moyen des relations

$$\sin h_1 = \sin h_2 \cos \Delta + \cos h_2 \sin \Delta \cos y,$$
$$\sin h_2 = \sin h_1 \cos \Delta + \cos h_1 \sin \Delta \cos x,$$

que l'on rendra calculables par logarithmes suivant la méthode ordinaire; on posera $h_1 + h_2 + \Delta = 2s$, et l'on aura

$$(2) \quad \begin{cases} \operatorname{tg}^2 \tfrac{1}{2} y = \dfrac{\cos s \sin (s - h_1)}{\cos (s - \Delta) \sin (s - h_2)}, \\[2ex] \operatorname{tg}^2 \tfrac{1}{2} x = \dfrac{\cos s \sin (s - h_2)}{\cos (s - \Delta) \sin (s - h_1)}, \end{cases}$$

ou en déterminant le second angle au moyen de la valeur déjà calculée du premier

$$\operatorname{tg} \tfrac{1}{2} x = \pm \frac{\sin (s - h_2)}{\sin (s - h_1)} \operatorname{tg} \tfrac{1}{2} y.$$

Les valeurs trouvées pour $\operatorname{tg} \tfrac{1}{2} y$ et $\operatorname{tg} \tfrac{1}{2} x$ sont affectées du double signe : cela tient à ce que les formules donnent non-seulement les valeurs $\tfrac{1}{2} x$ et $\tfrac{1}{2} y$ moindres que 90° ou celles de x et de y moindres que 180°, mais encore les valeurs complémentaires à 360°. Il n'y aurait pas lieu de se préoccuper de ces dernières valeurs s'il ne s'agissait que de résoudre le triangle C_1ZC_2 telle qu'il est représenté sur la figure ou plutôt de ne calculer que les angles intérieurs de cet triangle: mais il n'en est pas ainsi.

Dans l'exemple choisi, les astres C_1 et C_2 sont supposés à l'Est; les deux astres pourraient se trouver l'un dans l'Est et l'autre dans l'Ouest: enfin l'un et l'autre pourraient être placés dans l'Ouest. De là autant de positions différentes pour le triangle C_1C_2Z, indépendamment des situations particulières du second astre par rapport au premier.

Les formules ne tenant compte d'aucune de ces hypothèses particulières doivent les renfermer toutes. Cela va du reste être mis en évidence par la discussion qui va suivre.

Connaissant les angles x et y et les angles D_1 et D_2, il est facile de calculer les angles de position C_1 et C_2 des deux astres; dans le cas particulier pris par exemple, on aura évidemment

$$D_1 - C_1 = x, \qquad D_2 + C_2 = y.$$

Mais, comme on vient de le remarquer tout à l'heure, il peut se présenter plusieurs autres cas : il importe de mettre les résultats correspondants en parallèle. Ainsi qu'on va le voir, les valeurs relatives des azimuts des deux astres jouent un rôle capital dans la classification de ces résultats.

Pour établir de l'ordre dans la discussion, nous supposerons que l'indice 1 est affecté à l'astre placé le plus à droite et l'indice 2 à l'astre le plus à gauche, l'observateur étant supposé faire face au nord. Nous rappellerons en outre que l'azimut A se mesure du nord au sud, en passant par l'est, et l'angle de position C de la direction du nord vers celle du zénith, en marchant vers l'ouest, ces deux éléments A et C se comptant d'ailleurs de 0° à 360°.

Cela posé, les divers cas susceptibles de se présenter sont figurés dans l'énumération suivante :

C_1, D_1, x, C_2, D_2, y sont les quantités déjà définies ; A_1, A_2 sont les azimuts des deux autres. Les petits arcs tracés sur les figures représentent les azimuts et les angles de position; on les a terminés par des flèches pour indiquer d'une manière très nette la manière dont ils sont comptés.

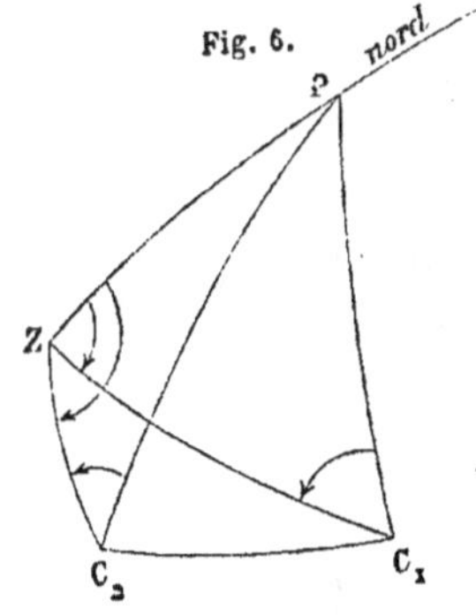

Fig. 6.

1° *Les deux astres sont placés dans l'Est.*
Premier cas (*fig.* 6).
C_2 est à droite pour l'observateur faisant face à C_1.

$$A_2 > A_1 \quad \text{ou} \quad A_2 - A_1 > 0.$$

$$x = D_1 - C_1).$$
$$\operatorname{tg}\tfrac{1}{2}x = +\operatorname{tg}\tfrac{1}{2}(D_1 - C_1),$$

$$y = D_2 + C_2$$
$$\operatorname{tg}\tfrac{1}{2}y = +\operatorname{tg}\tfrac{1}{2}(D_2 + C_2).$$

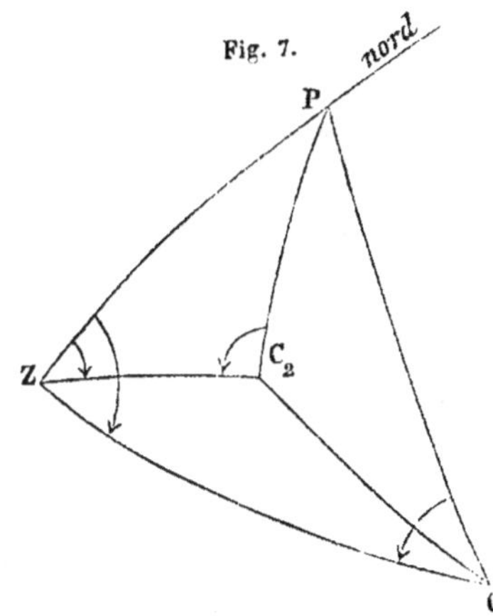

Fig. 7.

Deuxième cas (*fig.* 7).
C_2 est à gauche pour l'observateur faisant face à C_1.

$$A_1 > A_2 \quad \text{ou} \quad A_2 - A_1 < 0,$$

$$x = C_1 - D_1 \quad \text{ou} \quad -(D_1 - C_1)$$
$$\operatorname{tg}\tfrac{1}{2}x = -\operatorname{tg}\tfrac{1}{2}(D_1 - C_1),$$

$$y = 360 - (D_2 + C_2).$$
$$\operatorname{tg}\tfrac{1}{2}y = -\operatorname{tg}\tfrac{1}{2}(D_2 + C_2).$$

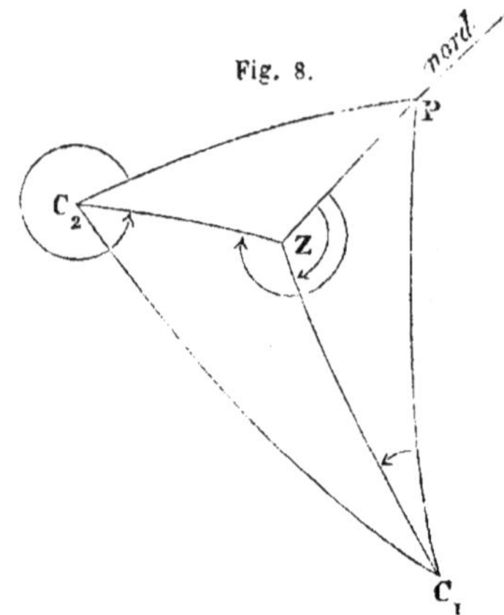

Fig. 8.

2° *Les deux astres sont placés de part et d'autre du méridien.*

Premier cas (*fig.* 8).

C_2 est à droite pour l'observateur faisant face à C_1,

$$A_2 - A_1 < 180,$$

$$x = D_1 - C_1.$$
$$\operatorname{tg} \tfrac{1}{2} x = + \operatorname{tg} \tfrac{1}{2}(D_1 - C_1),$$

$$y = D_2 + C_2 - 360°.$$
$$\operatorname{tg} \tfrac{1}{2} y = + \operatorname{tg} \tfrac{1}{2}(D_2 + C_2).$$

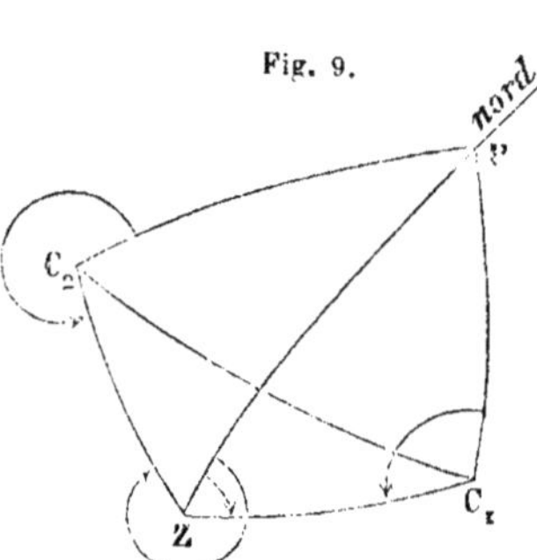

Fig. 9.

Deuxième cas (*fig.* 9).

C_2 est à gauche pour l'observateur faisant face à C_1,

$$A_2 - A_1 > 180°,$$

$$x = C_1 - D_1 \quad \text{ou} \quad -(D_1 - C_1).$$
$$\operatorname{tg} \tfrac{1}{2} x = - \operatorname{tg} \tfrac{1}{2}(D_1 - C_1),$$

$$y = 360° - (C_2 + D_2.$$
$$\operatorname{tg} \tfrac{1}{2} y = - \operatorname{tg} \tfrac{1}{2}(D_2 + C_2).$$

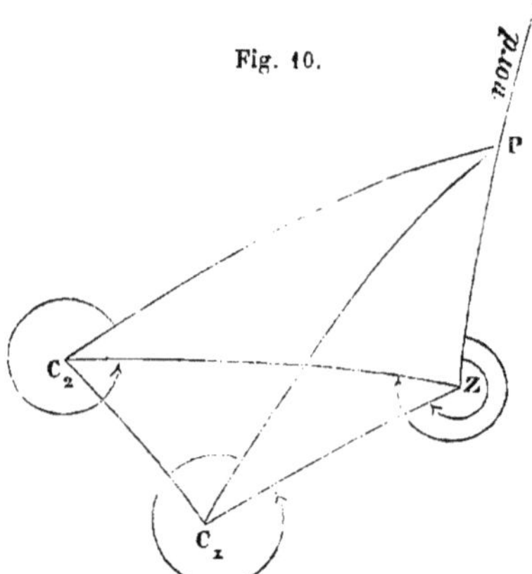

Fig. 10.

3° *Les deux astres sont placés dans l'Ouest.*

Premier cas (*fig.* 10).

C_2 est à droite pour l'observateur faisant face à C_1,

$$A_2 - A_1 > 0,$$

$$x = D_1 - C_1 + 360°.$$
$$\operatorname{tg} \tfrac{1}{2} x = + \operatorname{tg} \tfrac{1}{2}(D_1 - C_1),$$

$$y = D_2 + C_2 - 360°.$$
$$\operatorname{tg} \tfrac{1}{2} y = + \operatorname{tg} \tfrac{1}{2}(D_2 + C_2).$$

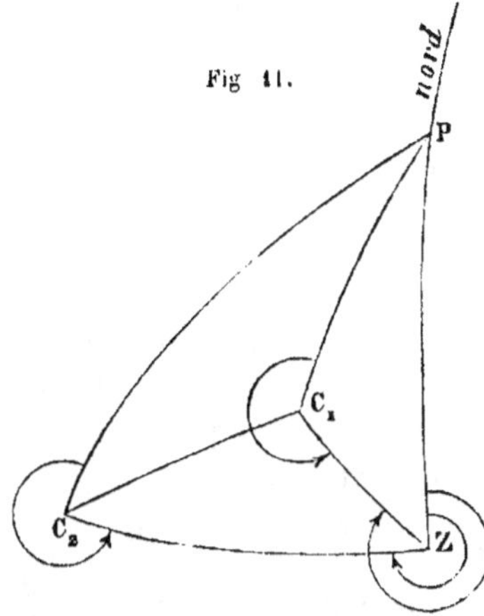

Deuxième cas (*fig.* 11).

C_2 est à gauche pour l'observateur faisant face à C_1,

$$A_2 - A_1 < 0,$$

$$x = C_1 - D_1 \quad \text{ou} \quad -(D_1 - C_1).$$
$$\operatorname{tg}\tfrac{1}{2}x = -\operatorname{tg}\tfrac{1}{2}(D_1 - C_1),$$

$$y = 360° - (D_2 + C_2).$$
$$\operatorname{tg}\tfrac{1}{2}y = -\operatorname{tg}\tfrac{1}{2}(D_2 - C_2).$$

Il résulte de la discussion précédente que quelles que soient les positions relatives des deux astres, on a dans tous les cas :

$$\text{ou} \quad \operatorname{tg}\tfrac{1}{2}x = +\operatorname{tg}\tfrac{1}{2}(D_1 - C_1) \quad \text{avec} \quad \operatorname{tg}\tfrac{1}{2}y = +\operatorname{tg}\tfrac{1}{2}(D_2 + C_2),$$
$$\text{ou} \quad \operatorname{tg}\tfrac{1}{2}x = -\operatorname{tg}\tfrac{1}{2}(D_1 - C_1) \quad \text{avec} \quad \operatorname{tg}\tfrac{1}{2}y = -\operatorname{tg}\tfrac{1}{2}(D_2 + C_2).$$

Le double signe des formules se trouve ainsi justifié.

Quant au choix du signe à adopter dans chaque cas particulier, il sera dirigé par la règle suivante qui résulte immédiatement de la discussion :

1° Si les deux astres sont placés d'un même côté du méridien on prendra le signe $+$ quand $A_2 - A_1 > 0$ et le signe $-$ quand $A_2 - A_1 < 0$;

2° Si les deux astres se trouvent de part et d'autre du méridien, on prendra le signe $+$ quand $A_2 - A_1 < 180°$ et le signe $-$ quand $A_2 - A_1 > 180°$.

La détermination du signe à adopter pour les tangentes ne saurait, d'après cela, présenter aucune incertitude. On peut objecter, il est vrai, que les azimuts A_1, A_2 ne sont pas encore calculés ; mais on remarquera que l'aspect seul des deux astres sur la sphère céleste suffira pour faire connaître à vue le signe ou la grandeur approchée de $A_2 - A_1$; au besoin, du reste, on pourrait avoir recours au compas de relèvement. Il ne saurait y avoir d'incertitude que dans le cas où $A_2 - A_1$ diffère peu de 0° ou 180° ; mais alors, ainsi qu'on le montrera plus loin, le calcul que nous exécutons n'aurait aucune précision et par suite ne saurait être applicable. Il n'y a par suite pas lieu de se préoccuper de ce cas particulier.

Les signes des tangentes étant connus, le passage des valeurs tabulaires aux valeurs absolues ne saurait présenter aucune difficulté.

Nous donnerons toutefois, en quelques mots, le détail de la discussion.

1° *Les deux astres sont placés dans l'Est.*

Les angles C et D sont respectivement moindres que 180°, de sorte que $\frac{1}{2}(D - C) < 90°$ et $\frac{1}{2}(C + D) < 180°$.

Si $A_2 - A_1 > 0$, les tangentes ont le signe + : les valeurs absolues de $\frac{1}{2}x$ et de $\frac{1}{2}y$ sont égales aux valeurs tabulaires.

Si $A_2 - A_1 < 0$, les tangentes ont le signe — : la valeur absolue de $\frac{1}{2}x$ sera la valeur tabulaire prise négativement; la valeur absolue de $\frac{1}{2}y$ sera égale au supplément de la valeur tabulaire ou $180° - [\frac{1}{2}y]$.

2° *Les deux astres sont placés de part et d'autre du méridien.*

C_1, D_1, D_2 sont respectivement moindres que 180°, mais $C_2 > 180°$.

Si $A_2 - A_1 < 180°$, les tangentes ont le signe + : la valeur absolue de $\frac{1}{2}x$ sera égale à la valeur tabulaire; la valeur absolue de $\frac{1}{2}y$ sera la valeur tabulaire augmentée de 180°, parce que $\frac{1}{2}(D_2 + C_2) > 180°$ et que $\mathrm{tg}\,[\frac{1}{2}(C_2 + D_2) + 180°] = \mathrm{tg}\,\frac{1}{2}(C_2 + D_2)$.

Si $A_2 - A_1 > 180°$, les tangentes ont le signe — : la valeur absolue de $\frac{1}{2}x$ sera la valeur tabulaire prise négativement, et la valeur absolue de $\frac{1}{2}y$ le supplément de la valeur tabulaire;

$$\mathrm{tg}\,[180° - \tfrac{1}{2}(C_2 + D_2)] = -\mathrm{tg}\,\tfrac{1}{2}(C_2 + D_2).$$

3° *Les deux astres sont placés dans l'Ouest.*

D_1 et D_2, étant moindres que 180°, C_1 et C_2 sont plus grands que 180°.

Si $A_2 - A_1 > 0$, les tangentes sont positives : la valeur absolue de $\frac{1}{2}x$ sera la valeur tabulaire diminuée de 180°, parce que

$$\mathrm{tg}\,[\tfrac{1}{2}D_1 - C_1) - 180°] = + \mathrm{tg}\,\tfrac{1}{2}(D_1 - C_1),$$

et que C_1 étant plus grand que 180°, $\frac{1}{2}(D_1 - C_1)$ a évidemment une valeur négative; la valeur absolue de $\frac{1}{2}y$ sera la valeur tabulaire augmentée de 180°, parce que $\mathrm{tg}\,[(\frac{1}{2}D_2 + C_2) + 180°] = + \mathrm{tg}\,\frac{1}{2}(C_2 + D_2)$.

Si $A_2 - A_1 < 0$, les tangentes sont négatives : la valeur absolue de $\frac{1}{2}x$ sera la valeur tabulaire prise négativement; la valeur absolue de $\frac{1}{2}y$ sera le supplément de la valeur tabulaire.

Résolution du triangle C_1ZP ou du triangle C_2ZP.

Il ne reste plus pour trouver les inconnues du problème qu'à résoudre l'un ou l'autre des triangles de position de chaque astre, dans chacun desquels on connaît deux côtés et l'angle compris.

On appliquera pour cela les analogies de Néper telles qu'elles se présentent quand on tient compte des conventions adoptées pour compter les angles et les côtés (tome I, liv. II, p. 101).

Si l'on se sert du triangle ZC_1P, on aura

$$(3) \quad \begin{cases} \operatorname{tg} \tfrac{1}{2}(T_1 + A_1) = - \operatorname{cotg} \tfrac{1}{2}C_1 \, \dfrac{\sin \tfrac{1}{2}(\delta_1 - h_1)}{\cos \tfrac{1}{2}(\delta_1 + h_1)}. \\[2ex] \operatorname{tg} \tfrac{1}{2}(T_1 - A_1) = - \operatorname{cotg} \tfrac{1}{2}C_1 \, \dfrac{\cos \tfrac{1}{2}(\delta_1 - h_1)}{\sin \tfrac{1}{2}(\delta_1 + h_1)}. \end{cases}$$

$$\begin{cases} \operatorname{tg}(45° - \tfrac{1}{2}\varphi) = \dfrac{\sin \tfrac{1}{2}(T_1 - A_1)}{\sin \tfrac{1}{2}(T_1 + A_1)} \, \operatorname{tg} \tfrac{1}{2}(\delta_1 - h_1). \\[2ex] \operatorname{tg}(45° - \tfrac{1}{2}\varphi) = \dfrac{\cos \tfrac{1}{2}(T_1 - A_1)}{\cos \tfrac{1}{2}(T_1 + A_1)} \, \operatorname{cotg} \tfrac{1}{2}(\delta_1 + h_1). \end{cases}$$

Les deux premières formules donneront l'angle horaire T_1 et l'azimut A_1. Comme les tangentes sont susceptibles d'être positives ou négatives, il y a matière à discussion pour passer des valeurs tabulaires aux valeurs effectives. Cette discussion ne saurait présenter aucune difficulté; en voici du reste le résumé :

Si $\operatorname{tg} \tfrac{1}{2}(T + A) = +$, la valeur tabulaire sera, dans tous les cas, augmentée de 180°, parce que $\tfrac{1}{2}(T + A)$ est toujours compris entre 90° et 180°.

Si $\operatorname{tg} \tfrac{1}{2}(T + A) = -$, la valeur tabulaire sera remplacée par son supplément pour le même motif.

Si $\operatorname{tg} \tfrac{1}{2}(T - A) = +$, 1° valeur tabulaire $=$ valeur absolue quand l'astre est placé dans l'Est; 2° valeur tabulaire $- 180°$ $=$ valeur absolue si l'astre est dans l'Ouest.

Si $\operatorname{tg} \tfrac{1}{2}(T - A) = -$, 1° $180°$ $-$ valeur tabulaire $=$ valeur absolue pour l'astre placé dans l'Est; 2° valeur tabulaire $=$ valeur absolue si l'astre est dans l'Ouest.

L'une ou l'autre des deux formules fera connaître la latitude φ avec son signe, sans qu'il se présente aucune ambiguïté; on emploiera de préférence celle dont le dénominateur est le plus voisin de l'unité.

Si l'on avait choisi pour le calcul le triangle ZC_2P, il est évident qu'on aurait les mêmes formules dans lesquelles l'indice 1 serait remplacé par l'indice 2. Il n'est pas absolument indifférent au point de vue du calcul pratique de se servir de l'un ou de l'autre des deux triangles ZC_1P, ZC_2P : il y a toujours lieu de choisir celui pour lequel on aura les plus grands dénominateurs. On voit d'après les formules précédentes que si $\tfrac{1}{2}(\delta_1 - h_1)$ est voisin de zéro, $\tfrac{1}{2}(T_1 + A_1)$ sera bien déterminé, mais qu'en revanche $\tfrac{1}{2}(T_1 - A_1)$ le sera mal; pour que ces deux angles fussent calculés avec la même exactitude, il faudrait que $\tfrac{1}{2}(\delta_1 - h_1)$ fût voisin de 45°; il y aura donc tout intérêt à choisir pour le calcul celui des deux triangles où les éléments seront tels qu'ils permettront de se rapprocher davantage de cette condition.

En somme la détermination des inconnues φ, T_1 et A_1 se trouve effectuée par l'application des huit formules (1), (2) et (3). Le calcul de ces huit formules paraîtra considérable au premier abord : en réalité pourtant il n'est guère plus long que celui que l'on effectue en définitive quand on détermine les mêmes éléments par deux observations différentes exécutées l'une dans le voisinage du premier vertical et l'autre dans le voisinage du méridien en ayant soin de faire subir aux éléments calculés les corrections dues aux erreurs de temps et de latitude qui ont altéré l'exactitude des calculs. Ainsi qu'on pourra le vérifier, le nombre de logarithmes à chercher est à peu près identiquement le même.

Le calcul en question est en somme des plus élémentaires et peut toujours s'exécuter avec une grande rapidité, ainsi qu'il est facile de s'en rendre compte par quelques exercices. Il y a lieu de reconnaître toutefois qu'il exige une certaine attention au sujet des signes des éléments à employer et de la manière de compter les angles : aussi toutes les fois que l'on n'en aura pas une certaine habitude, il sera avantageux de s'aider d'une figure qui permettra à l'esprit de se présenter plus facilement les positions relatives des deux astres sur la sphère céleste.

Comme les divers cas particuliers signalés précédemment se trouvent, dans le détail des opérations, renfermer à peu près toutes les difficultés qui sont susceptibles de se présenter dans un calcul de point, on a donné ici un exemple de chacun de ces cas, en évitant de reproduire le détail du calcul logarithmique qui ne saurait offrir aucun intérêt.

5. Applications numériques.

EXEMPLE I. **Les deux astres sont placés dans l'Est.**

Premier cas $A_1 - A_2 > 0$.

Le 18 février 1874, à 23 heures temps moyen de Paris, on a observé une hauteur du Soleil 44° 27′ 21″; antérieurement, à 20 heures temps moyen de Paris, on avait déjà observé une hauteur de Soleil; cette hauteur ayant été rapportée au lieu de l'observation précédente a été trouvée égale à 16° 01′ 52″; on demande le temps, la latitude du lieu et l'azimut de l'astre, sachant que les deux observations ont été faites dans l'Est.

D'après la notation adoptée, on aura

$$h_1 = 16° 01′ 52″, \qquad h_2 = 44° 27′ 21″.$$

On trouvera au moyen des Éphémérides et du temps du premier méridien

$$\delta_1 = -11° 17′ 15″, \qquad\qquad \delta_2 = -11° 14′ 35″,$$
$$\tfrac{1}{2}(\delta_1 + \delta_2) = -11\ 15\ 55, \qquad \tfrac{1}{2}(\delta_1 - \delta_2) = -00\ 01\ 20,$$

D'ailleurs, d'après les époques des observations,

$$T_{m_2} = 23^h$$
$$T_{m_1} = 20$$
$$\overline{T_{m_2} - T_{m_1} = 03^h}$$

Dans l'intervalle $T_{m_2} - T_{m_1}$, on trouve que l'équation du temps diminue de $0^s,79$, de sorte que $\Delta Eq = -0^s,79$

$$2\tau = T_{m_2} - T_{m_1} - \Delta Eq = 3^h + 0^s,79,$$

ou

$$2\tau = 45°00'12'',$$
$$\tau = 22\ 30.06.$$

Appliquant les formules (1), on trouvera

$$[\tfrac{1}{2}(D_1 + D_2)] = 85°22'25'', \quad [\tfrac{1}{2}(D_1 - D_2)] = 0°03'17'', \quad (\tfrac{1}{2}\Delta) = 22°02'40''.$$

$\sin \tfrac{1}{2}(\delta_1 + \delta_2)$ étant négatif, $\operatorname{tg}\tfrac{1}{2}(D_1 + D_2)$ est affecté du signe —, de sorte que la valeur tabulaire doit être remplacée par son supplément; $\operatorname{tg}\tfrac{1}{2}(D_1 - D_2)$ est de même négatif, mais comme $\tfrac{1}{2}(D_1 - D_2)$ est moindre que $90°$, il en résultera pour la différence $\tfrac{1}{2}(D_1 - D_2)$ une valeur négative; donc :

$$\tfrac{1}{2}(D_1 + D_2) = \quad 94°37'35''$$
$$\tfrac{1}{2}(D_1 - D_2) = \ -00\ 03\ 17$$
$$\overline{\qquad D_1 = \quad 94°34'18''}$$
$$D_2 = \quad 94\ 40\ 52 \qquad \Delta = 44°05'20.$$

Formant les éléments nécessaires au calcul des formules (2)

$$\Delta = \quad 44°05'20''$$
$$h_1 = \quad 16\ 01\ 52$$
$$h_2 = \quad 44\ 27\ 21$$
$$\overline{2s = 104°34'33''}$$
$$s = \quad 52\ 17\ 17$$
$$s - \Delta = \quad 8\ 11\ 57$$
$$s - h_1 = \quad 36\ 05\ 25$$
$$s - h_2 = \quad 07\ 49\ 56$$

Appliquant les formules (2)

$$[\tfrac{1}{2}(D_1 - C_1)] = 20°40'29'', \qquad [\tfrac{1}{2}(D_2 + C_2)] = 58°35'29''.$$

Les valeurs tabulaires sont ici égales aux valeurs réelles, parce que $A_2 - A_1 > 0$ et que d'ailleurs les angles C_1 et C_2 sont moindres que 90°, vu les positions de l'astre observé ; donc :

$$
\begin{array}{ll}
D_1 - C_1 = 41°20'58'' & D_2 + C_2 = 117°10'58'' \\
D_1 = 94\ 34\ 18 & D_2 = \ \ 94\ 40\ 52 \\
\hline
C_1 = 53°13'20'' & C_2 = \ \ 22°30'06'' \\
\tfrac{1}{2}C_1 = 26\ 36\ 40 & \tfrac{1}{2}C_2 = \ \ 11\ 15\ 03
\end{array}
$$

Si l'on se sert maintenant du triangle relatif à la position C_2, on aura d'abord pour les éléments de ce triangle :

$$\tfrac{1}{2}(\delta_1 + h_1) = +2°22'18''; \quad \tfrac{1}{2}(\delta_1 - h_1) = -13°39'33'', \quad \tfrac{1}{2}C_1 = 26°36'40''.$$

Appliquant les formules (3), on trouvera ensuite :

$$[\tfrac{1}{2}(T_1 + A_1)] = 25°15'20''; \quad [\tfrac{1}{2}(T_1 - A_1)] = 88°46'40''; \quad [45°\tfrac{1}{2}\varphi] = +29°39'35''.$$

$\operatorname{tg}\tfrac{1}{2}(T_1 + A_1)$ a le signe $+$, parce que $\sin\tfrac{1}{2}(\delta_1 - h_1)$ est négatif : comme d'ailleurs $\tfrac{1}{2}(T_1 + A_1)$ est plus grand que 180°, la valeur tabulaire doit être augmentée de 180°; $\operatorname{tg}\tfrac{1}{2}(T_1 - A_1)$ a le signe $-$, la valeur tabulaire sera remplacée par son supplément; $\operatorname{tg}(45°\tfrac{1}{2}\varphi)$ est positif; la valeur tabulaire sera la valeur effective. Donc :

$$
\begin{array}{ll}
\tfrac{1}{2}(T_1 + A_1) = 205°15'20'' & \\
\tfrac{1}{2}(T_1 - A_1) = \ \ 91\ 13\ 20 & 45° - \tfrac{1}{2}\varphi = \ \ 29°39'35'' \\
\hline
T_1 = 296°28'40'' = 19^h45^m54^s7 & \tfrac{1}{2}\varphi = \ \ 15\ 20\ 25 \\
A_1 = 114\ 02\ 00 & \varphi = +30\ 40\ 50
\end{array}
$$

Tels sont les éléments cherchés. L'angle horaire T_1 est relatif à la première observation ; on en conclura le temps moyen de cette observation avec l'équation du temps.

$$
\begin{array}{l}
T_1 = 19^h45^m54^s,7 \\
Eq_1 = 00\ 14\ 05\ ,3 \\
\hline
T_{m_1} = T_1 + Eq_1 = 20^h00^m00^s,0
\end{array}
$$

On aurait le temps moyen de la seconde observation en se servant de l'intervalle temps moyen déjà connu des deux observations; si l'on voulait l'angle horaire T_2, il faudrait ajouter à T_1 la valeur de 2τ.

$$T_1 = 19^h 45^m 54^s,7$$
$$2\tau = 30000,8$$

$$T_2 = T_1 + 2\tau = 22^h 45^m 55^s,5$$
$$Eq_2 = 001404,5$$

$$T_{m_2} = T_2 + Eq_2 = 23^h 00^m 00^s,0$$

2° cas. $A_2 - A_1 < 0$.

Le 7 août 1874, à 20^h T. M. de Paris, on a observé une hauteur de Lune $40°20'05''$, et une hauteur de Soleil qui, rapportée au temps de l'observation de Lune, a été trouvée $18°39'08''$. On demande le temps et la latitude du lieu et l'azimut de l'un des deux astres.

La Lune et le Soleil se trouvaient dans l'est, la Lune étant dans le nord par rapport au Soleil, de sorte que $A_2 < A_1$.

$$h_1 = 18°39'08''; \quad h_2 = 40°20'05''.$$

La *Connaissance des temps* donne

$$\delta_1 = +16°10'20''; \quad \delta_2 = +27°46'05'',$$

d'où

$$\tfrac{1}{2}(\delta_1 + \delta_2) = 21°58'12''; \quad \tfrac{1}{2}(\delta_1 - \delta_2) = -5°47'52'',$$

$$\alpha_1 = 9^h 12^m 01^s,5$$
$$\alpha_2 = 55448,3$$

$$2\tau = \alpha_1 - \alpha_2 = 3^h 17^m 13^s,2''$$
$$\tau = 1^h 38^m 36^s,6 = 24°39'09''.$$

Appliquant les formules (1) :

$$[\tfrac{1}{2}(D_1 + D_2)] = 80°12'30''; \quad [\tfrac{1}{2}(D_1 - D_2)] = 13°21'06''; \quad [\tfrac{1}{2}\Delta] = 23°25'33''.$$

$\mathrm{tg}\,\tfrac{1}{2}(D_1 + D_2)]$ est positive et $\mathrm{tg}\,\tfrac{1}{2}(D_1 - D_2)$ négative, de sorte que

$$\tfrac{1}{2}(D_1 + D_2) = 80°12'30''$$
$$\tfrac{1}{2}(D_1 - D_2) = -132106$$

$$D_1 = 66°51'24'' \qquad \tfrac{1}{2}\Delta = 23°25'33$$
$$D_2 = 933336 \qquad \Delta = 465106.$$

Au moyen de Δ, h_1 et h_2 on formera les éléments

$$S = 53°20'20'', \quad S - \Delta = 6°29'14'' \quad S - h_1 = 33°50'50'', \quad S - h_2 = 13°00'15''.$$

Appliquant alors les formules (2), on trouvera

$$[\tfrac{1}{2}(D_1 - C_1)] = 26°13'50''; \quad [\tfrac{1}{2}(D_2 + C_2)] = 50°39'00''.$$

$\mathrm{tg}\,\tfrac{1}{2}(D_1 - C'')]$ et $\mathrm{tg}\,\tfrac{1}{2}(D_2 + C_2)$ doivent être affectées ici du signe —, puisque $A_2 - A_1 < 0$. Donnant alors le signe — à la valeur tabulaire de $\tfrac{1}{2}(D_1 - C_1)$ et remplaçant celle de $\tfrac{1}{2}(D_2 + C_2)$ par son supplément, on aura :

$$
\begin{array}{rr@{\ }r@{\ }r}
\tfrac{1}{2}(D_1 - C_1) = - & 26° & 13' & 50'' \\
C_1 - D_1 = + & 52 & 27 & 40 \\
D_1 = & 66 & 51 & 24 \\
\hline
C_1 = & 119° & 19' & 04'' \\
\tfrac{1}{2}C_1 = & 59 & 39 & 32
\end{array}
\qquad
\begin{array}{rr@{\ }r@{\ }r}
\tfrac{1}{2}(D_2 + C_2) = & 129° & 21' & 00'' \\
D_2 + C_2 = & 258 & 42 & 00 \\
D_2 = & 93 & 33 & 36 \\
\hline
C_2 = & 165° & 08' & 24'' \\
\tfrac{1}{2}C_2 = & 82 & 34 & 12
\end{array}
$$

On a d'ailleurs, pour la position C_1,

$$\tfrac{1}{2}(\delta_1 + h_1) = 17°49'55''; \quad \tfrac{1}{2}(\delta_1 - h_1) = -1°39'55''.$$

Appliquant les formules (3)

$$[\tfrac{1}{2}(T_1 + A_1)] = 1°01'25''; \quad [\tfrac{1}{2}(T_1 - A_1)] = 62°22'20''; \quad \left[45° - \frac{\varphi}{2}\right] = 55°15'20''.$$

$\tfrac{1}{2}(T_1 + A_1)$ étant plus grand que 180°, la valeur tabulaire sera augmentée de 180°; $\mathrm{tg}\,\tfrac{1}{2}(T_1 - A_1)$ étant affecté du signe —, la valeur tabulaire sera remplacée par son supplément. On aura donc :

$$
\begin{array}{r@{\ }l}
\tfrac{1}{2}(T_1 + A_1) = & 181°\ 01'\ 25'' \\
\tfrac{1}{2}(T_1 - A_1) = & 117\ \ 37\ \ 40 \\
\hline
T_1 = & 298°\ 39'\ 05'' = 19^{\mathrm{h}}54^{\mathrm{m}}36^{\mathrm{s}},0 \\
A_1 = & 63\ \ 23\ \ 15
\end{array}
\qquad
\begin{array}{r@{\ }l}
45° - \dfrac{\varphi}{2} = & 55°15'20'' \\[1.2em]
\tfrac{1}{2}\varphi = & -10°\ 15'\ 20'' \\
\varphi = & -20\ \ 30\ \ 40
\end{array}
$$

Tels sont les éléments cherchés. Il restera à conclure le temps moyen de l'angle horaire T_1; cet angle étant relatif au Soleil, il suffira de calculer l'équation du temps

$$T_1 = 19^h 54^m 36^s,0$$
$$Eq_1 = 0\ 05\ 24,6$$
$$T_m = T_1 + Eq_1 = 20^h 00^m 00^s,6$$

Si l'on voulait l'angle horaire T_2, il suffirait d'ajouter à T_1 la quantité 2τ précédemment calculée

$$T_1 = 19^h 54^m 36^s,0$$
$$2\tau = 3\ 17\ 13,2$$
$$T_2 = 23^h 11^m 49^s,2$$

EXEMPLE II. **Les deux astres sont placés de part et d'autre du méridien**.

1er *cas.* $A_2 - A_1 < 180°$.

Le 18 février 1874, à 23^h T. M. de Paris, et le 19, à 3^h T. M. de Paris, on a observé des hauteurs du Soleil ; ces hauteurs ont été trouvées pour le même lieu (celui de la seconde observation) $44°27'31$ et $32°12'42''$. On demande le temps, la latitude du lieu et l'azimut du Soleil pour la seconde position.

$$h_1 = 44°27'31; \qquad h_2 = 32°12'42''.$$

On trouvera par les Éphémérides

$$\delta_1 = -11°14'35''; \qquad \delta_2 = -11°11'00'',$$

d'où

$$\tfrac{1}{2}(\delta_1 + \delta_2) = -11°12'47''; \qquad \tfrac{1}{2}(\delta_1 - \delta_2) = -0°01'47''.$$

D'ailleurs, d'après les époques des observations,

$$T_{m_2} = 27^h 00^m 00^s$$
$$T_{m_1} = 23\ 00\ 00$$
$$T_{m_2} - T_{m_1} = 4^h 00^m 00^s$$
$$\Delta Eq = -\ 0\ 00\ 01,0$$
$$2\tau = T_{m_2} - T_{m_1} - \Delta Eq = 4\ 00\ 01$$
$$\tau = 2\ 00\ 00,5 = 30°00'08''.$$

Appliquant les formules (1), on trouvera

$$[\tfrac{1}{2}(D_1 + D_2)] = 83°35'37''; \quad [\tfrac{1}{2}(D_1 - D_2)] = 0°03'09''; \quad [\tfrac{1}{2}\Delta] = 29°22'22''.$$

$tg\,\tfrac{1}{2}(D_1 + D_2)$ et $tg\,\tfrac{1}{2}(D_1 - D_2)$ sont l'une et l'autre négatives : la première valeur tabulaire sera donc remplacée par son supplément, et la seconde prise négativement, de sorte que

$$\tfrac{1}{2}(D_1 + D_2) = \quad 96°24'\ 23''$$
$$\tfrac{1}{2}(D_1 - D_2) = -\ 0\ 03\ 09$$

$$D_1 = \quad 96°21'\ 14'' \qquad \tfrac{1}{2}\Delta = 29°22'\ 22''$$
$$D_2 = \quad 96\ 27\ 32 \qquad\qquad \Delta = 58\ 44\ 44$$

Au moyen de Δ et des hauteurs h_1, h_2 on calcule les éléments

$$S = 67°42'23''; \quad S - \Delta = 8°59'39''; \quad S - h_1 = 23°15'02''; \quad S - h_2 = 35°29'41''.$$

Appliquant alors les formules (2)

$$[\tfrac{1}{2}(D_1 - C_1)] = 36°55'40''; \qquad [\tfrac{1}{2}(D_2 + C_2)] = 27°03'58''.$$

Les deux tangentes sont ici affectées du signe $+$; mais comme $\tfrac{1}{2}(D_2 + C_2)$ est évidemment plus grand que 180°, la valeur tabulaire correspondante sera augmentée de 180°, et l'on aura

$$\tfrac{1}{2}(D_1 - C_1) = 36°55'\ 40'' \qquad \tfrac{1}{2}(D_2 + C_2) = 207°03'\ 58''$$
$$D_1 - C_1 = 73\ 51\ 20 \qquad D_2 + C_2 = 414\ 07\ 56$$
$$D_1 = 96\ 21\ 14 \qquad\qquad D_2 = \quad 96\ 27\ 32$$

$$C_1 = 22°49'\ 54'' \qquad\qquad C_2 = 319°40'\ 24''$$
$$\tfrac{1}{2}C_1 = 11\ 24\ 57 \qquad\qquad \tfrac{1}{2}C_2 = 159\ 50\ 12 \quad 180°-\tfrac{1}{2}C_2 = 21°09'48''$$

On se servira du triangle relatif à la position C_2 ; les éléments à employer seront :

$$\tfrac{1}{2}(\delta_2 + h_2) = +\ 10°30'51''; \quad \tfrac{1}{2}(\delta_2 - h_2) = -\ 21°44'54''; \quad \tfrac{1}{2}C_2 = 159°50'12''.$$

$\tfrac{1}{2}C_2$ devra être remplacé par son supplément :

$$\text{cotg}\ \tfrac{1}{2}C_2 = -\ \text{cotg}\ (180° - \tfrac{1}{2}C_2) = -\ \text{cotg}\ 21°09'48''.$$

Appliquant les formules (3)

$$[\tfrac{1}{2}(T_2 + A_2)] = 44°09'55''; \qquad [\tfrac{1}{2}(T_2 - A_2)] = 85°39'07'';$$
$$(45° - \tfrac{1}{2}\varphi) = +\ 29°39'55''.$$

La première tangente étant négative, la valeur tabulaire sera remplacée par son supplément; la seconde étant positive, la valeur tabulaire sera diminuée de 180°, parce que $T_2 - A_2$ est évidemment négatif,

$$\tfrac{1}{2}(T_2 + A_2) = \quad 135\ 50\ 05$$
$$\tfrac{1}{2}(T_2 - A_2) = -\ 94\ 20\ 53 \qquad\qquad 45° - \tfrac{1}{2}\varphi = +\ 29°\ 39'\ 35''$$

$$T_2 = \quad 41°\ 29'\ 12'' = 2^h 45^m 56^s{,}8 \qquad \tfrac{1}{2}\varphi = +\ 15\ 20\ 25$$
$$A_2 = \quad 230\ 10\ 58 \qquad\qquad\qquad \varphi = +\ 30\ 40\ 50$$

Tels sont les éléments cherchés.

Pour avoir le temps moyen, il faudra ajouter l'équation du temps à l'angle horaire.

$$T_2 = 2^h 45^m 56^s{,}8$$
$$Eq_2 = 0\ 14\ 03\ {,}5$$
$$T_{m2} = T_2 + Eq_2 = 3^h 00^m 00^s{,}3$$

2e *cas.* $A_2 - A_1 > 180°$.

Le 30 janvier 1874, on a observé simultanément la Lune et α de la Grande Ourse. Les deux hauteurs ayant été rapportées au même temps, à 12^h T. M. de Paris, ont été trouvées pour la Lune $73°24'40''$ et pour l'étoile $37°03'24''$. On demande le temps et la latitude de lieu et l'azimut de l'étoile.

L'étoile se trouvait dans l'est et la Lune dans l'ouest.

$$h_1 = 37°03'24'' ; \qquad h_2 = 73°24'40''.$$

On trouvera avec la *Connaissance des temps* :

$$\delta_1 = +\ 62°25'42''; \qquad \delta_2 = +\ 26°03'54'',$$

d'où

$$\tfrac{1}{2}(\delta_1 + \delta_2) = 44°14'48''; \qquad \tfrac{1}{2}(\delta_1 - \delta_2) = 18°10'54''$$

$$\alpha_1 = \quad 7^h 46^m 31^s{,}72$$
$$\alpha_2 = 10\ 55\ 58\ {,}91$$
$$2\tau = \alpha_2 - \alpha_1 = \quad 3^h 09^m 27^s{,}19$$
$$\tau = \quad 1^h 34^m 43^s{,}54 = 23°40'53''$$

Appliquant les formules (1)

$$[\tfrac{1}{2}(D_1 + D_2)] = 72°08'45''; \qquad [\tfrac{1}{2}(D_1 - D_2)] = 44°48'12'';$$
$$(\tfrac{1}{2}\Delta) = 23°55'22''.$$

$\operatorname{tg}\tfrac{1}{2}(D_1 + D_2)$ et $\operatorname{tg}\tfrac{1}{2}(D_1 + D_2)$ sont l'une et l'autre positives, de sorte que les valeurs tabulaires sont les valeurs effectives; donc :

$$\tfrac{1}{2}(D_1 + D_2) = 72°08'45''$$
$$\tfrac{1}{2}(D_1 - D_2) = 44\ 48\ 12$$

$$D_1 = 116\ 56\ 57 \qquad \tfrac{1}{2}\Delta = 23°55'22''$$
$$D_2 = 27°20'33'' \qquad \Delta = 47°50'44''$$

Au moyen de Δ, de h_1 et de h_2, on calcule les éléments

$$S = 79°09'24'', \quad S - \Delta = 31°18'40'', \quad S - h_1 = 42°06'00''$$
$$S - h_2 = 5°44'44''.$$

Appliquant alors les formules (2)

$$[\tfrac{1}{2}(D_1 - C_1)] = 10°16'40''; \quad [\tfrac{1}{2}(D_2 + C_2)] = 50°31'43''.$$

tg $\tfrac{1}{2}(D_1 - C_1)$ et tg $\tfrac{1}{2}(D_2 + C_2)$ sont dans ce cas affectées du signe —, puisque $A_2 - A_1 > 180°$. On donnera par suite à la première valeur tabulaire le signe — et l'on remplacera la seconde par son supplément, de sorte que

$$\tfrac{1}{2}(C_1 - D_1) = 10°16'40'' \qquad \tfrac{1}{2}(D_2 + C_2) = 129°28'17''$$
$$C_1 - D_1 = 20\ 33\ 20 \qquad D_2 + C_2 = 258\ 56\ 34$$
$$D_1 = 116\ 56\ 57 \qquad D_2 = 27\ 20\ 33$$

$$C_1 = 137\ 30\ 17 \qquad C_2 = 231\ 36\ 01$$
$$\tfrac{1}{2}C_1 = 68°45'09'' \qquad \tfrac{1}{2}C_2 = 115°48'00''$$

On se servira du triangle relatif à l'étoile ou à la position C_1; les éléments nécessaires au calcul de ce triangle seront :

$$\tfrac{1}{2}(\delta_1 + h_1) = 49°44'33''; \quad \tfrac{1}{2}(\delta_1 - h_1) = 12°41'09''; \quad \tfrac{1}{2}C_1 = 68°45'09''$$

Appliquant les formules (3)

$$[\tfrac{1}{2}(T_1 + A_1)] = 7°31'38''; \quad [\tfrac{1}{2}(T_1 - A_1)] = 26°25'50'';$$
$$\left(45° - \frac{\varphi}{2}\right) = 37°24'40''.$$

Les deux tangentes sont négatives; les deux valeurs tabulaires correspondantes seront remplacées chacune par leur supplément

$$\tfrac{1}{2}(T_1 + A_1) = 172°28'22''$$
$$\tfrac{1}{2}(T_1 - A_1) = 153\ 34\ 10$$

$$T_1 = 326\ 02\ 32 = 21^h 44^m 10^s,1 \qquad 45° - \tfrac{1}{2}\varphi = + 37°24'40''$$
$$A_1 = 18°54'12'' \qquad\qquad\qquad \tfrac{1}{2}\varphi = + \ \ 7\ 35\ 20$$
$$\qquad\qquad\qquad\qquad\qquad\qquad\qquad \varphi = + 15°10'40''$$

Tels sont les éléments cherchés.

On calculera le temps moyen du lieu au moyen de l'ascension droite de l'étoile et de l'ascension droite moyenne par la relation ordinaire $T_m = T + (\alpha - \alpha_m)$

$$\alpha_1 = \quad 10^h 55^m 58^s,9$$
$$\alpha_m = \quad 20\ 40\ \ 09\ .0$$

$$\alpha_1 - \alpha_m = - 9\ 44\ \ 10\ ,1$$
$$T_1 = \quad 21\ 44\ \ 10\ ,1$$

$$T_m = T_1 + (\alpha_1 - \alpha_m) = \quad 12^h 00^m 00^s,00$$

Si l'on voulait l'angle horaire de la Lune T_2, on ajouterait à T_1 l'intervalle 2τ ainsi qu'on l'a expliqué précédemment

$$T_1 = 21^h 44^m 10^s,1$$
$$2\tau = \ \ 3\ 09\ \ 27\ ,2$$

$$T_m = T_1 + 2\tau = \ \ 0^h 53^m 37^s,3$$

EXEMPLE. III. **Les deux astres sont placés dans l'ouest.**
Premier cas. $A_2 - A_1 > 0$.

*Le 19 avril 1874, on a fait deux observations du Soleil, la première à
1 heure et la seconde à $5^h 35^m 51^s$ T. M. de Paris; les deux observations,
rapportées au même lieu ont donné les hauteurs : $50°27'15''$ et $14°50'25''$;
le Soleil se trouvait placé dans l'ouest. On demande le temps et la latitude du lieu et en outre l'azimut du Soleil pour l'une des deux positions*

$$h_1 = 50°27'15'' ; \qquad h_2 = 14°50'25''$$

On trouvera dans la *Connaissance des temps* :

$$\delta_1 = + 11°13'31'' ; \qquad \delta_2 = + 11°17'30'',$$

d'où

$$\tfrac{1}{2}(\delta_1 + \delta_2) = 11°15'30'' ; \qquad \tfrac{1}{2}(\delta_1 - \delta_2) = - 0°02'00''.$$

D'ailleurs, d'après les époques des deux observations :

$$T_{m_1} = \quad 1^h 00^m 00^s$$
$$T_{m_2} = \quad 5 \ 35 \ 51$$
$$\overline{\rule{3cm}{0pt}}$$
$$T_{m_2} - T_{m_1} = \quad 4 \ 35 \ 51$$
$$\Delta Eq = -0 \ 00 \ 02{,}5$$
$$\overline{\rule{3cm}{0pt}}$$
$$2\tau = T_{m_2} - T_{m_1} - \Delta Eq = \quad 4 \ 35 \ 53{,}5$$
$$\tau = \quad 2^h 17^m 56^s{,}75 = 34° 29' 11''$$

Appliquant maintenant les formules (1)

$$[\tfrac{1}{2}(D_1 + D_2)] = 82° 21' 42'' : \quad [\tfrac{1}{2}(D_1 - D_2)] = 0° 02' 58'' :$$
$$(\tfrac{1}{2}\Delta) = 33° 43' 56''.$$

$\operatorname{tg}\tfrac{1}{2}(D_1 + D_2)$ a le signe $+$, de sorte que la valeur tabulaire correspondante ne sera pas changée; $\operatorname{tg}\tfrac{1}{2}(D_1 - D_2)$ a le signe $-$: la valeur tabulaire sera prise négativement.

$$\tfrac{1}{2}(D_1 + D_2) = \quad 82° 21' 42''$$
$$\tfrac{1}{2}(D_1 - D_2) = -0 \ 02 \ 58$$
$$\overline{\rule{3cm}{0pt}}$$
$$D_1 = \quad 82 \ 18 \ 44 \qquad \tfrac{1}{2}\Delta = 33° 43' 56''$$
$$D_2 = \quad 82° 24' 40'' \qquad \Delta = 67° 27' 52''$$

Au moyen de Δ, de h_1 et de h_2, on calculera les éléments

$$S = 66° 22' 46'', \quad S - \Delta = 1° 05' 06'', \quad S - h_1 = 15° 55' 31''.$$
$$S - h_2 = 51° 32' 21''.$$

Appliquant alors les formules (2)

$$[\tfrac{1}{2}(D_1 - C_1)] = 46° 55' 17''; \quad [\tfrac{1}{2}(D_2 + C_2)] = 20° 32' 34''.$$

Les deux tangentes sont prises avec le signe $+$, puisque $A_2 - A_1 > 0$: comme C_1 est évidemment plus grand que D_1, on retranchera 180° de la valeur tabulaire; d'un autre côté, $\tfrac{1}{2}(D_2 + C_2)$ étant plus grand que 180, on ajoutera 180° à la valeur tabulaire, de sorte que

$$\tfrac{1}{2}(D_1 - C_1) = -133° 04' 43'' \qquad \tfrac{1}{2}(D_2 + C_2) = 200° 32' 34''$$
$$D_1 - C_1 = -266 \ 09 \ 26 \qquad D_2 + C_2 = 401 \ 05 \ 08$$
$$D_1 = \quad 82 \ 18 \ 44 \qquad D_2 = \quad 82 \ 24 \ 40$$
$$\overline{\rule{3cm}{0pt}}$$
$$C_1 = \quad 348 \ 28 \ 10 \qquad C_2 = 318 \ 40 \ 28$$
$$\tfrac{1}{2}C_1 = \quad 174° 14' 05 \qquad \tfrac{1}{2}C_2 = 159° 20' 14''$$
$$(5° 45' 55'') \qquad (20° 39' 46'')$$

On se servira du triangle relatif à la position C_1; les éléments à employer pour le calcul de ce triangle seront :

$$\tfrac{1}{2}(\delta_1 + h_1) = 30°50'23''; \quad \tfrac{1}{2}(\delta_1 - h_1) = 19°36'52'':$$
$$\tfrac{1}{2}C_1 = 174°14'05'' \quad \text{ou} \quad 5°45'55''$$

Comme on est obligé de remplacer $\tfrac{1}{2}C_1$ par son supplément cotg $\tfrac{1}{2}C_1$ se trouvera négative. Appliquant les formules (3) :

$$[(\tfrac{1}{2}T_1 + A_1)] = 75°31'13''; \quad [(\tfrac{1}{2}T_1 - A_1)] = 86°51'18''; \quad [(45° - \tfrac{1}{2}\varphi)] = 20°10'43''.$$

tg $\tfrac{1}{2}(T_1 + A_1)$ est négative: la valeur tabulaire sera remplacée par son supplément; tg $\tfrac{1}{2}(T_1 - A_1)$ est positive; la valeur tabulaire sera diminuée de 180°, parce que l'astre étant dans l'ouest, $T_1 - A_1$ est évidemment négatif en valeur absolue.

$$\tfrac{1}{2}(T_1 + A_1) = \quad 104°28'47''$$
$$\tfrac{1}{2}(T_1 - A_1) = -\;93\;08\;42 \qquad\qquad 45° - \tfrac{1}{2}\varphi = +\;20°10'43''$$
$$\overline{}$$
$$T_1 = \quad 11\;20\;05 = 0^h45^m20^s,3 \qquad \tfrac{1}{2}\varphi = +\;24\;49\;17$$
$$A_1 = \quad 197°37'29'' \qquad\qquad \varphi = +\;49°38'34''$$

Tels sont les éléments cherchés.

Pour avoir le temps moyen correspondant à l'observation, on ajoutera l'équation du temps à l'angle horaire obtenu :

$$T_1 = \quad 0^h45^m20^s,3$$
$$Eq_1 = 11\;59\;\;03\;,7$$
$$\overline{}$$
$$T_{m_1} = T_1 + Eq_1 = \quad 0^h44^m24^s,0$$

Si l'on veut l'angle horaire pour la seconde observation, on ajoutera à T_1 l'intervalle 2τ.

$$T_1 = \quad 0^h45^m20^s,3$$
$$2\tau = \quad 4\;35\;53\;,5$$
$$\overline{}$$
$$T_2 = T_1 + 2\tau = \quad 5\;21\;\;13\;,8$$
$$Eq_2 = 11\;59\;\;01\;,2$$
$$\overline{}$$
$$T_{m_2} = \quad 5^h20^m15^s,0$$

Deuxième cas. $A_2 - A_1 < 0$.

Le 30 janvier 1874, on a observé simultanément la Lune et Aldébaran ou α du Taureau; les deux hauteurs obtenues ayant été rapportées à la

*même époque à 12 heures T. M. de Paris ont été trouvées : pour la Lune,
73° 24′ 40″ et pour l'étoile 29° 43′ 43″ ; on demande le temps et la latitude du
lieu et en outre l'azimut de l'étoile.*

*Les deux astres se trouvaient dans l'ouest, l'étoile à gauche et dans le
sud par rapport à la Lune, de sorte que* $A_1 - A_2 < 0$.

$$h_1 = 73° 24′ 40″ : \qquad h_2 = 29° 43′ 43″.$$

On a par la *Connaissance des temps :*

$$\delta_1 = + 26° 03′ 54″ \qquad \text{et} \qquad \delta_2 = + 16° 15′ 20″,$$

d'où

$$\tfrac{1}{2}(\delta_1 + \delta_2) = 21° 09′ 37″ \qquad \text{et} \qquad \tfrac{1}{2}(\delta_1 - \delta_2) = 4° 54′ 17″.$$

$$\alpha_1 = 7^h 46^m 31^s ,7$$
$$\alpha_2 = 4 \; 28 \; 41 ,7$$
$$\overline{}$$
$$2\tau = \alpha_1 - \alpha_2 = 3^h 17^m 50^s ,0$$
$$\tau = 1 \; 38 \; 55 ,0 = 24° 43′ 45″.$$

Appliquant les formules (1)

$$[\tfrac{1}{2}(D_1 + D_2)] = 80° 31′ 36″ ; \qquad [\tfrac{1}{2}(D_1 - D_2)] = 11° 15′ 30″ ;$$
$$(\tfrac{1}{2}\Delta) = 23° 26′ 21″,$$

les deux tangentes sont positives, de sorte que les valeurs tabulaires
sont les valeurs effectives ; par suite

$$\tfrac{1}{2}(D_1 + D_2) = 80° 31′ 36″$$
$$\tfrac{1}{2}(D_1 - D_2) = 11 \; 15 \; 30$$
$$\overline{}$$
$$D_1 = 91° 47 \; 06″ \qquad \tfrac{1}{2}\Delta = 23° 26′ 21″ ;$$
$$D_2 = 69 \; 16 \; 06 \qquad \Delta = 46 \; 52 \; 42.$$

Au moyen de Δ et des hauteurs h_1 et h_2, on calcule les éléments :

$$S = 75° 00′ 32″ ; \qquad S - \Delta = 28° 07′ 50, ; \qquad S - h_1 = 1° 35′ 52″,$$
$$S - h_2 = 45° 16′ 49″.$$

Appliquant alors les formules (2)

$$[\tfrac{1}{2}(D_1 - C_1)] = 69° 54′ 34″ ; \qquad [\tfrac{1}{2}(D_2 + C_2)] = 6° 07′ 25″.$$

Dans ce cas, comme $A_2 - A_1 < 0$, les deux tangentes doivent être prises avec le signe —, de sorte que la première valeur tabulaire sera affecté du signe — et la seconde remplacée par son supplément :

$$\tfrac{1}{2}(C_1 - D_1) = \quad 69°54'34'' \qquad \tfrac{1}{2}(D_2 + C_2) = 173°52'35''$$
$$C_1 - D_1 = 139\ 49\ 08 \qquad D_2 + C_2 = 347\ 45\ 10$$
$$D_1 = \quad 91\ 47\ 06 \qquad\qquad D_2 = \quad 69\ 16\ 06$$
$$\overline{\qquad\qquad\qquad\qquad} \qquad \overline{\qquad\qquad\qquad\qquad}$$
$$C_1 = 231°36'14'' \qquad\qquad C_2 = 278°29'04''$$
$$\tfrac{1}{2}C_1 = 115\ 48\ 07 \qquad\qquad \tfrac{1}{2}C_2 = 139\ 14\ 32 \quad (40°45'28'')$$

On se servira ensuite du triangle relatif à l'étoile ou à la position C_2; les éléments nécessaires pour le calcul de ce triangle seront :

$$\tfrac{1}{2}(\delta_2 + h_2) = 22°59'31''; \qquad \tfrac{1}{2}(\delta_2 - h_2) = -6°44'11'';$$
$$\tfrac{1}{2}C_2 = 139°14'32'' \quad \text{ou} \quad 40°45'28''.$$

Seulement il y a lieu de remarquer que $\cotg \tfrac{1}{2} C_2$ est négative.

Appliquant les formules (3)

$$[\tfrac{1}{2}(T_2 + A_2)] = 8°24'34''; \qquad [\tfrac{1}{2}(T_2 - A_2)] = 71°16'22'':$$
$$[45'' - \tfrac{1}{2}\varphi] = 37°24'40''.$$

$\tg \tfrac{1}{2}(T_2 + A_2)$ est affecté du signe — : la valeur tabulaire correspondante sera remplacée par son supplément; $\tg \tfrac{1}{2}(T_2 + A_2)$ est positive : la valeur tabulaire sera diminuée de 180°, de sorte que

$$\tfrac{1}{2}(T_2 + A_2) = \quad 171°35\ 26''$$
$$\tfrac{1}{2}(T_2 - A_2) = -\ 108\ 43\ 38$$
$$\overline{\qquad\qquad\qquad\qquad\qquad\qquad\qquad\qquad\qquad\qquad}$$
$$T_2 = \quad 62°51'48'' = 4^h 11^m 27^s.2 \qquad 45° - \tfrac{1}{2}\varphi = +\ 37°24'40''$$
$$A_2 = \quad 280\ 19\ 04 \qquad\qquad\qquad\qquad \tfrac{1}{2}\varphi = +\ \ 7\ 35\ 20$$
$$\varphi = +\ 15\ 10\ 40$$

Tels sont les résultats cherchés.

Pour avoir le temps moyen, on se servira de la relation ordinaire $T_{m2} = T_2 + (\alpha_2 - \alpha_m)$.

$$\alpha_2 = \quad 4^h 28^m 41^s,7$$
$$\alpha_m = \quad 20\ 40\ 09\ ,0$$
$$\overline{\qquad\qquad\qquad\qquad\qquad\qquad}$$
$$\alpha_2 - \alpha_m = -\ 16^h 11^m 27^s,3$$
$$T_2 = \quad 4\ 11\ 27\ ,2$$
$$\overline{\qquad\qquad\qquad\qquad\qquad\qquad}$$
$$T_{m2} = \quad 12^h 00^m 00^s,1$$

On aurait l'angle horaire T_1 de la Lune en retranchant de T_2 l'intervalle 2τ précédemment calculé

$$T_2 = 4^h 11^m 27^s,2$$
$$2\tau = 3\ \ 17\ \ 50\ ,0$$

$$T_1 = T_2 - 2\tau = 0^h 53^m 37^s,2$$

6. De l'approximation des résultats. — Circonstances favorables. — Le calcul qui vient d'être exposé n'étant au fond, ainsi qu'on l'a du reste remarqué tout d'abord, qu'une véritable résolution géométrique des équations (a), il suffira, pour se rendre compte de la précision des résultats, de discuter ces équations elles-mêmes et d'y chercher les relations différentielles qui existent entre les éléments connus et les éléments cherchés. Or les quantités à déterminer sont le temps T et la latitude φ, et les quantités qui servent à les obtenir les hauteurs h_1, h_2 les déclinaisons δ_1, δ_2 et l'intervalle de temps 2τ des observations. En différentiant le relations (a) par rapport à ces divers éléments, on trouvera facilement, toutes réductions faites :

$$dh_1 = \cos C_1 d\delta_1 + \cos A_1 d\varphi + \cos\varphi \sin A_1 dT - \cos\varphi \sin A_1 d\tau,$$
$$dh_2 = \cos C_2 d\delta_2 + \cos A_2 d\varphi + \cos\varphi \sin A_2 dT + \cos\varphi \sin A_2 d\tau.$$

On posera

$$dh_1 - \cos C_1 d\delta_1 + \cos\varphi \sin A_1 d\tau = m_1, \quad dh_2 - \cos C_2 d\delta_2 - \cos\varphi \sin A_2 d\tau = m_2,$$

et l'on aura les deux équations

$$\cos A_1 d\varphi + \cos\varphi \sin A_1 dT = m_1,$$
$$\cos A_2 d\varphi + \cos\varphi \sin A_2 dT = m_2,$$

qui, résolues par rapport à $d\varphi$ et dT, donneront :

$$d\varphi = \frac{m_1 \sin A_2 - m_2 \sin A_1}{\sin(A_2 - A_1)}, \quad dT = -\frac{m_1 \cos A_2 - m_2 \cos A_1}{\cos\varphi \sin(A_2 - A_1)}.$$

Les erreurs qui sont susceptibles d'affecter les éléments du calcul se trouvent comprises dans les expressions de m_1 et de m_2, et ces quantités ne se trouvant qu'en numérateur, on peut conclure immédiatement que l'ensemble de ces erreurs aura une influence minimum toutes les fois que le dénominateur sera maximum : cette condition sera réalisée si l'on a

$$\sin(A_2 - A_1) = 1 \quad \text{ou} \quad A_2 - A_1 = 90° \text{ ou } 270°.$$

Il résulte de là que : *les circonstances seront favorables aux observations toutes les fois que la différence des azimuts sera voisine de 90° ou de 270°, ou en d'autres termes que les verticaux des deux astres ou des deux positions feront entre eux un angle peu différent d'un angle droit.*

Quand $(A_2 - A_1)$ est voisin de zéro, $d\varphi$ et dT peuvent devenir très grands ou même se trouver tout à fait indéterminés : l'observation de deux hauteurs dans le même vertical ne comporte par suite aucune précision.

Discutons maintenant les numérateurs, et pour cela étudions séparément l'influence de $d\delta$, dh et $d\tau$.

Supposons d'abord dh et $d\tau$ négligeables par rapport à $d\delta$, de sorte que $dh = 0$, $d\tau = 0$,

$$d\varphi = -\frac{\cos C_1 \sin A_2 \, d\delta_1 - \cos C_2 \sin A_1 \, d\delta_2}{\sin(A_2 - A_1)},$$

$$dT = \frac{\cos C_1 \cos A_2 \, d\delta_1 - \cos C_2 \cos A_1 \, d\delta_2}{\cos\varphi \sin(A_2 - A_1)}.$$

Pour que $d\varphi$ et dT fussent indépendants de $d\delta$, il faudrait que l'on eût simultanément

$$\cos C_1 \sin A_2 \, d\delta_1 - \cos C_2 \sin A_1 \, d\delta_2 = 0 \quad \text{et} \quad \cos C_1 \cos A_2 \, d\delta_1 - \cos C_2 \cos A_1 \, d\delta_2 = 0,$$

ou en divisant les deux équations l'une par l'autre,

$$\operatorname{tg} A_2 - \operatorname{tg} A_1 = 0 \quad \text{ou} \quad A_2 - A_1 = 0,$$

résultat incompatible avec la condition fondamentale $A_2 - A_1 = 90°$.

Soit maintenant

$$d\delta = 0 \quad \text{et} \quad d\tau = 0,$$

$$d\varphi = \frac{\sin A_2 \, dh_1 - \sin A_1 \, dh_2}{\sin(A_2 - A_1)}, \quad dT = -\frac{\cos A_2 \, dh_1 - \cos A_1 \, dh_2}{\cos\varphi \sin(A_2 - A_1)}.$$

En égalant les deux numérateurs à zéro, on trouvera encore

$$\operatorname{tg} A_2 - \operatorname{tg} A_1 = 0 \quad \text{ou} \quad A_2 - A_1 = 0.$$

On devra conclure de là que toutes les fois que l'on détermine simultanément le temps et la latitude par deux observations de hauteurs, on ne saurait songer à s'affranchir d'une manière absolue des erreurs de déclinaison et de hauteur; mais il est néanmoins permis d'affirmer que si les deux hauteurs ont été mesurées dans deux verticaux faisant entre eux un angle droit, le temps et la latitude seront calculés avec une approximation qui sera du même ordre que celle des éléments qui auront servi à les déterminer. Ce résultat est suffisant. Si, en effet, toutes les fois que la chose est possible, il y a lieu de rechercher, pour les observations, des circonstances telles qu'avec des données même imparfaites on obtienne des résultats d'une précision supérieure, on doit s'estimer satisfait quand ces résultats ont au moins une approximation égale à celle des éléments fournis par l'observation.

Étudions maintenant l'influence de $d\tau$, et, pour cela, supposons $d\delta = 0$, $dh = 0$. On trouvera facilement

$$d\varphi = 2\cos\varphi \frac{\sin A_1 \sin A_2}{\sin(A_2 - A_1)} d\tau ; \qquad dT = -\frac{\sin(A_2 + A_1)}{\sin(A_2 - A_1)} d\tau.$$

Au lieu de considérer dT, prenons successivement

$$dT_1 = dT - d\tau \qquad \text{et} \qquad dT_2 = dT_2 + d\tau.$$

$$\text{(I)} \quad \begin{cases} dT_1 = -\dfrac{\cos A_1 \sin A_2}{\sin(A_2 - A_1)} d2\tau : \\[2em] dT_2 = -\dfrac{\sin A_1 \cos A_2}{\sin(A_2 - A_1)} d2\tau : \end{cases} \qquad d\varphi = \cos\varphi \frac{\sin A_1 \sin A_2}{\sin(A_2 - A_1)} d2\tau :$$

expressions remarquables qui représentent, sous une forme très simple, les expressions analytiques du premier ordre des erreurs de temps et de latitude résultant de l'emploi d'une valeur erronée pour l'intervalle des observations de hauteur.

On en conclura immédiatement que si l'une des deux observations de hauteur a été faite dans le voisinage du méridien :

1° *La latitude résultant de deux hauteurs sera toujours indépendante de l'erreur commise sur l'intervalle 2τ* ;

2° *L'angle horaire de l'astre qui n'est pas dans le voisinage du méridien sera également indépendant de la même erreur.*

Par exemple, si l'astre (1) est au méridien $\sin A_1 = 0$, de sorte que $d\varphi = 0$, $dT_2 = 0$, et si, au contraire, l'astre (2) est au méridien,

$$\sin A_2 = 0 \qquad \text{et} \qquad d\varphi = 0, \qquad dT_1 = 0.$$

Ce résultat explique pourquoi, dans les calculs numériques donnés précédemment pour exemples, on s'est généralement attaché à calculer l'angle horaire au moyen du triangle de position de l'astre le plus éloigné du méridien.

Ainsi, toutes les fois que l'un des deux astres est près du méridien, il est possible de rendre les résultats du calcul indépendants de l'erreur qui pourrait être commise sur l'appréciation de l'intervalle 2τ.

Les relations (I) doivent nous suggérer une autre remarque d'une grande importance. En retranchant $d\mathrm{T}_1$ de $d\mathrm{T}_2$, on trouve

$$d\mathrm{T}_2 - d2\tau = d\mathrm{T}_1, \quad \text{ou} \quad d(\mathrm{T}_2 - \mathrm{T}_1) = d2\tau;$$

par suite

$$d\varphi = \cos\varphi \, \frac{\sin \mathrm{A}_1 \sin \mathrm{A}_2}{\sin(\mathrm{A}_2 - \mathrm{A}_1)} \, d(\mathrm{T}_2 - \mathrm{T}_1).$$

et cela quels que soient A_1 et A_2. L'erreur $d\varphi$ résultant d'une erreur $d(\mathrm{T}_2 - \mathrm{T}_1)$ commise sur la différence des angles horaires se trouve ainsi déterminée d'une manière très simple. Or si l'on suppose que les angles horaires aient été calculés indépendamment l'un de l'autre au moyen d'une latitude approchée, cette latitude restant la même pour les deux calculs, chacun de ces angles sera plus ou moins erroné et l'erreur totale de leur différence sera d'autant plus grande que la latitude employée sera moins approchée. En procédant ainsi, on se trouvera avoir fait en sens inverse le calcul des deux hauteurs exposé précédemment. Au lieu de se donner l'intervalle et d'en calculer les angles horaires et la latitude, on se sera donné la latitude et l'on aura déduit les angles horaires et l'intervalle. On aura alors, pour l'erreur du résultat,

$$d(\mathrm{T}_2 - \mathrm{T}_1) = \frac{\sin(\mathrm{A}_2 - \mathrm{A}_1)}{\cos\varphi \sin \mathrm{A}_1 \sin \mathrm{A}_2} \, d\varphi.$$

$d\varphi$ étant l'erreur qui affecte la latitude employée.

Or il est toujours possible de déterminer directement soit la valeur de $d\varphi$, soit celle de $d(\mathrm{T}_2 - \mathrm{T}_1)$.

En effet, une observation méridienne donne la latitude indépendamment de toute erreur de temps; la différence entre la latitude ainsi obtenue et la latitude employée dans le calcul donne la valeur de $d\varphi$; par suite on peut calculer $d(\mathrm{T}_2 - \mathrm{T}_1)$.

D'un autre côté, si les deux observations de hauteur se rapportent au même astre, l'intervalle des observations est donné exactement par la pendule ou le chronomètre, l'intervalle fourni par cet instrument en temps moyen étant corrigé de la variation de l'équation de temps s'il s'agit du Soleil ou en général de la variation $\Delta\alpha - \Delta\alpha_m$ s'il s'agit d'un astre quelconque; la différence entre l'intervalle chronométrique et l'intervalle des angles horaires calculés donne exactement la différence $d(\mathrm{T}_2 - \mathrm{T}_1)$.

Si les deux observations se rapportaient à des astres différents, mais observés à la même époque, leur intervalle serait mesuré par la différence de leurs ascensions droites; comparant cet intervalle à $T_2 - T_1$ on aurait encore la valeur de $d(T_2 - T_1)$.

Connaissant $d(T_2 - T_1)$, on pourra calculer $d\varphi$ au moyen de la relation

$$d\varphi = \cos \varphi \, \frac{\sin A_1 \sin A_2}{\sin (A_2 - A_1)} \, d(T_2 - T_1),$$

et de même dT_1 et dT_2

$$dT_1 = -\frac{\cos A_1 \sin A_2}{\sin(A_2 - A_1)} \, d(T_2 - T_1), \qquad dT_2 = -\frac{\sin A_1 \cos A_2}{\sin (A_2 - A_1)} \, d(T_2 - T_1).$$

Nous reviendrons bientôt sur ces relations remarquables et nous en déduirons un moyen très simple de corriger les résultats obtenus à la mer au moyen de la longitude et de la latitude estimée.

7. Calcul du point par deux hauteurs quand on connaît déjà des valeurs rapprochées du temps et de la latitude. — La théorie qui vient d'être développée ne suppose aucune idée préalable sur la valeur du temps et de la latitude; ces éléments ont été regardés comme absolument inconnus et calculés au moyen de deux équations à deux inconnues. A ce point de vue, le calcul donné est une solution complète et rigoureuse du système des équations (a) ou en général du problème de la détermination du point par deux hauteurs différentes.

Dans la pratique, les conditions dans lesquelles on se trouve réellement placé ne sont jamais aussi absolues; on connaît toujours avec une certaine approximation le temps et la latitude du lieu. A bord, on peut à chaque instant mesurer la vitesse du navire sur sa trajectoire au moyen de la *ligne de loch* et en même temps déterminer l'*angle de route* ou angle sous lequel cette trajectoire coupe le méridien. A l'aide de ces deux éléments enregistrés périodiquement à des intervalles de temps suffisamment rapprochés, on établit par un calcul très élémentaire ce que l'on appelle le *point d'estime* pour une époque quelconque. La latitude et la longitude et par suite le temps du lieu donné par l'estime sont souvent des valeurs très approchées des éléments réels. Il est alors généralement avantageux de se servir de ces éléments estimés pour les calculs astronomiques, et cela surtout si l'on a soin de diriger les opérations de manière à obtenir des résultats de plus en plus approchés, de telle sorte que l'ensemble du calcul se présente finalement sous la forme d'une véritable approximation successive. L'usage des valeurs estimées du temps et de la latitude permet d'ailleurs d'établir *dans tous les cas, pour un instant quelconque* des éléments qui, s'ils ne sont pas absolument exacts, ont toujours un degré d'approximation qui peut être déterminé d'avance. Or c'est là un avantage très précieux en navigation ; il est d'ailleurs possible de rectifier les résultats obtenus par une observation ultérieure. Il ne faut pas oublier que la méthode générale suppose toujours un ou deux astres observés simultanément ou le même astre observé à au moins deux ou trois heures d'intervalle. Sauf quelques exceptions relatives à la Lune, le fait de deux observations simultanées ne peut avoir lieu que la nuit, auquel cas les observations sont généralement mauvaises ou tout au moins fort douteuses ; d'un autre côté, deux observations du même astre exigent un intervalle assez long ; or, en navigation, il se présente souvent des cas où l'on n'a pas le temps d'attendre et où il importe d'être fixé immédiatement sur la position où l'on se trouve.

On a donné précédemment les développements de ΔT en fonction de $\Delta\varphi$ et de $\Delta\varphi$ en fonction de ΔT.

$$\Delta T = - \frac{\text{cotg A}}{\cos\varphi}\,\Delta\varphi + \left(\frac{\text{cotg A cotg C}}{\cos\varphi\cos\delta\sin T} - \frac{\text{cotg T}}{\cos^2\varphi}\right)\frac{\Delta\varphi^2}{2} + \dots$$

$$\Delta\varphi = - \cos\varphi\,\text{tg A}\,\Delta T - \frac{\cos\varphi\,\text{tg A}}{\cos^2 A}\,(\text{cotg T} + \tfrac{1}{2}\sin\varphi\sin 2A)\frac{\Delta T^2}{2} + \dots$$

Et l'on en a conclu que pour une observation faite dans le premier vertical, le calcul du temps est au second ordre près indépendant de l'erreur de latitude et que pour une observation faite dans le méridien le calcul de latitude est rigoureusement indépendant de toute erreur de temps. Il résulte de là que l'on peut toujours calculer avec une grande approximation le temps en se servant de la latitude estimée au moyen d'une observation faite près du premier vertical et la latitude en employant le temps estimé avec une observation faite dans le voisinage du méridien.

Il est généralement difficile, sinon impossible, de réaliser rigoureusement ces deux conditions, de sorte que l'emploi des coordonnées estimées entraîne toujours des erreurs d'autant plus grandes que ces coordonnées sont elles-mêmes plus inexactes. Mais il arrivera toujours que l'une et l'autre des deux observations seront susceptibles de fournir de nouveaux éléments plus approchés que les éléments estimés. Si par exemple on choisit celle des deux observations qui est la plus voisine du premier vertical, on trouvera un temps qui sera plus approché que le temps estimé ; de même l'observation la plus voisine du méridien donnera une latitude plus approchée que la latitude estimée. Si l'on recommence successivement chaque calcul avec ces nouveaux éléments plus approchés, il est évident que l'on en obtiendra d'autres qui auront une exactitude encore plus grande et ainsi de suite. On est conduit ainsi à faire un véritable calcul d'approximations successives.

8. Méthode anglaise. Tables de Douwes. — Soient h_1, h_2 les deux hauteurs d'étoiles, T_1 et T_2 les deux angles horaires correspondants. On posera $T_2 - T_1 = 2\tau$, $T_1 + T_2 = 2T$ et l'on aura les relations fondamentales

$$\sin h_1 = \sin \delta \sin \varphi + \cos \delta \cos \varphi \cos (T - \tau),$$
$$\sin h_2 = \sin \delta \sin \varphi + \cos \delta \cos \varphi \cos (T + \tau).$$

Retranchant la première de la seconde

$$\sin h_2 - \sin h_1 = - 2 \cos \delta \cos \varphi \sin T \sin \tau,$$

d'où

$$(1) \qquad 2 \sin T = - \frac{\sin h_2 - \sin h_1}{\cos \delta \cos \varphi \sin \tau}.$$

On a d'ailleurs

$$\sin h_2 = \cos(\varphi - \delta) - 2 \cos \delta \cos \varphi \sin^2 \tfrac{1}{2}(T + \tau)$$

ou

$$(2) \qquad \cos(\varphi - \delta) = \sin h_2 + 2 \cos \delta \cos \varphi \sin^2 \tfrac{1}{2} (T + \tau).$$

La formule (1) donnera T au moyen de la latitude estimée et du demi-intervalle τ. La formule (2) fera connaître $\varphi - \delta$ au moyen du temps T déjà calculé et de la latitude estimée. Si la latitude ainsi obtenue est notablement différente de la latitude estimée, on recommence le calcul en se servant de la latitude donnée par le premier calcul.

On facilite beaucoup le calcul qui vient d'être indiqué par l'emploi de tables spéciales appelés *Tables de Douwes*, du nom de leur auteur.

$$\log \sin 2 \sin T = \log (\sin h_2 - \sin h_1) + c' \log \cos \delta \cos \varphi + c' \log \sin \tau.$$

Chacun des quatre logarithmes employés dans cette équation est donné par une table spéciale. Une première table qui a pour argument T (*log middle time* ou log du temps milieu) donne $\log \sin 2 \sin T$; une autre (*log half elapsed time* ou log du demi-temps écoulé) qui a pour argument τ fait connaître $c' \log \sin \tau$; une troisième qui a pour arguments δ et φ donne $c' \log \cos \delta \cos \varphi$ sous la dénomination particulière de log *Ratio;* enfin une quatrième table ayant pour arguments h_1 et h_2 donne $\log(\sin h_2 - \sin h_1)$.

Au moyen de la somme des trois logarithmes du second membre obtenus respectivement au moyen des éléments donnés et avec les tables, on calcule $\log \sin 2T$; cherchant ce logarithme dans la première table, on obtient à vue la valeur de T.

Pour obtenir φ par la relation (2), on se sert d'une cinquième table qui donne $\log 2 \sin^2 \frac{1}{2}(T + \tau)$ (*log rising time* ou log du temps d'origine)

$$\log \cos \delta \cos \varphi \, 2 \sin^2 \tfrac{1}{2}(T + \tau) = \; = \; c^t \, log \; ratio + log \; rising \; time.$$

On cherche le nombre correspondant dans la table des logarithmes des nombres; on cherche de même le nombre qui correspond à $\sin h_2$; ajoutant ces deux nombres, on trouve $\cos(\varphi - \delta)$ et par suite $\varphi - \delta$, d'où l'on conclut φ.

Ainsi qu'on peut le reconnaître, l'emploi de tables particulières facilite singulièrement l'emploi de la méthode en question. Cette méthode est usuelle chez les marins anglais et hollandais.

En France, où l'on ne possède pas habituellement les tables de Douves et où les tables nautiques, au lieu de donner les valeurs en nombre des lignes trigonométriques, font connaître seulement leurs logarithmes, la méthode en question ne saurait être pratique sous la forme sous laquelle nous venons de la présenter. Mais il est très facile de rendre les formules (1) et (2) calculables par logarithmes: on aura en effet

$$(1)' \qquad \sin T = - \frac{\sin \frac{1}{2}(h_1 - h_2) \cos \frac{1}{2}(h_2 + h_1)}{\cos \varphi \cos \delta \sin \tau}$$

à la place de la formule (1); on posera ensuite $\operatorname{cotg} \delta \cos(T + \tau) = \operatorname{tg} u$ et l'on trouvera

$$\sin h_2 = \frac{\sin \delta \sin(\varphi + u)}{\cos u}.$$

d'où

$$(2)' \qquad \sin(\varphi + u) = \frac{\sin h_2 \cos u}{\sin \delta}$$

à la place de la formule (2).

On remarquera que la formule (2)' permet de calculer φ sans se servir de la latitude estimée, ce qui n'a pas lieu quand on se sert des tables de Douves.

Ni l'une ni l'autre des formules (1)' ou (2)' ne permet de calculer immédiatement l'azimut. C'est là une lacune importante.

Pour avoir l'azimut, il sera avantageux de remplacer la formule (2)' par l'un des deux systèmes d'équation (a) ou (b) donnés (chap. III) pour le calcul de l'azimut et de la latitude.

$$(a) \quad \left\{ \begin{array}{l} \operatorname{tg} M = \dfrac{\operatorname{tg} \delta}{\cos T_2}, \qquad \cos(\varphi - M) = \dfrac{\sin h_2 \sin M}{\sin \delta} \\[2ex] \cos A_2 = - \operatorname{tg}(\varphi - M) \operatorname{tg} h_2 \end{array} \right.$$

$$(b) \quad \begin{cases} \operatorname{tg} M = \dfrac{\operatorname{tg} \delta}{\cos T_2}, \quad \sin A_2 = -\dfrac{\cos \delta \sin T_2}{\cos h_2} \\ \operatorname{tg}(\varphi - M) = -\cos A_2 \operatorname{cotg} h_2 \end{cases}$$

La méthode précédente suppose que la déclinaison reste constante dans l'intervalle des observations : elle n'est par suite applicable qu'aux étoiles. A ce point de vue, elle présente un vice radical. Les étoiles ne peuvent jamais donner que des observations de hauteur fort incertaines; le Soleil au contraire fournit toujours des résultats d'observations d'une précision supérieure à celle qui est requise pour les besoins de la navigation. A ce point de vue cet astre est véritablement l'objectif principal de tous les calculs du marin.

Il est possible toutefois de calculer une correction pratique qui permette de faire servir les tables de Douves aux observations de Soleil et de planètes ou en général des astres dont la déclinaison varie peu dans l'espace de quelques heures.

Appelons δ la déclinaison de l'observation qui a fourni la hauteur h_1 et $\delta + d\delta$ la déclinaison de la seconde observation; $d\delta$ sera l'erreur de déclinaison que l'on commettra en prenant, pour la seconde observation, la déclinaison δ pour déclinaison de l'astre observé, le Soleil par exemple.

Cela posé, en différentiant la première formule par rapport à φ et à T, et la seconde par rapport à δ, φ et T, on obtiendra les deux équations différentielles

$$\cos A_1 \, d\varphi + \sin A_1 \cos \varphi dT = 0,$$
$$\cos A_2 d\varphi + \sin A_2 \cos \varphi dT = -\cos C_2 d\delta.$$

Résolvant par rapport à $d\varphi$ et dT, on trouvera

$$d\varphi = \frac{\sin A_1 \cos C_2}{\sin (A_2 - A_1)} \, d\delta. \qquad dT = -\frac{\cos A_1 \cos C_2}{\sin (A_2 - A_1) \cos \varphi} \, d\varphi.$$

Ces deux formules indiquent tout d'abord que, si l'angle de position est droit pour la position (2) et si d'ailleurs $(A_2 - A_1)$ est différent de zéro, on aura toujours $d\varphi = 0$ et $dT = 0$, quel que soit $d\delta$. Par conséquent, dans ce cas particulier, la méthode de Douves est applicable au Soleil absolument comme à une étoile. Mais si C_2 est différent de 90°, on pourra, au moyen des azimuts, de l'angle de position C_2 et de la différence de déclinaison $d\delta$ calculer les corrections $d\varphi$ et dT à faire subir à la latitude et au temps obtenus en supposant la déclinaison constante.

Appliquons la méthode de Douves à l'un des exemples calculés précédemment avec deux hauteurs de Soleil.

*Le 18 février 1874, à 23ʰ T. M. de Paris, on a observé une hauteur de
Soleil 44°27′21″; antérieurement à 20ʰ T. M. de Paris, on avait déjà
observé une hauteur du Soleil qui, rapportée au lieu de l'observation précédente, a été trouvée égale à 16°01′52″. On demande le temps et la latitude
du lieu, sachant que la latitude du lieu a été estimée 30°20′ nord.*

$$h_1 = 16°01′52″; \quad h_2 = 44°27′21″,$$

d'où

$$\tfrac{1}{2}(h_1 + h_2) = 30°14′36″; \quad \tfrac{1}{2}(h_2 - h_1) = 14°12′50″$$

D'après la *Connaissance des temps* :

$$\delta_1 = -11°17′15″; \quad \delta_2 = -11°14′35″,$$

d'où

$$\delta_2 - \delta_1 = d\delta = +2′40″.$$

D'ailleurs

$$2\tau = T_{m_2} - T_{m_1} - \Delta Eq = 3^h00°00^s,79 = 45°00′12″,$$

d'où

$$\tau = 22°30′06″.$$

Appliquons la formule (1)′ $\sin T = -\dfrac{\sin \tfrac{1}{2}(h_2 - h_1)\cos \tfrac{1}{2}(h_2 - h_1)}{\cos \varphi \cos \delta \sin \tau}$, en
prenant pour φ la valeur estimée $+30°20′$ et pour δ la déclinaison δ_1
relative au temps de l'observation (1), on trouvera

$$[T] = 40°54′28″.$$

Comme $\sin T$ a le signe $-$ et que d'ailleurs T est plus grand que
270°, la valeur tabulaire sera remplacée par son complément à 360°,
de sorte que

$$T = 319°05′32″.$$

Au moyen du demi-intervalle τ, on conclura

$$T_1 = 296°35′26″, \quad T_2 = 341°35′38″$$
$$(63°24′34″), \quad (18°24′22″).$$

Avec la valeur T_2 calculons maintenant la latitude et l'azimut et
pour cela prenons, par exemple, le système des relations (*b*)

$$\text{tg } M = \frac{\text{tg } \delta}{\cos T_2}, \quad \sin A_2 = -\frac{\cos \delta \sin T_2}{\cos h_2}, \quad \text{tg}(\varphi - M) = -\cos A_2 \cot h_2.$$

on trouvera

$$M = -11°52'45'', \quad A_2 = 154°17'28'' \quad \text{et} \quad \varphi - M = 42°33'30''$$

et enfin

$$\varphi = +30°40'45''.$$

Cette valeur de φ est notablement différente de la valeur estimée $30°20'$. Il y a lieu de recommencer le calcul avec cette nouvelle valeur de la latitude.

Le nouveau calcul donnera

$$T = 318°54'54'',$$

d'où

$$T_2 = 341°25'00'' \quad \text{et} \quad T_1 = 296°24'48''$$
$$(18°35'00'') \quad\quad\quad (63°35'12''),$$

et au moyen de la nouvelle valeur de T_2

$$M = -11°53'28'', \quad A_2 = 25°57'54'', \quad \varphi - M = 42°29'56''$$

et enfin

$$\varphi = +30°36'28''.$$

Cette latitude est encore trop différente de la dernière latitude pour qu'il soit permis de regarder les éléments trouvés comme suffisamment approchés. Il faudra recommencer le calcul avec la nouvelle latitude. On trouvera

$$T = 318°57'06'',$$

d'où

$$T_1 = 296°27'00''; \quad T_2 = 341°27'12''$$
$$(63°33'00'') \quad\quad\quad (18°32'48'').$$

et au moyen de la nouvelle valeur de T_2

$$M = -11°53'19'', \quad A_2 = 154°05'12'', \quad \varphi - M = 42°30'41'',$$

et enfin

$$\varphi = 30°37'22''.$$

Ces nouveaux éléments peuvent être regardés comme suffisamment approchés; mais ils sont affectés de l'erreur de déclinaison $+2'40''$, qui a été commise en prenant pour déclinaison de la seconde celle de la première

$$d\varphi = \frac{\sin A_1 \cos C_2}{\sin (A_2 - A_1)}\, d\delta, \qquad dT = -\frac{\cos A_1 \cos C_2}{\sin (A_2 - A_1) \cos \varphi}\, d\delta.$$

On a trouvé précédemment et l'on retrouverait au besoin avec les éléments calculés

$$A_1 = 114°02', \qquad C_2 = 22°30'06''.$$

Au moyen de ces valeurs de A_2 et de $d\delta = 2'40''$, calculant les formules précédentes, on trouvera

$$d\varphi = +3'28'', \qquad dT = +1'48''.$$

On en conclura immédiatement

$$T_1 = 296°28'48'', \qquad T_2 = 341°29'00'', \qquad \varphi = 30°40'50''.$$

Les valeurs exactes ont été trouvées précédemment

$$T_1 = 296°28'40'', \qquad T_2 = 341°28'52'', \qquad \varphi = 30°40'50''.$$

Il y aurait encore lieu de corriger l'azimut A_2 qui reste affecté de l'erreur $d\delta$. Cela est généralement inutile dans la pratique.

On peut remarquer que le calcul précédent, tout en ayant donné finalement le résultat cherché avec toute la précision désirable, est en somme assez long : il a fallu en effet successivement trois approximations pour trouver les éléments demandés. Cela tient surtout à ce que la latitude était affectée d'une erreur très forte (environ 21 milles). Mais, à part cette circonstance particulière, il y a encore une autre raison qui s'oppose à ce que le calcul s'effectue rapidement, c'est que l'angle horaire T ne correspond pas à une position dans le premier vertical.

Dans tous les cas, la nécessité de recommencer le calcul entraîne des longueurs qui sont inhérentes à la méthode elle-même; mais il est toujours possible de les abréger considérablement en modifiant un peu la marche du calcul et en se servant des formules différentielles pour le compléter quand il a été exécuté une première fois.

On remarquera d'abord qu'au moyen des tables de Douves, il est toujours possible d'obtenir immédiatement un angle horaire, un azimut ou un angle de position quelconque.

En effet, la relation fondamentale (1)

$$\sin h = \sin \delta \sin \varphi + \cos \delta \cos \varphi \cos T.$$

peut se mettre sous la forme

$$\sin h = \cos(\delta - \varphi) - 2\cos\delta\cos\varphi\sin^2\tfrac{1}{2}\,T$$

ou, en posant $\delta - \varphi = 90_{,} - \eta$,

$$2\sin^2\tfrac{1}{2}\,T = \frac{\sin\eta - \sin h}{\cos\delta\cos\varphi}.$$

c'est-à-dire

$$\log 2\sin^2\tfrac{1}{2}\,T = \log(\sin\eta - \sin h) + \log \text{Ratio}.$$

Les tables III et IV donnent tout de suite les deux logarithmes du second nombre. Faisant la somme et cherchant le logarithme trouvé ainsi dans la table V, on trouve immédiatement la valeur de T.

S'il s'agit de l'azimut

$$\sin\delta = \sin\varphi\sin h + \cos\varphi\cos h\cos A,$$

on aura de même

$$\sin\delta = \cos(\varphi - h) - 2\cos\varphi\cos h\sin^2\tfrac{1}{2}\,A.$$

Soit $\varphi - h = 90° - \gamma$.

$$2\sin^2\tfrac{1}{2}\,A = \frac{\sin\gamma - \sin\delta}{\text{sos}\,\varphi\cos h},$$

et enfin pour l'angle de position C

$$\sin\varphi = \sin\delta\sin h + \cos\delta\cos h\cos C.$$

$\delta - h = 90° - \lambda$

$$2\sin^2\tfrac{1}{2}\,C = \frac{\sin\lambda - \sin\varphi}{\cos\delta\cos h}.$$

Il pourrait se faire que δ ou φ fussent négatifs; dans ce cas, on retrouverait des formules calculables par les tables en remplaçant les angles T, A et C par leurs suppléments.

La latitude peut également s'obtenir immédiatement, à la condition toutefois de se servir de la latitude estimée

$$\sin h = \cos(\delta - \varphi) - 2\cos\delta\cos\varphi\sin^2\tfrac{1}{2}\,T.$$

d'où, avec $\delta - \varphi = 90° - \eta$,

$$\sin \eta - \sin h = \cos \delta \cos \varphi \; 2 \sin^2 \tfrac{1}{2} T,$$
$$\log(\sin \eta - \sin h) = \log \text{Ratio} + \log 2 \sin^2 \tfrac{1}{2} T.$$

Au moyen des tables III et V on calculera le second membre; entrant ensuite dans la table IV avec le logarithme du second membre et la hauteur h, on trouvera η et l'on conclut ensuite $\varphi = \delta + \eta - 90°$.

Si l'on voulait calculer la hauteur qui correspond à un angle horaire, on se servirait de la même relation : η serait alors connu et l'on aurait h par la table IV.

Ces quelques remarques suffisent pour faire comprendre le parti que l'on peut tirer des tables nautiques de Douves.

Cela posé, étant données deux hauteurs, l'une dans le voisinage du premier vertical, l'autre dans le voisinage du méridien, on pourra calculer le point de la manière suivante avec les tables de Douves :

Avec l'observation voisine du premier vertical, on calculera l'angle horaire et l'azimut en se servant de la latitude estimée; avec la seconde on calculera la latitude et l'azimut. On en conclura la différence $\Delta\varphi$ de la nouvelle latitude avec la latitude estimée et l'on corrigera le temps et l'azimut au moyen des relations différentielles

$$\Delta T = - \frac{\cot A}{\cos \varphi} \Delta\varphi, \qquad \Delta A = - \frac{\cot T}{\cos \varphi} \Delta\varphi.$$

Cette manière de procéder sera en général suffisamment exacte si la seconde observation est très voisine du méridien; elle sera rigoureuse si la seconde observation a été faite dans le plan du méridien; mais si la seconde observation est un peu éloignée du méridien, le résultat de latitude résultant sera d'autant plus erroné, que l'angle horaire sera plus voisin de 90° et que d'un autre côté la latitude estimée sera plus inexacte.

On fera un calcul rigoureux 'dans tous les cas en procédant de la manière suivante :

Avec les hauteurs h_1 et h_2, on calculera les angles horaires T_1 et T_2; on comparera l'intervalle $T_1 - T_2$ à l'intervalle temps moyen $T_{m_2} - T_{m_1}$ mesuré avec le chronomètre et corrigé de la variation de l'équation du temps, ou en général de la variation de différence d'ascensions droites $\Delta(\alpha - \alpha_m)$; soit

$$\varepsilon = (T_{m_2} - T_{m_1}) - \Delta Eq - (T_2 - T_1).$$

On aura, d'après les formules données précédemment.

$$\Delta\varphi = \cos\varphi\,\frac{\sin A_1 \sin A_2}{\sin(A_2-A_1)}\,\varepsilon. \qquad \Delta T_1 = -\,\frac{\sin A_2 \cos A_1}{\sin(A_2-A_1)}\,\varepsilon.$$

$$\Delta T_2 = -\,\frac{\sin A_1 \cos A_2}{\sin(A_2-A_1)}\,\varepsilon.$$

Les éléments cherchés seront alors

$$\varphi + \Delta\varphi, \qquad T_1 + \Delta T_1, \qquad T_2 + \Delta T_2,$$

φ étant la latitude donnée par l'estime.

Les azimuts A_1 et A_2 seront de même corrigés au moyen de la relation $\Delta A = -\,\dfrac{\cot g\,T}{\cos\varphi}\,\Delta\varphi$, de sorte que

$$\Delta A_1 = -\cos\varphi\cot g\,T_1\,\frac{\sin A_1 \sin A_2}{\sin(A_2-A_1)}\,\varepsilon. \quad \Delta A_2 = -\cos\varphi\cot g\,T_2\,\frac{\sin A_1 \sin A_2}{\sin(A_2-A_1)}\,\varepsilon,$$

$$\Delta A_1 = \frac{\cot g\,T_1}{\cot g\,T_2}\,\Delta A_2.$$

Il est à remarquer que ces diverses formules de correction pourront toutes se calculer au moyen des tables de Douves, si l'on a soin de remplacer les arcs qui entrent par leur sinus par l'arc complémentaire.

Par exemple

$$\Delta\varphi = \cos\varphi\,\frac{\cos(90^\circ - A_1)\cos(90^\circ - A_2)}{\sin(A_2-A_1)}\,\varepsilon :$$

d'où

$$\log\Delta\varphi = c'\log \text{Ratio} + c'\log\sin(A_2-A_1) + \log\varepsilon + \log\sin(90^\circ - \varphi).$$

Les logarithmes du second membre sont donnés, le premier par la table III, le second et le quatrième par la table II, et le troisième par la table des logarithmes des nombres, ε étant exprimé en secondes; $\log\Delta\varphi$ cherché alors dans la table des logarithmes des nombres donne en secondes d'arc la valeur de $\Delta\varphi$.

Les divers développements qui viennent d'être donnés ont eu surtout pour objet de mettre en évidence les avantages que peuvent présenter les tables de Douves dans la pratique ordinaire de la navigation.

Il serait à désirer qu'en France les navires eussent à leur disposition des tables de ce genre. Ces tables ne pourraient évidemment donner des résultats à 10″ près, sous peine de comporter des développements considérables; mais, calculées seulement à une demi-minute près, elles suffiraient largement aux besoins de la navigation. Toutes les fois qu'une précision plus grande est nécessaire, il y a lieu de recourir aux tables de Callet, qui, à ce sujet, présentent, dans la plupart des cas, toutes les garanties désirables.

Plusieurs auteurs se sont préoccupés de construire de nouvelles tables pour les usages de la navigation; mais il ne semble pas qu'ils aient fait autre chose que reproduire les tables de Callet ou les tables techniques de Guépratte, en y supprimant quelques décimales. En effet, ils se sont contentés de donner les logarithmes des nombres et des lignes trigonométriques, conformément au programme adopté par Prony et Legendre dans la construction des grandes tables du cadastre. Ce travail était parfaitement inutile, les tables de Callet étant, à ce sujet, plus que suffisantes.

Il eût été préférable de calculer, au moyen des tables fondamentales déjà existantes, de nouvelles tables donnant immédiatement les logarithmes des sommes et des produits, ou, en général, des expressions qui se présentent à chaque instant dans les calculs ordinaires, sauf à limiter l'approximation des résultats aux besoins de la pratique. En procédant ainsi, on eût rendu de véritables services aux calculateurs ; car on eût permis d'abréger considérablement les opérations. Il ne faut pas oublier, en effet, que la nécessité de rendre les formules calculables par logarithmes allonge souvent les calculs sans aucune espèce de profit. Or il arrive à chaque instant que pour déterminer une quantité à une unité près, on exécute le même calcul qui si l'on voulait obtenir cette même quantité avec plusieurs décimales, et cela par suite de l'obligation de rendre une formule calculable par logarithmes.

9. Méthode française. — L'angle horaire T se calcule au moyen de la première des relations fondamentales (1); on résout par rapport à T et l'on rend le résultat calculable par logarithmes au moyen d'une transformation due à Borda, que nous avons développée trop souvent pour qu'il soit nécessaire de la reproduire ici.

On pose

$$h = 90° - z \quad \text{et} \quad 2s = z + \delta + \varphi,$$

et l'on a

$$\operatorname{tg}^2 \tfrac{1}{2} T = \frac{\sin(s - \varphi) \sin(s - \delta)}{\cos s \cos(s - z)}.$$

L'azimut A se calcule au moyen de la seconde des relations fondamentales (1) : on trouve, en employant la même notation,

$$\operatorname{tg}^2 \tfrac{1}{2} A = \frac{\sin(s - \delta) \cos s}{\cos(s - z) \sin(s - \varphi)}.$$

Enfin, pour l'angle de position C.

$$\operatorname{tg}^2 \tfrac{1}{2} C = \frac{\sin(s - \varphi)\cos s}{\sin(s - \delta)\cos(s - z)}.$$

L'angle T ayant été calculé, on pourra s'en servir pour obtenir im-médiatement A ou C au moyen des relations

$$\operatorname{cotg} \tfrac{1}{2} A = \frac{\cos(s - z)}{\sin(s - \delta)} \operatorname{tg} \tfrac{1}{2} T, \qquad \operatorname{tg} \tfrac{1}{2} C = \frac{\cos s}{\sin(s - \delta)} \operatorname{tg} \tfrac{1}{2} T.$$

Ces deux formules servent à calculer A et C en même temps que T sans qu'il en résulte de complication notable pour le calcul général. Il y a lieu de remarquer toutefois que ces expressions sont affectées du double signe; mais il n'y aura jamais matière à incertitude si l'on se rappelle que $\operatorname{tg} \tfrac{1}{2} A$ est toujours de signe contraire à $\operatorname{tg} \tfrac{1}{2} T$, et que $\operatorname{tg} \tfrac{1}{2} A$ et $\operatorname{tg} \tfrac{1}{2} C$ sont toujours de même signe.

La latitude se calcule soit au moyen d'une hauteur méridienne, soit avec une hauteur circumméridienne, soit en général avec une hauteur quelconque, mais placée dans le voisinage du méridien. Nous ne considérons ici que le cas général : on obtient alors la latitude au moyen des relations fondamentales rendues calculables par logarithmes au moyen d'une transformation particulière.

La latitude et l'azimut sont calculés finalement au moyen de l'un quelconque des deux systèmes :

$$(a) \qquad \begin{cases} \operatorname{tg} M = \dfrac{\operatorname{tg} \delta}{\cos T}, \\[2mm] \cos(\varphi - M) = \dfrac{\sin h \sin M}{\sin \delta}, \\[2mm] \cos A = -\operatorname{tg} h \operatorname{tg}(\varphi - M). \end{cases}$$

$$(b) \qquad \begin{cases} \operatorname{tg} M = \dfrac{\operatorname{tg} \delta}{\cos T}, \\[2mm] \sin A = -\dfrac{\cos \delta \sin T}{\cos h}, \\[2mm] \operatorname{tg}(\varphi - M) = -\cos A \operatorname{cotg} h. \end{cases}$$

Cela posé, étant données deux hauteurs h_1 et h_2, on calcule un angle horaire avec celle qui est la plus voisine du premier vertical et une latitude avec celle qui se rapproche davantage du méridien.

Pour calculer l'angle horaire, il faut se servir de la latitude estimée; l'angle horaire que l'on obtient se trouve alors affecté d'une certaine erreur.

L'angle horaire T étant calculé au moyen de la longitude due à l'observation d'angle horaire, et ce dernier étant inexact, ainsi qu'on vient de le dire, la latitude qu'il servira à calculer sera elle-même inexacte; mais si l'observation est faite suffisamment près du méridien, il sera, en général, possible d'admettre que cette erreur sera négligeable et la latitude suffisamment approchée. Comparant alors cette latitude à la latitude estimée, on conclut l'erreur de latitude $\Delta\varphi$ et l'on corrige l'angle horaire calculé au moyen de la relation

$$\Delta T = -\frac{\cot g\, A}{\cos\varphi}\,\Delta\varphi.$$

Il est bien évident, ainsi qu'on l'a déjà expliqué, que cette manière de procéder ne donnera des résultats suffisamment exacts qu'à la condition que l'une des observations ait été faite ou dans le voisinage du premier vertical ou dans le voisinage du méridien. S'il n'en est pas ainsi, on calculera un angle horaire avec chacune des hauteurs, on comparera la différence des angles horaires obtenus avec la différence des temps moyens correspondants estimés au chronomètre, et du résultat de cette comparaison on conclura rigoureusement les corrections qui doivent affecter la latitude et le temps obtenus.

EXEMPLE (le même que celui qui a été pris pour la méthode de Douves).

Le 18 février 1874, on a observé deux hauteurs de Soleil qui, après avoir été rapportées au même lieu, ont été trouvées,

$$h_1 = 16°01'52'' \qquad pour\ 20^h\ T.\ M.\ de\ Paris,$$
$$h_2 = 44°27'21'' \qquad pour\ 23^h\ T.\ M.\ de\ Paris.$$

On demande le temps et la latitude du lieu, sachant que la latitude estimée est égale à 30° 20' nord.

La *Connaissance des temps* donne les déclinaisons

$$\delta_1 = -11°17'15'', \qquad \delta_2 = -11°14'35''.$$

D'ailleurs de l'intervalle des observations on déduit la différence des angles horaires

$$2\tau = T_2 - T_1 = T_{m2} - T_{m1} - \Delta Eq = 3^h00^m00^s,8 = 45°00'12''.$$

On calcule l'angle horaire et l'azimut pour la première position, et l'on trouve

$$(T_1)_1 = 296°17'56'', \qquad (A_1)_1 = 113°50',$$

Ajoutant 2τ à T_1, on trouvera pour l'angle horaire de la seconde
position

$$(T_2)_1 = 341°18'08'', \qquad (18°41'52'').$$

Au moyen de T_2 et de δ_2, on calcule la latitude et l'azimut relatif à la
seconde position par les relations (b) par exemple, on obtient ainsi

$$(A_2)_1 = 153°51'56'', \qquad M = -11°51'18'', \qquad \varphi - M = 42°27'30'';$$

d'où

$$\varphi)_1 = 30°36'12'.$$

Cette latitude étant très-différente de la latitude estimée, et aucune
des positions ne correspondant au méridien ou au premier vertical, il
n'y a pas lieu d'espérer obtenir des résultats satisfaisants avec les formules différentielles ; on recommencera le calcul purement et simplement avec la nouvelle latitude : on trouvera alors

$$(T_1)_2 = 296°26'20'', \qquad (A_1)_2 = 113°59'20''.$$

Au moyen de 2τ, on conclura

$$(T_2)_2 = 341°26'32'', \qquad (18°33'28'').$$

Calculant la latitude avec cette nouvelle valeur de T_2,

$$(A_2)_2 = 154°04'00'', \qquad M = -11°50'34'', \qquad \varphi - M = 42°30'24'';$$

d'où

$$\varphi)_2 = 30°40'50''.$$

Cette fois, la latitude ne diffère plus que de quelques minutes de
celle donnée par le premier calcul ; il y a lieu de déterminer de nouveau T_2 en appliquant la correction

$$\Delta T_1 = -\frac{\cot g\, A_1}{\cos \varphi} \Delta\varphi.$$

$$A_1 = 113°59'20'', \qquad \varphi = 30°40'50'', \qquad \Delta\varphi = +4'38'' = +278''.$$

On trouvera

$$\Delta T_1 = -\frac{\cot g\, A_1}{\cos \varphi} \Delta\varphi = +2'24''.$$

Par suite

$$T_1 = (T_1)_2 + \Delta T_1 = 296°28'44'' = 19^h45^m54^s,8,$$
$$T_2 = (T_2)_2 + \Delta T_1 = 341\ 28\ 56\ = 22^h45\ 55,5.$$

Ces valeurs ne diffèrent pas de celles qui ont été trouvées précédemment par la méthode exacte.

Il resterait à corriger les azimuts A_1 et A_2, le premier de l'erreur de latitude et le second de l'erreur de temps.

$$\Delta A_1 = -\frac{\cot g\,T_1}{\cos\varphi}\,\Delta\varphi = +2'41''; \quad \text{d'où} \quad A_1 = 114°02'01'',$$

$$\Delta A_2 = tg\,A_2\cot g\,T_2\,\Delta T_1 = +3'28''; \quad \text{d'où} \quad A_2 = 154°07'28''.$$

Ces résultats sont exacts à 1 seconde près.

Les corrections d'azimuts sont en général inutiles; on n'a jamais besoin, dans la pratique de la navigation, d'une approximation supérieure à quelques minutes.

L'exemple qui vient d'être donné suppose les circonstances presque aussi défavorables que possible, car dans la première observation le Soleil est très loin du premier vertical, et dans la seconde il se trouve à plus de 15° du méridien; enfin l'erreur d'estime est relativement considérable. Cela fait qu'il n'a pas été possible d'appliquer la correction différentielle immédiatement après le premier calcul, et qu'il a fallu faire un second calcul avec une latitude plus approchée que la latitude estimée. Mais après le second calcul, la correction différentielle a pu donner des résultats exacts à la seconde. Aussi précisément à cause des conditions défavorables dans lesquelles on a opéré, la grande précision du résultat final fixe entièrement les idées sur l'approximation que l'on est en droit d'attendre de ce genre de calcul.

Toutes les fois que l'une des observations aura été faite ou dans le voisinage du premier vertical ou dans le voisinage du méridien, on n'aura besoin de faire qu'un calcul d'angle horaire et qu'un calcul de latitude; la correction différentielle appliquée aux résultats obtenus donnera toujours les éléments cherchés avec toute la précision désirable.

EXEMPLE. *Le 19 avril 1874, on a observé successivement deux hauteurs du Soleil qui, rapportées au même lieu, ont donné :*

La première pour 1^h *T. M. de Paris* $h_1 = 50°27'15'',$
La seconde pour $5^h35^m51^s$ *T. M. de Paris* $h_2 = 14\ 50\ 25.$

On demande le temps et la latitude du lieu et les azimuts, sachant que la latitude du lieu a été estimée 50°00'00''.

Chabirand, II.13

D'après la *Connaissance des temps*,

$$\delta_1 = + 11°17'30'', \qquad \delta_2 = + 11°13'31'',$$
$$Eq_1 = 11^h 59^m 03^s,7, \qquad Eq_2 = 11^h 59^m 04^s,2,$$

de sorte que

$$\Delta Eq = Eq_2 - Eq_1 = - 2^s,5.$$

D'ailleurs

$$T_{m_2} - T_{m_1} = 4^h 35^m 54^s;$$

d'où

$$2\tau = T_2 - T_1 = T_{m_2} - T_{m_1} - \Delta Eq = 4^m 35^m 53^s,5 = 68°58'23''.$$

Calculant l'angle horaire et l'azimut pour l'observation (2) au moyen de la latitude estimée, on trouvera

$$T_2 = 80°18'23, \qquad A_2 = 269°57'40''.$$

On conclura de là

$$T_1 = T_2 - 2\tau = 11°20'.$$

Calculant la latitude et l'azimut pour la première position au moyen de l'angle T_1 de la hauteur h_1 et de la déclinaison δ_1, on trouvera

$$A_1 = 162°22'40'', \qquad M = + 11°26'33'', \qquad \varphi - M = 38°12'01'';$$

d'où

$$\varphi = 49°38'34''.$$

Cette latitude diffère de $- 21'26'' = 1286''$ de la latitude estimée ; appliquant la correction différentielle

$$\Delta T_2 = - \frac{\cotg A_2}{\cos \varphi} \Delta\varphi,$$

on trouve

$$\Delta T_2 = + 1'',5 ;$$

ce qui donne pour les angles horaires

$$T_1 = 11°20'01'',5 \qquad T_2 = 80°18'24'',5.$$

La latitude et le temps que l'on vient d'obtenir sont exacts à 1'' près.

Dans ce cas, l'application de la correction différentielle faite immédiatement après le premier calcul a donné des résultats d'une grande approximation, parce que l'une des observations a été faite très près du premier vertical, et cela malgré une forte erreur sur la latitude estimée.

La plupart des marins français calculent ordinairement le point de la manière suivante :

Dans la matinée ou dans la soirée, trois ou quatre heures avant ou après le passage du Soleil au méridien, on fait une observation de hauteur du Soleil, en se préoccupant généralement fort peu de savoir si le Soleil est dans le voisinage du premier vertical, ce à quoi du reste il n'y a pas lieu de songer quand l'astre se trouve dans l'autre hémisphère; à midi, on exécute une observation rigoureusement méridienne.

Cela posé, on fait le point estimé pour l'époque de l'observation en dehors du méridien; avec la latitude estimée, on calcule l'angle horaire et l'azimut en ayant soin de diriger le calcul de manière que le résultat donne à la fois l'angle horaire pour la latitude estimée, et l'angle horaire pour cette même latitude supposée affectée d'une variation de plus ou moins $1'$, ou, en d'autres termes, de manière à obtenir le ΔT correspondant à $\Delta\varphi = \pm 1'$.

On fait ensuite le point estimé pour midi; comparant la latitude estimée avec celle qui est donnée par l'observation méridienne, on conclut $\Delta\varphi$: soit $\Delta\varphi = \pm a$, a étant un nombre de minutes. En revenant au premier calcul, si l'on a trouvé $\Delta T = + n\Delta\varphi$ ou n', on aura immédiatement

$$T = T_0 + \Delta T_0 = T_0 \pm na',$$

et l'on aura ainsi l'angle horaire corrigé. On remarquera que le coefficient n n'est autre chose que la quantité $\dfrac{\operatorname{cotg} A}{\cos\varphi}$.

$$T = T_0 - \frac{\operatorname{cotg} A_0}{\cos\varphi}\, \Delta\varphi.$$

Il est préférable de se servir purement et simplement du coefficient $\dfrac{\operatorname{cotg} A}{\cos\varphi}$; cela évite des complications dans le calcul logarithmique, complications qui, il est vrai, ne sont pas bien sérieuses, mais qui ont l'inconvénient de provoquer des erreurs de signe avec une facilité extrême.

Le calcul qui vient d'être indiqué suppose toujours une observation méridienne. On s'habitue beaucoup trop à compter sur cette observation qui, il faut le reconnaître, est excellente quand elle peut être faite, mais qui, malheureusement, n'est pas toujours possible. Il serait assurément à désirer que le calcul de la latitude par des hauteurs extraméridiennes fût au moins un peu plus usuel.

Si avec une hauteur méridienne il est toujours possible de faire un point exact au moyen d'une seconde hauteur prise dans un azimut quelconque, on peut également, dans tous les cas, avoir un point tout aussi exact avec une hauteur prise dans le premier vertical et une seconde hauteur prise en dehors du méridien.

Cela résulte surabondamment des divers développements qui viennent d'être donnés.

Dans le cas même où il n'aurait été possible d'observer ni au méridien ni au premier vertical, on peut encore obtenir le même résultat par la même méthode; mais alors il y a lieu presque toujours de faire un second calcul avec les éléments plus approchés et d'appliquer ensuite les corrections différentielles. Dans ce dernier cas, il sera généralement plus court et même plus sûr d'appliquer la méthode différentielle relative à deux hauteurs extraméridiennes qui va être développée tout à l'heure.

On résumera tout ce qui vient dit relativement au calcul du point en disant :

Pour calculer le point, il faut observer deux hauteurs.

1° Si l'une des hauteurs a été observée au premier vertical, l'angle horaire résultant sera généralement suffisamment approché, quelle que soit l'erreur d'estime sur la latitude, et l'on pourra en conclure la longitude du lieu ; alors la seconde hauteur, si elle correspond à une position notablement en dehors du premier vertical, donnera la latitude.

Dans ce cas, les corrections différentielles seront généralement inutiles.

2° Si l'une des hauteurs a été observée au méridien, elle donnera la latitude indépendamment de toute erreur d'estime; la seconde, quel que soit l'azimut, pourvu toutefois que la position correspondante soit suffisamment éloignée du méridien, donnera exactement l'angle horaire si l'on se sert de la latitude méridienne.

Dans le cas où l'angle horaire aurait été calculé avec la latitude estimée, la latitude méridienne n'étant pas encore connue, la correction différentielle sera appliquée à l'angle horaire aussitôt après que la latitude aura été déterminée.

3° Si les hauteurs ne se trouvent ni dans le premier vertical, ni dans le méridien, on détermine le point, soit par le calcul simultané de deux hauteurs quelconques, soit par l'une des méthodes différentielles qui vont être exposées.

10. Méthodes différentielles pour calculer le point avec deux hauteurs quelconques en se servant de la longitude et de la latitude estimées. — Les divers calculs qui ont été traités jusqu'à présent ont démontré qu'en se servant d'une latitude estimée très peu approchée, il est possible d'obtenir un angle horaire très exact au moyen d'une observation exécutée dans le premier vertical ou dans son voisinage, et qu'en employant la longitude estimée, il est également possible de calculer une latitude très approchée avec une hauteur prise dans le voisinage du méridien; ces calculs ont fait voir en outre que dans le cas où les hauteurs sont un peu éloignées du premier vertical ou du méridien, on peut encore calculer avec elles des résultats présentant toute l'exactitude désirable, à la condition d'exécuter deux ou trois fois le même calcul avec les éléments successivement obtenus, c'est-à-dire avec des éléments de plus en plus approchés, ce qui revient en définitive à procéder par approximations successives. Il résulte de là que le point calculé avec des éléments observés et des coordonnées estimées reste affecté de certaines erreurs qui peuvent se déterminer ensuite au moyen des éléments déjà obtenus par des calculs successifs, d'où l'on doit conclure que les erreurs sont en réalité représentées par des séries convergentes dont les calculs successifs font connaître, sous forme de correction, les termes de divers ordres. On sait, en effet, que toute approximation successive revient à calculer finalement une correction totale qui a pour expression analytique la formule de Lagrange. Il est tout naturel alors de chercher à déterminer *à priori*, dans le cas actuel, la valeur des termes de correction en fonction des éléments approchés, et d'établir ainsi des formules différentielles qui soient susceptibles de permettre de corriger immédiatement les coordonnées déjà calculées sans qu'il soit nécessaire de recommencer un nouveau calcul.

L'idée d'appliquer les corrections différentielles aux calculs de navigation n'est pas précisément nouvelle; toutefois la première application sérieuse de ce genre de calcul, qui semble avoir véritablement été introduite dans la pratique par M. Louis Pagel, est relativement assez récente. Depuis, les divers auteurs qui ont traité des calculs de navigation ont presque tous cherché à donner, à ce sujet, des méthodes particulières qui ont pu rendre de véritables services aux navigateurs ; mais il ne semble pas qu'aucun d'eux se soit sérieusement préoccupé de rechercher les conditions analytiques du problème et d'en conclure des formules pratiques. On s'est, en général, contenté d'exposer des modes de calculs basés sur des combinaisons plus ou moins ingénieuses des différences logarithmiques, et qui par suite ont tous pour caractère commun l'inconvénient capital d'exiger du calculateur une nouvelle discussion de signe toujours fort épineuse, et par suite on ne peut moins pratique.

L'analyse que je vais exposer ici me semble résoudre le problème dans son acception la plus générale. Cette analyse permettra, en effet, non-seulement de présenter sous une forme synthétique la correction que l'on calcule dans la méthode connue vulgairement sous le nom de *méthode Pagel*, et de donner en même temps les termes de correction qui conviennent à d'autres méthodes susceptibles d'une précision plus grande que la précédente, mais encore de faire connaître la marche à suivre pour créer en général la méthode différentielle qui convient au cas où l'on veut calculer des éléments quelconques du triangle de position au moyen d'autres éléments également quelconques de ce triangle estimés déjà avec une certaine approximation.

Je suppose que l'on veuille calculer trois éléments du triangle de position, par exemple les trois angles au moyen des trois autres éléments, c'est-à-dire de trois côtés, ces trois derniers n'étant connus que d'une manière approchée, de sorte que chacun d'eux est affecté d'une certaine erreur. Les erreurs Δh, $\Delta\delta$, $\Delta\varphi$ des côtés auront pour conséquences des erreurs ΔA, ΔT, ΔC sur les angles, et l'on pourra développer ces trois dernières en fonction des trois autres par la formule de Taylor. On admettra ici, sauf à étudier plus tard les limites dans lesquelles cette hypothèse est possible, que les carrés ou les produits des différences entre elles sont négligeables, eu égard aux besoins du calcul, ce qui revient à supposer que ces différences sont assimilables à des différentielles.

Cela posé, soient

$$A = F_1(h, \delta, \varphi), \qquad T = F_2(h, \delta, \varphi), \qquad C = F_3(h, \delta, \varphi),$$

on a, pour la formule de Taylor,

$$(d) \quad \left\{ \begin{aligned} \Delta A &= \frac{dF_1}{dh}\Delta h + \frac{dF_1}{d\delta}\Delta\delta + \frac{dF_1}{d\varphi}\Delta\varphi, \\[2mm] \Delta T &= \frac{dF_2}{dh}\Delta h + \frac{dF_2}{d\delta}\Delta\delta + \frac{dF_2}{d\varphi}\Delta\varphi, \\[2mm] \Delta C &= \frac{dF_3}{dh}\Delta h + \frac{dF_3}{d\delta}\Delta\delta + \frac{dF_3}{d\varphi}\Delta\varphi. \end{aligned} \right.$$

Si les quantités ΔA, ΔT, ΔC étaient connues, il est évident que les trois relations précédentes pourraient servir à calculer Δh, $\Delta\delta$ et $\Delta\varphi$: ces trois relations constitueraient, en effet, un système de trois équations à trois inconnues, et pour que les inconnues fussent déterminées, il suffirait que leur dénominateur commun ne fût pas nul, ou, en d'autres termes, que le *déterminant*

$$\left\{ \begin{array}{ccc} \dfrac{dF_1}{dh}, & \dfrac{dF_1}{d\delta}, & \dfrac{dF_1}{d\varphi}, \\[3mm] \dfrac{dF_2}{dh}, & \dfrac{dF_2}{d\delta}, & \dfrac{dF_2}{d\varphi}, \\[3mm] \dfrac{dF_3}{dh}, & \dfrac{dF_3}{d\delta}, & \dfrac{dF_3}{d\varphi}, \end{array} \right.$$

fût différent de zéro. Or cette condition sera réalisée toutes les fois que les trois équations (d) seront différentes les unes des autres, ce qui se traduira dans un autre langage, en disant que les trois observations qui ont fourni ces trois équations ont été exécutées dans des conditions ou à des époques différentes. Il résulte de là que pour déterminer les éléments du problème général qui vient d'être posé, il faudra trois observations différentes.

Nous avons supposé les quantités ΔA, ΔT, ΔC connues d'avance: cela n'a pas lieu habituellement, mais l'observation donne toujours sur les éléments A, T, C des indications telles qu'il est généralement possible d'établir entre les différences ΔA, ΔT, ΔC des relations qui permettent de calculer ces différences, de sorte qu'alors on peut résoudre les équations (d), et comme conséquence non-seulement calculer les éléments A, T, C, mais encore déterminer Δh, $\Delta \delta$ et $\Delta \varphi$ et par suite corriger les éléments h, δ et φ des erreurs qui les affectaient tout d'abord.

Il n'est pas toujours très simple d'établir *à priori* des relations entre les différences d'éléments différents; mais on arrivera à un résultat tout à fait identique à celui que l'on obtiendrait en cherchant ces relations, en spéculant sur le même élément au lieu de considérer trois éléments différents. On a démontré tout à l'heure que la solution du problème n'est possible qu'à la condition d'être basée sur trois observations différentes les unes des autres; il devient tout naturel alors de simplifier le calcul en se proposant de déterminer, non plus les éléments, mais bien le même élément pour chacune de ces observations; il sera facile ensuite de calculer les autres éléments. Or si l'on obtient le même élément par trois calculs différents relatifs à des époques différentes, il arrivera que les lois générales du mouvement des corps célestes, ou que le fait d'éléments restant constants comme la latitude ou la déclinaison s'il s'agit des étoiles, interviendront pour fournir en dehors des données d'observations directes de nouveaux éléments qui permettront d'établir des relations entre les différences ΔA, ΔT et ΔC, et par suite de calculer ces différences elles-mêmes.

Nous avons supposé, en principe, que dans les calculs qui sont traités ici le temps du premier méridien est connu exactement. Cette hypothèse a pour conséquence $\Delta \delta = 0$ dans les équations précédentes. Il en résulte que pour le cas qui nous occupe en ce moment, on n'aura à considérer en réalité qu'un système de deux équations. Mais les considérations précédentes, eu égard à leur généralité, ne permettent pas d'en concevoir la possibilité de calculer $\Delta \delta$ dans le cas où le temps du premier méridien ne serait pas bien déterminé, et par suite de déterminer des corrections de longitudes.

Quoi qu'il en soit, nous allons appliquer maintenant à un certain nombre de cas particuliers les principes généraux qui viennent d'être établis sommairement. Ainsi qu'on va le voir, la manière de procéder est des plus élémentaires. Il suffit de développer la différence de l'élément considéré en fonction des différences de deux autres éléments, d'en conclure deux équations différentielles relatives à deux époques ou deux positions différentes, et de chercher ensuite, en dehors des observations qui servent à établir le calcul, une troisième relation entre deux différences quelconques.

EXEMPLE I. On a montré précédemment comment, connaissant au moyen de la déclinaison δ l'angle horaire T, on peut calculer la hauteur h d'un astre pour un lieu de latitude φ. En négligeant les termes du second ordre, on trouve, dans ce cas,

$$\Delta h = \cos A \Delta\varphi + \sin A \cos\varphi\Delta T + \cos C \Delta\delta.$$

Nous supposerons toujours $\Delta\delta = 0$ dans ce qui va suivre, de sorte que

$$\Delta h = \cos A \Delta\varphi + \sin A \cos\varphi\Delta T.$$

Si maintenant la latitude et la longitude du lieu sont affectées d'erreurs $\Delta\varphi$ et ΔT, il est évident que la relation précédente donnera l'erreur de hauteur qui sera la conséquence de ces deux erreurs. Si l'on exécute le même calcul de hauteurs pour deux époques ou deux positions différentes, on aura

$$\Delta h_1 = \cos A_1 \Delta\varphi + \sin A_1 \cos\varphi\Delta T,$$
$$\Delta h_2 = \cos A_2 \Delta\varphi + \sin A_2 \cos\varphi\Delta T.$$

Résolvant ces deux équations par rapport à $\Delta\varphi$ et ΔT,

$$\Delta\varphi = \frac{\sin A_2 \Delta h_1 - \sin A_1 \Delta h_2}{\sin(A_2 - A_1)}, \qquad \Delta T = -\frac{\cos A_2 \Delta h_1 - \cos A_1 \Delta h_2}{\cos\varphi \sin(A_2 - A_1)}.$$

Si donc Δh_1 et Δh_2 sont connus, il sera toujours possible de calculer $\Delta\varphi$ et ΔT au moyen de ces formules. Or les différences Δh_1 et Δh_2 sont données immédiatement par l'observation. Si, en effet, on mesure directement une hauteur à l'époque pour laquelle cette même hauteur aura été calculée et que l'on compare la hauteur calculée à la hauteur mesurée, il est clair que ces deux hauteurs présenteront entre elles une différence qui sera d'autant plus grande que les éléments estimés employés pour le calcul seront plus inexacts; il est facile de reconnaître que cette différence sera précisément la quantité Δh. Les quantités Δh_1 et Δh_2 seront donc les différences entre les hauteurs observées et les hauteurs calculées: elles seront par suite toujours données par les observations directes: de là un moyen très simple de calculer, avec deux observations de hauteur, les erreurs qui affectent la latitude et la longitude.

Le problème sera déterminé toutes les fois que l'on aura $\sin(A_2 - A_1) \gtrless 0$ ou $A_2 - A_1$ différent de zéro ou de 180°; les circonstances les plus favorables pour le calcul se présenteront quand $\sin(A_2 - A_1) = 1$, ce qui arrivera toutes les fois que les deux positions correspondront à deux verticaux faisant entre eux un angle droit.

Exemple II. Le calcul ordinaire de l'angle horaire s'exécute au moyen de la latitude, de la déclinaison et de la hauteur. Avec $\Delta\delta = 0$, posons $\Delta h = 0$, ce qui revient à admettre que l'erreur de hauteur est du second ordre par rapport à l'erreur de latitude. Appelons T_1' et T_2' les angles horaires calculés pour deux positions différentes

$$\Delta T_1' = -\frac{\operatorname{cotg} A_1}{\cos\varphi}\Delta\varphi, \qquad \Delta T_2' = -\frac{\operatorname{cotg} A_2}{\cos\varphi}\Delta\varphi;$$

d'où

$$\Delta T_2' - \Delta T_1' = \frac{\operatorname{cotg} A_1 - \operatorname{cotg} A_2}{\cos\varphi}\Delta\varphi = \frac{\sin(A_2 - A_1)}{\cos\varphi \sin A_1 \sin A_2}\Delta\varphi.$$

et par suite

$$\Delta\varphi = \cos\varphi \frac{\sin A_1 \sin A_2}{\sin(A_2 - A_1)}(\Delta T_2' - \Delta T_1').$$

On ne connaît ni $\Delta T_2'$ ni $\Delta T_1'$, mais on peut toujours avoir la différence $(\Delta T_2' - \Delta T_1')$. Soient, en effet, T_1 et T_2 les angles horaires vrais, c'est-à-dire ceux que l'on obtiendrait avec la latitude exacte :

$$T_1 = T_1' + \Delta T_1', \qquad T_2 = T_2' + \Delta T_2';$$

d'où

$$T_2 - T_1 = (T_2' - T_1') + (\Delta T_2' - \Delta T_1'),$$

et par suite

$$\Delta T_2' - \Delta T_1' = (T_2 - T_1) - (T_2' - T_1');$$

$(T_2' - T_1')$ est la différence des angles horaires calculés; quant à la différence $(T_2 - T_1)$, elle est également connue. Si, en effet, il s'agit de deux astres différents observés à la même époque, $(T_2 - T_1)$ est égal à la différence de leurs ascensions droites

$$T_2 - T_1 = \alpha_2 - \alpha_1.$$

S'il s'agit du même astre observé à deux époques différentes, $(T_2 - T_1)$ est l'intervalle chronométrique ou temps moyen qui sépare les deux observations, corrigé de la variation d'équation du temps ou de la variation de différence d'ascensions droites $(\alpha - \alpha_m)$ dans cet intervalle

$$T_2 - T_1 = T_{m_2} - T_{m_1} - \Delta Eq \quad \text{ou} \quad T_2 - T_1 = T_{m_2} - T_{m_1} - (\Delta\alpha - \Delta\alpha_m);$$

$(T_2 - T_1)$ et $(T'_2 - T'_1)$ étant respectivement connus, leur différence l'est également. Soit

$$(T_2 - T_1) - (T'_2 - T') = \Delta T'_2 - \Delta T'_1 = \varepsilon,$$

$$\Delta\varphi = \cos\varphi \frac{\sin A_1 \sin A_2}{\sin(A_2 - A_1)} \varepsilon.$$

Portant cette valeur dans les expressions de ΔT_1 et de ΔT_2,

$$\Delta T_1 = - \frac{\cos A_1 \sin A_2}{\sin(A_2 - A_1)} \varepsilon, \qquad \Delta T_2 = - \frac{\sin A_1 \cos A_2}{\sin(A_2 - A_1)} \varepsilon.$$

Ces expressions de $\Delta\varphi$, ΔT_1 et ΔT_2 représentent exactement la valeur de la correction dite *correction Pagel*.

Pour que le calcul précédent soit applicable, il faut, comme dans le premier exemple, que $A_1 - A_2$ soit différent de zéro ou de 180°; les conditions seront aussi favorables que possible quand les deux positions correspondront à deux verticaux faisant entre eux un angle droit.

EXEMPLE III. La latitude se calcule au moyen de la hauteur, de la déclinaison et de l'angle horaire, ou, ce qui revient au même, de la longitude du lieu. Soient, comme dans le cas précédent,

$$\Delta h = 0, \quad \Delta\delta = 0,$$

$$\Delta\varphi_1 = - \cos\varphi \, \mathrm{tg} A_1 \, \Delta T, \quad \Delta\varphi_2 = - \cos\varphi \, \mathrm{tg} A_2 \, \Delta T,$$

$$\Delta\varphi_2 - \Delta\varphi_1 = \cos\varphi \, (\mathrm{tg} A_1 - \mathrm{tg} A_2) \Delta T = - \cos\varphi \frac{\sin(A_2 - A_1)}{\cos A_1 \cos A_2} \Delta T,$$

d'où

$$\Delta T = - \frac{\cos A_1 \cos A_2}{\cos\varphi \sin(A_2 - A_1)} (\Delta\varphi_2 - \Delta\varphi_1).$$

$\Delta\varphi_2$ et $\Delta\varphi_1$ ne sont connus ni l'un ni l'autre; mais $\Delta\varphi_2 - \Delta\varphi_1$ peut être facilement déterminé. En effet, soit φ la latitude exacte

$$\varphi = \varphi_1 + \Delta\varphi_1 \quad \text{et} \quad \varphi = \varphi_2 + \Delta\varphi_2;$$

d'où

$$0 = \varphi_2 - \varphi_1 + \Delta\varphi_2 - \Delta\varphi_1,$$

et par suite

$$\Delta\varphi_2 - \Delta\varphi_1 = - (\varphi_2 - \varphi_1) = - \sigma.$$

On conclura donc

$$\Delta T = + \frac{\cos A_1 \cos A_2}{\cos\varphi \sin(A_2 - A_1)} \sigma,$$

et au moyen des valeurs de $\Delta\varphi_1$ et de $\Delta\varphi_2$

$$\Delta\varphi_1 = -\frac{\sin A_1 \cos A_2}{\sin(A_2 - A_1)}\,\sigma, \qquad \Delta\varphi_2 = -\frac{\cos A_1 \sin A_2}{\sin(A_2 - A_1)}\,\sigma.$$

Ces trois formules donneront l'erreur de longitude ΔT et les erreurs de latitude qui affectent séparément chaque latitude calculée φ_1 et φ_2.

Comme dans les exemples précédents, les conditions les plus favorables pour le calcul seront celles où les deux positions correspondront à deux verticaux faisant entre eux un angle droit.

Exemple IV. L'azimut se calcule au moyen de la hauteur et de la déclinaison et de la latitude. Soient, comme précédemment,

$$\Delta h = 0, \qquad \Delta\delta = 0,$$

$$\Delta A'_1 = -\frac{\operatorname{cotg} T_1}{\cos\varphi}\Delta\varphi, \qquad \Delta A'_2 = -\frac{\operatorname{cotg} T_2}{\cos\varphi}\Delta\varphi :$$

d'où

$$\Delta A'_2 - \Delta A'_1 = \frac{\operatorname{cotg} T_1 - \operatorname{cotg} T_2}{\cos\varphi}\Delta\varphi = \frac{\sin(T_2 - T_1)}{\cos\varphi \sin T_1 \sin T_2}\Delta\varphi,$$

et par suite

$$\Delta\varphi = \cos\varphi \frac{\sin T_1 \sin T_2}{\sin(T_2 - T_1)}(\Delta A'_2 - \Delta A'_1).$$

$\Delta A'_2$, $\Delta A'_1$ ne sont connus ni l'un ni l'autre, mais leur différence peut être obtenue par les moyens d'observation. Soient, en effet, A_2 et A_1 les azimuts vrais qui seraient donnés par l'observation

$$A_2 = A'_2 + \Delta A'_2, \qquad A_1 = A'_1 + \Delta A'_1,$$

et

$$A_2 - A_1 = A'_2 - A'_1 + \Delta A'_2 - \Delta A'_1 ;$$

d'où

$$\Delta A'_2 - \Delta A'_1 = \chi = (A_2 - A_1) - (A'_2 - A'_1) ;$$

A_2 et A_1 sont donnés par l'observation instrumentale; A'_2 et A'_1 sont fournis par le calcul ; on peut donc calculer la différence

$$\Delta A'_2 - \Delta A'_1 = \chi.$$

Il résultera de là

$$\Delta\varphi = \cos\varphi \frac{\sin T_1 \sin T_2}{\sin(T_2 - T_1)}\chi,$$

et par les expressions de $\Delta A'_1$ et de $\Delta A'_2$

$$\Delta A'_1 = -\frac{\cos T_1 \sin T_2}{\sin(T_2 - T_1)}\chi, \qquad \Delta A'_2 = -\frac{\sin T_1 \cos T_2}{\sin(T_2 - T_1)}\chi.$$

Dans ce cas le problème sera déterminé toutes les fois que $(T_2 - T_1)$ sera différent de zéro ou de 180°; les circonstances les plus favorables se présenteront quand la différence horaire des deux positions considérées sera 90° ou de 6 heures.

Ces quelques exemples suffisent pour faire comprendre l'esprit général de la méthode que nous appliquons en ce moment. Sans qu'il soit nécessaire d'insister davantage, on peut voir clairement comment il faudrait s'y prendre pour imaginer des corrections analogues à celles qui viennent d'être indiquées, dans tout calcul ayant pour objet la détermination d'un élément quelconque du triangle de position au moyen d'un ou de plusieurs autres éléments également quelconques de ce triangle, ces données n'étant connues qu'avec une certaine approximation.

Il nous reste à donner des applications des divers systèmes de corrections qui viennent d'être indiqués. Nous ne parlerons que des trois premiers, le quatrième supposant l'emploi d'un instrument azimutal et ne pouvant par suite être susceptible d'un usage pratique à la mer. Nous profiterons de ces exemples pour compléter les données théoriques précédentes par quelques remarques relatives au calcul pratique, notamment sur l'application des signes de correction, point capital sur lequel il importe d'être toujours fixé.

I. **Méthode des hauteurs.** — On observe une hauteur; avec la longitude estimée du lieu, on conclut l'heure temps moyen du lieu et par suite l'angle horaire de l'astre à l'époque de l'observation.

Soient ψ la longitude du lieu, T_{m_0} le temps moyen du premier méridien donné par le chronomètre et T_m le temps moyen du lieu considéré pour cette époque

$$T_m = T_{m_0} - \psi.$$

Si d'un autre côté T est l'angle horaire de l'astre

$$T = T_m - Eq \quad \text{ou} \quad T = T_m - (\alpha - \alpha_m),$$

suivant qu'il s'agira du Soleil ou d'un astre quelconque.

Avec l'angle horaire ainsi calculé au moyen de la longitude estimée, et avec la latitude estimée, on calcule l'azimut et la hauteur par les formules ordinaires :

$$\operatorname{tg} M = \frac{\operatorname{tg} \delta}{\cos T}, \quad \operatorname{tg} A = \frac{\operatorname{tg} T \cos M}{\sin (\varphi - M)}, \quad \operatorname{tg} h' = -\cos A \cot (\varphi - M).$$

On obtient ainsi une hauteur h'; soit maintenant h la hauteur vraie ou hauteur réelle de l'astre pour le lieu et à l'époque de l'observation :

h est égal à h' corrigé de la variation qui l'affecte eu égard à l'erreur de l'estime

$$h = h' + \Delta h',$$

$\Delta h' = $ *Hauteur réelle ou observée — Hauteur calculée* $= \eta$.

On fait la même opération pour deux astres différents ou pour le même astre à deux époques différentes ou, d'une manière plus générale, pour deux positions différentes, et l'on obtient deux hauteurs calculées h'_1, h'_2 correspondant à deux hauteurs observées h_1 et h_2.

Les erreurs qui affectent la latitude et la longitude estimées sont alors

$$\Delta\varphi = \frac{\sin A_2 \Delta h_1 - \sin A_1 \Delta h_2}{\sin (A_2 - A_1)}. \qquad \Delta T = - \frac{\cos A_2 \Delta h_1 - \cos A_1 \Delta h_2}{\cos \varphi \sin (A_2 - A_1)}.$$

Quoique ces formules soient par elles-mêmes très-simples et très-faciles à calculer, il y a avantage à les remplacer par d'autres encore plus simples, et en même temps à modifier un peu le calcul général qui vient d'être indiqué.

Avec la première hauteur observée h_1 et avec la latitude estimée, on calcule l'angle horaire : cet angle horaire n'est plus affecté que de l'erreur due à la latitude estimée et l'on a l'équation différentielle

$$\sin A_1 \cos \varphi \, \Delta T + \cos A_1 \Delta\varphi = 0.$$

On ajoute à l'angle horaire ainsi obtenu l'intervalle temps moyen corrigé qui sépare les deux observations

$$2\tau = T_{m_2} - T_{m_1} - \Delta Eq \quad \text{ou} \quad 2\tau = T_{m_2} - T_{m_1} - \Delta(\alpha - \alpha_m) \quad \text{ou} \quad 2\tau = \alpha_1 - \alpha_2,$$

suivant les circonstances, et l'on a l'angle horaire estimé qui convient à la seconde observation ; au moyen de la latitude estimée on conclut la hauteur calculée h'_2 ; comparant cette hauteur à la hauteur observée h_2, on a

$$\Delta h'_2 = \eta = h_2 - h'_2.$$

D'ailleurs

$$\sin A_2 \cos \varphi \Delta T + \cos A_2 \Delta\varphi = \Delta h'_2 \quad \text{ou} \quad \eta.$$

Cette équation, combinée à celle obtenue tout à l'heure, donne finalement

$$\Delta\varphi = - \frac{\sin A_1}{\sin (A_2 - A_1)} \eta, \qquad \Delta T = \frac{\cos A_1}{\cos \varphi \sin (A_2 - A_1)} \eta.$$

Telles sont les deux formules qui donnent les corrections de latitude et de longitude.

D'après une notation adoptée depuis longtemps l'indice 1 s'applique à l'astre placé le plus à droite et l'indice 2 à l'astre placé le plus à gauche, l'observateur étant supposé au sud et faisant face au nord, de sorte que les formules précédentes supposent le calcul d'angle horaire exécuté avec l'astre placé le plus à l'est, en vertu de cette notation. Or, il y a avantage à effectuer le calcul d'angle horaire avec l'astre le plus éloigné du méridien : les formules précédentes s'appliqueront donc au cas où les deux positions se trouvent dans l'est; si au contraire les deux astres étaient placés dans l'ouest, ou même l'un dans l'est et l'autre dans l'ouest, ce dernier étant le plus éloigné du méridien, on devrait exécuter le calcul d'angle horaire pour la position correspondant à l'indice 2 et l'on aurait

$$\Delta\varphi = \frac{\sin A_2}{\sin (A_2 - A_1)}\, \eta, \qquad \Delta T = -\frac{\cos A_2}{\cos \varphi \sin (A_2 - A_1)}\, \eta \,;$$

et dans ce cas, η représenterait $\Delta h'_1$, ou $\eta = h_1 - h'_1$.

EXEMPLE. *Le 18 février 1874, on a observé deux hauteurs de Soleil qui, après avoir été rapportées au même lieu, ont été trouvées :*

$$h_1 = 16°01'52'' \quad pour \quad 20^h \ T.\ M.\ de\ Paris,$$
$$h_2 = 44°27'21'' \quad pour \quad 23^h \ T.\ M.\ de\ Paris.$$

On demande le temps et la latitude du lieu, sachant que la latitude estimée a été trouvée 30°20' nord.

Avec la latitude estimée $+ 30°20'$, la hauteur mesurée $16°01'52''$ et la déclinaison donnée par la *Connaissance des temps* pour 20^h T. M. de Paris $\delta_1 = -11°17'15''$, on effectuera un calcul d'angle horaire et d'azimut et l'on trouvera ainsi

$$T'_1 = 296°17'56'', \quad A'_1 = 113°50'00''.$$

L'intervalle temps moyen des deux observations $(T_{m_2} - T_{m_1})$ est ici $3^h 00^m 00^s$ et la variation de l'équation du temps dans cet intervalle $\Delta Eq = -0^s,79$, de sorte que

$$2\tau = T'_2 - T'_1 = T_{m_2} - T_{m_1} - \Delta Eq = 3^h 00^m 00^s,79 = 45°00'12'',$$
$$T'_2 = T'_1 + 2\tau = 341°18'08'' (18°41'52'').$$

Avec cette valeur de T'_2, la latitude estimée $\varphi = + 30°20'$ et la déclinaison donnée par la *Connaissance des temps* pour l'époque de la seconde observation ou 23^h T. M. de Paris, $\delta_1 = -11°14'35''$, on calculera la hauteur. On trouvera

$$M = -11°51'08'', \quad A'_2 = 153°44'46'', \quad h'_2 = 44°42'00''.$$

D'ailleurs l'observation a donné

$$h_2 = 44°27'21''.$$

On en conclut

$$\eta = h_2 - h'_2 = -14'39'' = -879''.$$

Appliquant maintenant les formules de correction qui conviennent au cas de la position (1) la plus éloignée du méridien

$$\Delta\varphi = -\frac{\sin A_1}{\sin (A_2 - A_1)}\,\eta, \qquad \Delta T = \frac{\cos A_1}{\cos \varphi \sin (A_2 - A_1)}\,\eta,$$

avec les éléments

$$A_1 = 113°50', \quad A_2 - A_1 = +39°54'50'', \quad \varphi = +30°20', \quad \eta = -879'',$$

on trouvera en tenant compte des signes

$$\Delta\varphi = +20'53'', \qquad \Delta T = +10'41'',$$

et par suite

$$\varphi = \varphi_0 + \Delta\varphi = 30°40'53''; \quad T_1 = T'_1 + \Delta T = 296°28'37'';$$
$$T_2 = T'_2 + \Delta T = 341°28'49''.$$

Les véritables valeurs sont :

$$\varphi = 30°40'50'', \quad T_1 = 296°28'42'', \quad T_2 = 341°28'54''.$$

Les résultats obtenus sont donc exacts à 5″ près pour les angles horaires et à 3″ près pour la latitude. On doit se rappeler à ce sujet que les méthodes d'approximation employées jusqu'à présent n'ont pu donner un résultat comparable qu'après deux ou trois approximations successives.

AUTRE EXEMPLE. *Cas de deux astres observés à la même époque.*

Le 7 août 1874, à 20ʰ T. M. de Paris, on a observé une hauteur de Soleil et une hauteur de Lune

$$\odot\, h_1 = 19°29'\,30'',$$
$$☾\, h_2 = 40\ 20\ 05\,.$$

On demande le temps et la latitude du lieu, sachant que la latitude estimée a été trouvée égale à $19°40'50''$ *sud ou* $-19°40'50''$.

Avec la hauteur h_1 qui correspond à la position la plus éloignée du méridien, on calculera un angle horaire.

Les éléments de calcul seront

$$h_1 = 19°29'30'', \qquad \delta_1 = +16°10'20'', \qquad \varphi_0 = -19°40'50''.$$

On trouvera

$$T'_1 = 298°12'34'', \qquad A'_1 = 63°52'10''.$$

Cela posé, prenant pour 20^h T. M. de Paris, les ascensions droites de la Lune et du Soleil dans la *Connaissance des temps*

$$\alpha_1 = 9^h 12^m 01^s,53$$
$$\alpha_2 = 5 \ 54 \ 48 \ ,30$$

Intervalle horaire des observations $= 2\tau = 3^h 17^m 13^s,23$

On conclura

$$T'_2 = T'_1 + 2\tau = 347°30'52'' \ (12°29'08'')$$

pour angle horaire estimé de la Lune à l'époque de la seconde observation. Au moyen de cet angle horaire T'_2, de la latitude estimée et de la déclinaison de la Lune $\delta = +27°46'05''$, on calcule la hauteur de la Lune ; on trouve

$$M = +28°20'13'', \qquad A'_2 = 14°41'30'', \qquad h'_2 = 41°02'04''$$

D'ailleurs la hauteur observée a été trouvée $h_2 = 40°20'05''$; on en conclut

$$\eta = h_2 - h'_2 = -41'59'' = -2519''.$$

La différence des azimuts est $A_2 - A_1 = -49°10'40$.

Au moyen de ces divers éléments, on trouvera par les formules de correction

$$\Delta\varphi = -49'48'', \qquad \Delta T = +25'57''.$$

On en conclura immédiatement

$$\varphi = \varphi_0 + \Delta\varphi = -20°30'38'', \qquad T_1 = T'_1 + \Delta T = 298°38'31'',$$
$$T_2 = T'_2 + \Delta T = 347°56'49''.$$

Les valeurs exactes sont

$$\varphi = -20°30'40'', \quad T_1 = 298°38'51'', \quad T_2 = 347°57'09''.$$

Si l'on considère que la latitude estimée était erronée d'environ 50', on ne peut s'empêcher de reconnaître que l'approximation obtenue est relativement énorme.

AUTRE EXEMPLE. *Cas des deux positions de part et d'autre du méridien. Le 18 et le 19 février 1874, on a observé deux hauteurs de Soleil qui ayant été rapportées au même lieu ont été trouvées :*

$$h_1 = 44°27'21'' \ pour \ 23^h \ T. \ M. \ de \ Paris \ (18 \ février),$$
$$h_2 = 32°12'42'' \ pour \ \ 3^h \ T. \ M. \ de \ Paris \ (19 \ février).$$

On demande le temps et la latitude du lieu, sachant que la latitude estimée a été trouvée égale à 30°10'50''.

Dans ce cas, c'est la position (2) qui est la plus éloignée du méridien; c'est en conséquence celle que l'on choisira pour le calcul d'angle horaire; les éléments du calcul seront

$$h_2 = 32°12'42'', \quad \varphi = +30°10'50'', \quad \delta_2 = -11°11'00''.$$

On trouvera

$$T'_2 = 41°57'56'', \quad A'_2 = 230°50'00''.$$

L'intervalle des observations est de $4^h00^m00^s$ et la variation de l'équation du temps dans cet intervalle de -0^m01^s, de sorte que

$$2\tau = 4^h00^m01^s = 60°00'15''.$$

On en conclura pour l'angle horaire de la première position

$$T'_1 = T'_2 - 2\tau = 341°57'41'' \ (18°02'19'').$$

Au moyen de T'_1, de la latitude estimée φ_0 et de la déclinaison $\delta_1 = -11°14'35''$, on calculera la hauteur et l'azimut pour la première position

$$M = -11°48'30'', \quad A'_1 = 154°31'20'', \quad h'_1 = 45°05'10''.$$

D'ailleurs la hauteur pour la première position a été observée $h_1 = 44°27'21''$. D'où l'on conclut

$$\eta = h_1 - h'_1 = -37'49'' = -2269''.$$

On forme la différence des azimuts $A_2 - A_1 = 76°18'40''$.

Appliquant alors les formules de correction qui conviennent au cas de la position (2) la plus éloignée du méridien

$$\Delta\varphi = + \frac{\sin A_2}{\sin (A_2 - A_1)}\, \eta, \qquad \Delta T = - \frac{\cos A_2}{\cos \varphi \sin (A_2 - A_1)}\, \eta,$$

et tenant compte avec soin des signes relatifs aux angles, on trouvera

$$\Delta\varphi = + 30'10'', \qquad \Delta T = - 28'26''$$

et par conséquent

$$\varphi = \varphi_0 + \Delta\varphi = 30°41'00'', \qquad T_1 = T'_1 + \Delta T = 341°29'15''$$
$$T_2 = T'_2 + \Delta T = 41°29'30''.$$

Les valeurs exactes sont

$$\varphi = 30°40'50'', \qquad T_1 = 341°28'49'', \qquad T_2 = 41°29'08''.$$

Ainsi qu'on peut le reconnaître par ces exemples, la pratique du calcul ne saurait présenter de difficultés : les angles horaires et les azimuts doivent être comptés de 0° à 360°, suivant la convention ordinaire et les signes des lignes trigonométriques déterminés en conséquence ; quant au signe de la correction η, il est fixé par la relation

$$\eta = h - h'$$

ou

$$\eta = Hauteur\ mesurée - Hauteur\ calculée,$$

η pouvant être positif ou négatif suivant que $h \gtrless h'$.

II. Méthode des angles horaires. On observe deux hauteurs, soit à la même époque sur deux astres différents, soit à deux époques différentes s'il s'agit du même astre.

Avec chacune de ces hauteurs h_1, h_2, on exécute un calcul d'angle horaire en se servant de la latitude estimée. On obtient ainsi deux angles horaires T'_1, T'_2 qui se trouvent influencés inégalement par l'erreur de latitude estimée. On calcule d'un autre côté l'intervalle horaire des deux observations

$$T_2 - T_1 = \alpha_1 - \alpha_2 = \text{Différence des ascensions droites}$$

s'il s'agit de deux astres différents observés à la même époque,

$$T_2 - T_1 = T_{m_2} - T_{m_1} - \Delta Eq$$

s'il s'agit du Soleil observé à des époques différentes,

$$T_2 - T_1 = T_{m_2} - T_{m_1} - \Delta(\alpha - \alpha_m)$$

s'il s'agit d'un astre quelconque observé à des époques différentes, ΔEq représentant la variation de l'équation du temps dans l'intervalle T. M. $T_{m_2} - T_{m_1}$ et $\Delta(\alpha - \alpha_m)$ étant la variation de la différence de l'ascension droite de l'astre avec l'ascension droite moyenne du Soleil dans le même intervalle.

Cela posé, on retranche $(T'_2 - T'_1)$ de $(T_2 - T_1)$; soit

$$\varepsilon = (T_2 - T_1) - (T'_2 - T'_1),$$

ε étant positif ou négatif suivant que $(T_2 - T_2) \gtrless T'_2 - T'_1$.

Les erreurs qui affectent la latitude et les angles horaires ont alors pour expressions

$$\Delta\varphi = + \cos\varphi \, \frac{\sin A_1 \sin A_2}{\sin(A_2 - A_1)} \, \varepsilon, \qquad \Delta T_1 = - \frac{\cos A_1 \sin A_2}{\sin(A_2 - A_1)} \, \varepsilon,$$

$$\Delta T_2 = - \frac{\sin A_1 \cos A_2}{\sin(A_2 - A_1)} \, \varepsilon.$$

EXEMPLE. *Le 18 février 1874, on a observé deux hauteurs de Soleil qui, après avoir été rapportées au même lieu, ont été trouvées*

$$h_1 = 16°01'52'' \ pour \ 20^h \ T. \ M. \ de \ Paris,$$
$$h_2 = 44°27'21'' \ pour \ 23^h \ T. \ M. \ de \ Paris.$$

On demande le temps et la latitude du lieu, sachant que la latitude estimée est égale à 30°20' nord.

Avec la première hauteur, on fera un calcul d'angle horaire. Les éléments du calcul seront

$$h_1 = 16°01'52'', \quad \varphi = +30°20', \quad \delta_1 = -11°17'15'';$$

on trouvera

$$T'_1 = 296°17'56'', \quad A'_1 = 113°50'00''.$$

On fera un second calcul d'angle horaire pour la seconde observation ; les éléments seront

$$h_2 = 44°27'21'', \quad \varphi = +30°20', \quad \delta_2 = -11°14'35''.$$

On trouvera

$$T'_2 = 340° 40' 19'', \qquad A'_2 = 152° 56' 50''.$$

D'après ces calculs,

$$T'_2 - T'_1 = 44° 22' 23''.$$

D'ailleurs

$$T_2 - T_1 = 23^h 00^m 00^s - 20^h 00^m 00^s - \Delta Eq.$$

Or $\Delta Eq = -12''$, de sorte que

$$T_2 - T_1 = 45° 00' 12''.$$

Par suite

$$\varepsilon = (T_2 - T_1) - (T'_2 - T'_1) = +37' 49'' = +2269''.$$

Formant également la différence des azimuts,

$$A'_2 - A'_1 = +39° 06' 50''.$$

Appliquant maintenant les formules différentielles, on trouvera

$$\Delta\varphi = +21' 31'', \qquad \Delta T'_1 = T'_1 = +11' 01'', \qquad \Delta T'_2 = +47' 10'',$$

de sorte que

$$\varphi = \varphi_0 + \Delta\varphi = 30° 41' 31'', \qquad T_1 = T'_1 + \Delta T'_1 = 296° 28' 57'',$$
$$T_2 = T'_2 + \Delta T'_2 = 341° 27' 29''.$$

Les valeurs exactes sont

$$\varphi = 30° 40' 50'', \qquad T_1 = 296° 28' 42'', \qquad T_2 = 341° 28' 54''.$$

Les résultats obtenus, quoique au fond très satisfaisants, sont beaucoup moins approchés que ceux que nous avons trouvés par la méthode des hauteurs. Cela tient à ce qu'en réalité cette dernière méthode donne en général des résultats plus approchés que celle des angles horaires. On aura en effet l'occasion de montrer plus loin que la série qui sert de base à la méthode des hauteurs est beaucoup plus convergente que celle sur laquelle on s'appuie dans la méthode des angles horaires.

III. **Méthode des latitudes**. On mesure les hauteurs de deux astres différents à la même époque, ou du même astre à deux époques différentes. Avec la longitude estimée, on détermine ensuite les angles horaires pour les époques d'observation.

Cela fait au moyen de chaque angle horaire, de la hauteur et de la déclinaison correspondante, on fait deux calculs de latitude et d'azimut [formules (a) ou (b)]. On obtient ainsi deux latitudes φ_1 et φ_2 qui seront toujours différentes si la longitude estimée est inexacte.

Soit

$$\varphi_2 - \varphi_1 = \sigma$$

où $\sigma =$ *latitude obtenue avec l'astre le plus à gauche — latitude avec l'astre le plus à droite, l'observateur placé au pôle sud et faisant face au nord.*

σ sera positif ou négatif suivant que $\varphi_2 \gtrless \varphi_1$.

Cela posé, l'erreur qui affecte la longitude et celles qui en sont la conséquence pour les latitudes calculées ont pour expressions

$$\Delta T = + \frac{\cos A_1 \cos A_2}{\cos \varphi \sin (A_2 - A_1)}\,\sigma, \qquad \Delta \varphi_1 = - \frac{\sin A_1 \cos A_2}{\sin (A_1 - A_2)}\,\sigma,$$

$$\Delta \varphi_2 = - \frac{\cos A_1 \sin A_2}{\sin (A_2 - A_1)}\,\sigma.$$

EXEMPLE. On reprendra l'observation du 18 février 1874 traitée tout à l'heure en supposant une longitude estimée de 30′ ouest.

1re *observation.*

$$h_1 = 16°01'52'', \qquad \delta_1 = -11°17'15'', \qquad T'_1 = 295°58'42'' \ (64°01'18'').$$

Effectuant le calcul de latitude par les formules (a), on trouvera

$$M = -24°29'50'', \qquad \varphi_1 - M = 54°11'42'', \qquad A_1 = 113°28'20''$$

et

$$\varphi_1 = +29°41'52''.$$

2me *observation.*

$$h_2 = 44°27'21'', \qquad \delta_2 = -11°14'35, \qquad T'_2 = 340°58'53'' \ (19°01'07'')$$

faisant encore un calcul de latitude avec ces éléments

$$M = -11°52'27'', \qquad \varphi_2 - M = 42°20'35'', \qquad A_2 = 153°24'00''$$

et

$$\varphi_2 = +30°28'08''.$$

Par suite on aura

$$\sigma = \varphi_2 - \varphi_1 = + 46'16'' = + 2776'',$$
$$A_2 - A_1 = 39°55'40''.$$

Appliquant alors les formules de correction en se servant de ces éléments et prenant pour valeur de la latitude dans la correction ΔT la moyenne $\frac{1}{2}(\varphi_1 + \varphi_2)$ des deux latitudes trouvées, on trouvera

$$\Delta T = + 29'48''; \quad \Delta\varphi_1 = + 59'07''; \quad \Delta\varphi_2 = + 12'53'',$$

et par conséquent

$$T_1 = T'_1 + \Delta T = 296°28'28''; \quad T_2 = T'_2 + \Delta T = 341°28'39'';$$
$$\varphi = \varphi_1 + \Delta\varphi_1 = \varphi_2 + \Delta\varphi_2 = 30,40'59''.$$

Les valeurs exactes sont

$$T_1 = 296°28'42''; \quad T_2 = 341°28'54''; \quad \varphi = 30°40'50''.$$

On remarquera que les résultats obtenus présentent une approximation bien supérieure à celle qui a été donnée par la méthode des angles horaires. Cela tient encore à ce que la méthode des latitudes est basée sur une série plus convergente que celle qui donne lieu à la correction des angles horaires.

11. De l'approximation des résultats donnés par les méthodes différentielles. — Les quelques applications qui viennent d'être présentées nous ont fourni l'occasion de remarquer que les diverses méthodes appliquées dans un cas donné, donnent en général des approximations différentes. Nous en avons attribué la cause au degré de convergence plus ou moins grand des séries sur lesquelles ces méthodes étaient fondées. Il est facile de mettre ce fait en évidence et étudiant ces séries elles-mêmes sous leur forme la plus générale. On n'a pas oublié en effet que l'analyse qui a permis de calculer les diverses corrections différentielles était basée essentiellement sur cette hypothèse que les termes du second ordre des développements étaient au moins négligeables, eu égard aux besoins du calcul. Or, cette hypothèse n'est évidemment admissible qu'à la condition que la série sur laquelle on l'appuie soit suffisamment convergente.

Méthode des angles horaires.

Si l'on appelle $\frac{1}{K}$ l'exprssion $\dfrac{1}{\cos \varphi \cos \delta \sin A \sin T \sin C}$ que l'on peut appeler l'argument caractéristique de la convergence de la série,

ΔT se développe en fonction de $\Delta\varphi$ par la série suivante :

$$\Delta T = -\frac{\cot g\,A}{\cos\varphi}\,\Delta\varphi - \frac{\cos T}{K}\frac{\Delta\varphi^2}{2} - \frac{\operatorname{tg}\varphi}{\cos\varphi}\cot g\,A\,\frac{\Delta\varphi^2}{2} + \ldots$$

Cette série ne peut être convergente qu'à la condition que A étant différent de zéro soit encore suffisamment grand. Il faut en outre que T et C soient également différents de zéro. Ces diverses conditions reviennent à supposer l'astre observé placé loin du méridien et près du premier vertical.

Considérons deux positions différentes 1 et 2, nous aurons

$$\Delta T_1 = -\frac{\cot g\,A_1}{\cos\varphi}\,\Delta\varphi - \frac{\cos T_1}{K_1}\frac{\Delta\varphi^2}{2} - \frac{\operatorname{tg}\varphi}{\cos\varphi}\cot g\,A_1\,\frac{\Delta\varphi^2}{2}\ldots$$

$$\Delta T_2 = -\frac{\cot g\,A_2}{\cos\varphi}\,\Delta\varphi - \frac{\cos T_2}{K_2}\frac{\Delta\varphi^2}{2} - \frac{\operatorname{tg}\varphi}{\cos\varphi}\cot g\,A_2\,\frac{\Delta\varphi^2}{2}\ldots$$

D'où nous conclurons

$$\Delta T_2 - \Delta T_1 = +\frac{\sin(A_2-A_1)}{\cos\varphi\sin A_1\sin A_2}\,\Delta\varphi - \left(\frac{\cos T_2}{K_2} - \frac{\cos T_1}{K_1}\right)\frac{\Delta\varphi^2}{2}$$
$$+ \frac{\operatorname{tg}\varphi}{\cos\varphi}\frac{\sin(A_2-A_1)}{\sin A_1\sin A_2}\frac{\Delta\varphi^2}{2}.$$

Soit, comme précédemment, $\Delta T_2 - \Delta T_1 = \varepsilon$; soit en outre, pour abréger, $\dfrac{\sin(A_2-A_1)}{\cos\varphi\sin A_1\sin A_2} = a$,

$$\varepsilon = a\Delta\varphi - \left(\frac{\cos T_2}{K_2} - \frac{\cos T_1}{K_1}\right)\frac{\Delta\varphi^2}{2} + a\operatorname{tg}\varphi\,\frac{\Delta\varphi^2}{2}.$$

Si a est différent de zéro ou $A_2 - A_1 \gtrless 0°$ ou $180°$, on pourra déduire de là

$$\Delta\varphi = \frac{\varepsilon}{a} + \left(\frac{\cos T_2}{K_2} - \frac{\cos T_1}{K_1}\right)\frac{\Delta\varphi^2}{2a} - \operatorname{tg}\varphi\,\frac{\Delta\varphi^2}{2}$$

et par la formule des approximations successives, en s'en tenant au second ordre

$$\Delta\varphi = \frac{\varepsilon}{a} + \tfrac{1}{2}\left(\frac{\cos T_2}{K_2} - \frac{\cos T_1}{K_1}\right)\frac{\varepsilon^2}{a^2} - \tfrac{1}{2}\operatorname{tg}\varphi\,\frac{\varepsilon^2}{a^2}.$$

Tel sera jusqu'au second ordre le développement rigoureux de $\Delta\varphi$:

portant cette valeur dans les expressions données plus haut, on trouverait facilement les développements de ΔT_1 et ΔT_2.

La série précédente sera évidemment convergente si les deux séries qui donnent ΔT_1 et ΔT_2 sont elles-mêmes convergentes et si en outre a est voisin de l'unité, ce qui correspond au cas de $A_2 - A_1$ voisin de 90°.

Ainsi pour que les séries employées fussent aussi convergentes que possible, il faudrait que les deux positions fussent à la fois loin du méridien et dans le voisinage du premier vertical et qu'en outre $A_2 - A_1 = 90°$.

Ces diverses conditions sont évidemment incompatibles. Aussi l'on peut dire d'une manière générale que si l'une des positions se trouve dans des conditions favorables, la seconde, au contraire, se trouve à peu près forcément dans des conditions défavorables.

Il résulte de là que l'approximation de la correction calculée par la méthode des angles horaires sera généralement des plus limitées.

On pourrait songer à compléter l'approximation en calculant directement le terme du second ordre. Ce calcul sera toujours facile; on connaît généralement déjà les éléments qui permettent d'obtenir $\log K_1$ et $\log K_2$. En effet,

$$K = \cos \delta \cos \varphi \sin A \sin T \sin C,$$

et l'on sait que

$$\sin^2 A \sin^2 T \sin^2 C = 16 \frac{p^3}{\cos^4 \varphi \cos^4 \delta \cos^4 h},$$

en appelant p le produit $\cos s \cos (s - z) \sin (s - \delta) \sin (s - \varphi)$ dont les divers facteurs sont donnés par le calcul de l'angle horaire.

Mais il ne saurait y avoir avantage à faire ce calcul que dans le cas où l'on aurait à effectuer la correction du second ordre pour plusieurs observations très rapprochées les unes des autres, de sorte que le coefficient de ε^2 pourrait être regardé comme constant; alors ce coefficient calculé une fois pourrait servir pour toutes les autres corrections. Mais dans un calcul isolé, il est presque toujours meilleur de recommencer purement et simplement le calcul général en mettant à profit les corrections obtenues une première fois. Les formules de correction appliquées ensuite aux résultats du second calcul donneraient toujours toute la précision désirable, sauf le cas où les séries ne seraient pas convergentes.

Méthode des latitudes. Le développement de $\Delta \varphi$ en fonction de ΔT a été trouvé

$$\Delta \varphi = - \cos \varphi \, \mathrm{tg}\, A \Delta T - \cos \varphi \frac{\mathrm{tg}\, A}{\cos^2 A} \left(\cot g\, T + \tfrac{1}{2} \sin \varphi \sin 2A \right) \frac{\Delta T^2}{2} + \dots$$

ou, en le mettant sous une forme un peu différente,

$$\Delta\varphi = -\cos\varphi \operatorname{tg} A\, \Delta T - \cos\varphi \frac{\operatorname{tg} A}{\cos^2 A} \operatorname{cotg} T - \tfrac{1}{2} \sin 2\varphi \operatorname{tg}^2 A\, \frac{\Delta T^2}{2} + \cdots$$

Toutes les fois que h sera différent de 90°, la série sera d'autant plus convergente que A sera plus voisin de 0 ou de 180°; les circonstances favorables aux observations seront donc celles dans lesquelles l'astre observé sera placé dans le voisinage du méridien.

Soient maintenant deux positions 1 et 2

$$\Delta\varphi_1 = -\cos\varphi \operatorname{tg} A_1\, \Delta T - \cos\varphi \frac{\operatorname{tg} A_1}{\cos^2 A_1} \operatorname{cotg} T_1\, \frac{\Delta T^2}{2} - \tfrac{1}{2} \sin 2\varphi \operatorname{tg}^2 A_1\, \frac{\Delta T^2}{2},$$

$$\Delta\varphi_2 = -\cos\varphi \operatorname{tg} A_2\, \Delta T - \cos\varphi \frac{\operatorname{tg} A_2}{\cos^2 A_2} \operatorname{cotg} T_2\, \frac{\Delta T^2}{2} - \tfrac{1}{2} \sin 2\varphi \operatorname{tg}^2 A_2\, \frac{\Delta T^2}{2},$$

d'où, en retranchant la seconde de la première

$$\begin{aligned}
\Delta\varphi_1 - \Delta\varphi_2 = +\sigma &= \cos\varphi \frac{\sin(A_2 - A_1)}{\cos A_2 \cos A_1} \Delta T \\
&+ \cos\varphi \left(\frac{\operatorname{tg} A_2 \operatorname{cotg} T_2}{\cos^2 A_2} - \frac{\operatorname{tg} A_1 \operatorname{cotg} T_1}{\cos^2 A_1} \right) \frac{\Delta T^2}{2} \\
&+ \tfrac{1}{2} \sin 2\varphi (\operatorname{tg}^2 A_2 - \operatorname{tg}^2 A_1) \frac{\Delta T^2}{2}.
\end{aligned}$$

Cette expression donne lieu à une remarque importante : si les deux positions sont symétriques par rapport au méridien, les coefficients des termes du second ordre s'annulent identiquement; on a, en effet,

$$A_1 = 180° - \alpha, \quad A_2 = 180° + \alpha \quad \text{et} \quad T_1 = 360° - T_2.$$

Ces conditions se trouveront réunies quand les hauteurs seront *correspondantes*. Or ce cas ne peut se présenter rigoureusement que s'il s'agit d'un astre dont la déclinaison est constante, c'est-à-dire d'une étoile. Toutefois, on remarquera que pour le Soleil la variation de déclinaison est toujours très faible; il arrivera alors que les coefficients de $\tfrac{1}{2} \Delta T^2$ seront en réalité d'un ordre tout à fait inférieur.

On voit donc que dans le cas des *hauteurs correspondantes*, la série présentera toujours une convergence très grande et que la correction de longitude ΔT pourra être donnée, pour ainsi dire rigoureusement, par le terme de correction du premier ordre.

Cette remarque met en évidence l'importance de la méthode de correction fondée sur le calcul des latitudes. Toutes les fois qu'il sera possible d'observer des hauteurs correspondantes, on pourra en effet, au moyen de cette méthode, calculer avec la plus grande approximation et l'erreur de temps et l'erreur de latitude. Aussi étant donnée l'hypothèse des hauteurs correspondantes, il est permis d'affirmer que la méthode en question est supérieure en précision à toutes les autres.

Méthode des hauteurs. On a trouvé pour expression du développement de Δh en fonction de $\Delta\varphi$ et ΔT

$$\Delta h = \cos A \Delta\varphi + \sin A \cos \varphi \Delta T - \operatorname{tg} h \sin^2 A \frac{\Delta\varphi^2}{2}$$

$$+ \frac{\cos \delta \cos \varphi}{\cos h} \cos A \cos C \frac{\Delta T^2}{2} - \frac{\cos \delta}{\cos h} \sin A \cos C \Delta\varphi \Delta T \ldots$$

Toutes les fois que h sera différent de 90°, cette série sera en général très convergente aussi bien quand A sera voisin du 0° ou de 90°.

Toute série résultant de la combinaison par addition ou soustraction de la série précédente appliquée à deux positions différentes sera donc généralement très convergente, pourvu que h soit différent de 90°, et cela surtout quand l'une des positions se trouvant au premier vertical, la seconde sera au méridien. Il résulte évidemment de cette remarque que la méthode des hauteurs est susceptible de s'appliquer à peu près dans tous les cas qui peuvent se présenter et que par suite cette méthode présente un très haut degré de généralité.

On pourrait se proposer de déterminer le développement complet de $\Delta\varphi$ et de ΔT en fonction de Δh_1 et de Δh_2. Le problème n'est pas aussi simple qu'il l'a été dans les cas précédents à cause de la nécessité de résoudre deux équations complètes du second degré à deux inconnues en $\Delta\varphi$ et ΔT. Il est toutefois facile de trouver les développements en question en procédant par approximations successives. Nous ne donnerons pas les résultats que l'on obtient ainsi, cela n'offre aucun intérêt, le calcul des termes du second degré n'étant jamais susceptible d'un usage pratique. Nous nous contenterons de signaler un fait important qu'il est facile de vérifier : dans le cas des hauteurs correspondantes, les termes du second degré s'annulent en partie et ceux qui subsistent se trouvent d'un ordre tout à fait inférieur toutes les fois que A est moindre que 45°, d'où il résulte que la correction des hauteurs, sans donner une précision aussi grande que celle des latitudes pour le cas des hauteurs correspondantes, fournit pourtant encore une approximation plus que suffisante dans la pratique.

Les trois méthodes qui viennent d'être examinées ont toutes un caractère commun ; elles supposent avant tout que non-seulement $A_2 - A_1$ soit différent de 0° ou de 180°, mais encore soit au moins voisin d'une valeur moyenne de 45°. Aucune de ces méthodes ne saurait par suite être sérieusement applicable à un astre qui couperait le méridien au zénith ou dans son voisinage. Le calcul qui serait susceptible de donner dans ce cas des formules de correction précises est celui des azimuts. On a vu, en effet, que le dénominateur du coefficient du terme de correction qui est $\sin(T_2 - T_1)$ ne dépend que de la différence des époques d'observation. Malheureusement ce calcul supposant une mesure précise des azimuts, ne saurait être applicable à bord d'un navire.

La discussion précédente a mis en évidence les circonstances qui seront favorables pour le calcul des termes de correction; il en est résulté que les diverses méthodes ne sont pas applicables, en général, dans les mêmes conditions, ou du moins ne peuvent fournir des résultats d'une égale précision dans un cas déterminé.

La correction des angles horaires ne peut être appliquée que dans le cas où l'une des hauteurs correspond au premier vertical; celle des latitudes convient spécialement quand les deux hauteurs sont placées de part et d'autre du méridien, peu éloignées de ce méridien et autant que possible correspondantes ou à peu près. La correction des hauteurs est d'une application plus générale; tout en convenant particulièrement au cas d'un astre au premier vertical et de l'autre au méridien et même à celui des hauteurs correspondantes, elle donnera toujours des résultats d'une grande approximation toutes les fois que la hauteur ne dépassera pas une certaine limite.

Il est toujours possible, quand on veut appliquer soit la correction des latitudes, soit celle des hauteurs, de choisir *à priori* des époques d'observation telles que les corrections pourront être calculées avec toute l'approximation nécessaire. Il n'en est pas de même pour la correction des angles horaires; si, en effet, l'une des positions est au premier vertical, la seconde ne saurait être que voisine du méridien et se trouve par suite dans des conditions défavorables, de sorte que la série correspondante est forcément peu convergente.

Il est assez curieux de constater à ce sujet que la seule méthode de corrections différentielles qui soit aujourd'hui exposée dans les ouvrages de navigation et dont la première idée appartient à M. Pagel, ainsi que nous l'avons déjà dit, soit de beaucoup la plus mauvaise de toutes celles que l'on peut imaginer, et cela en s'en tenant uniquement au point de vue de l'approximation des résultats.

La méthode la plus parfaite serait certainement celle des hauteurs correspondantes; malheureusement cette méthode, d'une précision incomparablement supérieure au point de vue théorique, présente un grave défaut dans la pratique : elle exige des positions déterminées souvent impossibles à réaliser à cause de l'état de l'atmosphère. Il ne faut pas oublier en effet que, dans les conditions ordinaires de la navigation, les nuages viennent à chaque instant gêner les observations, qu'il y a néanmoins nécessité absolue de déterminer la position du navire et qu'en conséquence l'observateur se trouve dans l'obligation de mesurer des hauteurs, quand cela est possible, et de conclure un résultat quelques défavorables qu'aient pu être les circonstances qui ont accompagné l'observation.

La méthode des hauteurs n'est pas, en général, susceptible d'un degré de précision aussi grand que la méthode des latitudes; mais elle présente l'avantage d'être applicable à peu près dans tous les cas imaginables, et de donner toujours immédiatement des résultats suffisamment approchés pour les besoins de la pratique. Il n'y a qu'une circonstance dans laquelle cette méthode pourrait paraître insuffisante, c'est celle où l'astre observé passerait au zénith. Mais dans ce cas extrême, il y a lieu de reconnaître toutefois qu'elle est encore supérieure à toutes les méthodes susceptibles d'être appliquées à la mer, et qu'au fond elle permettra de calculer des corrections qui, bien qu'imparfaites au point de vue théorique, sont néanmoins très satisfaisantes eu égard aux exigences de la navigation. Aussi nous n'hésitons pas à recommander au calculateur marin l'emploi de la méthode des hauteurs comme étant appelée à des applications tout à fait usuelles.

12. Interprétations géométriques.— Les trois méthodes dont nous venons de parler peuvent recevoir une interprétation géométrique qui se traduit par un tracé graphique sur les cartes marines, d'une exécution très simple et très élémentaire.

Les corrections de temps et de latitude données par la méthode des hauteurs résultent du système des deux équations

$$\sin A_1 \cos\varphi\, \Delta T + \cos A_1\, \Delta\varphi = 0,$$
$$\sin A_2 \cos\varphi\, \Delta T + \cos A_2\, \Delta\varphi = \Delta h_2 = r_1.$$

ΔT est égal à l'erreur de longitude, au signe près. Si, en effet, T_m est le temps moyen du lieu et T_{m0} le temps moyen du premier méridien, $T_{m0} = T_m + \psi$ ou $\psi = T_{m0} - T_m$; d'où $\Delta\psi = -\Delta T_m$; comme d'ailleurs $T_m = T + Eq$, $\Delta T_m = \Delta T$; et, par conséquent, $\Delta\psi = -\Delta T$: les deux équations précédentes peuvent alors s'écrire :

$$\sin A_1 \cos\varphi\, \Delta\psi - \cos A_1\, \Delta\varphi = 0,$$
$$\sin A_2 \cos\varphi\, \Delta\psi - \cos A_2\, \Delta\varphi = -r_1.$$

Si l'on regarde $\Delta\psi$ et $\Delta\varphi$ comme deux variables, ces deux équations peuvent être regardées comme représentant chacune une ligne droite qui est un lieu géométrique de la position du navire. L'intersection de ces deux lignes droites est par suite la position cherchée.

Prenons deux axes de coordonnées rectangulaires, qui seront figu-

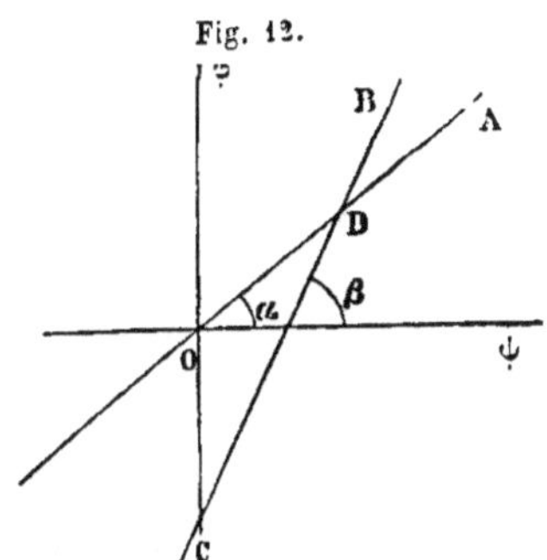
Fig. 12.

rées sur la carte, l'une par le méridien et l'autre par le parallèle ou le lieu. Soit O l'origine ou le point estimé du lieu, en tenant compte, bien entendu, de la correction de longitude donnée par le calcul d'angle horaire.

La première équation représente une droite passant par l'origine. Soit OA cette droite faisant avec $O\psi$ un angle α, de sorte que $\operatorname{tg}\alpha = \cos\varphi\,\operatorname{tg} A_1$.

Soit BC la droite représentée par la seconde équation, cette droite faisant avec $O\psi$ un angle β, de sorte que $\operatorname{tg}\beta = \cos\varphi\,\operatorname{tg} A_2$.

Les droites OA et BC se couperont en un point D, qui sera la position du navire pour l'époque de l'observation.

D'après la méthode des latitudes, on a

$$\varphi = \varphi_1 + \Delta\varphi_1, \qquad \varphi = \varphi_2 + \Delta\varphi_2,$$

et comme

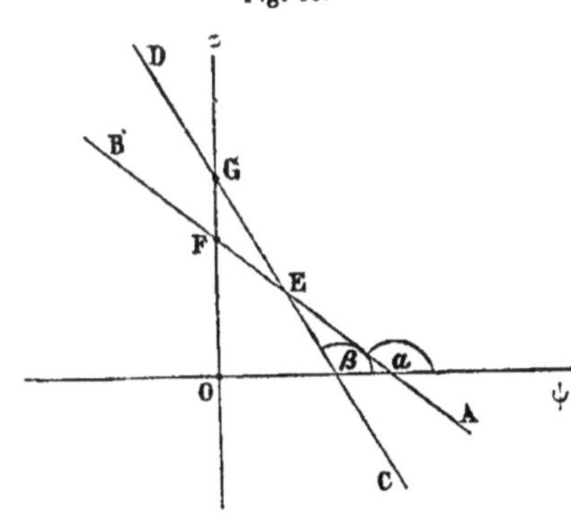
Fig. 13.

$$\Delta\varphi_1 = + \cos\varphi\,\operatorname{tg} A_1\Delta T$$
$$= + \cos\varphi\,\operatorname{tg} A_1\Delta\psi,$$
$$\Delta\varphi_2 = + \cos\varphi\,\operatorname{tg} A_2\Delta\psi,$$
$$\varphi = \varphi_1 + \cos\varphi\,\operatorname{tg} A_1\Delta\psi,$$
$$\varphi = \varphi_2 + \cos\varphi\,\operatorname{tg} A_2\Delta\psi,$$

chacune de ces équations représente une droite qui est un lieu géométrique de la position cherchée.

La première donnera une droite AB qui coupera le méridien en un point F, tel que $OF = \varphi_1$, et le parallèle sous un angle α, tel que $\operatorname{tg}\alpha = \cos\varphi\,\operatorname{tg} A_1$. La seconde donnera de même une droite CD qui coupera le méridien en un point G, tel que $OG = \varphi_2$, et le parallèle sous un angle β, tel que $\operatorname{tg}\beta = \cos\varphi\,\operatorname{tg} A_2$; le point d'intersection E des deux droites est la position cherchée.

Pour la correction des angles horaires, on aura encore une construction analogue.

$$T_{m_1} = T'_{m_1} + \Delta T'_1, \qquad T_{m_2} = T'_{m_2} + \Delta T'_2.$$

D'ailleurs

$$T_{m_1} = (T_{m_1})_0 - \psi, \qquad T_{m_2} = (T_{m_2})_0 - \psi,$$

en appelant $(T_{m_1})_0$ et $(T_{m_2})_0$ les temps moyens du premier méridien. Par conséquent

$$\psi = (T_{m_1})_0 - T'_{m_1} - \Delta T'_1, \qquad \psi = (T_{m_2})_0 - T'_{m_2} - \Delta T'_2,$$

ou en faisant

$$(T_{m_1})_0 - T'_{m_1} = \psi_1 \qquad \text{et} \qquad (T_{m_2})_0 - T'_{m_2} = \psi_2,$$
$$\psi = \psi_1 - \Delta T'_1, \qquad \psi = \psi_2 - \Delta T'_2,$$

et en remplaçant $\Delta T'_1$ et $\Delta T'_2$ par leurs valeurs

$$\psi = \psi_1 + \frac{\cot g\, A_1}{\cos \varphi}\, \Delta \varphi, \qquad \psi = \psi_2 + \frac{\cot g\, A_2}{\cos \varphi}\, \Delta \varphi.$$

Si l'on regarde ψ et $\Delta \varphi$ comme deux variables indépendantes, chacune de ces équations représente une droite qu'il est facile de construire. Le point de rencontre de ces deux droites est la position cherchée.

LIVRE VI.

DÉTERMINATION DU TEMPS DU PREMIER MÉRIDIEN.
PROBLÈME DES LONGITUDES.

INTRODUCTION.

La détermination du temps du premier méridien en un point quelconque de la surface de la Terre, et, par suite, celle de la longitude de ce point, qui en est la conséquence immédiate, a été pendant longtemps l'objet des recherches les plus sérieuses de la part des marins et des astronomes. Ce problème a perdu aujourd'hui beaucoup de son importance théorique à la suite des grands perfectionnements apportés successivement dans le calcul des tables astronomiques et dans la construction des instruments à l'usage des marins et des géographes. Il demeure néanmoins toujours d'un grand intérêt pour les navigateurs; aussi sa résolution pratique et les calculs qui s'y rattachent continuent à occuper une grande place dans la science de la navigation.

Si l'on tient compte des moyens adoptés actuellement pour estimer le temps du premier méridien, le problème général des longitudes pourra se décomposer en deux autres qui se définiront de la manière suivante :

1° Calcul astronomique des longitudes des points principaux de la surface de la Terre, par exemple de ceux qui sont les plus fréquentés par les navigateurs, ou encore d'un certain nombre de méridiens, dits *Méridiens Fondamentaux*, suivant l'expression adoptée par le Bureau des longitudes ;

2° Calcul de la longitude en mer, à bord des navires, au moyen de chronomètres réglés sur les méridiens fondamentaux.

Chacune des parties de ce double problème peut être regardée comme ayant reçu depuis quelques années une solution relativement satisfaisante.

Les longitudes des méridiens fondamentaux ont été, en général, déterminées par des observations méridiennes de Lune avec les instruments connus sous le nom de *Cercles Méridiens Portatifs*. La construction des appareils méridiens est aujourd'hui assez parfaite pour que la précision des résultats qu'ils permettent d'obtenir ne soit subordonnée, au moins en grande partie, qu'au degré d'approximation des coordonnées de la Lune. Or les tables de la Lune les plus récentes, bien que théoriquement encore assez imparfaites, sont néanmoins suffisamment exactes en pareille matière.

Il est, du reste, toujours possible de corriger les longitudes, obtenues à une époque donnée, des erreurs tabulaires, quand on peut mettre à profit les observations de Lune exécutées à la même époque dans un grand observatoire.

Le temps du premier méridien est fourni à bord par les chronomètres avec une approximation qui pratiquement laisse fort peu à désirer, grâce aux grands progrès réalisés par l'horlogerie moderne. Les chronomètres, en dépit des soins apportés à leur construction, peuvent, il est vrai, se déranger brusquement sous l'influence de causes pertubatrices impossibles à prévoir; mais l'usage simultané de plusieurs de ces instruments, permettant de les contrôler les uns par les autres, devient, dans l'hypothèse d'une pareille éventualité, une garantie très sérieuse toutes les fois qu'ils ont été l'objet d'études attentives de la part d'un bon observateur. Il faut bien remarquer néanmoins que l'on ne saurait accorder confiance aux indications des chronomètres qu'à la condition que ces instrument soient réglés fréquemment à l'aide d'observations astronomiques. La connaissance des longitudes des méridiens fondamentaux permet de réaliser facilement cette condition. Quand, en effet, les chronomètres d'un navire ont été réglés avec soin au point de départ, il est permis de compter sur eux pendant un laps de temps notable, au moins pendant l'intervalle d'une traversée de durée moyenne. La mesure des longitudes des méridiens fondamentaux se trouve ainsi contribuer indirectement à assurer la sécurité de la navigation.

La résolution du problème général des longitudes demeure, en principe, établie en vertu des considérations précédentes. Mais il ne faudrait pas en conclure que les marins peuvent se dispenser désormais de toute préoccupation à ce sujet. En réalité, il existe, en dehors des méridiens fondamentaux, un grand nombre de lieux dont la longitude est incertaine; d'un autre côté, un cours de navigation, l'éventualité d'une grande perturbation dans la marche des chronomètres, reste toujours, sinon chose probable, du moins chose possible. Les calculs relatifs à la détermination directe du temps du premier méridien continuent donc par le fait à intéresser le navigateur, et nous devons ajouter qu'il ne saurait en être autrement.

Dans l'exposé des théories renfermées dans ce livre, nous nous sommes proposé de donner aux marins les moyens de combler les lacunes que peut encore leur présenter la solution générale du problème des longitudes. Nous avons exposé sommairement les divers modes d'observation qui ont servi à établir les longitudes des méridiens fondamentaux, mais nous avons eu surtout pour objectif le calcul du temps du premier méridien à bord des navires et la détermination des longitudes de divers points terrestres situés dans le voisinage d'un méridien fondamental, questions qui nous ont paru appartenir spécialement au domaine de la navigation. Nous avons donné, en conséquence, quelques détails essentiels relatifs au calcul de l'état et de la marche des chronomètres ou, en d'autres termes, à la régulation de ces instruments, et nous avons traité aussi complétement que possible la théorie des observations de distances lunaires, théorie d'où résulte la seule méthode astronomique susceptible de donner immédiatement en mer le temps du premier méridien avec une véritable approximation.

A l'époque où l'usage des chronomètres à bord était encore très restreint et où d'ailleurs il n'était permis d'accorder aux indications de ces instruments qu'une confiance des plus limitées, eu égard aux imperfections de leur construction, les observations de distances lunaires étaient usuelles en navigation; pourtant il y a lieu de reconnaître que leur application à la détermination des longitudes est loin d'avoir jamais été élémentaire. Elle suppose, en effet, une mesure instrumentale très précise en même temps qu'un calcul long et minutieux, deux choses fort difficiles à bien exécuter à la mer. Mais cette double difficulté avait été vaincue grâce à la bonne volonté, et l'on peut ajouter, à l'amour-propre de la plupart des marins. A la suite d'une certaine habitude dans le maniement des instruments à réflexion, on était arrivé à obtenir des mesures de distances avec une rare exactitude, en même temps que les recherches théoriques permettaient d'établir des formules de réduction d'un calcul assez commode. Nous citerons, à ce sujet, les travaux de Guépratte, comme ayant contribué plus qu'aucun autre à vulgariser l'application des distances lunaires. Ce savant, qui est véritablement le fondateur de la science de la navigation en France, a non-seulement donné des méthodes pratiques, mais encore calculé des tables particulières susceptibles d'en faciliter l'usage en abrégeant d'une manière notable l'exécution des calculs qui s'y rattachent. L'emploi des chronomètres a fait un peu oublier les travaux de Guépratte et négliger les distances lunaires. Nous répéterons encore une fois, à ce sujet, que ce genre d'observation ne saurait cesser d'avoir son utilité pratique, vu l'hypothèse toujours possible où son application peut se présenter comme une nécessité absolue pendant le cours d'une navigation.

Dans la théorie des distances lunaires que nous avons présentée, nous avons reproduit les méthodes principales de réduction imaginées par les divers auteurs qui se sont occupés de cet important sujet; mais nous nous sommes attaché surtout à mettre en évidence la nécessité de

calculer avec soin ce que l'on peut appeler les réductions élémentaires
dont la connaissance est indispensable toutes les fois que l'on veut
établir exactement la réduction totale. Le calcul de cette dernière
réduction est au fond très simple et ne saurait présenter aucune difficulté; mais il n'en est pas de même de l'évaluation exacte des diverses réductions élémentaires, qui est toujours assez délicate et exige
en réalité une certaine habitude des calculs astronomiques. Les opérations de ce genre sont du reste du même ordre que celles qu'il y a
lieu d'exécuter quand on veut établir une position apparente au moyen
d'éléments vrais ou réciproquement, en particulier si l'on a affaire à
des astres animés de mouvements propres sur la sphère céleste. Les
difficultés que présente alors le calcul sont dues à la nécessité de tenir
compte de la réfraction et des parallaxes, quantités toujours très
faibles et quelquefois de signes variables, qu'il importe d'estimer au
dixième de seconde.

Nous avons traité d'une manière à peu près complète la théorie de
la détermination des temps des contacts pendant les éclipses de Soleil
ou les occultations d'étoiles, parce que nous y avons trouvé des applications intéressantes, non-seulement pour les calculs de mer, mais
encore pour la mesure des longitudes de divers points voisins d'un
méridien fondamental. L'observation des contacts eux-mêmes ne peut
guère présenter une certaine valeur qu'à la condition d'être faite dans
des conditions spéciales impossibles à réaliser à bord des navires;
mais il n'en est pas de même des observations exécutées à des
époques voisines de celles des contacts, des mesures de petites distances en un mot. Nous avons montré que ces mesures peuvent être
faites avec une grande précision au moyen des instruments à réflexion
ou mieux d'appareils micrométriques faciles à construire. Il peut en
résulter des déterminations de longitudes en mer d'une exactitude bien
supérieure à celle que l'on a pu réaliser jusqu'à présent à l'aide de la
méthode générale de réduction basée sur des observations de grandes
distances. Enfin des conséquences théoriques qui résultent immédiatement des calculs de contacts, nous avons pu conclure une méthode
pratique qui conduit rapidement à l'établissement des longitudes d'un
grand nombre de lieux situés dans le voisinage d'un méridien fondamental, cela sans aucun calcul et indépendamment de toute erreur
tabulaire, à la seule condition que l'on ait observé simultanément dans
les différents lieux un certain nombre de petites distances égales. Ce
résultat nous a paru remarquable; aussi nous n'hésitons pas à le
recommander à l'attention des marins comme pouvant être appliqué
avec avantage pour compléter le grand réseau des méridiens fondamentaux déjà créé par le Bureau des longitudes.

CHAPITRE PREMIER.

RÉGULATION DES CHRONOMÈTRES.

1. Pendule de l'observatoire. — Régler une pendule ou un chronomètre c'est déterminer : 1° son *État* par rapport au temps moyen du premier méridien ou par rapport au méridien du lieu ; 2° sa *Marche*, c'est-à-dire la variation que subit l'état dans l'espace de vingt-quatre heures de temps moyen.

Le temps moyen est fourni en principe par la pendule de l'observatoire principal, laquelle est réglée elle-même par des observations astronomiques exécutées au moyen de la lunette méridienne installée dans le plan du méridien principal.

En dehors de l'observatoire principal, il peut exister dans chaque ville des observatoires particuliers pourvus d'une lunette méridienne et d'une pendule : cette pendule donne alors immédiatement le temps moyen du lieu et en outre le temps moyen du premier méridien, si la longitude du lieu est bien connue. En désignant par T_{m0} le temps moyen du premier méridien, T_m le temps moyen du lieu et ψ la longitude de ce lieu, on a en effet la relation fondamentale :

$$T_m = T_{m0} + \psi.$$

La plupart des villes maritimes possèdent habituellement un observatoire particulier créé dans le but de fournir aux marins le temps du premier méridien et de leur permettre ainsi de régler leurs chronomètres.

Le département de la marine a fait établir auprès de chacun de ses arsenaux un observatoire spécial qui a pour objet la détermination exacte et la conservation du temps du premier méridien et qui en outre sert de dépôt aux chronomètres destinés aux bâtiments de l'État.

Les conditions à réunir dans un bon observatoire créé surtout dans le but de fournir le temps moyen sont tout d'abord les suivantes :

1° Possession de quelques bons instruments fondamentaux comme lunette méridienne, une pendule pour le temps moyen et une pendule pour le temps sidéral;

2° Une bonne installation de ces instruments;

3° La connaissance de la longitude du lieu.

Les instruments astronomiques destinés soit aux observatoires, soit aux bâtiments de l'État, sont habituellement fournis par les meilleurs constructeurs : ils sont achetés par les soins du dépôt hydrographique à Paris et envoyés ensuite dans les ports après avoir été l'objet d'une étude attentive pendant plusieurs mois.

L'installation des instruments fondamentaux dans un observatoire militaire appartient exclusivement à l'officier chargé de la direction de cet établissement. La lunette méridienne ayant été mise en place est tout d'abord employée à un grand nombre d'observations particulières dont le but est la rectification de la position de l'instrument, ou ce qui est la même chose la détermination des éléments nécessaires au calcul des erreurs instrumentales; quand la lunette a été bien rectifiée, elle est employée journellement à la détermination du temps moyen par des observations de passages au méridien : la conséquence immédiate de ces observations est en premier lieu la détermination de l'état et de la marche de la pendule et en second lieu la régulation de tous les appareils chronométriques de l'observatoire.

La longitude du lieu par rapport au premier méridien est généralement connue d'avance : elle résulte d'observations plus ou moins nombreuses exécutées à diverses époques pour la construction de la carte de France : dans tous les cas, elle peut être vérifiée par l'astronome chargé de la direction de l'observatoire au moyen d'observations de passages de la Lune au méridien.

Nous dirons quelques mots plus loin sur les observations méridiennes : pour le moment il nous suffit de savoir que la lunette méridienne est en principe un instrument installé de telle sorte que l'axe optique de la lunette décrit le plan du méridien quand on fait mouvoir la lunette autour de l'axe horizontal de suspension; au foyer de la lunette se trouve un réticule dont le fil vertical principal est exactement placé dans le plan du méridien. Il résulte de cette disposition qu'un astre passe au méridien du lieu toutes les fois que son centre vient à se projeter exactement derrière le fil principal du réticule : alors son angle horaire est nul et le temps moyen ou le temps sidéral se trouvent déterminés par les relations fondamentales

$$T_m = \alpha - \alpha_m, \qquad \theta = \alpha.$$

α étant l'ascension droite de l'astre observé et α_m l'ascension droite moyenne du Soleil; si l'on observe le Soleil, $\alpha - \tau_m$ est égale à l'équation du temps, de sorte que le temps moyen est fourni immédiatement par la valeur de cette équation à l'époque de l'observation. Les observations méridiennes permettent donc d'établir sans aucun calcul le temps moyen et le temps sidéral au moyen des éléments fournis par les Éphémérides.

On détermine le temps par les passages au méridien du Soleil de la Lune ou des étoiles. Quand on observe le Soleil, on note successivement le temps du passage de chaque bord au fil de la lunette : la moyenne des deux temps est le temps du passage du centre; en opérant de cette manière, on évite les erreurs qui pourraient provenir d'une détermination imparfaite du demi-diamètre apparent du Soleil. Pour la Lune on ne peut généralement observer qu'un seul bord, de sorte que le résultat obtenu est moins exact que celui qui résulte de l'observation précédente. Quand il s'agit d'une étoile, l'observateur bissexte à vue par le fil de la lunette le point lumineux figuré par l'étoile et note le temps correspondant. Les observations d'étoiles sont celles qui donnent généralement les mesures les plus précises.

L'exactitude des observations dépend : 1° de la perfection qui aura été apportée à la rectification de la lunette; 2° de l'habileté avec laquelle l'observateur aura su saisir les phénomènes de contact et noter les temps correspondants. On doit admettre que dans un observatoire bien tenu et organisé depuis déjà quelque temps, la rectification de la lunette méridienne ne laisse rien à désirer et que par suite il n'y a jamais lieu de craindre de ce chef une erreur de temps appréciable. Les seules erreurs qui affectent la mesure du temps dépendent donc exclusivement de l'observateur : on ne saurait se dissimuler, du reste, que les observations de ce genre sont toujours extrêmement délicates, toutes les fois que l'on veut obtenir le temps à $0^s,1$ près, approximation généralement requise dans tous les observatoires. L'astronome ayant placé son œil à l'oculaire de la lunette suit attentivement le mouvement de l'astre qui va passer au méridien en même temps qu'il écoute les battements de la pendule ou ceux d'un instrument chronométrique réglé avec le plus grand soin sur la pendule, dans le cas où celle-ci se trouverait trop éloignée de la lunette méridienne : il doit savoir juger sans hésitation l'existence du contact au fil de la lunette au moment où ce phénomène vient à se produire et noter au même instant la fraction de seconde écoulée depuis le dernier battement : on comprend aisément que cette double opération soit toujours difficile à bien exécuter et qu'elle exige au moins une très grande habitude. En réalité deux organes de l'observateur se trouvent en jeu à la fois : l'œil et l'oreille, et la précision de l'observation dépend essentiellement du degré de sensibilité de chacun de ces deux organes et de la perfection plus ou moins grande avec laquelle s'opère leur fonctionnement simultané. Quoi qu'il en soit, nous admettrons que la pendule de l'observatoire est en général réglée à $0^s,1$ près.

L'état de la pendule est la différence qui existe entre le temps moyen du premier méridien et le temps moyen accusé par la pendule. Chaque observation méridienne donne une valeur de l'état de la pendule. Ayant mesuré plusieurs états à différentes époques, on conclura des valeurs correspondantes pour la marche de la pendule en prenant les différences de deux états consécutifs : les résultats obtenus sont rapportés à vingt-quatre heures de temps moyen, la marche étant définie habituellement la quantité dont a varié l'état dans cet intervalle de temps. La marche de la pendule reste habituellement constante : dans tous les cas elle ne subit que des variations presque insensibles qui dépendent de la température. Quand l'état et la marche de la pendule ont été bien déterminés, la pendule est supposée réglée : elle devient alors l'instrument-étalon auquel on vient comparer tous les chronomètres de l'observatoire pour en calculer l'état et la marche, ou en d'autres termes pour les régler définitivement.

2. Régulation des chronomètres du bord par une comparaison avec la pendule de l'observatoire. — Les chronomètres sont des appareils d'horlogerie destinés à conserver à bord des navires le temps du premier méridien : ils ont par suite le même objet que la pendule astronomique à l'observatoire. Quels que soient les soins apportés à leur construction, les chronomètres sont beaucoup plus sensibles que les pendules aux variations de température : aussi leur marche, loin de rester constante, subit souvent des modifications dont il importe de se rendre compte. Les chronomètres doivent en conséquence être réglés le plus souvent possible. Le meilleur moyen de régler les chronomètres consiste à les comparer à la pendule de l'observatoire, ce qui peut toujours se faire quand le navire se trouve dans le voisinage d'un port militaire.

En dehors des instruments que l'on appelle plus particulièrement des chronomètres, lesquels sont presque toujours trop volumineux pour être d'un transport facile et ne doivent d'ailleurs être dérangés de l'armoire où ils sont installés que dans les cas de force majeure, il existe à bord des appareils chronométriques beaucoup plus petits et faciles à transporter en un lieu quelconque; on les appelle des *Compteurs*. On est arrivé aujourd'hui à construire ces instruments avec une précision telle qu'il arrive souvent que, vu la régularité de sa marche, un compteur peut être assimilé à un véritable chronomètre et le remplacer au besoin. Un compteur, ayant été préalablement comparé aux chronomètres, sert à bord à noter le temps dans toutes les observations astronomiques exécutées sur le pont. C'est également lui que l'on déplace quand on veut exécuter une observation à terre ou prendre une comparaison sur la pendule de l'observatoire.

Nous avons déjà dit que les comparaisons entre deux chronomètres doivent toujours être exécutées par un seul observateur, par l'officier chargé spécialement de ces instruments. Avec un peu d'habitude et d'exercice, cette opération est toujours très facile : l'observateur suit à l'œil l'aiguille des secondes de l'un des chronomètres en même temps qu'il écoute les battements du second, et il note les temps des deux instruments quand il le juge à propos. La difficulté que nous avons signalée au sujet des observations méridiennes ne se présente plus ici, parce que l'observateur n'est pas tenu de saisir le temps d'un phénomène instantané qui ne se produit qu'une fois : si une comparaison ne paraît pas satisfaisante, on peut toujours la recommencer ; on doit même en prendre toujours plusieurs de manière à pouvoir, en comparant les différences des états correspondants, s'assurer de la valeur des résultats. Quand les comparaisons ont été bien faites, les états qui résultent de chacune d'elles ne doivent pas être en différence de plus de $0',2$; on doit même s'efforcer de pousser l'approximation encore plus loin et chercher à obtenir des comparaisons exactes à $0',1$ près.

Après avoir pris une bonne comparaison du compteur avec les différents chronomètres du bord, on se transporte à l'observatoire avec le compteur, et l'on compare ce dernier avec la pendule ; on prend encore plusieurs comparaisons de manière à pouvoir contrôler les résultats les uns par les autres. Ces résultats ayant paru satisfaisants, il faudra prendre note de l'état de la pendule par rapport au premier méridien ; cet état se trouve habituellement consigné sur un registro spécial déposé à côté de la pendule. La comparaison terminée, l'observateur revient à bord et compare de nouveau le compteur aux autres chronomètres. Il possède alors tous les éléments nécessaires pour régler tous ses instruments par rapport au temps du premier méridien.

Pour obtenir les marches avec une assez grande certitude, il est indispensable de recommencer plusieurs fois l'opération qui vient d'être indiquée. Il sera bon en général de laisser entre les époques de chaque comparaison un intervalle de quelques jours, de manière que les comparaisons extrêmes embrassent un espace de temps plus considérable et que les marches moyennes calculées présentent plus de garantie. Il n'y aurait lieu de s'astreindre à renouveler les comparaisons pendant plusieurs jours consécutifs que dans le cas où les marches des chronomètres paraîtraient très irrégulières ; mais alors, le fait ayant été bien établi, il faudrait demander immédiatement à remplacer ces instruments par d'autres plus parfaits.

La comparaison à la pendule de l'observatoire est le moyen le plus sûr que l'on puisse employer pour régler les chronomètres. Il est vrai que ce procédé exige trois comparaisons : d'où trois causes d'erreur ; mais il n'en est aucun autre qui ne présente le même inconvénient. Les erreurs de comparaison se compensent le plus souvent ; mais elles peuvent s'ajouter. Toutefois, l'erreur totale résultant de la somme des erreurs partielles pourra être estimée le plus souvent à 0',4 ou 0',5 quand les comparaisons auront été prises par un bon observateur. Il arrive bien rarement que les chronomètres d'un navire soient réglés avec une pareille précision.

3. Régulation des chronomètres par comparaison sur un signal de l'observatoire. — Dans le but d'éviter aux marins la peine de se transporter à l'observatoire pour y prendre des comparaisons, on a établi, près de la rade, des signaux faciles à distinguer qui permettent de faire connaître le temps moyen du lieu à des époques déterminées d'avance. Le signal ordinairement employé est une boule qui se hisse le long d'un mât placé sur la terrasse de l'observatoire ou dans un lieu voisin, mais dans tous les cas facile à apercevoir des différents points de la rade. La boule, se trouvant hissée en tête du mât, y reste suspendue pendant quelques instants : sa chute indique le temps moyen du lieu. Pour cela, cette chute est commandée par une communication électrique dont l'origine se trouve auprès de la pendule. Un observateur interrompt brusquement la communication au moment où la pendule indique le temps dont on est convenu, la boule tombe et signale ainsi l'heure temps moyen du lieu. Cette opération se recommence habituellement deux ou trois fois à quelques minutes d'intervalle, de manière que l'on puisse toujours prendre au moins une bonne comparaison dans le cas où l'on aurait été surpris. Sur rade, à bord de chaque navire, aussitôt que la boule vient d'être hissée, et même quelques minutes avant, le compteur est transporté sur le pont après avoir été comparé avec soin aux autres chronomètres. Il est assez difficile de veiller à la fois la boule et les battements du compteur à cause des bruits environnants. Si la comparaison de deux chronomètres par un seul observateur est toujours possible dans une chambre bien close, elle est généralement impraticable en plein air : cela tient au bruit du vent et à une foule d'autres dont on ne se rend pas compte au premier abord, mais dont on a immédiatement conscience quand on veut faire de bonnes observations. Il peut arriver aussi que la boule soit assez éloignée pour qu'il devienne indispensable de l'observer avec le secours d'une longue-vue. Dans ce cas, il y a encore moins lieu de songer à suivre à l'oreille les battements du compteur. Finalement, il faudra avoir recours à un observateur intermédiaire qui veillera la chute de la boule et l'annoncera par un mot bref, de manière que celui qui veille le compteur puisse noter le temps avec toute la précision possible. Comme dans ce mode de comparaison on signale le temps moyen du lieu, il n'est pas nécessaire d'avoir l'état de la pendule; il suffit de connaître la longitude du lieu.

La comparaison par signal est loin de donner des résultats aussi exacts que la comparaison directe à la pendule. Il faut remarquer, en effet, que cette comparaison exige trois observations et qu'elle dépend en outre d'un phénomène mécanique qui, théoriquement, doit se produire instantanément à une époque déterminée, mais qui, en réalité, laisse toujours à désirer, eu égard à des imperfections inhérentes à la construction. Il se présentera donc toujours dans ce système de comparaison plusieurs erreurs qui pourront, il est vrai, se compenser dans une certaine limite, mais qui aussi sont susceptibles de s'ajouter entre elles. Dans les conditions les plus favorables, il est douteux que la comparaison par signal permette d'établir l'état d'un chronomètre avec une approximation plus grande que 0',7 ou 0',8.

4. Régulation des chronomètres par un angle horaire. — L'observateur, ayant comparé le compteur avec les autres chronomètres, se transporte à terre avec cet instrument; il se fait accompagner par un auxiliaire pour compter le temps, car il est généralement impossible de mesurer des hauteurs et de compter le temps simultanément, surtout quand on opère en plein air. Le point de la côte choisi pour station peut être quelconque; sa longitude sera en général donnée par la carte avec toute la précision désirable. S'il existait dans le voisinage de la rade un lieu dont la longitude aurait été déterminée avec soin par des observations antérieures, il serait bon de le choisir de préférence.

Les observations de hauteur ont habituellement pour objectif le Soleil. On pourrait avec avantage opérer la nuit et observer les étoiles. Toutefois, les observations de nuit ne sont généralement pas usuelles; elles présentent d'ailleurs des difficultés matérielles qui les rendent peu pratiques. On observe donc le plus souvent l'un des bords du Soleil en se servant d'un horizon artificiel. Il faut éviter avec soin d'observer à l'horizon de la mer : la dépression de l'horizon donnerait lieu à des erreurs qui pourraient nuire d'une manière très sensible à la précision des observations. L'horizon artificiel est ordinairement un bain d'huile ou de mercure dont la surface reste horizontale en vertu de l'action de la pesanteur. On se sert quelquefois d'une glace pouvant s'installer horizontalement avec des vis calantes. Un horizon de cette nature est difficile à bien établir, et donne toujours lieu à des erreurs; aussi la surface liquide est-elle de beaucoup préférable. A cause de la mobilité du liquide qui est très forte pour les horizons à mercure, il faut, autant que possible, observer dans un lieu éloigné des mouvements de voiture ou en général de tous ceux qui, en ébranlant le sol, maintiennent le liquide dans un état d'agitation fort gênant. L'observateur, ayant disposé convenablement son horizon, observe l'angle formé par l'un des bords du Soleil avec le bord correspondant de l'image réfléchie dans l'horizon; l'angle mesuré est égal au double de la hauteur observée : il en résulte que la hauteur qui convient à l'observation est égale à la moitié de l'angle observé, déduction faite des erreurs instrumentales. Pendant que l'observateur principal exécute avec un instrument à réflexion les mesures de hauteur, le second observateur compte les secondes au compteur, note les secondes et fractions de seconde au moment où le premier, prenant un contact, l'annonce par un mot bref, et inscrit immédiatement sur un carnet le temps de l'observation et l'angle correspondant qui lui est donné aussitôt après la lecture instrumentale.

Dans ce mode d'observation, la précision du résultat dépend principalement du degré d'exactitude de la hauteur. Or, quoi qu'on fasse, les instruments employés ordinairement en navigation donnent toujours des erreurs de hauteur relativement grandes. Ces erreurs proviennent des causes suivantes : 1° du défaut d'appréciation du contact; 2° de l'imperfection de la lecture du limbe; 3° de l'incertitude qui peut exister sur l'erreur instrumentale; 4° enfin du défaut de parallélisme des faces du grand miroir, défaut qui peut entraîner des erreurs de quelques secondes dans la mesure des grands angles. Tenant compte de toutes ces causes d'erreurs, il est difficile d'admettre que le meilleur observateur soit en droit d'affirmer sa mesure de hauteur avec une approximation plus grande que 6″. Si les circonstances sont favorables pour l'observation, cette erreur de 6″ en entraînera généralement une de 9″, c'est-à-dire de $0^s,6$ sur l'angle horaire pour les latitudes moyennes. Si à cette erreur, due exclusivement à la mesure de hauteur, on ajoute les erreurs de comparaison et particulièrement celle qui résulte de la nécessité de l'emploi d'un observateur auxiliaire, on arrive facilement à conclure que l'observation d'angle horaire peut donner une approximation de 1^s dans la détermination du temps et par suite dans celle de l'état des chronomètres et qu'on ne saurait répondre d'une exactitude plus grande. Il y a lieu d'ajouter que ce degré de précision, tout faible qu'il puisse paraître, ne peut être atteint qu'à la condition que les mesures instrumentales seront aussi bonnes que possible et qu'en second lieu les réductions de hauteur auront été exécutées avec un soin minutieux, ces réductions étant toujours calculées au moins à $0^s,1$ près. Il doit résulter de tout ce qui précède que la méthode de régulation qui vient d'être exposée est assez imparfaite : aussi ne doit-elle être appliquée qu'à défaut d'autres. Malheureusement elle est généralement la seule qui soit à la disposition des marins, les navires en cours de campagne ne se trouvant à proximité d'un bon observatoire que dans des circonstances fort rares et pour ainsi dire tout à fait exceptionnelles.

5. Calcul de l'état et de la marche des chronomètres. — Chaque comparaison, quelle que soit sa nature, donne une valeur de l'état du chronomètre; appelant T_m le temps moyen du lieu, T_{ch} le temps correspondant du chronomètre, E l'état par rapport au temps moyen T_m,

$$T_m = T_{ch} + E.$$

Si l'on veut l'état absolu, c'est-à-dire l'état par rapport au temps du premier méridien, il faudra remplacer T_m par $T_{m_0} - \psi$, T_{m_0} étant le temps moyen du premier méridien et ψ la longitude du lieu ; alors

$$T_{m_0} = T_{ch} + E + \psi.$$

d'où, en désignant par E_0 l'état absolu,

$$E_0 = E + \psi.$$

En d'autres termes, l'état absolu est égal à l'état relatif par rapport au méridien du lieu augmenté de la longitude du lieu.

Ayant mesuré deux états E_1, E_2 à des époques différentes, leur différence fera connaître la variation de l'état dans l'intervalle de temps correspondant ; on rapportera cette variation à 24 heures de temps moyen et l'on obtiendra la marche du chronomètre ; il sera facile d'en conclure l'état absolu à midi T. M. du lieu ou T. M. de Paris.

EXEMPLE. *Le 1er juillet 1877, dans un lieu situé par $1^h 40^m 50^s$ de longitude (ouest), à $2^h 25^m 29^s$ T. M. du lieu, l'état E_1 d'un chronomètre a été trouvé $2^h 22^m 10^s,50$; le 6 juillet, à $3^h 31^m 44^s$ T. M. du lieu, cet état était égal à $E_2 = 2^h 22^m 50^s,6$; trouver l'état absolu et la marche du chronomètre.*

$$E_2 = 2^h 22^m 50^s,60$$
$$E_1 = 2\ 22\ 10\ ,50$$
$$\Delta E = E_2 - E_1 = 0^h 00^m 40^s,10$$

L'état du chronomètre a varié de $40^s,10$ du 1er au 6 juillet, c'est-à-dire dans l'intervalle de 5 fois 24 heures T. M., plus la différence des heures des observations

$$1^{re}\ \text{observation}\quad 2^h 25^m 29^s$$
$$2^{me}\quad -\quad 3\ 31\ 44$$
$$1^h 06^m 15^s$$

L'intervalle des deux observations est donc $24^h \times 5 + 1^h 06^m 15^s$; la variation d'état qui lui correspond est égale à $40^s,10$; il faut rapporter cette variation à un intervalle de 24^h T. M., en admettant implicitement que la marche est restée sensiblement constante dans l'intervalle des observations. La marche M se calculera alors par la proportion :

$$\frac{M}{24} = \frac{40,10}{24 \times 5 + 1^h06^m15^s}.$$

Pour l'exécution du calcul numérique, il y a lieu de transformer les minutes et secondes en fractions décimales d'heure :

$$6^m = 0^h,1 ; \quad 15^s = 0^h,0042.$$

$$1^h06^m15^s = 1^h,1042$$

$$M = \frac{40^s,10}{5 + \frac{1.1042}{24}} = \frac{40^s,10}{5,046} = 7^s,95.$$

La marche moyenne dans l'intervalle des observations aura été égale à $+7^s,95$; il y a lieu de lui donner le signe $+$ parce que $E_2 - E_1 > 0$.

La comparaison a donné l'état du chronomètre pour $3^h31^m44^s$ T. M. du lieu ; il faut maintenant, au moyen de la marche obtenue, rapporter cet état à midi moyen.

$$\frac{7^s,95}{24^h \text{ ou } 86\,400} = \frac{x}{3^h31^m44^s}.$$

On trouvera, soit par un petit calcul de parties proportionnelles, soit par un calcul logarithmique :

$$x = 1^s,17,$$

d'où

$$E_m = E_2 - x = 2^h22^m09^s,33.$$

Tel sera l'état du chronomètre à midi, par rapport au temps moyen du lieu, ajoutant à ce résultat la longitude du lieu $1^h40^m50^s$, on obtiendra $4^h02^m59^s,33$; ce sera l'état par rapport au méridien de Paris à l'époque de midi T. M. du lieu. Si l'on voulait l'état absolu à midi T. M. de Paris, il faudrait remarquer que d'après la longitude du lieu il est $1^h40^m50^s$ à Paris quand il est midi pour ce lieu ; l'état obtenu correspond donc à $1^h40^m50^s$ T. M. de Paris ; il y a lieu de retrancher la variation d'état qui s'applique à cet intervalle pour obtenir l'état absolu à midi T. M. de Paris ; on trouvera avec la marche que cette variation est égale à $0^s,56$, d'où il faudra conclure :

État absolu à midi T. M. de Paris $= 4^h02^m38^s,77.$

Si la marche restait constante, au moins pendant une assez longue période de temps, on pourrait songer à en déterminer la valeur la plus probable par la méthode des moindres carrés. Pour cela, le mode de comparaison restant le même, c'est-à-dire donnant toujours une approximation équivalente, il faudrait calculer plusieurs états à diverses époques; il en résulterait un grand nombre d'équations de condition, donnant chacune la marche du chronomètre que l'on traiterait par la méthode des moindres carrés. Mais la marche ne reste pas constante; elle ne peut guère être supposée telle que dans un intervalle très limité; elle est en réalité modifiée sans cesse par plusieurs causes perturbatrices dont il sera dit quelques mots tout à l'heure. D'un autre côté, l'état lui-même peut subir dans certains cas des altérations brusques à la suite desquelles la marche éprouve des variations sensibles. Il en résulte que le calcul par les moindres carrés ne peut en général donner aucun résultat satisfaisant; il n'y a jamais lieu de l'appliquer.

6. Des causes perturbatrices de la marche des chronomètres. — La marche d'un chronomètre est en réalité une fonction complexe de la température et de l'âge du chronomètre qu'il n'est possible d'établir d'une manière suffisamment approchée qu'à la suite d'observations exécutées pendant un laps de temps considérable. Au dépôt hydrographique, aussi bien que dans les observatoires des arsenaux, l'état des chronomètres est déterminé tous les jours avec le plus grand soin; il en résulte des valeurs de marche qui permettent d'établir assez exactement, par des procédés empiriques, la relation qui existe au moins entre la marche et la température. Malheureusement l'expérience a démontré que les relations ainsi obtenues ne conviennent plus quand le chronomètre a été transporté à bord, de sorte qu'il importe d'en calculer de nouvelles.

Dans les pendules astronomiques, le rouage est mis en mouvement par la chute d'un poids et la régularité de ce mouvement est assurée par les oscillations d'un balancier; la force motrice est par suite la pesanteur, c'est-à-dire une force constante; le mouvement de l'appareil reste uniforme et ne peut subir d'accélération qu'autant que la durée des oscillations vient à changer. Comme le balancier est une pièce métallique portée par une tige métallique, il est en réalité soumis aux influences de la température, de sorte qu'il peut s'allonger en vertu de la dilatation; il en résulte une variation dans la durée de l'oscillation. Par un système de compensation bien entendu, on arrive à maintenir la longueur du balancier sensiblement constante; la compensation n'est, il est vrai, jamais rigoureusement parfaite, mais elle peut être regardée comme suffisante. Il résulte de là que si la marche de la pendule n'est pas absolument constante, elle est une fonction très simple de la température toujours facile à déterminer :

$$M = M_0 + a(t - t_0),$$

en appelant M et M_0 les marches aux températures t et t_0, et a une constante toujours très faible à déterminer par l'expérience.

Dans les chronomètres, le moteur est un ressort en acier et le régulateur un petit volant métallique qui oscille autour d'un pivot. Le ressort en acier qui sert de moteur, ayant été tendu au remontage, se détend en vertu de son élasticité naturelle et met en mouvement tout le rouage de l'appareil; la force motrice est alors l'élasticité de l'acier; cette force reste constante si la composition moléculaire du métal ne varie pas. Or l'expérience a appris que l'acier aussi bien que le fer subit à la longue des modifications moléculaires qui s'accentuent de plus en plus avec le temps; les observations microscopiques ne laissent à cet égard aucun doute. La structure moléculaire d'une pièce d'acier qui a déjà fait un certain usage paraît tout à fait différente de ce qu'elle était à l'époque de sa fabrication; ce phénomène est d'autant plus sensible que la pièce a été soumise plus souvent à des mouvements vibratoires ou à des chocs violents. Les mouvements qui se produisent dans la constitution moléculaire de l'acier ont pour conséquence des altérations correspondantes dans les propriétés du métal; l'élasticité, loin de rester constante, se modifie sensiblement avec le temps. Cet état de choses se traduit dans les chronomètres par des variations de marche habituellement très lentes, mais susceptibles de devenir à la longue des perturbations appréciables; ces variations ont toujours une influence très faible sur les observations journalières, au moins pendant un certain temps; mais il se présente aussi quelquefois un autre phénomène qui pourrait avoir des conséquences graves s'il passait inaperçu; il arrive, probablement sous l'influence d'une modification brusque dans l'équilibre moléculaire de l'acier, que l'état change tout à coup de plusieurs secondes, après quoi le chronomètre prend une nouvelle marche. Cet accident, qui équivaut à un dérangement complet du chronomètre, est toujours mis en évidence par la comparaison journalière des chronomètres entre eux.

Le volant ou balancier qui sert à régulariser le mouvement est soumis aux variations de température; il est, en conséquence, l'objet d'une compensation absolument comme les balanciers de pendule à poids.

Cette compensation présente toujours de grandes difficultés pratiques à cause des petites dimensions des pièces métalliques; aussi les artistes, quelle que soit leur habileté, sont-ils loin d'obtenir, pour les balanciers des chronomètres, une perfection comparable à celle à laquelle on est arrivé pour les pendules; il en résulte que la marche des chronomètres est, en général, affectée d'une manière très sensible par la température.

Une autre cause perturbatrice de la marche est le frottement des pivots; ce frottement devient de plus en plus grand avec le temps, les huiles s'oxydant à l'air et finissant par s'épaissir. Les chronomètres sont supposés habituellement pouvoir servir pendant quatre ans; au bout de ce temps, ces instruments sont renvoyés aux constructeurs, qui les visitent et en changent les huiles.

La connaissance de l'état et la marche des chronomètres étant indispensable à la mer et ces éléments ne pouvant être contrôlés en cours de navigation par des observations astronomiques, on a fait de nombreuses recherches dans le but d'établir au moins une formule empirique pouvant permettre d'estimer la marche, indépendamment des observations, et de calculer, par suite, l'état à une époque quelconque. Les premiers travaux sérieux qui aient été faits à ce sujet sont dus à M. Lieussou, ingénieur hydrographe de la marine. A la suite d'un très grand nombre d'observations exécutées sur les chronomètres du dépôt hydrographique, ce savant a donné pour la marche la formule suivante :

$$M = M_0 + A(T - t)^2 + Bx.$$

M est la marche à la température t, M_0 la marche initiale à la température T au moment où l'instrument sort de chez le constructeur, x l'âge des huiles, A et B deux constantes. M. Lieussou n'a pas tenu compte dans sa formule des variations de l'élasticité de l'acier; la perturbation qui en résulte doit être regardée comme implicitement comprise avec celle qui dépend de l'âge des huiles dans le terme Bx.

L'usage de la formule de M. Lieussou suppose le calcul préalable de quatre constantes M_0, A, T et B, et, par suite, quatre observations de marche bien distinctes.

La constante B s'obtiendra toujours très facilement à l'aide de deux observations faites à la même température t, mais à des époques suffisamment éloignées, distantes de plusieurs mois, par exemple. Appelant M_1 et M_2 les deux marches, x_1 et x_2 les deux époques correspondantes, on aura immédiatement en retranchant les deux résultats l'un de l'autre

$$M_2 - M_1 = B(x_2 - x_1),$$

d'où

$$B = \frac{M_2 - M_1}{x_2 - x_1}.$$

Le temps x s'exprime en prenant l'année pour unité.

Le calcul des trois autres constantes est un peu plus long; il suppose trois observations faites à des températures différentes t_1, t_2, t_3; soient M_1, M_2, M_3 les marches correspondantes, la valeur numérique de Bx étant supposée renfermée dans M,

$$M_1 = M_0 + AT^2 - 2ATt_1 + At_1^2.$$

Soient

$$M_0 + AT^2 = N \quad \text{et} \quad -2AT = P,$$

l'équation devient

$$M_1 = N + Pt_1 + At_1^2.$$

Chaque observation donnera une équation analogue :

$$M_2 = N + Pt_2 + At_2^2,$$
$$M_3 = N + Pt_3 + At_3^2.$$

Retranchant la première de la seconde et la seconde de la troisième pour éliminer N :

$$M_2 - M_1 = P(t_2 - t_1) + A(t_2^2 - t_1^2),$$
$$M_3 - M_2 = P(t_3 - t_2) + A(t_2^3 - t_2^2),$$

équation du premier degré en A et en P que l'on résoudra par la méthode ordinaire :

$$A = \frac{(M_2 - M_1)(t_3 - t_2) - (M_3 - M_2)(t_2 - t_1)}{(t_2^2 - t_1^2)(t_3 - t_2) - (t_3^2 - t_2^2)(t_3 - t_1)},$$
$$P = \frac{(M_3 - M_2)(t_2^2 - t_1^2) - (M_2 - M_1)(t_3^2 - t_2^2)}{(t_2^2 - t_1^2)(t_3 - t_2) - (t_3^2 - t_2^2)(t_2 - t_1)}$$

Comme $P = -2AT$, on aura

$$T = -\frac{P}{2A}.$$

La valeur de M_0 résultera soit de l'équation primitive

$$M_0 = M_1 - AT^2 + 2ATt_1 - At_1^2 = M_1 - \frac{P^2}{4A} - Pt_1 - At_1^2,$$

soit de la valeur de N calculée avec l'une quelconque des équations de condition

$$N = M_1 - Pt_1 - At_1^2,$$
$$M_0 = N - AT^2 = N - \frac{P^2}{4A}.$$

Les constantes ayant été calculées avec soin à la suite de bonnes observations, l'expérience démontre que la formule Lieussou, donne, en général, de bons résultats à l'observatoire, sous la condition toutefois que les chronomètres ne subissent pas de déplacements. A partir du jour où les chronomètres ont été transportés à bord, la marche se modifie presque aussitôt; un nouvel état d'équilibre semble s'établir dans l'appareil; les constantes calculées à l'observatoire ne conviennent plus et il y a lieu de les déterminer de nouveau. Comme une formule susceptible de donner à la mer la marche des chronomètres avec une certaine approximation est nécessairement très précieuse, il y a toujours lieu de songer à l'établir; il faudra, en conséquence, se préoccuper de bonne heure de réunir les éléments nécessaires au calcul des constantes, et, dans ce but, inscrire la température sur le registre des chronomètres toutes les fois que l'on déterminera un état.

Ce n'est qu'après un certain temps, par exemple au bout de plusieurs mois, que l'on pourra obtenir la constante B; mais comme le terme qui la renferme est toujours très petit, du moins dans le principe, on négligera tout d'abord ce terme d'une manière absolue, et l'on se contentera de calculer provisoirement les trois autres constantes aussitôt que l'on aura obtenu des observations à des températures suffisamment différentes.

Quand le calcul des constantes aura été fait, il ne faudra pas s'attendre à trouver les marches données par la formule entièrement d'accord avec celles qui résulteront des observations astronomiques, et cela surtout quand l'installation des chronomètres à bord sera de date récente. Le mouvement général de l'instrument ne prend, en réalité, son état normal qu'au bout d'un certain temps; il peut d'ailleurs éprouver des modifications à la suite d'accidents particuliers. Nous avons déjà fait remarquer que l'état subit quelquefois un changement brusque en même temps que la marche varie sensiblement; toutes les fois que la variation d'état est notable, elle est accusée immédiatement par une comparaison des chronomètres entre eux; mais si elle est faible, on la confond ordinairement avec la variation de marche. De là une cause d'erreur dont il faut toujours se défier. Supposons, par exemple, qu'on ait déterminé l'état d'un chronomètre pendant deux jours consécutifs et que dans l'intervalle des observations l'état ait varié d'une quantité α; on sera évidemment conduit à prendre pour marche, non pas la marche réelle M, mais la marche $M + \alpha$; si alors on veut estimer l'état du chronomètre après n jours, on prendra

$$E = E_0 + n(M + \alpha)$$

au lieu de

$$E = E_0 + \alpha + nM.$$

L'erreur commise sera due uniquement à ce que l'on aura affecté la marche d'une variation qui appartenait à l'état. Il suffit d'énoncer ce fait pour faire comprendre quelles conséquences peuvent en résulter et dans le calcul des constantes de la formule Lieussou et dans l'application de cette formule pour la détermination de la marche.

Ce n'est ordinairement qu'au bout d'un certain temps, quand on se sera rendu compte de la marche d'un chronomètre par une discussion minutieuse basée soit sur des observations astronomiques, soit sur des comparaisons des chronomètres entre eux, et que l'on aura calculé les constantes à plusieurs reprises, qu'il sera possible d'avoir une formule qui rende un compte exact des phénomènes observés.

Mais toutes les fois que cette formule ayant été bien calculée aura donné des resultats satisfaisants pendant un certain laps de temps, il y aura lieu de lui accorder confiance, sauf à se tenir en garde contre les variations d'état. Si une anomalie importante venait à se produire, il ne faudrait pas se hâter de déclarer la formule mauvaise et de la rejeter comme telle; il sera préférable alors de la compléter par un terme complémentaire dont on étudiera l'influence par des observations ultérieures. Si ce terme paraît varier avec la température et avec le temps, il y aura lieu de calculer de nouveau les constantes de la formule, les anciennes ne convenant plus; mais si ce terme se traduit par une correction constante, il est évident qu'il correspond à une variation qui s'est produite dans l'état du chronomètre, et que, par suite, la formule pourra être conservée sans modifications.

Depuis les travaux de M. Lieussou, de nombreuses recherches ont été faites soit par les marins, soit par les astronomes dans le but d'établir une formule simple et pratique susceptible de donner à la mer la marche d'un chronomètre en fonction de la température et de l'âge de l'instrument. En réalité, la résolution du problème n'a pas été beaucoup avancée; d'un côté, comme formule empirique, celle de M. Lieussou est restée de beaucoup la plus commode, le degré d'approximation des résultats demeurant sensiblement le même; d'un autre côté, au point de vue théorique, la solution analytique du problème échappe jusqu'à présent à toutes les investigations, par suite de l'ignorance où l'on se trouve des lois qui président aux modifications moléculaires dans la structure de l'acier. Nous devons citer pourtant à ce sujet la formule obtenue par M. Yvon Villarceau à la suite d'importantes recherches analytiques sur la marche des chronomètres (*). En appelant M la marche d'un chronomètre à la température t et à l'époque x, cet astronome est arrivé à la formule suivante

$$M = M_0 + a(x-x_0) + b(t-T) + c(t-T)^2 + d(x-x_0)(t-T) + e(x-x_0)^2.$$

M_0 est une constante qui représente la marche initiale à l'époque x_0 et

---

(*) *Annales de l'Observatoire*, tome VII.

à la température T; a, b, c, d, e sont cinq autres constantes à déterminer par l'observation, de sorte qu'en réalité l'usage de cette formule à la mer suppose le calcul de huit constantes, à la suite d'observations convenablement choisies. Si l'on néglige les termes qui dépendent de l'âge du chronomètre, la formule devient

$$M = M_0 + b\,(t - T) + c\,(t - T)^2;$$

c'est-à-dire celle de M. Lieussou, sauf le terme du premier ordre $b(t-T)$, qui en réalité est toujours très faible. Les deux formules se trouvent ainsi tomber d'accord dans une certaine limite et établir que la marche des chronomètres dépend principalement du carré de la différence des températures $(t - T)$.

La formule de M. Yvon Villarceau est assurément plus exacte que celle de M. Lieussou, mais comme elle ne tient pas compte des influences moléculaires qui altèrent l'élasticité de l'acier, elle ne saurait être regardée comme absolue. Or ce sont ces influences moléculaires qui font changer l'état des chronomètres, et cela brusquement, de sorte que la loi qui préside à la marche de l'instrument ne peut être représentée par une fonction continue que dans un intervalle de temps limité. Dans ces conditions, il devient extrêmement difficile de tenir compte de la variation de marche due à l'âge du chronomètre. Il est pratique, dans les calculs de mer, d'en faire abstraction d'une manière complète; on sera alors conduit à se servir, soit de la formule Lieussou

$$M = M_0 + A\,(t - T)^2,$$

soit de celle de M. Yvon Villarceau simplifiée

$$M = M_0 + b\,(t - T) + c\,(t - T)^2,$$

en y ajoutant au besoin une terme complémentaire fonction du temps, terme qui, en réalité, sera toujours très faible. Ce terme n'a, en effet, de raison d'être qu'à la condition que la fonction qui représente la marche demeure continue et que les constantes restent applicables. Toutes les fois qu'il y aura lieu de calculer de nouvelles constantes, et cela arrivera fréquemment, une fois au moins dans le cours de chaque voyage un peu long, l'ancien terme fonction du temps se traduira par une constante qui se confondra avec M_0 et T, de sorte que le nouveau coefficient du terme fonction du temps, qui est toujours très petit, ne sera sensible qu'au bout d'un intervalle de temps notable à partir de l'époque du calcul des constantes relatives à la température.

7. Usage de plusieurs chronomètres à bord. — Les règlements de la marine exigent, à bord des bâtiments de l'État, la présence d'au moins trois chronomètres; toutefois, sur les petits navires, eu égard au petit espace dont on dispose, l'un des chronomètres est habituellement remplacé par un compteur. Comme les compteurs ont une régularité de marche comparable à celle des chronomètres, cela est ordinairement suffisant; il vaut mieux pourtant, en principe, avoir trois chronomètres; le compteur, étant soumis à des déplacements fréquents, est toujours exposé à éprouver quelque accident.

On peut dire que la sécurité exige toujours trois chronomètres ou, en général, trois montres marines, le compteur compris. Deux chronomètres seulement ne présentent de garantie qu'autant qu'ils marchent d'accord. Si, chose toujours possible, l'un des deux vient à se déranger à la mer, comme il est impossible de savoir lequel, il n'y a aucune raison d'accorder confiance à l'un plutôt qu'à l'autre. Quant à ce qui est de n'avoir qu'un seul chronomètre à bord, il n'y faut pas songer. Cet instrument, loin d'être un motif de sécurité, ne tarderait pas à devenir une cause de danger, rien, en effet, n'étant susceptible de faire connaître les perturbations qui peuvent modifier son état ou sa marche.

Quand on possède trois chronomètres à bord d'un navire, la comparaison journalière de ces instruments peut fournir des indications sur les variations de marche ou d'état qui viennent à se produire; de là une véritable garantie pour la sécurité de la navigation. Non-seulement alors on est averti immédiatement de toute perturbation brusque, mais il devient aussi possible, du moins dans une certaine mesure, à la suite de discussions attentives, de déterminer les variations de marche. Supposons qu'étant donnés trois chronomètres n° 1, n° 2, n° 3, l'état du chronomètre n° 1 change tout à coup, comme le fait de deux chronomètres venant à se déranger à la fois est chose tout à fait improbable, il arrivera que les chronomètres n° 2 et n° 3, étant restés d'accord entre eux, ne le seront plus avec le n° 1. On sera donc averti immédiatement que le chronomètre n° 1 s'est dérangé. Les observations ultérieures indiqueront ensuite si la variation qui s'est produite se traduit par une constante, et doit alors être reportée sur l'état, ou si cette variation dépendant de la température doit être attribuée à un changement de marche. L'application de la formule Lieussou ou de celle de M. Yvon Villarceau, jointe à la discussion des comparaisons, ne manquera pas de rendre, dans ce cas, de véritables services. Nous n'insisterons pas davantage sur ce sujet; il doit paraître évident que, en pareille matière, la pratique et l'expérience sont plus instructives que toutes les considérations théoriques.

CHAPITRE II.

CALCUL DES LONGITUDES. — OBSERVATIONS MÉRIDIENNES.

1. Définition. — La différence des longitudes de deux lieux à la surface de la Terre a été définie la différence des temps de ces deux lieux, ces temps étant d'ailleurs quelconques, mais tous les deux de même nature. Mesurer la différence des longitudes de deux points donnés, c'est donc déterminer simultanément les temps de ces deux points et en prendre la différence. Si le méridien de l'un des deux points est pris pour origine ou méridien principal, sa longitude sera égale à 0 et et la différence des longitudes deviendra la longitude du deuxième point par rapport au premier : elle sera égale à la différence entre le temps T du lieu avec le temps T_0 du premier méridien, de sorte que

$$T_0 = T + \psi \quad \text{ou} \quad \psi = T_0 - T.$$

On peut toujours déterminer le temps moyen du lieu, sinon très exactement, du moins avec une approximation plus que suffisante, soit par une observation de passage du Soleil au méridien, soit par un calcul d'angle horaire ; une observation d'étoile donnerait d'ailleurs le temps sidéral du lieu avec toute la précision voulue, soit lors du passage au méridien auquel cas $\theta = \alpha$, soit par une mesure de hauteur, l'ascension droite et la déclinaison de l'étoile restant constantes. Le problème du calcul de la longitude a alors uniquement pour objet la détermination exacte du temps du premier méridien.

Quand les deux points dont on veut établir la différence de longitudes ne sont pas très éloignés l'un de l'autre, il est très facile de résoudre le problème au moyen d'un signal instantané visible des deux stations : la pendule de chaque station ayant en effet été réglée avec soin, soit sur le temps moyen, soit sur le temps sidéral du lieu, il suffira de noter le temps à l'apparition du signal : la différence des

deux temps obtenus donnera immédiatement la différence des longitudes. Ce procédé est spécialement employé dans les opérations géo-
désiques : il ne saurait évidemment convenir qu'à des distances relativement peu considérables ; si les deux stations sont très éloignées,
il y a lieu d'avoir recours à des signaux instantanés d'un autre ordre,
à ceux, par exemple, que peuvent nous donner les phénomènes célestes. La découverte du télégraphe électrique a toutefois permis
d'augmenter considérablement, à la surface de la Terre, les distances
auxquelles on était autrefois obligé de limiter l'usage des signaux
artificiels. Eu égard à la vitesse de l'électricité, il est en effet possible
aujourd'hui, avec un fil télégraphique, de produire un signal instantané à deux stations très éloignées l'une de l'autre. L'emploi d'instruments particuliers appelés *Chronographes* a permis en outre de donner
à la détermination des longitudes, basée sur l'usage du télégraphe
électrique, un degré de précision impossible à réaliser avec aucune
autre méthode.

**2. Détermination de la longitude avec les chrono-
graphes.** — Les appareils connus sous le nom de *chronographes* sont
en général construits de la manière suivante : un cylindre vertical sur
lequel est enroulé une feuille de papier est animé d'un mouvement uniforme autour de son axe de manière à exécuter sa révolution complète
dans un temps déterminé, par exemple dans l'espace d'une minute ;
un style, terminé par une pointe de crayon ou un petit pinceau imbibé
d'encre se meut de haut en bas, parallèlement aux génératrices du
cylindre : il résulte de là que la pointe du style, se trouvant en contact
avec la surface du cylindre, décrit un arc d'hélice à chaque révolution
du cylindre, et que la feuille de papier ayant été déroulée, les divers
arcs d'hélice y seront figurés par des droites parallèles. Cela posé,
imaginons que le style soit commandé par un électro-aimant, de manière à ne pouvoir toucher la surface du cylindre qu'au moment du
passage du courant électrique ; il sera possible alors, en établissant
le courant à volonté, de faire enregistrer le temps sur le cylindre
toutes les fois qu'on le voudra. Le passage du courant est déterminé
en premier lieu par le balancier de la pendule : à chaque battement,
la communication s'établit, de sorte que si l'intervalle de deux battements est égal à une seconde, le chronographe enregistre les secondes de la pendule, et à chaque seconde correspond un petit trait
de la feuille de papier enroulée sur le cylindre. Une disposition particulière permet en outre à l'observateur qui est placé à la lunette
méridienne d'établir la communication électrique indépendamment
du balancier de la pendule : pour cela, il lui suffit de presser légèrement un bouton ou une petite clef placés à la portée de sa main.
L'observateur peut ainsi signaler, quand il le veut, un temps intermédiaire à deux battements de la pendule : ce temps correspond habi-

tuellement à l'instant du passage d'une étoile au réticule de la lunette ; une mesure micrométrique permet ensuite de mesurer très exactement la fraction de seconde écoulée depuis le dernier battement de la pendule et le temps du signal ou du passage observé.

Il est facile maintenant de concevoir comment il est possible de mesurer très exactement une différence de longitude avec l'appareil qui vient d'être décrit. La pendule se trouve placée à la station principale qui sera, par exemple, l'Observatoire ; chaque station est pourvue d'un chronographe, et les deux appareils sont reliés entre eux par un fil électrique, de sorte que l'un et l'autre sont commandés à la fois par le balancier de la même pendule. Les observateurs placés à chaque station étant convenus d'avance d'observer successivement un certain nombre d'étoiles déterminées, au moment des passages au réticule d'une lunette méridienne, chaque temps de passage observé à l'une et l'autre station est enregistré par les deux chronographes, et la différence des temps, estimée à l'aide d'un micromètre, donne la différence des longitudes : en observant un grand nombre d'étoiles, on peut obtenir ainsi autant d'observations que l'on veut pour l'élément que l'on cherche.

Dans les applications, les astronomes ont fait subir à la méthode générale que nous venons d'exposer sommairement diverses modifications de détail sur lesquelles nous ne croyons pas devoir insister ici ; mais quelles que soient les dispositions particulières adoptées dans l'installation des appareils, le principe reste toujours le même (*). La méthode comporte quelques causes d'erreurs dues soit à la durée de la transmission, soit à l'équation de chaque observateur : il est assez facile de faire disparaître ces erreurs en changeant les positions et en variant les systèmes d'observations : finalement, les erreurs se compensent et disparaissent dans les moyennes.

La précision des observations n'est guère limitée que par le degré de sensibilité des observateurs : il en résulte que la méthode des chronographes est de beaucoup la plus parfaite entre toutes celles qui ont été imaginées pour la détermination des longitudes.

3. Longitudes par les chronomètres. — Les chronomètres permettant de transporter, soit le temps du premier méridien, soit le temps d'un méridien quelconque, fournissent un moyen très simple de mesurer ou la longitude absolue d'un lieu, ou la différence des longitudes de deux points déterminés.

Supposons qu'ayant réglé un chronomètre sur le temps d'un méridien de manière qu'il donne le temps T_1 de ce méridien, on le transporte

---

(*) Voir les *Annales de l'Observatoire*, tomes V et VII (déterminations des longitudes de Bourges, du Havre et de Dunkerque).

sous un second méridien dont on détermine ensuite le temps T_2 par des observations astronomiques directes ; la différence des longitudes des deux méridiens sera évidemment égale à $T_2 - (T_1 + \delta T_1)$ en désignant par δT_1 l'erreur commise sur T_1 par suite d'une appréciation inexacte de la marche. L'erreur qui affectera la valeur obtenue pour la différence des longitudes, considérée indépendamment des erreurs d'observation de temps, ne dépendra ainsi que de l'erreur de l'état du chronomètre. Toutes les fois que la marche du chronomètre paraît régulière et demeure affectée seulement d'une petite accélération qui se produit toujours dans le même sens, il sera possible d'annuler en partie l'influence de l'erreur commise sur l'état. Il suffira pour cela de recommencer l'observation en sens inverse. Ayant réglé le chronomètre sur le temps moyen T_2 du second méridien, on reviendra sous le premier méridien et l'on déterminera directement le temps T_1 de ce méridien ; la différence des longitudes sera alors $T_2 + \delta T_2 - T_1$.

Si l'on fait la moyenne des deux résultats obtenus, la différence $\delta T_2 - \delta T_1$ s'annulera toutes les fois que la variation de marche sera restée la même, et la différence de longitude calculée sera indépendante de l'erreur commise sur l'état du chronomètre. Si la différence de longitude a été établie avec un seul chronomètre, il est évident qu'elle sera toujours plus ou moins douteuse ; mais si elle résulte des indications de plusieurs chronomètres et si, en outre, les résultats obtenus dans les deux voyages aller et retour paraissent s'accorder sensiblement, la moyenne de tous ces résultats ne manquera pas de présenter au moins une grande probabilité.

Une détermination de longitude avec les chronomètres ne comporte quelque précision qu'à la condition que les deux stations ne soient pas bien éloignées l'une de l'autre et que, par suite, le voyage de la première à la seconde ou de la seconde à la première n'aura qu'une durée assez limitée. L'expérience montre qu'au bout de quelques jours de traversée, il est difficile de répondre de l'état du chronomètre, à 2 ou 3 secondes près, à cause des variations de marche. Les indications de ces instruments, tout en présentant alors une précision suffisante pour les besoins de la navigation, ne sauraient donner des résultats assez approchés pour une mesure de longitude d'une certaine exactitude. On conçoit toutefois que la méthode des chronomètres puisse rendre aux marins de véritables services : il existe encore aujourd'hui, à la surface de la Terre, un grand nombre de points dont la longitude est incertaine et qui, par suite, se trouvent mal placés sur les cartes : il est généralement possible, avec des chronomètres bien réglés, de rectifier sensiblement des positions encore mal déterminées.

4. Longitudes par les phénomènes astronomiques instantanés. — Le mouvement des astres sur la sphère céleste donne lieu à un certain nombre de phénomènes particuliers qui peuvent être assimilés à de véritables signaux instantanés visibles à la surface de la Terre, dans toute une hémisphère, et qui, par suite, sont susceptibles d'être mis à profit pour déterminer des différences de longitude. Les principaux phénomènes de ce genre sont : les éclipses de Lune, les éclipses des satellites de Jupiter, les éclipses de Soleil, les occultations d'étoiles par la Lune, enfin le mouvement propre de la Lune sur la sphère céleste.

Ces divers phénomènes, dont l'observation est toujours d'une simplicité extrême, sont loin de donner, dans la pratique, des résultats d'égale valeur. L'entrée de la Lune dans le cône d'ombre projeté par la Terre est en réalité un signal instantané qui peut être observé à la fois de tous les points de l'atmosphère terrestre pour lequel la Lune est visible ; on conçoit alors que si le temps de ce phénomène a été calculé pour le premier méridien, il est toujours possible d'établir immédiatement la longitude d'un lieu si l'on a déterminé avec soin, en temps de ce lieu, l'époque de l'observation ; on connaîtra alors, en effet, et le temps du lieu et le temps du premier méridien qui lui correspond. Malheureusement le commencement d'une éclipse de Lune est pratiquement très difficile à bien observer : le cône d'ombre est accompagné d'une pénombre, de sorte que le disque de la Lune s'obscurcit graduellement et il devient à peu près impossible d'apprécier le moment où il pénètre véritablement dans le cône d'ombre. Les résultats obtenus dépendent à la fois de la puissance de la lunette, de la sensibilité de l'œil de l'observateur et enfin de la clarté de l'atmosphère. Il en résulte que les temps des observations sont en génésal fort incertains et ne sauraient être regardés comme comparables entre eux. Les éclipses de Lune ne se présentent d'ailleurs pour ainsi dire qu'accidentellement, de sorte qu'indépendamment des difficultés pratiques, l'observation de ce genre de phénomène ne peut avoir lieu que dans des cas toujours fort rares.

Les éclipses des *Satellites de Jupiter* sont absolument du même ordre que les éclipses de Lune au point de vue de la pratique des observations : elles présentent toutefois l'avantage de se reproduire très fréquemment (tous les deux ou trois jours). Ce dernier fait frappa vivement les astronomes ; aussi quand Laplace eut établi la théorie de Jupiter et de ses satellites, et donné des formules pour mettre en tables les mouvements de ces astres, on songea immédiatement à donner à la navigation les observations des éclipses des satellites de Jupiter comme un moyen pratique de mesurer les longitudes. L'expérience n'a nullement justifié les espérances que la théorie avait permis de concevoir. Les difficultés pratiques sont absolument les mêmes que celles que nous avons indiquées tout à l'heure au sujet des éclipses de Lune. Suivant la puissance de la lunette et l'époque de l'observation, le même observateur obtiendra des résultats entièrement différents ; d'un autre côté, ces résultats ne paraissent plus comparables s'ils sont dus à des observateurs différents. Delambre, qui s'est livré particulièrement à l'étude des satellites de Jupiter à la suite des travaux de Laplace, était arrivé à conclure qu'il n'était pas possible de répondre du temps d'une éclipse avec une approximation non-seulement de plusieurs secondes, mais même de quelques minutes. Il en résulte que l'observation des éclipses de satellites ne saurait aujourd'hui rendre absolument aucun service en navigation pour la mesure des longitudes.

Les éclipses de Soleil et d'occultations d'étoiles par la Lune peuvent donner lieu à des observations d'une grande précision ; ces phénomènes sont, par suite, applicables au calcul des longitudes. Les observations sont en réalité assez peu pratiques à la mer, eu égard à la puissance des lunettes qu'il est nécessaire d'employer ; mais à terre elles peuvent donner lieu à d'excellents résultats. Nous exposerons d'une manière complète (CHAP. IV) les divers calculs qui se rattachent aux éclipses de Soleil et aux occultations d'étoiles.

Le déplacement rapide de la Lune sur la sphère céleste dans son mouvement propre (12 à 13° d'ascension droite en 24 heures) permet d'assimiler la position de cet astre, à un moment donné, à un véritable phénomène instantané. Ayant mesuré dans un lieu déterminé les coordonnées de la Lune ou la distance angulaire de cet astre au Soleil, à une planète ou à une étoile, si l'on cherche les éléments ainsi mesurés dans les Éphémérides, on aura immédiatement le temps correspondant du premier méridien : comme d'ailleurs le temps de l'observation pour le lieu est lui-même connu, la différence des deux temps et, par suite, la longitude du lieu se trouvera calculée. La détermination des longitudes par les observations de distances lunaires sera l'objet du chapitre suivant. Les mesures de déclinaison ne sont pas usuelles pour les calculs de longitude ; mais les mesures d'ascension droite sont fréquemment employées à cause de la grande facilité avec laquelle elles peuvent s'obtenir. Quand la Lune passe au méridien, son ascension droite est rigoureusement égale à l'heure sidérale du lieu ($\theta = \alpha$) ; si donc on connaît déjà cette heure sidérale, le temps du passage de la Lune au méridien donnera l'ascension droite de la Lune : cherchant ensuite cette ascension droite dans les Éphémérides, on conclut immédiatement le temps du premier méridien et, par suite, la longitude du lieu. La mesure de l'ascension droite résulte donc d'observations exécutées à la lunette méridienne ; nous allons dire quelques mots de ce genre d'observations.

5. Des observations méridiennes. — Théoriquement, la détermination de l'ascension droite de la Lune par une observation méridienne est d'une simplicité extrême : Étant donnée une lunette installée de telle sorte que son axe optique décrive le plan du méridien quand on fait mouvoir l'instrument autour de son axe horizontal de suspension, il est évident qu'il suffira de noter en premier lieu le temps du passage d'une étoile au réticule de la lunette pour avoir immédiatement le temps sidéral du lieu ($\theta = \alpha$), et ensuite l'état de la pendule qui sert aux observations ; plusieurs passages d'étoiles permettront en outre de régler la pendule avec toute la précision désirable ; quand la pendule aura été réglée, le temps du passage de la Lune estimé avec cette pendule fera connaître l'ascension droite de la Lune. La principale difficulté que l'on rencontre dans ce genre d'observation provient de l'impossibilité matérielle d'installer une lunette dans les conditions supposées par la théorie ; il n'y a jamais lieu de songer à réaliser ces conditions d'une manière absolue : les meilleurs constructeurs n'y peuvent parvenir dans les grands observatoires ; on cherche alors à se rapprocher le plus possible des conditions théoriques, et l'on détermine ensuite avec toute la précision possible les erreurs d'observation qui doivent résulter des défauts d'installation.

Les principales erreurs qui affectent tout instrument méridien sont dues aux causes suivantes :

1° L'axe optique de la lunette ne coïncide pas avec l'axe de figure, d'où une erreur dite *erreur de collimation;*

2° L'axe de figure ne se trouve pas exactement dans le plan du méridien, d'où une *erreur azimutale;*

3° L'axe horizontal de suspension n'est pas tout à fait horizontal, d'où une *erreur d'inclinaison.*

Toute observation méridienne est affectée de la somme de ces trois erreurs et doit en être corrigée tout d'abord. Ces diverses erreurs sont d'ailleurs des expressions assez simples et sont, par suite, d'un calcul facile.

La détermination des erreurs instrumentales est en général une opération fort minutieuse qui exige d'autant plus de soin et d'attention que l'instrument est lui-même plus puissant. Or la lunette méridienne est dans les observatoires un instrument fondamental appelé à fournir des données astronomiques d'une précision extrême ; la valeur des résultats étant subordonnée avant tout au degré d'exactitude des corrections instrumentales, on comprend que le calcul de ces corrections soit d'une importance de premier ordre. Il n'entre pas dans le programme que nous avons adopté d'entrer dans le détail des mesures d'erreurs instrumentales ; les formules de réduction varient d'ailleurs avec les instruments, avec les observatoires et avec les observateurs eux-mêmes. Mais comme le calcul des corrections constitue pour ainsi dire la théorie même des observations méridiennes, nous devons en faire mention d'une manière sommaire.

L'erreur de collimation se met habituellement sous la forme $\dfrac{C}{\cos \delta}$, C étant une constante et δ la déclinaison de l'astre observé.

La constante C se mesure par l'observation d'une mire graduée ou de collimateurs avant et après le retournement de la lunette.

L'erreur azimutale a pour expression $a\,\dfrac{\sin(\varphi - \delta)}{\cos \delta} = a\,\dfrac{\sin z}{\cos \delta}$; a est une constante, φ la latitude du lieu et z la distance zénithale. Cette erreur est par le fait l'erreur de temps dT qui correspond à une erreur d'azimut dA; nous avons trouvé précédemment $d\text{T} = \pm\,\dfrac{\cos h}{\cos \delta}\,d\text{A}$. La constante a s'obtient soit avec une mire placée dans le plan du méridien, soit par des observations d'étoiles circompolaires. Si l'on a calculé préalablement le temps du passage au méridien d'une étoile, la différence entre ce temps et celui de l'observation à la lunette méridienne donne immédiatement dT et l'on conclut dA ou $a = \dfrac{\cos \delta}{\sin z}\,d\text{T}$.

L'erreur d'inclinaison est égale à $i\,\dfrac{\cos(\varphi - \delta)}{\cos \delta} = i\,\dfrac{\cos z}{\cos \delta}$. La constante i se mesure avec un niveau à bulle d'air qui est installé sur les tourillons de l'instrument; elle peut également se déterminer par des observations astronomiques.

La somme ε des trois erreurs que nous venons d'indiquer constitue la principale correction à faire subir à toute observation méridienne. D'après cela, si α est l'ascension droite d'une étoile, α_0 l'ascension droite observée, on aura en exprimant ε en temps :

$$\alpha = \alpha_0 + \tfrac{1}{15}\varepsilon$$

ou

$$\alpha = \alpha_0 + \tfrac{1}{15}\,\frac{C + a\sin z + i\cos z}{\cos \delta}.$$

On remarquera que la correction ε ne renferme qu'un élément variable, la déclinaison δ; il en résulte une conséquence assez importante. Si l'on a observé deux astres ayant même déclinaison ou à peu près, la différence des ascensions droites observées sera indépendante des erreurs instrumentales.

Le réticule de la lunette se compose habituellement de plusieurs fils verticaux; dans le but de multiplier les observations de manière à pouvoir ensuite les contrôler les unes par les autres, l'observateur détermine le temps qui correspond au passage à chaque fil. Les fils n'étant pas disposés d'une manière tout à fait symétrique par rapport au fil central, on ne saurait prendre la moyenne des temps des passages à deux fils correspondants à droite et à gauche pour avoir le temps du passage au méridien. Il faut alors faire subir à chaque observation une petite correction $d\mathrm{T}$ qui a pour expression $d\mathrm{T} = \dfrac{t}{\cos \delta}$; t est ce que l'on appelle la distance équatoriale du fil; t serait le temps que mettrait une étoile placée sur l'équateur à se transporter du fil au méridien. La détermination des distances équatoriales des fils est une opération préalable qui doit s'exécuter avec le plus grand soin. Cette opération est d'ailleurs toujours fort simple; il suffit de connaître le temps du passage au méridien et de déterminer ensuite la différence entre ce temps et celui de l'observation, et l'on a alors $t = d\mathrm{T} \cdot \cos \delta$.

Dans les observations qui ont la Lune ou le Soleil pour objectif, il n'est pas possible d'estimer directement le temps du passage du centre de l'astre au méridien, à cause de la grandeur du diamètre apparent. Il faut alors mesurer le temps du contact du disque avec le fil de la lunette et faire subir au résultat une correction qui dépend de la durée du passage du demi-diamètre apparent au méridien. Nous avons trouvé précédemment pour cette durée $\dfrac{1}{15}\dfrac{\frac{1}{2}\mathrm{D}}{\cos \delta}$, en appelant $\frac{1}{2}\mathrm{D}$ le demi-diamètre apparent et δ la déclinaison de l'astre. Dans le cas de la Lune, la valeur de $\frac{1}{2}\mathrm{D}$ donnée par les Éphémérides doit être augmentée de l'augmentation en hauteur due à la parallaxe. On ne peut pas dire qu'à l'époque actuelle le demi-diamètre apparent soit donné en général à $0'',1$ près; de là une cause d'erreur assez importante qui affecte toutes les observations de Lune. S'il était possible d'observer successivement les deux bords, la moyenne des temps des deux observations serait indépendante de l'erreur du demi-diamètre; dans le cas du Soleil, on peut toujours arriver à ce résultat, mais il n'en est pas de même pour la Lune, sauf des circonstances tout à fait exceptionnelles.

L'ascension droite de la Lune ayant été déterminée par une observation méridienne dans un lieu donné, il suffit de chercher cette ascension droite dans les Éphémérides pour en conclure à la suite d'une petite interpolation le temps correspondant du premier méridien; comme on connaît d'ailleurs le temps du lieu à l'époque de l'observation, la différence des deux temps fait immédiatement connaître la différence des longitudes ou simplement la longitude du lieu par rapport au premier méridien. Les Éphémérides de la Lune sont calculées aujourd'hui avec les tables de Hansen; or ces tables, tout en étant les plus parfaites qui aient été construites jusqu'à ce jour, sont encore entachées d'erreurs assez importantes. Dans les déterminations de longitudes d'une grande précision, en particulier de celles qui sont regardées comme fondamentales, on tient compte des erreurs tabulaires quand ces erreurs ont pu être établies par l'observation. De là une correction particulière que l'observateur ne peut appliquer immédiatement, mais qui est calculée ultérieurement par les soins du Bureau des longitudes au moyen des observations de Lune exécutées dans les grands observatoires. Cette correction est d'ailleurs d'un calcul très élémentaire; soit n le nombre ou plutôt la fraction décimale de seconde dont varie l'ascension droite de la Lune dans l'intervalle de 1 seconde de temps moyen, soient, d'un autre côté, ε l'erreur qui affecte l'ascension droite des tables et x l'erreur de temps moyen correspondante, on aura la proportion

$$\frac{1}{n} = \frac{x}{\varepsilon},$$

d'où

$$x = \frac{1}{n} \cdot \varepsilon.$$

L'observateur calcule le nombre $\frac{1}{n}$ pour l'époque de son observation et l'inscrit en regard de son résultat; plus tard on évalue $\frac{1}{n}\varepsilon$ et l'on corrige de cette quantité le temps du premier méridien qui a servi à établir la longitude ou plutôt cette longitude elle-même.

La simplicité extrême qui caractérise les observations méridiennes, en même temps que la précision toujours relativement très grande qui en résulte pour la détermination des longitudes, a fait songer depuis longtemps à appliquer ce genre d'observation aux opérations géographiques. Pour arriver à ce résultat, il fallait évidemment remplacer tout d'abord les appareils toujours fort compliqués et peu maniables employés dans les observatoires par des instruments plus simples pouvant donner des mesures d'une précision suffisante tout en demeurant faciles à transporter et à installer dans un lieu quelconque. On a construit dans ce but les instruments connus en général sous le nom de *Cercles Méridiens Portatifs*.

Le cercle méridien portatif se compose essentiellement d'une lunette grossissant 50 ou 60 fois environ, portée par deux tourillons qui viennent s'encastrer chacun sur un montant vertical, les deux montants étant fixés d'une manière invariable sur un socle commun : l'un des deux tourillons porte un cercle gradué au moyen duquel on peut orienter et caler la lunette à une inclinaison déterminée. Tout l'ensemble de l'appareil est d'ailleurs d'un petit volume et par suite facilement transportable.

L'instrument ayant été installé sur une plate-forme horizontale et orienté de manière que la lunette dérive le plan du méridien ou à peu près dans son mouvement autour de l'axe horizontal de suspension, on conçoit que l'on se trouve disposer immédiatement d'une lunette méridienne tout à fait analogue à celle des grands observatoires et que l'on peut avec cet instrument mesurer les temps des passages au méridien et déterminer par suite soit le temps sidéral du lieu, soit la valeur de l'ascension droite d'un astre quelconque. La précision des observations dépendra de la puissance de la lunette et de la détermination des erreurs instrumentales.

Les observations astronomiques exécutées avec le cercle méridien portatif supposent tout d'abord une installation préalable et en second lieu une bonne détermination de la direction du méridien.

Sur un fort massif en béton ou en maçonnerie établi autant que possible sur un fond de roche, on place un bloc de pierre ou de granit dont la face horizontale destinée à servir de plate-forme a été taillée avec soin de manière à figurer une surface horizontale. L'ensemble du massif doit être assez solide pour que l'on n'ait à craindre aucun affaissement partiel et que d'un autre côté on se trouve à l'abri de tout ébranlement extérieur. Le lieu de l'installation a dû d'ailleurs être choisi de telle sorte que l'on se trouve aussi éloigné que possible des voies de communication où a lieu un grand mouvement de voitures, et des usines où les machines sont susceptibles d'ébranler le sol d'une manière violente.

La plate-forme une fois établie, on détermine la direction du méridien : cette opération s'exécutera très facilement avec un théodolite par des mesures d'azimut : on prendra pour objectif les étoiles circumpolaires, et l'on cherchera autant que possible à observer des digressions maximum, ce mode d'observation ayant l'avantage de permettre la détermination de la direction du méridien indépendamment de toute notion préalable sur le temps du lieu. La direction du méridien bien connue, on la fixera par une mire : il ne restera plus alors qu'à mettre en place le cercle méridien portatif. Si l'on ne disposait pas d'un théodolite, il faudrait déterminer la direction du méridien avec l'appareil méridien lui-même : on estimerait aussi exactement que possible le temps moyen du lieu par des observations à l'horizon artificiel et l'on calculerait ensuite les temps des passages au méridien d'un certain nombre d'étoiles circumpolaires : après quelques tâtonnements on arriverait alors assez rapidement à disposer l'appareil de manière que la lunette se trouve aussi exactement que possible dans le plan du méridien.

Quand le cercle méridien a été établi sur sa plate-forme, on l'y laisse à poste fixe pendant toute la durée des observations qui doivent servir à la détermination de la longitude du lieu : dans le but de le mettre à l'abri des intempéries, on recouvre alors l'ensemble de l'installation d'une cabane en planche : deux trappes mobiles permettent de créer à volonté des ouvertures convenables dans la toiture toutes les fois qu'il y a lieu de faire des observations. Le cercle méridien ayant été installé, il ne reste plus qu'à commencer la série des observations qui doivent être exécutées : ces observations ont pour objectif des mesures de temps de passage et des déterminations d'erreurs instrumentales (erreur de collimation, erreur azimutale, erreur d'inclinaison), ainsi que nous l'avons expliqué précédemment : nous n'insisterons pas davantage sur le détail de ce genre d'observations (*); mais pour fixer entièrement les idées sur l'ensemble des opérations à la détermination d'une longitude, nous donnerons un exemple tiré d'un mémoire présenté au Bureau des longitudes par M. Germain, ingénieur hydrographe, à la suite d'observations destinées à établir la longitude de Zanzibar.

(*) Consulter pour les observations méridiennes l'ouvrage de M. Laugier : *Usage du cercle méridien portatif.*

STATION DE ZANZIBAR. 6 OCTOBRE 1867 (LATITUDE $= 6°09'30''$ SUD).

DÉSIGNATION de l'astre.	POSITION du cercle.	PASSAGE au fil moyen.	NIVEAU.	CORRECTION. — Collimation niveau azimuth.	SECONDES du passage corrigé.	TEMPS SIDÉRAL du passage au méridien (ascension droite apparente).	ÉTAT ABSOLU du chronomètre.	REMARQUES.
							$+ 0^h 12^m$	
β Lyre..	C. E.	$18^h 58^m 07^s,00$	$0^p,0$	$-0^s,28$	$6^s,72$	$18^h 45^m 11^s,51$	$55^s,21$	
ζ Sagittaire. . . .	C. E.	19 07 06 ,36	$+1 ,2$	$+0 ,22$	6 ,57	18 54 11 ,17	55 ,40	
π Sagittaire. . . .	C. E.	19 14 48 ,70	$+1 ,0$	$+0 ,14$	48 ,84	19 01 53 ,39	55 ,45	
δ Dragon.	C. E.	19 25 27 ,43	$+1 ,0$	$-0 ,87$	26 ,56	19 12 31 ,41	(55 ,15)	
	C. O.	19 25 27 ,54		$-0 ,98$				
δ Aigle.	C. O.	19 31 44 ,60	$+1 ,5$	$-0 ,05$	44 ,55	19 18 49 ,55	55 ,00	
h^2 Sagittaire. . . .	C. E.	19 41 34 ,20	$+2 ,0$	$+0 ,20$	34 ,40	19 28 38 ,97	55 ,43	
☾ 1er bord.	C. E.	19 47 18 ,34	$+1 ,0$	$+0 ,11$	18 ,45	. . . .	. . . .	$62^s,18$
γ Aigle.	C. E.	19 52 53 ,46	0 ,0	$-0 ,11$	53 ,35	19 39 58 ,23	55 ,12	
θ Aigle.	C. E.	20 17 24 ,04	$-1 ,0$	$-0 ,06$	23 ,98	20 04 28 ,79	55 ,19	
$α^2$ Capricorne. . .	C. E.	20 23 38 ,12	0 ,0	$+0 ,04$	38 ,16	20 10 42 ,79	55 ,37	
α Paon.	C. E.	20 28 04 ,52	$+2 ,0$	$+0 ,61$	5 ,13	20 15 10 ,07	(55 ,06)	
ρ Capricorne. . .	C. E.	20 34 14 ,00	$+2 ,0$	$+0 ,15$	14 ,15	21 21 18 ,69	55 ,46	

Déviation azimutale $= -0^s,373$ Collimation $\begin{cases} +0^s,000 \text{ C. E.} \\ -0 ,012 \text{ C. O.} \end{cases}$

État absolu du chronomètre au moment de l'observation de la Lune. . . . . $+0^h 12^m 55^s,30$

A $6^h 35^m 01^s,27$ temps moyen du lieu, ascension droite du centre de la Lune. 19 35 25 ,33

Longitude conclue. . . . . 2 27 41 ,22 $+ 29,084 ε$

La seconde colonne de ce tableau indique immédiatement la position du cercle méridien par rapport au méridien : C. E. si le cercle est à l'est, et C. O. s'il est à l'ouest ; on voit par suite quelles sont les observations pour lesquelles on a effectué le renversement de la lunette. La troisième colonne donne les temps du chronomètre ou de la pendule dont on s'est servi ; la quatrième, la position du niveau ; la cinquième, la somme des corrections de collimation, d'azimut et d'inclinaison, et la sixième le nombre des secondes du chronomètre après correction ; la septième colonne contient les ascensions droites des étoiles observées telles qu'elles sont fournies par les Éphémérides. La différence de chacune de ces ascensions droites avec le temps sidéral observé fait connaître pour chaque observation l'état absolu du chronomètre. Enfin le nombre 62',18 est la durée du passage du demi-diamètre de la Lune au méridien. Du temps moyen du lieu et de l'ascension droite observée on a conclu avec les Éphémérides la longitude $2^h 27^m 41',22$, sauf la correction due à l'erreur tabulaire ε.

M. Germain a exécuté vingt-trois observations de ce genre pour la détermination de la longitude de Zanzibar. La commission du Bureau des longitudes a récapitulé et classé les résultats de la manière suivante :

Longitude de Zanzibar (observatoire) déterminée par neuf passages du deuxième bord de la Lune au méridien.

DATE.	LONGITUDE DÉDUITE des Éphémérides.	CORRECTION.	ε	LONGITUDE corrigée.
13 octobre 1867	$2^h 27^m 39',68$	$+27,24\,\varepsilon$	$-0',35$	$2^h 27^m 30',15$
14 id.	» 37 ,06	$+25,86\,\varepsilon$	-0 ,53	» 23 ,36
15 id.	» 42 ,07	$+25,23\,\varepsilon$	-0 ,52	» 28 ,96
17 id.	» 38 ,30	$+24,10\,\varepsilon$	-0 ,50	» 26 ,25
18 id.	» 36 ,90	$+23,99\,\varepsilon$	-0 ,39	» 27 ,55
19 id.	» 36 ,78	$+24,38\,\varepsilon$	-0 ,52	» 24 ,10
12 novembre 1867	» 35 ,25	$+24,06\,\varepsilon$	-0 ,42	» 25 ,15
13 id.	» 34 ,75	$+23,37\,\varepsilon$	-0 ,48	» 23 ,54
14 id.	» 33 ,65	$+23,19\,\varepsilon$	-0 ,49	» 22 ,30

Longitude de Zanzibar (observatoire) déterminée par quatorze passages du premier bord de la Lune au méridien.

DATE.	LONGITUDE DÉDUITE des Éphémérides.	CORRECTION.	ε	LONGITUDE corrigée.
6 octobre 1867	$2^h 27^m 41^s,22$	$+ 29,08\,\varepsilon$	$— 0^s,25$	$2^h 27^m 33^s,95$
7 id.	» 27 ,02	$+ 29,28\,\varepsilon$	— 0 ,25	» 29 ,70
8 id.	» 27 ,02	$+ 29,44\,\varepsilon$	— 0 ,27	» 29 ,07
9 id.	» 37 ,27	$+ 29,46\,\varepsilon$	— 0 ,30	» 28 ,43
10 id.	» 40 ,57	$+ 29,27\,\varepsilon$	— 0 ,34	» 30 ,62
11 id.	» 39 ,27	$+ 28,83\,\varepsilon$	— 0 ,33	» 29 ,76
12 id.	» 39 ,02	$+ 28,15\,\varepsilon$	— 0 ,32	» 30 ,02
13 id.	» 39 ,75	$+ 27,24\,\varepsilon$	— 0 ,35	» 30 ,22
4 novembre 1867	» 39 ,66	$+ 29,73\,\varepsilon$	— 0 ,39	» 28 ,07
5 id.	» 38 ,83	$+ 29,91\,\varepsilon$	— 0 ,31	» 29 ,56
6 id.	» 40 ,29	$+ 29,84\,\varepsilon$	— 0 ,26	» 32 ,53
9 id.	» 34 ,98	$+ 27,67\,\varepsilon$	— 0 ,34	» 25 ,58
10 id,	» 36 ,82	$+ 26,42\,\varepsilon$	— 0 ,38	» 26 ,78
11 id.	» 35 ,02	$+ 25,14\,\varepsilon$	— 0 ,40	» 24 ,96

Longitude de Zanzibar (observatoire) :

    Par les neuf passages de la Lune (2ᵉ bord). . . . $2^h 27^m 25^s,71$

    Par les quatorze passages de la Lune (1ᵉʳ bord). . 2 27 29 23

Longitude de Zanzibar (observatoire). 2 27 27 47

Longitude du consulat français. . . . . $2^h 27^m 27^s,05$

Les corrections tabulaires ε ont été déterminées au moyen des ascensions droites observées à Greenwich et à Washington comparées aux Éphémérides déduites des tables de Hansen.

Le Bureau des longitudes a adopté pour longitude de Zanzibar (observatoire) $2^h 27^m 27^s,5$ est, résultat des observations de M. Germain.

Les observations dont nous venons de donner un exemple ont une grande précision : le Bureau des longitudes a cru en effet devoir en conclure la longitude du lieu de l'observation à 0',01 près ; mais elles ont exigé vingt-trois passages de la Lune au méridien et par suite un intervalle de temps relativement considérable. Il doit résulter de là que les observations méridiennes, bien que susceptibles de donner d'excellents résultats, ne sont pas toujours d'une application pratique en navigation, et cela surtout parce que l'observateur ne peut jamais disposer d'un temps suffisamment long. En limitant l'approximation des résultats, il est toutefois possible, dans le cours d'une navigation, de déterminer rapidement les longitudes de plusieurs points : le seul obstacle à vaincre est la difficulté de l'installation préalable de l'instrument. On peut en effet procéder de la manière suivante : on déterminera aussi exactement que possible l'état du chronomètre par des observations d'angles horaires exécutées à l'horizon artificiel, et l'on se servira ensuite du chronomètre ainsi réglé pour estimer les temps des passages au méridien de la Lune et d'un certain nombre d'étoiles ayant la même déclinaison que la Lune ou à peu près. La lunette aura été installée aussi bien que possible dans le plan du méridien, mais on ne se préoccupera en aucune façon de calculer les erreurs instrumentales, en mettant à profit la remarque suivante qui a déjà été faite : la somme des erreurs instrumentales ne dépendant que de la déclinaison est la même pour tous les astres ayant même déclinaison ; si par conséquent on a observé les passages ou plutôt les ascensions droites apparentes de deux astres ayant même déclinaison ou à peu près, la différence de ces ascensions droites sera indépendante des erreurs instrumentales. On observera donc un certain nombre de passages de Lune et d'étoiles et l'on prendra la différence entre le temps du passage de la Lune et celui de chaque étoile, après avoir corrigé le temps du passage de Lune de la variation d'ascension droite fournie par les Éphémérides qui correspond à l'intervalle de temps écoulé entre le passage de la Lune et celui de l'étoile. On se trouvera ainsi avoir un certain nombre de différences d'ascensions droites de Lune et d'étoiles relatives à diverses époques estimées avec le chronomètre et par suite avec le temps moyen du lieu. Une petite interpolation faite avec les éléments de la *Connaissance des Temps*, permettra ensuite de déterminer l'heure temps moyen du premier méridien qui correspond à une différence d'ascensions droites observées $\alpha - \alpha_{\mathbb{C}}$ et de conclure par suite la longitude du lieu.

Dans ce mode d'observations, il est évident que tous les résultats d'une même série seront affectés également de l'erreur qui aura pu être commise sur l'observation de Lune ; mais si l'on recommence les observations pendant trois ou quatre jours consécutifs, et si les séries correspondantes présentent un certain accord, il sera permis de conclure que le résultat moyen présente au moins une grande probabilité. Il devient possible de cette matière, toutes les fois que la Lune se présente dans des conditions favorables aux observations, de déterminer dans l'espace de quelques jours la longitude d'un lieu, sinon avec une grande précision, du moins avec une approximation de 1 ou 2 secondes. Appliquées de cette manière, les observations méridiennes deviennent de véritables mesures de distances lunaires.

———

CHAPITRE III.

DISTANCES LUNAIRES.

---

1. Historique. — L'application de la mesure des distances lunaires à la détermination des longitudes est déjà fort ancienne. Elle fut indiquée pour la première fois par Morin, l'un des astronomes qui imaginèrent d'appliquer les lunettes aux instruments divisés. Euler en signala ensuite l'importance d'une manière toute particulière. Mais c'est surtout l'astronome Tobie Mayer qui contribua plus que personne à la rendre pratique en créant les instruments à réflexion et en culculant les premières tables de la Lune qui aient eu un certain degré d'exactitude.

Depuis, Borda, perfectionnant le cercle à réflexion et donnant une solution trigonométrique du problème simple et commode pour le calcul, a mis définitivement en évidence les avantages que l'on pouvait tirer de ce mode d'obvervations. Les travaux de Borda ont appelé pendant longtemps l'attention des astronomes sur la méthode des distances lunaires. Plusieurs savants qui, par leurs découvertes et leurs recherches scientifiques, ont rendu les plus grands services à la science de la navigation, Delambre, Mendoza, Guépratte, etc., s'occupèrent beaucoup de cette importante question, cherchant des calculs simples et rapides d'une application commode pour les navigateurs.

On reconnaît bien vite qu'une grande partie de la précision de la méthode des distances lunaires est basée essentiellement sur la réduction des distances observées ou apparentes en distances vraies et que l'exactitude de la longitude calculée est d'autant plus grande que le calcul employé pour faire cette réduction est lui-même plus complet. Malheureusement, quelle que soit la méthode employée, ce calcul repose au fond sur la combinaison d'éléments qui, étant presque tous des quantités très petites, au plus de l'ordre de la parallaxe lunaire, exigent des opérations d'une précision extrême. Il en résulte que ce calcul, tout en ne présentant aucune difficulté analytique sérieuse, ne saurait pourtant être regardé comme entièrement élémentaire.

2. Objet de la théorie. — Exposé des divers éléments à calculer.

— Soient Z le zénith du lieu, L_0 et S_0 les positions apparentes sur la sphère céleste des centres du disque de la Lune et de celui d'un autre astre qui sera le Soleil, une planète ou une étoile. Pour fixer les idées, nous supposerons que S soit le centre du Soleil ; la théorie restera du reste la même pour un astre quelconque. L_0 et S_0 étant des positions apparentes, il faudra faire subir à leurs coordonnées les corrections de réfraction et de parallaxe si l'on veut obtenir les positions vraies. Pour le Soleil, la réfraction étant plus grande que la parallaxe, la distance zénithale vraie sera plus grande que la distance zéni-

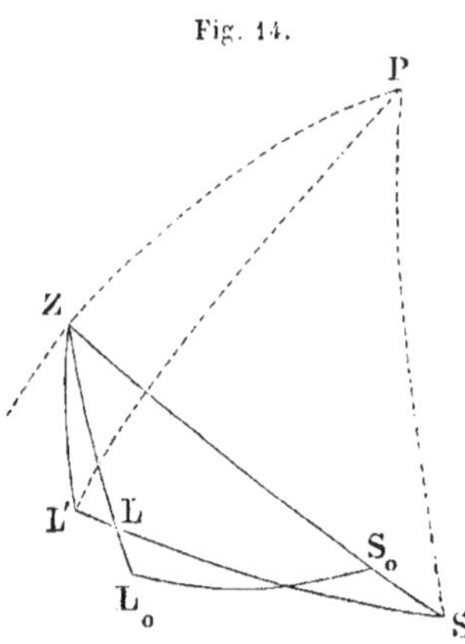

thale apparente ; pour la Lune, ce sera l'inverse qui aura lieu, de sorte qu'en définitive les positions vraies seront des points tels que S et L. Il y a lieu de remarquer en outre que l'azimut apparent de la Lune diffère un peu de l'azimut vrai à cause de l'aplatissement de la Terre, de sorte que la Lune devra en réalité se trouver placée sur la sphère céleste en un point tel que L'. L'arc de grand cercle L'S représentera la distance vraie des deux astres sur la sphère céleste, et l'arc $L_0 S_0$ sera la distance qui sera donnée à l'observateur par une mesure instrumentale.

Le problème de la réduction des distances lunaires a pour objet le calcul de la distance vraie L'S au moyen de la distance apparente mesurée $L_0 S_0$ et des hauteurs apparentes qui correspondent aux positions L_0 et S_0. La distance vraie étant connue pourra être assimilée à un phénomène instantané visible pour tout un hémisphère. Si l'époque de ce phénomène est connue pour un méridien quelconque, par exemple pour le premier méridien, et que d'un autre côté le temps du lieu de l'observation soit également connu, il est évident que la différence des deux temps donnera immédiatement la différence des longitudes des deux méridiens. Ayant calculé la distance vraie, on cherchera donc dans les Éphémérides le temps T_0 du premier méridien qui lui correspond. Si T est le temps de l'observation pour le lieu considéré, on aura la longitude de ce lieu

$$\psi = T_0 - T.$$

On reconnaît immédiatement que la différence qui pourra exister entre les distances vraie et apparente, la réduction de la distance apparente, en un mot, dépend avant tout de la grandeur des arcs $L_0 L$,

S_0S et LL'. Or, L_0L et S_0S, différences entre les hauteurs vraies et apparentes, sont des sommes algébriques de parallaxes et de réfractions. D'un autre côté, LL' dépend de la correction de parallaxe azimutale de la Lune, et se trouve par suite une quantité d'un ordre tout à fait inférieur. Il doit résulter de là que la correction à faire subir à la distance apparente pour obtenir la distance vraie, est fonction de trois éléments qui sont au plus de l'ordre de la parallaxe lunaire, et l'on est en droit d'en conclure, dès à présent, que chacun de ces éléments doit être calculé avec une grande précision, à $0'',1$ près, par exemple, si l'on veut obtenir une distance suffisamment exacte. Nous allons immédiatement nous occuper de déterminer les divers éléments de correction avec toute l'approximation nécessaire.

Les hauteurs apparentes se mesurent en observant le bord inférieur ou le bord supérieur de l'astre. Pour fixer les idées, nous supposerons que l'on ait mesuré le bord inférieur : pour avoir la hauteur du centre, il faudra alors ajouter le demi-diamètre apparent à la hauteur du bord. Si l'on avait mesuré la hauteur du bord supérieur, il faudrait en retrancher le demi-diamètre apparent. La théorie des corrections est, du reste, entièrement la même dans les deux cas. On ajoutera à la hauteur apparente du bord fournie par l'observation le demi-diamètre préalablement corrigé de l'accourcissement et de l'augmentation en hauteur (dans le cas de la Lune), et l'on obtiendra la hauteur apparente du centre de l'astre. Cette hauteur, prise pour argument, permettra de calculer la réfraction moyenne qui sera corrigée avec le plus grand soin des variations dues à la température et à la pression, de manière à pouvoir être affirmée à $0'',1$ près. Nous supposerons ici implicitement que la hauteur instrumentale a déjà été corrigée des erreurs instrumentales, et s'il y a lieu de la dépression apparente de l'horizon. C'est la hauteur obtenue après ces corrections que nous appelons *hauteur du bord* ou *hauteur observée*. Ainsi qu'on le verra par la suite, cette hauteur n'a pas besoin d'être estimée avec une précision extrême ; la quantité qu'il importe de connaître avec une grande approximation, c'est la valeur de la réfraction. Or, pour les hauteurs moyennes, une variation de $+1'$ dans la hauteur ne donne guère qu'une variation de quelques centièmes de seconde dans la valeur numérique de la réfraction. Il y a lieu, toutefois, de remarquer à ce sujet que si la hauteur est faible, elle doit être mesurée aussi exactement que possible, la variation de la réfraction pouvant alors devenir assez notable. D'après cela, les corrections à faire subir au diamètre apparent pour passer de la hauteur du bord à celle du centre n'ont dans ce cas qu'une importance secondaire : ces corrections seront données à vue par les tables. On pourrait même à la rigueur n'en pas tenir compte toutes les fois que la hauteur dépasse 20°. Mais comme ces demi-diamètres ont besoin d'être connus avec toute l'approximation possible dans l'évaluation de la distance apparente elle-même, nous allons calculer avec précision les deux corrections qui s'y rattachent.

La correction d'augmentation en hauteur est due à la parallaxe et n'est applicable qu'à la Lune. Elle a pour expression :

$$\textit{Augmentation en hauteur} = \tfrac{1}{2}\,\mathrm{D}\,\rho\pi \sin h = \tfrac{1}{2}\,\mathrm{D}\,\frac{\sin \tfrac{1}{2}\,\mathrm{D}}{\mathrm{K}}\sin h.$$

$\tfrac{1}{2}\,\mathrm{D} =$ demi-diamètre des Éphémérides; $\pi =$ parallaxe horizontale équatoriale; $\rho =$ rayon de la Terre pour le lieu; $\mathrm{K} =$ rayon de la Lune $= 0,27295$; $h =$ hauteur apparente du centre ou hauteur apparente du bord corrigée de $\tfrac{1}{2}\mathrm{D}$.

Les tables donnent en général cette correction avec une approximation suffisante, et l'on a

Demi-diam. vrai ou $\tfrac{1}{2}\mathrm{D} =$ Demi-diam. observé ou $\tfrac{1}{2}\mathrm{D}'$ —Aug. en hauteur

et

$$\tfrac{1}{4}\mathrm{D}' = \tfrac{1}{2}\mathrm{D} + \text{Augm. en hauteur.}$$

La correction d'accourcissement est due à la réfraction; elle a pour expression

$$\textit{Accourcissement} = -\tfrac{1}{2}\,m\mathrm{D}.$$

m est la variation de réfraction pour une augmention de $+1'$ dans la hauteur. On suppose dans la théorie que m reste constant pour le centre et pour les bords.

Cette hypothèse n'est justifiée que dans le cas où les hauteurs dépassent au moins 12°; pour des hauteurs plus faibles, il y aura en général une certaine incertitude dans la valeur de m et par suite dans celle de $\tfrac{1}{2}m\mathrm{D}$. En principe, la hauteur qui servira d'argument dans la détermination de m devra être celle du bord observé. D'un autre côté, m est fonction de la température et de la pression et devient alors passible d'une certaine correction qui, dans certains cas, peut n'être pas négligeable. Soient, en effet, deux réfractions R et R' qui correspondent à des hauteurs différentes, R_m et R'_m les deux réfractions moyennes correspondantes, si les conditions de température et de pression restent les mêmes, on aura

$$\mathrm{R} = \mathrm{R}_m\,(1+x)(1+y),$$
$$\mathrm{R}' = \mathrm{R}'_m\,(1+x)(1+y);$$

d'où

$$\mathrm{R}' - \mathrm{R} = (\mathrm{R}'_m - \mathrm{R}_m)(1+x)(1+y),$$

et si la différence des deux hauteurs est égale à $1'$,

$$m' = m\,(1 + x)\,(1 + y).$$

La valeur de m, donnée par les tables, correspond à la réfraction moyenne R_m ou réfraction calculée dans l'hypothèse de la température de 10° centigr. et de la pression $0^m,760$. Il résulte de la relation précédente que, si l'on veut obtenir le coefficient m' qui convient aux conditions de l'observation, on devra faire subir une certaine correction à la valeur de m. Comme d'ailleurs on aura pour expression de l'accourcissement

$$Accourcissement = -\tfrac{1}{2}\,m'D = -\tfrac{1}{2}mD\,(1 + x)\,(1 + y),$$

il en résultera que, pour obtenir l'accourcissement qui convient à l'observation, on regardera la valeur $\tfrac{1}{2}mD$ fournie par la table comme une réfraction moyenne et on la corrigera au moyen des tables qui donnent les corrections dont est passible la réfraction moyenne, en raison des influences météorologiques.

Voici maintenant un autre moyen de calculer exactement la valeur de $\tfrac{1}{2}mD$. Ayant corrigé la hauteur du bord observé de la réfraction, on ajoute au résultat la valeur du demi-diamètre $\tfrac{1}{2}D$, et l'on obtient ainsi la hauteur vraie du centre. Calculant ensuite la réfraction pour cette hauteur et la lui ajoutant, on aura la hauteur apparente du centre. La différence entre la hauteur apparente du centre et celle du bord sera évidemment égale au demi-diamètre accourci ou $\tfrac{1}{2}D - \tfrac{1}{2}mD$; on en conclura immédiatement la valeur de $\tfrac{1}{2}mD$.

Il y a lieu de remarquer que les tables de réfraction ne font connaître la réfraction qu'en fonction de la hauteur apparente; mais il est facile de calculer un terme de correction qui permettra d'obtenir la réfraction en fonction de la hauteur vraie.

La réfraction moyenne R_m exprimée en fonction de la distance zénithale apparente z' a pour expression, d'après Laplace,

$$R_m = 58'',408\,\mathrm{tg}\,z' - 0'',067\,096\,\mathrm{tg}^3 z',$$

ou, d'une manière générale,

$$R_m = a\,\mathrm{tg}\,z' - b\,\mathrm{tg}^3 z';$$

si z est la distance zénithale vraie,

$$z' + R_m = z; \qquad \text{d'où} \qquad z' = z - R_m$$

Remplaçant z' par cette valeur dans l'expression précédente,

$$R_m = a\,\mathrm{tg}\,(z - R_m) - b\,\mathrm{tg}^3(z - R_m).$$

Développant le second membre par la formule de Taylor, en regardant R_m comme une variation de z, on obtiendra une expression de la forme

$$R_m = A - BR_m + CR^2_m,$$

c'est-à-dire une équation qui a pour inconnue R_m et qui se résoudra par la formule des approximations successives.

On trouvera, tout calcul fait,

$$R_m = \left(a - \frac{a^2}{\cos^2 z} + \frac{a^3}{\cos^4 z}\right)\mathrm{tg}\,z - \left(b - \frac{4ab}{\cos^2 z}\right)\mathrm{tg}^3 z,$$

expression dans laquelle z est la distance zénithale vraie. Toutes les fois que la distance zénithale sera moindre que 78°, il n'y aura jamais lieu de tenir compte des termes du troisième ordre, de sorte que

$$R_m = a\,\mathrm{tg}\,z - b\,\mathrm{tg}^3 z - \frac{a^2\,\mathrm{tg}\,z}{\cos^2 z}.$$

On remarquera que les deux premiers termes donnent la réfraction moyenne qui serait obtenue avec z considérée comme distance zénithale apparente; appelant cette réfraction R_{m_0}, on pourra poser

$$R_m = R_{m_0} - R_{m_0}\frac{a\sin 1''}{\cos^2 z} = \left(1 - \frac{a\sin 1''}{\cos^2 z}\right)R_{m_0},$$

$$a\sin 1'' = 0,000283 \quad\text{et}\quad \log a\sin 1'' = 6,4520472.$$

Si h est la hauteur vraie,

$$R_m = \left(1 - \frac{0,000283}{\sin^2 h}\right)R_{m_0},$$

expression dans laquelle R_{m_0} est la réfraction qui correspond à la hauteur apparente de h et qui sera par suite donnée immédiatement par la table avec l'argument h. Si l'on veut tenir compte ensuite des influences météorologiques, il faudra calculer les corrections correspondantes au moyen de l'argument R_m,

$$R = (1 + x)(1 + y)\left(1 - \frac{0,000283}{\sin^2 h}\right)R_{m_0}.$$

Telle sera l'expression qui permettra de calculer la réfraction en fonction de la hauteur vraie.

EXEMPLE. *On propose de calculer l'accourcissement du demi-diamètre de la Lune, sachant que la hauteur observée du bord inférieur est* 12° *et le demi-diamètre apparent fourni par les Éphémérides* 16'00", *et que d'ailleurs le thermomètre accuse* 30° *centigr. et le baromètre* 730,1.

Première méthode. On trouvera par les tables (XIV de Callet)

$$\tfrac{1}{2} mD = Accourcissement\ moyen = 5'',8.$$

Regardant cet accourcissement comme une réfraction moyenne, et calculant les corrections météorologiques avec la table (Callet, VIII *bis*).

$$Correction\ thermométrique = -\ 0'',41$$
$$Correction\ barométrique = -\ 0'',23$$
$$\overline{\qquad\qquad\qquad}$$
$$Correction\ totale = -\ 0'',64$$

et par suite

$$Accourcissement\ vrai = \tfrac{1}{2} m'D = \tfrac{1}{2} mD - 0'',6 = 5'',2.$$

On voit que la différence entre les deux valeurs obtenues par l'accourcissement est égale à 0",6; elle ne saurait par suite être regardée comme négligeable dans un calcul de précision.

Deuxième méthode. On calcule la réfraction qui convient à la hauteur du bord observé

$$h_0 = 12°. \qquad Réfraction\ moyenne = \quad 4'28'',1$$
$$Corrections\ météorologiques = -\quad 30'',1$$
$$\overline{\qquad\qquad\qquad}$$
$$Réfraction = \quad 3'58'',0$$

D'où

$$Hauteur\ vraie\ du\ bord = h_0 - \text{Réf.} = 11°56'02''.$$

Ajoutant à ce résultat le demi-diamètre corrigé de la hauteur, on obtiendra la hauteur vraie du centre

$$\tfrac{1}{2} D = \quad 16'00'',0$$
$$Augment.\ en\ hauteur = \quad +\ 3'',6$$
$$\overline{\qquad\qquad\qquad}$$
$$16'03'',6$$
$$Hauteur\ du\ bord = 11°56'02'',0$$
$$\overline{\qquad\qquad\qquad}$$
$$Hauteur\ vraie\ du\ centre = 12°12'05'',6$$

Calculant la réfraction qui convient à cette hauteur vraie au moyen de tables de réfraction et de la formule donnée tout à l'heure

$$Réfraction \ \mathrm{R}_{m0} \ = \ 3'54'',6$$
$$Correction \qquad - \quad 1'',7$$
$$\overline{Réfraction \ = \ 3'52'',9}$$

Ajoutant cette réfraction à la hauteur vraie du centre, on obtiendra la hauteur apparente correspondante :

$$Hauteur \ apparente \ du \ centre \ = \ 12°15'58'',5.$$

Retranchant la hauteur apparente du bord, c'est-à-dire 12° :

$$Demi\text{-}diamètre \ accourci \ = \ 15'58'',5$$
et $\quad Demi\text{-}diamètre \ en \ hauteur \ = \ 16 \ 03 \ ,6$
$$\overline{Accourcissement \ = \ \ 0'05'',1}$$

Ce résultat diffère à peine de celui qui a été trouvé tout à l'heure. La différence pourrait être plus grande si la hauteur était plus faible, la seconde méthode étant plus exacte que la première. Il résultera toutefois du calcul précédent que pour les hauteurs supérieures à 12°, l'accourcissement pourra être calculé par les tables, sauf à corriger le résultat en raison de la température et de la pression.

Récapitulant ce qui précède, nous avons calculé : 1° les corrections relatives au demi-diamètre apparent ; 2° les hauteurs apparentes des centres ; 3° les réfractions correspondantes. Nous appellerons par la suite h_0 la hauteur apparente du centre de la Lune et h_0' celle du Soleil, en d'autres termes la hauteur du centre non corrigée de la réfraction ; r et r' seront les réfractions pour la Lune et le Soleil qui résultent de ces hauteurs.

☾. $h_0 = Haut. \ obs. \ du \ bord. + \frac{1}{2}D + Augm. \ en \ haut. - Accourcissement.$

☉. $h_0 = Hauteur \ observée \ du \ bord = \frac{1}{2}D - Accourcissement.$

☾. $r = Réfraction \ calculée \ avec \ la \ hauteur \ \mathrm{h}_0 \ pour \ argument.$

☉. $r' = Réfraction \ calculée \ avec \ la \ hauteur \ \mathrm{h}'_0.$

Dans le but d'abréger un peu les écritures, nous adopterons pour les demi-diamètres la notation suivante :

$$\tfrac{1}{2}D = \textit{Demi-diamètre des Éphémérides.}$$

$\odot$. $\quad \tfrac{1}{2}D' = \tfrac{1}{2}D - Acc.$

$\mathbb{C}$. $\quad \tfrac{1}{2}D'' = \tfrac{1}{2}D' + Augm.$ *en hauteur.*

$\mathbb{C}$. $\quad \tfrac{1}{2}D_1 = \tfrac{1}{2}D + Augm.$ *en hauteur.*

On sait calculer ces éléments d'après ce qui précède.

Il y a lieu maintenant de calculer les parallaxes en hauteur; les Éphémérides donnent la parallaxe horizontale équatoriale π; la parallaxe horizontale P du lieu de l'observation sera alors $P = \rho\pi$, ρ étant le rayon de la Terre pour le lieu où $P = \pi - \Delta\pi$, $\Delta\pi$ étant fourni à vue par une table particulière (Callet, table XI); la correction $\Delta\pi$ n'a de raison d'être que dans le cas de la Lune. Au moyen de la parallaxe horizontale P et de la hauteur apparente du centre diminuée de la réfraction, on calculera la parallaxe en hauteur. Soient p la parallaxe en hauteur de la Lune et p' celle du Soleil

$$\mathbb{C} \quad p = P\cos h_1 + iP\sin 1'' \sin h_1 \cos A \qquad h_1 = h_0 - r,$$
$$\odot \quad p' = P'\cos h'_1 \qquad\qquad\qquad\qquad h'_1 = h'_0 - r'.$$

i est la différence des latitudes ou l'angle des deux verticales et A l'azimut de la Lune.

Connaissant pour chaque astre la réfraction et la parallaxe, on pourra calculer les hauteurs vraies et les valeurs numériques des petits arcs LL_0 et SS_0.

$$\mathbb{C} \quad \begin{cases} \textit{Hauteur vraie} = h = h_0 - r + p, \\ \textit{Arc } LL_0 \quad = l = p - r; \end{cases}$$
$$\odot \quad \begin{cases} \textit{Hauteur vraie} = h' = h'_0 - r' + p', \\ \textit{Arc } SS_0 \quad = s = p' - r'. \end{cases}$$

Les corrections relatives aux hauteurs se trouvant déterminées, il faudra établir celles qui s'appliquent à la distante apparence. L'observation instrumentale donne, non pas la distance apparente des centres, mais seulement celle des deux bords les plus voisins, de sorte qu'il y a lieu d'ajouter à la distance mesurée la somme des demi-diamètres apparents; cette somme devra s'estimer en ajoutant les demi-diamètres des Éphémérides préalablement corrigés de l'accourcissement et de l'augmentation en hauteur, de sorte que si l'on appelle Δ_0 la distance apparente des centres S_0L_0,

$$\Delta_0 = \text{Distance observée} + \tfrac{1}{2}D' + \tfrac{1}{2}D''.$$

La valeur de l'accourcissement à employer dans le calcul de $\tfrac{1}{2}D'$ et de $\frac{1}{2}$ D″ sera celle qui convient au rayon de chaque astre, suivant la direction SL. Appelant ω l'angle formé par un rayon du disque avec le vertical de l'astre, cet angle étant mesuré à partir du point de la circonférence du disque le plus inférieur, on a trouvé

$$\textit{Accourcissement suivant le rayon} = \tfrac{1}{2} \mathrm{D}\left[1 - \frac{1}{(1 - 2m\cos^2\omega)^{\frac{1}{2}}} \right],$$

ou simplement

$$= - \tfrac{1}{2} m\mathrm{D}\cos^2\omega.$$

$\frac{1}{2} m\mathrm{D}$ est égal à l'accourcissement suivant le vertical; nous l'avons calculé précédemment. Si l'on se reporte à la *fig. 14*, on remarquera facilement que pour le Soleil $\omega = 180° - \mathrm{S}_0$ et pour la Lune $\omega = 180° - \mathrm{L}_0$, en appelant S_0 et L_0 les angles $\mathrm{ZS}_0\mathrm{L}_0$ et $\mathrm{ZL}_0\mathrm{S}_0$.

Par conséquent, pour la Lune,

$$\tfrac{1}{2}\mathrm{D}'' = \tfrac{1}{2}\mathrm{D} + \textit{Augm. en haut.} - \tfrac{1}{2} m\mathrm{D}\cos^2\mathrm{L}_0,$$

et, pour le Soleil,

$$\tfrac{1}{2}\mathrm{D}' = \tfrac{1}{2}\mathrm{D} - \tfrac{1}{2} m\mathrm{D}\cos^2\mathrm{S}_0,$$

en ne considérant que la valeur absolue de l'accourcissement et ne tenant pas compte du signe de m; on doit remarquer, en effet, que m étant toujours négatif, $-\frac{1}{2} m\mathrm{D}\cos^2\omega$ est par le fait toujours une quantité positive. La valeur de $\frac{1}{2} m\mathrm{D}\cos^2\omega$ peut être donnée par les tables; mais les résultats ainsi obtenus doivent toujours être corrigés préalablement des influences météorologiques, ainsi qu'on l'a montré précédemment pour le calcul de $\frac{1}{2} m\mathrm{D}$. On regardera donc $\frac{1}{2} m\mathrm{D}\cos^2\omega$ comme une réfraction moyenne que l'on corrigera des variations dues à la température et à la pression.

Nous verrons plus tard qu'une erreur commise dans la mesure de la distance apparente se porte tout entière sur la distance vraie; on conçoit alors qu'il importe de calculer avec le plus grand soin la somme des demi-diamètres apparents, et, par suite, les corrections qui s'y rattachent quand on veut déterminer la distance apparente des centres. C'est pour cela que nous nous sommes attaché précédemment à déterminer, aussi rigoureusement que possible, les corrections à faire subir aux demi-diamètres apparents.

Il ne nous reste plus qu'à estimer une dernière correction, celle qui est relative à la parallaxe azimutale, c'est-à-dire le petit arc LL′. Cette correction est toujours très faible, de sorte qu'on peut sans erreur sensible l'assimiler à une différentielle et la calculer en conséquence.

Dans le triangle SZL, on a, en appelant Δ_1 la distance SL,

$$\cos\Delta_1 = \sin h \sin h' + \cos h \cos h' \cos Z.$$

Différentiant par rapport à Δ_1 et Z, on aura

$$\sin\Delta_1 d\Delta_1 = \cos h \cos h' \sin Z dZ,$$

d'où

$$d\Delta_1 = \cos h \cos h' \frac{\sin Z}{\sin\Delta_1} dZ.$$

Or $\dfrac{\sin Z}{\sin\Delta_1} = \dfrac{\sin L}{\cos h}$, et comme $Z = A - A'$, A et A' étant les azimuts de la Lune et du Soleil, $dZ = dA$; dA est la parallaxe en azimut de la Lune, $dA = i P \dfrac{\sin A}{\cos h'}$; par conséquent en effectuant les substitutions et réduisant,

$$d\Delta_1 = i P \sin A \sin L.$$

Telle sera l'expression de l'arc LL'; nous désignerons cette correction par ζ, de sorte que si Δ est la distance vraie, cette distance sera égale à SL ou Δ_1 augmentée de ζ

$$\Delta = \Delta_1 + \zeta.$$

Le calcul de quelques-unes des corrections qui viennent d'être exposées suppose la connaissance des trois angles L_0, S_0 et A. Ces angles n'étant pas donnés par l'observation, il faudra les calculer. On remarquera que dans le cas où ces angles seront appelés uniquement à servir d'arguments dans le calcul des corrections, il suffira, vu la petitesse de ces corrections, de les connaître au degré près. Dans cette hypothèse, les azimuts A' et A du Soleil et de la Lune peuvent être donnés avec une approximation suffisante soit par des observations au compas magnétique, soit par les tables d'azimuts; connaissant A' et A, on aura $Z = A - A'$ et ensuite par les analogies de Néper pour déterminer les angles L et S,

$$\text{tg}\,\tfrac{1}{2}(L_0 + S_0) = \text{cotg}\,\tfrac{1}{2}Z\,\frac{\cos\frac{1}{2}(h - h')}{\sin\frac{1}{2}(h + h')},$$

$$\text{tg}\,\tfrac{1}{2}(L_0 - S_0) = \text{cotg}\,\tfrac{1}{2}Z\,\frac{\sin\frac{1}{2}(h - h')}{\cos\frac{1}{2}(h + h')}.$$

Mais il est possible que l'on veuille se servir des angles L_0 et S_0 pour le calcul de la réduction de la distance apparente; il importe, dans ce cas, de connaître ces angles à quelques minutes près; il devient alors nécessaire de calculer Z au moins avec la même approximation. En se servant des données d'observation, il est, en général, toujours possible de calculer les azimuts et les angles L_0 et S_0 à $10''$ près; il est vrai qu'il faudra faire plusieurs calculs par logarithmes; mais ces calculs se feront toujours très-rapidement. Un calcul par logarithmes n'est long et même pénible que si l'on est obligé de tenir compte des secondes et fractions de seconde; or, dans le cas actuel, il suffit de calculer les angles en nombres ronds de minutes ou, ce qui est tout aussi court, en nombres ronds de dizaines de seconde.

Nous supposerons que l'on veuille obtenir les angles à $10''$ près et nous procéderons de la manière suivante :

Soient :

$$2s = h_0 + h'_0 + \Delta_0. \qquad s - h_0 = h'_0 + \Delta_0 - h_0,$$
$$s - h'_0 = h_0 + \Delta_0 - h'_0 \qquad \text{et} \qquad s - \Delta_0 = h_0 + h'_0 - \Delta_0;$$

h_0 et h'_0 étant, d'après la notation adoptée, les hauteurs des centres et Δ_0 la distance apparente augmentée de la somme des demi-diamètres $\frac{1}{2} D$. [Le triangle ZLS donnera

$$\text{tg}^2 \tfrac{1}{2} Z = \frac{\sin (s - h_0) \sin (s - h'_0)}{\cos s \cos (s - \Delta_0)},$$

et ensuite

$$\text{tg} \tfrac{1}{2} L_0 = \frac{\sin (s - h'_0)}{\cos (s - \Delta_0)} \cotg \tfrac{1}{2} Z; \quad \text{tg} \tfrac{1}{2} S_0 = \frac{\sin (s - h_0)}{\cos (s - \Delta_0)} \cotg \tfrac{1}{2} Z.$$

Il n'y aura jamais d'ambiguïté pour les signes, les angles Z, L_0 et S_0 étant toujours moindres que $180°$.

On pourrait calculer l'azimut de la Lune au moyen d'une valeur approchée de la déclinaison; mais comme on connaît déjà l'angle Z et que, d'un autre côté, une erreur notable sur la longitude en donnera toujours une très faible sur la déclinaison du Soleil, il vaut mieux calculer l'azimut A' du Soleil; on aura ensuite $A = Z + A'$.

Soit alors $2s' = \delta' + \varphi + z'$, δ' étant la déclinaison du Soleil et z' sa distance zénithale vraie $90° - h'$,

$$\text{tg}^2 \tfrac{1}{2} A' = \frac{\sin (s' - \delta') \cos s'}{\sin (s' - \varphi) \cos (s' - z')}.$$

A la rigueur, on pourra se dispenser de calculer A' et le déterminer soit par une observation au compas, soit avec les tables d'azimut.

La nécessité de calculer les angles A, L et S complique singulièrement le calcul général de la réduction des distances lunaires; mais on ne saurait s'en dispenser, ces angles entrant comme arguments dans les expressions de corrections d'une importance capitale. Or, de quelque manière que l'on s'y prenne pour exécuter le calcul de réduction et quelle que soit la méthode employée dans ce but, on ne saurait dans aucun cas se dispenser d'estimer avec une grande précision l'une quelconque des diverses corrections que nous avons indiquées; toutes sont indispensables. En négligeant l'une d'elles ou en ne la calculant que d'une manière inexacte, on commettra une erreur qui pourra se porter tout entière sur la valeur numérique de la distance vraie et ensuite sur celle de la longitude après avoir été multipliée par un coefficient plus ou moins fort suivant que la distance variera avec moins ou plus de rapidité.

Avant de faire l'exposé des diverses méthodes employées pour calculer la distance vraie, nous allons donner une application du calcul des diverses corrections dont nous venons de faire la théorie, corrections que l'on pourrait appeler réductions élémentaires nécessaires à la détermination de la réduction totale.

Exemple. — *Le 23 août 1878, dans un lieu situé par* 38°31'40" *de latitude nord et* 2ʰ05ᵐ55ˢ *de longitude estimée (ouest), à* 19ʰ26ᵐ50ˢ, *T. M. du lieu, on a observé : distance apparente des bords les plus voisins de la Lune et du Soleil* Δ' = 50°50'57",0 ; *hauteur apparente du bord inférieur de la Lune* $\mathbb{C}$ = 70°53'53",0 ; *hauteur apparente du bord inférieur du Soleil* $\odot$ = 23°09'34",0. *Le thermomètre accusait* 30° *centigrades et le baromètre* 740,7. *Calculer la distance vraie* Δ *et en conclure la longitude du lieu.*

On calculera d'abord les valeurs de demi-diamètre qui conviennent à l'observation. D'après la *Connaissance des Temps :*

$$\tfrac{1}{2}\,D\,\mathbb{C} = 15'49",3, \quad \tfrac{1}{2}\,D\,\odot = 15'51",6.$$

On en conclura : 1° pour la Lune :

$$\tfrac{1}{2}\,D = 15'49",3$$

$$\text{Augmentation en hauteur} = +\ 15\ ,2$$

$$\text{Accourcissement} = -\ \ 0\ ,3$$

$$\overline{\tfrac{1}{2}\,D'' = 16'04",2}$$

2° Pour le Soleil :

$$\tfrac{1}{2}\,D = 15'51",6 \qquad \tfrac{1}{4}\,mD = \quad 1",8$$

$$\text{Acc.} = -\ \ 1\ ,6 \qquad \text{corr.} = -0\ ,2$$

$$\overline{\tfrac{1}{2}\,D' = 15'50",0} \qquad \overline{\qquad 1",6}$$

Il faudra ensuite effectuer les réductions des hauteurs apparentes :
1° Pour la Lune :

$$\text{Hauteur observée} = 70°53'53'',0$$
$$\tfrac{1}{2}D'' = + 16'04'',2$$

H' app^{te} du centre ou $h_0 = 71°09'57'',2$ Réf. moy. p^r h_0 ou $r_m =$ $19'',9$

Réf. pour h_0 ou $r =$ $-18,0$ Corr. $= -1,9$

$$h_1 = 71\ 09\ 39\ ,2 \qquad r = \quad 18\ ,0$$
$$p_1 = + 18\ 41\ ,8 \qquad \text{Parallaxe}\ \pi = 57\ 58\ ,0$$

Hauteur vraie ou $h = 71°28'21'',0 + \delta p_1$ $\delta\pi = -4,4$

$$P = 57'53'',6$$
$$p_1 \text{ ou } P\cos h_0 = 18'41'',8$$

2° Pour le Soleil :

$$\text{Hauteur observée} = 23°09'34'',0$$
$$\tfrac{1}{2}D' = + 15\ 50\ ,0$$

$$h_0 = 23\ 25\ 24\ ,0 \qquad r_m \text{ pour } h_0 = 2'13'',9$$
$$r' = -\ 2\ 01\ ,2 \qquad \text{corr.} = -12\ ,7$$

$$h_1 = 23\ 23\ 22\ ,8 \qquad r' = 2'01'',2$$
$$p' = \quad +\ 8\ ,0 \qquad P = \pi = 8'',77$$

$$h = 23°23'30'',8 \qquad P\cos h_1 = 8\ ,04$$

Calculant maintenant les angles L_0, S_0 et l'azimut A de la Lune
par les formules, on trouvera

$$Z = 33°11'50'', \quad L_0 = 139°59'00'', \quad S_0 = 13°04'30''.$$
$$\textit{Azimut du Soleil} \text{ ou } A' = 94°21'20''.$$
$$A = \textit{Azimut de la Lune} = Z + A' = 127°33'10'' \qquad [A] = 52°26'50''.$$

Avec l'azimut de la Lune, on calculera la correction de parallaxe
en hauteur de la Lune $\delta p_1 = iP \sin h_1 \cos A$.

$$i = \varphi - \varphi' = 11'14'', \quad P = 57'53'',6 \quad iP = 11'',35.$$
$$\delta p_1 = -6'',55 \ (\cos A \text{ est négatif}).$$
$$p = p_1 + \delta p_1 = 18'35'',2.$$
$$\textit{Hauteur vraie de la Lune} \text{ ou } h = h_1 + p_1 + \delta p_1 = 71°28'14'',4.$$

Pour obtenir la distance apparente des centres, il faut ajouter à la distance observée la somme des demi-diamètres réduits. L'accourcissement suivant $S_0 L_0$ a pour expression $\frac{1}{2} mD \cos^2\omega$.

Pour la Lune $\omega = 180° - L_0 = 40°01$ et $\frac{1}{2} mD \cos^2\omega = 0'',17$

Pour le Soleil $\omega = S_0 = 13°04'30$ et $\frac{1}{2} mD \cos^2\omega = 1'',70 - 0'',20$

$$= 1'',50.$$

Par suite :

$$\frac{1}{2} D'' = \quad 16'04'',3$$
$$\frac{1}{2} D' = \quad 15\ 50\ ,1$$
$$\frac{1}{2} D'' + \frac{1}{2} D' = \quad 31\ 54\ ,4$$
$$\text{Distance observée} = 50°50\ 57\ ,0$$

Distance app. des centres ou $\Delta_0 = 51°22'51'',4$.

Il ne reste plus qu'à calculer la petite correction azimutale

$$\zeta = iP \sin A \sin L_0,$$

ce qui se fera au moyen des valeurs iP, A et L_0 trouvées tout à l'heure ; on trouvera

$$\zeta = + 5'',8.$$

A la rigueur, cette correction ζ devrait être ajoutée à la distance $\Delta_1 = SL$; mais il n'y a aucun inconvénient à l'ajouter immédiatement à la distance apparente ; on appellera alors Δ_0 la distance apparente des centres augmentée de la correction ζ, de sorte que

$$\Delta_0 = 51°22'57'',2.$$

Récapitulant les divers résultats obtenus :

$$\mathbb{C}\ h_0 = 71°09'57'',2 \qquad \odot\ h'_0 = 23°25'24'',0$$
$$h = 71\ 28\ 14\ ,4 \qquad h' = 23\ 23\ 30\ ,8$$
$$r = 00\ 00\ 18\ ,0 \qquad r' = 00\ 02\ 01\ ,2$$
$$p = 00\ 18\ 35\ ,2 \qquad p' = 00\ 00\ 08\ ,0$$
$$l = p - r = 00\ 18\ 17\ ,2 \qquad s = r' - p' = 00\ 01\ 53\ ,2$$

Tels sont les divers éléments nécessaires au calcul de la réduction de la distance apparente. Ce calcul sera donné comme application à

la suite des diverses méthodes de réduction dont nous allons exposer
la théorie.

3. Expression analytique de la réduction des distances lunaires.

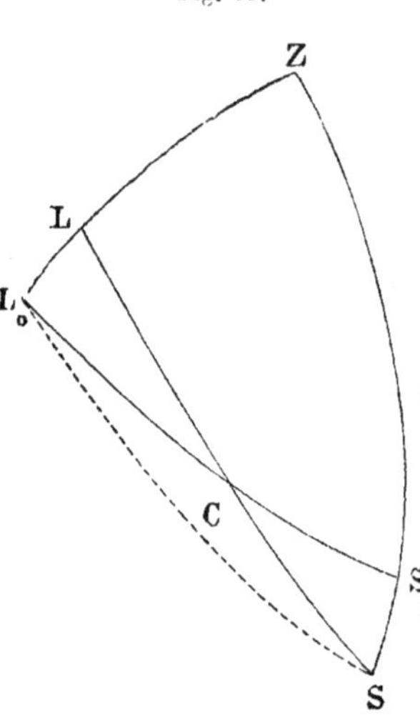

— Dans tout ce qui va suivre,
nous supposerons que la distance observée ayant été corrigée dans la parallaxe
azimutale, cette distance se trouve représentée par l'arc $L_0 S_0$ et que le calcul de
réduction doit alors avoir pour objet la
détermination de $SL = \Delta$, au moyen de la
distance apparente des hauteurs et des
réductions élémentaires calculées préalablement.

Joignons par un arc de grand cercle les
poins L_0 et S. Dans chacun des triangles
$S_0 L_0 S$, $LL_0 S$, les côtés $SS_0 = s$, $LL_0 = l$
sont très petits, par rapport aux deux
autres, de sorte que l'on peut résoudre
ces triangles au moyen des séries (tome I,
page 153). Nous limiterons l'approxima-
tion au 3ᵉ ordre, de sorte que nous négligerons les termes d'un ordre
inférieur à l^3.

Soit $d = L_0 S$ et S_1 l'angle $L_0 SS_0$; le triangle $S_0 L_0 S$ donnera :

$$d - \Delta_0 = s \cos S_1 - \tfrac{1}{2} s^2 \operatorname{cotg} d \sin^2 S_1,$$
$$L_0 S_0 S \quad \text{ou} \quad 180° - S_0 = 180° - S_1 - s \sin S_1 \operatorname{cotg} d,$$

d'où

$$S_1 = S_0 - s \sin S_0 \operatorname{cotg} d,$$
$$\cos S_1 = \cos S_0 + s \operatorname{cotg} d \sin^2 S_0 \quad \text{et} \quad \sin^2 S_1 = \sin^2 S_0.$$

Substituant ces valeurs

$$d - \Delta_0 = s \cos S_0 + \tfrac{1}{2} s^2 \operatorname{cotg} d \sin^2 S_0.$$

Le triangle $LL_0 S$ donnera ensuite :

$$\Delta - d = l \cos L - \tfrac{1}{2} l^2 \operatorname{cotg} \Delta \sin^2 L - \tfrac{1}{2} l^3 \left(\tfrac{1}{6} + \operatorname{cotg}^2 \Delta\right) \sin^2 L \cos L,$$
$$L_0 + \varepsilon = 180° - L - l \sin L \operatorname{cotg} \Delta - \tfrac{1}{3} l^2 (1 + 2 \operatorname{cotg}^2 \Delta) \sin L \cos L,$$

en appelant ε le petit angle $S_0 L_0 S$; d'ailleurs avec une approximation
suffisante $\varepsilon = s \dfrac{\sin S_0}{\sin d}$.

$L = 180° - (L_0 + \alpha)$, en désignant par α la somme des termes d'ordre inférieur. On trouvera alors successivement :

$$\sin L = \sin (L_0 + \alpha) = \sin L_0 + \alpha \cos L_0,$$

$$\sin^2 L = \sin^2 L_0 + 2\alpha \sin L_0 \cos L_0 ; \quad \sin L \cos L = \sin L_0 \cos L_0 + \alpha \cos^2 L_0 ;$$

$$\sin^2 L \cos L = \sin^2 L_0 \cos L_0.$$

$$\cos L = -\cos (L_0 + \alpha) = -\cos L_0 + \alpha \sin L_0 + \frac{\alpha^2}{2} \cos L_0.$$

$$\alpha = s \frac{\sin S_0}{\sin d} + l \sin L_0 \operatorname{cotg} \Delta + \tfrac{1}{2} l^2 (1 + 5 \operatorname{cotg}^2 \Delta) \sin L_0 \cos L_0$$

et ensuite

$$l \cos L = -l \cos L_0 + ls \frac{\sin S_0 \sin L_0}{\sin d} + l^2 \operatorname{cotg} \Delta \sin^2 L_0 +$$

$$+ \tfrac{1}{2} l^3 (1 + 5 \operatorname{cotg}^2 \Delta) \sin^2 L_0 \cos L_0$$

$$- \tfrac{1}{2} l^2 \operatorname{cotg} \Delta \sin^2 L = -\tfrac{1}{2} l^2 \operatorname{cotg} \Delta \sin^2 L_0 -$$

$$- l^3 \operatorname{cotg}^2 \Delta \sin^2 L_0 \cos L_0$$

et finalement

$$\Delta - d = -l \cos L_0 + ls \frac{\sin L_0 \sin S_0}{\sin d} + \tfrac{1}{2} l^2 \operatorname{cotg} \Delta \sin^2 L_0$$

$$+ l^3 (\tfrac{1}{6} + \operatorname{cotg}^2 \Delta) \sin^2 L_0 \cos L_0.$$

Ajoutant cette expression à celle de $d - \Delta_0$ ci-dessus et remplaçant d et Δ par Δ_0, ce qui peut se faire eu égard au degré de l'approximation

$$\Delta - \Delta_0 = s \cos S_0 - l \cos L_0 + \tfrac{1}{2} \operatorname{cotg} \Delta_0 (l^2 \sin^2 L_0 + s^2 \sin^2 S_0)$$

$$+ ls \frac{\sin L_0 \sin S_0}{\sin \Delta_0} + l^3 (\tfrac{1}{3} + \operatorname{cotg}^2 \Delta) \sin^2 L_0 \cos L_0.$$

Telle est l'expression de la différence des distances vraie et apparente. Elle est un peu compliquée si l'on veut s'en servir dans les applications ; toutefois, elle peut devenir pratique si les termes du troisième ordre sont négligeables. Dans ce cas la formule devient :

$$\Delta - \Delta_0 = s \cos S_0 - l \cos L_0 + \tfrac{1}{2} l^2 \operatorname{cotg} \Delta_0 \sin^2 L_0 + ls \frac{\sin L_0 \sin S_0}{\sin \Delta_0}.$$

Cette formule n'entraîne pas, en réalité, un calcul plus compliqué que les diverses méthodes de réduction généralement employées.

La connaissance de la série qui représente l'expression analytique de la réduction des distances lunaires donne lieu à quelques remarques importantes. Si l'on ne tient pas compte des autres quantités $d\Delta = d\Delta_0$; d'où il résulte que toute erreur commise dans l'estime de la distance apparente Δ_0 se porte tout entière sur la valeur numérique de la distance vraie Δ. Les erreurs qui affectent Δ_0 dépendent en général de l'observation elle-même et de l'évaluation des demi-diamètres. On ne peut supprimer d'une manière absolue l'erreur d'observation, mais on doit chercher, en effectuant des corrections minutieuses, à obtenir une somme de demi-diamètres apparents aussi exacte que possible. Malheureusement, quoi qu'on fasse, on ne pourra corriger les erreurs qui affectent les demi-diamètres apparents fournis par les Éphémérides : ces erreurs sont notables très certainement; nous avons déjà appelé l'attention sur celle qui affecte le demi-diamètre de la Lune. Il en existe une autre peut-être plus grande encore sur le demi-diamètre du Soleil. Disons, du reste, pour fixer les idées à ce sujet, que certains astronomes pensent que le demi-diamètre apparent moyen du Soleil n'est pas constant et qu'il peut être modifié par l'atmosphère brillante qui entoure le Soleil.

Les erreurs qui affectent l et s n'interviennent que partiellement dans l'expression de la distance vraie, cela, eu égard aux coefficients $\cos L_0$ et $\cos S_0$ qui les multiplient. Si ces coefficients sont très petits, ce qui aura lieu toutes les fois que les angles L_0 et S_0 seront voisins de 90°, ces erreurs n'auront qu'une importance tout à fait secondaire. On peut en conclure que si les deux astres dont on a calculé la distance sont à la même hauteur ou à peu près, ce sera une circonstance favorable pour le calcul. Enfin, on remarquera que les erreurs qui pourraient entacher l et s n'ont de raison d'être que dans le cas où les hauteurs sont affectées elles-mêmes d'erreurs très grandes. En effet, une erreur de quelques minutes commise sur les hauteurs ne saurait en entraîner qu'une très faible sur la valeur numérique de la réfraction ou de la parallaxe. Il résulte de là une conséquence assez importante : toutes les fois que la longitude sera connue avec une approximation de quelques minutes, et l'on pourra toujours s'arranger pour qu'il en soit ainsi, en exécutant au besoin un calcul préliminaire, on pourra se dispenser d'observer les hauteurs et les calculer au moyen des Éphémérides avec la longitude approchée. Dans la série qui donne l'expression analytique de la réduction totale de la distance apparente, les termes d'ordre inférieur s'expriment en fonctions des puissances supérieures de $\cotg \Delta_0$. On doit en conclure que la série n'est suffisamment convergente qu'à la condition que Δ_0 soit un arc assez grand, en général plus grand que 20°. Les diverses méthodes de réduction employées pour le calcul des distances lunaires se traduisent toutes en dernière analyse, ainsi que nous le démontrerons bientôt, par la détermination de la différence $\Delta - \Delta_0$ en fonction de la distance apparente Δ_0. Il en résulte que les remarques que nous venons de faire leur sont entièrement applicables. On ne saurait, par exemple, songer à calculer par l'une de ces méthodes une petite distance avec une certaine précision. C'est pour cela que, dans les Éphémérides, on ne donne jamais les distances vraies quand elles sont inférieures à 15°.

Voici maintenant une autre méthode pour le calcul direct de la réduction totale, qui est conçue dans un esprit un peu différent de celui qui nous a conduit à la formule établie tout à l'heure (*).

Les triangles ZLS et ZL_0S_0 donnent :

$$\cos \Delta = \sin h \sin h' + \cos h \cos h' \cos Z,$$
$$\cos \Delta_0 = \sin h_0 \sin h'_0 + \cos h_0 \cos h'_0 \cos Z,$$

ou, en remplaçant $\cos Z$ par $1 - 2 \sin^2 \tfrac{1}{2} Z$,

$$\cos \Delta - \cos (h - h') = -2 \cos h \cos h' \sin^2 \tfrac{1}{2} Z,$$
$$\cos \Delta_0 - \cos (h_0 - h'_0) = -2 \cos h_0 \cos h'_0 \sin^2 \tfrac{1}{2} Z.$$

Éliminant Z,

$$\frac{\cos \Delta - \cos (h - h')}{\cos h \cos h'} = \frac{\cos \Delta_0 - \cos (h_0 - h'_0)}{\cos h_0 \cos h'_0};$$

d'où

$$\cos \Delta = \cos (h - h') + \frac{\cos h \cos h'}{\cos h_0 \cos h'_0} [\cos \Delta_0 - \cos (h_0 - h'_0)].$$

On posera

$$\frac{\cos h \cos h'}{\cos h_0 \cos h'_0} = \frac{1}{m}; \quad h - h' = D \quad \text{et} \quad h_0 - h'_0 = d.$$

Substituant ces valeurs

$$\cos \Delta - \cos D = \frac{1}{m} (\cos \Delta_0 - \cos d).$$

Soient

$$\frac{1}{m} \cos \Delta_0 = \cos \Delta' \quad \text{et} \quad \frac{1}{m} \cos d = \cos d',$$

ce que l'on est toujours en droit de poser, m étant généralement plus grand que 1 ou en étant au moins très voisin.

(*) Bremicker, Sur la réduction des distances lunaires (*Astronomíshe nachrichten*, n° 716).

$$\cos \Delta - \cos D = \cos \Delta' - \cos d'$$

ou

$$\cos \Delta - \cos \Delta' = \cos D - \cos d',$$

ou encore

$$\sin \tfrac{1}{2}(\Delta + \Delta') \sin \tfrac{1}{2}(\Delta - \Delta') = \sin \tfrac{1}{2}(D + d') \sin \tfrac{1}{2}(D - d').$$

Les arcs $\tfrac{1}{2}(\Delta - \Delta')$ et $\tfrac{1}{2}(D - d')$ sont toujours très petits et en général moindres que 30', de sorte que leurs sinus peuvent être remplacés par les arcs correspondants :

$$(\Delta - \Delta') \sin \tfrac{1}{2}(\Delta + \Delta') = (D - d') \sin \tfrac{1}{2}(D + d').$$

d'où l'on conclut

$$\Delta = \Delta' + (D - d') \frac{\sin \tfrac{1}{2}(D + d')}{\sin \tfrac{1}{2}(\Delta + \Delta')}.$$

Dans le second membre Δ n'est pas connu, mais Δ' en est une valeur très approchée; on appliquera la formule des approximations successives et l'on obtiendra pour expression de Δ :

$$\Delta = \Delta' + (D - d') \frac{\sin \tfrac{1}{2}(D + d')}{\sin \Delta'} - \tfrac{1}{2}(D - d')^2 \frac{\sin^2 \tfrac{1}{2}(D + d')}{\sin^2 \Delta'} \cotg \Delta' + \ldots$$

Cette formule est plus élégante que celle que nous avons donnée précédemment, mais, en réalité, elle est d'un calcul un peu long, eu égard à la nécessité d'estimer préalablement les quantités D et d'. Au point de vue analytique, on en tirera des conséquences tout à fait identiques à celles que nous avons déjà établies.

Nous allons appliquer chacune des formules de réduction qui viennent d'être établies à la détermination de la distance vraie dans l'exemple pour lequel nous avons déjà calculé les corrections élémentaires.

Première méthode. — Les éléments nécessaires au calcul sont :

$$l = 18'17'',2 = 1097'',2, \quad s = 1'53'',2 = 113'',2,$$
$$\Delta_0 = 51°22'57'',2, \quad L_0 = 139°59'00''(40°01'), \quad S_0 = 13°04'30''.$$

Le calcul numérique des termes du premier et du second ordre donnera les résultats suivants :

$$s \cos S_0 = 110'',26; \quad -l \cos L_0 = +840'',30; \quad \tfrac{1}{2} l^2 \cotg \Delta_0 \sin^2 L_0 = +0'',96$$
$$sl \frac{\sin L_0 \sin S_0}{\sin \Delta_0} = 0'',10;$$

les termes du troisième ordre sont négligeables.

On en conclut

$$\Delta - \Delta_0 = 951'',62 = 15'51'',6$$

et ensuite

$$\text{Distance vraie ou } \Delta = 51°38'48'',8.$$

Deuxième méthode. Les éléments nécessaires au calcul sont en premier lieu :

$$D = h - h', \quad d = h_0 - h'_0, \quad \frac{1}{m} = \frac{\cos h \cos h'}{\cos h_0 \cos h'_0}.$$

$$h = 71°28'14'',4 \qquad\qquad h_0 = 71°09'57'',2$$
$$h' = 23\ 23\ 30\ ,8 \qquad\qquad h'_0 = 23\ 25\ 24\ ,0$$

$$D = h - h' = 48°04'43'',6 \qquad d = h_0 - h'_0 = 47°44'33'',2$$

$$\log \frac{1}{m} = 9,9932705.$$

On conclura alors :

$$\cos \Delta' = \frac{1}{m} \cos \Delta_0, \qquad \cos d' = \frac{1}{m} \cos d,$$

$$\Delta_0 = 51°22'57'',2; \quad \Delta' = 52°04'58'',3; \quad d' = 48°32'16'',8.$$
$$D - d' = -0°27'33'',2 = -1653'',2, \quad \tfrac{1}{2}(D + d') = 48°18'30'',2.$$

Le calcul numérique des termes de la formule donnera ensuite :

$$(D - d') \frac{\sin \tfrac{1}{2}(D + d')}{\sin \Delta'} = -1564'',8,$$

$$\tfrac{1}{2}(D - d')^2 \frac{\sin^2 \tfrac{1}{2}(D + d')}{\sin^2 \Delta'} \cot g\ \Delta' = 4'',6,$$

$$\Delta = \Delta' - 1569'',6 = \Delta' - 26'09'',4 = 51°38'48'',9.$$

Dans cette méthode, aussi bien que dans la précédente, nous n'avons pas tenu compte des termes du troisième ordre; ces termes sont effectivement négligeables. Du reste, les séries ne sont d'un calcul pratique qu'à cette condition. Le calcul numérique indique toujours si l'on doit laisser ces termes de côté. On peut dire qu'en général, toutes les fois que la somme des termes du deuxième ordre donnera une valeur numérique inférieure à 10'', il est à peu près certain que la somme du troisième ordre sera moindre que 0'',1 et que, par suite, il n'y aura pas lieu de s'en préoccuper.

Voici maintenant quelques autres méthodes de réduction qui sont basées sur le calcul de la distance Δ par une formule trigonométrique.

4. Méthode de Borda. — Reprenons les triangles ZL_0S_0, ZLS et les relations fondamentales correspondantes :

$$\cos \Delta_0 = \sin h_0 \sin h'_0 + \cos h_0 \cos h'_0 \cos Z,$$
$$\cos \Delta = \sin h \sin h' + \cos h \cos h' \cos Z.$$

Remplaçant $\cos Z$ par $2\cos^2 \tfrac{1}{2} Z - 1$, on tirera de la première :

$$\cos \Delta_0 = 2 \cos h_0 \cos h'_0 \cos^2 \tfrac{1}{2} Z - \cos (h_0 + h'_0),$$

d'où

$$\cos^2 \tfrac{1}{2} Z = \frac{\cos \Delta_0 + \cos (h_0 + h'_0)}{2 \cos h_0 \cos h'_0} = \frac{\cos \tfrac{1}{2}(h_0 + h'_0 + \Delta_0) \cos \tfrac{1}{2}(h_0 + h'_0 - \Delta_0)}{\cos h_0 \cos h'_0}.$$

Soient

$$h_0 + h'_0 + \Delta_0 = 2s, \quad \text{d'où} \quad h_0 + h'_0 - \Delta_0 = 2(s - \Delta_0),$$
$$\cos^2 \tfrac{1}{2} Z = \frac{\cos s \cos (s - \Delta_0)}{\cos h_0 \cos h'_0}.$$

La deuxième relation donnera :

$$\cos \Delta = 2 \cos h \cos h' \cos^2 \tfrac{1}{2} Z - \cos (h + h'),$$

d'où

$$1 - \cos \Delta = 1 + \cos (h + h') - 2 \cos h \cos h' \cos^2 \tfrac{1}{2} Z,$$

ou

$$\sin^2 \tfrac{1}{2} \Delta = \cos^2 \tfrac{1}{2}(h + h') - \cos h \cos h' \cos^2 \tfrac{1}{2} Z$$
$$= \cos^2 \tfrac{1}{2}(h + h') \left[1 - \frac{\cos h \cos h'}{\cos^2 \tfrac{1}{2}(h + h')} \cos^2 \tfrac{1}{2} Z \right].$$

Δ étant une quantité positive réelle, la quantité entre parenthèses est toujours positive, de sorte que l'on est en droit de poser

$$\frac{\cos h \cos h'}{\cos^2 \tfrac{1}{2}(h + h')} \cos^2 \tfrac{1}{2} Z = \sin^2 \alpha.$$

en appelant α un angle auxiliaire moindre que $90°$; pour calculer cet angle, on se servira de la valeur $\cos^2 \tfrac{1}{2} Z$ établie tout à l'heure, de sorte que :

$$(1) \qquad \sin \alpha = \frac{1}{\cos \tfrac{1}{2}(h + h')} \sqrt{\frac{\cos h \cos h' \cos s \cos (s - \Delta_0)}{\cos h_0 \cos h'_0}}.$$

On aura ensuite pour déterminer Δ

$$(2) \qquad \sin \tfrac{1}{2} \Delta = \cos \tfrac{1}{2}(h + h') \cos \alpha.$$

La méthode de Borda se réduit en somme à l'application des formules (1) et (2).

Appliquons cette méthode à l'exemple choisi précédemment :

$$h_0 = 71°09'57'',2 \qquad\qquad h = 71°28'14'',4$$
$$h'_0 = 23\ 25\ 24\ ,0 \qquad\qquad h' = 23\ 23\ 30\ ,8$$
$$\Delta_0 = 51\ 22\ 57\ ,2$$
$$\qquad\qquad\qquad\qquad h + h' = 94\ 51\ 45\ ,2$$
$$2s = 145\ 58\ 18\ ,4 \qquad \tfrac{1}{2}(h+h') = 47°25'52'',6$$
$$s = 72\ 59\ 09\ ,2$$
$$s - \Delta_0 = 21°36'12'',0$$

Voici maintenant le détail du calcul logarithmique :

$$\log \cos h_0 = 9,5089729 \qquad\qquad \log \cos h = 9,5021404$$
$$\log \cos h'_0 = 9,9626500 \qquad\qquad \log \cos h' = 9,9627530$$

$$9,4716229 \qquad\qquad\qquad 9,4648934$$
$$c^t \quad 0,5283771 \qquad\qquad\qquad 0,5283771$$

$$\log \frac{\cos h \cos h'}{\cos h_0 \cos h'_0} = 9,9932705 = \log \frac{1}{m}.$$

$$\log \frac{1}{m} = 9,9932705 \qquad \log \cos \alpha = 9,8088364$$
$$\qquad\qquad\qquad \log \cos \tfrac{1}{2}(h+h') = 9,8302511$$
$$\log \cos s = 9,4662850$$
$$\log \cos (s - \Delta_0) = 9,9683685 \qquad \log \sin \tfrac{1}{2}\Delta = 9,6390875$$
$$\qquad\qquad\qquad\qquad \tfrac{1}{2}\Delta = 25°49'24'',44$$
$$9,4279240 \qquad\qquad\qquad \Delta = 51\ 38\ 48\ ,9$$
$$\tfrac{1}{2} \quad 9,7139620$$
$$c^t \log \cos \tfrac{1}{2}(h+h') \quad 0,1697489$$

$$\log \sin \alpha \quad 9,8837109$$

Quand on a calculé l'angle Z avec un certain soin, ce qui a pu se faire dans la détermination des corrections élémentaires, on peut à la méthode de Borda substituer la suivante, qui a l'avantage de donner lieu à un calcul logarithmique un peu plus court.

De la relation

$$\cos \Delta = \sin h \sin h' + \cos h \cos h' \cos Z,$$

on tire :

$$\cos \Delta = \cos (h - h') - 2 \cos h \cos h' \sin^2 \tfrac{1}{2} Z.$$

Soit :

$$(1) \qquad \operatorname{tg} \tfrac{1}{2}\varphi = \frac{2\cos h \cos h' \sin^2 \tfrac{1}{2} Z}{\sin (h - h')}$$

$$\cos \Delta = \cos (h - h') - \sin (h - h') \operatorname{tg} \tfrac{1}{2}\varphi,$$

d'où

$$\sin^2 \tfrac{1}{2}\Delta = \sin^2 \tfrac{1}{2}(h - h') + \sin \tfrac{1}{2}(h - h') \cos \tfrac{1}{2}(h - h') \operatorname{tg} \tfrac{1}{2}\varphi,$$

$$\cos^2 \tfrac{1}{2}\Delta = \cos^2 \tfrac{1}{2}(h - h') - \sin \tfrac{1}{2}(h - h') \cos \tfrac{1}{2}(h - h') \operatorname{tg} \tfrac{1}{2}\varphi.$$

Mettant un facteur commun $\sin \tfrac{1}{2}(h - h')$ au second membre de la première relation et $\cos \tfrac{1}{2}(h - h')$ au second membre de la seconde, puis divisant membre à membre :

$$(2) \qquad \operatorname{tg}^2 \tfrac{1}{2}\Delta = \operatorname{tg} \tfrac{1}{2}(h - h') \operatorname{tg} \tfrac{1}{2}(h - h' + \varphi).$$

La méthode se réduit à l'application des formules (1) et (2).

Ce calcul est un peu moins long que celui de Borda; on y trouve d'ailleurs l'avantage de déterminer les angles par leurs tangentes. Il y a lieu de remarquer que le calcul de Borda peut être abrégé un peu au moyen des tables qui donnent à vue, sous le nom de *différences logarithmiques*, le rapport $\dfrac{\cos h'}{\cos h'_0}$. h' ne différant de h'_0 qu'en raison de la réfraction et de la parallaxe qui est toujours très faible, ce rapport ou plutôt son logarithme a pu aisément être mis en tables pour le Soleil, les planètes et les étoiles (Tables CI de Guépratte, XXVIII de Callet, XXIX de Caillet, IX et X de la *Connaissance des Temps*).

On a également calculé des tables qui donnent $\log \dfrac{\cos h}{\cos h_0}$ pour la Lune (XIII de Guépratte et XXIX de Caillet). Elles sont un peu plus compliquées que les précédentes, eu égard aux limites dans lesquelles varie la parallaxe lunaire ; les nombres qu'elles fournissent sont en général passibles de certaines corrections dues à une variation de hauteur ou de parallaxe ; il peut y avoir lieu en outre de tenir compte de la température et de la pression. La nécessité de calculer ces petites corrections d'ordre secondaire rend l'usage de ces tables assez peu pratique : il en est, du reste, toujours ainsi pour les tables dont le résultat immédiat est susceptible de plusieurs corrections, surtout quand ces corrections sont positives ou négatives : les erreurs sont toujours à craindre. Dans le cas actuel, il est peut-être aussi court et assurément beaucoup plus sûr de calculer directement le facteur $\dfrac{\cos h \cos h'}{\cos h_0 \cos h'_0}$ par logarithmes après avoir estimé aussi exactement que possible les valeurs des hauteurs.

Le second mode de calcul que nous venons d'exposer paraît au premier abord devoir différer sensiblement de celui de Borda ; au fond, il n'en est rien. Il est bien évident en effet que calculer Z au moyen de la relation fondamentale établie entre les éléments apparents et substituer la valeur ainsi obtenue dans la relation fondamentale entre les éléments vrais, cela revient à éliminer Z entre les deux relations ; les résultats obtenus pour la valeur de Δ doivent donc être identiques dans les deux cas.

Il nous reste à dire quelques mots de l'approximation des résultats fournis par la méthode de Borda ; la discussion que l'on peut faire à ce sujet est applicable à tous les calculs trigonométriques basés sur l'élimination de l'angle Z ou le calcul de cet angle. Il semble tout d'abord que le calcul trigonométrique de la distance vraie soit susceptible de donner des résultats un peu différents de ceux qui sont basés sur la détermination directe de la différence entre la distance vraie et apparente, et cela eu égard à l'emploi de hauteurs qui peuvent être affectées d'erreurs notables. Il est bien facile de démontrer que les deux méthodes, bien que conçues en apparence dans un esprit un peu différent, ne peuvent que donner les mêmes résultats, et que calculer la différence $\Delta - \Delta_0$ à l'aide d'une série ou déterminer Δ en fonction de Δ_0 par une formule de trigonométrie, c'est en réalité absolument la même chose au point de vue analytique, à la condition toutefois que les éléments employés soient les mêmes dans les deux cas.

Si l'on différentie la relation fondamentale

$$\cos \Delta_0 = \sin h_0 \sin h'_0 + \cos h_0 \cos h'_0 \cos Z$$

en s'en tenant au premier ordre pour ne pas compliquer les calculs :

$$-\sin \Delta_0 d\Delta_0 = \sin \Delta_0 \cos S_0 dh_0 + \sin \Delta_0 \cos L_0 dh'_0 - \cos h_0 \cos h'_0 \sin Z\, dZ,$$

ou

$$d\Delta_0 = \cos h_0 \cos h'_0 \frac{\sin Z}{\sin \Delta_0}\, dZ - \cos S_0 dh_0 - \cos L_0 dh'_0.$$

La relation fondamentale entre les éléments vrais donnera une expression analogue :

$$d\Delta = \cos h \cos h' \frac{\sin Z}{\sin \Delta}\, dZ - \cos S dh - \cos L dh'.$$

Si dh_0 et dh'_0 sont les erreurs d'observation commises sur les hauteurs, on remarquera qu'à une quantité près d'un ordre tout à fait inférieur due aux erreurs correspondantes de réfraction et de parallaxe

$dh_0 = dh$ et $dh'_0 = dh'$. Éliminant Z et dZ entre les deux relations :

$$d\Delta\, \frac{\cos h_0 \cos h'_0}{\sin \Delta_0} - d\Delta_0\, \frac{\cos h \cos h'}{\sin \Delta}$$
$$= \left(\frac{\cos h \cos h'}{\sin \Delta} \cos S_0 - \frac{\cos h_0 \cos h'_0}{\sin \Delta_0} \cos S \right) dh$$
$$+ \left(\frac{\cos h \cos h'}{\sin \Delta} \cos L_0 - \frac{\cos h_0 \cos h'_0}{\sin \Delta_0} \cos L \right) dh'.$$

ou en posant $\dfrac{\cos h \cos h'}{\cos h_0 \cos h'_0} = \dfrac{1}{m}$ et $\dfrac{\sin \Delta_0}{\sin \Delta} = n$, $\dfrac{1}{m}$ et n étant des quantités qui sont toujours très voisine de l'unité :

$$d\Delta = \frac{n}{m}\, d\Delta_0 + \left(\frac{n}{m} \cos S_0 - \cos S \right) dh + \left(\frac{n}{m} \cos L_0 - \cos L \right) dh'.$$

$\dfrac{n}{m}$ étant égal à l'unité à une quantité près du second ordre, comme d'ailleurs

$$\cos S = \cos S_0 - \varepsilon \sin S_0 \quad \text{et} \quad \cos L = \cos L_0 - \eta \sin L_0,$$

ε et η étant également du second ordre

$$d\Delta = d\Delta_0 - \varepsilon \sin S_0 dh - \eta \sin L_0 dh',$$

d'où il résulte que toute erreur commise sur la mesure de la distance apparente se porte tout entière sur la distance vraie et que les erreurs commises sur les hauteurs se traduisent par des erreurs du troisième ordre sur cette même distance. Enfin, comme $\dfrac{1}{\sin \Delta}$ est l'argument caractéristique de la convergence de la série, les termes d'ordre inférieur de cette série renfermeront les puissances supérieures de cet élément, de sorte que la série ne sera convergente qu'à la condition que la distance Δ soit suffisamment grande ; ces résultats sont identiques à ceux qui ont été établis à la suite de la discussion précédemment faite au sujet du calcul direct de la différence $\Delta - \Delta_0$.

5. Méthode de Mendoza. — Pour faciliter l'intelligence de cette méthode et de quelques autres qui se trouvent exposées dans le *Traité de navigation* de Guépratte, il est utile de rappeler une ancienne notation, autrefois usuelle, mais aujourd'hui à peu près entièrement abandonnée.

Soit x un arc de cercle dans la circonférence dont le rayon est l'unité, on appelle : *sinus verse de* x la quantité $1 - \cos x$; *cosinus verse de* x, $1 - \sin x$; *susinus verse de* x, $1 + \cos x$, et *sucosinus verse de* x, $1 + \sin x$, de sorte que

$$1 - \cos x = \sin.\text{v.}\,x; \qquad 1 + \sin x = \cos.\text{v.}\,x.$$
$$1 + \cos x = \text{s.}\sin.\text{v.}\,x; \qquad 1 + \sin x = \text{s.}\cos.\text{v.}\,x.$$

Guépratte a construit des tables qui donnent à vue, en unité et fraction décimale, les sinus et cosinus verses, les susinus et sucosinus verses.

Cela posé, reprenons les deux relations fondamentales :

$$\cos \Delta_0 = \sin h_0 \sin h'_0 + \cos h_0 \cos h'_0 \cos Z,$$
$$\cos \Delta = \sin h \, \sin h' + \cos h \, \cos h' \cos Z,$$

et posons $\cos Z = m - 1$, de sorte que

$$\cos \Delta_0 + \cos(h_0 + h'_0) = m \cos h_0 \cos h'_0,$$
$$\cos \Delta + \cos(h + h') = m \cos h \, \cos h'.$$

Divisant, membre à membre, la deuxième par la première :

$$\frac{\cos \Delta + \cos(h + h')}{\cos \Delta_0 + \cos(h_0 + h'_0)} = \frac{\cos h \cos h'}{\cos h_0 \cos h'_0}.$$

On posera $\dfrac{\cos h \cos h'}{\cos h_0 \cos h'_0} = 2 \cos \varphi$, φ étant un angle auxiliaire moindre que 90°, et l'on aura

$$\cos \Delta + \cos(h + h') = 2 \cos \varphi \cos \Delta_0 + 2 \cos \varphi \cos(h_0 + h'_0),$$

ou en remplaçant dans le second membre les produits de cosinus par des sommes :

$$\cos \Delta + \cos(h + h') = \cos(\Delta_0 + \varphi) + \cos(\Delta_0 - \varphi) + \cos(h_0 + h'_0 + \varphi) + \cos(h_0 + h'_0 - \varphi),$$

ou, ce qui est la même chose,

$$1 - \cos \Delta - 1 - \cos(h + h') = 1 - \cos(\Delta_0 + \varphi) + 1 - \cos(\Delta_0 - \varphi) + 1 - \cos(h_0 + h'_0 + \varphi) + 1 - \cos(h_0 + h'_0 - \varphi) - 4,$$

c'est-à-dire en résolvant par rapport à $1 - \cos \Delta$ et adoptant la notation indiquée tout à l'heure,

$$\sin.v.\,\Delta = s.\sin.v.(h + h') + \sin.v.(\Delta_0 + \varphi) + \sin.v.(\Delta_0 - \varphi)$$
$$+ \sin.v.(h_0 + h'_0 + \varphi) + \sin.v.(h_0 + h'_0 - \varphi) - 4.$$

Les différents termes de cette formule se calculent au moyen des tables de Guépratte; on obtient finalement $\sin.v.\,\Delta = $ A : cherchant alors A dans la table des sinus verses, on trouve la valeur de Δ.

Pour faciliter l'usage de la méthode de Mendoza, on a construit des tables particulières (*) qui permettent d'abréger notablement le calcul général. Ainsi, des tables spéciales donnent les sommes :

(I) $\sin.v.(\Delta_0 + \varphi) + \sin.v.(\Delta_0 - \varphi),$

(II) $\sin.v.(h_0 + h'_0 + \varphi) + \sin.v.(h_0 + h'_0 - \varphi).$

Ces deux sommes sont les nombres I et II employés dans la *Connaissance des Temps* pour l'explication de la méthode de Mendoza; le nombre III est la quantité $s.\sin v.(h + h')$; d'après cette notation,

$$\sin.v.\,\Delta = I + II + III - 4.$$

Appliquons la méthode de Mendoza à l'exemple qui a été traité précédemment.

Nous avons déjà trouvé $\log \dfrac{\cos h \cos h'}{\cos h_0 \cos h_{t0}} = \log 2 \cos \varphi = 9,9932705.$

On trouvera avec les tables de Guépratte :

$$\Delta_0 + \varphi = 111°53'23'',6 \qquad\qquad \sin.v.(\Delta_0 + \varphi) = 1,372823$$
$$\Delta_0 - \varphi = -9°07'29'',2 \qquad\qquad \sin.v.(\Delta_0 - \varphi) = 0,012655$$
$$\text{Nombre I} = 1,385478$$

$$h_0 + h'_0 + \varphi = 155°05'47'',6 \qquad \sin.v.(h_0 + h'_0 + \varphi) = 1,907020$$
$$h_0 + h'_0 - \varphi = 24°54'12'',4 \qquad \sin.v.(h_0 + h'_0 + \varphi) = 0,171763$$
$$\text{Nombre II} = 2,078783$$

$$h + h' = 94°51'45'',2 \quad s.\sin.v.(h + h') \text{ ou Nombre III} = 0,915234$$
$$\sin.v.\,\Delta = \text{Nombre I} + \text{Nombre II} + \text{Nombre III} - 4 = 0,379495$$

d'où

$$\Delta = 51°38'49''.$$

(*) *Principales tables de Mendoza, pour la prompte réduction des distances lunaires,* revues, corrigées, etc., par le capitaine Richard (Gauthiers-Villars, 1 vol. in-4°).

6. Méthode de Garnett. — On trouve dans l'ouvrage de Gué-pratte plusieurs méthodes de calcul destinées au calcul de la distance vraie : nous reproduirons seulement ici celle qui nous paraît la plus simple ; elle est due au capitaine Garnett, officier de la marine anglaise.

En remplaçant $\cos Z$ par $1 - 2\sin^2 \frac{1}{2} Z$ dans les deux relations fondamentales, elles deviennent

$$\cos \Delta_0 = \cos (h_0 - h'_0) - 2 \cos h_0 \cos h'_0 \sin^2 \tfrac{1}{2} Z,$$
$$\cos \Delta = \cos (h - h') - 2 \cos h \cos h' \sin^2 \tfrac{1}{2} Z.$$

D'où, en éliminant Z,

$$\frac{\cos \Delta - \cos (h - h')}{\cos \Delta_0 - \cos (h_0 - h'_0)} = \frac{\cos h \cos h'}{\cos h_0 \cos h'_0}.$$

Soit

$$\frac{\cos h \cos h'}{\cos h_0 \cos h'_0} = 1 - n.$$

En résolvant par rapport à $\cos \Delta$:

$$\cos \Delta = \cos \Delta_0 + \cos (h - h') - \cos (h_0 - h'_0) - n\,[\cos \Delta_0 - \cos (h_0 - h'_0)].$$

D'où l'on conclura :

$$1 - \cos \Delta = 1 - \cos \Delta_0 + 1 - \cos (h - h') + 1 + \cos (h_0 - h'_0)$$
$$- 2 + n\,[1 + \cos \Delta_0 - 1 - \cos (h_0 - h'_0)],$$

ou

$$1 - \cos \Delta = 1 - \cos \Delta_0 + 1 - \cos (h - h') + 1 + \cos (h_0 - h'_0)$$
$$- 2 - n\,[1 - \cos \Delta_0 + 1 + \cos (h_0 - h'_0) - 2];$$

c'est-à-dire

$$\sin. v.\, \Delta = \sin. v.\, \Delta_0 + \sin. v.\, (h - h') + s.\sin. v.\, (h_0 - h'_0)$$
$$- 2 - n\,[\sin. v.\, \Delta_0 + s.\sin. v.\, (h_0 - h'_0) - 2].$$

Soit maintenant

$$\sin. v.\, \Delta_0 + \sin. v.\, (h - h') + s.\sin. v.\, (h_0 - h'_0) - 2 = A,$$
$$\sin. v.\, \Delta_0 + s.\sin. v.\, (h_0 - h'_0) - 2 = B.$$

On aura pour calculer Δ

$$\sin. v.\, \Delta = A - nB.$$

Chabirand, II.   19

Des tables particulières permettent d'exécuter le calcul aussi rapidement que possible.

Le calcul qui vient d'être exposé, aussi bien que celui de Mendoza, paraissent au premier abord d'une grande simplicité : au fond, cette simplicité est plus apparente que réelle. En réalité, même quand on se sert des tables construites pour l'application de l'un ou de l'autre, l'ensemble des opérations à exécuter ne constitue pas un calcul sensiblement plus court que celui qui résulte de l'emploi des formules de Borda, surtout si l'on veut calculer Δ au dixième de seconde.

Les deux dernières méthodes que nous venons de donner sont basées sur l'élimination de Z entre les deux relations fondamentales : au point de vue analytique, elles ne sauraient donc différer de la méthode de Borda. Les résultats numériques obtenus avec ces diverses méthodes doivent donc être identiques, et l'approximation entièrement la même.

7. Calcul de la longitude. — Quand on a calculé la distance vraie Δ, la détermination de la longitude du lieu est un calcul des plus élémentaires Il suffit en effet de chercher dans les Éphémérides quel est le temps moyen T_{m0} du premier méridien qui correspond à cette distance : comme on connaît d'ailleurs le temps moyen T_m du lieu pour l'époque de l'observation, on a :

$$\textit{Longitude cherchée} \text{ ou } \psi = T_{m0} - T_m.$$

La détermination du temps moyen du premier méridien exige un petit calcul d'interpolation dont nous avons déjà eu l'occasion de donner le détail (tome I, p. 191). Nous allons en faire l'application à l'exemple qui a été traité précédemment.

On trouvera dans la *Connaissance des Temps*, à la date du 23 août 1878 :

T. M. DE PARIS.	DISTANCE $\mathbb{C}$. $\odot$	1re DIFFÉRENCE OU Δ	2e DIFFÉRENCE OU Δ^2
18^h	53°29′06″		
		— 1°34′09″	
21	51 54 57		—0′26″
		— 1 34 35	
24	50 20 22		—0 26
		— 1 35 01	
1	48 45 21		

La distance calculée 51°38′49″ se trouve comprise entre celles qui conviennent à 21^h et à 24^h T. M. de Paris. Soit $T_{m0} = 21^h + t$.

$$t = ix; \quad i = 3^h = 10800^s; \quad x = a + ca^2.$$

$$a = \frac{E - E_0}{B}; \quad c = -\frac{\frac{1}{2}\Delta^2 E_0}{B}; \quad B = \Delta E_0 - \frac{1}{2}\Delta^2 E_0.$$

$$E = 51°38'49'' \qquad \Delta E_0 = -1°34'35'' = -5675''$$
$$E_0 = 51\ 54\ 57 \qquad \frac{1}{2}\Delta^2 E_0 = -\ 13'$$
$$\overline{E - E_0 = -16'08'' = -968''} \qquad \overline{B = -5662''}$$

On trouvera, en exécutant les calculs numériques,

$$a = \frac{E - E_0}{B} = 0,170964$$

$$ca^2 = -\frac{\frac{1}{2}\Delta^2 E_0}{B}\,a^2 = -0,000067$$

$$\overline{x = a + ca^2 = 0,170897}$$
$$t = ix = 1845^s,7 = 30^m 45^s,7.$$

Par suite,

$$T_{m0} = 21^h + t = 21^h 30^m 46^s$$
$$T_m = \ldots\ldots\ 19\ 26\ 50$$
$$\overline{\textit{Longitude} \text{ ou } \psi = 2^h 03^m 56^s.}$$

L'approximation de la valeur obtenue pour la longitude dépend essentiellement de la précision avec laquelle a été déterminée la distance vraie. Comme d'un autre côté la variation de la distance vraie dans un même intervalle de temps n'est pas toujours la même, l'erreur commise sur la distance n'affectera pas toujours de la même manière la valeur de la longitude. Dans l'exemple qui vient d'être traité, la distance vraie varie de $0'',5$ dans 1 seconde de temps, de sorte qu'une erreur de $1''$ commise sur la distance correspond à une erreur de 2 secondes sur la longitude. La variation de distance en 1 seconde n'est pas toujours égale à $0'',5$, elle est souvent moindre, de sorte qu'alors l'erreur de longitude devient plus grande. En moyenne on peut dire qu'une erreur de $1''$ sur la distance donnera une erreur de $2^s,5$ sur la longitude. Comme dans les circonstances les plus favorables, eu égard à la nature des instruments usuels à la mer, on ne peut guère répondre d'une distance observée à moins de $5''$, il en résulte que la longitude se trouve calculée à 12^s près environ, c'est-à-dire à 3 milles près. Le degré de cette approximation sera largement suffisant dans la pratique toutes les fois qu'on pourra l'obtenir.

Nous ne nous sommes pas préoccupé ici de corriger le résultat final des erreurs qui affectent les tables de la Lune : or ces erreurs peuvent être notables ainsi qu'on a pu le constater, dans le chapitre précédent, sur l'exemple que nous avons donné comme application des observations méridiennes. Il n'y a pas lieu de songer à exécuter les corrections de ce genre, vu l'impossibilité où l'on se trouve d'avoir à la mer à sa disposition les éléments nécessaires. S'il s'agissait de la longitude d'un point terrestre, on pourrait calculer ultérieurement cette correction qui se présenterait alors sous la forme $d\Delta = A d\delta + B d\alpha$, $d\delta$ et $d\alpha$ étant les erreurs tabulaires qui affectent la déclinaison et l'ascension droite. Nous ne croyons pas devoir insister sur ce sujet : quand on veut obtenir une longitude à terre, il y a avantage à se servir des petites distances et à appliquer la méthode qui sera indiquée dans le chapitre V, cette méthode donnant des résultats plus exacts et permettant d'établir la longitude indépendamment de toute erreur tabulaire.

8. Calcul de la longitude au moyen d'un grand nombre d'observations de distances lunaires. — Il résulte de la théorie qui vient d'être exposée que la détermination d'une longitude par un calcul de distances lunaires est une opération qui exige toujours les soins les plus minutieux. Il faut en premier lieu mesurer les distances apparentes avec une précision extrême et ensuite exécuter un ensemble de calculs fort délicats, puisqu'ils reposent sur l'emploi de quantités très petites, et apporter en conséquence à ce calcul la plus grande attention. Il est toujours possible à la rigueur d'éviter les fautes de calcul en discutant avec soin les résultats et en les contrôlant au besoin par certaines vérifications ; mais on ne peut répondre dans aucun cas des erreurs d'observation ; or toutes les fois que l'on fait des observations d'une certaine précision, il est indispensable d'en exécuter un grand nombre : une observation isolée ne saurait en général être regardée dans ce cas que comme ayant une valeur douteuse et ne présentant aucune certitude. Aussi toutes les fois que l'on voudra obtenir une longitude à laquelle on puisse accorder une certaine confiance et qu'en outre on tiendra à être fixé sur le degré de l'approximation obtenue, il sera indispensable de mesurer plusieurs distances apparentes, de les réduire isolément et de comparer entre eux les résultats obtenus pour la valeur de la longitude.

Si l'on a mesuré un grand nombre de distances, il est évident que l'on ne saurait songer *à priori* à se servir de chacune d'elles pour opérer un calcul de réduction : quelle que soit la méthode que l'on emploierait, on serait conduit à des calculs très longs toujours fort peu pratiques à la mer. On abrégera considérablement les calculs, sans altérer en rien la précision du résultat final, en procédant de la manière suivante :

Soient t_1 et t_n les temps de la première et de la dernière observations : on choisira entre ces deux époques des temps t_x, t_y,... d'une ou plusieurs observations, suivant que l'intervalle de temps $t_n - t_1$ sera

plus ou moins grand, ces temps se trouvant distants entre eux de telle
sorte que les intervalles $t_x - t_1$, $t_y - t_x$, ... diffèrent entre eux le moins
possible. On exécutera ensuite un calcul complet de réduction pour
chacune des distances apparentes qui conviennent aux époques t_1, t_x,
t_y .... t_n et l'on en conclura les valeurs de réduction totale $\Delta_1 - \Delta'_1$;
$\Delta_x - \Delta'_x$; $\Delta_y = \Delta'_y$; ..... $\Delta_n - \Delta'_n$. Toutes les fois que les intervalles de
temps $t_x - t_1$, $t_y - t_x$, ... ne seront pas trop grands, ne dépasseront
pas 30 minutes en général ; les réductions $\Delta_1 - \Delta'_1$, $\Delta_x - \Delta'_x$, etc., varieront à très peu près proportionnellement au temps, de sorte que si
l'on calcule leurs différences, les différences secondes seront constantes
à une quantité près qui sera égale à l'erreur d'observation normale.
Il résultera de là que l'on pourra calculer par parties proportionnelles
les réductions de toutes les observations dont les temps sont intermédiaires aux temps t_1 et t_2, t_x et t_y, etc. De cette manière, en exécutant
un petit nombre de calculs de réduction, on arrivera aisément à établir
les réductions qui conviennent à un très grand nombre d'observations.

Supposons, par exemple, que l'on ait obtenu 20 mesures de distances aparentes dans l'espace de 2 heures ; soient t_1 et t_{20} les époques
de la première et de la dernière observation : on choisira deux époques
intermédiaires, par exemple t_7 et t_{14}, de telle sorte que les intervalles
$t_7 - t_1$, $t_{14} - t_7$, et $t_{20} - t_{14}$ soient assez peu différents. Les distances
vraies Δ_1, Δ_7, Δ_{14}, Δ_{20} seront calculées par une méthode quelconque
au moyen des distances apparentes correspondantes : il en résul-
tera quatre valeurs de réduction totale $R_1 = \Delta_1 - \Delta'_1$; $R_7 = \Delta_7 - \Delta'_7$;
$R_{14} = \Delta_{14} - \Delta'_{14}$; $R_{20} = \Delta_{20} - \Delta'_{20}$. Les différences $R_1 - R_2$, $R_7 - R_{14}$,
$R_{14} - R_{20}$ se trouveront toujours à très peu près varier proportionnel-
lement au temps, de sorte qu'il sera possible d'interpoler par parties
proportionnelles les réductions R_2, R_3, R_4, etc. R_8, R_9, etc., etc. qui
conviennent aux observations exécutées aux époques t_2, t_3, t_4 .... t_8,
t_9 ..... Soient n le nombre de secondes de l'intervalle $t_7 - t_1$ et m le
nombre de secondes de l'intervalle $t_2 - t_1$, on aura évidemment
$R_2 = R_1 + m \cdot \dfrac{R_1 - R_7}{n}$; de même pour les autres.

Ayant obtenu toutes les réductions R_1, R_2, ... R_{20}, il faudra les ajouter aux distances apparentes correspondantes Δ'_1, Δ'_2 ..... Δ'_{20}, et l'on
obtiendra autant de distances vraies que d'observations. Ces distances
vraies serviront à établir un nombre de valeurs de longitude égal à
celui des observations. Si ces valeurs paraissent également bonnes, on
prendra leur moyenne arithmétique pour expression de la longitude,
en calculant au besoin l'erreur probable, si les observations sont en
assez grand nombre, et si d'un autre côté les résultats paraissent suffisamment exacts.

9. Sur les applications pratiques de la méthode des

distances lunaires. — La détermination des longitudes en mer
par l'observation des distances lunaires a été pendant longtemps
l'objet d'applications fréquentes dans la pratique de la navigation.
Les travaux de Guépratte contribuèrent puissamment à développer
chez les marins l'usage de ce mode d'observation et des calculs qui s'y
rattachent. Il ne semble pas toutefois que l'on ait jamais sérieusement
songé à mettre cette méthode en pratique pour la détermination précise des longitudes à terre ; il eût pour cela été indispensable de
construire des instruments plus parfaits que ceux qui sont usuels à
la mer, et aucun travail important n'a été fait dans ce but. Aujourd'hui
la méthode des distances lunaires a perdu beaucoup de la faveur qui
avait été accordée par tous les marins à la suite des travaux de Guépratte ; peu employée à la mer, elle ne l'est plus dans les opérations
géographiques. Cet état de choses tient à deux motifs : les perfectionnements considérables apportés succcessivement dans la construction
des chronomètres ont rendu de plus en plus rares les dérangements
qui se produisaient autrefois dans la marche de ces instruments, de
sorte que le fait d'une navire venant à perdre le temps du premier
méridien devient peu fréquent et ne se présente pour ainsi dire jamais.
On pourrait craindre, il est vrai, que la marche subissant de légères
altérations, l'état des chronomètres devînt de plus en plus incertain,
sans qu'aucun dérangement sérieux se soit manifesté. Mais l'usage
de plusieurs chronomètres et la comparaison de ces instruments
entre eux rend cette circonstance tout à fait improbable et permet
d'ailleurs d'y remédier toujours en temps opportun. Il arrive alors
que les indications qui seraient fournies par un calcul de distances
lunaires ne sont pas plus certaines que celles qui résultent d'une comparaison attentive des chronomètres entre eux. En second lieu, pour
la détermination des longitudes à terre, l'invention du cercle méridien
portatif a fait abandonner à peu près entièrement les observations de
distances lunaires.

Nous venons de faire remarquer que le fait d'un dérangement complet dans la marche des chronomètres est aujourd'hui tellement rare,
qu'on est arrivé à le regarder comme à peu près improbable. Cela est
vrai dans les conditions normales de la navigation, mais on ne peut
s'empêcher de reconnaître que le cas peut cependant se présenter
comme conséquence de certains accidents graves, en réalité toujours
possibles. Or toutes les fois que, dans le cours d'une navigation, un
navire aura eu le malheur de perdre le temps du premier méridien, il
devra, en vue de sa sécurité, s'efforcer de le retrouver le plus prompt-
tement possible. Il n'y a absolument qu'un seul système d'observations
qui puisse fournir cette donnée fondamentale avec une certaine exactitude, c'est celui des distances lunaires. On ne saurait donc songer à
abandonner cette méthode d'une manière absolue. Au contraire, il

faut savoir l'appliquer au besoin, et il n'est pas inutile de chercher à en faciliter l'usage pratique par quelques perfectionnements.

Les principales objections que l'on est en droit d'adresser à la méthode des distances lunaires sont les suivantes : 1° la nécessité d'exécuter un calcul long et minutieux; 2° l'obligation pour l'observateur principal de s'adjoindre deux autres observateurs qui mesurent les hauteurs; 3° l'impossibilité de réduire suffisamment les erreurs d'observation pour avoir une longitude approchée au moins à 1 ou 2 milles près. Il n'y a pas lieu de songer à abréger sensiblement le calcul. Sa longueur est due en partie à la nécessité de calculer un grand nombre de petites corrections, et nous avons montré qu'on ne saurait s'affranchir du calcul de ces corrections qu'au détriment de la précision du résultat final. Il n'est pas nécessaire d'observer les hauteurs, il suffit de les calculer au moyen du temps du premier méridien fourni par la longitude estimée. Nous avons vu, en effet, qu'une erreur notable sur les hauteurs ne saurait entraîner qu'une erreur d'ordre tout à fait inférieure sur la réduction totale; au besoin, du reste, on pourrait exécuter un second calcul en se servant d'éléments plus approchés. Un seul observateur peut donc suffire pour le calcul d'une distance lunaire, à la seule condition d'exécuter un calcul un peu plus long. Nous avons déjà eu l'occasion d'employer les formules qui permettent de calculer les hauteurs; nous ne ferons que les rappeler ici.

$$\text{tg}\, M = \frac{\text{tg}\,\delta}{\cos T}; \quad \text{tg}\, A = \frac{\cos M\,\text{tg}\,T}{\sin(\varphi - M)}; \quad \text{tg}\, h = -\cos A\,\text{cotg}(\varphi - M).$$

Ces formules donnent, il est vrai, l'azimut et la hauteur vraie, et les tables ne fournissent les corrections de réfraction et de parallaxe qu'en fonction des éléments apparents; mais on connaît l'expression de la parallaxe en fonction de la hauteur vraie, et nous avons calculé une formule de réfraction qui donne également la réfraction en fonction de la hauteur vraie. Comme on aura calculé accessoirement les azimuts de la Lune et du Soleil, on en conclura immédiatement la valeur de l'angle Z; cela permettra d'abréger un peu le calcul des éléments nécessaires à la détermination des corrections élémentaires.

Les instruments usuels en navigation sont aujourd'hui des sextants gradués de manière à fournir immédiatement à vue, au vernier, les dizaines de seconde. Les bons observateurs peuvent, il est vrai, estimer un arc à 5″ près seulement, mais il est à peu près impossible de pousser la précision plus loin. Comme une erreur de 5″ sur la distance observée en donne généralement une de 3 milles sur la longitude, on ne saurait s'empêcher de reconnaître que cette approximation laisse beaucoup à désirer. Il y a d'ailleurs une autre cause d'erreur que nous devons signaler. Nous avons dit que les méthodes de réduction employées ne permettent guère d'utiliser les mesures de distances moindres que 15°. On ne peut pas non plus employer avec certitude les mesures de grandes distances en raison des erreurs instrumentales. Quelle que soit la perfection employée dans la construction du grand miroir, les deux faces principales ne sont jamais d'un parallélisme absolu. Ce défaut de parallélisme entraîne dans la valeur des angles mesurés avec les instruments à réflexion une erreur qui, inappréciable pour les petits angles, devient de plus en plus sensible au fur et à mesure que les angles observés deviennent plus grands. On peut, il est vrai, calculer une correction en fonction de l'angle des deux faces et de l'angle mesuré; mais cette correction ne présentera jamais une bien grande certitude. Le meilleur moyen de remédier au vice de la construction consisterait à argenter la face du grand miroir par le procédé Foucault; on n'aurait plus alors à se préoccuper du défaut du parallélisme, la réflexion s'opérant immédiatement sur la face extérieure. On pourrait diminuer notablement l'erreur de pointé et augmenter par suite la précision de la mesure des angles en donnant au sextant un rayon plus grand, et l'armant d'une lunette plus puissante que celles qui sont généralement en usage. Mais à cause des conditions nécessaires à la solidité de l'instrument, le sextant devient lourd et peu maniable, et il est impossible d'observer un nombre de distances suffisant, le bras de l'observateur se fatiguant très vite. Cet inconvénient devient encore plus sensible quand il faut observer avec l'instrument renversé, de manière à voir par réflexion l'astre le plus brillant. Au point de vue physique, les observations deviennent alors très pénibles.

On pourrait augmenter sensiblement le degré de précision des observations de distances lunaires en limitant ces observations à des distances peu considérables, inférieures à 10°, par exemple. De cette manière on éviterait les erreurs du grand miroir; comme d'un autre côté le limbe de l'instrument serait considérablement réduit, il serait possible, sans augmenter son poids, de lui donner un rayon beaucoup plus grand et d'y installer une lunette suffisamment puissante. Un instrument à réflexion, construit dans cet ordre d'idées, deviendrait un véritable appareil micrométrique. Il est vrai que les méthodes de réduction ordinaires ne permettent pas de se servir des petites distances, mais il n'est pas impossible de résoudre cette difficulté au point de vue analytique; nous aurons l'occasion d'y revenir prochainement. (Voir ci-après, CHAP. V.)

La mesure des distances lunaires pourrait être appliquée avec avantage à la détermination des longitudes à terre; mais alors, si l'on veut obtenir des résultats suffisamment précis, il est indispensable de faire subir à l'instrument à réflexion les divers perfectionnements que nous venons de signaler : argenter la face du grand miroir, augmenter le rayon du limbe et la puissance de la lunette, et, en outre, installer l'appareil sur un pied articulé, de manière que l'observateur ne se fatigue pas inutilement. Il n'est pas douteux qu'avec un instrument de ce genre on puisse mesurer une longitude à 1 seconde près.

Si nous comparons maintenant la méthode des distances lunaires à celle des observations méridiennes, nous devrons reconnaître que cette dernière présente des avantages particuliers qui lui feront accorder le plus souvent de la plupart des observateurs une faveur marquée. Elle n'exige presque aucun calcul, et grâce à la puissance de la lunette, donne toujours immédiatement des résultats d'une grande précision. Les observations de distances lunaires supposent au contraire, non-seulement un bon observateur, mais encore un calculateur exercé, et donnent lieu à des calculs fort longs; d'un autre côté, il est à peu près impossible d'installer sur un instrument à réflexion une lunette d'une puissance comparable à celle des cercles méridiens, et un limbe d'un rayon suffisant pour mesurer des fractions de seconde d'arc. Mais si les observations méridiennes ont des avantages sérieux, elles ont aussi des inconvénients auxquels viennent correspondre des avantages de l'autre méthode, fort appréciables pour les marins. Les observations méridiennes exigent toujours, en effet, une installation préalable plus ou moins difficile à réaliser; elles supposent en second lieu des observations suivies pendant un laps de temps considérable : ces observations ne sont possibles que si la Lune passe au méridien pendant la nuit; dans tous les cas, il importe avant tout de bien déterminer le temps du passage de la Lune au méridien : or il suffit d'un nuage pour qu'il soit impossible d'observer le phénomène ; on peut attendre ainsi plusieurs jours sans qu'il soit possible de réaliser aucune bonne observation. La mesure d'une distance lunaire, avec un instrument à réflexion établi sur pied articulé, ne demande aucune installation préalable ; elle exige seulement que la Lune soit visible. Ayant convenablement établi le plan du limbe, on observera sans aucune fatigue autant de distances que l'on voudra; si l'on opère pendant la nuit, il sera facile de prendre successivement un nombre indéterminé de distances à diverses étoiles remarquables; de là un moyen de réaliser en quelques heures plus d'observations qu'il n'est possible d'en obtenir avec un instrument méridien dans l'espace de plusieurs semaines, d'où il résultera une grande certitude dans la détermination de la longitude correspondante.

Les observations de distances lunaires présentent encore un avantage particulier qui est d'une importance secondaire, il est vrai, mais qui pourtant peut être très apprécié au point de vue de la précision des mesures. Avec la lunette méridienne, l'observateur attend le passage de l'astre au fil de la lunette et il est tenu de saisir instantanément le temps de ce passage sans pouvoir discuter la valeur du contact observé. Avec un instrument à réflexion, l'observateur établit son contact à volonté, en contrôle la valeur en maniant à propos la vis de rappel, la discute tout à loisir et note le temps correspondant quand le contact lui paraît suffisamment bon. En d'autres termes, dans le premier mode d'observation, l'observateur est pour ainsi dire aux ordres du phénomène qu'il veut observer, et dans le second c'est l'inverse qui a lieu : de là une différence de précision que l'on conçoit aisément sans qu'il soit nécessaire d'insister davantage.

CHAPITRE IV.

ÉCLIPSES DE SOLEIL. — OCCULTATIONS D'ÉTOILES.

1. Méthode de Bessel pour les calculs d'éclipses ou d'occultations. — A l'époque où commence une éclipse de Soleil, la distance apparente des centres du Soleil et de la Lune est égale à la somme des demi-diamètres apparents des deux astres; pour une occultation d'étoile, cette distance est le demi-diamètre apparent de la Lune. D'après cela, si l'on calcule pour diverses époques équidistantes, voisines du temps présumé de l'éclipse ou de l'occultation, les distances apparentes des deux astres, il sera possible ensuite de déterminer par interpolation les temps des contacts ou du commencement et de la fin de l'éclipse ou de l'occultation. De là une méthode assez élémentaire pour calculer les éclipses ou les occultations. Nous reviendrons plus tard sur cette méthode, qui présente certains avantages particuliers au point de vue des observations nautiques. Les astronomes préfèrent aujourd'hui se servir d'une autre méthode due à Bessel, qui permet de calculer assez rapidement le temps des contacts et, en outre, de déterminer ces temps pour plusieurs lieux différents avec une certaine facilité, sans qu'il soit nécessaire de recommencer entièrement le calcul fait une première fois pour une station donnée. La méthode de Bessel consiste, en principe, à déterminer d'abord l'équation du cône d'ombre projeté derrière la Lune par le Soleil, et ensuite l'intersection de ce cône avec la surface de la Terre : le calcul n'est pas élémentaire, il est même assez compliqué; toutefois il n'est pas bien difficile de se rendre compte de l'ensemble de ce calcul et de savoir en faire l'application. Voici, du reste, l'exposé de ce calcul tel qu'il se trouve dans la plupart des ouvrages d'astronomie.

Soient O le centre de la Terre, ZOX le plan de l'équateur pris pour plan horizontal de projection : l'axe OY sera supposé passer par le pôle et OZ par l'origine des ascensions droites.

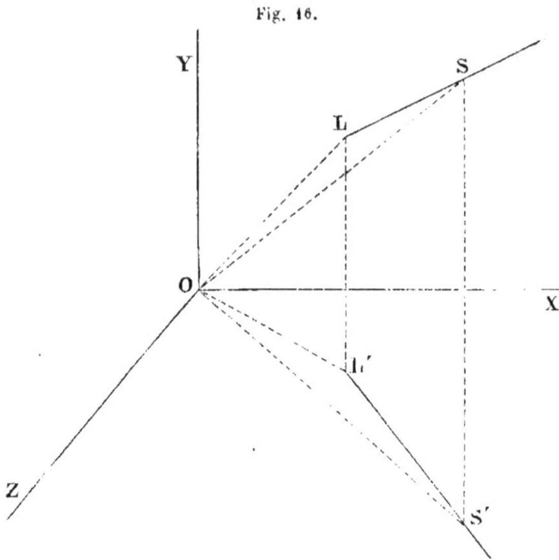

Soient L et S les positions de la Lune et du Soleil; nous appellerons :

G la distance LS,
Δ la distance OL,
Δ' la distance OS,
d l'angle fait par LS avec le plan ZOX,
a l'angle de la projection L'S' de LS sur ZOX avec l'axe OZ;

a et d sont par le fait l'ascension droite et la déclinaison du point où la droite LS perce la voûte céleste.

Nous allons nous proposer de calculer les quantités a, d et G.

En projetant sur une direction quelconque les trois côtés du triangle OLS, on a, d'après le théorème des projections :

Projection de G ou de LS = Projection de Δ' — Projection de Δ.

En projetant successivement sur chacun des trois axes de coordonnées :

$$\text{Projection de G} \begin{cases} \text{sur OZ} = G \cos d \cos a, \\ \text{sur OX} = G \cos d \sin a, \\ \text{sur OY} = G \sin d. \end{cases}$$

Soient α' et δ' l'ascension droite de la déclinaison du Soleil; α et

δ l'ascension droite et la déclinaison de la Lune pour la position S et L; on aura de même :

$$
\text{Projection de } \Delta' \begin{cases} \text{sur OZ} = \Delta' \cos \delta' \cos \alpha', \\ \text{sur OX} = \Delta' \cos \delta' \sin \alpha', \\ \text{sur OY} = \Delta' \sin \delta'. \end{cases}
$$

$$
\text{Projection de } \Delta \begin{cases} \text{sur OZ} = \Delta \cos \delta \cos \alpha, \\ \text{sur OX} = \Delta \cos \delta \sin \alpha, \\ \text{sur OY} = \Delta \sin \delta. \end{cases}
$$

Faisant successivement la somme des projections de G, Δ' et Δ sur le même axe, on obtiendra les trois équations :

$$
(1) \quad \begin{cases} G \cos d \cos a = \Delta' \cos \delta' \cos \alpha' - \Delta \cos \delta \cos \alpha ; \\ G \cos d \sin a = \Delta' \cos \delta' \sin \alpha' - \Delta \cos \delta \sin \alpha ; \\ G \sin d = \Delta' \sin \delta' - \Delta \sin \delta ; \end{cases}
$$

d'où il faudra conclure les quantités a, d et G.

Multipliant la première par $\cos \alpha'$ et la seconde par $\sin \alpha'$, puis la première par $\sin \alpha'$ et la seconde par $\cos \alpha'$, ajoutant les résultats dans le premier cas et les retranchant dans le second :

$$
(2) \quad \begin{cases} G \cos d \cos (a - \alpha') = \Delta' \cos \delta' - \Delta \cos \delta \cos (\alpha - \alpha') ; \\ G \cos d \sin (a - \alpha') = - \Delta \cos \delta \sin (\alpha - \alpha') ; \\ G \sin d = \Delta' \sin \delta' - \Delta \sin \delta ; \end{cases}
$$

d'où l'on conclura

$$
\operatorname{tg}(a - \alpha') = - \frac{\Delta \cos \delta \sin (\alpha - \alpha')}{\Delta' \cos \delta' - \Delta \cos \delta \cos (\alpha - \alpha')} = - \frac{\dfrac{\Delta}{\Delta'} \dfrac{\cos \delta}{\cos \delta'} \sin (\alpha - \alpha')}{1 - \dfrac{\Delta}{\Delta'} \dfrac{\cos \delta}{\cos \delta'} \cos (\alpha - \alpha')} .
$$

Soient π la parallaxe horizontale équatoriale de la Lune, π_0 la parallaxe du Soleil à la distance moyenne de la Terre, ρ le rayon équatorial terrestre et R le rayon vecteur du Soleil dans l'orbite pour l'époque

$$
\Delta = \frac{\rho}{\sin \pi} ; \quad \Delta' = \frac{R\rho}{\sin \pi'_0} ;
$$

de sorte que

$$
\frac{\Delta}{\Delta'} = \frac{\sin \pi'_0}{R \sin \pi} ,
$$

et, par suite,

$$\operatorname{tg}(a - \alpha') = - \frac{\dfrac{\sin \pi'_0}{\mathrm{R}\sin \pi}\,\dfrac{\cos \delta}{\cos \delta'}\,\sin(\alpha - \alpha')}{1 - \dfrac{\sin \pi'_0}{\mathrm{R}\sin \pi}\,\cos(\alpha - \alpha')}.$$

Cherchons une expression analogue de la quantité $d - \delta'$; nous multiplierons pour cela la première des équations (2) par $\cos \frac{1}{2}(a - \alpha')$ et la deuxième par $\sin \frac{1}{2}(a - \alpha')$; ajoutant les résultats et divisant par $\cos \frac{1}{2}(a - \alpha')$,

$$\mathrm{G}\cos d = \Delta'\cos \delta' - \frac{\Delta \cos \delta}{\cos \frac{1}{2}(a - \alpha')}\cos\left(\alpha - \frac{a + \alpha'}{2}\right),$$

u étant un angle auxiliaire, on posera

$$\frac{\cos\left(\alpha - \dfrac{a + \alpha'}{2}\right)}{\cos \frac{1}{2}(a - \alpha')} = \operatorname{tg}\delta \operatorname{cotg} u,$$

en remarquant que a diffère toujours très peu de α ou α', $u = \delta$ à quantité près du second ordre.

On aura alors

$$\mathrm{G}\cos d = \Delta'\cos \delta' - \Delta \sin \delta \operatorname{cotg} u,$$
$$\mathrm{G}\sin d = \Delta'\sin \delta' - \Delta \sin \delta,$$

d'où par la transformation déjà employée pour obtenir $a - \alpha'$:

$$\mathrm{G}\cos(d - \delta') = \Delta' - \Delta \sin \delta\,(\cos \delta'\operatorname{cotg} u + \sin \delta') = \Delta' - \Delta \frac{\sin \delta}{\sin u}\cos(u - \delta'),$$

$$\mathrm{G}\sin(d - \delta') = - \Delta \sin \delta\,(\cos \delta' - \operatorname{cotg} u \sin \delta') = - \Delta \frac{\sin \delta}{\sin u}\sin(u - \delta'),$$

et, par suite,

$$\operatorname{tg}(d - \delta') = - \frac{\Delta \dfrac{\sin \delta}{\sin u}\sin(u - \delta')}{\Delta' - \Delta \dfrac{\sin \delta}{\sin u}\cos(u - \delta')} = - \frac{\dfrac{\sin \pi'_0}{\mathrm{R}\sin \pi}\dfrac{\sin \delta}{\sin u}\sin(u - \delta')}{1 - \dfrac{\sin \pi'_0}{\mathrm{R}\sin \pi}\dfrac{\sin \delta}{\sin u}\cos(u - \delta)}.$$

Par le fait, π' étant la parallaxe du Soleil, $\dfrac{\sin \pi'_0}{\mathrm{R}\sin \pi}$ est toujours un quantité du second ordre; comme l'erreur commise en faisant $u = \delta$

est également du second ordre, on pourra, dans la formule précédente, remplacer u par δ; d'un autre côté, comme les différences $a - \alpha'$ et $d - \delta'$ ne dépassent jamais quelques minutes, il est possible de remplacer les tangentes par les arcs correspondants et de substituer aux formules rigoureuses les suivantes, qui seront exactes à une quantité près du troisième ordre :

$$a = \alpha' - \frac{\sin \pi'_0}{R \sin \pi} \frac{\cos \delta}{\cos \delta'} (\alpha - \alpha');$$

$$d = \delta' - \frac{\sin \pi'_0}{R \sin \pi} (\delta - \delta').$$

D'un autre côté, pour déterminer G,

$$G = \Delta' - \Delta = \frac{R\rho}{\sin \pi'} - \frac{\rho}{\sin \pi} = \frac{R\rho}{\sin \pi'_0} \left(1 - \frac{\sin \pi'_0}{R \sin \pi} \right).$$

Soit

$$g = 1 - \frac{\sin \pi'_0}{R \sin \pi};$$

prenant ρ pour unité,

$$G = \frac{Rg}{\sin \pi'_0}.$$

Finalement, on aura le premier système de formules :

$$(A) \qquad \left\{ \begin{array}{l} a = \alpha' - \dfrac{\sin \pi'_0}{R \sin \pi} \dfrac{\cos \delta}{\cos \delta'} (\alpha - \alpha'); \\[2ex] d = \delta' - \dfrac{\sin \pi'_0}{R \sin \pi} (\delta - \delta'); \\[2ex] g = 1 - \dfrac{\sin \pi'_0}{R \sin \pi}. \end{array} \right.$$

Le calcul de ces trois formules doit s'exécuter tout d'abord toutes les fois qu'il s'agit d'une éclipse de Soleil; α' et δ' sont l'ascension droite et la déclinaison du Soleil à l'époque initiale adoptée; α et δ sont les mêmes éléments pour la Lune; R est le rayon vecteur du Soleil et π la parallaxe horizontale équatoriale de la Lune pour cette même époque; ces deux éléments seront donnés par les Éphémérides.

$$\pi'_0 = \text{parallaxe moyenne du Soleil} = 8'',86,$$
$$\log \sin \pi'_0 = 5,6330086 \; (*).$$

(*) Dans la pratique du calcul, il est peut-être plus commode de se servir de la parallaxe horizontale du Soleil π' pour l'époque que d'employer le rayon vecteur R. Le rapport $\dfrac{\sin \pi'_0}{R \sin \pi}$ est alors remplacé par $\dfrac{\sin \pi'}{\sin \pi}$; $R = \dfrac{\sin \pi'_0}{\sin \pi'}$.

Le calcul d'une occultation de planète est le même que celui d'une éclipse de Soleil; on le dirigera de la même manière en se servant des coordonnées géocentriques de la planète.

Le calcul d'une occultation d'étoiles est plus simple; dans ce cas, en effet,

$$\pi' = 0, \quad a = \alpha' \quad \text{et} \quad d = \delta';$$

α' et δ' étant l'ascension droite et la déclinaison de l'étoile, de sorte qu'il n'y a pas lieu de calculer les formules (A).

Nous allons maintenant déplacer les axes de coordonnés de manière à avoir finalement l'axe OZ parallèle à LS. Pour cela, l'axe OY restant invariable, nous ferons d'abord tourner le plan ZOX d'un angle a de manière que OZ devienne parallèle à la projection L'S' de LS; le nouvel axe des Z se trouvera alors percer la voûte céleste au point dont l'ascension droite est a et le nouvel axe des Y au point dont l'ascension droite est $90° + a$.

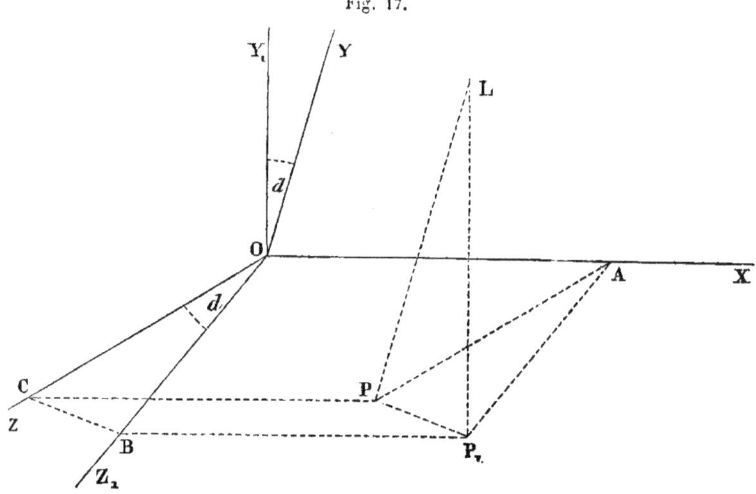

Fig. 17.

Appelant x_1, y_1, z_1 les coordonnées de L dans ce nouveau système d'axes :

$$y_1 = \Delta \sin \delta; \quad x_1 = \Delta \cos \delta \sin (\alpha - a); \quad z_1 = \Delta \cos \delta \cos (\alpha - a).$$

Cela fait, l'axe OX restant invariable, nous ferons tourner le plan $Z_1 OY_1$ d'un angle d, de manière que OZ devienne parallèle à LS. Les nouveaux axes seront alors OX, OY, OZ. Soient P et P_1 les projections de L sur les plans XOZ et XOZ_1; $LP = y$, $OC = z$ sont les nouvelles coordonnées de L.

Projetant sur OY les trois côtés du triangle LPP_1

$Proj.$ de LP ou $y = Proj.$ de $LP_1 + Proj.$ de PP_1
$$= Proj.\ de\ LP_1 + Proj.\ de\ AP + Proj.\ de\ AP_1.$$

Or
$$Proj.\ de\ LP_1 = y_1 \cos d; \quad Proj.\ de\ AP = 0;$$
$$Proj.\ de\ AP_1 = Proj.\ de\ OB = z_1 \cos(90° + d) = -z_1 \sin d;$$

d'où
$$y = y_1 \cos d - z_1 \sin d.$$

Projetant sur OZ les trois côtés du triangle APP_1, on trouvera de même :

$Proj.$ de AP ou OC ou $z = Proj.$ de AP_1 ou $Proj.$ de OB $+ Proj.$ de PP_1
$$= Proj.\ de\ OB + Proj.\ de\ LP + Proj.\ de\ LP_1.$$

$$Proj.\ de\ OB = z_1 \cos d; \quad Proj.\ de\ LP = 0;$$
$$Proj.\ de\ LP_1 = y_1 \cos(90° - d) = y_1 \sin d;$$

d'où
$$z = y_1 \sin d + z_1 \cos d.$$

Remplaçant x_1, y_1, z_1 par les valeurs trouvées tout à l'heure, nous aurons dans le nouveau système d'axes de coordonnées :

$$\begin{cases} x = x_1 = \Delta \cos \delta \sin(\alpha - a); \\ z = y_1 \sin d + z_1 \cos d = \Delta \sin \delta \sin d + \Delta \cos \delta \cos d \cos(\alpha - a); \\ y = y_1 \cos d - z_1 \sin d = \Delta \sin \delta \cos d - \Delta \cos \delta \sin d \cos(\alpha - a). \end{cases}$$

Δ étant égal à $\dfrac{1}{\sin \pi}$.

Pour l'exécution du calcul, il sera avantageux de poser

$$\operatorname{cotg} \delta \cos(\alpha - a) = \operatorname{cotg} v,$$

on aura alors

$$\begin{cases} x = \Delta \sin \delta \operatorname{cotg} v \operatorname{tg}(\alpha - a); \\ z = \dfrac{\Delta \sin \delta}{\sin v} \cos(v - d); \\ y = \dfrac{\Delta \sin \delta}{\sin v} \sin(v - d); \end{cases}$$

Chabirand, II.   20

ou, en remplaçant Δ par $\dfrac{1}{\sin \pi}$ et posant $A = \dfrac{\sin \delta}{\sin \pi \sin v}$,

$$
(B) \qquad
\begin{cases}
x = A \cos v \, \mathrm{tg}\,(\alpha - a); \\
x = A \sin (v - d); \\
z = A \cos (v - d).
\end{cases}
$$

Dans le nouveau système d'axes de coordonnées, l'axe des z est parallèle à la droite LS, de sorte que x et y sont les coordonnées du point où cette droite rencontre le plan XOY. Inversement si l'on prenait ce point pour origine, les coordonnées du centre de la Terre, par rapport au nouveau système, seraient $-x$, $-y$ et 0. D'un autre côté, si l'on appelle ξ, η, ζ les coordonnées d'un point de la surface de la Terre par rapport au centre de la Terre, $-(x - \xi)$, $-(y - \eta)$ et ζ ou $\xi - x$, $\eta - y$ et ζ seront évidemment les coordonnées de ce point par rapport au dernier système d'axes de coordonnées que nous venons de définir et l'on exprimera que ce point se trouve sur un cône de révolution autour de l'axe des z en posant

$$(x - \xi)^2 + (y - \eta)^2 = (c - \zeta)^2 \, \mathrm{tg}^2 f.$$

Les coordonnées d'un point de la surface de la Terre se calculent très simplement au moyen du rayon vecteur, de la latitude géocentrique φ' et de l'heure sidérale du lieu θ (tome I, pages 137 et suiv.). On calculera ξ, η, ζ d'une manière tout à fait identique à celle qui a été employée pour avoir x, y, z, en passant du deuxième au troisième système d'axes de coordonnées :

$$
\begin{aligned}
\xi &= \rho \cos \varphi' \sin (\theta - a), \\
\eta &= \rho [\cos d \sin \varphi' - \sin d \cos \varphi' \cos (\theta - a)], \\
\zeta &= \rho [\sin d \sin \varphi' + \cos d \cos \varphi' \cos (\theta - a)].
\end{aligned}
$$

Soit

$$\mathrm{cotg}\,\varphi' \cos (\theta - a) = \mathrm{cotg}\,\gamma \quad \text{et} \quad \frac{\rho \sin \varphi'}{\sin \gamma} = B.$$

Les formules deviennent :

$$
(C) \qquad
\begin{cases}
\xi = B \cos \gamma \, \mathrm{tg}\,(\theta - a), \\
\eta = B \sin (\gamma - d), \\
\zeta = B \cos (\gamma - d).
\end{cases}
$$

L'époque initiale pour laquelle on calculera θ sera évidemment celle pour laquelle on aura déjà déterminé les quantités a et d.

Cela posé, considérons le cône de révolution autour de l'axe des z qui a pour équation :

$$(x - \xi)^2 + (y - \eta)^2 = (c - \zeta)^2 \operatorname{tg}^2 f.$$

Toutes les fois que les valeurs ξ, η, ζ seront telles que cette équation soit satisfaite, il est évident que le point de la surface de la Terre qui aura pour coordonnées $(\xi - x)$, $(\eta - y)$ et ζ par rapport au troisième système de coordonnées et ξ, η, ζ par rapport au second système, se trouvera placé sur la surface du cône qui a son sommet au point $z = c$ et dans lequel l'angle au sommet est égal à f. Il y aura commencement d'éclipse pour le point (ξ, η, ζ), au moment où ce point pénétrera dans la surface du cône qui, du reste, n'est autre chose que le cône enveloppe de la Lune et du Soleil.

Cherchons les valeurs de f et de c qui conviennent à ce cône. Deux positions (a) et (b) peuvent se présenter : la première correspond aux contacts extérieurs et la seconde aux contacts intérieurs.

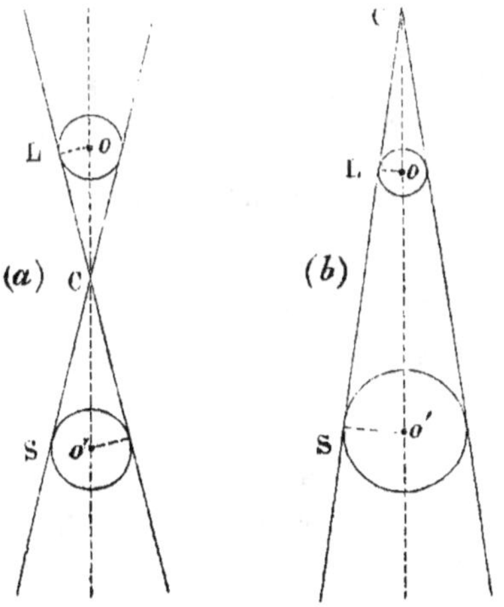

Soient r et r' les rayons de la Lune et du Soleil; appelons, comme précédemment, G la distance des centres OO'.

Fig. 18.

$$OC \sin f = r, \qquad O'C \sin f = r'.$$

D'après la figure (a) :

$$G = OC + O'C = \frac{r + r'}{\sin f},$$

et d'après la figure (b)

$$G = O'C - OC = \frac{r' - r}{\sin f},$$

ou, d'une manière générale,

$$G = \frac{r' \pm r}{\sin f},$$

le signe $+$ s'appliquant aux contacts extérieurs et le signe $-$ aux contacts intérieurs.

c distance du sommet du cône au plan YOX sera égale à la distance de la Lune ou z augmentée ou diminuée de OC, de sorte que

$$c = z + OC \qquad \text{ou} \qquad c = z - OC,$$

ou, en général,

$$c = z \pm \frac{r'}{\sin f},$$

$$\sin f = \frac{r' \pm r}{G}.$$

D'ailleurs en appelant H le demi-diamètre apparent du Soleil, K le rayon de la Lune exprimé avec le rayon équatorial terrestre, pris pour unité, et R le rayon vecteur du Soleil

$$\text{R} \sin \text{H} = r', \quad \text{R} \sin \pi' = 1 \quad \text{et} \quad r = \text{K}, \quad r' = \frac{\sin \text{H}}{\sin \pi'};$$

par suite

$$\sin f = \frac{1}{G} \left(\frac{\sin \text{H}}{\sin \pi'} \pm \text{K} \right) = \frac{1}{G \sin \pi'} (\sin \text{H} \pm \text{K} \sin \pi'),$$

et comme $G \sin \pi' = Rg$,

$$\sin f = \frac{1}{Rg} (\sin \text{H} \pm \quad \sin \pi').$$

La quantité entre parenthèses peut être cal ulée une fois pour toutes les éclipses du Soleil :

$$\pi' = \text{Parallaxe moyenne du Soleil} = 8'',86,$$
$$\text{K} = \text{Rayon de la Lune} = 0,2729 \text{ (d'après Hansen).}$$

Les astronomes ne sont pas d'accord sur la valeur de H : d'après Bessel, $\text{H} = 15'59'',79$; d'après M. Le Verrier, $\text{H} = 16'00'',0$; dans la *Connaissance des Temps*, on a adopté $16'01'',50$. Ce dernier chiffre, qui paraît convenir aux réductions d'observations, ne donne pas de bons résultats pour les calculs d'éclipses. Nous prendrons $\text{H} = 16'00'',0$; dans cette hypothèse :

$$\text{E}_1 = \sin \text{H} + \text{K} \sin \pi', \quad \log \text{E}_1 = 7,6689354,$$
$$\text{E}_2 = \sin \text{H} - \text{K} \sin \pi', \quad \log \text{E}_2 = 7,6667519,$$

et l'on aura, d'une manière générale,

$$\sin f = \frac{\text{E}}{Rg},$$

E étant égal à E_1 ou à E_2 suivant que le contact est extérieur ou intérieur.

R sera donné par les tables du Soleil (rayon vecteur); $g = 1 - \dfrac{\sin \pi'}{R \sin \pi}$,
comme nous l'avons établi précédemment.

Ayant calculé f, on trouvera

$$c = z \pm \frac{K}{\sin f},$$

$$K = 0,2729, \qquad \log K = 9,4360940.$$

c est positif pour les éclipses partielles ou totales et négatif pour les éclipses annulaires.

Nous poserons

$$c \operatorname{tg} f = l \quad \text{et} \quad \operatorname{tg} f = \lambda,$$

de sorte que l'équation du cône deviendra :

$$(x - \xi)^2 + (y - \eta)^2 = (l - \lambda \zeta)^2.$$

Nous allons déterminer maintenant la condition nécessaire pour que l'éclipse soit possible.

Si par l'axe des z dans le troisième système de coordonnées, c'est-à-dire par la ligne des centres, et par le centre de la Terre, on fait

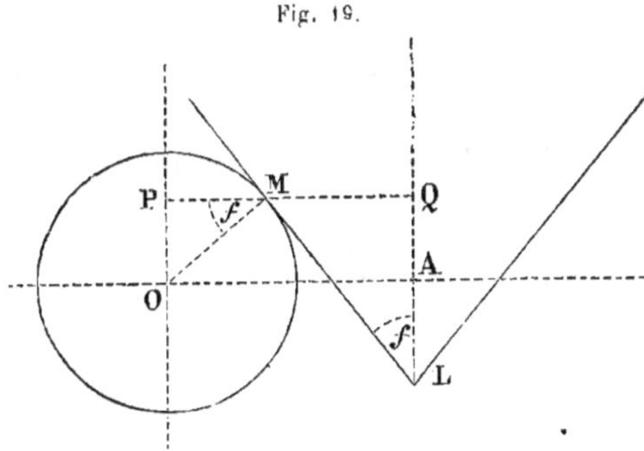

passer un plan, ce plan coupera le cône suivant deux droites et la Terre suivant un cercle. Soit A le point où l'axe des z (axe du cône) rencontre le plan XOY ; ce point ayant pour coordonnées x et y dans le deuxième système de coordonnées

$$OA = \sqrt{x^2 + y^2}.$$

Tout plan perpendiculaire à l'axe du cône coupe le cône et la sphère chacun suivant un cercle. Pour qu'il y ait éclipse, il faut évidemment qu'il y ait au moins contact entre ces deux cercles, ou en général que ces deux cercles se rencontrent, ce que l'on exprimera en posant, d'après les données de la figure,

$$PM + MQ = \text{ou} < OA,$$

$OM = \rho = $ rayon de la Terre au point $M : MP = \rho \cos f$,

$MQ = LQ \operatorname{tg} f = (AL + AQ) \operatorname{tg} f = (c + \rho \sin f) \operatorname{tg} f.$

Soit

$$OA = \sqrt{x^2 + y^2} = D.$$

la relation précédente devient :

$$\rho \cos f + (c + \rho \sin f)\, \text{tg}\, f = \text{ou} \; < D$$

ou

$$\rho + c\, \text{tg}\, f = \text{ou} \; < D \cos f.$$

Pour qu'il y ait éclipse, il faudra donc que

$$\text{tg}\, f > \frac{D \cos f - \rho}{c}$$

ou simplement, comme l'angle f est très petit,

$$\text{tg}\, f > \frac{D - \rho}{c}.$$

Telle sera la condition de la possibilité de l'éclipse. Pour le lieu dont le rayon est ρ, on devra avoir

$$\rho > D - c\, \text{tg}\, f.$$

Toutes les fois que D sera plus petit que 1, il y aura éclipse totale si c est positif, et éclipse annulaire si c est négatif. Si donc la ligne des centres des deux astres rencontre la Terre en un point tel que $x^2 + y^2 < \rho^2$, il y a forcément éclipse totale ou annulaire.

Pour déterminer *à priori* la possibilité d'une éclipse de Soleil, il n'est pas absolument indispensable d'exécuter les calculs qui viennent d'être indiqués. Il est facile de démontrer, en effet, qu'en appelant l la latitude de la Lune à l'époque de la conjonction, d et d' les diamètres apparents de la Lune et du Soleil π et π' les parallaxes, l'éclipse est déterminée par la condition

$$l < \tfrac{1}{2}(d + d') + \pi - \pi';$$

d'où l'on conclut que l'éclipse est certaine si $l < 1°\,23'\,18''$, et qu'elle est impossible si $l > 1°\,34'\,52''$. On peut reconnaître d'ailleurs que la distance de la Lune à son nœud ne doit pas dépasser $18°\,26'$.

Dans le cas des occultations d'étoiles $f = 0$, de sorte que le cône devient un cylindre; d'ailleurs comme

$$l = c\, \text{tg}\, f = z\, \text{tg}\, f \pm \frac{K}{\cos f} = K \quad \text{et} \quad \lambda\zeta = \zeta\, \text{tg}\, f = 0.$$

le cylindre a pour équation

$$(x - \xi)^2 + (y - \eta)^2 = K^2.$$

La condition nécessaire pour l'occultation sera

$$\rho > D - K.$$

Nous avons déjà remarqué que pour les occultations il n'y a pas lieu de se préoccuper des formules (A) : les calculs relatifs aux formules (b) et (c) se simplifient en outre notablement : on n'a pas à se servir en effet des quantités z et ζ, de sorte qu'il est inutile de les calculer.

Reprenons maintenant l'équation générale du cône

$$(x - \xi)^2 + (y - \eta)^2 = (l - \lambda\zeta)^2.$$

Si T est l'époque T. M. du premier méridien à laquelle le point de la Terre défini par les coordonnées ξ, η, ζ pénètre dans le cône d'ombre, et que les coordonnées x, y, z, ξ, η, ζ, l et λ aient été calculées pour cette époque T, il est évident que l'équation du cône sera rigousement satisfaite par ces valeurs de coordonnées; mais les choses ne se présentent pas ainsi : T est par le fait une quantité inconnue qu'il s'agit précisément de déterminer. Appelons alors T_0 l'époque initiale pour laquelle on a calculé les éléments x_0, y_0, z_0, ξ_0, η_0, etc., et supposons que cette époque soit voisine de celle à laquelle le phénomène doit se produire. On pourra poser

$$T = T_0 + \Delta T_0,$$

et le problème de la détermination de T sera ramené à celui de la correction ΔT_0. Or à une variation ΔT_0 du temps T_0 correspondent des variations des éléments x_0, y_0, etc., qui peuvent s'exprimer en fonction de ΔT_0.

$$\Delta x_0 = \frac{dx_0}{dT_0}\,\Delta T_0 + \tfrac{1}{2}\frac{d^2x_0}{dT_0^2}\,(\Delta T_0)^2 + \ldots$$

$$\Delta y_0 = \frac{dy_0}{dT_0}\,\Delta T_0 + \tfrac{1}{2}\frac{d^2y_0}{dT_0^2}\,(\Delta T_0)^2 + \ldots$$

$$\cdot\ \cdot\ \cdot\ \cdot\ \cdot\ \cdot\ \cdot\ \cdot\ \cdot\ \cdot\ \cdot\ \cdot\ \cdot\ \cdot\ \cdot\ \cdot$$

Substituant à x, y, z, ξ,....., etc. les valeurs $x_0 + \Delta x_0$, $y_0 + \Delta y_0$, etc. dans l'équation générale du cône, nous obtiendrons une équation en ΔT_0 dont la résolution nous permettra de déterminer cette quantité, et par suite l'époque cherchée T du phénomène. La résolution de cette équation ne sera pratique qu'à la condition que l'équation soit du second degré en ΔT_0. Or il sera toujours possible d'obtenir ce résultat si l'intervalle ΔT_0 est suffisamment petit et si d'ailleurs les valeurs consécutives trouvées pour $x, y, z, \ldots\ldots$ ont été calculées à des époques assez rapprochées pour que les différences secondes puissent être regardées comme nulles.

Si l'on a calculé les divers éléments qui satisfont à l'équation générale, en estimant le temps du premier méridien au moyen du temps et de la longitude du lieu, de manière à obtenir ainsi les époques des phases de l'éclipse pour le lieu lui-même, et si ensuite on constate par l'observation une différence ΔT entre le temps observé et le temps calculé, il est évident que cette différence proviendra d'une erreur commise sur le temps du premier méridien, et par suite sur la longitude du lieu. On conçoit alors la possibilité de calculer l'erreur de longitude au moyen de la différence ΔT. Dans l'hypothèse où il n'y aurait pas lieu de tenir compte des erreurs tabulaires qui affectent les éléments des Éphémérides, on pourrait même établir qu'à une quantité près d'un ordre tout à fait inférieur, l'erreur de longitude $\Delta\psi$ est égale à la différence ΔT entre les temps calculés et observés.

Nous allons maintenant résoudre les deux problèmes suivants, l'un et l'autre d'un grand intérêt : 1° la prédiction de l'éclipse ou la détermination exacte des phases du phénomène pour un lieu quelconque ; 2° la mesure ou plutôt la rectification de la longitude estimée du lieu au moyen des résultats comparés du calcul et de l'observation.

2. Prédiction d'une éclipse de Soleil. — On se servira de l'équation fondamentale

$$(x - \xi)^2 + (y - \eta)^2 = (l - \lambda\zeta)^2.$$

On se donnera tout d'abord un certain nombre d'heures consécutives (4 ordinairement) T. M. du premier méridien avant et après l'époque de la conjonction, et on les choisira de telle sorte que leur moyenne corresponde à peu près à cette époque ; on sera à peu près sûr alors que les heures extrêmes comprennent entre elles toutes les phases du phénomène. Pour chacune des heures ainsi choisies, on calculera les divers éléments a, d (formules A), x, y, z (formules B), l et λ. Ayant estimé avec la longitude supposée du lieu le temps sidéral θ de ce lieu pour les mêmes époques, on calculera de même ξ, η, ζ (formules C). Il faudra ensuite dresser des tableaux de toutes ces valeurs et former les différences consécutives Δx, Δy, $\Delta z, \ldots\ldots$ $\Delta\xi$, $\Delta\eta$, $\Delta\zeta, \ldots\ldots$ Ces différences seront constantes ou à très peu près : si elles ne l'étaient pas rigoureusement, on les supposerait telles néanmoins, sauf plus tard à recommencer le calcul après avoir diminué les intervalles, de manière que cette condition soit satisfaite. Le premier calcul n'est, du reste, que préparatoire ; il a pour objet de donner les temps des contacts avec une certaine approximation. Un second calcul permettra, s'il y a lieu, d'obtenir ces temps avec toute la précision désirable.

Cela posé, choisissons pour époque initiale l'une des heures pour lesquelles on a calculé les divers éléments, appelons T_0 cette époque et $x_0, y_0, z_0, \xi_0, \eta_0, \zeta_0$, etc. les éléments qui lui correspondent. Soit $T_0 + \Delta T_0$ l'époque cherchée d'un contact, ou en général d'une phase du phénomène. Si $x, y, \ldots, \xi, \eta, \ldots$, etc. sont les éléments pour cette époque :

$$x = x_0 + \Delta x_0; \quad y = y_0 + \Delta y_0; \quad z = z_0 + \Delta z_0$$

ou

$$x = x_0 + \frac{dx_0}{dT_0} \Delta T_0; \quad y = y_0 + \frac{dy_0}{dT_0} \Delta T_0; \quad z = z_0 + \frac{dz_0}{dT_0} \Delta T_0.$$

De même :

$$\xi = \xi_0 + \frac{d\xi_0}{dT_0} \Delta T_0; \quad \eta = \eta_0 + \frac{d\eta_0}{dT_0} \Delta T_0; \quad \zeta = \zeta_0 + \frac{d\zeta_0}{dT_0} \Delta T_0.$$

Nous supposons ici que les différences secondes soient nulles ou tout au moins négligeables, de sorte que nous n'en tenons aucun compte. ΔT_0 s'exprime habituellement en secondes, de sorte que les quantités $\frac{dx_0}{dT_0}, \frac{dy_0}{dT_0}$, etc. doivent être les variations de x_0, y_0, etc. dans une seconde de temps. Or la table des valeurs $x, y, \ldots, \xi, \eta, \ldots$, etc. donne les différences $\Delta x_0, \ldots \Delta \xi_0, \ldots$ qui correspondent à l'intervalle de 1 heure ou 3600 secondes. On aura alors

$$\frac{dx_0}{dT_0} = \frac{\Delta x_0}{3600}; \quad \frac{dy_0}{dT_0} = \frac{\Delta y_0}{3600}, \text{ etc.}$$

De même, si l'on avait calculé les valeurs consécutives de $x, y, z, \xi, \eta, \zeta$ de 10 minutes en 10 minutes, on aurait

$$\frac{dx_0}{dT_0} = \frac{\Delta x_0}{600}; \quad \frac{dy_0}{dT_0} = \frac{\Delta y_0}{600}, \text{ etc.}$$

On ne tient pas compte des petites variations Δl et $\Delta(\lambda\zeta)$, vu qu'elles ne donnent lieu qu'à des corrections d'ordre tout à fait inférieur à cause de la petite valeur de $\operatorname{tg} f$; il faut alors prendre pour l, λ et ζ les valeurs qui conviennent à l'époque T. Soit

$$l - \lambda\zeta = S.$$

Si l'on porte les valeurs de $x, y, z, \xi, \eta, \zeta$ dans la relation générale, cette relation deviendra

$$\left(x_0 - \xi_0 + \frac{dx_0}{dT_0}\Delta T_0 - \frac{d\xi_0}{dT_0}\Delta T_0\right)^2 + \left(y_0 - \eta_0 + \frac{dy_0}{dT_0}\Delta T_0 - \frac{d\eta_0}{dT_0}\Delta T_0\right)^2 = S^2,$$

équation du second degré en ΔT qui se résoudra de la manière suivante :

Soient :

$$x_0 - \xi_0 = m\sin M : \qquad y_0 - \eta_0 = m\cos M,$$

$$\frac{dx_0}{dT} - \frac{d\xi_0}{dT} = n\sin N : \qquad \frac{dy_0}{dT} - \frac{d\eta_0}{dT} = n\cos N,$$

m et n étant des quantités auxiliaires toujours positives, M et N des angles auxiliaires compris entre $0°$ et $360°$. L'équation devient

$$(m\sin M + n\sin N\,\Delta T_0)^2 + (m\cos M + n\cos N\,\Delta T_0)^2 = S^2,$$

ou

$$n^2(\Delta T_0)^2 + 2mn\cos(M - N)\Delta T_0 + m^2 - S^2 = 0$$

qui, résolue par rapport à ΔT_0, donnera

$$\Delta T_0 = -\frac{m}{n}\cos(M - N) \pm \frac{1}{n}\sqrt{S^2 - m^2\sin^2(M - N)}$$

Soit

$$S = \frac{m\sin(M - N)}{\cos u}.$$

u étant un angle auxiliaire compris entre $0°$ et $180°$, de sorte que $\sin u$ est toujours positif.

$$\Delta T_0 = -\frac{m}{n}\frac{\cos(M - N \pm u)}{\cos u}$$

$$= -\frac{m}{n}\cos(M - N) \pm \frac{S}{n}\sin u.$$

A cause du double signe, on obtient deux valeurs qui conviendront chacune à l'un des contacts extérieurs si l'on a calculé S avec les éléments qui s'appliquent aux contacts extérieurs, et qui s'appliqueront aux contacts intérieurs si S a été obtenu pour le cas de l'éclipse centrale ou annulaire.

Il est facile de reconnaître, par une discussion de détail, qu'étant admise la convention de prendre toujours $\sin u$ positif, le signe $+$

s'appliquera au deuxième contact et le signe — au premier. Dans la pratique, il ne se présentera jamais d'incertitude à ce sujet, le temps du premier contact précédant évidemment toujours celui du deuxième.

Il importe de déterminer les points du disque lunaire, ou plutôt du disque solaire où se produiront les phénomènes des contacts : cela est surtout utile pour le premier contact. Le bord du disque qui doit s'obscurcir le premier étant bien connu, l'observateur peut à l'avance orienter convenablement sa lunette, de manière à bien saisir le contact au moment où il se produira. Dans le deuxième système d'axes de coordonnées défini précédemment, l'équation $(\xi - x)^2 + (\eta - y)^2 = S^2$ représente un cercle de rayon S ayant son centre au point (x, y) : d'ailleurs, vu la position de l'axe des z et de l'axe des x, l'axe des y est à très peu près parallèle au cercle de déclinaison qui passe par le centre de la Lune, c'est-à-dire par le point qui a pour projection (x, y) sur le plan des XY. Il en résultera que si l'on appelle ω l'angle formé par le cercle de déclinaison de la Lune avec le rayon vecteur mené de la Lune au point de contact (ξ, η),

$$\sin \omega = \frac{\xi - x}{S}, \qquad \cos \omega = \frac{y - \eta}{S}.$$

Il est, d'après cela, très-facile de déterminer l'angle ω ; on a en effet :

$$x - \xi = x_0 - \xi_0 + \left(\frac{dx_0}{dT_0} - \frac{d\xi_0}{dT_0} \right) \Delta T_0.$$

Remplaçant ΔT_0 par sa valeur trouvée tout à l'heure

$$\Delta T = - \frac{m}{n} \cos(M - N) \pm \frac{S}{n} \sin u$$

et

$$x_0 - \xi_0 \text{ par } m \sin M, \qquad \frac{dx_0}{dT_0} - \frac{d\xi_0}{dT_0} \text{ par } n \sin N$$

$$x - \xi = m \sin M + n \sin N \left[- \frac{m}{n} \cos(M - N) \pm \frac{S}{n} \sin u \right],$$

ou

$$x - \xi = m \cos N \sin(M - N) \pm S \sin N \sin u,$$

et comme

$$m \sin(M - N) = S \cos u$$

$$x - \xi = S \cos(N \mp u),$$

d'où

$$\frac{\xi - x}{S} = \sin \omega = - \cos(N \mp u),$$

et, par suite, comme le signe $+$ correspond à la fin de l'éclipse et le signe $-$ au commencement :

$$\omega_1 = N + u - 90° \text{ pour le } 1^{er} \text{ contact extérieur,}$$
$$\omega_2 = N - u + 270° \text{ pour le } 2^e \text{ contact extérieur.}$$

L'angle ω sera compté à partir du point le plus nord du disque et de 0° à 360° du nord vers l'est.

Dans le raisonnement précédent, on a supposé que l'angle ω était compté sur le disque de la Lune : or, dans le cas d'une éclipse de Soleil, la Lune n'est pas visible : l'angle ω doit alors être compté sur le disque du Soleil ; si l'on désigne par ω' l'angle mesuré sur le disque du Soleil, il est facile de voir que cet angle étant compté comme tout à l'heure

$$\omega'_1 = N + u + 90° \text{ pour le } 1^{er} \text{ contact extérieur,}$$
$$\omega'_2 = N - u + 90° \text{ pour le second.}$$

Nous ne croyons pas devoir insister sur la détermination des positions des divers contacts et sur la discussion de signes qui s'y rattache. La connaissance préalable du point où doit se produire le premier contact offre seule un véritable intérêt ; les autres contacts sont ensuite naturellement indiqués à l'observateur par le phénomène lui-même.

3. Application numérique. — *Calculer les temps des contacts relatifs à l'éclipse de Soleil du 29 juillet 1878 pour le lieu dont la latitude est 54° 17′ nord et la longitude 127° 09′ ou 8ʰ 28ᵐ 36ˢ ouest.*

Un examen préalable des données fournies par les Éphémérides apprendra que l'éclipse aura lieu, à très peu près, de $8^h,30$ à $11^h,30$ T. M. de Paris. Nous calculerons, en conséquence, nos éléments de 30 minutes en 30 minutes dans cet intervalle de temps. Les éléments fondamentaux que nous aurons besoin d'emprunter aux Éphémérides seront : les ascensions droites α et α', les déclinaisons δ et δ', les parallaxes horizontales équatoriales π et π' de la Lune et du Soleil.

Il nous faudra évaluer en outre l'heure sidérale θ du lieu ou, ce qui revient au même, l'angle horaire T du Soleil pour le lieu

$$T = \theta - \alpha', \qquad T_m = T + (\alpha' - \alpha_m):$$

d'où

$$T = T_m - (\alpha' - \alpha_m):$$

$T_m =$ Temps moyen du lieu $=$ T. M. de Paris $- \psi$.

En nous servant des données de la *Connaissance des Temps* et calculant par interpolation les éléments pour les époques intermédiaires, nous dresserons les deux tableaux suivants :

T. M. DE PARIS.	ASCENS. DROITE $\odot$ ou α'.	ASCENS. DROITE $\mathbb{C}$ ou α.	DÉCLINAISON $\odot$ ou δ'.	DÉCLINAISON $\mathbb{C}$ ou δ.	PARALL. $\mathbb{C}$ ou π.
$8^h 30$	$8^h 35^m 35^s,91$	$8^h 33^m 16^s,62$	$+18°39'34'',6$	$+19°30'58'',7$	$59'37'',0$
9 00	» 35 40 ,80	» 34 28 ,71	» 39 16 ,6	» 24 56 ,1	» 37 ,7
9 30	» 35 45 ,69	» 35 40 ,74	» 38 58 ,7	» 18 51 ,7	» 38 ,3
10 00	» 35 50 ,58	» 36 52 ,70	» 38 40 ,7	» 12 45 ,3	» 39 ,0
10 30	» 35 55 ,47	» 38 04 ,60	» 38 22 ,7	» 06 37 ,1	» 39 ,6
11 00	» 36 00 ,35	» 39 16 ,44	» 38 04 ,7	» 00 26 ,9	» 40 ,3
11 30	» 36 05 ,25	» 40 28 ,21	» 37 46 ,7	18 54 14 ,9	» 40 ,9

T. M. DE PARIS	T. M. DU LIEU.	ASCENS. MOYENNE ou α_m.	$\alpha' - \alpha_m$.	ANGLE HOR. $=$ T.
$8^h 30$	$0^h 01^m 24^s$	$8^h 29^m 23^s,25$	$0^h 06^m 12^s,65$	$-1°12'09'',9$
9 00	0 31 24	» 28 ,18	» 12 ,62	$+6$ 17 50 ,7
9 30	1 01 24	» 33 ,11	» 12 ,58	13 47 51 ,3
10 00	1 31 24	» 38 ,04	» 12 ,54	21 17 51 ,9
10 30	2 01 24	» 42 ,96	» 12 ,51	28 47 52 ,5
11 00	2 31 24	» 47 ,89	» 12 ,46	36 17 53 ,4
11 30	3 01 24	» 52 ,82	» 12 ,43	43 47 53 ,7

La parallaxe horizontale équatoriale du Soleil π' reste constante : elle est égale à $8'',73$.

Ayant formé les différences $\alpha - \alpha'$ et $\delta - \delta'$, on appliquera alors les formules (A) :

$$\text{(A)} \begin{cases} a = \alpha' - \dfrac{\sin \pi'}{\sin \pi} \dfrac{\cos \delta}{\cos \delta'} (\alpha - \alpha') \\[2mm] d = \delta' - \dfrac{\sin \pi'}{\sin \pi} (\delta - \delta') \\[2mm] g = 1 - \dfrac{\sin \pi'}{\sin \pi}. \end{cases}$$

On calculera les quantités a, d et g; on trouvera ainsi :

T. M. DE PARIS.	a	d	g
8ʰ 30	8ʰ 35ᵐ 36ˢ,25	18° 39′ 27″,0	
9 00	» 35 40 ,98	» 39 09 ,9	0,997540
9 30	» 35 45 ,70	» 38 52 ,8	
10 00	» 35 50 ,43	» 38 35 ,7	0,997541
10 30	» 35 55 ,15	» 38 18 ,5	
11 00	» 35 59 ,87	» 38 01 ,4	0,997542
11 30	» 36 04 ,61	» 37 44 ,2	

On formera les différences $\alpha - a$ et l'on obtiendra v par la formule $\cotg v = \cotg \delta \cos (\alpha - a)$; on en conclura $v - d$; enfin on calculera $\log A : A = \dfrac{\sin \delta}{\sin \pi \sin v}$; les résultats sont les suivants :

T. M. DE PARIS.	$\alpha - a$	v	$v - d$	$\log A$
8ʰ 30	— 34′ 54″,45	19° 31′ 02″,0	51′ 35″,0	1,760 9082
9 00	— 18 04 ,05	19 24 57 ,0	45 47 ,1	1,760 8381
9 30	— 1 14 ,40	19 18 51 ,7	39 58 ,9	1.760 7702
10 00	+ 15 34 ,05	19 12 45 ,9	34 10 ,2	1,760 6815
10 30	+ 32 21 ,75	19 06 40 ,0	28 21 ,5	1.760 5953
11 00	+ 49 08 ,25	19 00 33 ,4	22 32 ,0	1,760 4879
11 30	+ 1° 05 54 ,00	18 54 26 ,8	16 42 ,6	1,760 3837

Appliquant maintenant les formules (B), nous calculerons les éléments x, y et z et les différences Δx, Δy.

T. M. DE PARIS.	x	Δx	y	Δy	z
8ʰ 30	—0,55191		+0,86522		57,6580
		+0,26613		—0,09736	
9 00	—0,28578		+0,76786		57,6494
		+0,26616		—0,09744	
9 30	—0,01962		+0,67042		57,6450
		+0,26618		—0,09756	
10 00	+0,24646		+0,57286		57,6315
		+0,26611		—0,09753	
10 30	+0,51257		+0,47533		57,6210
		+0,26601		—0,09773	
11 00	+0,77858		+0,37760		57,6074
		+0,26604		—0,09765	
11 30	+1,04462		+0,27995		57,6942

Il faut ensuite calculer les éléments ξ, η, ζ en se servant de la latitude géométrique φ' et des quantités θ, a et d.

Pour la latitude du lieu $\varphi = 54°17'00''$ la différence $i = \varphi - \varphi' = 10'56''$ de sorte que $\varphi' = 54°06'04''$.

$$\theta - a = T + \alpha' - (\alpha' - \delta\alpha') = T + \delta\alpha'.$$

Nous connaissons déjà l'angle horaire T; d'ailleurs nous avons calculé $\delta\alpha'$ pour former l'élément $a = \alpha' - \delta\alpha'$: il nous suffira de l'ajouter à T pour obtenir $\theta - a$. Calculant ensuite l'auxiliaire γ, nous en conclurons les différences $\gamma - d$; enfin B sera donné par la relation $B = \dfrac{\rho \sin \varphi'}{\sin \gamma}$. Pour la latitude du lieu $\log \rho = 9,9990448$.

T. M. DE PARIS.	$\theta - a$	γ	$\gamma - d$	log B
8ʰ30	$- 1°12'14'',9$	$54°06'25'',6$	$35°26'58'',6$	9,9990118
9 00	$+ 6\ 17\ 48\ ,0$	$54\ 15\ 56\ ,2$	$35\ 36\ 46\ ,3$	9,9981449
9 30	$13\ 47\ 51\ ,2$	$54\ 53\ 39\ ,2$	$36\ 14\ 46\ ,4$	9,9947562
10 00	$21\ 17\ 54\ ,2$	$56\ 00\ 13\ ,7$	$37\ 21\ 38\ ,0$	9,9889645
10 30	$28\ 47\ 57\ ,2$	$57\ 36\ 44\ ,1$	$38\ 58\ 25\ ,6$	9,9809881
11 00	$36\ 18\ 00\ ,3$	$59\ 44\ 31\ ,1$	$41\ 06\ 29\ ,7$	9,9711626
11 30	$43\ 48\ 03\ ,2$	$62\ 24\ 56\ ,6$	$43\ 47\ 12\ ,4$	9,9599624

Appliquant les formules (C), on trouvera :

T. M. DE PARIS.	ξ	$\Delta\xi$	η	$\Delta\eta$	ζ
8ʰ20	$-0,01230$		$+0,57867$		0,81277
		$+0,07647$		$+0,00115$	
9 00	$+0,06417$		$+0,57982$		0,80951
		$+0,07536$		$+0,00434$	
9 30	$+0,13953$		$+0,58416$		0,79680
		$+0,07298$		$+0,00744$	
10 00	$+0,21251$		$+0,59160$		0,77489
		$+0,06934$		$+0,01042$	
10 30	$+0,28185$		$+0,60202$		0,74414
		$+0,06452$		$+0,01322$	
11 00	$+0,34637$		$+0,61524$		0,70506
		$+0,05859$		$+0,01580$	
11 30	$+0,40496$		$+0,63104$		0,65834

Il nous reste à déterminer l'élément $S = l - \lambda\zeta$.

$$\lambda = \operatorname{tg} f; \quad l = \operatorname{ctg} f; \quad c = z \pm \frac{\mathrm{K}}{\sin f}.$$

$$\sin f = \frac{\mathrm{E}}{\mathrm{R}g} = \mathrm{E}\,\frac{\sin \pi'}{\sin \pi'_0}\,\frac{1}{y}.$$

$\log \mathrm{E} = \log \mathrm{E}_1 = 7{,}6689354$ pour les contacts extérieurs;

$\log \mathrm{E} = \log \mathrm{E}_2 = 7{,}6667519$ pour les contacts intérieurs.

On trouve pour les valeurs de f correspondantes : $f_1 = 15'50'',6$ et $f_2 = 15'45'',9$; ces quantités ne varient pas sensiblement dans l'espace de trois heures. On en conclura pour les deux contacts :

T. M. DE PARIS.	c_1	c_2	l_1	l_2	S_1	S_2
9	116,88	$-1{,}8746$	$+0{,}5387$	$-0{,}00860$	0,5349	$-0{,}01231$
10	116,86	$-1{,}8925$	$+0{,}5386$	$-0{,}00868$	0,5350	$-0{,}01223$
11	116,83	$-1{,}9166$	$+0{,}5385$	$-0{,}00879$	0,5352	$-0{,}01202$

Nous possédons maintenant tous les éléments nécessaires aux calculs des contacts par l'équation du second degré.

Nous prendrons en premier lieu, pour époque initiale, le temps $\mathrm{T}_0 = 8^h 30^m$ T. M. de Paris; nous trouverons alors :

$$x_0 = -0{,}55191 \qquad\qquad y_0 = +0{,}86522$$
$$\xi_0 = -0{,}01230 \qquad\qquad \eta_0 = +0{,}57867$$
$$\overline{\rule{3cm}{0.4pt}} \qquad\qquad\quad \overline{\rule{3cm}{0.4pt}}$$
$$x_0 - \xi_0 = -0{,}53961 \qquad\qquad y_0 - \eta_0 = +0{,}28655$$
$$= m \sin \mathrm{M} \qquad\qquad\qquad = m \cos \mathrm{M}$$

$$\operatorname{tg} \mathrm{M} = -\frac{0{,}53961}{0{,}28655}$$

$$[\mathrm{M}] = 62°01'49'',0$$

$$\Delta x_0 = +0{,}26613 \qquad\qquad \Delta y_0 = -0{,}09736$$
$$\Delta \xi_0 = +0{,}07647 \qquad\qquad \Delta \eta_0 = +0{,}00145$$
$$\overline{\rule{3cm}{0.4pt}} \qquad\qquad\quad \overline{\rule{3cm}{0.4pt}}$$
$$\Delta x_0 - \Delta \xi_0 = +0{,}18966 \qquad\qquad \Delta y_0 - \Delta \eta_0 = -0{,}09851$$
$$= n \sin \mathrm{N} \qquad\qquad\qquad = n \cos \mathrm{N}$$

$$\operatorname{tg} \mathrm{N} = -\frac{0{,}18966}{0{,}09851}$$

$$[\mathrm{N}] = 62°39'09'',0$$

Le sinus de M étant négatif et son cosinus positif, l'arc se termine dans le quatrième quadrant, de sorte que la valeur tabulaire doit être remplacée par son complément à 360°; N ayant son sinus positif et son cosinus négatif se terminera dans le second quadrant, et la valeur tabulaire devra être remplacée par son supplément :

$$M = 360° - [M] = 297°58'11'',0$$
$$N = 180° - [N] = 117°20'51'',0$$
$$M - N = \ldots \ldots \quad 180°37'20''$$

$$m = \frac{x_0 - \xi_0}{\sin M}, \quad \log m = 9,7860231.$$

$$n = \frac{y_0 - \eta_0}{\sin N}, \quad \log n = 9,3298399.$$

$$\cos u = \frac{m}{S_1} \sin (M - N)$$

$$[u] = 89°17'22'',3 \qquad u = 180° - [u] = 90°42'37'',7$$

$\sin (M - N)$ étant négatif, $\cos u$ est négatif, de sorte que la valeur tabulaire obtenue pour u doit être remplacée par son supplément.

$$- \frac{m}{n} \cos(M - N) = + 2,8586$$

$$\frac{S}{n} \sin u = \quad 2,5029$$

$$\Delta T \text{ pour le premier contact} = \quad 0,3557$$

Les différences Δx_0, $\Delta \xi_0$, etc. sont relatives à une demi-heure ou 30 minutes, de sorte que ce résultat est exprimé avec $30^m = 1800'$ pour unité.

On en conclura aisément :

$$(0,3557) \ (1800)^s = 10^m 40',3.$$

D'où

$$T. \text{ du } 1^{er} \text{ contact} = T_0 + \Delta T_0 = 8^h30 + 10^m40',3 = 8^h40^m40',3 \, (T.M. \text{ Paris})$$
$$= T_0 + \Delta T_0 + \psi = 0^h12^m04',3 \ (T. M. \text{ du lieu}).$$

Nous n'avons calculé ici que le premier contact; l'époque du second est trop éloignée de celle du premier pour que la valeur donnée par l'équation (5,3615) soit suffisamment approchée.

Chabirand, II.   21

Pour obtenir les temps des contacts intérieurs, il faudra prendre 10^h pour époque initiale; on trouvera alors :

$$x_0 - \xi_0 = + 0,033\,95 = m \sin M \qquad \Delta x_0 - \Delta \xi_0 = + 0,196\,77 = n \sin N$$
$$y_0 - \eta_0 = - 0,018\,74 = m \cos M \qquad \Delta y_0 - \Delta \eta_0 = - 0,107\,95 = n \cos N$$

$$[M] = \quad 61°06'06'',5 \qquad\qquad [N] = \quad 61°15'01'',4$$
$$M = 180° - [M] = 118°53'53'',5 \qquad N = 180° - [N] = 118°44'58'',6$$

$$M - N = 0°08'54'',9$$
$$\log m = 8,5885936$$
$$\log n = 9,3510930$$

On se servira de la valeur $S_2 = 0,012\,233$, et l'on trouvera $u = 89°31'44''$; d'où finalement :

$$- \frac{m}{n} \cos (M - N) = - 0,1728$$

$$\frac{S}{n} \sin u = \pm 0,0545$$

$$(\Delta T)_2 \ (2^e \text{ contact}) = - 0,2273 = - 6^m 49^s,1$$
$$(\Delta T)_3 \ (3^e \text{ contact}) = - 0,1183 = - 3^m 32^s,9$$

Temps du 2e contact $= 10^h - (\Delta T)_2 = 9^h 53^m 10^s,9$ (T. M. de Paris)
$$= 1\ 24\ 34\ ,9 \text{ (T. M. du lieu)}$$
Temps du 3e contact $= 10^h - (\Delta T)_3 = 9\ 56\ 27\ ,1$ (T. M. de Paris)
$$= 1\ 27\ 51\ ,1 \text{ (T. M. du lieu)}$$

La différence des temps de contacts intérieurs donnera la durée de l'éclipse totale :

$$\textit{Durée de l'éclipse totale} = 3^m 16^s,2.$$

Pour obtenir le 4e contact, c'est-à-dire le 2e contact extérieur, nous prendrons 11^h pour époque initiale; nous trouverons ainsi :

$$x_0 - \xi_0 = + 0,432\,21 \qquad\qquad \Delta x_0 - \Delta \xi_0 = + 0,207\,45$$
$$y_0 - \eta_0 = - 0,237\,64 \qquad\qquad \Delta y_0 - \Delta \eta_0 = - 0,113\,45$$

$$[M] = \quad 61°11'48'',8 \qquad\qquad [N] = \quad 61°19'36'',1$$
$$M = 180° - [M] = 118°48'11'',2 \qquad N = 180° - [N] = 118°40'23'',9$$

$$M - N = 0°07'47'',3$$
$$\log m = 9,6930517 \qquad S_1 = 0,535\,20$$
$$\log n = 9,3737306 \qquad u = 89°52'49''$$

d'où finalement :

$$-\frac{m}{n}\cos(M-N) = -2,0860$$

$$\frac{S}{n}\sin u = +2,2635$$

$$(\Delta T)_4\ (4^e\ \text{contact}) = +0,1775 = 5^m19^s,50$$

$$\text{Temps du } 4^e \text{ contact} = 11^h + (\Delta T)_4 = 11^h05^m19^s,5 \ (\text{T. M. de Paris})$$
$$= 2^h36^m43^s,5 \ (\text{T. M. du lieu})$$

Le temps du premier contact est calculé à une seconde près; il n'en est pas tout à fait de même pour les autres, en particulier pour les contacts intérieurs; cela tient surtout aux variations rapides de $\Delta\xi$ et de $\Delta\eta$. Si l'on voulait une approximation plus grande, il faudrait remplacer l'intervalle de 30 minutes par un intervalle plus petit, 5 minutes par exemple. En ce qui concerne les contacts intérieurs, on déterminera les éléments pour 9^h50^m et 9^h55^m, et l'on prendra ensuite pour époque initiale 9^h55. Comme les éléments x, y, Δx et Δy varient assez lentement et d'une manière régulière, on les aura immédiatement par parties proportionnelles au moyen des valeurs déjà obtenues; mais il faudra calculer directement ξ et η pour 9^h50 et 9^h55, ou, si l'on juge plus court de se servir des résultats trouvés, les déterminer par une interpolation. Comme les valeurs précédentes sont très certainement exactes à 2 secondes près, nous ne pousserons pas l'approximation plus loin ; le présent calcul, donné comme exemple, n'a du reste qu'une importance purement théorique.

Si l'on veut maintenant déterminer le point du disque solaire sur lequel se produira le premier contact, on se servira de la relation

$$\omega'_1 = N + u + 90°$$
$$\omega'_1 = 117°20'51'' + 90°42'38'' + 90° = 298°03'29''.$$

Pour le second contact extérieur, on aurait

$$\omega'_2 = N - u + 90°$$
$$\omega'_2 = 118°40'24'' - 89°52'49'' + 90° = 118°47'35''.$$

Les angles ω'_1 et ω'_2 se comptent sur le disque solaire de 0° à 360° du point le plus élevé du disque pris pour origine, en marchant vers l'Est puis vers l'Ouest; on évitera toute confusion si l'on remarque que dans toutes les éclipses de Soleil le premier contact a lieu sur un point du disque solaire placé sur la demi-circonférence Ouest par rapport au centre.

4. Prédiction d'une occultation d'étoile. — Le calcul ne diffère de celui qui concerne les éclipses de Soleil ou les occultations de planètes que par quelques simplifications qui ont du reste été déjà indiquées. Comme la *Connaissance des Temps* fournit certaines données susceptibles d'abréger un peu le calcul général, avec une notation différente de celle dont nous nous sommes servi, nous reprendrons le calcul en détail.

L'équation générale qui sert de base aux opérations est celle d'un cylindre de rayon K.

$$(x - \xi)^2 + (y - \eta)^2 = K^2.$$

Il n'y a pas lieu de calculer les formules (A) ; α' et δ' étant l'ascension droite et la déclinaison de l'étoile $a = \alpha'$, $d = \delta'$.

Il faudra calculer les deux premières des formules (B)

$$(B) \qquad \begin{cases} x = A \cos v \, \mathrm{tg}\,(\alpha - \alpha') \\ y = A \sin (v - \delta') \end{cases}$$

avec les auxiliaires

$$\mathrm{cotg}\, v = \mathrm{cotg}\, \delta \cos (\alpha - \alpha')$$
$$A = \frac{\sin \delta}{\sin \pi \sin v}.$$

α et δ sont l'ascension et la déclinaison de la Lune, π la parallaxe horizontale équatoriale de la Lune pour l'époque initiale.

Ayant calculé x, y pour un certain nombre d'heures consécutives on choisit x_0 et y_0 et l'on conclut $\dfrac{dx_0}{dT_0}$, $\dfrac{dy_0}{dT_0}$.

Dans la *Connaissance des Temps* on appelle p et q les quantités x_0, y_0 à l'époque de la conjonction vraie, p' et q' les variations $\dfrac{dx_0}{dT_0}$, $\dfrac{dy_0}{dT_0}$, l'heure moyenne étant prise pour unité ; ces éléments ont été calculés d'avance, au temps de la conjonction vraie pour les étoiles et les planètes qui doivent être occultées dans le courant de l'année (*Éléments pour les occultations des planètes et des étoiles*).

$$p = x_0 = 0 ; \qquad q = y_0 ; \qquad p' = \frac{dx_0}{dT_0} ; \qquad q' = \frac{dy_0}{dT_0}.$$

L'heure temps moyen est prise pour unité, de sorte que ΔT_0 est exprimé en heures et fractions décimales et que $\dfrac{dx_0}{dT_0} = \Delta x_0$, $\dfrac{dy_0}{dT_0} = \Delta y_0$ dans l'espace d'une heure.

Les données de la *Connaissance des Temps* permettent ainsi de se dispenser du calcul de formules (B).

Il faut ensuite calculer les formules (C) avec les coordonnées géocentriques du lieu de l'observation.

$$(C) \qquad \begin{cases} \xi = B \cos \gamma \, \mathrm{tg}\,(\theta - \alpha'), \\ \eta = B \sin (\gamma - \delta'), \end{cases}$$

en se servant des auxiliaires

$$\mathrm{cotg}\,\gamma = \mathrm{cotg}\,\varphi' \cos (\theta - \alpha'),$$
$$B = \frac{\rho \sin \varphi'}{\sin \gamma}.$$

Dans la *Connaissance des Temps*, les quantités ξ et η sont représentées par u et v et le mode de calcul indiqué pour les déterminer est un peu différent de celui dont nous nous sommes servi. On appelle $\pm h$ l'angle horaire à Paris de l'instant T de la conjonction vraie en ascension droite, *positif* si l'astre est dans l'Ouest, *négatif* s'il est dans l'Est. $\pm d$ est la longitude du lieu par rapport à Paris, exprimée en temps ou en degré, *positive* si le lieu est dans l'Est, *négative* s'il est dans l'Ouest; d'après cela $h + d = \theta - \alpha'$, θ étant l'heure sidérale du lieu. La quantité θ employée dans le calcul de la *Connaissance des Temps* est une auxiliaire définie par la relation $\sin \theta = e \sin \varphi$, φ étant la latitude astronomique et e l'excentricité du méridien terrestre; $\log e = 8{,}9122052$ d'après Bessel.

Les quantités $u(\xi_0)$ et $v(\eta_0)$ ayant été calculées soit par nos formules, soit par celles de la *Connaissance des Temps*, on déterminera $u' = \dfrac{d\xi_0}{dT}$ et $v' = \dfrac{d\eta_0}{dT}$. Au lieu de calculer diverses valeurs de ξ, η pour des temps consécutifs, on a donné pour obtenir ces dernières valeurs les relations obtenues en différentiant directement les équations par rapport à T.

$$u' = \frac{d\xi_0}{dT} = \rho \cos \varphi' \cos (\theta - \alpha') \frac{d\theta}{dT}.$$
$$v' = \frac{d\eta_0}{dT} = \rho \cos \varphi' \sin \delta' \sin (\theta - \alpha') \frac{d\theta}{dT}.$$

Suivant que l'on prendra pour unité l'heure, la minute ou la seconde pour compter les intervalles de temps :

$$\frac{d\theta}{dT} = 3609^{s}{,}86, \qquad \frac{d\theta}{dT} = 60^{s}{,}164, \qquad \frac{d\theta}{dT} = 1^{s}{,}0027.$$

et comme $\dfrac{d\theta}{dT}$ doit être exprimé en parties du rayon, chacun de ces résultats devra être multiplié par $15 \sin 1''$, de sorte que suivant les cas :

$$\log \frac{d\theta}{dT} = 9{,}4191565 \quad \text{ou} \quad 7{,}6410029 \quad \text{ou} \quad 5{,}8628372.$$

L'heure étant prise pour unité dans le calcul de la *Connaissance des Temps*, c'est de la première de ces valeurs qu'on s'est servi ; on a représenté la quantité $\dfrac{d\theta}{dT}$ par λ.

Soit maintenant :

$$x_0 - \xi_0 = p - u = m \sin M ; \qquad y_0 - \eta_0 = q - v = m \cos M$$
$$\frac{dx_0}{dT} - \frac{d\xi_0}{dT} = p' - u' = n \sin N ; \qquad \frac{dy_0}{dT} - \frac{d\eta_0}{dT} = q' - v' = n \cos N$$

l'équation générale $(x - \xi)^2 + (y - \eta)^2 = K^2$ deviendra :

$$(m \sin M + n \sin N \Delta T)^2 + (m \cos M + n \cos N \Delta T)^2 = K^2$$
$$K = 0{,}27295, \quad \log K = 9{,}4360831.$$

Appelant ψ une auxiliaire telle que

$$\cos \psi = \frac{m}{K} \sin (M - N),$$

on trouvera

$$\Delta T_1 = - \frac{m}{n} \frac{\cos (M - N - \psi)}{\cos \psi}$$
$$\Delta T_2 = - \frac{m}{n} \frac{\cos (M - N + \psi)}{\cos \psi}$$

Telles sont les deux valeurs en ΔT données par la *Connaissance des Temps.*

$$T_1 = T + \Delta T_1 \text{ est l'époque de l'entrée ou de l'}immersion.$$
$$T_2 = T + \Delta T_2 \text{ est l'époque de la sortie ou de l'}émersion.$$

5. Détermination de la longitude par une observation d'éclipse de Soleil ou d'occultation d'étoile. — Dans les divers calculs que nous venons d'exposer soit pour la prédiction d'une éclipse de Soleil, soit pour celle d'une occultation d'étoile, nous avons déterminé en temps du premier méridien l'époque $T_0 + \Delta T_0$ qui correspond au phénomène du contact pour le lieu considéré, ou en d'autres termes, dans le cas d'une éclipse de Soleil, par exemple, le temps du premier méridien auquel le point de la Terre défini par les coordonnées ξ, η, ζ pénètre dans le cône d'ombre projeté par le Soleil derrière la Lune. L'heure sidérale θ du lieu résulte d'observations astronomiques exécutées dans ce lieu, et la longitude n'intervient dans le calcul que pour la correspondance exacte de l'heure θ avec l'heure T_0 du premier méridien. Si la longitude est erronée, il est évident que les quantités a, d qui entrent dans le calcul de ξ, η, ζ s'appliquent au temps T_0 du premier méridien, mais ne conviennent pas à l'heure sidérale θ du lieu : de là une erreur des éléments ξ, η, ζ, conséquence de l'erreur de longitude. Mais il est facile de reconnaître que les quantités a et d varient très lentement et qu'une différence de temps notable, 1 minute, par exemple, n'entraîne sur leurs valeurs que des corrections insignifiantes : si du reste il arrivait que la longitude fût très incertaine, il serait toujours possible de la rectifier après l'observation : on recommencerait alors le calcul avec la valeur trouvée et l'on rentrerait dans le cas où les corrections de a et d peuvent être regardées comme négligeables. Alors $T_0 + \Delta T_0$ sera l'époque du premier méridien qui correspond au phénomène du contact pour le lieu, indépendamment de toute hypothèse sur la longitude : si d'un autre côté on appelle T le temps du lieu auquel le phénomène a été observé, on aura évidemment en appelant ψ la longitude

$$T = T_0 + \Delta T_0 - \psi,$$

d'où l'on conclura pour la longitude

$$\psi = T_0 + \Delta T_0 - T.$$

Ce résultat qui ne sera qu'approché, mais aussi approché que l'on voudra dans le cas d'une éclipse de Soleil, sera entièrement rigoureux pour une occultation, auquel cas il n'y pas lieu de tenir compte, en effet, des variations des quantités a et d.

La valeur de la longitude résulte donc de cette manière et du temps calculé $(T_0 + \Delta T_0)$ du phénomène et du temps observé T. Cette conséquence ne saurait toutefois être regardée comme rigoureuse qu'à la condition que les éléments du Soleil et de la Lune qui ont servi au calcul présentent toute l'exactitude désirable.

Les tables du Soleil peuvent être regardées aujourd'hui comme donnant des résultats d'une approximation plus que suffisante au moins pour les mesures de longitudes; mais il n'en est pas de même des tables de la Lune. Toute détermination de longitude destinée à devenir fondamentale et supposée, par suite, exécutée avec une véritable précision astronomique doit être corrigée des erreurs tabulaires provenant des coordonnées de la Lune ou si c'est possible rendue indépendante de ces erreurs.

Assimilant l'erreur de ΔT à une différentielle, nous allons calculer $d(\Delta T)$ en fonction des erreurs qui affectent les éléments lunaires dont nous nous nous sommes servi. Nous avons trouvé précédemment

$$\Delta T = -\frac{m}{n}\cos(M - N) \mp \frac{S}{n}\sin u.$$

Comme nous supposons les éléments ξ, η, ζ des quantités exactes, il n'y a pas lieu de se préoccuper des erreurs de n et N qui ne dépendent que de ces éléments; la différentiation donnera alors

$$d(\Delta T) = -\frac{dm}{n}\cos(M - N) + \frac{m}{n}\sin(M - N)dM$$
$$\mp \left(\frac{\sin u}{n}\,dS + \frac{S}{n}\cos u\,du\right).$$

Des relations

$$x - \xi = m\sin M \quad\text{et}\quad y - y = m\cos M,$$

on déduira :

$$dx = dm\sin M + m\cos M dM;$$
$$dy = dm\cos M - m\sin M dM;$$

d'où

$$dm = \sin M dx + \cos M dy;$$
$$m dM = \cos M dx - \sin M dy;$$

et, par suite,

$$-\frac{dm}{n}\cos(M - N) + \frac{m}{n}\sin(M - N)\,dM = -\frac{1}{n}(\sin N\,dx + \cos N\,dy.$$

De la relation

$$S\cos u = m\sin(M - N),$$

on tire

$$dS\cos u - S\sin u\,du = dm\sin(M - N) + m\cos(M - N)dM,$$

ou, en substituant les valeurs de dm et de $m dM$

$$\cos u\,ds - S\sin u\,du = \cos N\,dx - \sin N\,dy;$$

d'où

$$du = -\frac{\cos N\, dx - \sin N\, dx}{S \sin u} + \frac{dS}{S} \cotg u.$$

et ensuite

$$\frac{1}{n} \sin u\, dS + \frac{S}{n} \cos u\, du = \frac{dS}{n \sin u} - \frac{1}{n} (\cos N\, dx - \sin N\, dy) \cotg u.$$

Appelant p et q des auxiliaires telles que

$$\sin N\, dx + \cos N\, dy = np\,;$$
$$\cos N\, dx - \sin N\, dy = nq\,;$$

et, effectuant les substitutions dans l'expression de $d(\Delta T)$.

$$d(\Delta T) = -p \mp \left(\frac{dS}{n \sin u} - q \cotg u \right).$$

Si l'on convient de distinguer les contacts par les indices 1 et 2

$$d(\Delta T)_1 = -p + q \cotg u - \frac{dS}{n \sin u}.$$
$$d(\Delta T)_2 = -p - q \cotg u + \frac{dS}{n \sin u}.$$

D'ailleurs, par la formule générale

$$(\Delta T_0)_1 = -\frac{m}{n} \cos (M - N) - \frac{S}{n} \sin u + d(\Delta T_0)_1\,;$$
$$(\Delta T_0)_2 = -\frac{m}{n} \cos (M - N) + \frac{S}{n} \sin u + d(\Delta T_0)_2.$$

Or ψ étant la longitude du lieu, T_1 et T_2 les temps d'observation de contact pour le lieu

$$T_0 + (\Delta T_0)_1 = \psi + T_1\,;$$
$$T_0 + (\Delta T_0)_2 = \psi + T_2.$$

Ajoutant ces deux relations et déduisant la valeur de ψ

$$\psi = T_0 - \tfrac{1}{2}(T_1 + T_2) + \tfrac{1}{2}[(\Delta T_0)_1 + (\Delta T_0)_2].$$

Des deux expressions conclues de la formule générale, il résulte

$$\tfrac{1}{2}\left[(\Delta T_0)_1 + (\Delta T_0)_2\right] = -\frac{m}{n}\cos(M - N) + \tfrac{1}{2}\left[d(\Delta T_0)_1 + d(\Delta T_0)_2\right]$$

$$= -\frac{m}{n}\cos(M - N) - p.$$

Par suite

$$\psi = T_0 - \tfrac{1}{2}(T_1 + T_2) - \frac{m}{n}\cos(M - N) - p.$$

La longitude ψ ainsi calculée dépendra des erreurs tabulaires par la quantité p. Si pour un lieu de longitude ψ', on a fait les mêmes observations à la suite du même calcul, on aura, T'_1 et T'_2 étant les les temps d'observation pour le lieu

$$\psi' = T_0 - \tfrac{1}{2}(T'_1 + T'_2) - \frac{m}{n}\cos(M - N) - p,$$

d'où

$$\psi' - \psi = \tfrac{1}{2}(T_1 + T_2) - \tfrac{1}{2}(T'_1 + T'_2).$$

Le calcul de la différence des longitudes des deux lieux se trouve ainsi rendu entièrement indépendant des erreurs tabulaires.

En principe, la quantité ΔT ne peut se calculer avec une exactitude suffisante qu'à la condition que T_0 soit suffisamment rapproché de l'époque du contact pour que les différences secondes dans l'intervalle correspondant soient rigoureusement nulles. Pour réaliser cette condition dans la pratique, on calcule en réalité (ΔT_1) et (ΔT_2), en choisissant deux époques initiales différentes T_0 et T'_0, et en prenant dans la résolution de l'équation la valeur de ΔT qui convient au contact que l'on considère. Les différentielles que nous avons considérées restent alors les mêmes numériquement, les valeurs de m, M et S seules se trouvent modifiées légèrement. Si nous reprenons le calcul précédent, nous aurons alors :

$$(\Delta T_0) = -\frac{m_1}{n}(\cos(M_1 - N)) - \frac{S_1}{n}(\sin u_1 + d(\Delta T_0),$$

$$(\Delta T'_0) = -\frac{m_2}{n}(\cos(M_2 - N)) + \frac{S_2}{n}\sin u_2 + d(\Delta T'_0).$$

Et comme

$$T_0 + \Delta T_0 = \psi + T_1,$$
$$T'_0 + \Delta T'_0 = \psi + T_2;$$

d'où

$$\psi = \tfrac{1}{2}(T_0 + T'_0) - \tfrac{1}{2}(T_1 + T_2) + \tfrac{1}{2}(\Delta T_0 + \Delta T'_0).$$

$$\tfrac{1}{2}(\Delta T_0 + \Delta T'_0) = -\frac{1}{2n}\left[m_1\cos(M_1 - N) + m_2\cos(M_2 - N)\right]$$

$$-\frac{1}{2n}(S_1\sin u_1 - S_2\sin u_2]$$

$$+\tfrac{1}{2}(d\Delta T_0 + d\Delta T'_0).$$

Soit

$$\tfrac{1}{2}[m_1\cos(M_1 - N) + m_2\cos(M_2 - N)] - \tfrac{1}{2}(S_1\sin u_1 - S_2\sin u_2) = Q.$$

$$\psi = \tfrac{1}{2}(T_0 + T'_0) - \tfrac{1}{2}(T_1 + T_2) + \tfrac{1}{2}(dT_0 + dT'_0) - \frac{1}{n}Q,$$

et comme $\tfrac{1}{2}(dT_0 + dT'_0) = -p$, à une quantité près d'ordre inférieur,

$$\psi = \tfrac{1}{2}(T_0 + T'_0) - \tfrac{1}{2}(T_1 + T_2) - p - \frac{Q}{n}.$$

Pour un lieu de longitude ψ', les époques initiales T_0 et T'_0 ayant été choisies les mêmes,

$$\psi' = \tfrac{1}{2}(T_0 + T'_0) - \tfrac{1}{2}(T'_1 + T'_2) - p - \frac{Q}{n};$$

d'où

$$\psi' - \psi = \tfrac{1}{2}(T_1 + T_2) - \tfrac{1}{2}(T'_1 + T'_2),$$

c'est-à-dire le résultat déjà obtenu tout à l'heure. Ce résultat reste évidemment la même pour une éclipse de Soleil aussi bien que pour une occultation d'étoile.

Dans le calcul précédent, nous avons eu uniquement pour objectif la détermination de la longitude du lieu de l'observation. Si la longitude est connue exactement, il est évident que l'on pourra se proposer de calculer les quantités p et q restées indéterminées, et par suite de conclure les erreurs tabulaires. Cette opération est en réalité du domaine astronomique; elle sort par suite du programme que nous nous sommes tracé, aussi nous ne nous y arrêterons pas davantage.

6. Remarques générales sur les applications pratiques des observations d'éclipses ou d'occultations à la détermination des longitudes. — La théorie qui vient d'être exposée a mis en évidence la facilité vraiment remarquable avec laquelle on peut déterminer non-seulement la longitude d'un lieu, mais encore les différences de longitudes d'un très grand nombre de points à la suite d'une observation d'éclipse de Soleil ou d'occultation d'étoiles. Le cal-

cul théorique ne laisse rien à désirer tant au point de vue de la facilité
d'exécution qu'à celui de la précision des résultats : l'approximation
de la valeur obtenue pour une différence de longitudes étant tout à
fait indépendante des erreurs tabulaires concernant les coordonnées
de la Lune et même les demi-diamètres, est subordonnée tout entière
à la précision des observations ; si donc les temps observés pour les
contacts sont bons, les différences de longitudes seront également
bonnes, et l'on peut ajouter que l'approximation du résultat sera la
même que celle des observations.

Ce qui caractérise essentiellement la méthode, c'est la possibilité de
déterminer simultanément les différences de longitudes d'un très grand
nombre de points et de contrôler les résultats les uns par les autres :
si l'on relie ensuite l'un quelconque des points d'observation à un observatoire ou à un point dont la longitude est bien connue, on aura
immédiatement les longitudes de tous les lieux où a été observé le
phénomène. Les officiers chargés du commandement de nos diverses
stations navales, disposent habituellement d'un certain nombre de
navires de diverses grandeurs qu'ils échelonnent sur les points les
plus importants des côtes qui se trouvent dans les limites de leur commandement. On conçoit d'après cela la possibilité d'utiliser, sans trou-
bler en rien les exigences du service, les divers navires d'une même
station pour la détermination d'un grand nombre de différences de
longitudes à une époque donnée : la chose sera d'autant plus facile
qu'à bord de presque tous les navires de l'État, on trouve parmi les
officiers d'excellents observateurs.

Nous avons dit tout à l'heure que la précision du résultat obtenu
est exclusivement subordonnée à l'estime des temps des contacts observés. Nous devons faire remarquer maintenant qu'il est extrêmement
difficile, sinon tout à fait impossible, de bien apprécier des contacts
aussi bien pour une éclipse que pour une occultation. Il semble que
ce fait doive annuler tous les avantages de la méthode : il n'en est rien
toutefois ; nous verrons en effet plus loin qu'il est possible de remplacer
les observations de contacts par d'autres équivalentes et susceptibles
d'être exécutées même à la mer avec une grande précision.

L'expérience a démontré aujourd'hui qu'un contact pendant une
éclipse ou une occultation ne peut être bien observé qu'à l'aide d'une
lunette puissante : il résulte de là que de pareilles observations sont
tout à fait impraticables à la mer. Une grosse lunette est en effet un
instrument peu maniable et doit par suite être installée sur un pied
fixe, chose impossible à bord à cause des mouvements du navire. On a
espéré à une certaine époque que les marins pourraient utiliser les occultations d'étoiles, qui sont des phénomènes relativement fréquents,
pour la détermination directe de la longitude : c'est dans cet ordre
d'idées que le Bureau des longitudes a fait insérer dans la *Connais-*

sance des Temps les époques des occultations et en outre des explications théoriques relatives aux calculs qui se rattachent aux observations du phénomène. La pratique n'a nullement justifié les prévisions que l'on avait pu concevoir : en réalité, il est impossible de bien observer un temps de contact avec les petites lunettes qui peuvent être d'un emploi pratique à bord des navires.

On pourrait supposer que les observations d'éclipses ou d'occultations peuvent au moins donner de bons résultats à terre pour les déterminations de positions géographiques. Dans cette circonstance, il arrive encore que les résultats obtenus sont loin d'être satisfaisants. Pour une éclipse de Soleil, le premier contact est ordinairement mal observé, parce que l'observateur est presque toujours surpris : si l'éclipse est totale, le premier contact intérieur sera généralement bien apprécié, mais le second le sera mal le plus souvent à cause des protubérances lumineuses qui entourent le disque du Soleil ; enfin, en ce qui concerne les occultations, l'immersion pourra être bien observée, mais l'émersion le sera presque toujours mal, l'observateur étant généralement surpris. Nous admettons ici que, pour les observations, on se serve de lunettes suffisamment puissantes ; nous devons donc en conclure que dans l'hypothèse où l'on dispose de tous les moyens nécessaires, il est difficile pratiquement d'obtenir avec une exactitude suffisante les temps des contacts. Pourtant il peut arriver que les circonstances atmosphériques étant favorables et que les calculs préparatoires ayant été bien faits, les observateurs aient pu déterminer les temps des contacts et croient devoir les affirmer comme aussi exacts que possible. Dans cette hypothèse, il est encore difficile d'avoir confiance dans le résultat de longitude obtenu. Nous avons eu l'occasion de dire qu'en principe une observation isolée ne présente aucune certitude : cela est vrai surtout pour toutes les mesures qui comportent une grande précision, en particulier pour les déterminations de longitude ; aussi une détermination de ce genre, quand elle a été faite par un seul observateur, doit être appuyée par un grand nombre d'observations : elle présentera une certitude d'autant plus grande que le nombre des observations aura été lui-même plus grand. Pendant une éclipse ou une occultation, le même observateur ne détermine en réalité qu'un petit nombre de contacts tout à fait insuffisant pour établir un résultat ayant une probabilité quelconque. Il est vrai que si plusieurs observateurs ont observé le même phénomène, on pourra ainsi réaliser un nombre de données suffisantes pour affirmer une valeur de longitude avec quelque certitude : mais cette hypothèse ne saurait être réalisée que dans un grand observatoire. Sur un point isolé il arrivera presque toujours que l'observateur sera seul et que d'ailleurs il n'aura à sa disposition qu'un nombre d'instruments des plus limités. Nous conclurons de ces diverses considérations que les observations d'éclipses ou d'occultations, excellentes dans les grands observatoires, ne donnent partout ailleurs que des résultats fort douteux. Mais, comme nous allons l'expliquer dans le chapitre suivant, il est possible de remplacer ces observations par des mesures de petites distances susceptibles de donner finalement des résultats d'une précision équivalente à celle qui résulte théoriquement des temps des contacts quand ces temps ont été bien déterminés.

CHAPITRE V.

CALCUL DE LA LONGITUDE AVEC DES OBSERVATIONS
DE PETITES DISTANCES LUNAIRES.

1. Observations des petites distances lunaires pendant les éclipses de Soleil. — Nous avons vu précédemment qu'il n'est pas possible, en se servant des méthodes ordinaires de calcul employées pour la réduction des distances lunaires, de déduire un résultat de longitude d'une observation de petite distance; cela tient à ce que la formule générale de réduction, qui sert à passer de la distance apparente ou observée à la distance vraie, devient une série divergente quand la distance est petite et qu'alors elle ne peut donner aucun résultat. Le principe de la méthode des distances lunaires suppose, en effet, que l'on ait conclu la valeur de la distance vraie des données d'observations, et que l'on compare cette distance à celles qui se trouvent calculées dans les Éphémérides. La différence des temps du premier méridien et du lieu de l'observation donne ensuite la longitude. On obtiendra un résultat tout à fait identique si, ayant calculé avec les données des Éphémérides les temps d'un certain nombre de distances apparentes pour un méridien déterminé, on compare ensuite ces temps à ceux des distances observées; cela ne sera vrai, toutefois, qu'à la condition que le méridien pour lequel on aura fait le calcul ne sera pas très éloigné de celui de l'observation, de manière qu'il n'y ait pas lieu de tenir compte des différences de parallaxes ou de réfractions. Or toutes les fois que les distances sont petites et que la différence de longitude ne dépasse pas quelques degrés, il est facile de réaliser cette condition. On est alors conduit à exécuter des calculs qui présentent la plus grande analogie avec ceux qui sont relatifs aux éclipses ou aux occultations.

L'un des exemples les plus remarquables d'observations de petites distances est celui que l'on rencontre pendant le cours d'une éclipse de Soleil. Le disque solaire se trouve alors partiellement masqué par celui de la Lune, de sorte qu'il se présente sous l'apparence d'un croissant lumineux.

La distance des deux pointes de ce croissant, qui n'est autre chose que la corde du segment éclipsé, varie en grandeur à chaque instant. La longueur de cette corde, qui peut être mesurée très facilement avec un instrument à réflexion, permet de déterminer la distance apparente des deux astres toutes les fois que leurs diamètres apparents sont bien connus.

Soient, en effet, o' et o les angles en S et en L, $2c$ la corde AB, Δ la

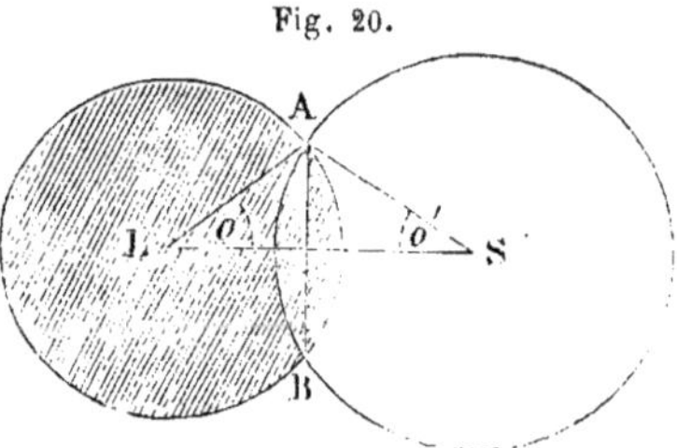
Fig. 20.

distance apparente SL des centres, r et r' les demi-diamètres apparents de la Lune et du Soleil :

$$\sin o = \frac{c}{r}, \quad \sin o' = \frac{c}{r'},$$

$$\Delta = r\cos o + r'\cos o'.$$

ou, en éliminant r et r',

$$\Delta = c\cot o + c\cot o' = c\,\frac{\sin(o+o')}{\sin o \sin o'} = \frac{rr'}{c}\sin(o+o').$$

Si l'on veut l'erreur de Δ qui résulte de l'erreur d'observation dc, il faudra différentier l'expression de Δ :

$$d\Delta = -r\sin o\, do - r'\sin o'\, do'.$$

D'ailleurs, comme d'après les valeurs de $\sin o$ et $\sin o'$,

$$do = \frac{dc}{r\cos o}, \quad do' = \frac{dc}{r'\cos o'},$$

il résultera

$$d\Delta = -(\operatorname{tg} o + \operatorname{tg} o')\, dc.$$

Par conséquent toutes les fois que l'on aura $\operatorname{tg} o + \operatorname{tg} o' < 1$, ce qui arrivera quand la corde sera petite par rapport à la distance, $d\Delta < dc$. Si donc ε est l'erreur d'observation commise sur la mesure de $2c$, $d\Delta$ sera plus petit que $\frac{1}{2}\varepsilon$. Des mesures de la corde $2c$ sont donc susceptibles de donner des valeurs de Δ d'une grande approximation.

Avec les sextants aujourd'hui employés par les marins, un bon observateur peut obtenir une mesure d'arc à $5''$ près, et par suite déterminer une distance telle que Δ à $2'',5$. Comme la grandeur de la corde varie en moyenne de $0'',5$ dans l'espace d'une seconde de temps, il en résulte une approximation de 5 secondes ou $\frac{5}{4}$ milles sur la longitude.

Si pendant le cours des observations on a soin d'établir les contacts, tantôt en dessus, tantôt en dessous, ce qui est extrêmement facile vu la petite grandeur de l'arc, de manière à avoir des séries dans les deux sens, on annulera en grande partie l'erreur instrumentale en prenant la moyenne des deux résultats. Enfin, comme pendant le cours d'une éclipse plusieurs observateurs peuvent aisément réaliser un très grand nombre d'observations, on conçoit la possibilité d'établir un résultat final d'une très grande probabilité, en même temps que d'une précision remarquable. On peut dire du reste qu'il n'existe, en navigation, aucune méthode connue susceptible de fournir une approximation comparable à celle qui résulte du mode d'observatiou que nous venons d'indiquer.

2. Méthode générale pour calculer les distances apparentes. — Pour conclure un résultat de longitude d'une observation de petite distance, il faut pouvoir comparer l'élément mesuré à celui qui résulte du calcul. Pour déterminer les distances apparentes à l'aide des données des Éphémérides, on se sert de la longitude estimée du lieu qui est toujours connue pour cela avec une approximation plus que suffisante. Le calcul ne présente jamais de difficultés sérieuses, mais il est toujours long et quelquefois même un peu pénible. Nous allons d'abord indiquer la méthode générale, celle qui est encore quelquefois employée pour les calculs d'éclipses ; nous en donnerons ensuite une seconde, que nous déduirons de la méthode de Bessel ; l'une ou l'autre devra être employée suivant le procédé dont on se sera servi pour calculer préalablement l'époque de l'éclipse pour le lieu de l'observation.

Au moyen des éléments des Éphémérides, on calcule, pour des époques équidistantes, généralement de demi-heure en demi-heure, pendant un intervalle de temps suffisant pour comprendre toutes les observations, les ascensions droites et les déclinaisons, les angles horaires et les parallaxes de la Lune et du Soleil. On transforme ensuite les coordonnées vraies en coordonnées apparentes en se servant des parallaxes en ascension droite et en déclinaison.

Soient α l'ascension droite vraie et α_1 l'ascension droite apparente de la Lune

$$\operatorname{tg}(\alpha - \alpha_1) = \operatorname{tg} P_\alpha = \frac{\sin M \sin T}{\sin (T - M)}.$$

Cette formule donnera la parallaxe P_α avec son signe, et par suite l'ascension droite apparente α_1 ; T est l'angle horaire de la Lune et M un angle auxiliaire fourni par la formule

$$\operatorname{tg} M = \sin P \cdot \frac{\cos \varphi' \sin T}{\cos \delta}.$$

Chabirand, II.   22

$P = \rho\pi =$ parallaxe horizontale de la Lune pour la latitude du lieu; $\varphi' =$ latitude géocentrique du lieu; $\delta =$ déclinaison vraie de la Lune.

La déclinaison apparente δ_1 sera donnée par la relation

$$\operatorname{tg}\delta_1 = \frac{\sin P_\alpha \sin(\delta - N)}{\operatorname{cotg}\varphi' \sin N \cos\delta \sin T},$$

dans laquelle P_α est la parallaxe en ascension droite prise avec son signe δ, φ', T les quantités déjà définies tout à l'heure, et N un angle auxiliaire qui sera donné par la formule

$$\operatorname{tg} N = \sin P \frac{\sin\varphi'}{\cos\delta}.$$

Les parallaxes peuvent également se calculer au moyen des séries

$$\alpha - \alpha_1 = m\sin T + \frac{m^2}{2}\sin 2T + \frac{m^3}{3}\sin 3T + \ldots$$

$$\delta_1 - \delta = n\sin(\delta - u) + \frac{n^2}{2}\sin 2(\delta - u) + \frac{n^3}{3}\sin 3(\delta - u) + \ldots$$

dans lesquelles

$$m = P\frac{\cos\varphi'}{\cos\delta}; \qquad \operatorname{cotg} u = \frac{\cos(T + \frac{1}{2}P_\alpha)}{\cos\frac{1}{2}P_\alpha}\operatorname{cotg}\varphi'; \qquad n = P\frac{\sin\varphi'}{\sin u}.$$

Ces séries seraient d'un calcul commode si l'on pouvait les réduire à leur premier terme; mais cela ne peut avoir lieu que si la parallaxe est très petite, par exemple dans le cas du Soleil ou d'une planète; pour la Lune, il est généralement plus court de se servir des formules calculables par logarithmes.

On calcule ainsi les coordonnées apparentes α_1 et δ_1 de la Lune ainsi que celles α'_1 et δ'_1 du Soleil; il ne reste plus alors qu'à déterminer la distance apparente au moyen de la formule générale

$$\cos\Delta = \sin\delta_1 \sin\delta'_1 + \cos\delta_1 \cos\delta'_1 \cos(\alpha_1 - \alpha'_1).$$

Cette formule peut être rendue calculable par logarithmes de deux manières : soit d'abord $\alpha_1 - \alpha'_1 = \omega$:

$$\cos\Delta = \cos(\delta_1 - \delta'_1) - 2\cos\delta_1 \cos\delta'_1 \sin^2\tfrac{1}{2}\omega,$$

ou

$$\frac{\cos\Delta}{\sin(\delta_1 - \delta'_1)} = \operatorname{cotg}(\delta_1 - \delta'_1) - 2\frac{\cos\delta_1 \cos\delta'_1 \sin^2\frac{1}{2}\omega}{\sin(\delta_1 - \delta'_1)}.$$

u étant un angle auxiliaire, soit

$$\frac{2\cos\delta_1\cos\delta'_1\sin^2\frac{1}{2}\omega}{\sin(\delta_1-\delta'_1)}=\operatorname{tg}\tfrac{1}{2}u.$$

On conclura aisément après avoir formé les expressions de $\sin^2\frac{1}{2}\Delta=1-\cos\Delta$ et de $\cos^2\frac{1}{2}\Delta=1+\cos\Delta$

$$\operatorname{tg}^2\tfrac{1}{2}\Delta=\operatorname{tg}\tfrac{1}{2}(\delta_1-\delta'_1)\operatorname{tg}\tfrac{1}{2}(\delta_1-\delta'_1+u).$$

Ce calcul sera avantageux toutes les fois que $\frac{1}{2}\omega$ sera plus petit que $(\delta_1-\delta'_1)$; dans le cas contraire, il est préférable de se servir de la transformation suivante :

$$1-\cos\Delta=1-\cos(\delta_1-\delta'_1)+2\cos\delta_1\cos\delta'_1\sin^2\tfrac{1}{2}\omega,$$

ou

$$\sin^2\tfrac{1}{2}\Delta=\sin^2\tfrac{1}{2}(\delta_1-\delta'_1)+\cos\delta_1\cos\delta'_1\sin^2\tfrac{1}{2}\omega,$$
$$=\cos\delta_1\cos\delta'_1\sin^2\tfrac{1}{2}\omega\left(1+\frac{\sin^2\tfrac{1}{2}(\delta_1-\delta'_1)}{\cos\delta_1\cos\delta'_1\sin^2\tfrac{1}{2}\omega}\right).$$

Soit, en appelant v un angle auxiliaire,

$$\operatorname{tg}^2 v=\frac{\sin^2\tfrac{1}{2}(\delta_1-\delta'_1)}{\cos\delta_1\cos\delta'_1\sin^2\tfrac{1}{2}\omega},$$

la distance cherchée sera donnée par la relation

$$\sin^2\tfrac{1}{2}\Delta=\cos\delta_1\cos\delta'_1\sin^2\tfrac{1}{2}\omega\,\frac{1}{\cos^2 v},$$

ou

$$\sin\tfrac{1}{2}\Delta=\sqrt{\cos\delta_1\cos\delta'_2}\,\frac{\sin\tfrac{1}{2}\omega}{\cos v}.$$

Toutes les fois que les distances apparentes auront été calculées pour des époques équidistantes choisies, de telle sorte que les époques extrêmes comprennent celles qui correspondent au commencement et à la fin d'une éclipse, on pourra se servir des résultats obtenus pour déterminer les temps relatifs, soit aux contacts extérieurs, soit aux contacts intérieurs. En effet, suivant qu'il y a contact extérieur ou intérieur, la distance apparente des centres est égale à la somme ou à la différence des demi-diamètres apparents; si donc on a formé cette somme ou cette différence, il suffira de calculer par interpolation les temps pour lesquels la distance apparente leur est égale et les temps ainsi obtenus seront ceux des contacts. Ce procédé est celui que l'on a employé pendant longtemps pour les calculs d'éclipses; on préfère généralement aujourd'hui se servir de la méthode Bessel. Dans le calcul de la somme des demi-diamètres apparents, il y a lieu de tenir compte de l'augmentation en hauteur du demi-diamètre de la Lune dû à la parallaxe; les tables ne donnent cette augmentation qu'en fonction de la hauteur; or le calcul que nous avons exposé ne fait pas connaître cette hauteur; on pourrait la calculer, mais il est possible de s'en dispenser en se servant des éléments calculés pour les parallaxes. En appelant r_1 le demi-diamètre de l'observation, c'est-à-dire celui des Éphémérides corrigé de l'augmentation en hauteur, nous avons trouvé, en effet (t. I, p. 446),

$$r_1 = r \, \frac{\sin(T + P_\alpha)\cos\delta_1}{\sin T \cos\delta},$$

ou, si l'on connaît l'angle auxiliaire u,

$$\cotg u = \frac{\cos(T + \tfrac{1}{2}P_\alpha)}{\cos\tfrac{1}{2}P_\alpha}\cotg\varphi';$$
$$r_1 = r \, \frac{\sin(\delta' - u)}{\sin(\delta - u)}.$$

Comme application du calcul dont la théorie vient d'être exposée, nous donnons les résultats que nous avons obtenus pour l'éclipse du 29 juillet 1878 dont les phases principales ont déjà été calculées dans le chapitre précédent par la méthode de Bessel.

T. M. DE PARIS.	DÉCLIN. APPAR. $\mathbb{C}$ ou δ_1.	DÉCLIN. APPAR. $\odot$ ou δ'_1.	ASCENS. DR. APPAR. $\mathbb{C}$ ou α_1.	ASCENS. DR. APPAR. $\odot$ ou α'_1.
8ʰ 00	19° 02′ 41″,3	18° 39′ 47″,4	8ʰ 32′ 24″,89	8ʰ 35ᵐ 31ˢ,07
8 30	18 56 43 ,7	» 39 29 ,3	» 33 18 ,25	» » 35 ,92
9 00	18 50 31 ,1	» 39 11 ,4	» 34 11 ,52	» » 40 ,76
9 30	18 44 05 ,5	» 38 53 ,6	» 35 05 ,05	» » 45 ,60
10 00	18 37 27 ,8	» 38 35 ,5	» 35 59 ,09	» » 50 ,45
10 30	18 30 38 ,4	» 38 17 4,	» 36 53 ,97	» » 55 ,30
11 00	18 23 38 ,1	» 37 59 ,3	» 37 49 ,95	» 36 00 ,14
11 30	18 16 27 ,8	» 37 41 ,2	» 38 47 ,30	» » 05 ,00
12 00	18 09 08 ,6	» 37 22 ,9	» 39 46 ,22	» » 09 ,86

T. M. DE PARIS.	DISTANCE apparente.	DIFFÉRENCE.	$r + r'$.	$r - r'$.
8ʰ 00	49′ 38″,7		32′ 17″,6	
		— 12′ 47″,1		
8 30	36 51 ,6		32 17 ,7	
		— 12 53 ,4		
9 00	23 58 ,2		32 18 ,0	0′ 43″,0
		— 13 02 ,9		
9 30	10 55 ,3		32 17 ,8	0 42 ,8
		— 13 15 ,6		
10 00	2 20 ,3		32 17 ,6	0 42 ,6
		+ 13 31 ,8		
10 30	15 52 ,1		32 17 ,2	0 42 ,2
		+ 13 51 ,4		
11 00	29 43 ,5		32 16 ,9	
		+ 14 13 ,5		
11 30	43 57 ,0		32 16 ,3	
		+ 14 38 ,0		
12 00	58 35 ,0		32 15 ,5	

Si l'on veut se servir du tableau précédent pour calculer, par exemple, l'époque du premier contact, on cherchera par interpolation (2ᵉ problème) à quelle heure la distance apparente est égale à la somme des demi-diamètres apparents ou à quelle heure la différence entre ces deux quantités est égale à 0; il faudra tenir compte des différences secondes.

T. M. DE PARIS.	E OU DIST. APPAR. MOINS $\frac{1}{2}(r+r')$.	DIFFÉRENCE I.	DIFFÉRENCE II.
8^h 30	$+\ 4'\ 33'',9$		
9 00	$-\ 8\ 19\ ,8$	$-12'\ 52'',7$	
9 30	$-21\ 22\ ,5$	$-13\ 02\ ,7$	$-10'',0$

$$E = 0; \quad E_0 = 4'33'',9; \quad B = \text{diff. I} - \tfrac{1}{2}\,\text{diff. II} = -12'49'',7.$$

$$a = \frac{E - E_0}{B} = +0,3563; \quad ca^2 = -\frac{c}{B}\,a^2 = -0,0006.$$

$$\Delta T = a + ca^2 = 0,3557(1800)^s = 10^m 40^s,3.$$

$$\text{Heure du contact} = 8^h 40^m 40^s,3 \text{ (T. M. Paris).}$$

C'est le résultat que nous avons déjà obtenu par la méthode de Bessel.

Si l'on avait mesuré une distance apparente directement, on trouverait de même en se servant du tableau ci-dessus et procédant par interpolation, quelle est l'heure correspondante du premier méridien et par suite la longitude du lieu.

3. Calcul des petites distances pendant une éclipse de Soleil au moyen de l'équation générale de Bessel. — En exposant la méthode de Bessel pour la détermination des contacts, nous avons montré qu'il y a contact pour un lieu de la Terre dont les coordonnées sont ξ, η, ζ (deuxième système de coordonnées) quand ce lieu se trouve sur la surface du cône-enveloppe de la Lune et du Soleil, ou en d'autres termes quand l'équation

$$(x - \xi)^2 + (y - \eta)^2 = S^2$$

est rigoureusement satisfaite; dans ce cas la distance apparente de la Lune et du Soleil pour le lieu est égale à la somme des demi-diamètres apparents des deux astres. Quand il n'y a pas contact, la distance apparente des centres est plus grande ou plus petite que la somme des demi-diamètres; on peut concevoir alors que la parallaxe de la Lune ou, ce qui est la même chose, sa distance à la Terre restant la même, et que d'un autre côté le demi-diamètre du Soleil restant constant, on fasse varier le rayon de la Lune de manière que son demi-diamètre apparent, ajouté à celui du Soleil, donne une somme égale à la distance apparente. Dans cette hypothèse, le lieu de la Terre (ξ, η, ζ) se trouvera sur l'enveloppe du cône-enveloppe résultant de la nouvelle grandeur donnée au rayon lunaire et alors l'équation générale

$$(x - \xi)^2 + (y - \eta)^2 = S^2$$

se trouvera satisfaite. Pour trouver le rayon lunaire K_1 qui permettra d'obtenir ce résultat, étant données les valeurs de x, ξ, y et η pour une époque déterminée, on remarquera que S est une fonction de K_1, de sorte qu'il n'y aura qu'à résoudre l'équation

$$S = f(K_1).$$

Connaissant K_1, on calculera le demi-diamètre apparent correspondant et ce demi-diamètre ajouté à celui du Soleil donnera la distance apparente des deux astres.

Il est très facile de déterminer K_1 en fonction de S. On a, en effet,

$$S = \lambda - \lambda\zeta = (c - \zeta)\,\mathrm{tg}\,f = \left(z - \zeta + \frac{K_1}{\sin f}\right)\mathrm{tg}\,f,$$

ou, en posant $z - \zeta = D$,

$$S = D\,\mathrm{tg}\,f + \frac{K_1}{\cos f}.$$

D'ailleurs, H étant le demi-diamètre apparent du Soleil à sa distance moyenne à la Terre, on a trouvé

$$\sin f = \frac{\sin H}{Rg} + K_1\,\frac{\sin \pi'_0}{Rg}.$$

Vu la petitesse de l'angle f, nous supposerons $\sin f = \mathrm{tg}\,f$ et $\cos f = 1$, de sorte que nous conclurons des deux relations précédentes

$$\frac{S - K_1}{D} = \frac{\sin H}{Rg} + \frac{K_1 \sin \pi'_0}{Rg},$$

d'où, en résolvant par rapport à K_1,

$$K_1 = \frac{Sg - \dfrac{D \sin H}{R}}{g + a\,\dfrac{\sin \pi'_0}{R}},$$

ou si, π' étant la parallaxe horizontale équatoriale du Soleil, on remplace $\dfrac{1}{R}$ par $\dfrac{\sin \pi'}{\sin \pi'_0}$

$$K_1 = \frac{g\mathrm{S} - \mathrm{D}\,\dfrac{\sin \pi'}{\sin \pi'_0}\,\sin \mathrm{H}}{g + \mathrm{D}\sin \pi'},$$

π'_0 et H sont des quantitée constantes; soient

$$\pi'_0 = 8'',86; \quad \mathrm{H} = 16'01'',5.$$

$$\frac{\sin \mathrm{H}}{\sin \pi'_0} = 108,52; \quad \log \frac{\sin \mathrm{H}}{\sin \pi'_0} = 2,0355139.$$

$$K_1 = \frac{g\mathrm{S} - 108,52\mathrm{D}\sin \pi'}{g + \mathrm{D}\sin \pi'}.$$

$\mathrm{D} = \lambda - \zeta$ étant la distance du centre de la Lune au plan horizontal de projection et S le rayon de la circonférence trace du cône sur ce plan ou la distance du lieu $(\xi,\ \eta,\ \zeta)$ au centre de cette circonférence, la distance du lieu au centre de la Lune R est donnée par la relation $\mathrm{R}^2 = \mathrm{D}^2 + \mathrm{S}^2$. Le demi-diamètre apparent $\frac{1}{2}d_1$ de la Lune correspondant au rayon K_1 sera alors fourni par la formule

$$\sin \tfrac{1}{2}d_1 = \frac{K_1}{R},$$

et la distance apparente des centres de la Lune et du Soleil aura pour expression

$$\Delta = \tfrac{1}{2}d_1 + \tfrac{1}{2}d'.$$

EXEMPLE. *Calculer à l'époque* $8^h 30^m$ *T. M. de Paris la distance apparente de la Lune au Soleil, le 29 juillet 1878, pour le lieu dont la latitude est 54°17′N. et la longitude* $8^h 28^m 36'$O. *(éclipse de Soleil du 29 juillet 1878).*

D'après les donnés qui résultent du calcul déjà exécuté dans le chapitre précédent par la méthode de Bessel pour déterminer les temps des contacts, on aura pour l'époque $8^h 30^m$ (T. M. de Paris) :

$$
\begin{aligned}
x &= -0,55191 & y &= 0,86522 \\
\xi &= -0,01230 & \eta &= 0,57867 \\
\hline
x - \xi &= -0,53961 & y - \eta &= 0,28655
\end{aligned}
$$

$$\mathrm{S}^2 = (x - \xi)^2 + (y - \eta^2).$$

$$S = \frac{y - \eta}{\cos M}, \quad \text{si l'on pose} \quad \operatorname{tg} M = \frac{x - \xi}{y - \eta}, \quad M \text{ étant un angle auxiliaire.}$$

On trouvera

$$\log S = 9,7860220,$$

puis ensuite, d'après la valeur de g,

$$Sg = 0,60947.$$

D'un autre côté,

$$D = z - \zeta = 56,8452 \quad \text{et} \quad \pi = 8'',73,$$

de sorte que

$$108,52 D \sin \pi' = 0,26109$$

et

$$Sg - 108,52 D \sin \pi' = 0,34838.$$

On calculera de même $g + D \sin \pi'$, et l'on trouvera

$$\log K_1 = 9,5420749.$$

D'ailleurs,

$$R^2 = D^2 + S^2 = D^2\left(1 + \frac{S^2}{D^2}\right).$$

$$\log R = 1,7547175.$$

$$\sin \tfrac{1}{2} d_1 = \frac{K_1}{R}; \quad \tfrac{1}{2} d_1 = 21'04'',1.$$

$$\text{Distance apparente} = \tfrac{1}{2} d_1 + 15'47'',5 = 36'51'',6.$$

C'est exactement le résultat que nous avons obtenu en calculant la distance apparente au moyen des coordonnées apparentes de la Lune et du Soleil.

D'après le calcul qui vient d'être exposé, il est extrêmement facile d'obtenir une distance apparente pendant le cours d'une éclipse de Soleil, au moyen des éléments que l'on a dû calculer pour établir les temps des contacts par la méthode de Bessel. Comme les calculs qui résultent de cette méthode, bien que paraissant un peu longs au premier abord, sont toujours d'une exécution facile et ne sauraient présenter aucune ambiguïté, à la seule condition de tenir compte des signes, il y a lieu de la recommander, sans réserves, comme base de toutes les opérations relatives aux éclipses. Le calcul des distances par les coordonnées apparentes est toujours en réalité plus difficile à bien exécuter, et même beaucoup plus pénible, si l'on veut obtenir des résultats approchés au dixième de secondes, approximation à peu près indispensable.

4. Détermination des différences de longitudes par les observations de petites distances pendant une éclipse de Soleil. — Toutes les fois que l'on aura dressé une table des distances apparentes, en supposant pour le lieu une longitude peu différente de celle qui lui convient réellement, et que, d'un autre côté, on aura évalué par l'observation les époques (T. M. du lieu) des distances mesurées, la détermination de la longitude exacte sera des plus élémentaires. Il suffira, en effet, de chercher dans la table des distances calculées la distance observée, et de calculer par interpolation le T. M. de Paris correspondant ; la différence de ce temps, avec celui de l'observation, donnera la longitude, absolument comme cela a lieu dans la méthode générale des distances lunaires ; mais cette longitude demeurera affectée des erreurs qui proviennent de l'inexactitude des tables de la Lune.

L'idée que nous avons eue d'assimiler la détermination des temps des contacts à celle des temps des petites distances, en faisant varier convenablement le rayon lunaire, nous permet d'appliquer ici les résultats auxquels nous avons été conduit à la suite des calculs d'éclipses relativement à la mesure des différences de longitudes.

Nous avons trouvé que T_0 et T'_0 étant les époques initiales (T. M. du 1er méridien) relatives aux deux contacts extérieurs, T_1 et T_2 les époques (T. M. du lieu) observées pour ces contacts, la longitude du lieu a pour expression

$$\psi = \tfrac{1}{2}(T_0 + T'_0) - \tfrac{1}{2}(T_1 + T_2) - \frac{Q}{n} - p.$$

Si les temps calculés T_0, T'_0 conviennent exactement aux contacts, Q est rigoureusement égal à 0, de sorte que

$$\psi = \tfrac{1}{2}(T_0 + T'_0) - \tfrac{1}{2}(T_1 + T_2) - p.$$

Or, dans l'hypothèse où l'on assimile une petite distance à un phénomène de contact, les temps T_0 et T'_0 sont précisément ceux qui conviendront aux deux contacts extérieurs correspondants, c'est-à-dire à deux distances égales ; ce sont les temps qui seraient donnés par l'équation si l'on s'était servi du demi-diamètre relatif de la Lune. Par conséquent Q serait égal à 0. La quantité p dépend des erreurs tabulaires, de sorte que la longitude demeure affectée d'une erreur correspondante ; on remarquera toutefois que l'erreur de la longitude ainsi déterminée n'est entachée que partiellement des erreurs tabulaires, puisque la quantité que nous avons appelée q se trouve ici éliminée. Le résultat de longitude qui est fourni par la relation précédente est donc plus exact que celui que l'on aurait obtenu en ne se servant que d'une seule observation de distance.

En appelant ψ' la longitude d'un second lieu, cette longitude ne différant de la première que d'un petit nombre de degrés, 10 au plus, nous avons trouvé

$$\psi' - \psi = \tfrac{1}{2}(T_1 + T_2) - \tfrac{1}{2}(T'_1 + T'_2),$$

T_1 et T_2 étant les temps observés des contacts extérieurs ou des distances égales pour le premier lieu, T'_1 et T'_2 le temps des mêmes contacts ou des mêmes distances pour le second lieu; ce résultat est tout à fait indépendant des erreurs tabulaires. On en conclura cette proposition importante :

Si en un lieu déterminé on a observé pendant une éclipse de Soleil deux distances égales, ou, ce qui est la même chose, deux cordes égales, et que dans un second lieu dont la longitude ne diffère que de quelques degrés de celle du premier, on ait de même observé deux cordes égales aux deux premières, la différence des longitudes des deux lieux sera égale à la différence des moyennes des temps moyens de chaque lieu relatifs aux observations, indépendamment de toute erreur tabulaire.

La proposition que nous venons d'énoncer a cela de remarquable qu'elle permet d'établir une différence de longitudes sans aucun calcul. Le résultat suppose uniquement l'observation de deux cordes égales dans les deux lieux. Comme les mesures de cordes peuvent s'exécuter avec une précision relativement très grande avec les instruments à réflexion usuels entre les mains des marins, on conçoit qu'il soit possible de baser sur la proposition précédente un procédé d'une grande exactitude pour la mesure des différences de longitudes d'un grand nombre de points pendant une éclipse de Soleil. Comme d'ailleurs on peut appliquer aux observations de cordes, soit des lunettes micrométriques, soit des instruments à réflexion construits uniquement pour mesurer des petits arcs, on arrivera aisément avec des instruments de ce genre à obtenir des mesures d'une grande précision et par suite des différences de longitudes avec une approximation considérable. Enfin, les résultats obtenus étant indépendants des erreurs tabulaires, on peut ajouter que nulle autre méthode n'est susceptible de donner un degré de précision d'une valeur équivalente.

Les considérations que nous avons émises précédemment au sujet de l'application des observations simultanées de contacts à la détermination des différences de longitudes d'un grand nombre de lieux se trouvent ici entièrement applicables. Mais si les bonnes observations de contact sont toujours difficiles à réaliser, il n'en est pas de même de celles qui concernent les cordes du croissant solaire pendant une éclipse. Avec de bons instruments, ces dernières s'exécuteront toujours avec une grande précision, et il sera possible d'en obtenir un très grand nombre. Il arrivera rarement qu'aux deux stations on ait précisément mesuré les même cordes, et qu'à chaque station on soit parvenu à mesurer exactement les deux cordes égales; mais si l'on a mesuré un très grand nombre de cordes à des époques suffisamment rapprochées, il sera toujours très simple, au moyen d'une interpolation, de déterminer les temps des cordes égales.

Ainsi que nous avons eu occasion de le dire, il est extrêmement facile, dans une station navale, de réaliser les conditions nécessaires à l'application de la méthode que nous venons d'exposer; il suffit de distribuer convenablement les observateurs du Nord au Sud dans toute l'étendue de la station. On peut arriver de cette manière à mesurer les différences de longitudes de tous les lieux d'observation avec une très grande exactitude', sans qu'il soit nécessaire d'exécuter aucun calcul. Il suffit, en effet, d'enregistrer les temps des observations aussitôt que l'on a constaté le commencement de l'éclipse, et de comparer ainsi les résultats obtenus. Si la longitude de l'une quelconque des stations se trouve connue exactement, cette station se trouvant, par exemple, sur un méridien fondamental, on en conclura immédiatement les longitudes de toutes les stations par rapport à ce méridien, et par suite par rapport au premier méridien.

5. Calcul des petites distances d'une étoile à la Lune quand l'étoile se trouve à une distance de la Lune moindre que 30 minutes. — Toutes les fois qu'une étoile est occultée par la Lune, la distance apparente de l'étoile à la Lune est égale au demi-diamètre apparent lunaire au moment de l'occultation. Le temps de l'occultation est déterminé par la condition que l'équation générale

$$(x - \xi)^2 + (y - \eta)^2 = K^2$$

soit rigoureusement satisfaite.

A une époque voisine de celle de l'occultation, mais antérieure ou postérieure, suivant qu'il s'agira de l'immersion ou de l'émersion, la distance apparente de l'étoile à la Lune sera plus grande que le demi-diamètre apparent de la Lune; mais elle pourra être déterminée par l'équation précédente, à la condition que l'on donne à la Lune un rayon K_1 convenable.

Si, en effet, x, ξ, y et η ont été calculés pour une époque voisine de l'occultation et se trouvent avoir les valeurs x_1, ξ_1, y_1 et η_1, on aura

$$K_1^2 = (x_1 - \xi_1)^2 + (y_1 - \eta)^2.$$

K_1 sera le rayon que devrait avoir la Lune pour qu'il y ait occultation.

D'un autre côté, si D est la distance de la Lune au plan horizontal de projection, $D = z_1 - \zeta_1$, et si R est la distance de la Lune au lieu de l'observation (ξ_1, η_1, ζ_1),

$$R^2 = D^2 + K_1^2.$$

Appelant $\frac{1}{2} d_1$ le demi-diamètre apparent lunaire correspondant au rayon K_1

$$\sin \tfrac{1}{2} d_1 = \frac{K_1}{R}.$$

La distance apparente de l'étoile à la Lune sera égale à $\frac{1}{2} d_1$. De là un moyen très simple de déterminer les petites distances apparentes d'une étoile à la Lune avant et après l'occultation en même temps que les époques de l'immersion et de l'émersion. Le même calcul sera évidemment applicable quand il n'y aura pas occultation, c'est-à-dire quand l'étoile passera en dessus ou en dessous du disque lunaire à une distance suffisamment petite.

La distance apparente de l'étoile à la Lune pourrait être également calculée au moyen des coordonnées apparentes de la Lune; mais dans ce cas particulier, il y a véritablement avantage à se servir de l'équation de Bessel; le calcul sera toujours plus simple et plus court que celui qui résulte de l'emploi des parallaxes en ascension droite et en déclinaison.

Nous avons eu l'occasion de faire remarquer que l'observation du phénomène de l'occultation est toujours extrêmement difficile à bien exécuter et qu'elle exige nécessairement l'usage de lunettes puissantes fort peu pratiques à la mer. Il n'en est pas de même des petites distances que l'on peut observer toujours avec une précision extrême. Les considérations que nous avons émises pour les éclipses de Soleil se trouvent ici entièrement applicables ; il y aura avantage à remplacer les temps des contacts par ceux des petites distances. Si l'on peut observer des distances égales en deux lieux différents, la différence des longitudes $\psi' - \psi$ se trouvera déterminée indépendamment de toute erreur tabulaire par la relation

$$\psi' - \psi = \tfrac{1}{2}(T_1 + T_2) - \tfrac{1}{2}(T'_1 + T'_2),$$

T_1, T_2 étant les époques (T. M. du lieu) des observations des distances égales pour le lieu de longitude ψ, T'_1 et T'_2 les époques (T. M, du lieu) des observations des distances égales au lieu de longitude ψ'.

Pour que la méthode précédente soit applicable, il n'est pas nécessaire que l'étoile soit occultée; il suffit qu'elle passe dans le voisinage de la Lune, soit en dessus, soit en dessous, à une distance assez petite.

Au point de vue de l'observation, il y aura même avantage à ce que l'étoile ne puisse être occultée. Dans ce cas, en effet, les temps des distances égales seront beaucoup plus rapprochés l'un de l'autre; l'observation sera alors moins longue, et, d'un autre côté, la détermination de la différence des longitudes théoriquement beaucoup plus exacte.

Toutes les fois que la distance apparente de l'étoile à la Lune sera un peu grande, dépassera 30 minutes, par exemple, la méthode Bessel ne sera plus applicable non plus que celle qui résulte de l'usage des parallaxes en ascension droite et en déclinaison; cela tient à ce que la distance apparente est modifiée par la réfraction dans des limites d'autant plus grandes que les deux astres sont plus éloignés l'un de l'autre, surtout quand les hauteurs sont notablement différentes. En appelant Δ la distance apparente des deux astres, δ, δ' leurs déclinaisons et ω la différence des ascensions droites

$$\cos\Delta = \sin\delta \sin\delta' + \cos\delta \cos\delta' \cos\omega ;$$

d'où, en différentiant et ne tenant compte que du premier ordre,

$$d\Delta = \sin L \cos\delta \, d\omega - \cos S \, d\delta'' - \cos L \, d\delta.$$

Quand les deux astres sont très voisins l'un de l'autre, les angles S et L sont supplémentaires ou à peu près, de sorte que $\cos S = -\cos L$; d'un autre côté, leurs hauteurs diffèrent peu, et alors la refraction est la même pour chacun d'eux, d'où il résulte que $d\delta = d\delta'$ et $d\alpha'$ et $d\alpha'$: par conséquent :

$$d\omega = d\alpha - d\alpha' = 0 \quad \text{et} \quad \cos S \, d\delta' + \cos L \, d\delta = (\cos S - \cos S) d\delta = 0,$$

et par suite

$$d\Delta = 0.$$

La réfraction se trouve ainsi n'altérer la distance apparente des deux astres que d'une quantité tout au plus du second ordre, toutes les fois que ces deux astres se trouvent suffisamment rapprochés, par exemple dans le cas des contacts pendant les éclipses ou les occultations ou des époques voisines. Il n'en est plus ainsi quand les hauteurs des deux astres sont sensiblement différentes, et il devient indispensable de tenir compte de la réfraction dans l'estime de la distance apparente. On devra alors employer la méthode suivante pour calculer cette distance.

6. Calcul de la distance apparente d'une étoile à la Lune quand cette distance est supérieure à 30 minutes

— Ayant déterminé, au moyen des éléments des Éphémérides, les déclinaisons δ et δ' et les angles horaires T et T' de la Lune et de l'étoile, on calculera d'abord les azimuts A, A', et les hauteurs h, h' qui leur correspondent :

$$\operatorname{tg} M = \frac{\operatorname{tg}\delta}{\cos T}; \qquad \operatorname{tg} A = \frac{\cos M \operatorname{tg} T}{\sin(\varphi - M)}; \qquad \operatorname{tg} h = -\cos A \cot(\varphi - M),$$

φ étant la latitude astronomique du lieu.

Pour la Lune, l'azimut A et la hauteur h seront corrigés de la parallaxe.

$$A_1 = A - i \sin P \, \frac{\sin A}{\cos h}.$$

$$h_1 = h - p - i \sin P \sin h \cos A.$$

$i =$ différence des latitudes $= \varphi - \varphi'$,

$P = \rho\pi$; $\rho =$ rayon terrestre pour le lieu; $\pi =$ parall. horiz. équator.

ou $P =$ parallaxe horizontale de la Lune pour le lieu,

$p =$ parallaxe en hauteur,

$$\operatorname{tg} p = \frac{\sin P \cos h}{1 - \sin P \sin h} \quad \text{ou} \quad p = P\cos h + \tfrac{1}{2} P^2 \sin 2h - \tfrac{1}{3} P^3 \cos 3h + \dots$$

Il ne sera généralement pas avantageux, au point de vue du calcul numérique, de se servir de la série, si l'on ne dispose pas de tables convenables; on calculera alors $\operatorname{tg}]p$ par logarithmes.

μ étant un angle auxiliaire, soit

$$\operatorname{tg}\mu = \sin P \cos h$$

il en résultera

$$\operatorname{tg} p = \frac{\sin\mu \cos h}{\cos(\mu + h)}.$$

Il faudra ensuite faire la correction de réfraction; les tables ordinaires de réfraction ne donnent cet élément qu'en fonction de la hauteur apparente. Or comme nous ne connaissons ici que la hauteur vraie, le nombre donné par les tables en fonction de la hauteur h_1 devra subir une petite correction :

$$R_m = R_{m0} - \frac{a \sin 1''}{\sin^2 h} R_{m0},$$

$R_m =$ réfraction donnée par les tables de réfraction pour la hauteur h; $\log a \sin 1'' = 6{,}4520472$. (Voir chap. III, page 266.)

A la rigueur, on pourra se dispenser de calculer la correction en opérant par tâtonnements avec les valeurs données par la table.

La réfraction R_m sera corrigée, s'il y a lieu de la température et de la pression barométrique; on entrera dans les tables en prenant R_m comme réfraction moyenne.

Connaissant la réfraction R_m qui convient à la Lune, on aura, en appelant h_0 la hauteur apparente de cet astre,

$$h_0 = h_1 + R_m.$$

De même si R'_m est la réfraction pour l'étoile

$$h'_0 = h' + R'_m.$$

Les azimuts ne sont pas altérés par la réfraction, de sorte que

$$A_0 = A_1, \quad \text{et} \quad A'_0 = A'.$$

Soit maintenant $A_1 - A' = \omega$; la distance apparente de la Lune à l'étoile se calculera par l'une ou l'autre des deux formules :

$$(1) \qquad \operatorname{tg}^2 \tfrac{1}{2}\Delta = \operatorname{tg} \tfrac{1}{2}(h_0 - h'_0)\, \operatorname{tg} \tfrac{1}{2}(h_0 - h'_0 + u)$$

avec

$$\operatorname{tg} \tfrac{1}{2} u = \frac{2\cos h_0 \cos h'_0 \sin^2 \tfrac{1}{2}\omega}{\sin \tfrac{1}{2}(h_0 - h'_0)}.$$

$$(2) \qquad \sin \tfrac{1}{2}\Delta = \sqrt{\cos h_0 \cos h'_0}\, \frac{\sin \tfrac{1}{2}\omega}{\cos v},$$

avec

$$\operatorname{tg} v = -\frac{\sin \tfrac{1}{2}(h_0 - h'_0)}{\sqrt{\cos h_0 \cos h'_0}\, \sin \tfrac{1}{2}\omega}.$$

Le calcul qui vient d'être exposé est toujours un peu long, il faut bien le reconnaître; on peut même ajouter qu'il est difficile à bien exécuter, parce qu'il exige forcément une grande attention. Mais on ne saurait se dispenser de faire ce calcul. On remarquera du reste que le travail auquel il aura donné lieu sera largement compensé par la précision du résultat de longitude auquel on sera conduit. Si, en effet, d'un côté on a observé un grand nombre de petites distances, ce qui peut se faire très aisément et très exactement avec un instrument à réflexion convenable, et que d'un autre côté on ait calculé à des époques suffisamment rapprochées dans l'intervalle des temps des observations extrêmes, un certain nombre de distances apparentes, on aura immédiatement autant de valeurs de longitude que d'observations, et la moyenne de ces valeurs sera presque toujours une longitude très approchée, sauf les erreurs tabulaires dont il est impossible de tenir compte dans un calcul de mer.

Nous allons appliquer les théories précédentes au cas particulier de la détermination d'une longitude en mer à la suite d'observations de petites distances d'étoiles à la Lune.

7. Application numérique. *Le 13 juin 1878, dans un lieu situé par 10° de latitude Nord et une longitude estimée 21^h20^m ou 2^h40^m Est, de 10^h du soir à 1^h du matin (T. M. du lieu), on a observé un certain nombre de petites distances apparentes de la Lune à l'étoile α du Scorpion (Antarès). Calculer de demi-heure en demi-heure les distances apparentes pour le lieu, de manière à en conclure par interpolation la longitude du lieu, au moyen des distances observées.*

La *Connaissance des Temps* indique la possibilité d'une occultation de l'étoile par la Lune dans l'intervalle des observations pour les latitudes comprises entre 14° Nord et 51° Sud ; d'un autre côté, les observations ont dû montrer que les distances apparentes étaient inférieures à 1°, de sorte qu'il est permis *à priori* de négliger la réfraction et de calculer ces distances par les formules de Bessel.

Les données fondamentales du problème seront les ascensions droites et déclinaisons des deux astres observés, l'ascension droite moyenne du Soleil nécessaire pour le calcul de l'angle horaire, et enfin la parallaxe équatoriale de la Lune.

Les coordonnées de l'étoile sont :

$$\alpha' = \quad 16^h 21^m 59^s,55$$
$$\delta' = -\ 26°09'\ 49'',2$$

Ayant trouvé les valeurs de l'ascension droite moyenne du Soleil α_m, on obtiendra, avec le temps moyen du lieu T_m, l'angle horaire de l'étoile par la relation ordinaire $T' = T_m - (\alpha' - \alpha_m)$, et l'on dressera le tableau suivant :

T. M. DE PARIS.	α_m.	$T_m =$ T. M. DU LIEU.	T' EN TEMPS.	T' EN ARC.
$7^h 30$	$5^h 27^m 51^s,71$	$10^h 10$	$23^h 19^m 52^s,16$	$-11°01' 57'',6$
8 00	» 27 56 ,64	10 40	23 45 57 ,09	$-$ 3 30 43 ,7
8 30	» 28 01 ,57	11 10	0 16 02 ,02	$+$ 4 00 30 ,3
9 00	» 28 06 ,50	11 40	0 46 06 ,95	$+11$ 31 44 ,3
9 30	» 28 11 ,43	12 10	1 16 11 ,88	19 02 58 ,2
10 00	» 28 16 ,36	12 40	1 46 16 ,81	26 34 12 ,2
10 30	» 28 21 ,28	13 10	2 16 21 ,73	34 05 26 ,0
11 00	» 28 26 ,21	13 40	2 46 26 .66	41 36 39 ,9
11 30	» 28 31 ,14	14 10	3 16 31 ,59	,49 07 53 ,9

Pour la Lune, on trouvera :

T. M. DE PARIS.	α	$T = T_m - (\alpha - \alpha_m)$	δ	π
$7^h 30$	$16^h 18^m 42^s,37$	$-10° 12' 39'',9$	$-26° 11' 21'',1$	$58' 29'',7$
8 00	» 19 59 ,07	$-$ 3 00 36 ,5	» 13 42 ,3	» 29 ,1
8 30	» 21 15 ,80	$+$ 4 11 26 ,6	» 16 00 ,9	» 28 ,5
9 00	» 22 32 ,56	$+$ 11 23 29 ,1	» 18 17 ,0	» 27 ,9
9 30	» 23 49 ,34	$+$ 18 35 31 ,4	» 20 30 ,4	» 27 ,3
10 00	» 25 06 ,14	$+$ 25 47 33 ,3	» 22 41 ,2	» 26 ,6
10 30	» 26 22 ,96	$+$ 32 59 34 ,8	» 24 49 ,4	» 26 ,0
11 00	» 27 39 ,82	$+$ 40 11 35 ,9	» 26 55 ,0	» 25 ,4
11 30	» 28 56 ,69	$+$ 47 23 36 ,8	» 28 58 ,0	» 24 ,8

Appliquant les formules (2)

$$\operatorname{cotg} v = \operatorname{cotg} \delta \cos (\alpha - \alpha'), \qquad A = \frac{\sin \delta}{\sin \pi \sin v},$$

$$x = A \cos v \operatorname{tg} (\alpha - \alpha'); \qquad y = A \sin (v - \delta'); \qquad z = A \cos (v - \delta'),$$

on trouvera les valeurs de x, y, z ; les résultats seront les suivants :

T. M. DE PARIS.	v	$\log A$	x	y	z
$7^h 30$	$-26° 11' 29'',4$	1,7691401	$-0,75622$	$-0,02855$	58,768
8 00	» 13 45 ,1	1,7692385	$-0,46200$	$-0,06723$	58,781
8 30	» 16 01 ,3	1,7693228	$-0,16775$	$-0,10606$	58,793
9 00	» 18 17 ,3	1,7693966	$+0,12656$	$-0,14485$	58,802
9 30	» 20 33 ,0	1,7694621	$+0,42082$	$-0,18356$	58,811
10 00	» 22 48 ,8	1,7695173	$+0,71507$	$-0,22231$	58,819
10 30	» 25 04 ,5	1,7695701	$+1,00931$	$-0,26104$	58,826
11 00	» 27 20 ,1	1,7696002	$+1,30360$	$-0,29973$	58,839
11 30	» 29 35 ,9	1,7696227	$+1,59780$	$-0,33854$	58,832

Il faudra ensuite calculer les formules (3)

$$\operatorname{cotg} \gamma = \operatorname{cotg} \varphi' \cos T ; \qquad B = \rho \frac{\sin \varphi'}{\sin \gamma}; \qquad \varphi' = \text{lat. géoc.} = 9° 56' 04'',$$

$$\xi = B \cos \gamma \operatorname{tg} T'; \qquad \eta = B \sin (\gamma - \delta'); \qquad \zeta = B \cos (\gamma - \delta').$$

On trouvera :

T.M. DE PARIS	γ	log B	ξ	η	ζ
7ʰ 30	10° 07′ 03″,7	9,992 0997	— 0,188 48	+ 0,581 08	0,791 59
8 00	9 57 10 ,0	9,999 1638	— 0,060 34	+ 0,588 29	0,806 27
8 30	9 57 30 ,0	9,998 9239	+ 0,068 85	+ 0,588 05	0,805 76
9 00	10 08 05 ,3	9,991 3736	+ 0,196 85	+ 0,580 35	0,790 09
9 30	10 29 51 ,1	9,976 2673	+ 0,321 46	+ 0,565 33	0,759 52
10 00	11 04 47 ,9	9,953 0934	+ 0,440 54	+ 0,543 25	0,714 57
10 30	11 56 29 ,8	9,921 0077	+ 0,552 04	+ 0,514 48	0,656 02
11 00	13 11 03 ,3	9,878 7058	+ 0,654 05	+ 0,479 63	0,584 87
11 30	14 59 07 ,7	9,824 2142	+ 0,744 80	+ 0,438 99	0,502 35

Au moyen des diverses relations :

$$\operatorname{tg} M = \frac{x-\xi}{y-\eta}, \quad K_1 = \frac{y-\eta}{\cos M}, \quad D = z - \zeta, \quad R^2 = D^2 + K_1^2, \quad \sin\tfrac{1}{2}d_1 \text{ ou } \sin\Delta = \frac{K_1}{R},$$

on calculera le rayon fictif de la Lune K_1 ou plutôt son logarithme, la distance de la Lune au lieu d'observation R, et finalement la distance apparente Δ de l'étoile au centre de la Lune.

T.M. DE PARIS	$x-\xi$	$y-\eta$	$z-\zeta=D$	log K_1	log R	Δ
7ʰ 30	— 0,567 74	— 0,609 63	57,976	9,920 6556	1,763 2929	49′ 23″,5
8 00	— 0,401 66	— 0,655 52	57,975	9,885 8072	1,763 2790	45 35 ,1
8 30	— 0,236 60	— 0,694 11	57,987	9,865 2973	1,763 3654	43 28 ,4
9 00	— 0,070 29	— 0,725 20	58,012	9,862 5083	1,763 5520	43 10 ,5
9 30	+ 0,099 36	— 0,748 89	58,051	9,878 2079	1,763 8540	44 44 ,1
10 00	+ 0,274 53	— 0,765 56	58,104	9,910 2429	1,764 2485	48 06 ,9
10 30	+ 0,457 27	— 0,775 52	58,170	9,954 3838	1,764 7512	53 12 ,1
11 00	+ 0,649 55	— 0,779 36	58,254	0,006 2745	1,765 3918	59 52 ,0
11 30	+ 0,853 00	— 0,777 53	58,340	0,062 2779	1,765 9770	1° 08 00 ,9

D'après ces derniers résultats, on reconnaît que la distance apparente de l'étoile à la Lune est constamment plus grande que le demi-diamètre apparent lunaire. Le minimum de distance aura lieu entre 8ʰ20′ et 9ʰ (T. M. de Paris). Les valeurs des distances apparentes qui viennent d'être calculées ne sont pas tout à fait exactes ; elles sont en réalité modifiées par la réfraction. Ces distances dépassent, en effet, sensiblement 30′. Or il n'est possible de négliger l'influence de la réfraction que si les distances sont moindres que 30′. Nous allons du reste calculer maintenant les distances apparentes par la deuxième méthode, en tenant compte de la réfraction.

Au moyen des valeurs trouvées pour les déclinaisons et les angles horaires, on trouvera, en appliquant les formules,

$$\operatorname{tg} M = \frac{\operatorname{tg}\delta}{\cos T}; \quad \operatorname{tg} A = \frac{\cos M \operatorname{tg} T}{\sin(\varphi - M)}; \quad \operatorname{tg} h = -\cos A \operatorname{cotg}(\varphi - M).$$

1° Pour l'étoile :

T. M. DE PARIS.	AZIMUT $= A'$.	HAUTEUR $= h'$.	RÉFRACTION.	HAUTEUR APPAR. ou $h'_0 = h' + $ réfr.
7ʰ 30ᵐ	163° 41′ 44″,9	52° 16′ 44″,1	0′ 45″,0	52° 17′ 29″,1
8 00	174 40 26 ,7	53 40 31 ,5	0 42 ,9	53 41 14 ,4
8 30	186 04 22 ,6	53 37 36 ,9	0 43 ,0	53 38 19 ,9
9 00	196 59 39 ,6	52 08 20 ,0	0 45 ,2	52 09 05 ,2
9 30	206 44 07 ,2	49 22 25 ,3	0 50 ,0	49 23 15 ,3
10 00	214 59 11 ,7	45 33 36 ,1	0 57 ,2	45 34 33 ,3
10 30	221 46 00 ,3	40 57 10 ,0	1 07 ,1	40 58 17 ,1
11 00	227 15 35 ,5	35 45 13 ,2	1,20 ,8	35 46 34 ,0
11 30	231 41 24 ,7	30 07 06 ,7	1 40 ,3	30 08 47 ,0

2° Pour la Lune, en calculant d'abord les hauteurs vraies et les azimuts vrais, puis corrigeant ces derniers de la parallaxe azimutale

$$\delta A = iP\,\frac{\sin A}{\cos h}; \quad \left(A_1 = A - \delta A = A - iP\,\frac{\sin A}{\cos h}\right), \quad i \text{ étant la différence}$$

des latitudes $\varphi - \varphi'$.

T. M. DE PARIS.	HAUTEUR VRAIE $= h$.	AZIMUT VRAI $= A$.	δA	AZ. APP. OU A_1.
7ʰ 30	52° 28′ 25″,8	164° 51′ 40″,8	$+ 1″,7$	164° 51′ 39″,1
8 00	53 39 12 ,9	175 26 28 ,5	$+ 0 ,5$	175 26 28 ,0
8 30	53 30 19 ,8	186 19 32 ,9	$- 0 ,7$	186 19 33 ,6
9 00	52 02 40 ,1	196 43 51 ,1	$- 1 ,9$	196 43 53 ,0
9 30	49 24 53 ,1	206 03 05 ,9	$- 2 ,7$	206 03 08 ,6
10 00	45 49 32 ,9	214 00 51 ,1	$- 3 ,2$	214 00 54 ,3
10 30	41 29 32 ,2	220 37 23 ,5	$- 3 ,5$	220 37 27 ,0
11 00	36 35 50 ,5	226 01 51 ,8	$- 3 ,6$	226 01 55 ,4
11 30	31 17 03 ,3	230 25 56 ,5	$- 3 ,6$	230 26 00 ,1

Et estimant ensuite la parallaxe $p + \delta p$, $(\delta p = i\mathrm{P} \sin h \cos \mathrm{A})$, puis corrigeant les hauteur vraies de la parallaxe et de la réfraction.

T. M. DE PARIS.	p	δp	$h_1 = h - (p + \delta p)$.	RÉFRACT.	$h_0 = h_1 + $ RÉF.
$7^h 30$	36′ 06″,0	—3″,1	51° 52′ 22″,9	0′ 45″,7	51° 53′ 08″,6
8 00	35 08 ,1	—3 ,2	53 04 08 ,0	0 43 ,8	53 04 51 ,8
8 30	35 15 ,1	—3 ,2	52 55 05 ,9	0 44 ,0	52 55 49 ,9
9 00	36 26 ,5	—3 ,0	51 26 16 ,6	0 46 ,2	51 27 02 ,8
9 30	38 31 ,1	—2 ,7	48 46 24 ,7	0 51 ,1	48 47 15 ,8
10 00	41 13 ,3	—2 ,4	45 08 22 ,0	0 58 ,0	45 09 20 ,0
10 30	44 15 ,5	—2 ,0	40 45 18 ,7	1 07 ,6	40 46 26 ,3
11 00	47 22 ,4	—1 ,7	35 38 29 ,8	1 21 ,2	35 39 51 ,0
11 30	50 21 ,2	—1 ,3	30 26 43 ,4	1 39 ,0	30 28 22 ,4

Au moyen des hauteurs et de la demi-différence des azimuts $\frac{1}{2}\omega = (\mathrm{A}' - \mathrm{A}_1)$, on calculera finalement les distances apparentes : les résultats seront les suivants :

T. M. DE PARIS	$\frac{1}{2}\omega$.	$\frac{1}{2}(h'_0 - h_0)$.	DIST. APPARENTE.
$7^h 30$	34′ 57″,1	12′ 10″,2	49′ 22″,1
8 00	23 00 ,6	18 11 ,3	45 34 ,1
8 30	7 35 ,5	19 20 ,6	43 27 ,5
9 00	7 53 ,3	21 01 ,2	43 10 ,0
9 30	20 29 ,3	17 53 ,0	44 43 ,2
10 00	29 08 ,7	12 36 ,6	48 05 ,7
10 30	34 16 ,6	5 55 ,4	53 10 ,4
11 00	36 50 ,0	3 21 ,5	59 49 ,4
11 30	37 42 ,3	9 47 ,7	1° 07 53 ,3

Si l'on compare ces derniers résultats à ceux qui ont été obtenus par la méthode de Bessel, on verra qu'ils en diffèrent de quelques secondes et que les différences sont d'autant plus sensibles que la distance apparente est plus grande. Ces différences sont dues à l'influence de la réfraction. On peut constater qu'elles sont loin d'être négligeables. Mais il est facile de vérifier sur notre exemple qu'elles atteignent à peine 0″,3 pour une distance apparente de 40′, de sorte que pour des distances plus petites elles se trouvent entièrement négligeables.

Quoi qu'il en soit, si le tableau précédent a été construit avec soin, il est aisé de voir que l'on pourra s'en servir pour déterminer immédiatement le temps moyen de Paris qui correspond à une observation de distance apparente exécutée dans l'intervalle des époques extrêmes. Il suffit, en effet, de calculer par interpolation le temps qui convient à la distance observée; on en conclura immédiatement la longitude du lieu. Comme plusieurs distances auront dû être observées successivement, il en résultera autant de valeurs de longitudes. La moyenne de toutes ces valeurs sera adoptée pour la longitude cherchée.

Les calculs qui viennent d'être exposés sont, en réalité considérables; mais nous devons faire remarquer que nous leur avons donné un grand développement dans un but tout à fait théorique ; nous avons voulu, en particulier, mettre en évidence l'influence de la réfraction. Les résultats ont alors été calculés de demi-heure en demi-heure pour un intervalle de 4 heures. Dans la pratique, l'intervalle des époques extrêmes ne dépassera jamais une heure et demie ou deux heures au plus, de sorte que l'ensemble du travail à exécuter se trouve notablement réduit. Mais dans tous les cas nous ne pouvons nous empêcher de faire remarquer que ces calculs sont toujours fort longs et souvent même très difficiles. La méthode de Bessel, bien plus compliquée au premier abord, est certainement d'une application plus facile dans la pratique : les calculs sont, il est vrai, un peu plus longs, mais ils présentent peu de chances d'erreur. Malheureusement il n'y a pas lieu de songer à appliquer cette méthode toutes les fois que les distances apparentes dépassent 40'. Le second mode de calcul paraît très-simple et même assez expéditif : il est par le fait moins long que le premier, mais en revanche il est beaucoup plus difficile à bien exécuter. Cela tient à la nécessité de calculer tous les éléments à $0'',1$ près et de déterminer en outre de petites corrections de parallaxes, en tenant compte des signes avec le plus grand soin; il en résulte que ce calcul présente beaucoup de chances d'erreur et qu'il exige une attention extrême.

LIVRE VII.

DÉVIATION DE L'AIGUILLE AIMANTÉE A BORD.
RÉGULATION DES COMPAS.

INTRODUCTION.

La découverte du phénomème de la déviation de l'aiguille aimantée
à bord des navires est relativement assez ancienne. En 1666, le capitaine Guillaume Denys, du port de Dieppe, signalait la différence qui
paraissait exister dans certains parages, en particulier près des pôles
magnétiques, entre la déclinaison de l'aiguille aimantée observée à
bord et celle qui était mesurée à terre dans le même lieu. Quelques
années plus tard, le navigateur anglais Dampier constatait la même
anomalie en se basant sur des observations très nombreuses et n'hé-
sitait pas à déclarer que ce fait était dû à une action perturbatrice inconnue susceptible de jeter les marins dans les plus grandes per-
plexités. Mais la cause du phénomène devait rester pendant longtemps
encore une sorte de mystère. Ce n'est guère, en effet, que vers 1800
que le capitaine anglais Flinders attribuait à la déviation des compas
son origine réelle en disant que *le magnétisme des objets en fer dévie à
bord la force magnétique terrestre* (1).

En 1824, Poisson publiait deux mémoires remarquables ayant pour
objet l'étude de l'influence magnétique terrestre et celle du fer doux
à bord sur les compas du navire. Ces deux mémoires se trouvent renfermer en substance toute la théorie de la déviation, ainsi qu'on a pu
le démontrer depuis; mais les hypothèses qui avaient servi de bases à
l'analyse de Poisson avaient besoin d'être contrôlées par l'expérience;
d'un autre côté, il était indispensable de déduire des résultats généraux établis par ce grand géomètre des formules susceptibles de recevoir leur application dans la pratique de la navigation.

(*) On pourra consulter à ce sujet l'intéressant historique de la Déviation des
compas qui se trouve dans l'introduction du savant ouvrage de M. Brito Capello :
Desvio da agulha magnetica a bordo. — Lisboa 1867.

Il y a lieu de reconnaître que les recherches relatives à la déviation des compas ont eu pendant longtemps, pour les marins, un intérêt plutôt théorique que pratique, sauf dans certains cas exceptionnels, par exemple celui de navires appelés à voyager dans le voisinage des pôles magnétiques: aussi ces recherches n'étaient l'objet de préoccupations particulières que de la part de la marine anglaise ou de la marine russe. Mais à partir de l'époque où les navires à vapeur furent créés et où l'emploi des matériaux en fer devint usuel dans la construction, des conditions toutes nouvelles furent imposées à la navigation. On conçoit aisément que l'introduction en masses énormes, à bord des navires, du métal essentiellement perturbateur de l'attraction magnétique, ne pouvait manquer d'avoir les conséquences les plus graves en neutralisant dans une certaine limite l'influence magnétique terrestre, et en donnant naissance à une nouvelle force susceptible de dévier l'aiguille aimantée en dehors du méridien magnétique. Les déviations, autrefois à peine sensibles sur les navires en bois et appréciables seulement pour des observateurs exercés, ne tardaient pas, en effet, à bord des navires en fer, à se manifester sur une grande échelle et à appeler l'attention de tous les marins.

En 1847, M. Archibald Smith trouva, le premier, une solution complète du problème en déduisant des équations fondamentales de Poisson des formules donnant en grandeur et en signe la déviation du compas pour tous les caps du navire, en fonction de certaines constantes ou coefficients numériques à déterminer par l'expérience. En 1851, le *Manuel de l'amirauté pour la détermination et l'application de la déviation à bord* rendait réglementaires, dans la marine anglaise, les remarquables conclusions obtenues par M. Smith.

En 1862, MM. A. Smith et Frédéric Evans firent paraître dans la seconde édition du *Manuel de l'amirauté* de nouveaux travaux qui établissaient, pour ainsi dire d'une manière définitive, la science de la déviation des compas. Leur théorie, fondée tout entière sur les équations de Poisson et appuyée d'ailleurs par de nombreux résultats d'expérience obtenus à bord de navires des types les plus différents, était peu après confirmée par M. Belavenetz, directeur de l'observatoire magnétique de Cronstadt, dans un savant commentaire du *Manuel de l'amirauté*.

Enfin, en 1870, M. le lieutenant de vaisseau Fournier publia, en France, un nouveau travail sur la déviation des compas. Les remarquables recherches de M. Fournier conçues dans le principe d'après un ordre d'idées, sans doute, très différentes de celles qui avaient inspiré MM. A. Smith et Belavenetz, ont abouti finalement à des résultats identiques.

Il est permis de conclure de ce rapide aperçu historique que la théorie de la déviation du compas est acquise aujourd'hui au domaine scientifique. Les hypothèses de Poisson ayant été entièrement justifiées par l'expérience, les équations posées par ce savant doivent désormais être regardées comme appelées à servir de base à tous les calculs que l'on voudra exécuter dans le but de rendre pratique, en navigation, la détermination de la déviation et la régulation des compas du navire.

Dans l'exposé de la théorie de la déviation que l'on trouvera dans ce livre, nous nous sommes placé à ce dernier point de vue. Nous avons en conséquence admis que les principes étaient établis, et accepté comme fondamentales les équations de Poisson; mais nous avons cru devoir adopter de nouvelles formules tout à fait différentes de celles qui ont été données jusqu'à présent. Les savants calculs de MM. Smith et Belavenetz nous ont paru d'un usage peu pratique en navigation; il en a été de même des tracés géométriques employés exclusivement par M. Fournier. En partant des équations de Poisson, nous avons établi des formules rigoureuses qui nous paraissent se prêter avec une égale facilité aux recherches théoriques et aux calculs de mer. Il nous a fallu alors choisir des coefficients particuliers qui, au premier abord, semblent donner un caractère original aux calculs que nous avons développés; mais au fond nous n'avons rien créé : nous avons effectué de nouvelles transformations des équations de Poisson et introduit de nouveaux coefficients d'un usage commode pour les calculs ordinaires. Enfin, nous avons cherché à simplifier, autant que possible, la théorie de la déviation des compas et à faciliter l'intelligence de cet important sujet devenu aujourd'hui capital en navigation, nous attachant surtout à donner, comme conclusions, des procédés pratiques susceptibles de devenir facilement usuels pour la régulation des compas en rade aussi bien qu'en mer.

CHAPITRE I.

DÉVIATION DE L'AIGUILLE AIMANTÉE A BORD.

1. Définitions. — Quand une aiguille aimantée est placée en équilibre sur un pivot vertical, de manière à se trouver entièrement libre pour tout déplacement circulaire qui peut lui être imprimé autour de ce pivot par une force horizontale, elle tend à obéir aux diverses forces magnétiques qui agissent autour d'elles, et prend finalement, après un certain nombre d'oscillations, une position d'équilibre qui correspond à la direction de la résultante des forces magnétiques agissantes.

Si l'aiguille n'est soumise qu'à l'influence de la force terrestre, elle se placera en équilibre dans la direction du méridien magnétique. Mais toutes les fois que l'aiguille se trouvera dans le voisinage de pièces de fer ou, en général, de centres d'attraction magnétiques suffisamment rapprochés, les choses ne se passeront pas ainsi; elle sera alors influencée dans une certaine mesure par les forces locales, et se placera en équilibre dans un méridien qui fera un certain angle avec le méridien magnétique. On appelle *Déviation* de l'aiguille aimantée ou *Déviation* du compas à bord d'un navire, l'angle formé par l'aiguille avec le méridien magnétique. La déviaton du compas varie avec le cap du bâtiment; elle en dépend même essentiellement; à chaque cap correspond une déviation différente, de sorte que pour une position déterminée du navire, la déviation est définie par le cap ou direction de la route suivie à l'époque de l'observation.

L'aiguille aimantée placée en équilibre autour d'un pivot horizontal obéit de la même manière à la résultante des actions magnétiques qui sont susceptibles de l'influencer; quand elle se trouve en équilibre, elle ne fait pas en général avec le plan horizontal un angle égal à l'inclinaison magnétique, mais bien un angle différent. La différence de ces deux angles est une déviation verticale résultant de l'action des diverses forces magnétiques qui ont leurs foyers d'attraction dans le voisinage.

La déviation est due tout entière à l'influence des masses de fer suffisamment rapprochées pour avoir une action sensible; quelquefois des courants électriques peuvent la modifier sensiblement; mais ces phénomènes sont rares, et d'ailleurs leur action, quand elle vient à se manifester, est toujours tout à fait accidentelle, de sorte qu'il n'y a pas lieu de compter les influences électriques parmi les forces qui ont une action permanente sur l'aiguille aimantée.

Le fer, tel qu'il est fourni par l'industrie, et, par suite, tel qu'il est ordinairement employé dans la construction des navires, se présente sous deux états particuliers auxquels sont attachées des propriétés essentiellement différentes. Les physiciens ont distingué ces deux états par les dénominations de *fer dur* et de *fer doux*.

Le fer dur ne jouit d'aucune propriété magnétique par lui-même; il en prend très difficilement; mais il peut en acquérir sous l'action de certains travaux mécaniques comme le martelage ou le laminage, ou sous l'influence prolongée d'une force magnétique puissante, la force terrestre par exemple. Quand par une cause quelconque de fer dur a reçu des propriétés magnétiques, il les conserve, bien que la force qui les a engendrées ait cessé de manifester son action. Il devient alors un véritable aimant qui a son pouvoir magnétique propre et qui jouit d'un pôle Nord et d'un pôle Sud ayant chacun leur action distincte sur l'aiguille aimantée. Le magnétisme émanant du fer dur a reçu le nom de *magnétisme permanent*.

Les navires en fer ont ordinairement un magnétisme permanent considérable. Ils constituent alors des aimants puissants qui ont une action très énergique sur les compas. Ainsi que nous aurons l'occasion de le signaler, la position des pôles permanents dépend essentiellement de l'orientation du navire sur chantier. L'intensité de l'action du magnétisme permanent sur le compas dépend également dans une certaine mesure de cette orientation.

L'expérience montre qu'un navire en fer est toujours fortement magnétisé au moment de sa mise à l'eau. Toutefois, il perd rapidement une partie de ce magnétisme aussitôt qu'il se trouve à la mer, surtout s'il est amarré sur une ancre au milieu d'une rade de manière à éviter fréquemment à des caps différents. En général, ce n'est guère qu'au bout d'un an que cette déperdition de magnétisme cesse de s'accuser. A partir de cette époque le magnétisme permanent paraît demeurer à peu près constant; du moins les variations que l'on observe restent toujours très faibles. Il semble résulter de là qu'une partie du fer du navire a acquis du magnétisme permanent uniquement sous l'action des opérations mécaniques, mais qu'il n'a pas tardé à le perdre aussitôt que les causes originelles ont cessé d'exister.

Le *fer doux* ne jouit d'aucune propriété magnétique par lui-même;

mais il en acquiert instantanément aussitôt qu'il se trouve sous
l'influence d'une force magnétique quelconque; il perd de même
instantanément son pouvoir magnétique aussitôt que cette force vient
à disparaître.

Le fer doux se trouve, dans ce cas, magnétisé par un courant d'induction développé par la force magnétique qui agit dans son voisinage. Aussi longtemps que la force inductrice conservera son action,
le fer doux constituera un véritable aimant ayant ses pôles distincts
et agissant sur le compas. L'intensité de la force induite est toujours
proportionnelle à celle de la force inductrice.

Nous avons dit tout à l'heure qu'à la suite de la mise à l'eau, le fer
qui avait acquis des propriétés de magnétisme permanent les perd
très rapidement, et ce fait a été expliqué par l'hypothèse que ce fer
n'était devenu dur que sous l'action des opérations mécaniques auxquelles il avait été soumis; il doit en résulter naturellement que ce
même fer sera susceptible de passer à l'état de fer doux et d'acquérir,
par suite, du magnétisme d'induction: c'est, en effet, ce qui a lieu.

Il y a lieu de faire remarquer, à ce sujet, que le fer n'est jamais
absolument dur ni absolument doux; il participe, en réalité, de ces
deux états que l'on peut regarder comme extrêmes. Mais comme on
peut concevoir facilement que la force magnétique réelle émanant du
fer, en général, puisse être décomposée en deux autres qui correspondront chacune à l'un de ces deux états tels qu'ils sont définis par
la théorie, on admettra sans peine l'hypothèse du fer doux et du fer
dur et les conséquences qui en résultent pour l'action des forces qui
en seront la conséquence. Il arrivera seulement, à cause de la variabi-
lité de l'état absolu du fer, que la proportion relative de ces forces
sera modifiée dans certaines limites avec le temps; il résultera de cet
état de choses que les conditions d'équilibre des forces en jeu varieront
sans cesse, et que cet équilibre devra toujours être défini, par l'époque
à laquelle les observations auront été exécutées. Mais on peut dire,
dès à présent, que l'état magnétique d'un navire ne varie guère au
bout d'un certain temps. De nombreuses observations, exécutées à ce
sujet sur des navires en fer à plusieurs années de distance, ont montré
que les variations sont toujours très faibles et par suite d'un ordre
tout à fait négligeable dans les calculs de navigation. Si, par suite,
on a déterminé avec une grande précision la grandeur des forces
magnétiques qui agissent à bord d'un navire, ou. ce qui revient au
même, la valeur des constantes qui les traduisent dans les calculs
théoriques, on peut affirmer que ces constantes pourront être employées à peu près indéfiniment sans erreur sensible pour la pratique.
Il faut remarquer pourtant que cette affirmation suppose que la distribution du fer n'est pas modifiée à bord; il est évident que toutes
les fois qu'une modification quelconque viendra à être opérée, il se

produira de nouvelles forces qui pourront n'avoir aucune relation avec les anciennes.

Quoi qu'il en soit, il pourra résulter des considérations précédentes que l'existence de masses en fer appartenant, soit à la charpente, soit à l'arrimage du navire, a pour conséquence la création de forces magnétiques particulières inhérentes au bord, et, par suite, de pôles d'attraction plus ou moins intenses agissant d'une manière déterminée sur le compas. L'aiguille aimantée obéit à la résultante de ces attractions locales et de la force magnétique terrestre. Comme la position des pôles varie par rapport au méridien magnétique suivant l'orientation du navire, on conçoit aisément que la résultante totale variera également d'une certaine manière qui dépendra des influences relatives des diverses composantes. Finalement la déviation, conséquence de la différence entre la force totale et la force terrestre, variera avec le cap du bâtiment et en sera une certaine fonction que l'on doit s'attacher à déterminer.

Ainsi que nous l'avons déjà dit, nous définissons la déviation la différence entre le méridien magnétique du monde ou méridien accusé par la force terrestre agissant seule et le méridien magnétique du bord ou méridien accusé par l'aiguille aimantée soumise à la résultante de la force terrestre et des forces pertubatrices du bord. Soit d'après cela δ la déviation, ζ le cap magnétique du navire ou celui qui serait accusé par le compas s'il n'y avait pas de forces pertubatrices, et enfin ζ' le cap du navire tel qu'il est indiqué par le compas soumis à la fois à l'action terrestre et aux forces du bord; nous poserons

$$\zeta = \zeta' + \delta.$$

La déviation δ sera la quantité ou équation positive ou négative qu'il faudra ajouter au cap indiqué par le compas pour obtenir le cap magnétique.

Dans un autre langage, on peut dire que ζ' étant l'azimut de l'avant du navire indiqué par le compas, ζ serait l'azimut que l'on aurait s'il n'y avait pas de déviation. Nous serons ainsi conduit, en regardant les angles ζ' et ζ comme de véritables azimuts, à compter ces angles de 0° à 360° à partir du point Nord de l'Est vers l'Ouest en passant par le Sud.

L'origine des angles ζ' ou azimuts de l'avant du navire ou de la route suivie comptés sur la rose déviée, sera le point Nord de cette même rose ou encore le pôle Nord de la force magnétique totale agissant à bord.

L'origine des angles ζ ou azimuts du même point considéré, indépendamment de la déviation, sera le pôle Nord magnétique du monde ou point Nord de la rose quand elle n'est soumise qu'à la seule influence terrestre.

Nous avons dit précédemment, en montrant comment il fallait opérer pour déduire l'azimut magnétique de l'azimut astronomique ou azimut compté par rapport au méridien astronomique ou encore à partir du point Nord de la sphère céleste, que ces deux angles étaient liés l'un à l'autre par la relation

$$A z = A z_m + V.$$

Az étant l'azimut astronomique, Az_m l'azimut magnétique et V la *Variation* ou une équation positive ou négative qu'il faut ajouter à ce dernier. Nous admettions alors que la direction de l'aiguille aimantée représentait le méridien magnétique et que la variation V était l'angle formé par ce méridien et le méridien astronomique. Il résulte des nouvelles considérations qui viennent d'être exposées que ce que nous avons appelé le méridien magnétique est bien en réalité le méridien magnétique du bord, eu égard aux forces perturbatrices, mais qu'il diffère du méridien magnétique absolu donné par la seule force terrestre.

Si l'on suppose que Az_m soit l'azimut par rapport au bord de l'avant ou cap du navire et Az l'azimut de ce même point, Az_m ne diffère pas de l'angle que tout à l'heure nous avons appelé ζ', de sorte que

$$\zeta' = A z - V$$

comme d'ailleurs

$$\zeta' = \zeta - \delta.$$

On conclura

$$V = (A z - \zeta) + \delta.$$

ζ est l'azimut de l'avant du navire considéré indépendamment de la déviation Az l'azimut astronomique de ce même point : $Az - \zeta$ est donc la différence entre le méridien magnétique absolu et le méridien astronomique. Or cette différence est la quantité à laquelle nous avons donné précédemment le nom de déclinaison de l'aiguille aimantée, cette quantité étant prise avec son signe ; représentons cette déclinaison par D, suivant la notation adoptée

$$V = D + \delta,$$

cette relation servira à définir la variation V au moyen de la déclinaison et de la déviation, et l'on pourra dire d'après elle que *la variation est la somme algébrique de la déclinaison et de la déviation*, ces trois quantités étant définies d'ailleurs dans leurs applications pour les calculs d'angle, de la manière suivante, savoir :

La Variation : la quantité positive ou négative à ajouter à l'azimut mesuré au compas du bord pour obtenir l'azimut astronomique;

La Déclinaison : la quantité positive ou négative à ajouter à l'azimut magnétique pour obtenir l'azimut astronomique;

La Déviation : la quantité positive ou négative à ajouter à l'azimut donné par les compas pour obtenir l'azimut magnétique;

Les azimuts sont toujours comptés de 0 à 360° à partir du point Nord du méridien qui les caractérise respectivement.

2. Du magnétisme permanent. — Dans tout ce qui va suivre on décomposera les diverses forces magnétiques que l'on aura à considérer suivant trois axes de coordonnées rectangulaires qui seront choisis de la manière suivante : 1° un axe horizontal (axe des x) suivant la ligne longitudinale du navire de poupe à proue; 2° un second axe horizontal (axe des y) suivant la direction perpendiculaire à la première, de bâbord à tribord; 3° enfin un axe vertical (axe des z) perpendiculaire au plan des deux autres. Les trois plans coordonnés se trouveront ainsi parfaitement définis par les trois axes ainsi déterminés. L'origine des coordonnées sera le centre du compas.

Comme on se propose de montrer dès à présent les influences particulières sur le compas des diverses forces perturbatrices du bord, ou en d'autres termes, les déviations horizontales qui en sont la conséquence, on décomposera en outre chaque composante horizontale du système précédent suivant deux autres dirigées l'une suivant l'aiguille du compas dévié et l'autre suivant la direction perpendiculaire. Admettant alors que les forces dirigées suivant chacune de ces directions se font mutuellement équilibre, on en conclura facilement d'abord l'expression de la déviation due à chaque force perturbatrice et en second lieu l'expression totale de la déviation horizontale qui affecte le compas.

Cela posé, considérons d'abord l'influence du magnétisme permanent du bord ou magnétisme émanant du fer dur.

Cette action magnétique peut se traduire par une certaine attraction sur le compas émanant d'un foyer placé dans une position qui dépend de la répartition du fer dur à bord du navire. Quelles que soient la direction et l'intensité de cette force, nous la supposerons constante et nous la décomposerons en trois autres, suivant les trois axes de coordonnées. Soient P, Q, R ces trois composantes.

Considérons seulement les deux composantes horizontales P dirigé suivant l'axe des X ou axe longitudinal, et Q suivant la direction perpendiculaire. Figurons sur le plan horizontal les deux axes de coordonnées. Soient ON′ la direction du point Nord du compas ou méridien magnétique du bord, ON la direction du point Nord magné-

tique terrestre ou méridien magnétique de la Terre. Soient enfin X
l'avant ou le cap du navire

$$N'OX = \zeta', \quad NOX = \zeta, \quad NON' = \delta = dév.$$

P se décompose en deux forces dirigées, l'une suivant ON' et l'autre
suivant la direction perpendiculaire. $P\cos\zeta'$ et $P\sin\zeta'$. Q se décom-

Fig. 21.

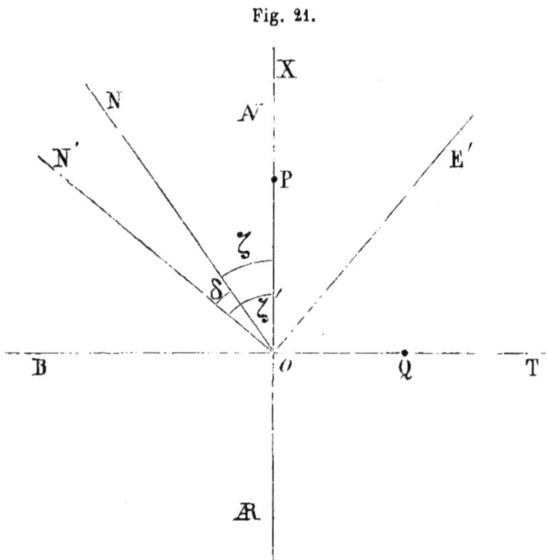

posera également en deux forces $Q\sin\zeta'$ et $Q\cos\zeta'$, suivant les mêmes
directions. Finalement, il résultera de ces décompositions de forces :
1° suivant ON' une résultante égale à

$$P\cos\zeta' + Q\sin\zeta';$$

2° suivant OE' une autre résultante égale à

$$P\sin\zeta' - Q\cos\zeta'.$$

Chacune de ces résultantes fera équilibre à une force correspondante
émanant de l'action terrestre. Soit F cette force terrestre; elle agit
suivant la direction ON, qui fait avec ON' un angle égal à la déviation δ.
On la décompose en deux autres suivant ON' et OE' : $F\cos\delta$ et $F\sin\delta$;
et l'on a alors

$$F\sin\delta = P\sin\zeta' - Q\cos\zeta', \quad F\cos\delta = P\cos\zeta' + Q\sin\zeta'.$$

Comme on se propose uniquement de trouver une expression du sinus de la déviation, on ne tiendra compte que de la première de ces deux équations ; on en déduira

$$\sin \delta = \frac{P}{F} \sin \zeta' - \frac{Q}{F} \cos \zeta'.$$

La valeur de F employée ici ne représente pas exactement l'intensité de la force magnétique terrestre. Cette dernière force se trouve modifiée dans une certaine mesure par les actions magnétiques du bord, d'une manière plus ou moins variable, suivant le cap du navire. F doit être considéré comme l'intensité moyenne de la force terrestre modifiée par les influences du bord. Si l'on appelle H la force magnétique terrestre et λ un certain coefficient qui sera défini ultérieurement, et par lequel il faut multiplier H pour obtenir la valeur moyenne F, de sorte que $F = \lambda H$, on aura finalement pour expression de la déviation due au magnétisme permanent

$$\delta = \frac{P}{\lambda H} \sin \zeta' - \frac{Q}{\lambda H} \cos \zeta',$$

en admettant que δ soit assez petit pour que le sinus puisse être remplacé sans erreur sensible par l'arc correspondant.

Il résultera de cette expression que la déviation due au magnétisme permanent est directement proportionnelle à l'intensité de la force perturbatrice qui résulte de ce magnétisme, et inversement proportionnelle à celle de la force terrestre ou force directrice du compas.

3. Du magnétisme d'induction. — Le magnétisme d'induction se manifeste dans son influence sur le compas par des actions bien distinctes, suivant qu'il émane de la composante verticale ou des composantes horizontales de la force terrestre. Si l'on conçoit un barreau vertical de fer doux placé à bord, il se magnétisera immédiatement sous l'action terrestre, et il restera évidemment magnétisé de la même manière, quelle que soit l'orientation du navire. La force inductrice due à la composante verticale reste en effet toujours la même, quel que soit le cap du navire, à la condition toutefois que le navire ne s'incline sur aucun bord. Les choses ne se passent pas de la même manière pour un barreau horizontal. Si l'on imagine le navire orienté au Nord magnétique, un barreau placé suivant l'axe longitudinal se trouvera fortement magnétisé par induction. Au contraire, un barreau placé dans la direction perpendiculaire ne le sera pas du tout, d'après la définition même des phénomènes d'induction. Il résultera de là que si le navire passe par exemple du Sud à l'Est magnétiques, les barreaux longitudinaux perdront progressivement leur magnétisme induit, et que les barreaux perpendiculaires pourront en acquérir, au contraire, de plus en plus. On conçoit facilement, d'après cela, que le pôle de la force induite horizontale varie avec l'orientation du navire, et que cet état de choses doit avoir pour conséquence une déviation d'une nature toute particulière. Nous sommes alors conduits à considérer séparément le magnétisme résultant de l'induction de la composante verticale terrestre de celui qui est dû à la composante horizontale.

1° Du magnétisme d'induction verticale. — Tout le système du fer doux du bord peut être regardé comme équivalant à un barreau unique. On conçoit, en effet, que les diverses pièces de fer doux du navire, quelles que soient leurs positions relatives, soient chacune remplacées par un barreau de fer doux, et qu'ensuite ces divers barreaux soient eux mêmes remplacés par le barreau unique qui représente leur résultante géométrique. Quelle que soit sa position par rapport au compas, ce barreau sera équivalent à tout le fer doux du navire. Ce barreau sera induit séparément par la composante verticale terrestre et par la composante horizontale. Il en résultera deux forces induites qui seront chacune proportionnelle à l'action inductrice et qui agiront sur le compas.

La composante verticale terrestre est proportionnelle à $H \operatorname{tg}\theta$, H représentant la force horizontale de la Terre et θ l'inclinaison de l'aiguille aimantée. L'induction produite par la composante verticale est donc elle même proportionnelle à $H \operatorname{tg}\theta$. Le barreau aimanté par cette force constitue à bord un véritable aimant permanent qui exerce une action constante sur le compas, indépendamment du cap du navire. L'attraction du foyer magnétique engendré par ce barreau peut se décomposer en trois autres, suivant les trois axes des coordonnées adoptées :

$$(X) \quad cH \operatorname{tg}\theta, \quad (Y) \quad fH \operatorname{tg}\theta, \quad (Z) \quad kH \operatorname{tg}\theta,$$

c, f et k étant des constantes qui dépendent de la position de l'aimant considéré par rapport aux axes de coordonnées.

On décomposera comme précédemment chacune des composantes horizontales en deux autres dirigées, l'une suivant l'aiguille du compas déviée, et la seconde suivant la direction perpendiculaire absolument de la même manière que pour le magnétisme permanent. Ne considérant ici que la force magnétique terrestre et l'induction verticale, indépendamment des autres actions perturbatrices on trouvera, comme précédemment, en mettant en équilibre les forces dirigées suivant OO',

$$\lambda H \sin\delta = cH \operatorname{tg}\theta \sin\zeta' - fH \operatorname{tg}\theta \cos\zeta' ;$$

d'où

$$\sin\delta = \frac{c}{\lambda} \operatorname{tg}\theta \sin\zeta' - \frac{f}{\lambda} \operatorname{tg}\theta \cos\zeta',$$

ou simplement

$$\delta = \frac{c}{\lambda}\,\mathrm{tg}\,\theta\,\sin\zeta' - \frac{f}{\lambda}\,\mathrm{tg}\,\theta\,\cos\zeta'.$$

La variation due au magnétisme d'induction verticale est complétement indépendante de la grandeur de la composante horizontale terrestre H; mais elle est proportionnelle à la tangente de l'inclinaison. Cette déviation varie par conséquent avec les positions géographiques.

2° Magnétisme d'induction horizontale. — L'induction de la force horizontale terrestre H peut être remplacée par celle de ses deux composantes $H\cos\zeta$ et $H\sin\zeta$, suivant l'axe des X et l'axe des Y. Le barreau de fer doux qui équivaut à tout le fer doux du bord est induit par chacune de ces composantes, et il en résulte, dans ce barreau, une force d'induction totale égale à la somme des inductions partielles dues à chacune de ces composantes $a\,H\cos\zeta + b\,H\sin\zeta$, a et b étant des constantes qui dépendent de la position du barreau induit par rapport aux axes de coordonnées.

On décomposera la force d'induction $a\,H\cos\zeta + b\,H\sin\zeta$ en trois autres, suivant les trois axes de coordonnées adoptés; il en résultera une composante verticale et deux composantes horizontales qui produiront une déviation sur le compas. Soient

$$(X)\quad mH\cos\zeta + nH\sin\zeta, \qquad (Y)\quad pH\cos\zeta + qH\sin\zeta$$

ces deux composantes horizontales. On les décomposera comme précédemment en deux autres, dirigées l'une suivant l'axe de l'aiguille du compas dévié, et l'autre suivant la direction perpendiculaire. Si l'on veut avoir alors la déviation produite par la force considérée, il suffira, comme on l'a déjà fait, de mettre en équilibre les composantes obtenues avec la composante correspondante de la force terrestre

$$\lambda H\sin\delta = (mH\cos\zeta + nH\sin\zeta)\sin\zeta' - (pH\cos\zeta + qH\sin\zeta)\cos\zeta'.$$

H se trouve en facteur commun dans les deux membres; la déviation due à l'induction horizontale se trouve par suite indépendante de l'intensité de la force horizontale terrestre. Par le fait, la force directrice de l'aiguille est proportionnelle à l'intensité de la force horizontale. La déviation est inversement proportionnelle à cette même force : comme d'ailleurs la déviation dépend du rapport de la force directrice à la force déviatrice, il en résulte finalement que la déviation est indépendante de la force horizontale.

Faisant disparaître le facteur commun H et remplaçant ζ par $\zeta' + \delta$

pour obtenir δ en fonction de ζ',

$$\lambda \sin\delta = (m\sin\zeta' - p\cos\zeta')\cos(\zeta' + \delta) + (n\sin\zeta' - q\cos\zeta')\sin(\zeta' + \delta).$$

Développant, remplaçant $\sin^2\zeta'$ par $\dfrac{1 - \cos 2\zeta'}{2}$, $\cos^2\zeta$ par $\dfrac{1 + \cos 2\zeta'}{2}$, et ordonnant par rapport à $\sin\delta$ et $\cos\delta$

$$\lambda \sin\delta = \left(-\frac{m+q}{2} + \frac{m-q}{2}\cos 2\zeta' + \frac{n+p}{2}\sin 2\zeta'\right)\sin\delta$$

$$+ \left(\frac{m-q}{2}\sin 2\zeta' + \frac{n-p}{2} - \frac{n+p}{2}\cos 2\zeta'\right)\cos\delta$$

c'est-à-dire

$$\lambda \sin\delta = -\frac{m+q}{2}\sin\delta + \frac{n-p}{2}\cos\delta + \frac{m-q}{2}\sin(2\zeta' + \delta)$$

$$- \frac{n+p}{2}\cos(2\zeta' + \delta).$$

D'où l'on déduira finalement

$$\sin\delta = A\cos\delta + D\sin(2\zeta' + \delta) + E\cos(2\zeta' + \delta),$$

A, D, E étant des coefficients déterminés qui dépendent de la disposition du fer à bord du navire.

Telle est l'expression de la déviation due à l'induction horizontale. Cette déviation étant indépendante de la force horizontale terrestre, reste la même pour toutes les positions géographiques.

Il y a lieu de remarquer que les coefficients A et E ont pour origine la dissymétrie du fer à bord du navire. Si, en effet, le fer était disposé d'une manière tout à fait symétrique, le barreau de fer doux équivalent à tout le fer du navire serait exactement placé dans le plan longitudinal du navire; ce barreau ne serait plus alors induit que par la composante terrestre dirigée suivant l'axe des X, et les quantités n, p et q deviendraient rigoureusement nulles; alors $A = 0$, $E = 0$, et l'expression de la déviation devient

$$\sin\delta = D\sin(2\zeta' + \delta).$$

Habituellement le fer est réparti à bord d'une manière à très peu près symétrique, de sorte que les coefficients A et E, s'ils ne sont pas rigoureusement nuls, sont en général toujours très faibles.

Les déviations engendrées par les diverses forces magnétiques du bord se trouvent maintenant entièrement définies par les considérations qui viennent d'être exposées. On reconnaît immédiatement que les déviations dues au magnétisme permanent et au magnétisme d'induction verticale se traduisent analytiquement par des expressions identiques : l'une et l'autre sont à la fois proportionnelle au sinus et au cosinus du cap indiqué par le compas dévié. La déviation due à l'induction horizontale est proportionnelle au sinus et au cosinus du double du même angle. Elle se présente par suite sous une forme distincte des deux autres. De là en somme deux déviations différentes ayant chacune leurs caractères particuliers.

4. Déviation semi-circulaire. — Si au lieu de considérer isolément l'influence du magnétisme permanent et celle de l'induction verticale, on avait immédiatement mis en équilibre les forces qui en résultent avec les composantes correspondantes de la force terrestre, on aurait évidemment obtenu une valeur de $\sin \delta$ égale à la somme des deux valeurs particulières qui ont été trouvées,

$$\sin\delta = \left(\frac{P}{\lambda H} + \frac{c}{\lambda}\,\mathrm{tg}\,\theta\right)\sin\zeta' - \left(\frac{Q}{\lambda H} + \frac{f}{\lambda}\,\mathrm{tg}\,\theta\right)\cos\zeta',$$

Soient

$$\frac{1}{\lambda}\left(\frac{P}{H} + c\,\mathrm{tg}\,\theta\right) = B \quad \text{et} \quad -\frac{1}{\lambda}\left(\frac{Q}{H} + f\,\mathrm{tg}\,\theta\right) = C,$$

B et C étant alors des coefficients qui dépendent à la fois des composantes permanentes P et Q, de la force horizontale H et de l'inclinaison θ,

$$\sin\delta = B\sin\zeta' + C\cos\zeta'.$$

Si l'on fait varier ζ' de 0 à 360°, δ prendra des valeurs égales et de signes contraires pour deux axes de la circonférence égaux chacun à 180°; c'est-à-dire pour deux moitiés de la circonférence : de là le nom de *déviation semi-circulaire* donné à cette sorte de déviation.

On reconnaît immédiatement que la déviation semi-circulaire s'annulera deux fois de 0 à 360° et passera dans chacun des demi-cercles par deux maximums qui sont égaux et de signe contraire.

D'après ce qui a été dit pour les coefficients B et C, la déviation semi-circulaire dépend de la force horizontale terrestre et de l'inclinaison magnétique; elle varie par suite avec les positions géographiques.

Il y aura donc lieu, dans la pratique de la navigation, de suivre avec soin les variations des coefficients B et C.

5. Déviation quadrantale. — On a trouvé pour expression générale de la déviation due à l'induction horizontale

$$\sin \delta = A + D \sin (2\zeta' + \delta) + E \cos (2\zeta' + \delta).$$

Quand ζ' varie de 0 à 360°, cette déviation prend successivement quatre fois les mêmes valeurs dans les intervalles successifs de 90°, ces valeurs étant égales et de signes contraires pour les deux quadrants voisins. De là le nom de *déviation quadrantale* donné à cette sorte de déviation.

La déviation quadrantale s'annule quatre fois de 0 à 360° et passe par quatre maximums qui correspondent au voisinage de $\zeta' = 45°$ (SE, NE, NO et SO du compas).

Les coefficients A, D et E étant indépendants de la position géographique, la déviation quadrantale reste elle-même constante pour tous les points du globe.

Les coefficients A, D et E ayant été déterminés avec soin pour un lieu quelconque, peuvent être employés indéfiniment à la condition, bien entendu, que le fer reste disposé de la même manière à bord du navire. Cela ne serait toutefois absolument exact que si le magnétisme permanent ne subissait pas de modification, ou, en d'autres termes, si les coefficients P et Q restaient constants. Or il n'en est pas toujours ainsi. Le fer qui pendant la construction a acquis les propriétés du fer dur tend à les perdre aussitôt après la mise à l'eau et à redevenir du fer doux. Il en résulte que le magnétisme permanent diminue et que le magnétisme d'induction augmente; d'où une variation continue des coefficients relatifs au magnétisme d'induction. Mais, ainsi qu'on l'a déjà dit, ces mouvements, qui se manifestent quelquefois avec une grande énergie dans les premiers temps de la mise à la mer, sont en général de peu de durée. Au bout d'un certain laps de temps, qui ne dépasse guère une année, le fer du navire semble avoir retrouvé ses conditions normales. A partir de cette époque, les variations qui continuent à se produire sont toujours très faibles et pour ainsi dire négligeables. On peut alors regarder les coefficients P, Q, A, D et E comme véritablement constants; l'approximation qui en résulte est plus que suffisante pour les besoins de la navigation.

6. Déviation de bande. — Les expressions de la déviation qui viennent d'être calculées ont été établies dans l'hypothèse où le navire reste immobile dans une certaine position, par exemple, dans ses lignes d'eau naturelles ou tout au moins ne soit soumis qu'à un roulis normal, de manière à conserver une position moyenne constante. Or il arrive souvent que le navire sous voiles donne sur un bord une bande plus ou moins considérable, par exemple quand il gouverne au plus près du vent. Dans ce cas, les coefficients qui ont été calculés pour le navire supposé droit ne sont plus applicables, ainsi qu'il est facile de s'en rendre compte.

Les pièces de fer qui se trouvaient verticales ou horizontales, par exemple, pour le navire placé dans sa position normale prendront des inclinaisons plus ou moins grandes au fur et à mesure que le navire donnera de la bande. Le magnétisme permanent ne sera pas changé; mais le magnétisme d'induction pourra subir des modifications profondes; l'induction verticale pourra être remplacée par de l'induction horizontale et réciproquement. Finalement, les coefficients P et Q ne varieront pas, mais les coefficients c, f, m, n, p, q seront altérés plus ou moins. En somme, les coefficients A, B, C, D, E seront tous changés. Il y aura par conséquent lieu de se préoccuper de l'influence de l'inclinaison du navire sur la déviation et de chercher à déterminer la correction qui en est la conséquence; c'est ce que l'on appelle la *déviation de bande*. Il y a particulièrement lieu de tenir compte de ce genre de déviation sur les navires en fer, notamment pour les compas de passerelle placés dans le voisinage de la cheminée de la machine.

Nous donnerons plus tard les variations des coefficients A, B, C, D et E dues à la bande du navire. Mais nous pouvons dire ici, dès à présent, que dans la pratique il n'y a guère lieu, en général, que de se préoccuper de la variation du coefficient C. En désignant par C_0 la valeur de C qui correspond à la position normale du navire, on trouve pour une position quelconque

$$C = C_0 + J_i,$$

J étant un coefficient à déterminer expérimentalement et i l'inclinaison du navire sur un bord. Si par suite on appelle δ_0 la déviation relative à la position normale et δ la déviation relative à l'inclinaison i, on aura avec une approximation toujours suffisante

$$\delta = \delta_0 + J_i \cos \zeta'.$$

7. Valeur totale de la déviation. Calcul des coefficients.

— En réunissant les expressions de la déviation semi-circulaire et de la déviation quadrantale, on obtiendra la formule

$$\sin \delta = A \cos \delta + B \sin \zeta' + C \cos \zeta' + D \sin (2\zeta' + \delta) + E \cos (2\zeta' + \delta),$$

formule que l'on pourrait obtenir immédiatement si, au lieu de considérer séparément les diverses déviations particulières, on les prenait toutes à la fois et si l'on mettait alors en équilibre la somme des forces perturbatrices du bord avec la composante horizontale terrestre.

Nous devons faire remarquer que les coefficients que nous désignons ici par les lettres romaines A, B, C, D et E sont ceux que l'on est convenu d'appeler coefficients exacts et que M. Archibald Smith représente par les lettres gothiques $\mathfrak{A}$, $\mathfrak{B}$, $\mathfrak{C}$, $\mathfrak{D}$ et $\mathfrak{E}$.

En faisant $\delta = 0$ dans le second membre, ce qui revient à supposer δ assez petit pour être négligeable dans l'expression du second membre et en remplaçant $\sin \delta$ par δ, la formule devient

$$\delta = A + B \sin \zeta' + C \cos \zeta' + D \sin 2\zeta' + E \cos 2\zeta'.$$

On a appelé les coefficients de cette formule *coefficients approchés;* ce sont ceux que l'on trouve dans le *Manuel de l'amirauté* figurés par des lettres romaines, les gothiques étant réservées aux *coefficients exacts*. Au moyen de méthodes particulières on peut calculer les coefcients exacts à l'aide des coefficients approchés : de là l'usage de cette notation. Comme nous n'aurons pas l'occasion de nous servir de ces méthodes et que nous calculerons les déviations par des procédés tout à fait différents, nous nous servirons exclusivement des coefficients exacts et nous les désignerons, ainsi que nous l'avons déjà dit, par les lettres romaines A, B, C, D, E.

L'expression générale de la déviation qui vient d'être donnée permettra, dans tous les cas, de calculer la valeur de la déviation δ au moyen du cap ζ' du compas dévié. On peut faire observer, il est vrai, que l'emploi de cette formule n'est pas précisément des plus pratiques, à cause de la présence de la quantité inconnue δ au second membre. Mais il est bien facile de mettre la formule sous une autre forme. Si l'on développe les termes en $2\zeta' - \delta$ et si l'on remplace ensuite $\cos \delta$ par $1 - 2 \sin^2 \frac{1}{2}\delta$, on trouvera, toutes réductions faites,

$$(1 - D \cos 2\zeta' + E \sin 2\zeta') \sin \delta = A + B \sin \zeta' + C \cos \zeta' + D \sin 2\zeta'$$
$$+ E \cos 2\zeta' - 2 (A + D \sin 2\zeta' + E \cos 2\zeta') \sin^2 \tfrac{1}{2} \delta.$$

Si l'on remarque alors que le terme en $\sin^2 \frac{1}{2}\delta$ est généralement du troisième ordre et qu'il en est de même du produit $E \sin \delta$, on conclura

$$\sin \delta = \frac{1}{1 - D \cos 2\zeta'} (A + B \sin \zeta' + C \cos \zeta' + D \sin 2\zeta' + E \cos 2\zeta').$$

Au besoin on pourrait procéder par approximations successives, ou tout au moins, si c'était nécessaire, calculer un terme de correction du second ordre par rapport au premier. Mais comme la formule en question ne nous paraît pas susceptible d'une application usuelle, nous n'insisterons pas davantage à ce sujet : il nous suffit de montrer ici qu'elle donne la valeur de la déviation quand le cap ζ' est connu et que par suite la déviation est toujours déterminée pour chaque cap du navire quand les coefficients sont eux-mêmes connus.

On conçoit maintenant la possibilité de calculer la déviation pour tous les caps imaginables et celle d'en conclure deux tables qui donneront : l'une le cap du compas ζ', au moyen du cap magnétique ζ, et l'autre le cap magnétique ζ, au moyen cap du compas ζ'. Ces tables seront d'une application usuelle pour le tracé des routes ou des relèvements sur la carte. Ces deux tables peuvent, dans certaines circonstances, être remplacées avantageusement par des tracés graphiques.

La première opération qui s'impose pour la construction d'une table des déviations est le calcul des cinq coefficients A, B, C, D et E. Si l'on observe à la fois le cap du compas ζ' et le cap magnétique ζ pour cinq caps différents du navire, il est évident que l'on aura cinq équations qui permettront de calculer ces coefficients. Si, comme cela a lieu généralement, on fait successivement éviter le navire aux 32 quarts de la rose et qu'à chaque quart on effectue une observation de ζ et de ζ', de manière à obtenir autant de valeurs correspondantes de δ, on aura, par le fait, 32 équations renfermant cinq inconnues. Appliquant alors la méthode des moindres carrés, on pourra déterminer les valeurs les plus probables des coefficients cherchés.

Ce calcul est, en réalité, fort long et des plus fastidieux : eu égard à la faible approximation avec laquelle on a besoin de calculer δ, il ne semble pas qu'il y ait un véritable intérêt à exécuter une pareille opération, quelles que soient d'ailleurs les garanties qu'elle puisse présenter au point de vue théorique. Il vaut mieux purement et simplement choisir *à priori* des valeurs de ζ' qui permettent de simplifier considérablement l'équation, par exemple, les points N, E, S et O, et un cinquième qui sera l'un des points quadrantaux (SE, NE, NO ou SO), de faire des observations à ces différents caps, avec toute la précision possible, en réitérant au besoin les observations à plusieurs reprises, et en prenant la précaution de faire évoluer le navire tantôt dans un sens, tantôt dans un autre dans le voisinage du cap auquel on observe, et de se servir des cinq équations toujours très simples que l'on aura obtenues pour calculer les coefficients cherchés. Si l'on a observé avec soin, il est permis d'affirmer que les résultats obtenus présenteront toutes les garanties désirables. Nous n'insisterons pas à ce sujet, car nous n'aurons jamais l'occasion de calculer les coefficients en question. Au lieu de déterminer δ et d'en conclure ensuite soit ζ', soit ζ, nous calculerons directement ζ' en fonction de ζ. Ainsi qu'on va le voir, nous serons ainsi conduits à une autre formule susceptible d'une application des plus pratiques.

Dans l'expression générale de sin δ, nous remplacerons δ par $\zeta-\zeta'$, et nous aurons

$$\sin(\zeta-\zeta') = A\cos(\zeta-\zeta') + B\sin\zeta' + C\cos\zeta' + D\sin(\zeta'+\zeta) + E\cos(\zeta'+\zeta).$$

Développant, ordonnant par rapport à ζ' et divisant les deux membres par $\cos\zeta'$,

$$[(1+D)\cos\zeta + (A-E)\sin\zeta + B]\,\mathrm{tg}\,\zeta' = (1-D)\sin\zeta - (A+E)\cos\zeta - C,$$

d'où

$$\mathrm{tg}\,\zeta' = \frac{1-D}{1+D}\,\frac{\sin\zeta - \dfrac{A+E}{1-D}\cos\zeta - \dfrac{C}{1-D}}{\cos\zeta + \dfrac{A-E}{1+D}\sin\zeta + \dfrac{B}{1+D}}.$$

Soit

$$-\frac{A+E}{1-D} = \mathrm{tg}\,\alpha, \qquad \frac{A-E}{1+D} = -\,\mathrm{tg}\,\varepsilon;$$

nous en conclurons

$$\mathrm{tg}\,\zeta' = \frac{1-D}{1+D}\,\frac{\cos\varepsilon}{\cos\alpha}\,\frac{\sin(\zeta+\alpha) - \dfrac{C\cos\alpha}{1-D}}{\cos(\zeta+\varepsilon) + \dfrac{B\cos\varepsilon}{1+D}}.$$

Faisant enfin

$$-\frac{C\cos\alpha}{1-D} = \sin\gamma, \qquad \frac{B\cos\varepsilon}{1+D} = \cos\beta,$$

$$\frac{1-D}{1+D}\,\frac{\cos\varepsilon}{\cos\alpha} = \mathrm{cotg}\,\eta,$$

nous aurons finalement

$$(1) \qquad\qquad \mathrm{tg}\,\zeta' = \mathrm{cotg}\,\eta\,\frac{\sin(\zeta+\alpha) + \sin\gamma}{\cos(\zeta+\varepsilon) + \cos\beta}.$$

Cette formule doit appeler l'attention d'une manière toute particulière; elle donne, en effet, sous une forme très simple, *la relation rigoureuse qui existe pour une position quelconque du navire entre le cap indiqué par la rose du compas et le cap magnétique ou cap considéré indépendamment de la déviation.* Elle peut donc être regardée comme traduisant exactement la *loi de la déviation du compas.*

Cette formule contient cinq coefficients ou constantes α, β, γ, η et ε. Ces coefficients sont des combinaisons plus ou moins variées de ceux de M. A. Smith. Nous avons cherché à les en rapprocher le plus possible, toutefois, en tenant compte des analogies qu'ils présentent et en adoptant d'après cela, autant que possible, une notation convenable. On remarquera, par exemple, que α, ε et η sont caractéristiques de la déviation quadrantale. Ils sont en cela les analogues de A, C et D; si le fer est parfaitement symétrique à bord, $\alpha = 0$, $\varepsilon = 0$ et η est seulement une fonction de D. On a vu que dans ce cas $A = 0$, $E = 0$, et que la déviation quadrantale ne renferme plus que le coefficient D. β et γ sont caractéristiques de la déviation semi-circulaire, quoiqu'ils tiennent dans une certaine limite à la déviation quadrantale. On pourra les regarder comme les analogues de B et C.

Cela posé, nous ferons remarquer que la formule précédente se prête avec la plus grande facilité au calcul logarithmique. Soient en effet

$$2M = \zeta + \alpha + \gamma, \quad 2N = \zeta + \varepsilon + \beta.$$

On trouvera par une transformation bien connue

$$(2) \qquad \operatorname{tg} \zeta' = \operatorname{cotg} \eta \, \frac{\sin M \cos (M - \gamma)}{\cos N \cos (N - \beta)}.$$

La formule ainsi présentée peut être regardée comme véritablement classique. Elle résout de la manière la plus élémentaire ce problème journalier en navigation : *Connaissant la route sur la carte, la déclinaison de l'aiguille aimantée et les constantes caractéristiques de la déviation, trouver la route au compas.*

Nous aurons du reste l'occasion de donner plus tard quelques applications qui mettront complétement en évidence le parti que l'on doit en tirer dans la pratique de la navigation.

Les cinq constantes α, β, γ, η et ε peuvent se déterminer par l'observation avec la plus grande facilité.

Pour cela on prendra la formule (1) et l'on fera successivement $\zeta' = 0$, $\zeta' = 180°$. Pour chacune de ces hypothèses $\sin (\zeta + \alpha) + \sin \gamma = 0$, c'est-à-dire

$$\zeta + \alpha + \gamma = 0 \quad \text{ou} \quad 180° - (\zeta + \alpha) + \gamma = 0.$$

Soit N_0 le cap magnétique qui correspond à $\zeta' = 0$ ou au Nord du compas et S_0 le cap magnétique qui correspond à $\zeta' = 180°$ ou au Sud du compas. On aura les deux relations :

$$N_0 + \alpha + \gamma = 0, \quad S_0 + \alpha - \gamma = 180°,$$

d'où l'on conclura

$$\alpha = 90° - \tfrac{1}{2}(S_0 + N_0), \quad \gamma = \tfrac{1}{2}(S_0 - N_0) - 90°.$$

On fera ensuite $\zeta' = 90°$ et $\zeta' = 270°$; il en résultera

$$\cos(\zeta + \varepsilon) + \cos \beta = 0,$$

d'où

$$\zeta + \varepsilon = 180° - \beta, \quad \zeta + \varepsilon = 180° + \beta.$$

Soient E_0 et O_0 les caps magnétiques qui correspondent respectivement à $\zeta' = 90°$ et $\zeta' = 270°$, c'est-à-dire à l'Est et l'Ouest du compas

$$E_0 + \beta + \varepsilon = 180°, \quad O_0 - \beta + \varepsilon = 180°,$$

on conclura en ajoutant et en retranchant

$$\varepsilon = 180° - \tfrac{1}{2}(E_0 + O_0), \quad \beta = \tfrac{1}{2}(O_0 - E_0).$$

Ainsi α, β, γ, ε résultent immédiatement de quatre observations effectuées aux quatre points cardinaux.

Une cinquième observation qui pourra être quelconque servira à déterminer η au moyen de la formule (2)

$$\operatorname{tg}\eta = \operatorname{cotg}\zeta' \,\frac{\sin M \cos(M - \gamma)}{\cos N \cos(N - \beta)}.$$

Si l'observation a été faite à l'un des points quadrantaux (NE, SE SO ou NO), $\operatorname{cotg}\zeta' = 1$ et la formule se simplifie. Quand on fait évoluer le navire de manière à observer successivement aux quatre points cardinaux, il y a tout intérêt à observer chemin faisant à des caps intermédiaires, en particulier aux points quadrantaux. Chacun des caps NE, SE, SO et NO du compas servira alors à donner une valeur de η par la formule $\operatorname{tg}\eta = \dfrac{\sin M \cos(M - \gamma)}{\cos N \cos(N - \beta)}$; la comparaison de ces quatre valeurs qui devront être identiques si les observations ont été bien faites, donnera toujours une idée très nette de la précision avec laquelle les observations ont été exécutées et par suite les constantes déterminées.

Les coefficients A, B, C, D et E peuvent se déduire très facilement des constantes α, β, γ, η et ε.

De la relation

$$\frac{1 - D}{1 + D}\,\frac{\cos \varepsilon}{\cos \alpha} = \operatorname{cotg}\eta$$

on conclura facilement la valeur de D; pour cela il suffira de poser

$$\frac{\cos \alpha}{\cos \varepsilon}\operatorname{cotg}\eta = \operatorname{tg}\varphi,$$

et l'on aura

$$D = \frac{1 - \operatorname{tg}\varphi}{1 + \operatorname{tg}\varphi} = \frac{\sin(45° - \varphi)}{\sin(45° + \varphi)}$$

et

$$1 - D = \frac{\sin\varphi}{\sin(45° + \varphi)}\sqrt{2}, \quad 1 + D = \frac{\cos\varphi}{\sin(45° + \varphi)}\sqrt{2}.$$

Au moyen de $1 - D$ et de $1 + D$, on conclura ensuite B et C

$$B = (1 + D)\frac{\cos\beta}{\cos\varepsilon}, \quad C = -(1 - D)\frac{\sin\gamma}{\cos\alpha}.$$

Enfin des relations

$$A + E = -(1 - D)\operatorname{tg}\alpha, \quad A - E = -(1 + D)\operatorname{tg}\varepsilon.$$

on tirera finalement A et E.

Ainsi qu'on peut le reconnaître, le calcul précédent sera toujours très simple et très expéditif; il est d'ailleurs d'une certaine élégance qui doit frapper l'attention. En somme, cette manière de procéder nous paraît résoudre d'une manière assez heureuse le problème du calcul des cinq coefficients de M. Archibald Smith au moyen du système de cinq observations.

CHAPITRE II.

THÉORIE DE LA DÉVIATION. — ÉQUATIONS DE POISSON. — CONSTANTES
OU COEFFICIENTS NUMÉRIQUES. — DÉVIATION DE BANDE.

1. Équations de Poisson. — Dans un mémoire célèbre publié
en 1824, Poisson établit pour la première fois les équations fondamentales de l'équilibre du compas à bord, en partant des hypothèses suivantes : le magnétisme des navires est en partie *permanent* et en partie *induit*, la force inductive est la force magnétique de la Terre, et
l'on peut admettre à bord que la longueur de l'aiguille aimantée est
infiniment petite par rapport à la distance du fer le plus voisin.

Voici les équations posées par Poisson :

$$(a) \quad \begin{cases} X' = X + aX + bY + cZ + P, \\ Y' = Y + dX + eY + fZ + Q, \\ Z' = Z + gX + hY + kZ + R. \end{cases}$$

X', Y', Z', sont les trois composantes suivant trois axes de coordonnées rectangulaires, de la force totale qui agit sur l'aiguille aimantée
ou force directrice du compas.

X, Y, Z sont les trois composantes, de la force magnétique terrestre.

P, Q, R les trois composantes de la force émanant du magnétisme
permanent du bord, suivant les mêmes axes de coordonnées. Enfin,
les neuf coefficients a, b, c, d, e, f, g, h, k dependent de la position du
fer doux par rapport aux axes des coordonnées.

Ces équations deviennent évidentes par les considérations suivantes. La force totale ou force directrice du compas se compose
de la force terrestre, de la force permanente et de la force induite. De
même, chacune des composantes de la force totale suivant trois axes de
coordonnées rectangulaires, est égale à la somme des composantes de
ces trois forces partielles, suivant les mêmes axes de coordonnées. La
force terrestre a pour composantes X, Y, Z et la force permanente P,

Q, R ; quant à la force induite, il est facile d'en déterminer l'expression. Ainsi qu'on a eu déjà l'occasion de le remarquer précédemment, toutes les pièces de fer doux du bâtiment peuvent être remplacées par des barreaux de fer doux, qui peuvent eux-mêmes être composés géométriquement les uns avec les autres et remplacés par leur résultante totale, qui sera alors un barreau unique ayant à bord une position déterminée.

L'induction totale de la force terrestre sur le fer du navire pourra évidemment être remplacée par l'induction de cette même force sur le barreau équivalent. L'induction de la force totale peut d'ailleurs être remplacée par la somme des inductions de ses trois composantes X, Y, Z. Cette induction aura par suite une expression de la forme

$$m\mathrm{X} + n\mathrm{Y} + p\mathrm{Z},$$

m, n, p étant trois constantes qui dépendront de la position du barreau unique équivalant au fer du bord par rapport aux axes de coordonnées.

Si l'on multiplie la valeur de l'induction totale successivement par les cosinus des angles que forme sa direction avec les axes de coordonnées, on obtiendra les composantes de cette forme suivant ces mêmes axes ; ces composantes sont

$$a\mathrm{X} + b\mathrm{Y} + c\mathrm{Z}, \quad d\mathrm{X} + e\mathrm{Y} + f\mathrm{Z}, \quad g\mathrm{X} + h\mathrm{Y} + k\mathrm{Z}.$$

Les neuf coefficients $a, b, c.....,$ etc. dépendent des coefficients primitifs m, n, p et des cosinus des angles du barreau unique, avec les axes de coordonnées, ou, en un mot, ces coefficients dépendent de la distribution du fer doux à bord du bâtiment.

Si maintenant on fait la somme des diverses composantes suivant chaque axe de coordonnées, on aura la valeur correspondante totale X', Y' et Z', et l'on formera ainsi les équations de Poisson qui ont été posées plus haut.

Ces équations sont regardées aujourd'hui comme fondamentales ; elles servent de base à la théorie de la déviation du compas. Il y a lieu de reconnaître dès à présent toutefois qu'elles ne sont pas exemptes d'objections, et qu'en réalité elles ne peuvent donner, dans la pratique, que des résultats d'une approximation limitée. L'hypothèse de l'aiguille de longueur infiniment petite par rapport à la distance du fer le plus voisin n'est pas en général bien rigoureuse. D'un autre côté, Poisson ne considère que l'induction due au magnétisme terrestre. Or le magnétisme permanent possède, lui aussi, un pouvoir inducteur qui vient se combiner à l'induction terrestre et modifier ses effets. Mais il est permis de supposer *à priori* que l'induction provenant du magnétisme permanent sera généralement du second ordre par rapport à l'induction terrestre; l'expérience semble d'ailleurs confirmer cette hypothèse.

Les équations de Poisson peuvent être regardées comme traduisant un état de choses limite qui n'existe pas en réalité, mais qui s'éloigne assez peu des faits observés pour pouvoir les représenter avec une approximation suffisante. La loi véritable à laquelle ces faits obéissent dans la nature est la loi-limite de Poisson modifiée par un certain nombre de perturbations d'ordre inférieur. L'étude de ces perturbations peut avoir un grand intérêt théorique; mais eu égard à la faible approximation que l'on exige des indications du compas dans la pratique de la navigation, il semble, jusqu'à présent, que ces perturbations soient assez faibles pour être généralement négligeables.

2. Formule de M. A. Smith, donnant l'expression totale de la déviation. — M. Archibald Smith déduit des équations de Poisson l'expression de la déviation du compas de la manière suivante :

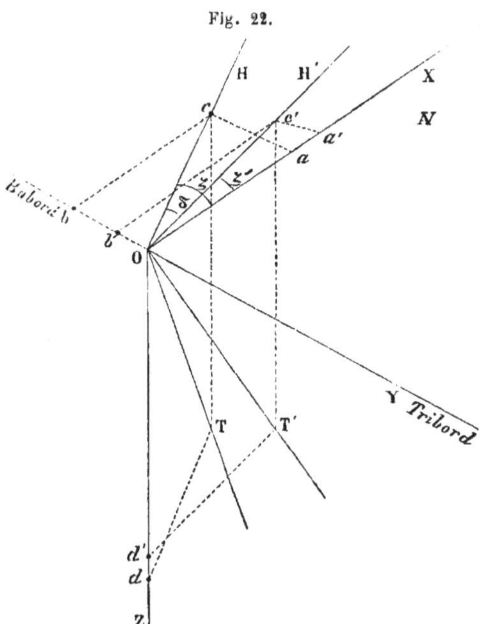

Il prend trois axes de coordonnées passant par le centre du compas, OX dirigé suivant l'axe longitudinal du navire (de poupe à proue), OY dirigé dans la direction perpendiculaire et sur le plan horizontal (de bâbord à tribord), et OZ perpendiculaire au plan des deux premiers. Cela posé, nous conviendrons de regarder comme positives les attractions dirigées vers l'avant ou vers le côté de tribord et négatives celles qui sont dirigées en sens contraire. Soient OX la direction de l'avant et OY celle de tribord.

Soient OT' l'attraction totale qui agit sur le compas et OT l'attraction terrestre. On décomposera OT' en $Oc' = H'$, force directrice horizontale, et $Od' = Z'$ ou force verticale, et OT en $Oc = H$ et $Od = Z$.

Oc' fait avec OX un angle ζ', cap indiqué par le compas pour le cap vrai X. Oc fait de même avec OX un angle ζ, cap magnétique du compas, indépendamment de la déviation, de sorte que

$$\zeta - \zeta' = \text{déviation} = \delta.$$

Si l'on décompose $Oc' = $ H′ suivant OX et OY, on obtiendra les composantes Oa' et Ob' ou X′ et Y′

$$Oa' = \text{X}' = \text{H}'\cos\zeta', \quad Ob' = \text{X}' = -\,\text{H}'\sin\zeta'.$$

Si l'on décompose de même $Oc = $ H, on trouvera

$$Oa = \text{X} = \text{H}\cos\zeta, \quad Ob = \text{Y} = -\,\text{H}\sin\zeta.$$

Enfin,

$$Od' = \text{Z}' = \text{H}'\operatorname{tg}\theta', \quad Od = \text{Z} = \text{H}\operatorname{tg}\theta.$$

Portant ces valeurs de X′, Y′, Z′, X, Y et Z dans les équations de Poisson, on trouvera, en divisant les deux membres par H,

$$(b)\quad
\begin{cases}
\dfrac{\text{H}'}{\text{H}}\cos\zeta' = (1+a)\cos\zeta - b\sin\zeta + c\operatorname{tg}\theta + \dfrac{\text{P}}{\text{H}}, \\[2ex]
\dfrac{\text{H}'}{\text{H}}\sin\zeta' = (1+e)\sin\zeta - d\cos\zeta - f\operatorname{tg}\theta - \dfrac{\text{Q}}{\text{H}}, \\[2ex]
\dfrac{\text{Z}'}{\text{H}} = g\cos\zeta - h\sin\zeta + (1+k)\operatorname{tg}\theta + \dfrac{\text{R}}{\text{H}},
\end{cases}$$

Ces nouvelles relations vont nous permettre de calculer facilement le sinus et le cosinus de la déviation δ.

Pour cela, nous multiplierons la première par $\cos\zeta$, la seconde par $\sin\zeta$; ajoutant les deux équations ainsi obtenues, nous aurons, en remplaçant $\sin\zeta\cos\zeta$ par $\frac{1}{2}\sin 2\zeta$, $\sin^2\zeta$ par $\dfrac{1-\cos 2\zeta}{2}$ et $\cos^2\zeta$ par $\dfrac{1+\cos 2\zeta}{2}$,

$$\frac{\text{H}'}{\text{H}}\cos\delta = 1 + \frac{a+e}{2} + \left(c\operatorname{tg}\theta + \frac{\text{P}}{\text{H}}\right)\cos\zeta - \left(\operatorname{tg}\theta + \frac{\text{Q}}{\text{H}}\right)\sin\zeta$$
$$+ \frac{a-e}{2}\cos 2\zeta - \frac{b+d}{2}\sin 2\zeta.$$

Si l'on multiplie la première par $\sin\zeta$ et la seconde par $\cos\zeta$ et qu'on retranche la seconde de la première, on trouvera

$$\frac{\text{H}'}{\text{H}}\sin\delta = \frac{d-b}{2} + \left(c\operatorname{tg}\theta + \frac{\text{P}}{\text{H}}\right)\sin\zeta + \left(f\operatorname{tg}\theta + \frac{\text{Q}}{\text{H}}\right)\cos\zeta$$
$$+ \frac{a-e}{2}\sin 2\zeta + \frac{d+b}{2}\cos 2\zeta.$$

Telles sont les expressions du sinus et du cosinus de la déviation en fonction du cap magnétique, ou cap du navire, abstraction faite de la déviation.

Chabirand, II.   25

La force directrice horizontale H′ du compas varie avec le cap du navire ; mais il est facile d'obtenir une valeur moyenne de l'intensité de cette force, indépendamment de l'orientation du bâtiment. Si l'on considère l'expression de $\dfrac{H'}{H}\cos\delta$, on remarquera qu'elle se compose d'une quantité constante $1 + \dfrac{a+e}{2}$ et d'une fonction de ζ. Or si l'on imagine que ζ varie de 0 à 360°, il est facile de reconnaître que cette fonction prendra une série de valeurs qui sont deux à deux égales et de signes contraires, de sorte que si l'on fait la somme de ces valeurs de 0 à 360°, la somme sera nulle. Par conséquent, quand ζ varie de 0 à 360°, la somme des valeurs prises par H′ $\cos\delta$ est égale à $H\left(1 + \dfrac{a+e}{2}\right)$: cette somme peut donc être regardée comme une sorte de valeur moyenne de la composante H′ $\cos\delta$ ou force directrice horizontale du compas à bord.

M. Archibald Smith désigne par λ la constante caractéristique $1 + \dfrac{a+e}{2}$,

$$\lambda = 1 + \frac{a+e}{2}.$$

Il appelle ensuite A, B, C, D et E cinq coefficients, tels que

$$\frac{d-b}{2} = \lambda A, \quad c\,\mathrm{tg}\,0 + \frac{P}{H} = \lambda B, \quad f\,\mathrm{tg}\,0 + \frac{Q}{H} = \lambda C, \quad \frac{a-e}{2} = \lambda D,$$

$$\frac{b+d}{2} = \lambda E.$$

Si l'on introduit cette nouvelle notation dans les expressions de cos et de $\sin\delta$, on trouvera

$$\frac{H'}{\lambda H}\cos\delta = 1 + B\cos\zeta - C\sin\zeta + D\cos 2\zeta - E\sin 2\zeta,$$

$$\frac{H'}{\lambda H}\sin\delta = A + B\sin\zeta + C\cos\zeta + D\sin 2\zeta + E\cos 2\zeta.$$

D'où en divisant membre à membre

$$\mathrm{tg}\,\delta = \frac{A + B\sin\zeta + C\cos\zeta + D\sin 2\zeta + E\cos 2\zeta}{1 + B\cos\zeta - C\sin\zeta + D\cos 2\zeta - E\sin 2\zeta}.$$

Telle est l'expression de la déviation en fonction du cap magnétique.

Il est facile d'en conclure l'expression de la déviation en fonction du cap du compas ζ': pour cela on remplacera ζ par $\zeta' + \delta$. Réduisant au même dénominateur et développant les termes partiels, on trouvera, toutes réductions faites,

$$\sin\delta = A\cos\delta + B\sin\zeta' + C\cos\zeta' + D\sin(2\zeta' + \delta) + E\cos(2\zeta' + \delta),$$

expression qui pour les applications pourra, ainsi qu'on l'a déjà vu, être remplacée par la formule approchée

$$\sin\delta = \frac{1}{1 - D\cos 2\zeta'}(A + B\sin\zeta' + C\cos\zeta' + D\sin 2\zeta' + E\cos 2\zeta').$$

3. Nouvelle formule donnant immédiatement le cap du compas en fonction du cap magnétique. — Reprenons maintenant les équations (b) et proposons-nous de calculer ζ en fonction de ζ, en nous servant des coefficients A, B, C, D et E. Au moyen des expressions données tout à l'heure pour ces coefficients, on trouvera

$$1 + a = \lambda(1 + D), \quad 1 + e = \lambda(1 - D, \quad d = \lambda(A + E), \quad -b = \lambda(A - E).$$

Soit en outre

$$1 + k + \frac{R}{H\,\mathrm{tg}\,\theta} = \mu.$$

Substituant ces diverses valeurs dans les équations (b), on aura

$$(c) \quad \begin{cases} \dfrac{H'}{\lambda H}\cos\zeta' = (1 + D)\cos\zeta + (A - E)\sin\zeta + B, \\[2mm] \dfrac{H'}{\lambda H}\sin\zeta' = (1 -)D\sin\zeta - (A + E)\cos\zeta - C, \\[2mm] \dfrac{Z'}{Z} = \dfrac{g}{\mathrm{tg}\,\theta}\cos\zeta - \dfrac{h}{\mathrm{tg}\,\theta}\sin\zeta + \mu. \end{cases}$$

Divisant la seconde équation par la première

$$\mathrm{tg}\,\zeta' = \frac{(1 - D)\sin\zeta - (A + E)\cos\zeta - C}{(1 + D)\cos\zeta + (A - E)\sin\zeta + B},$$

formule qui donne le cap du compas en fonction du cap magnétique. On la rendra commode pour le calcul logarithmique en adoptant cinq nouveaux coefficients $\alpha, \beta, \gamma, \eta$ et ε, qui seront définis par les relations suivantes :

$$\frac{A+E}{1-D} = -\operatorname{tg}\alpha; \qquad \frac{A-E}{1+D} = -\operatorname{tg}\varepsilon,$$

$$\frac{C\cos\alpha}{1-D} = -\sin\gamma; \qquad \frac{B\cos\varepsilon}{1+D} = \cos\beta; \qquad \frac{1-D}{1+D}\frac{\cos\varepsilon}{\cos\alpha} = \operatorname{cotg}\eta.$$

On aura alors

$$\operatorname{tg}\zeta' = \operatorname{cotg}\eta\,\frac{\sin(\zeta+\alpha)+\sin\gamma}{\cos(\zeta+\varepsilon)+\cos\beta},$$

d'où l'on conclura en posant

$$2M = \zeta+\alpha+\gamma; \qquad 2N = \zeta+\varepsilon+\beta,$$

$$\operatorname{tg}\zeta' = \operatorname{cotg}\eta\,\frac{\sin M\cos(M-\gamma)}{\cos N\cos(N-\beta)},$$

formule qui traduit de la manière la plus simple la loi de la déviation du compas, et permet, dans tous les cas, de calculer le cap du compas à bord au moyen du cap magnétique ζ et des constantes caractéristiques de la déviation α, β, γ, η et ε.

Nous aurions pu établir cette formule sans passer par l'intermédiaire des coefficients de M. Smith, ou tout au moins en ne nous servant que des coefficients B et C. Si, en effet, on divise l'une par l'autre les premières équations (b), on aura

$$\operatorname{tg}\zeta' = \frac{(1+e)\sin\zeta - d\cos\zeta - \lambda C}{(1+a)\cos\zeta - b\sin\zeta + \lambda B}.$$

Soit

$$\frac{d}{1+e} = -\operatorname{tg}\alpha, \qquad \frac{b}{1+a} = \operatorname{tg}\varepsilon,$$

il en résultera

$$\operatorname{tg}\zeta' = \frac{1+e}{1+a}\frac{\cos\varepsilon}{\cos\alpha}\,\frac{\sin(\zeta+\alpha) - \dfrac{\lambda C\cos\alpha}{1+e}}{\cos(\zeta+\varepsilon) + \dfrac{\lambda B\cos\varepsilon}{1+a}}.$$

Posons alors

$$\frac{\lambda C\cos\alpha}{1+e} = -\sin\gamma, \qquad \frac{\lambda B\cos\varepsilon}{1+a} = \cos\beta \quad \text{[et]} \quad \frac{1+e}{1+a}\frac{\cos\varepsilon}{\cos\alpha} = \operatorname{cotg}\eta,$$

nous aurons finalement

$$\operatorname{tg}\zeta' = \operatorname{cotg}\eta\,\frac{\sin(\zeta+\alpha)+\sin\gamma}{\cos(\zeta+\varepsilon)+\cos\beta}.$$

Les relations précédentes permettent de calculer les constantes a, b, d, c des équations de Poisson, au moyen des constantes α, β, γ et ε et des coefficients B et C quand on connaît déjà λ. On a, en effet,

$$1 + e = -\frac{\lambda\,\mathrm{C}\cos\alpha}{\sin\gamma}, \quad (1 + a) = \frac{\lambda\,\mathrm{B}\cos\varepsilon}{\cos\beta},$$

et ensuite

$$d = -(1 + e)\,\mathrm{tg}\,\alpha, \quad b = (1 + a)\,\mathrm{tg}\,\varepsilon.$$

4. Calcul des constantes ou coefficients numériques.

— La constante λ joue un très grand rôle dans les formules de M. A. Smith, ainsi qu'on a déjà pu le remarquer. Cette constante est d'ailleurs dans les calculs un auxiliaire très commode dont on peut tirer un parti très avantageux. Il est indispensable de la calculer directement quand on doit faire usage des coefficients fondamentaux.

Pour cela il faut se servir de la relation qui donne le cosinus de la déviation

$$\frac{\mathrm{H}'}{\lambda\mathrm{H}}\cos\delta = 1 + \mathrm{B}\cos\zeta - \mathrm{C}\sin\zeta + \mathrm{D}\cos 2\zeta - \mathrm{E}\sin 2\zeta.$$

Ayant calculé préalablement les coefficients et obtenu la déviation δ pour un cap magnétique déterminé ζ, on mesure par une observation directe le rapport $\dfrac{\mathrm{H}'}{\mathrm{H}} = \rho$ à ce même cap ζ en observant avec un chronomètre le temps qu'une aiguille aimantée horizontale emploie pour faire un certain nombre d'oscillations.

La force horizontale H est inversement proportionnelle au carré du temps que l'aiguille aimantée met à exécuter ses oscillations : si l'on désigne par t le temps correspondant à n oscillations d'une aiguille sous l'influence de la force H et par t' le temps correspondant au même nombre n d'oscillations de la même aiguille sous l'influence de la force H', on aura d'après le principe précédent

$$\frac{\mathrm{H}'}{\mathrm{H}} = \frac{t^2}{t'^2} = \rho.$$

Le nombre t' s'obtiendra en comptant la durée des n oscillations à bord, le navire évité au cap magnétique ζ, d'une aiguille disposée à cet effet sur le compas que l'on se propose de régler ; on aura ensuite t en faisant osciller la même aiguille à terre, en ayant soin de se placer en dehors de toute influence perturbatrice.

Pour effectuer ce genre d'observations, on se sert habituellement d'un magnétomètre. Toutefois à défaut de cet instrument, on peut se servir de la rose du compas lui-même que l'on fait osciller sur son pivot. On observe avec le même compas à bord et à terre successivement; et l'on peut en conclure ρ avec une approximation suffisante.

La quantité ρ déterminée par l'expérience, on calculera facilement la constante λ au moyen de la formule

$$\lambda = \frac{\rho\cos\delta}{1 + B\cos\zeta - C\sin\zeta + D\cos 2\zeta - E\sin 2\zeta}.$$

Dans les calculs qui précèdent, nous nous sommes attaché à nous servir des coefficients de M. Smith comme quantités auxiliaires, dans le but de mettre en évidence les relations qui existent entre ces coefficients et ceux que nous employons : α, β, γ, η et ε. Mais ces derniers ayant l'avantage de conduire toujours à des calculs plus simples et plus symétriques, nous allons reprendre l'analyse précédente en les employant d'une manière exclusive et en établissant par suite directement les relations qui existent entre eux et ceux des formules de Poisson.

Reprenons les équations (b), c'est-à-dire les équations de Poisson transformées par M. Smith

$$\left\{ \begin{aligned} \frac{H'}{H}\cos\zeta' &= (1+a)\left(\cos\zeta - \frac{b}{1+a}\sin\zeta + \frac{\operatorname{ctg}\theta + \dfrac{P}{H}}{1+a} \right) \\[2ex] \frac{H'}{H}\sin\zeta' &= (1+e)\left(\sin\zeta - \frac{d}{1+e}\cos\zeta - \frac{f\operatorname{tg}\theta + \dfrac{Q}{H}}{1+e} \right) \end{aligned} \right.$$

On posera

$$\frac{b}{1+a} = \operatorname{tg}\varepsilon, \qquad -\frac{d}{1+e} = \operatorname{tg}\alpha, \qquad \frac{\operatorname{ctg}\theta + \dfrac{P}{H}}{1+a}\cos\varepsilon = \cos\beta,$$

$$-\frac{f\operatorname{tg}\theta + \dfrac{Q}{H}}{1+e}\cos\alpha = \sin\gamma,$$

et l'on aura

$$\left\{ \begin{aligned} \frac{H'}{H}\cos\zeta' &= \frac{1+a}{\cos\varepsilon}\left[\cos(\zeta+\varepsilon) + \cos\beta \right] = 2\frac{1+a}{\cos\varepsilon}\cos N\cos(N-\beta) \\[2ex] \frac{H'}{H}\sin\zeta' &= \frac{1+e}{\cos\alpha}\left[\sin(\zeta+\alpha) + \sin\gamma \right] = 2\frac{1+e}{\cos\alpha}\sin M\cos(M-\gamma), \end{aligned} \right.$$

en faisant comme précédemment

$$2M = \zeta + \alpha + \gamma, \quad 2N = \zeta + \varepsilon + \beta.$$

En divisant les deux équations l'une par l'autre et posant en outre

$$\frac{1 + e}{1 + a} \frac{\cos \varepsilon}{\cos \alpha} = \cotg \eta,$$

on retrouvera la formule générale

$$\operatorname{tg} \zeta' = \frac{1 + e}{1 + a} \frac{\cos \varepsilon}{\cos \alpha} \left[\frac{\sin (\zeta + \alpha) + \sin \gamma}{\cos (\zeta + \varepsilon) + \cos \beta} \right] = \cotg \eta \frac{\sin M \cos (M - \gamma)}{\cos N \cos (N - \beta)}.$$

Les constantes α, β, ε, γ se calculent avec la plus grande facilité au moyen de quatre observations exécutées aux quatre points cardinaux du compas; η s'obtient ensuite avec une observation à un cap quelconque à l'aide des valeurs déjà trouvées pour les quatre autres constantes.

Quand le navire est évité, au Nord ou au Sud du compas, $\zeta' = 0$ ou 180°, et dans les deux cas, $\operatorname{tg} \zeta' = 0$, de sorte que

$$\sin (\zeta + \alpha) + \sin \gamma = 0.$$

Soient S_0 et N_0 les caps magnétiques qui correspondent aux caps Sud et Nord du compas, ou, en d'autres termes, les valeurs de ζ pour ces deux caps; on aura les deux relations

$$\sin (N_0 + \alpha) + \sin \gamma = 0, \quad \sin (S_0 + \alpha) + \sin \gamma = 0,$$

d'où l'on conclura immédiatement

$$N_0 + \alpha + \gamma = 0, \quad S_0 + \alpha - \gamma = 180°$$

et par suite

$$\alpha = 90° - \tfrac{1}{2}(S_0 + N_0), \quad \gamma = \tfrac{1}{2}(S_0 - N_0) - 90°.$$

Quand le navire est évité à l'Est ou à l'Ouest, $\zeta' = 90°$ ou 270°, et dans les deux cas $\operatorname{tg} \zeta' = \infty$, de sorte que

$$\cos (\zeta + \varepsilon) + \cos \beta = 0.$$

Si l'on appelle E_0 et O_0 les caps magnétiques du compas, c'est-à-dire les valeurs de ζ qui correspondent à $\zeta' = 90°$ et $\zeta' = 270°$, on aura

$$\cos(E_0 + \varepsilon) + \cos\beta = 0, \qquad \cos(O_0 + \varepsilon) + \cos\beta = 0,$$

d'où les deux équations

$$E_0 + \varepsilon + \beta = 180°, \qquad O_0 + \varepsilon - \beta = 180°$$

et enfin

$$\varepsilon = 180° - \tfrac{1}{2}(E_0 + O_0), \qquad \beta = \tfrac{1}{2}(O_0 - E_0).$$

α, γ, ε, β se trouvent ainsi déterminés d'une manière très simple par quatre observations faites aux points cardinaux du compas. Une cinquième observation, qui pourra être quelconque, donnera ensuite η

$$\operatorname{cotg}\eta = \operatorname{tg}\zeta' \frac{\cos N \cos(N - \beta)}{\sin M \cos(M - \gamma)},$$

Il y aura avantage à exécuter la cinquième observation à l'un des points quadrantaux (S.-E., N.-E, N.-O. ou S.-O.); dans ce cas, le calcul se simplifiera, $\operatorname{tg}\zeta' = 1$. On pourra d'ailleurs faire le même calcul pour les quatre points quadrantaux. Les quatre résultats qui devraient être identiques feront connaître, par le plus ou moins de divergences qu'ils présenteront entre eux, le degré de précision des observations et par suite l'approximation des résultats obtenus.

Les coefficients a et e des formules de Poisson se calculent au moyen des constantes précédentes et d'une observation de force horizontale.

Soit $\dfrac{H'}{H} = \dfrac{t^2}{t'^2} = \rho$ déterminé per des expériences d'oscillation de l'aiguille aimantée à bord au cap magnétique ζ et à terre en dehors de toute influence étrangère, on déduit des formules de tout à l'heure

$$1 + a = \tfrac{1}{2}\rho \frac{\cos\zeta' \cos\varepsilon}{\cos N \cos(N - \beta)},$$

$$1 + e = \tfrac{1}{2}\rho \frac{\sin\zeta' \cos\alpha}{\sin M \cos(M - \gamma)},$$

et l'on aura pour contrôler la valeur des résultats la formule

$$\frac{1 + e}{1 + a}\frac{\cos\varepsilon}{\cos\alpha} = \operatorname{cotg}\eta.$$

Les autres coefficients de Poisson s'obtiendront ensuite par les relations

$$b = (1+a)\,\mathrm{tg}\,\varepsilon, \quad -d = (1+e)\,\mathrm{tg}\,\alpha, \quad c\,\mathrm{tg}\,\theta + \frac{P}{H} = (1+a)\,\frac{\cos\beta}{\cos\varepsilon},$$

$$-\left(f\,\mathrm{tg}\,\theta + \frac{Q}{H}\right) = (1+e)\,\frac{\sin\gamma}{\cos\alpha}.$$

Nous donnerons plus tard des moyens de calculer e et f et par suite $\dfrac{P}{H}$ et $\dfrac{Q}{H}$.

Nous nous arrêterons maintenant un instant sur la troisième des équations fondamentales

$$\frac{z'}{H} = g\cos\zeta - h\sin\zeta + (1+k)\,\mathrm{tg}\,\theta + \frac{R}{H}.$$

Divisons les deux membres par $\mathrm{tg}\,\theta$; remarquant que $H\,\mathrm{tg}\,\theta = z$ et appelant, avec M. A. Smith, μ le terme $1 + k + \dfrac{R}{H\,\mathrm{tg}\,\theta}$, nous aurons

$$\frac{z'}{z} = \frac{g}{\mathrm{tg}\,\theta}\cos\zeta - \frac{h}{\mathrm{tg}\,\theta}\sin\zeta + \mu.$$

On déterminera $\dfrac{z'}{z}$ par les oscillations d'une boussole d'inclinaison, successivement pour les quatre points cardinaux magnétiques, ou, en d'autres termes, pour des orientations de navires telles que $\zeta = 0$, $90°$, $180°$ et $270°$, une observation analogue ayant été exécutée à terre avec le même instrument en dehors de toute influence magnétique.

On aura alors, pour les points Sud et Nord ou $\zeta = 0$ et $\zeta = 180°$,

$$\frac{z'_1}{z} = \frac{g}{\mathrm{tg}\,\theta} + \mu, \quad \frac{z'_3}{z} = -\frac{g}{\mathrm{tg}\,\theta} + \mu,$$

d'où

$$\mu = \tfrac{1}{2}\left(\frac{z'_1 + z'_3}{z}\right), \quad g = \tfrac{1}{2}\left(\frac{z'_1 - z'_3}{z}\right)\mathrm{tg}\,\theta.$$

Pour les caps Est et Ouest, ou pour $\zeta = 90°$ et $\zeta = 270°$,

$$\frac{z'_2}{z} = -\frac{h}{\mathrm{tg}\,\theta} + \mu, \quad \frac{z'_4}{z} = \frac{h}{\mathrm{tg}\,\theta} + \mu,$$

d'où l'on conclut

$$\mu = \tfrac{1}{2}\left(\frac{z'_2 + z'_4}{z}\right), \quad h = \tfrac{1}{2}\left(\frac{z'_4 - z'_2}{z}\right) \operatorname{tg} \theta.$$

La deuxième valeur de μ servira à contrôler la première.

Nous aurons l'occasion d'analyser plus loin, avec quelques détails, les divers coefficients qui entrent dans les formules. Mais il y a lieu de signaler ici l'importance relative de quelques-uns de ces coefficients.

Nous avons déjà dit que tout le fer doux du navire peut être regardé comme équivalant à un barreau qui serait induit par les trois composantes terrestres suivant les trois axes de coordonnées : les neuf constantes a, b, c,....., k, des formules de Poisson dépendent de la position de ce barreau par rapport aux trois axes et de sa capacité inductive. Toutes les fois que la disposition et la quantité de fer doux du navire n'éprouveront aucun changement, la capacité inductive ne paraissant d'ailleurs avoir aucune raison pour se modifier, ces divers coefficients resteront invariables. En réalité, le fer dur tend à se transformer en fer doux à la longue, de sorte que la quantité de fer doux augmente. Toutefois, l'expérience montre que la transformation devient insensible quelque temps après la mise à l'eau du bâtiment. Nous pouvons donc considérer les coefficients des formules de Poisson comme constants : du moins il est toujours possible de se trouver des conditions telles qu'il en soit ainsi et de regarder ces conditions comme générales.

Cela posé, on remarquera que ces divers coefficients, dépendant essentiellement de la disposition du fer doux à bord, ne sauraient avoir une égale importance. Généralement à bord le fer est distribué symétriquement ou à très peu près ; tout le fer doux peut alors être regardé comme équivalant à un barreau placé dans le plan diamétral longitudinal et à un autre barreau disposé perpendiculairement à ce plan, si la symétrie est parfaitement rigoureuse. Dans cette hypothèse théorique, il est évident que le premier barreau, celui qui est dans le plan vertical longitudinal, ne recevra aucune induction de la force Y : alors les coefficients b et h seront nuls. De même le barreau transversal sera induit par la force Y seulement et ne sera influencé en rien par les forces X et Z, de sorte que les coefficients d et f seront nuls.

Dans la pratique, il n'arrive jamais en réalité que le fer doux soit disposé d'une manière absolument symétrique à bord d'un navire ; mais il est toujours permis d'affirmer que si la condition limite de la symétrie parfaite n'est pas entièrement parfaite, elle est ordinairement bien près de l'être. Par suite les coefficients b, d, f et h ne sont jamais nuls ; mais dans la plus grande partie des cas ils seront toujours très faibles et d'un ordre inférieur par rapport aux autres coefficients. On peut dire plus : eu égard à l'approximation que l'on est en droit d'attendre des indications des compas, et à la précision avec laquelle il est matériellement possible de gouverner, il est permis de négliger presque toujours les coefficients b, d, f et h pour les compas placés exactement dans l'axe du navire.

Si l'on introduit l'hypothèse du fer doux parfaitement symétrique dans la théorie précédente, ou si l'on suppose $b=0$, $d=0$, $f=0$, $h=0$, les formules se simplifieront

$$\varepsilon=0, \quad \alpha=0, \quad \cos\beta=\frac{c\,\mathrm{tg}\,\theta+\dfrac{P}{H}}{1+a}, \quad -\frac{\dfrac{Q}{H}}{1+e}=\sin\gamma, \quad \frac{1+e}{1+a}=\cotg\eta,$$

$$\mathrm{tg}\,\zeta'=\cotg\eta\,\frac{\sin\zeta+\sin\gamma}{\cos\zeta+\cos\beta}, \quad \frac{z'}{z}=\frac{g}{\mathrm{tg}\,\theta}\,\cos\zeta+\mu.$$

Au point de vue du calcul de ζ', la simplification n'est pas en réalité bien considérable ; elle se trouve par le fait insignifiante. Comme d'ailleurs les diverses quantités ε, α, β, γ, η, μ se calculent toujours de la même manière et que les observations nécessaires pour les unes ont pour conséquence immédiate les observations nécessaires pour les autres, ce n'est pas compliquer beaucoup le travail général de la régulation d'un compas que de s'attacher à déterminer avec précision ces diverses quantités. Sur une rade ou dans un port, on n'a du reste aucune raison pour ne pas exécuter une régulation d'une manière complète ; il n'en est pas de même à la mer ou dans le cours d'une navigation : dans ce cas en effet les instants sont comptés et l'on doit s'attacher avant tout à mesurer les éléments essentiels.

5. Expression du cap magnétique en fonction du cap du compas. — On vient de calculer le cap du compas ζ' en fonction du cap magnétique ζ ; il y a lieu de faire l'opération inverse, c'est-à-dire de déterminer le cap magnétique ζ au moyen du cap du compas ζ' ; pour cela on devra résoudre par rapport à ζ l'équation

$$\mathrm{tg}\,\zeta'=\cotg\eta\,\frac{\sin(\zeta+\alpha)+\sin\gamma}{\cos(\zeta+\varepsilon)+\cos\beta}.$$

Réduisant au même dénominateur, développant $\sin(\zeta+\alpha)$ et $\cos(\zeta+\varepsilon)$, puis ordonnant par rapport à $\sin\zeta$ et à $\cos\zeta$, on aura

$$(\mathrm{tg}\,\zeta'\cos\varepsilon-\cotg\eta\sin\alpha)\cos\zeta-(\mathrm{tg}\,\zeta'\sin\varepsilon+\cotg\eta\cos\alpha)\sin\zeta=\cotg\eta\sin\gamma$$
$$-\mathrm{tg}\,\zeta'\cos\beta,$$

d'où

$$\sin\zeta - \frac{\operatorname{tg}\zeta'\cos\varepsilon - \operatorname{cotg}\eta\sin\alpha}{\operatorname{tg}\zeta\sin\varepsilon + \operatorname{cotg}\eta\cos\alpha}\cos\zeta = \frac{\operatorname{tg}\zeta'\cos\beta - \operatorname{cotg}\eta\sin\gamma}{\operatorname{tg}\zeta'\sin\varepsilon + \operatorname{cotg}\eta\cos\alpha}.$$

On posera

$$\frac{\operatorname{tg}\zeta'\cos\varepsilon - \operatorname{cotg}\eta\sin\alpha}{\operatorname{tg}\zeta'\sin\varepsilon + \operatorname{cotg}\eta\cos\alpha} = \operatorname{tg}\varphi, \qquad \frac{\operatorname{tg}\zeta'\cos\beta - \operatorname{cotg}\eta\sin\gamma}{\operatorname{tg}\zeta'\sin\varepsilon + \operatorname{cotg}\eta\cos\alpha} = \operatorname{tg}\psi,$$

et l'on conclura de la relation précédente

$$\sin(\zeta - \varphi) = \cos\varphi\,\operatorname{tg}\psi.$$

Pour la facilité des calculs, il y a lieu de prendre comme auxiliaires de nouvelles constantes susceptibles de s'exprimer facilement au moyen de α, ε, η, β et γ.

Soient

$$\operatorname{cotg}\eta\,\frac{\sin\alpha}{\cos\varepsilon} = \operatorname{tg}\alpha_0 \quad \text{et} \quad \operatorname{cotg}\eta\,\frac{\cos\alpha}{\sin\varepsilon} = \operatorname{cotg}\varepsilon_0,$$

$$\operatorname{tg}\varphi = \operatorname{cotg}\varepsilon\,\frac{\operatorname{tg}\zeta' - \operatorname{tg}\alpha_0}{\operatorname{tg}\zeta' + \operatorname{cotg}\varepsilon_0} = \operatorname{cotg}\varepsilon\,\frac{\sin\varepsilon_0}{\cos\alpha_0}\,\frac{\sin(\zeta' - \alpha_0)}{\cos(\zeta' - \varepsilon_0)};$$

soit de même

$$\operatorname{cotg}\eta\,\frac{\sin\gamma}{\cos\beta} = \operatorname{tg}\gamma_0.$$

$$\operatorname{tg}\psi = \frac{\cos\beta}{\sin\varepsilon}\,\frac{\operatorname{tg}\zeta' - \operatorname{tg}\gamma_0}{\operatorname{tg}\zeta' + \operatorname{cotg}\varepsilon_0} = \frac{\cos\beta}{\sin\varepsilon}\,\frac{\sin\varepsilon_0}{\cos\gamma_0}\,\frac{\sin(\zeta' - \gamma_0)}{\cos(\zeta' - \varepsilon_0)}.$$

De ces deux relations on déduira

$$\frac{\operatorname{tg}\varphi}{\operatorname{tg}\psi} = \frac{\cos\varepsilon}{\cos\alpha_0}\,\frac{\cos\gamma_0}{\cos\beta}\,\frac{\sin(\zeta' - \alpha_0)}{\cos(\zeta' - \gamma_0)},$$

d'où

$$\cos\varphi\,\operatorname{tg}\psi = \frac{\cos\alpha_0}{\cos\varepsilon}\,\frac{\cos\beta}{\cos\gamma_0}\,\frac{\sin(\zeta' - \gamma_0)}{\sin(\zeta' - \alpha_0)}\,\sin\varphi.$$

On posera

$$\operatorname{cotg}\varepsilon\,\frac{\sin\varepsilon_0}{\cos\alpha_0} = \operatorname{cotg}\eta_0 \quad \text{et} \quad \frac{\cos\alpha_0}{\cos\varepsilon}\,\frac{\cos\beta}{\cos\gamma_0} = \operatorname{tg}\beta_0.$$

de sorte que

$$(1) \qquad\qquad \operatorname{tg}\varphi = \operatorname{cotg}\eta_0\,\frac{\sin(\zeta' - \alpha_0)}{\cos(\zeta' - \varepsilon_0)}$$

et

$$\cos \varphi \, \mathrm{tg}\, \psi = \mathrm{tg}\, \beta_0 \, \frac{\sin (\zeta' - \gamma_0)}{\sin (\zeta' - \alpha_0)} \sin \varphi$$

et finalement pour calculer ζ

$$(2) \qquad \sin (\zeta - \varphi) = \mathrm{tg}\, \beta_0 \sin \varphi \, \frac{\sin (\zeta' - \gamma_0)}{\sin (\zeta' - \alpha_0)}.$$

ζ pourra se calculer au moyen des relations (1) et (2); α_0, ε_0, η_0, β_0, γ_0 seront de nouvelles constantes qui s'obtiendront immédiatement au moyen des constantes α, ε, η, β, γ.

Dans l'hypothèse du fer doux symétrique à bord $\alpha = 0$, $\varepsilon = 0$: par conséquent $\alpha_0 = 0$, $\varepsilon_0 = 0$.

Cotg η_0 se présente sous la forme indéterminée; mais il est facile de faire disparaître l'indétermination en remplaçant $\dfrac{\sin \varepsilon_0}{\sin \varepsilon}$ par sa valeur $\dfrac{\cos \varepsilon_0}{\cos \alpha}\, \mathrm{tg}\, \eta$ déduite de l'expression de cotg ε_0; on trouve alors

$$\mathrm{cotg}\, \eta_0 = \frac{\cos \varepsilon}{\cos \alpha_0} \frac{\cos \varepsilon_0}{\cos \alpha} \, \mathrm{tg}\, \eta = \mathrm{tg}\, \eta, \quad \text{d'où} \quad \eta_0 = 90° - \eta;$$

dans l'hypothèse où $\varepsilon = 0$, $\varepsilon_0 = 0$, $\alpha = 0$, $\alpha_0 = 0$, γ_0 ne change pas : mais $\mathrm{tg}\, \beta_0$ devient égal à $\dfrac{\cos \beta}{\cos \gamma_0}$.

Par suite, on a pour calculer ζ

$$\mathrm{tg}\, \varphi = \mathrm{tg}\, \eta \, \mathrm{tg}\, \zeta' \quad \text{et} \quad \sin (\zeta - \varphi) = \mathrm{tg}\, \beta_0 \sin \varphi \, \frac{\sin (\zeta' - \gamma_0)}{\sin \zeta'}.$$

En somme, l'hypothèse du fer doux symétrique ne simplifie pas notablement le calcul.

Les constantes α, ε, β, γ, η servent à passer du cap magnétique au cap du compas et les constantes α_0, ε_0, β_0, γ_0, η_0 à résoudre le problème inverse. Ainsi qu'on vient de le voir, ces dernières se calculent immédiatement quand les premières ont été déterminées par l'observation.

6. De la déviation de bande. — Soit 0 une section perpendiculaire à l'axe longitudinal d'un navire que nous supposerons incliné d'un angle i vers tribord. Si, comme précédemment, on rapporte l'influence magnétique terrestre sur le fer du navire à trois axes de coordonnées rectangulaires dirigés, l'un de poupe à proue, l'autre de bâbord à tribord et le troisième perpendiculaire au plan des deux autres, on voit que la composante horizontale X reste la même,

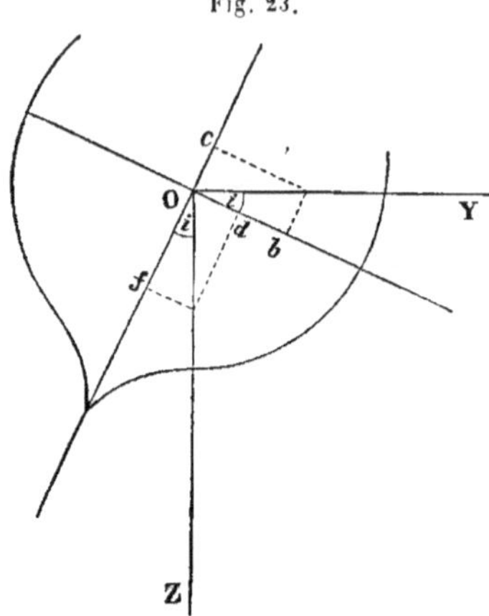

Fig. 23.

que la composante Y se décompose en deux autres $0b = \mathrm{Y}\cos i$, $0c = \mathrm{Y}\sin i$, et que la composante Z se décompose de même en $0f = \mathrm{Z}\cos i$ et $0d = \mathrm{Z}\sin i$, de sorte que la composante Y des équations de Poisson doit être remplacée par $\mathrm{Y}\cos i + \mathrm{Z}\sin i$, et la composante Z par $\mathrm{Z}\cos i - \mathrm{Y}\sin i$.

Appelant x', y', z' les trois composantes qui agissent sur les compas suivant les trois axes du navire, on aura, en substituant les valeurs précédentes dans les équations fondamentales,

$$x' = (1+a)\mathrm{X} + b(\mathrm{Y}\cos i + \mathrm{Z}\sin i) + c(\mathrm{Z}\cos i - \mathrm{Y}\sin i) + \mathrm{P}$$
$$y' = d\mathrm{X} + (1+e)(\mathrm{Y}\cos i + \mathrm{Z}\sin i) + f(\mathrm{Z}\cos i - \mathrm{Y}\sin i) + \mathrm{Q}$$
$$z' = g\mathrm{X} + h(\mathrm{Y}\cos i + \mathrm{Z}\sin i) + (1+k)(\mathrm{Z}\cos i - \mathrm{Y}\sin i) + \mathrm{R}.$$

Au lieu des composantes x', y', z' suivant les axes du navire, considérons maintenant les composantes horizontales et verticales X', Y', Z' :

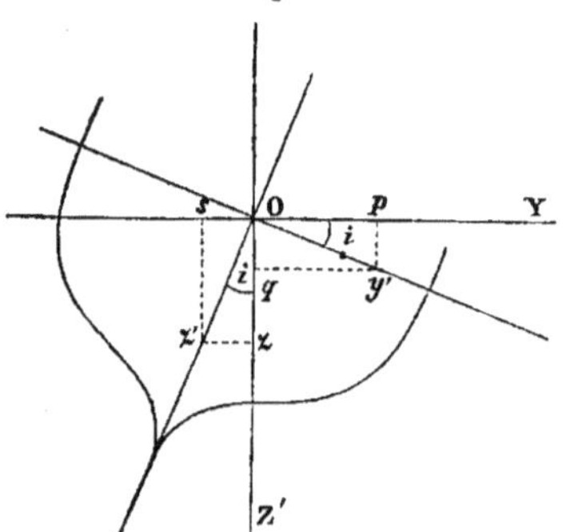

Fig. 24.

$$\mathrm{X}' = \mathrm{H}'\cos\zeta', \quad \mathrm{Y}' = -\mathrm{H}'\sin\zeta', \quad \mathrm{Z}' = \mathrm{H}'\operatorname{tg}\theta.$$

Il suffit de jeter les yeux sur la figure ci-jointe pour reconnaître immédiatement que

$$\mathrm{X}' = x', \quad \mathrm{Y}' = y'\cos i - z'\sin i,$$
$$\mathrm{Z}' = y'\sin i + z'\cos i.$$

Remplaçant x', y', z' par les valeurs de tout à l'heure et substituant en même temps à X, Y, Z leurs valeurs $\mathrm{H}\cos\zeta$, $-\mathrm{H}\sin\zeta$ et $\mathrm{H}\operatorname{tg}\theta$, on aura les expressions des composantes X', Y', Z' qui agissent horizontalement et verticalement sur le compas.

On ne s'occupera ici que des composantes horizontales X' et Y'.

On aura pour la composante longitudinale X'

$$\mathrm{X}' = \mathrm{H}'\cos\zeta' = (1+a)\mathrm{H}\cos\zeta + b(-\mathrm{H}\sin\zeta\cos i + \mathrm{H}\operatorname{tg}\theta\sin i)$$
$$+ c(\mathrm{H}\operatorname{tg}\theta\cos i + \mathrm{H}\sin\zeta\cos i) + \mathrm{P},$$

ou

$$\frac{H'}{H} \cos \zeta' = (1+a)\cos \zeta - (b \cos i - c \cos i)\sin \zeta + (b \sin i + c \cos i)\operatorname{tg}\theta + \frac{P}{H},$$

et pour la composante latérale Y'

$$Y' = -H' \sin \zeta' = [d H \cos \zeta + (1+e)(-H \sin \zeta \cos i + H \operatorname{tg}\theta \sin i)$$
$$+ f(H \operatorname{tg}\theta \cos i + H \sin \zeta \sin i) + Q]\cos i - [g H \cos \zeta$$
$$+ h(-H \sin \zeta \cos i + H \operatorname{tg}\theta \sin i) + (1+k)(H \operatorname{tg}\theta \cos i + H \sin \zeta \sin i)$$
$$+ R]\sin i,$$

ou, toutes réductions faites

$$\frac{H'}{H} \sin \zeta' = [1 + e - (f+h)\sin i \cos i - (e-k)\sin^2 i]\sin \zeta - (d \cos i$$
$$- g \sin i)\cos \zeta - [f + (e-k)\sin i \cos i - (f+h)\sin^2 i]\operatorname{tg}\theta$$
$$- \frac{Q}{H}\cos i + \frac{R}{H}\sin i.$$

On posera alors

$$a' = a$$
$$b' = b \cos i - c \sin i$$
$$c' = b \sin i + c \cos i$$
$$d' = d \cos i - g \sin i$$
$$e' = e - (f+h)\sin i \cos i - (e-k)\sin^2 i$$
$$f' = f + (e-k)\sin i \cos i - (f+h)\sin^2 i$$
$$P' = P$$
$$Q' = Q \cos i - R \sin i,$$

et l'on aura finalement les deux équations

$$\left\{\begin{array}{l} \dfrac{H'}{H}\cos \zeta' = (1+a')\cos \zeta - b' \sin \zeta + c' \operatorname{tg}\theta + \dfrac{P'}{H} \\[2mm] \dfrac{H'}{H}\sin \zeta' = (1+e')\sin \zeta - d' \cos \zeta - f' \operatorname{tg}\theta - \dfrac{Q'}{H}, \end{array}\right.$$

qui sont tout à fait identiques quant à la forme à celles que nous avons considérées précédemment, le navire étant supposé dans sa position normale. On en déduira l'expression de la déviation δ en fonction de nouveaux coefficients A', B', C', D', E' qui s'exprimeront au moyen de a', b', c', d', e', f', P' et Q' absolument comme A, B, C,

D, E, l'ont été avec a, b, c, d, e, f, P et Q. On pourra en déduire également l'expression de tg ζ' en fonction de nouveaux coefficients α', β', γ', η' et ε', lesquels se composeront avec les nouveaux coefficients de la même manière que α, β, γ, η et ε l'ont été avec ceux que l'on a considérés précédemment.

Cela posé, les nouveaux coefficients a', b', etc., étant des fonctions connues des coefficients a, b, etc., il est évident que A', B', etc. seront également des fonctions de A, B, etc. et de a, b, etc. Comme ces derniers ont déjà été calculés, il y aura évidemment intérêt à déterminer ces fonctions ou ce qui revient au même à exprimer A', B', etc. au moyen de A, B,... a, b,... etc. La déviation de bande pourra alors se calculer sans qu'il soit nécessaire de faire de nouvelles observations.

Les expressions exactes de A', B'... en fonction de A, B,... a, b,... etc. sont très faciles à calculer; mais ces expressions sont en somme assez compliquées : elles ont quelque intérêt théorique, mais elles ne sont pas susceptibles d'une application pratique. Il y a ici tout avantage à remplacer le calcul rigoureux par un calcul approché. On admettra en conséquence que l'angle i ne dépasse jamais 10 ou 12 degrés, de sorte que $\sin i$ et $\cos i$ peuvent, avec une approximation suffisante, être remplacés par le premier terme de leur développement en série.

Dans cette hypothèse, on aura

$$a' = a, \quad b' = b - ci, \quad c' = c + bi, \quad d' = d - gi, \quad e' = e - (f+h)i,$$
$$f' = f + (e - k)i, \quad P' = P, \quad Q' = Q - Ri.$$

Substituant ces valeurs dans les expressions des coefficients, on trouvera alors

$$\lambda' = 1 + \frac{a' + e'}{2} = \lambda - \frac{f+h}{2}\,i$$

$$\lambda'A' = \frac{d' - b'}{2} = \lambda A + \frac{c - g}{2}\,i$$

$$\lambda'B' = c'\,\text{tg}\,\theta + \frac{P'}{H} = \lambda B + b\,\text{tg}\,\theta \cdot i$$

$$\lambda'C' = f'\,\text{tg}\,\theta + \frac{Q'}{H} = \lambda C + \left[(e - k)\,\text{tg}\,\theta - \frac{R}{H}\right]i$$

$$\lambda'D' = \frac{a' - e'}{2} = \lambda D + \frac{f+h}{2}\,i$$

$$\lambda'E' = \frac{b' + d'}{2} = \lambda E - \frac{c+g}{2}\,i.$$

L'expression de $\lambda C'$ se met habituellement sous une autre forme en se servant du coefficient μ que l'on a défini précédemment par l'équation

$$(1 + k)\,\mathrm{tg}\,\theta + \frac{R}{H} = \mu\,\mathrm{tg}\,\theta,$$

$$\lambda C' = \lambda C + [(1 + e)\,\mathrm{tg}\,\theta - \mu\,\mathrm{tg}\,\theta]i = \lambda C + (1 + e - \mu)\,\mathrm{tg}\,\theta\,.\,i.$$

Et comme des valeurs $\lambda = 1 + \dfrac{a+e}{2}$, $\lambda D = \dfrac{a-e}{2}$ on tire $1 + e = \lambda(1 - D)$, on conclut

$$\lambda C' = \lambda C + [\lambda(1 - D)\,\mathrm{tg}\,\theta - \mu\,\mathrm{tg}\,\theta]i.$$

D'où

$$C' = C + \left(1 - D - \frac{\mu}{\lambda}\right)i\,\mathrm{tg}\,\theta.$$

Soit

$$\left(1 - D - \frac{\mu}{\lambda}\right)\mathrm{tg}\,\theta = J,$$

$$C' = C + Ji.$$

Le coefficient J est de beaucoup le plus important de tous ceux qui interviennent comme auxiliaires dans l'expression de la déviation de bande.

On a déjà eu l'occasion de remarquer que le fer doux est en général disposé d'une manière à peu près symétrique à bord des navires, et qu'alors les coefficients b, d, f, h, s'ils ne sont pas nuls, sont au moins d'un ordre inférieur dans la plus grande partie des cas. Les produits de ces coefficients par i seront donc a *fortiori* d'un ordre tout à fait inférieur. Faisant $b = 0$, $d = 0$, $f = 0$, $h = 0$, dans les relations précédentes, on trouvera pour valeurs des coefficients :

$$\lambda' = \lambda, \quad A' = \frac{c - g}{2\lambda}\,i, \quad B' = B, \quad C' = C + Ji, \quad D' = D, \quad E' = \frac{c + g}{2\lambda}\,i.$$

Par suite l'expression générale de la déviation, en tenant compte de l'influence de la bande, sera dans l'hypothèse du fer symétrique ou à peu près :

$$\sin\delta = \frac{1}{1 - D\cos 2\zeta'}\left\{\frac{c - g}{2\lambda}\,i + B\sin\zeta' + (C + Ji)\cos\zeta' + D\sin 2\zeta'\right.$$

$$\left. - \frac{c + g}{2\lambda}\,i\cos 2\zeta'\right\}.$$

Il résulte de cette formule que l'inclinaison du navire a pour effet de

modifier à la fois la déviation semi-circulaire et la déviation quadrantale.

La première influence est en général la plus importante; comme
d'ailleurs elle dépend de l'inclinaison, puisque J est fonction de θ, elle
varie avec les positions géographiques et peut, dans certains cas, se
traduire par des effets considérables.

L'influence quadrantale est toujours faible : comme elle est indépendante de l'inclinaison et de la composante terrestre, elle reste
constante; il est bon de s'assurer de sa grandeur une fois pour toutes
dans une régulation sérieuse : on saura alors si l'on doit songer à en
tenir compte.

Enfin, il y a lieu de remarquer pour l'application des formules précédentes que i est positif pour l'inclinaison sur tribord et négatif
pour l'inclinaison sur bâbord.

Cela résulte immédiatement de la construction sur laquelle on s'est
appuyé pour établir les formules.

L'analyse qui vient d'être exposée est due à peu près tout entière à
M. A. Smith. On la trouvera développée avec les plus grands détails
dans le *Manuel de l'amirauté* ou dans le *Traité de la déviation des compas*
de M. Brito Capello.

Nous allons maintenant en présenter une autre applicable aux cal-
culs basés sur l'emploi des coefficients α, β, γ, η et ε.

Reprenons les formules fondamentales telles qu'elles se trouvent
établies quand on tient compte de l'influence de la bande.

$$\frac{H'}{H} \cos \zeta' = (1 + a') \cos \zeta - b' \sin \zeta + c' \operatorname{tg} \theta + \frac{P'}{H},$$

$$\frac{H'}{H} \sin \zeta' = (1 + e') \sin \zeta - d' \cos \zeta - f' \operatorname{tg} \theta - \frac{Q'}{H}.$$

On en conclura, d'après un calcul connu,

$$\operatorname{tg} \zeta' = \operatorname{cotg} \eta' \frac{\sin(\zeta + \alpha') + \sin \gamma'}{\cos(\zeta + \varepsilon') + \cos \beta'}$$

en posant

$$\operatorname{tg} \alpha' = - \frac{d'}{1 + e'}, \quad \operatorname{tg} \varepsilon' = \frac{b'}{1 + a'}, \quad \sin \gamma' = - \frac{f' \operatorname{tg} \theta + \dfrac{Q'}{H}}{1 + e'} \cos \alpha',$$

$$\cos \beta' = \frac{c' \operatorname{tg} \theta + \dfrac{P'}{H}}{1 + a'} \cos \varepsilon', \quad \operatorname{cotg} \eta' = \frac{1 + e'}{1 + a'} \frac{\cos \varepsilon'}{\cos \alpha'}.$$

Il est facile d'exprimer les constantes α', β', γ', η' et ε' en fonction de

α, β, γ, η et ε et de a, b, d, etc., en se servant des valeurs approchées

$$a' = a, \quad b' = b - ci, \quad c' = c + bi, \quad d' = d - gi, \quad e' = e - (f+h)i,$$
$$f' = f + (e-k)i, \quad P' = P, \quad Q' = Q - Ri.$$

Si l'on s'en tient toujours à la même approximation, on trouvera

$$\operatorname{tg}\alpha' = -\frac{d-gi}{1+e-(f+h)} \quad \text{ou} \quad \operatorname{tg}\alpha' = -\frac{d}{1+e} + \frac{g}{1+e}\,i,$$

c'est-à-dire

$$\operatorname{tg}\alpha' = \operatorname{tg}\alpha + \frac{g}{1+e}\,i,$$

et comme α', α, $\dfrac{g}{1+e}\,i$ sont de petites quantités,

$$\alpha' = \alpha + \frac{g}{1+e}\,i.$$

De même

$$\operatorname{tg}\varepsilon' = \frac{b-ci}{1+a} = \frac{b}{1+a} - \frac{c}{1+a}\,i = \operatorname{tg}\varepsilon - \frac{c}{1+a}\,i$$

et par suite

$$\varepsilon' = \varepsilon - \frac{c}{1+a}\,i.$$

En s'en tenant toujours au même ordre d'approximation, on conclura de ces deux derniers résultats $\cos\varepsilon' = \cos\varepsilon$, $\cos\alpha' = \cos\alpha$ et par suite $\dfrac{\cos\varepsilon'}{\cos\alpha'} = \dfrac{\cos\varepsilon}{\cos\alpha}$.

On trouvera ensuite

$$\operatorname{cotg}\eta' = \frac{1+e-(f+h)i}{1+a}\frac{\cos\varepsilon}{\cos\alpha} = \frac{1+e}{1+a}\frac{\cos\varepsilon}{\cos\alpha} - \frac{f+h}{1+a}\frac{\cos\varepsilon}{\cos\alpha}\,i$$

ou

$$\operatorname{cotg}\eta' = \operatorname{cotg}\eta - \left(\frac{f+h}{1+e}\,i\right)\operatorname{cotg}\eta = \left(1 - \frac{f+h}{1+e}\,i\right)\operatorname{cotg}\eta,$$

et en posant

$$n = \frac{1}{1 - \dfrac{f+h}{1+e}\,i}$$
$$\operatorname{tg}\eta' = n\operatorname{tg}\eta$$

que l'on développera d'après une formule connue

$$\eta' = \eta + \frac{n-1}{n+1}\sin 2\eta + \tfrac{1}{2}\left(\frac{n-1}{n+1}\right)^2 \sin 4\eta + \ldots\ldots$$

d'où, eu égard au degré d'approximation adopté,

$$\eta' = \eta + \tfrac{1}{2}\left(\frac{f+h}{1+e}\right) i \sin 2\eta,$$

et comme η est en général un arc voisin de 45°,

$$\eta' = \eta + \tfrac{1}{2}\left(\frac{f+h}{1+e}\right) i.$$

Pour le coefficient β' on trouvera

$$\cos \beta' = \frac{(c+bi)\operatorname{tg}\theta + \dfrac{P}{H}}{1+a}\cos\varepsilon = \frac{c\operatorname{tg}\theta + \dfrac{P}{H}}{1+a}\cos\varepsilon + \frac{bi\cos\varepsilon}{1+a}\operatorname{tg}\theta$$
$$= \cos\beta + i\operatorname{tg}\theta\sin\varepsilon$$

et par un développement connu

$$\beta' = \beta - \operatorname{tg}\theta\,\frac{\sin\varepsilon}{\sin\beta}\,i.$$

Pour le coefficient γ'

$$\sin\gamma' = -\frac{[f+(e-k)i]\operatorname{tg}\theta + \dfrac{Q-Ri}{H}}{1+e-(f+h)i}\cos\alpha = -\frac{f\operatorname{tg}\theta + \dfrac{Q}{H}}{1+e}\cos\alpha$$
$$-\frac{(e-k)\operatorname{tg}\theta - \dfrac{R}{H}}{1+e}i\cos\alpha = \sin\gamma - \frac{(e-k)\operatorname{tg}\theta - \dfrac{R}{H}}{1+e}i\cos\alpha$$

et comme

$$k\operatorname{tg}\theta + \frac{R}{H} = (\mu - 1)\operatorname{tg}\theta$$

$$\sin\gamma' = \sin\gamma - \left(\frac{1+e-\mu}{1+e}\right) i\cos\alpha\operatorname{tg}\theta,$$

d'où

$$\gamma' = \gamma - \left(1 - \frac{\mu}{1+e}\right) i\,\frac{\cos\alpha}{\cos\gamma}\operatorname{tg}\theta.$$

Telles sont les expressions des diverses constantes α', β', γ', η' et ε' au moyen de α, β, γ, η et ε.

Si l'on admet l'hypothèse du fer doux symétrique à bord ou à peu près ce qui revient à supposer dans les formules $b = 0$, $d = 0$, $f = 0$, $h = 0$, ces diverses expressions se simplifieront et l'on aura

$$\alpha' = \frac{g}{1+e}\, i, \quad \varepsilon' = -\frac{c}{1+a}\, i, \quad \eta' = \eta, \quad \beta' = \beta,$$

$$\gamma' = \gamma - \left(1 - \frac{\mu}{1+e}\right) i\, \frac{\mathrm{tg}\,\theta}{\cos\gamma}.$$

Ainsi qu'on le reconnait immédiatement, l'hypothèse du fer doux symétrique n'introduit pas au fond de bien grandes simplifications dans les formules. Nous ne nous y arrêterons pas davantage.

Soient

$$\frac{g}{1+e} = m, \quad \frac{c}{1+a} = n, \quad \tfrac{1}{2}\frac{f+h}{1+e} = p, \quad \mathrm{tg}\,\theta\,\frac{\sin\varepsilon}{\sin\beta} = q,$$

$$\left(1 - \frac{\mu}{1+e}\right)\frac{\cos\alpha}{\cos\gamma}\,\mathrm{tg}\,\theta = r.$$

Nous aurons, d'après cette notation,

$$\alpha' = \alpha + mi, \quad \varepsilon' = \varepsilon - ni, \quad \eta' = \eta + pi, \quad \beta' = \beta - qi, \quad \gamma' = \gamma - ri.$$

On aura immédiatement une idée de l'influence de la bande sur la déviation du compas si l'on connait m, n, p, q, r. Trois de ces quantités m, q, r seront toujours connues ; elles résultent en effet des observations ordinaires de la régulation du compas. α, β, ε, γ sont connus par des observations faites aux quatre points cardinaux ; $1 + e$ et $1 + a$ sont déterminés par des observations d'oscillation d'une aiguille aimantée horizontale, g, h et μ par des observations analogues pour une aiguille disposée dans un plan vertical orienté suivant le méridien magnétique.

c et f seuls ne sont pas encore connus ; ainsi qu'on le verra plus loin, ils peuvent résulter d'observations faites dans des positions géographiques différentes. Mais les formules précédentes permettent de calculer immédiatement ces quantités. En effet, supposons qu'après avoir déterminé α, β, γ, η, ε, le navire se trouvant dans sa position normale, on fasse donner au navire une bande d'un certain nombre de degrés, de 10° par exemple, par un procédé mécanique quelconque, et qu'on le fasse alors éviter successivement aux quatre points cardinaux et à un cap quelconque, on déterminera α', β', γ', η', ε' absolument de la même manière que α, β, γ, η, ε. Il est clair que l'on pourra alors conclure immédiatement les coefficients m, n, p, q, r

$$m = \frac{\alpha' - \alpha}{i}, \quad n = \frac{\varepsilon - \varepsilon'}{i}, \quad p = \frac{\eta' - \eta}{i}, \quad q = \frac{\beta - \beta'}{i}, \quad r = \frac{\gamma - \gamma'}{i}.$$

Si $(1 + e)$ et $(1 + a)$ sont connus, ces nouveaux résultats permettront de calculer g, c, $f + h$ et μ.

$$g = m(1 + e); \quad c = n(1 + a); \quad f + h = 2p(1 + e);$$
$$\mu = (1 - e)\left(1 - \frac{r \cos \gamma}{\mathrm{tg}\, \theta}\right).$$

Il résulte de là que la détermination des déviations du compas pour le navire mis à la bande peut dispenser, jusqu'à un certain point, d'observer des oscillations à la boussole d'inclinaison. Toutefois, il ne sera pas inutile de contrôler les deux résultats l'un par l'autre. D'ailleurs, comme les observations de bande donnent seulement la somme $f + h$ et que l'on a besoin de f, en particulier pour la constante γ, il sera utile d'observer les oscillations d'une aiguille d'inclinaison de manière à pouvoir calculer h; f résultera ensuite des observations faites à bord du navire à la bande.

Nous avons exprimé ζ' en fonction de ζ dans le calcul précédent; il est facile de faire le calcul inverse; pour cela nous suivrons la marche qui a déjà été tracée pour le cas du navire supposé droit.

ζ' étant donné en fonction de ζ par la relation

$$\mathrm{tg}\, \zeta' = \mathrm{cotg}\, \eta' \frac{\sin (\zeta + \alpha') + \sin \gamma'}{\cos (\zeta + \varepsilon') + \cos \beta'}.$$

On trouvera de cette manière

$$\sin (\zeta - \varphi') = \mathrm{tg}\, \beta'_0 \sin \varphi' \frac{\sin (\zeta' - \gamma'_0)}{\cos (\zeta' - \alpha'_0)},$$

l'auxiliaire φ' étant donnée par la relation

$$\mathrm{tg}\, \varphi' = \mathrm{cotg}\, \eta'_0 \frac{\sin (\zeta' - \alpha'_0)}{\cos (\zeta' + \varepsilon'_0)}.$$

Les constantes α'_0, ε'_0, η'_0, γ'_0, β'_0 auront pour expressions :

$$\mathrm{tg}\, \alpha'_0 = \mathrm{cotg}\, \eta' \frac{\sin \alpha'}{\cos \varepsilon'}; \quad \mathrm{cotg}\, \varepsilon'_0 = \mathrm{cotg}\, \eta' \frac{\cos \alpha'}{\sin \varepsilon'};$$

$$\operatorname{cotg}\eta'_0 = \operatorname{cotg}\varepsilon' \, \frac{\sin\varepsilon'_0}{\cos\alpha'_0}; \qquad \operatorname{tg}\beta'_0 = \frac{\cos\alpha'_0}{\cos\varepsilon'} \, \frac{\cos\beta'}{\cos\gamma'_0};$$

$$\operatorname{tg}\gamma'_0 = \operatorname{cotg}\eta' \, \frac{\sin\gamma'}{\cos\beta'}.$$

Il est facile de trouver des valeurs approchées de α'_0, ε'_0, η'_0, β'_0 et γ'_0 en fonction de m, n, p, q, r susceptibles d'être employées avec une approximation très suffisante pour les besoins de la pratique.

α est toujours assez petit pour que son sinus et sa tangente puissent être remplacés par l'arc lui-même et son cosinus par l'unité; il en est de même pour ε, de sorte que l'on peut poser :

$$\sin\alpha = \operatorname{tg}\alpha = \alpha, \quad \sin\varepsilon = \operatorname{tg}\varepsilon = \varepsilon, \quad \text{et} \quad \cos\alpha = 1, \quad \cos\varepsilon = 1.$$

On a alors dans cette hypothèse

$$\alpha'_0 = \alpha' \operatorname{cotg}\eta' = (\alpha + mi)\operatorname{cotg}(\eta + pi) = \alpha \operatorname{cotg}\eta + mi\operatorname{cotg}\eta,$$

en négligeant les termes du troisième ordre.

Soit
$$m_0 = m \operatorname{cotg}\eta,$$

on aura
$$\alpha'_0 = \alpha_0 + m_0 i.$$

De même

$$\varepsilon'_0 = \varepsilon' \operatorname{tg}\eta' = (\varepsilon - ni)\operatorname{tg}(\eta + pi) = \varepsilon \operatorname{tg}\eta - ni\operatorname{tg}\eta,$$

d'où en faisant

$$n_0 = n \operatorname{tg}\eta, \quad \varepsilon'_0 = \varepsilon_0 - n_0 i.$$

On trouvera ensuite pour η'_0

$$\operatorname{cotg}\eta'_0 = \operatorname{cotg}\varepsilon' \, \frac{\sin\varepsilon'_0}{\cos\alpha'_0} = \frac{\cos\varepsilon' \cos\varepsilon'_0}{\cos\alpha' \cos\alpha'_0} \operatorname{tg}\eta' = \operatorname{tg}\eta' = \operatorname{tg}(\eta + pi)$$

$$= \operatorname{tg}\eta + \frac{pi}{\cos^2\eta} = \operatorname{tg}\eta + \frac{2pi}{\sin 2\eta}\operatorname{tg}\eta.$$

Et, comme η est toujours voisin de $45°$, on peut poser $\sin 2\eta = 1$

$$\operatorname{cotg}\eta'_0 = (1 + 2pi)\operatorname{tg}\eta;$$

d'où, par une formule connue,

$$90° - \eta'_0 = \eta + pi \quad \text{et} \quad \eta'_0 = 90° - \eta - pi,$$

et enfin $\eta'_0 = \eta_0 - pi$,

$$\operatorname{tg}\gamma'_0 = \operatorname{cotg}\eta' \frac{\sin\gamma'}{\cos\beta'} = \operatorname{cotg}(\eta + pi)\frac{\sin(\gamma - ri)}{\cos(\beta - qi)}$$

$$= \left(\operatorname{cotg}\eta - \frac{pi}{\sin^2\eta}\right)\frac{\sin\gamma - ri\cos\gamma}{\cos\beta + qi\sin\beta}.$$

Négligeant les termes du troisième ordre, on trouvera

$$\operatorname{tg}\gamma'_0 = \operatorname{cotg}\eta\,\frac{\sin\gamma}{\cos\beta} - \frac{ri\cos\gamma}{\cos\beta} = \operatorname{tg}\gamma_0 - ri\operatorname{cotg}\gamma\,\operatorname{tg}\gamma_0 = (1 - ri\operatorname{cotg}\gamma)\operatorname{tg}\gamma_0,$$

et, par suite,

$$\gamma'_0 = \gamma_0 - \tfrac{1}{2}ri\operatorname{cotg}\gamma.$$

Soit

$$\tfrac{1}{2}r\operatorname{cotg}\gamma = r_0.$$

Finalement

$$\gamma'_0 = \gamma_0 = -r_0 i.$$

Enfin pour β'_0

$$\operatorname{tg}\beta'_0 = \frac{\cos\alpha'_0}{\cos\varepsilon'}\frac{\cos\beta'}{\cos\gamma'_0} = \frac{\cos\beta'}{\cos\gamma'_0} = \frac{\cos(\beta - qi)}{\cos(\gamma_0 - r_0 i)} = \frac{\cos\beta}{\cos\gamma_0} + qi\,\frac{\sin\beta}{\cos\gamma_0},$$

en négligeant comme précédemment les termes du troisième ordre;

$$\operatorname{tg}\beta'_0 = \operatorname{tg}\beta_0 + qi\operatorname{tg}\beta\operatorname{tg}\beta_0 = (1 + qi\operatorname{tg}\beta)\operatorname{tg}\beta_0;$$

d'où

$$\beta'_0 = \beta_0 + \tfrac{1}{2}qi\operatorname{tg}\beta,$$

et faisant $\tfrac{1}{2}q\operatorname{tg}q\beta = q_0$,

$$\beta'_0 = \beta_0 + q_0 i.$$

Récapitulant maintenant les divers résultats qui viennent d'être calculés, on verra d'abord que la détermination du cap magnétique ζ au moyen du cap du compas ζ' dans l'hypothèse où le navire a une certaine inclinaison i s'exécutera toujours immédiatement au moyen des deux formules :

$$\operatorname{tg}\varphi' = \operatorname{cotg}\eta'_0\,\frac{\sin(\zeta' - \alpha'_0)}{\cos(\zeta' + \varepsilon'_0)}, \quad \sin(\zeta - \varphi') = \sin\varphi'\operatorname{tg}\beta'_0\,\frac{\sin(\zeta' - \gamma'_0)}{\sin(\zeta' - \alpha'_0)},$$

et, en second lieu, que les constantes α'_0, ε'_0, η'_0, γ'_0, β'_0 qui se trouvent dans ces formules se déduisent avec la plus grande facilité des constantes déjà déterminées pour le calcul direct :

$$\alpha'_0 = \alpha_0 + m_0 i; \qquad \varepsilon'_0 = \varepsilon_0 - n_0 i; \qquad \eta'_0 = \eta_0 - p i;$$
$$\gamma'_0 = \gamma_0 - r_0 i; \qquad \beta'_0 = \beta_0 + q_0 i.$$

α_0, ε_0, η_0, γ_0, η_0 se déterminent au moyen de α, ε, η, γ, β ainsi qu'on l'a vu précédemment. Quant à m_0, n_0, r_0 et q_0, elles sont liées aux constantes m, n, q, r du calcul direct par les relations

$$m_0 = m \cot g \eta; \qquad n_0 = n \operatorname{tg} \eta; \qquad r_0 = \tfrac{1}{2} r \cot g \gamma; \qquad q_0 = \tfrac{1}{2} q \operatorname{tg} \beta.$$

η, étant en général voisin de 45°, on pourra presque toujours poser $m_0 = m$ et $n_0 = n$; q_0 et p sont généralement négligeables. Le seul coefficient de la déviation de bande dont il y ait lieu de tenir compte dans la navigation est en réalité r pour le calcul direct et r_0 pour le calcul inverse.

En somme, la détermination des coefficients relatifs à la déviation de bande ne saurait présenter aucune difficulté pratique; les observations et les calculs sont des plus élémentaires. Les considérations précédentes montrent que si l'on a calculé d'un côté α, β, γ, η, ε pour le navire droit, α', β', γ', η', ε' pour le navire incliné, et que si, d'un autre côté, on a exécuté quelques observations d'oscillation avec une aiguille horizontale et une aiguille d'inclinaison, il sera toujours possible de calculer tous les coefficients des formules de Poisson, et que l'on aura, en outre, pour contrôler les résultats, de nombreux moyens de vérification.

Il ne saurait entrer dans notre esprit d'établir en principe la nécessité de tenir compte minutieusement, dans les calculs de navigation, des diverses constantes de la déviation; mais il nous paraît indispensable, quand on exécute une régulation complète, de déterminer avec soin toutes les constantes. D'après les valeurs trouvées pour ces constantes, on sera fixé immédiatement et sur la grandeur des déviations probables avec les positions géographiques, et, d'un autre côté, sur l'influence de l'inclinaison du navire dans les indications du compas. On pourra savoir ainsi *à priori* quelles sont les constantes dont il sera nécessaire de se préoccuper dans les calculs de mer, en tenant compte à ce sujet du degré d'approximation requis dans ce genre de calcul. Le plus souvent, on reconnaîtra qu'un certain nombre de constantes sont parfaitement négligeables, eu égard à leur faible valeur. Mais, nous le répétons, il est généralement indispensable d'être bien fixé à ce sujet, si l'on ne veut s'exposer à des mécomptes et à des surprises qui, dans certaines circonstances, pourraient avoir les plus graves conséquences.

7. Considérations diverses sur la nature des constantes de la déviation et leur calcul numérique. — Les équations de Poisson renferment douze constantes P, Q, R; *a, b, c, d, e, f, g, h, k*.

P, Q, R dépendent du fer dur et, par suite, du magnétisme *permanent* ou *sous-permanent* du navire. Tout le fer dur peut être regardé comme équivalant à un barreau unique que l'on décompose en trois autres suivant les trois axes de coordonnées; P, Q, R représentent respectivement l'action de ces trois composantes.

P donne, d'après cela, l'influence du fer dur disposé dans la direction de l'axe longitudinal du navire; Q celle du fer dur disposé dans le plan horizontal, mais perpendiculairement à l'axe longitudinal; enfin R est due à l'influence des pièces de fer dur verticales.

P, Q, R sont engendrées et par le magnétisme permanent naturel du fer et par le magnétisme sous-permanent induit par la force terrestre pendant la construction du navire et fixé par des opérations mécaniques telles que le martelage, le laminage, etc., auxquelles le fer a dû être assujetti.

P, Q, R éprouvent généralement de grandes variations aussitôt après la mise à l'eau du navire; cela tient à ce qu'une partie du fer dur passe à l'état de fer doux. Mais au bout d'une année environ, l'expérience montre que ces variations deviennent à peu près insensibles. Le fer semble alors s'être placé dans un état normal qu'il conserve indéfiniment ou à très peu près. Théoriquement les choses ne se passent pas sans doute ainsi d'une manière absolue; les modifications qui se produisent dans l'état du fer doivent être continuelles; mais ces modifications sont assez faibles pour qu'il soit permis de n'en tenir aucun compte dans la pratique, eu égard à l'approximation des résultats que l'on se propose d'obtenir.

P, Q, R ne ne se calculent pas directement; leurs valeurs respectives résultent de celles qui ont été trouvées par l'observation pour les autres constantes :

$$\frac{P}{H} = (1 + a)\,\frac{\cos \beta}{\cos \varepsilon} - c\,\mathrm{tg}\,\theta; \quad \frac{Q}{H} = -(1 + e)\,\frac{\sin \gamma}{\sin \alpha} - f\,\mathrm{tg}\,\theta;$$

$$\frac{R}{H} = [\mu - (1 + k)]\,\mathrm{tg}\,\theta.$$

a, b, c, d, e f, g, h, k dépendent de la disposition du fer doux à bord du navire et de sa capacité inductive. Si la quantité du fer doux et sa distribution restaient constantes, et si, d'un autre côté, la capacité inductive n'éprouvait aucune modification, il est bien évident que ces constantes resteraient toujours invariables. Ainsi qu'on l'a dit souvent, il n'en est pas rigoureusement ainsi; une partie du fer qui, pendant la construction du navire, s'est immédiatement tranformé en fer dur, tend à revenir à l'état de fer doux. Il en résulte une augmentation dans la quantité de fer doux, et, par suite, une modification dans la disposition des barreaux de fer doux équivalant à tout le fer doux du navire; par suite la valeur des constantes ne reste plus la même. Mais comme ces divers changements deviennent insensibles au bout d'un certain temps, et que d'ailleurs l'expérience n'a fait reconnaître jusqu'à présent aucune altération bien accusée dans la capacité inductive du fer doux, on peut admettre que toutes les fois que la disposition ou l'installation du fer doux à bord n'aura pas subi de changements notables, les neuf coefficients a, b,......, k resteront invariables; toutes les expériences exécutées jusqu'a ce jour sont unanimes pour démontrer que cette hypothèse est plus que suffisante pour les besoins de la pratique.

La totalité du fer doux du bord est équivalente à un barreau de fer doux unique, résultante géométrique de tous les barreaux qui représentent le fer doux du navire. Ce barreau unique est induit par les trois composantes de la force terrestre, il constitue alors un aimant dont l'action magnétique se décompose en trois autres suivant les axes de coordonnées.

a, b, c s'appliquent à la composante longitunale; d, e, f à la composante transversale; et enfin g, h, k à la composante verticale.

a, b, c sont dus, d'après cela, aux pièces de fer élongées dans la direction de l'axe longitunal du navire; d, e, f à celles qui, placées horizontalement, sont perpendiculaires à cette dernière direction (les baux, par exemple); enfin g, h, k sont engendrées surtout par les pièces verticales (tuyaux de cheminée, pistolets d'embarcation, etc,).

Les neuf coefficients a, b,......, k n'ont pas une égale importance; b, d, f, h sont nuls toutes les fois que le fer doux est disposé d'une manière symétrique par rapport au plan diamétral longitudinal du navire et que le compas a son axe placé dans ce plan. La symétrie parfaite n'existe jamais d'une manière absolue; mais le plus souvent les conditions sont telles qu'elles s'en rapprochent très sensiblement; alors b, d, f, h sont des quantités du second ordre qui sont, en général, négligeables dans les calculs ordinaires de navigation, toutes les fois du moins que le compas est placé dans l'axe du navire.

Les neuf coefficients a, b,....., k peuvent se calculer au moyen des constantes; α, β γ, η, ε, des constantes de déviation de bande et d'observations de force horizontale et de force verticale exécutées avec une boussole de déclinaison et une boussole d'inclinaison.

Ainsi qu'on l'a vu précédemment, si l'on appelle t la durée de n oscillations de l'aiguille aimantée à terre, et t' la durée du même nombre d'oscillations à bord, l'aiguille étant placée au compas lui-même,

$$\frac{H'}{H} = \frac{t^2}{t'^2} = \rho,$$

si ζ' était le cap accusé par le compas pendant l'observation

$$1 + a = \tfrac{1}{2}\rho\,\frac{\cos\zeta'\cos\varepsilon}{\cos N\cos(N-\beta)}, \qquad 1 + e = \tfrac{1}{2}\rho\,\frac{\sin\zeta'\cos\alpha}{\sin M\cos(M-\gamma)}.$$

Ces deux relations permettent de calculer a et e, et l'on a comme vérification la relation

$$\operatorname{cotg}\eta = \frac{1+e}{1+a}\frac{\cos\varepsilon}{\cos\alpha}.$$

Pour calculer b et d, on aura ensuite

$$b = (1+a)\operatorname{tg}\varepsilon; \qquad d = -(1+e)\operatorname{tg}\alpha.$$

g et h résultent d'observations d'oscillations d'une boussole d'inclinaison exécutées à terre et à bord du navire orienté successivement aux quatre points cardinaux magnétiques

$$g = \tfrac{1}{2}\left(\frac{z'_1 - z'_3}{z}\right)\operatorname{tg}\theta; \qquad h = \tfrac{1}{2}\left(\frac{z'_4 - z'_2}{z}\right)\operatorname{tg}\theta.$$

z est la force verticale à terre; z'_1, z'_2, z'_3, z'_4 la même force verticale à bord aux points cardinaux Nord, Est, Sud et Ouest, et l'on a d'une manière générale

$$\frac{z'}{z} = \frac{t^2}{t'^2} = \sigma;$$

de sorte que

$$g = \tfrac{1}{2}(\sigma_1 - \sigma_3)\operatorname{tg}\theta; \qquad h = \tfrac{1}{2}(\sigma_4 - \sigma_2)\operatorname{tg}\theta.$$

c et f résultent des observations de déviation de bande

$$c = n(1+a); \qquad f + h = 2p(1+e);$$

h étant connu par une autre observation, on conclut immédiatement f.

La constante k pourrait se déduire de $\mu = 1 + k + \dfrac{R}{H\operatorname{tg}\theta}$, si l'on connaissait R; mais comme cela n'a jamais lieu, et qu'au contraire R résulte de la connaissance de μ et de k, il faut recourir à un autre moyen.

De la relation

$$e' = e - (f+h)\sin i\cos i - (e-k)\sin^2 i$$

il est possible de tirer la valeur de $e - k$ et par suite celle de k.

Si, en effet, pendant que le navire était à la bande pour les observations destinées à calculer α', β', γ', η', et ε', on a eu soin de faire à un cap quelconque ζ' du compas des observations d'oscillation d'une aiguille horizontale, on pourra, de la connaissance des constantes α', β'...... ε', conclure $1 + e'$,

$$1 + e' = \tfrac{1}{2}\rho\,\frac{\sin\zeta'\cos\alpha'}{\sin M'\cos(M'-\gamma')},$$

et par suite e'; connaissant alors e, e', f et h, on aura

$$e - k = \frac{e - e' - \tfrac{1}{2}(f+h)\sin 2\imath}{\sin^2 i},$$

Ce résultat ne sera pas très précis, eu égard à la petitesse de i; mais comme k est généralement une quantité relativement grande, elle sera connue par la relation précédente avec une certaine approximation.

Un autre moyen préférable pour obtenir k consiste à faire des observations à deux positions géographiques différentes pour lesquelles l'inclinaison et la force horizontale ont des valeurs notablement différentes; on mesure μ pour chacune des deux positions, et l'on a les deux équations

$$\mu_1 = 1 + k + \frac{R}{H_1 \operatorname{tg}\theta_1}; \quad \mu_2 = 1 + k + \frac{R}{H_2 \operatorname{tg}\theta_2},$$

H et $\operatorname{tg}\theta$ sont données par les cartes magnétiques; on conclut par suite k et R en résolvant ces deux équations.

Les constantes α, β, γ, η et ε doivent être regardées comme des constantes auxiliaires qui se composent avec les constantes des formules de Poisson et qui ont été imaginées uniquement dans le but de faciliter les calculs des observations.

Trois de ces constantes α, η, ε sont indépendantes de la force terrestre :

$$\operatorname{tg}\alpha = -\frac{d}{1+e}; \quad \operatorname{tg}\varepsilon = \frac{b}{1+a}; \quad \cot\eta = \frac{1+e}{1+a}\frac{\cos\varepsilon}{\cos\alpha}.$$

Elles ne dépendent absolument que de la disposition et de la quantité du fer doux à bord et aussi de la capacité inductive de ce fer doux.

Ces constantes sont celles de la déviation quadrantale.

Une seule de ces constantes η a une importance réelle; les deux autres étant identiquement nulles quand le fer doux est disposé d'une manière symétrique à bord, sont toujours très faibles si le compas est placé rigoureusement dans l'axe du navire.

α et ε se calculent au moyen d'observations faites aux points cardinaux du compas; si l'on appelle N_0, E_0, S_0, O_0 les caps magnétiques qui correspondent aux caps N, E, S, O du compas

$$\alpha = 90° - \tfrac{1}{2}(N_0 + S_0); \quad \varepsilon = 180° - \tfrac{1}{2}(E_0 + O_0).$$

η peut se conclure des valeurs $1 + e$ et $1 + a$ données par des observations de force horizontale quand on connaît déja ε et α; mais il peut s'obtenir aussi au moyen d'une valeur de ζ' pour un cap quelconque, quand on connaît déjà α, ε, β, γ

$$\operatorname{cotg}\eta = \operatorname{tg}\zeta' \, \frac{\cos N \cos(N - \beta)}{\sin M \cos(M - \gamma)}.$$

Les deux résultats obtenus par des observations différentes peuvent ainsi se contrôler l'un par l'autre.

Les deux constantes β et γ sont celles de la déviation semi-circulaire

$$\cos\beta = \frac{c\,\operatorname{tg}\theta + \dfrac{P}{H}}{1 + a}\cos\varepsilon; \quad \sin\gamma = - \frac{f\,\operatorname{tg}\theta + \dfrac{Q}{H}}{1 + e}\cos\alpha.$$

Elles sont fonctions à la fois de l'inclinaison θ et de la force horizontale H; elles varient par suite avec les positions géographiques.

β et γ s'obtiennent ainsi que α et ε au moyen d'observations exécutées aux quatre points cardinaux du compas

$$\beta = \tfrac{1}{2}(O_0 - E_0); \quad \gamma = \tfrac{1}{2}(S_0 - N_0) - 90°.$$

Toutes les fois que l'on aura pu déterminer les constantes c, P, a, ε, f, Q, e, α, il est évident qu'il sera facile, au moyen d'une carte magnétique, d'estimer les valeurs de β et de γ pour une position géographique quelconque.

Or nous avons indiqué tout à l'heure des moyens de mesurer directement a, e, c, f, ε et α; P et Q résulteront des valeurs trouvées pour β et γ dans la régulation du compas. On possédera par suite tous les éléments nécessaires pour trouver β et γ, quelle que soit la position où l'on se trouve.

Si l'on a mesuré β et γ pour deux positions géographiques différentes où l'on connaît l'inclinaison et la force horizontale, il est évident qu'au moyen de ces nouvelles valeurs, on pourra vérifier les valeurs de c, f, P et Q, ou les calculer si on ne les possède déjà; on aura, en effet,

$$\left\{\begin{array}{l} c\,\mathrm{tg}\,\theta_1 + \dfrac{P}{H_1} = (1+a)\,\dfrac{\cos\beta_1}{\cos\varepsilon} \\[2ex] c\,\mathrm{tg}\,\theta_2 + \dfrac{P}{H_2} = (1+a)\,\dfrac{\cos\beta_2}{\cos\varepsilon} \end{array}\right. \qquad \left\{\begin{array}{l} f\,\mathrm{tg}\,\theta_1 + \dfrac{Q}{H_1} = -(1+e)\,\dfrac{\sin\gamma_1}{\cos\alpha} \\[2ex] f\,\mathrm{tg}\,\theta_2 + \dfrac{Q}{H_2} = -(1+e)\,\dfrac{\sin\gamma_2}{\cos\alpha} \end{array}\right.$$

On résoudra ces deux premières équations par rapport à c et P, et les deux autres par rapport à f et Q.

Quel que soit le soin qui a pu être apporté à la régulation des compas pendant que le navire se trouvait dans le port, et quel que soit le degré de confiance que l'on ait lieu d'accorder aux résultats de cette régulation, on ne devra jamais oublier qu'il est toujours utile de vérifier fréquemment la valeur des constantes β et γ, et cela surtout quand, après une traversée, on approche de l'atterrissage. La détermination de c et de f laisse toujours quelque peu à désirer. D'un autre côté, H et θ sont rarement connues avec toute la précision désirable. Enfin, et c'est là un point capital, P et Q sont, par leur nature, essentiellement variables. Il pourra arriver que ces éléments subissent des modifications considérables sans qu'aucune circonstance particulière ait pu éveiller l'attention à ce sujet. Ce n'est guère qu'après un très grand nombre de déterminations de c, f, P et Q, exécutées en des lieux très différents, que l'on pourra être, jusqu'à un certain point, en droit de compter d'une manière absolue sur ces constantes; encore sera-t-il nécessaire, pour cela, que θ et H ne subissent pas de grandes variations dans les parages où l'on se trouve.

On doit d'autant plus volontiers s'attacher à mesurer β et γ toutes les fois qu'on arrive dans le voisinage de la Terre que les observations nécessaires, toujours très rapides, n'exigent jamais un dérangement notable dans la route que l'on suit. Les constantes α, ε, η peuvent, en effet, être regardées comme invariables sans chances d'erreurs notables, de sorte que celles qui ont été estimées dans la régulation sur rade peuvent servir, quel que soit le point où l'on se trouve. Dans ces conditions, il suffit d'observer la variation, aux deux points cardinaux, du compas les plus voisins de la route que l'on suit pour en conclure immédiatement les constantes β et γ.

Si l'on gouverne entre le Nord et l'Est, on mettra successivement le cap au Nord et à l'Est du compas, et l'on aura

$$\sin(N_0 + \alpha) + \sin\gamma = 0; \qquad \cos(E_0 + \varepsilon) + \cos\beta = 0;$$

d'où

$$N_0 + \alpha + \gamma = 0; \qquad E_0 + \varepsilon + \beta = 180°.$$

Si le cap est entre l'Est et le Sud, on gouvernera à l'Est, puis au Sud du compas

$$\cos (E_0 + \epsilon) + \cos \beta = 0; \quad \sin (S_0 + \alpha) + \sin \gamma = 0;$$

d'où

$$E_0 + \epsilon + \beta = 180° \quad \text{et} \quad S_0 + \alpha - \gamma = 180°.$$

Pour le cap entre le Sud et l'Ouest, on gouvernera au Sud puis à l'Ouest

$$\sin (S_0 + \alpha) + \sin \gamma = 0; \quad \cos (O_0 + \epsilon) + \cos \beta = 0;$$

d'où

$$S_0 + \alpha - \gamma = 180°; \quad O_0 + \epsilon - \beta = 180°.$$

Enfin, pour le cap entre l'Ouest et le Nord, on gouvernera à l'Ouest puis au Nord

$$\cos (O_0 + \epsilon) + \cos \beta = 0; \quad \sin (N_0 + \alpha) = \sin \gamma = 0;$$

d'où

$$O_0 + \epsilon - \beta = 180°; \quad N_0 + \alpha + \gamma = 0.$$

β et γ pourront être ainsi déterminés dans chaque cas particulier; on se rappellera d'ailleurs que les angles N_0, E_0, S_0, O_0, sont toujours comptés de 0° à 360°, en prenant pour origine le point Nord du compas et en passant par l'Est au Sud et l'Ouest. Ces angles seront estimés au moyen de la déclinaison donnée par la carte pour le lieu où l'on se trouve, et de l'azimut astronomique d'un astre qui pourra être le Soleil, la Lune ou une étoile. Il ne sera jamais nécessaire de mesurer la hauteur de l'astre; la longitude et la latitude estimées du lieu seront généralement connues avec une approximation plus que suffisante pour permettre de calculer l'azimut de l'astre avec toute la précision désirable.

Les constantes m, n, p, q, r de la déviation de bande sont comme α, β....., ϵ des constantes auxiliaires imaginées pour la facilité des calculs et qui sont fonctions des constantes des équations de Poisson.

m, n, p s'appliquent à la déviation quadrantale, q et r à la déviation semi-circulaire

$$m = \frac{g}{1 + e}, \quad n = \frac{c}{1 + a}, \quad p = \frac{f + h}{1 + e},$$

m et n peuvent avoir des valeurs notables; p est toujours très faible.

$$q = \frac{\sin \epsilon}{\sin \beta} \operatorname{tg} \theta; \quad r = \left(1 - \frac{\mu}{1 + e}\right) \frac{\cos \alpha}{\cos \gamma} \operatorname{tg} \theta;$$

q est ordinairement une quantité négligeable, r est la constante la plus importante de la déviation de bande ; elle atteint, dans certains cas, des valeurs relativement considérables.

m, n, p restent les mêmes pour tous les points du globe ; mais q et r étant fonctions de l'inclinaison magnétique θ, varient avec les positions géographiques.

Pour déterminer les constantes de la déviation de bande, on donne par un moyen mécanique quelconque une inclinaison i sur tribord ou sur bâbord, et dans cette situation on le fait éviter successivement aux quatre points cardinaux du compas et à un cinquième cap quelconque. On en conclut α', β', γ', η' et ε' absolument de la même manière que pour estimer α, β, γ, η et ε.

On obtient alors m, n, p, q, r au moyen des relations

$$m = \frac{\alpha' - \alpha}{i} ; \quad n = \frac{\varepsilon - \varepsilon'}{i} ; \quad p = \frac{\eta' - \eta}{i} ; \quad q = \frac{\beta - \beta'}{i} ; \quad r = \frac{\gamma - \gamma'}{i} .$$

Les constantes ainsi calculées peuvent servir, ainsi qu'on l'a vu, à déterminer ou à vérifier les valeurs de quelques-unes de celles des équations de Poisson.

La constante μ résulte en particulier de la valeur de r. μ peut se déterminer directement ainsi qu'on l'a vu précédemment au moyen des oscillations d'une aiguille d'inclinaison, le navire étant évité à deux points cardinaux magnétiques

$$\mu = \frac{1}{2} \left(\frac{z'_1 + z'_3}{z} \right) ; \quad \mu = \frac{1}{2} \left(\frac{z'_2 + z'_4}{z} \right) .$$

Ces deux valeurs de μ pourront servir à contrôler celle qui sera donnée par les observations de bande.

Quand par un moyen quelconque on est arrivé à déterminer g, c, a, e et μ, il peut être inutile de faire des observations avec le navire incliné, puisque les constantes de déviation de bande les plus importantes se trouvent alors connues. Néanmoins ce mode d'observation doit être fortement recommandé, toutes les fois que la chose est possible, non-seulement comme moyen de contrôle, mais encore et surtout comme base de calcul. L'expérience a démontré en effet que les observations exécutées à bord sur le compas lui-même, le navire évitant successivement à différents caps, sont en général bien supérieures, eu égard aux résultats obtenus à celles qui résultent de mesures de force horizontale ou verticale. En réalité les observations peuvent avoir la même valeur : seulement leurs résultats ne sont pas comparables. Les équations de Poisson sont indépendantes de toute hypothèse sur la polarité des aiguilles et sur la distance aux diverses

pièces de fer du navire : les résultats que l'on en tire se trouvent par
suite dans le même cas. Or on ne saurait affirmer qu'il en soit rigoureusement ainsi pour les résultats obtenus avec un magnétomètre ou
avec une aiguille quelconque dont on estime le nombre d'oscillations
dans un temps donné.

Jusqu'à ce jour il ne semble pas que les marins se soient en général
sérieusement préoccupés de la déviation de bande. L'Angleterre et la
Russie sont les seuls pays où l'on ait fait à ce sujet des études importantes et où l'on ait songé à construire des tables spéciales à ce genre
de déviation pour l'usage des navires en fer et en particulier des bâtiments cuirassés de la marine de guerre. Ces tables ont mis en évidence un fait important, c'est que la déviation de bande, loin d'être
négligeable, atteint souvent 15 ou 20°, modifie par suite considérablement les déviations ordinaires et doit alors être sérieusement prise
en considération. Il ne paraît pas qu'en France personne se soit encore avisé de construire des tables de ce genre. Cela est assurément
fâcheux : ainsi qu'on peut le reconnaître, d'après la théorie qui vient
d'être exposée, les constantes de la déviation de bande sont très faciles à calculer : il est par suite très simple d'en conclure une table
générale pour tous les caps du navire pour une inclinaison déterminée : comme on peut admettre sans erreur sensible que la déviation
est proportionnelle à la bande, cette table sera d'un usage très pratique. On peut objecter, il est vrai, que l'inclinaison du navire sous
voiles est essentiellement variable, et que, par suite, il est extrêmement difficile de tenir compte des variations de déviation dues à cette
inclinaison. Cette raison ne saurait être sérieuse : on sait que l'on mesure habituellement la dérive du navire quand on navigue au plus
près et que l'on fait entrer avec la plus grande facilité dans les calculs d'estime les résultats de ce genre d'observation : or il est tout
aussi facile de mesurer l'inclinaison du navire avec un axiomètre, de
l'enregistrer sur le journal de bord et ensuite d'en tenir compte dans
les calculs du point : les résultats obtenus seront au moins aussi précis que ceux que l'on obtient en estimant la dérive. Il y a lieu de remarquer à ce sujet que dans la navigation au plus près on trouve bien
souvent entre le point d'estime et le point d'observation des différences
que l'on attribue volontiers au courant et à la dérive et qui en réalité
sont dues entièrement, ou à peu près, à la déviation du compas.

Quoi qu'il en soit, s'il n'y a pas lieu d'établir, en fait, la nécessité
absolue des tables de déviation de bande à bord de tous les navires et
de l'application de ces tables dans les calculs ordinaires de navigation,
il est au moins permis d'affirmer que dans tous les cas une régulation
sérieuse comporte la détermination des constantes de déviation de
bande. La connaissance de ces constantes sera toujours au moins une
indication précieuse qui permettra de fixer les idées sur le choix plus

ou moins judicieux de la place qui aura été prise pour l'installation du compas, et sur le degré de confiance que l'on devra accorder à ce compas à la mer quand le navire donne de la bande. C'est du reste l'examen de ces constantes qui pourra faire connaître *à priori* s'il y a lieu de construire une table de déviation de bande et s'il y aura réellement intérêt à s'en servir.

8. Exposé de quelques résultats d'expériences relatifs à la déviation. — Nous compléterons les divers développements qui viennent d'être donnés en reproduisant les conclusions relatives aux déviations semi-circulaire et quadrantale qui se trouvent exposées dans le mémoire de MM. Archibald Smith et Frédéric Evans : « *Des propriétés magnétiques des navires cuirassés de la marine royale.* »

1° La déviation *semi-circulaire originelle* dépend principalement de l'orientation de l'avant du navire pendant sa construction : elle est due généralement à une attraction subie par la pointe N. de l'aiguille aimantée dans la direction de la partie du navire qui se trouvait dirigée vers le Sud.

2° Cette attraction est engendrée par le magnétisme *permanent* qu'acquiert le navire, pendant sa construction, sous l'influence de la force horizontale terrestre.

3° Si l'on sépare l'effet du magnétisme *permanent* induit par la composante *longitudinale* de la force horizontale terrestre de l'effet du magnétisme *permanent* induit par la composante *transversale* de la même force horizontale, on reconnaîtra que le premier est relativement moindre que le second. Il résulte de là que la direction de la déviation semi-circulaire se trouve modifiée toutes les fois que le navire n'a pas été construit sur un chantier orienté vers l'un des points cardinaux.

4° La troisième partie de la déviation semi-circulaire ($\operatorname{ctg} \theta \sin \zeta'$) est indépendante de l'orientation du navire sur chantier. Elle est due au magnétisme induit produit par la composante verticale terrestre et consiste dans une attraction subie par la pointe N. de l'aiguille vers l'avant ou vers l'arrière.

Pour la position que l'on donne ordinairement au compas-étalon, cette partie de la déviation (du moins dans notre hémisphère) est engendrée par une attraction de la pointe N. de l'aiguille aimantée vers l'avant; mais si le compas se trouvait sur l'avant d'une masse de fer verticale ordinaire, l'étambot, par exemple, l'attraction pourrait provenir de l'arrière.

5° La première et la deuxième partie de la déviation semi-circulaire (P et Q) diminuent rapidement après la mise du navire à la mer; ordinairement la deuxième (Q) diminue beaucoup plus rapidement; mais au bout d'un certain laps de temps dont la durée peut être fixée à une année environ, si le navire a eu l'occasion d'éviter fréquemment à des rumbs différents, les valeurs finales tendent à devenir permanentes et ne varient plus que d'une manière insensible.

La troisième partie de la déviation semi-circulaire varie peu ou même ne varie point du tout quand l'inclinaison ne change pas.

6° Les variations qui se produisent dans la déviation semi-circulaire pour les navires construits à l'orientation sur chantier E. et O. sont d'ordinaire relativement plus grandes que celles que l'on observe quand le navire a été construit avec l'orientation N. et S.

7° Le magnétisme *induit* par la force horizontale terrestre se joint au magnétisme *permanent* engendré par la même force, pendant que le navire se trouve sur chantier, et plus tard quand le navire vient à éviter au rumb suivant lequel il était orienté pendant sa construction.

8° L'effet du magnétisme *permanent* engendré par la force horizontale terrestre et du magnétisme *induit* par la même force, pendant que le navire se trouve sur chantier, tend principalement à produire une diminution de la force directrice du compas : la déviation n'est que très-peu modifiée. Si, en particulier, la direction du chantier est N.-S. ou E.-O., cet effet se traduit par une diminution de la force directrice et par une influence nulle sur la déviation.

9° L'influence qui vient d'être indiquée se produit plus tard (du moins d'une manière approchée) quand le navire vient à éviter dans la direction suivant laquelle il a été construit.

10° Cette diminution de la force directrice est plus considérable pour l'orientation sur chantier E.-O. que pour l'orientation N.-S.

11° Les déviations à bord d'un navire en fer qui a été construit avec l'orientation E.-O. peuvent avoir une influence plus fâcheuse que celles qui se présentent sur un navire construit avec l'orientation N. et S., et cela pour les motifs suivants :

I. Elles sont moins symétriques et moins régulières et par conséquent comportent plus d'incertitudes pour le navigateur.

II. Elles varient davantage après la mise du navire à la mer.

III. Elles diminuent la force directrice plus que toutes celles que l'on trouve sur les navires construits avec toute autre orientation.

12° Quand un navire a été construit sur chantier avec l'avant au N., la partie supérieure de l'étambot et la partie inférieure de l'étrave sont fortement magnétisées; au contraire la partie inférieure de l'étambot et la partie supérieure de l'étrave le sont très peu.

Dans le cas où le navire aurait été construit l'avant au Sud, les parties supérieure de l'étrave et inférieure de l'étambot seraient fortement magnétisées et les parties inférieure de l'étrave et supérieure de l'étambot ne le seraient que faiblement.

Par conséquent sur les navires construits avec l'avant au Nord, un compas placé près de l'étambot aurait une grande déviation semi-circulaire.

13° Sur les navires construits, l'avant au Nord, il se produit encore une grande force Z qui attire l'extrémité N. du compas en agissant de haut en bas et qui a pour conséquence une grande déviation de *bande*. Au contraire, sur les navires construits avec l'avant au Sud, ces deux espèces de déviation seront probablement très-petites.

14° En général, pour les compas placés à l'arrière du navire, le mode de construction le plus favorable sera l'avant au Sud; pour les compas placés au milieu du navire, la construction avec l'avant au Sud sera équivalente à la construction avec l'avant au Nord.

15° La diminution de la force horizontale H est la moyenne des diminutions dues au magnétisme *induit* par la force horizontale, quand le navire évite au Nord ou au Sud, et par le magnétisme *induit* quand le cap est à l'Est ou à l'Ouest.

16° La déviation *quadrantale* est produite par la différence entre ces deux magnétismes.

17° La diminution de la force directrice et celle de la déviation *quadrantale* sont à peu près les mêmes aux différents points du navire qui se trouvent au même niveau. Chacun de ces éléments augmente quand on passe du compas-étalon aux compas de pont ou de batterie.

Tous les deux diminuent avec le temps.

18° En remplaçant par du bois le fer de la partie du pont en dessus ou en dessous du compas, en dedans d'un angle de $35°15'$ avec la verticale qui passe par le centre du compas, et en ne conservant aucune pièce de fer en dedans de l'angle $54°15'$ avec la même verticale, la force directrice se trouve augmentée, et les déviations *quadrantale* et de *bande* sont généralement diminuées.

19° Quand on cherche à déterminer la place qu'occupera le compas-étalon, on doit éviter, avant tout, le voisinage des extrémités de fer allongées, particulièrement de celles qui se trouvent dans une position verticale; si cela est complétement impossible, on doit s'arranger de manière que ces pièces de fer diminuent au lieu d'augmenter la déviation semi-circulaire; il faut toujours, autant que possible, éviter le voisinage des tourelles destinées à l'artillerie et à la mousqueterie.

20° A bord des navires en fer ou des navires cuirassés, il y a particulièrement lieu de se préoccuper, avec le plus grand soin, du choix de la place que devra occuper le compas-étalon.

Il n'est pas bien difficile, pour quiconque a étudié la théorie de la déviation, d'imaginer des dispositions qui atténuent en grande partie l'influence du fer du navire. La question délicate est de concilier ces dispositions avec les exigences de la construction et de la manœuvre du bâtiment.

CHAPITRE III.

RÉGULATION DES COMPAS A BORD.

---

1. Méthode employée pour régler les compas d'un navire. — Calcul des constantes. — La régulation des compas à bord a pour objet de déterminer pour un cap quelconque la quantité angulaire qu'il faut ajouter au cap ζ', indiqué par le compas, pour obtenir le cap magnétique ζ ou cap qui serait indiqué par le compas s'il n'existait aucune force magnétique perturbatrice, et si, par suite, l'aiguille aimantée du compas n'était soumise qu'à l'influence de la force terrestre. Cette quantité a reçu le nom de déviation, de sorte que si on la désigne par δ,

$$\zeta = \zeta' + \delta.$$

On peut dire également que la régulation a pour objet de mesurer la déviation δ pour un cap quelconque.

La déviation variant avec le cap, la régulation n'est complète qu'autant qu'elle comporte la détermination de δ pour tous les caps imaginables.

La science ayant aujourd'hui démontré que la déviation obéit à une loi très simple et fait connaître en outre que cette loi dépend d'un certain nombre de constantes faciles à déterminer par l'observation, la régulation du compas peut être ramenée au calcul de ces constantes. Les constantes de la déviation horizontale pour un lieu donné sont au nombre de cinq ; par suite, cinq observations seront en général suffisantes pour régler un compas.

Pour faciliter la régulation des compas, on choisit habituellement, dans les ports ou sur les rades, un point convenable suffisamment éloigné de toute influence magnétique locale, pour lequel on détermine, avec le plus grand soin, l'orientation par rapport au méridien magnétique du lieu, d'un certain nombre de signaux remarquables bien faciles à apercevoir. Ce point est ensuite fixé par une bouée sur laquelle les navires peuvent s'amarrer. Quand un navire veut régler ses compas, il vient se placer sur cette bouée. Au moyen d'amarres élongées sur d'autres bouées placées dans des directions convenables aux environs, il peut, suivant les circonstances, prendre une position fixe ou éviter dans une direction quelconque. Les dispositions préliminaires d'amarrage ayant été prises, on manœuvre de manière à faire orienter successivement le navire à tous les rumbs de la rose du compas. Avec un cercle on mesure en même temps, au moyen des points de repère placés à terre et dont l'orientation magnétique est connue, l'angle formé par l'axe longitudinal du navire avec le méridien magnétique, et par suite chaque cap magnétique correspondant à chaque cap accusé par la rose.

On exécute habituellement cette opération pour les trente-deux quarts du compas.

Chaque observation donnant à la fois et le cap magnétique ζ et le cap du compas ζ', on peut conclure immédiatement la déviation correspondante.

En France, dans la marine de guerre, les compas sont réglés par les soins de la Direction des constructions navales. A la suite des observations exécutées à la bouée des compas, il est dressé un tableau qui fait connaître, pour chaque quart magnétique, le cap correspondant et la déviation du compas.

Nous donnons ci-joint un tableau de ce genre relatif à quatre compas du cuirassé *le Suffren*. Ce tableau est la reproduction littérale de celui qui se trouve aux archives des constructions navales.

TABLE DES DÉVIATIONS DES COMPAS DU *SUFFREN*,

Le signe + indique une déviation à l'Est du m...

CAPS MAGNÉTIQUES du navire.		COMPAS DE RELÈVEMENT. T. Passerelle A'. Rose de 0^m,20. Liquide.		COMPAS· B. Ro U
		Indications.	Déviations.	Indications.
Nord.	Nord.	N. 12°45' E.	— 12°45'	N. 21°30' O.
N. q. N.-E.	N. 11°15' E.	22 15	— 11 00	11 45
N.-N.-E.	22 30	33 00	— 10 30	2 30
N.-E. q. N.	33 45	44 30	— 10 45	N. 8 30 E.
N.-E.	45 00	57 15	— 12 15	20 15
N.-E. q. E.	56 15	69 15	— 13 00	34 15
E.-N.-E.	67 30	N. 80 45 E.	— 13 15	51 30
E. q. N.-E.	78 45	S. 88 00 E.	— 13 15	N. 75 45 E.
Est.	Est.	77 15	— 12 45	S. 70 45 E.
E. q. S.-E.	S. 78°45' E.	67 30	— 11 15	46 30
E.-S.-E.	67 30	59 00	— 8 30	30 00
S.-E. q. E.	56 15	51 00	— 5 15	17 45
S.-E.	45 00	43 15	— 1 45	S. 8 00 E.
S.-E. q. S.	33 45	36 00	+ 2 15	Sud.
S.-S.-E.	22 30	29 45	+ 7 15	S. 7 45 O.
S. q. S.-E.	11 15	23 45	+ 12 30	14 30
Sud.	Sud.	18 15	+ 18 15	20 00
S. q. S.-O.	S. 11°15' O.	12 30	+ 23 45	25 30
S.-S.-O.	22 30	S. 5 15 E.	+ 27 45	31 15
S.-O. q. S.	33 45	S. 3 00 O.	+ 30 45	37 30
S.-O.	45 00	11 45	+ 33 15	44 00
S.-O. q. O.	56 15	22 30	+ 33 45	51 00
O.-S.-O.	67 30	34 30	+ 33 00	58 00
O. q. S.-O.	78 45	52 15	+ 26 30	65 45
Ouest.	Ouest.	S. 72 00 O.	+ 18 00	75 00
O. q. N.-O.	N. 78°45' O.	N. 84 00 O.	+ 5 15	S. 85 15 O.
O.-N.-O.	67 30	62 15	— 5 15	N. 84 15 O.
N.-O. q. O.	56 15	44 45	— 11 30	73 45
N.-O.	45 00	31 45	— 13 15	63 00
N.-O. q. N.	33 45	19 45	— 14 00	52 00
N.-N.-O.	22 30	N. 8 30 O.	— 14 00	42 00
N. q. N.-O.	11 15	N. 2 15 E.	— 13 30	N. 31 45 O.

...VÉES A CHERBOURG (RADE) LES 20 ET 21 MAI 1873.

...magnétique; le signe — une déviation à l'Ouest.

| ...VEMENT. *N.* ...0. ...e. | COMPAS DE RELÈVEMENT. B. Passerelle AR. Rose de 0^m,20. Une aiguille. | | COMPAS RENVERSÉ. Kiosque. Rose de 0^m,14. Une aiguille. | |
Déviations.	Indications.	Déviations.	Indications.	Déviations.
+ 21°30'	N. 7°30' O.	+ 7°30'	N. 4°45' O.	+ 4°45'
+ 23 00	N. 0 45 E.	+10 30	N. 3 15 E.	+ 8 00
+ 25 00	9 00	+13 30	11 00	+11 30
+ 25 15	17 45	+16 00	19 15	+14 30
+ 24 45	26 45	+18 15	28 30	+16 30
+ 22 00	36 00	+20 15	38 30	+17 45
+ 16 00	45 15	+22 15	49 00	+18 30
+ 3 00	55 45	+23 00	60 00	+18 45
— 19 15	69 30	+20 30	72 30	+17 30
— 32 15	N. 85 00 E.	+16 15	N. 85 45 E.	+15 30
— 37 30	. 79 30 E.	+12 00	S. 80 45 E.	+13 15
— 38 30	64 30	+ 8 15	67 15	+11 00
— 37 00	49 30	+ 4 30	53 30	+ 8 30
— 33 45	35 00	+ 1 15	40 00	+ 6 15
— 30 15	20 45	— 1 45	26 30	+ 4 00
— 25 45	S. 7 15 E.	— 4 00	S. 13 00 E.	+ 1 45
— 20 00	S. 5 45 O.	— 5 45	S. 0 15 O.	— 0 15
— 14 15	18 45	— 7 30	13 30	— 2 15
— 8 45	31 30	— 9 00	26 45	— 4 15
— 3 45	44 00	—10 15	40 00	— 6 15
+ 1 00	56 30	—11 30	53 00	— 8 00
+ 5 15	68 45	—12 30	66 15	—10 00
+ 9 30	S. 80 45 O.	—13 15	S. 79 30 O.	—12 00
+ 13 00	N. 87 45 O.	—13 30	N. 88 00 O.	—13 15
+ 15 00	76 45	—13 15	75 45	—14 15
+ 16 00	66 15	—12 30	64 30	—14 15
+ 16 45	56 30	—11 00	54 15	—13 15
+ 17 30	47 00	— 9 15	45 00	—11 15
+ 18 00	38 15	— 6 45	36 30	— 8 30
+ 18 45	30 15	— 3 30	28 15	— 5 30
+ 19 30	22 45	+ 0 15	20 30	— 2 00
+ 20 30	N. 15 15 O.	+ 4 00	N. 12 30 O.	+ 1 15

Au moyen des données contenues dans le tableau des observations de déviation, il est facile de calculer les constantes α, ε, η, γ et β; pour cela cinq observations suffisent. On choisira de préférence celles qui sont relatives aux points cardinaux et aux points quadrantaux, cela surtout parce qu'il en résulte des abréviations considérables dans le calcul. Ainsi qu'on a pu le remarquer, le tableau ne donne pas immédiatement les caps magnétiques qui correspondent aux caps cardinaux ou quadrantaux du compas; c'est le contraire qui a lieu; mais il est facile de les obtenir par une interpolation ou plutôt par un simple calcul de parties proportionnelles.

En désignant par N_0, E_0, S_0 et O_0 les caps magnétiques correspondant aux caps cardinaux du compas, et par A_1, A_2, A_3, A_4 les caps magnétiques relatifs aux caps NE, SE, SO et NO du compas, on construira, au moyen des observations exécutées à bord du *Suffren*, le tableau ci-dessous :

COMPAS	N_0	E_0	S_0	O_0	A_1	A_2	A_3	A_4
De relèv. T. N.	— 13°30′	76°45′	209°45′	278°15′	34°15′	132°15′	254°10′	303°35′
De relèv. B. N.	+ 25 50	83 30	146 15	286 50	63 15	102 15	226 35	334 10
De relèv. B. AR.	+ 10 20	104 50	174 25	256 30	67 10	138 30	214 40	306 00
Renversé. . . .	+ 6 40	103 55	179 45	256 55	63 35	142 05	218 05	303 45

A l'aide des relations

$$\alpha = 90° - \tfrac{1}{2}(S_0 + N_0); \quad \gamma = \tfrac{1}{2}(S_0 - N_0) - 90°; \quad \varepsilon = 180° - \tfrac{1}{2}(O_0 + E_0);$$
$$\beta = \tfrac{1}{2}(O_0 - E_0),$$

on calculera les valeurs des constantes α, γ, ε et β.

On aura ensuite η par la formule

$$\cot g\, \eta = \frac{\cos N \cos (N - \beta)}{\sin M \cos (M - \gamma)},$$

dans laquelle $M = \tfrac{1}{2}(\zeta + \alpha + \gamma)$ et $N = \tfrac{1}{2}(\zeta + \varepsilon + \beta)$.

On prendra successivement pour valeur de ζ les nombres A_1, A_2, A_3 et A_4.

A la rigueur, il suffirait de prendre l'une quelconque des valeurs de A et de faire un seul calcul; mais dans le but de se rendre compte de l'exactitude des résultats et par suite de la précision des observations, le calcul étant en somme assez court, il vaut mieux calculer η pour chacun des points quadrantaux. On obtient ainsi quatre valeurs de η

qui devraient être identiques, mais qui, en réalité, présenteront entre elles des différences plus ou moins grandes, suivant le degré de précision des observations. On adoptera ensuite pour η la moyenne des quatre valeurs calculées.

On trouvera ainsi, pour les quatre compas du *Suffren* :

COMPAS	α	ε	β	γ	η
De relèvement. T. *N*...	$-8°10'$	$+2°30'$	$100°45'$	$+21°40'$	$53°10'$
De relèvement. B. *N*...	$+4\ 00$	$-5\ 10$	$101\ 40$	$-29\ 50$	$53\ 30$
De relèvement. B. *AR*...	$-2\ 30$	$-0\ 40$	$75\ 40$	$-8\ 00$	$49\ 15$
Renversé.	$-3\ 15$	$-0\ 30$	$76\ 30$	$-3\ 30$	$48\ 50$

Avec les constantes a, ε, β, γ, η, on calculera ensuite les constantes α_0, ε_0, β_0, γ_0, η_0 nécessaires pour le calcul inverse. Pour cela on se servira des relations

$$\operatorname{tg} \alpha_0 = \operatorname{cotg} \eta \frac{\sin \alpha}{\cos \varepsilon}; \quad \operatorname{tg} \varepsilon_0 = \operatorname{tg} \eta \frac{\sin \varepsilon}{\cos \alpha}; \quad \operatorname{tg} \gamma_0 = \operatorname{cotg} \eta \frac{\sin \gamma}{\cos \beta};$$

$$\operatorname{tg} \beta_0 = \frac{\cos \alpha_0}{\cos \varepsilon} \frac{\cos \beta}{\cos \gamma_0}; \quad \operatorname{cotg} \eta_0 = \operatorname{cotg} \varepsilon \frac{\sin \varepsilon_0}{\cos \alpha_0}.$$

On dressera alors le tableau suivant :

COMPAS	α_0	ε_0	γ_0	β_0	η_0
De relèvement. T. *N*...	$-6°10'$	$+3°20'$	$-56°00'$	$-18°20'$	$36°30'$
De relèvement. B. *N*...	$+3\ 00$	$-7\ 00$	$+61\ 15$	$-22\ 50$	$36\ 45$
De relèvement. B. *AR*...	$-2\ 10$	$-0\ 45$	$-25\ 50$	$+15\ 20$	$40\ 40$
Renversé.	$-2\ 50$	$-0\ 35$	$-12\ 50$	$+13\ 30$	$41\ 10$

Les constantes α, ε, β, γ, η du calcul direct, aussi bien que celles α_0, ε_0, β_0, γ_0, η_0 du calcul inverse, se trouvant ainsi connues, les compas du *Suffren* doivent être regardés comme entièrement réglés. En effet, le cap du compas ζ', qui correspond à un cap magnétique quelconque, est donné immédiatement par la formule $\operatorname{tg} \zeta' = \operatorname{cotg} \eta \dfrac{\sin \mathrm{M} \cos(\mathrm{M}-\gamma)}{\cos \mathrm{N} \cos(\mathrm{N}-\beta)}$.

De même le cap magnétique ζ correspondant à un cap ζ' du compas résulte du calcul des deux relations

$$\operatorname{tg} \varphi = \operatorname{cotg} \eta_0 \frac{\sin(\zeta' - \alpha_0)}{\cos(\zeta' - \varepsilon_0)}; \quad \sin(\zeta - \varphi) = \sin \varphi \operatorname{tg} \beta_0 \frac{\sin(\zeta' - \gamma_0)}{\sin(\zeta' - \alpha_0)}.$$

On peut donc calculer soit ζ' en fonction de ζ, soit ζ en fonction de ζ' pour tous les caps imaginables, et en conclure une table complète des déviations. Mais ce travail se trouve par le fait inutile pour le moment; le tableau des observations effectuées aux trente-deux quarts constitue en réalité une véritable table des déviations suffisamment complète pour les besoins de la pratique.

On remarquera maintenant que les observations étant au nombre de trente-deux, fournissent par le fait trente-deux équations de condition pour la détermination des cinq constantes α, ε, β, γ, η; or on ne s'est servi que de cinq de ces équations seulement. Eu égard aux erreurs des observations, qui sont toujours très notables, cette manière de procéder est très imparfaite au point de vue théorique. Pour obtenir des résultats qui représentent avec quelque probabilité toutes les observations faites, il serait rationnel de se servir de toutes ces observations. On serait alors amené à résoudre les trente-deux équations, soit par la méthode de Cauchy, soit par la méthode des moindres carrés. Un pareil calcul serait des plus longs et des plus laborieux; on ne doit se décider à l'entreprendre qu'en présence d'un intérêt tout à fait majeur. Or, si l'on prend en considération le degré d'approximation toujours très faible que l'on est en droit d'attendre des indications du compas, on conclura sans peine qu'un travail de ce genre n'est nullement en rapport avec les besoins de la pratique; on y renoncera donc d'une manière absolue. Mais alors on devra s'attacher à rendre aussi précises que possible les cinq observations fondamentales sur lesquelles on s'appuie pour calculer les cinq constantes; il n'est pas difficile de s'arranger pour obtenir à ce sujet toutes les garanties désirables. On admettra en général que les observations seront aussi bonnes que possible si elles sont exactes à $15'$ près.

En discutant avec soin les observations de régulation qui ont été données pour *le Suffren*, on reconnaîtra sans peine qu'elles sont loin de présenter une pareille précision, du moins pour tous les caps, et qu'elles laissent en général beaucoup à désirer; néanmoins elles sont déjà à peu près suffisantes. Pour les obtenir on s'est contenté de faire éviter successivement d'une manière continue le bâtiment à trente-deux caps en s'assurant avec un certain soin que rien ne gênait la liberté des compas dans le mouvement de la rose sur son pivot. Cela n'est pas suffisant : l'expérience montre que l'on obtient souvent des résultats notablement différents, suivant que l'on fait éviter le navire dans un sens ou dans un autre; la cause doit en être attribuée à des résistances particulières engendrées par l'inertie du compas. On obtiendra immédiatement des observations bien plus parfaites en s'attachant à réitérer les mesures, spécialement aux cinq caps qui devront servir au calcul des constantes. Par exemple pour le point Sud, après avoir évité le navire au Sud du compas et s'être assuré que la rose demeure immobile, on fera une première observation; au moyen d'amarres convenablement élongées, on portera lentement le cap vers l'Est, puis vers l'Ouest. Chaque fois que le cap passera par le Sud, on s'arrêtera un instant pour prendre une nouvelle observation. La moyenne de toutes les observations ainsi exécutées pourra être regardée comme présentant toutes les garanties désirables; si d'ailleurs les observations persistaient, en dépit de toutes les précautions, à présenter entre elles des écarts trop considérables, il y aurait lieu d'en rechercher les causes, et au besoin de changer la rose du compas.

On procédera de même pour les points E., N. et O., et pour deux points quadrantaux, au moins, que l'on prendra diamétralement opposés; mais il est plus sûr, si l'on a le temps, d'observer aux quatre points quadrantaux.

Il est permis d'affirmer que les observations ainsi faites permettront toujours de calculer les constantes α, β, γ, ε et η au moins à 15′ près, et souvent même avec une approximation plus grande. On ne manquera pas, du reste, d'en être averti par l'accord des quatre valeurs de η calculées par quatre caps différents.

Cela posé, nous ferons quelques remarques sur les résultats de la régulation du *Suffren;* nous les compléterons ensuite par d'autres exemples choisis à bord d'autres navires.

Les deux compas de relèvement de l'avant sont placés chacun sur le bastingage, à une distance notable de l'axe longitudinal, au-dessus du réduit central, au milieu des quatre tourelles et sur l'avant de la cheminée. Les canons qui arment le navire étant d'énormes pièces de 27 ou de 24 centimètres, on conçoit que les compas dont il s'agit soient soumis à des influences très considérables. Les valeurs maximum de la déviation ont été observées — 13°15′ et + 33°45′ pour le compas de tribord, + 25°15′ et — 38°30′ pour le compas de bâbord.

Les valeurs des diverses constantes sont relativement très fortes.

On remarquera que pour les deux compas α, ε, γ sont des signes contraires. Toutes les fois que ces constantes sont considérables et que, d'un autre côté, le compas n'est pas placé dans l'axe du navire, il arrive que α est négatif à tribord et positif à bâbord; ε et γ sont positifs à tribord et négatifs à bâbord. β et η dépendent surtout de la position du compas par rapport à l'axe transversal; β est en général plus grand que 90° pour les compas placés sur l'avant, et plus petit que 90° pour ceux placés sur l'arrière; η est plus voisin de 45° pour les compas de l'arrière que pour ceux de l'avant.

Comme les deux compas de relèvement *A* du *Suffren* sont placés assez loin de l'axe longitudinal, les constantes α et ε sont très notables.

Ces deux compas sont, du reste, dans d'assez mauvaises conditions; ils sont très rapprochés des pièces des tourelles; il y a par suite lieu de supposer que les constantes varient sensiblement avec l'orientation de ces pièces.

Enfin ils doivent être soumis à de fortes déviations de bande.

Les compas de l'arrière sont dans les meilleures conditions. Toutefois, ils sont encore fortement influencés par le voisinage d'énormes portemanteaux en fer et par la présence d'un canot à vapeur en fer placé en avant.

Pour ces compas, ε est très petit, mais α a encore une valeur notable; β est considérable et moindre que 90°; γ est plus petit que pour les compas de l'avant; η est encore assez grand, quoique plus voisin de 45° que la constante analogue pour les compas de l'avant.

2. Résultats divers. — Voici maintenant les résultats obtenus à bord d'un certain nombre de navires de divers types.

Surveillante, cuirassé de second rang :

$$\text{Compas de relèvement}\ \ \text{AR} \quad \begin{cases} \alpha = -0°55' & \gamma = -7°40' \\ \varepsilon = -0°35' & \beta = 76°40' \end{cases} \quad \eta = 47°00'.$$

La déviation maximum a été trouvée égale à $+17°$ et $-13°$.

Bélier, garde-côtes cuirassé :

$$\text{Compas de relèvement}\ \ \text{AR} \quad \begin{cases} \alpha = +0°15' & \gamma = +3°15' \\ \varepsilon = -0°35' & \beta = 73°00' \end{cases} \quad \eta = 49°00'.$$

Déviation maximum $+19°$ et $-19°$.

$$\text{Compas de relèvement}\ \ \text{AV} \quad \begin{cases} \alpha = +0°15' & \gamma = -0°50' \\ \varepsilon = +0°45' & \beta = 56°15' \end{cases} \quad \eta = 57°20'.$$

Déviation maximum $+42°$ et $-41°$.

Ici β est bien plus petit que 90° quoique le compas soit placé sur l'avant : cela tient à ce que ce compas se trouve immédiatement en arrière de la tour cuirassée et très près de cette tour. Ce dernier compas ne pourra jamais rendre aucun service quand la tour sera mise en mouvement, les diverses constantes devant subir des variations énormes toutes les fois que la tour viendra à changer de place, et cela eu égard à la fois à la cuirasse de la tour et aux grosses pièces d'artillerie qu'elle renferme. Ce compas sera en outre soumis à de grandes déviations de bande.

Vaisseau en bois le *Jean-Bart* :

Compas de relèvement ÆR

$$\begin{cases} \alpha = -0°10' & \gamma = -0°40 \\ \varepsilon = +0°10' & \beta = 83°30' \end{cases} \quad \eta = 45°30',$$

Déviation maximum $+6°30'$ et $-6°50'$.

La petitesse des constantes pour ce navire qui n'avait guère, comme masses de fer importantes que sa machine et sa cheminée, peut servir à mettre en évidence, d'une manière très nette, l'influence relative du fer sur le compas.

Corvette en bois *le Château-Renaud* :

Compas de relèvement ÆR.

En 1869 $$\begin{cases} \alpha = -0°05' & \gamma = -6°10' \\ \varepsilon = -1°00' & \beta = 81°20' \end{cases} \quad \eta = 45°10'.$$

Déviation maximum $+11°30'$ et $-8°30$.

En 1870 $$\begin{cases} \alpha = +0°10' & \gamma = -2°50' \\ \varepsilon = -0°10' & \beta = 88°10' \end{cases} \quad \eta = 45°50'.$$

Déviation maximum $+4°30$ et $-3°00'$.

En 1873 $$\begin{cases} \alpha = -0°00' & \gamma = -3°25' \\ \varepsilon = -0°20' & \beta = 86°40' \end{cases} \quad \eta = 45°50'.$$

Déviation maximum $+10°$ et $-5°30'$.

Ces divers résultats, quoiqu'ils ne soient pas absolument comparables entre eux par la raison que le compas de relèvement n'occupait pas exactement la même place aux diverses époques et que d'un autre côté l'artillerie du navire a subi de notables modifications, montrent néanmoins que les constantes varient en général de quantités insigni- fiantes à partir d'une certaine époque. En somme, si l'on tient compte du degré de précision des observations, on pourra regarder α, ε et η comme étant restés rigoureusement les mêmes; γ et β seuls ont varié d'une manière notable. Cela peut servir à démontrer, ce que nous avons dit souvent, qu'il est indispensable de vérifier fréquemment la grandeur de ces constantes.

Croiseur en bois le *la Clochetterie* :

$$\text{Compas de relèvement}\quad \begin{cases} \alpha = -1°30' & \gamma = +3°40' \\ \varepsilon = -0°15' & \beta = +85°40' \end{cases}\quad \eta = 46°30'.$$
$$\text{ÆR}$$

Déviation maximum $+5°$ et $-7°30'$.

$$\text{Compas de route T. A}\!\!\diagup \quad \begin{cases} \alpha = -3°20' & \gamma = +25°20' \\ \varepsilon = +1°10' & \beta = 110°00' \end{cases}\quad \eta = 47°25'.$$
$$\text{(sur la passerelle).}$$

Déviation maximun $-28°$ et $+36°$.

$$\text{Compas de route B. A}\!\!\diagup \quad \begin{cases} \alpha = +0°50' & \gamma = -20°10' \\ \varepsilon = -1°40' & \beta = 111°50' \end{cases}\quad \eta = 48°15',$$
$$\text{(sur la passerelle).}$$

Déviation maximum $-27°$ et $+28°$,

Nous donnons ce dernier exemple comme susceptible de mettre en évidence d'une manière remarquable l'influence des pièces verticales sur le compas. Les deux compas de route placés sur la passerelle sont sur l'avant de la cheminée ; à bâbord et à tribord sont disposés des portemanteaux en fer destinés à porter la chaloupe et le canot à vapeur ; ce dernier est en fer et placé à bâbord. Les grandes déviations des compas de passerelle sont dues en grande partie à la cheminée et aux portemanteaux. Le canot à vapeur intervient dans une certaine mesure : sans sa présence les constantes β et η seraient les mêmes pour les deux compas et α, ε, γ auraient des valeurs égales et de signe contraire ou à très peu près.

Ces deux compas, placés uniquement sous l'influence d'actions magnétiques très faciles à analyser, nous ont paru vérifier d'une manière très nette les inductions théoriques relatives aux grandeurs et aux signes des constantes α, β, γ, ε et η auxquelles nous avions été conduit à la suite de l'examen des observations relatives aux compas d'un grand nombre de navires.

Il y a lieu d'ajouter que les deux compas en question éprouvent de fortes déviations de bande : cela résulte immédiatement de la nature des influences auxquelles ils sont soumis.

Enfin, comme exemple relatif à la déviation de bande, nous reproduisons les observations faites en 1862 à Portsmouth sur la frégate cuirassée *Warrior*.

TABLE

DES DÉVIATIONS DE LA FRÉGATE *WARRIOR*, EN TENANT COMPTE DE LA DÉVIATION DE BANDE, POUR 10° D'INCLINAISON SUR BABORD OU SUR TRIBORD,

$$J = -1°49'.$$

RUMBS du compas (ζ').	DÉVIATIONS pour le navire horizontal (δ).	DÉVIATIONS de bande pour une inclinaison de 10° sur Tribord $(J \times 10° \cos \zeta')$.	DÉVIATIONS totales $(\delta + J \times 10° \cos \zeta')$.	DÉVIATIONS de bande pour une inclinaison de 10° sur Bâbord $(-J \times 10° \cos \zeta')$	DÉVIATIONS totales $(\delta - J \times 10° \cos \zeta')$.
N.	— 6°30'	— 18°40'	— 25°10'	+ 18°40'	+ 12°10'
N. q. N.-E.	— 7 35	— 17 48	— 25 23	+ 17 48	+ 10 13
N.-N.-E.	— 9 00	— 16 46	— 25 46	+ 16 46	+ 7 46
N.-E. q. N.	— 10 50	— 15 06	— 25 56	+ 15 06	+ 4 16
N.-E.	— 13 00	— 12 51	— 25 51	+ 12 51	— 0 09
N.-E. q. E.	— 15 10	— 10 05	— 25 15	+ 10 05	— 5 05
E.-N.-E.	— 17 40	— 6 51	— 24 31	+ 6 51	— 10 49
E. q. N.-E.	— 20 15	— 3 32	— 23 47	+ 3 32	— 16 43
E.	— 22 15	0 00	— 22 15	0 00	— 22 15
E. q. S.-E.	— 23 50	+ 3 32	— 20 18	— 3 32	— 27 22
E.-S.-E.	— 25 00	+ 6 51	— 18 09	— 6 51	— 31 51
S.-E. q. E.	— 25 00	+ 10 05	— 14 55	— 10 05	— 35 05
S.-E.	— 23 30	+ 12 51	— 10 39	— 12 51	— 36 21
S.-E. q. S.	— 18 50	+ 15 06	— 3 44	— 15 06	— 33 56
S.-S.-E.	— 11 10	+ 16 46	+ 5 36	— 16 46	— 27 56
S. q. S.-E.	— 3 00	+ 17 48	+ 14 48	— 17 48	— 20 48
S.	+ 5 30	+ 18 40	+ 24 10	— 18 40	— 13 10
S. q. S.-O.	+ 14 20	+ 17 48	+ 32 08	— 17 48	— 3 28
S.-S.-O.	+ 22 30	+ 16 46	+ 39 16	— 16 46	+ 5 44
S.-O. q. S.	+ 27 10	+ 15 06	+ 42 16	— 15 06	+ 12 04
S.-O.	+ 28 35	+ 12 51	+ 41 26	— 12 51	+ 15 44
S.-O. q. O.	+ 28 00	+ 10 05	+ 38 05	— 10 05	+ 17 55
O.-S.-O.	+ 25 40	+ 6 51	+ 32 31	— 6 51	+ 18 49
O. q. S.-O.	+ 22 30	+ 3 32	+ 26 02	— 3 32	+ 18 58
O.	+ 19 15	0 00	+ 19 15	0 00	+ 19 15
O. q. N.-O.	+ 15 00	— 3 32	+ 11 28	+ 3 32	+ 18 32
O.-N.-O.	+ 10 30	— 6 51	+ 3 39	+ 6 51	+ 17 21
N.-O. q. O.	+ 6 30	— 10 05	— 3 35	+ 10 05	+ 16 35
N.-O.	+ 3 00	— 12 51	— 9 51	+ 12 51	+ 15 51
N.-O. q. N.	0 00	— 15 06	— 15 06	+ 15 06	+ 15 06
N.-N.-O.	— 3 00	— 16 46	— 19 46	+ 16 46	+ 13 46
N q. N.-O.	— 5 00	— 17 48	— 22 48	+ 17 48	+ 12 48

On conclura de ces observations, d'abord la valeur des constantes α, β,... pour le navire dans sa position normale, et l'on trouvera

$$\alpha = + 0° 30' \quad \gamma = + 6° 00'$$
$$\varepsilon = + 1° 30' \quad \beta = 110° 45' \qquad \eta = 53° 50'.$$

Ensuite, au moyen des observations faites quand le navire était incliné de 10 degrés sur tribord, on calculera les constantes analogues :

$$\alpha' = + 0° 30' \quad \gamma' = + 24° 40'$$
$$\varepsilon' = + 1° 30' \quad \beta' = 110° 45' \qquad \eta' = 52° 40'.$$

Par suite pour les constantes de bande on aura avec $i = 10°$

$$m = \frac{\alpha' - \alpha}{i} = 0, \qquad n = \frac{\varepsilon - \varepsilon'}{i} = 0, \qquad q = \frac{\beta - \beta'}{i} = 0,$$

$$p = \frac{\eta' - \eta}{i} = -\frac{1° 10}{10} = -0,117 ; \quad r = \frac{\gamma - \gamma'}{i} = -\frac{18° 40}{10} = -1,867.$$

La constante principale de la déviation de bande r atteint, dans ce cas, une valeur considérable. D'un autre côté, on peut constater d'après le tableau même des observations que la déviation est susceptible d'être modifiée de $\pm 18° 40'$ quand le navire s'incline de 10° sur tribord. La déviation de bande est donc, dans ce cas, tout à fait du même ordre que la déviation horizontale.

Ainsi que nous l'avons déjà fait observer, on n'est pas encore préoccupé, dans la marine française, d'observer la déviation de bande : l'exemple que nous venons de donner peut servir à démontrer que c'est là un oubli regrettable.

Nous possédons plusieurs cuirassés sur lesquels la déviation de bande est au moins aussi grande qu'à bord du *Warrior*. Nous citerons en particulier le cuirassé de premier rang le *Suffren* sur lequel les compas de relèvement de l'avant doivent être affectés d'une manière considérable par l'inclinaison du navire sur un bord ou sur l'autre.

Les divers exemples qui précèdent, empruntés à des navires très différents auxquels on peut rattacher presque tous les types généralement adoptés dans la marine de guerre, suffisent pour fixer les idées sur la manière dont se comporte ordinairement la déviation des compas et sur la grandeur relative de ses constantes caractéristiques. Comme on a pu le remarquer, les constantes sont souvent notablement différentes pour des compas très voisins l'un de l'autre, et que l'on pourrait être tenté au premier abord de supposer soumis aux mêmes influences : ces constantes sont quelquefois considérables, et il en résulte de fortes déviations qui, pour certains cas, affectent les indications du compas sur une grande échelle. Néanmoins, dans tous les cas même les plus extrêmes, les observations ont vérifié d'une manière remarquable la loi générale qui résulte des équations de Poisson, loi que nous avons traduite par la relation entre le cap du compas ζ' et le cap magnétique ζ

$$\operatorname{tg} \zeta' = \operatorname{cotg} \eta \, \frac{\sin(\zeta + \alpha) + \sin \gamma}{\cos(\zeta + \varepsilon) + \cos \beta};$$

cette loi peut donc être regardée comme absolument rigoureuse, et les hypothèses sur lesquelles elle est fondée comme parfaitement exactes. Jusqu'à présent, du reste, les recherches de la science semblent confirmer entièrement les hypothèses.

Il doit résulter de là que tout compas, dont l'aiguille aimantée sera assez petite pour que sa longueur puisse être estimée, non pas infiniment petite, mais seulement d'un ordre inférieur par rapport à la distance du fer le plus voisin, pourra être regardé comme bon et susceptible d'être utilisé pour les besoins de la navigation, quel que soit le point du navire où on l'aura installé : il suffira qu'il ait été réglé ou, en d'autres termes, que les constantes aient été déterminées par l'observation. Le compas présente à ce point de vue la plus grande analogie avec le chronomètre, dont les indications ne sauraient avoir de valeur qu'à la condition que les constantes appelées *état* ou *marche* aient été calculées au préalable au moyen de bonnes observations astronomiques.

3. Sensibilité des compas. — Théoriquement on peut dire en effet que tous les compas sont également bons quelles que soient les déviations qui les affectent : il est permis de les employer indistinctement avec la même sécurité toutes les fois que l'on connaît avec une approximation suffisante les constantes qui sont leurs éléments caractéristiques. Pratiquement il n'en est pas tout à fait ainsi : les déviations modifient dans certaines limites la *sensibilité* du compas : c'est là un fait important qu'il importe de mettre en évidence : il sera facile d'en conclure les conditions auxquelles doit satisfaire un compas pour devenir d'un usage pratique à bord d'un bâtiment.

Sans altérer sensiblement les résultats de la discussion, on peut représenter la valeur de la déviation par la formule seulement approchée

$$\delta = \mathrm{B} \sin \zeta + \mathrm{C} \cos \zeta + \mathrm{D} \sin 2\zeta.$$

B, C, D étant les constantes de M. Smith, et ζ le cap magnétique du navire ou le cap du navire si la déviation était nulle.

Si l'on regarde δ et ζ comme deux variables indépendantes, la relation précédente pourra représenter une certaine courbe P, Q, R assez analogue à une sinusoïde. Quand ζ varie de 0 à 360°, δ passe en général par deux maximums δ_1 et δ_2 qui correspondent aux points P et R de la courbe.

La *sensibilité* du compas dépend à la fois de la somme des déviations maximums $\delta_1 + \delta_2$ et de la différence $\zeta_2 - \zeta_1$ des caps magnétiques correspondants.

Si la déviation n'existait pas, quand le navire passerait du cap

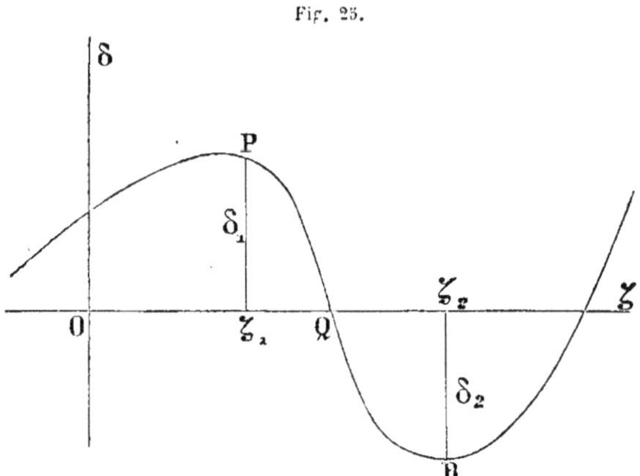

magnétique ζ_1 au cap magnétique ζ_2 ou, en d'autres termes, évoluerait d'un angle $\varphi = \zeta_2 - \zeta_1$, le compas varierait du même angle φ; mais par suite de la déviation, l'angle dont variera le compas sera $\varphi' = \zeta'_2 - \zeta'_1$, et comme $\zeta' = \zeta - \delta$, on aura, en tenant compte du signe de δ_2,

$$\varphi' = \zeta'_2 - \zeta'_1 = \zeta_2 - \zeta_1 + \delta_1 + \delta_2 = \varphi + (\delta_1 + \delta_2).$$

Le déplacement azimutal de la rose se trouve donc plus grand que le déplacement correspondant du navire; si l'on fait exécuter un tour complet de 360°, on obtiendra pour la seconde partie de l'évolution un déplacement de la rose de $360° - \varphi - (\delta_1 + \delta_2)$ correspondant au déplacement $360° - \varphi$ du navire, et dans ce cas le mouvement en azimut du compas sera moindre que l'angle dont aura évolué le navire.

Dans le premier cas la sensibilité du compas aura été augmentée; dans le second, au contraire, elle aura été diminuée.

Sans qu'il soit nécessaire d'insister davantage à cet égard, on conçoit aisément que l'on peut prendre pour *mesure de la sensibilité* du compas le rapport du déplacement en azimut de la rose du compas au déplacement correspondant du navire; en désignant cette sensibilité par s, on aura, pour les deux cas considérés,

$$s_1 = \frac{\varphi'_1}{\varphi} = 1 + \frac{\delta_1 + \delta_2}{\varphi}, \quad s_2 = \frac{360° - \varphi'_1}{360° - \varphi} = 1 - \frac{\delta_1 + \delta_2}{360° - \varphi}.$$

La sensibilité du compas sera évidemment dans des conditions d'autant plus satisfaisante qu'elle se rapprochera davantage de l'unité et que par suite $\delta_1 + \delta_2$ sera plus petit par rapport à φ et $360° - \varphi$. A la rigueur cependant, il peut y avoir souvent avantage à augmenter la sensibilité de la rose, à la condition néanmoins de ne pas dépasser certaines limites; mais cet avantage ne pouvant être obtenu pour une certaine partie de la rose sans qu'il en résulte une diminution correspondante de la sensibilité pour la seconde partie de la rose, on doit conclure qu'en principe il faut, dans la pratique, chercher à éviter les grandes déviations.

Comme on ne saurait songer à s'affranchir des déviations d'une manière absolue, à moins d'employer des barreaux compensateurs, ce qui est à la rigueur admissible pour les compas de route, mais doit être évité avec le plus grand soin pour le compas-étalon, il faut, quand on installe un compas, se préoccuper uniquement de lui trouver une position telle que ses déviations restent comprises dans certaines limites et qu'en second lieu, ses constantes soient faciles à déterminer par l'observation. Cette double condition sera en général satisfaite toutes les fois que l'on aura simultanément

$$\frac{\delta_1 + \delta_2}{\varphi} < 1 \quad \text{et} \quad \frac{\delta_1 + \delta_2}{360° - \varphi} > 0,5.$$

Le compas présente alors une sensibilité suffisante pour qu'il soit possible de bien gouverner et de prendre des relèvements avec toute la précision nécessaire dans la pratique de la navigation.

L'expérience montre d'un autre côté que les observations de régulation de compas sur une rade permettent en général de calculer les constantes avec d'autant plus de précision que l'angle φ, intervalle de la rose qui sépare les deux maximums de déviation, est plus voisin de 180°; dans ce cas, la limite $\delta_1 + \delta_2$ pourrait sans inconvénient atteindre 90°. Malheureusement les choses ne se présentent pas toujours ainsi; le plus souvent $\delta_1 + \delta_2$ est d'autant plus grand que φ est plus petit.

Le compas pour lequel nous avons eu l'occasion d'observer les déviations les plus considérables est celui qui a été installé sur la passerelle de la *Flandre*, cuirassé de second rang. Les éléments de ce compas sont les suivants :

$$\alpha = -2°05' \quad \gamma = -11°30'$$
$$\varepsilon = +0°40' \quad \beta = 34°20' \quad \eta = 43°35'.$$

Déviations maximums $+56°$ et $-57°30'$.

Dans l'intervalle compris entre le S.-S.-O. et le S.-E., la déviation varie de 113° environ. Il en résulte pour un angle de 68° de la rose une augmentation de sensibilité considérable qui atteint une valeur moyenne de 2,7. On peut dire que ce compas est fort mauvais : ses constantes du moins η sont d'ailleurs très difficiles à déterminer par les moyens de régulation usuels. Ce compas est surtout influencé par le voisinage de la cheminée et du blockhaus : il serait facile de le rendre d'un usage plus pratique en le portant vers l'extrémité de la passerelle.

Pour les compas de passerelle du *la Clochetterie* pour lesquels, ainsi qu'on l'a vu, les déviations sont considérables, la sensibilité pour le compas de tribord varie entre 0,70 et 1,50, et pour celui de bâbord entre 0,74 et 1,43. Ces limites sont normales; d'ailleurs, pour ces deux compas l'intervalle φ est notable, de sorte que les constantes peuvent se calculer avec une grande précision.

Pour les compas de passerelle N. du *Suffren*, on obtient des résultats analogues.

Toutefois, pour être bien fixé sur la valeur de ces compas, il est indispensable de savoir comment ils se comportent quand le navire s'incline sur un bord ou sur l'autre.

Toutes les fois que la constante γ a une valeur notable, que η dépasse 50°, il y a lieu de s'attendre à des déviations de bande considérables, déviations qui, dans certaines circonstances, peuvent prendre des proportions telles, qu'il faille renoncer d'une manière absolue à l'usage du compas. Dans ce cas, il faut, par la force des choses, installer le compas à une autre place, en s'éloignant autant que possible de la cheminée et des grosses pièces verticales.

La régulation des compas se trouvant établie soit par la construction d'une table des déviations, résultat immédiat des données de l'observation, soit par la connaissance des constantes caractéristiques, on va montrer maintenant comment on doit se servir de ces éléments pour résoudre, à la mer, les problèmes ordinaires qui se présentent à chaque instant dans la pratique de la navigation.

4. Usage de la table des déviations. — Toutes les fois que l'on fait un calcul avec les indications du compas pour données, il est indispensable d'avoir bien présentes à l'esprit ou, ce qui est plus sûr, écrites sous les yeux les quatre relations fondamentales :

$$R = \zeta' + V; \quad R = \zeta + D; \quad \zeta = \zeta' + \delta; \quad V = D + \delta.$$

Dans lesquelles :

R *représente la route vraie suivie sur la carte ;* ζ' *la route indiquée par le compas ;* ζ *la route par rapport au méridien magnétique, ou route qui serait indiquée par le compas si la déviation était nulle ;* V *la variation du compas ;* D *la déclinaison de l'aiguille aimantée, et* δ *la déviation à bord.*

R, ζ' *et* ζ *se comptent de 0 à 360° à partir du point Nord pris pour origine, dans la direction de l'Est vers l'Ouest en passant par le Sud.*

V *est positive ou négative suivant que la différence des angles* R *et* ζ *ainsi comptés est plus grande ou plus petite que zéro.*

De même D $\gtrless$ 0 *suivant que* R $- \zeta \gtrless 0.$

Et $\delta \gtrless 0$ *suivant que* $\zeta - \zeta' \gtrless 0$, *ou ce qui est la même chose et résulte de ce qui précède suivant que* V $-$ D $\gtrless 0.$

On traduit habituellement ces diverses conditions dans le langage ordinaire en disant :

1° Que la déclinaison est positive ou négative suivant que le pôle magnétique de la Terre se trouve à l'Est ou à l'Ouest par rapport au méridien astronomique ;

2° Que la variation est positive ou négative suivant que le pôle magnétique du bord se trouve à l'Est ou à l'Ouest par rapport au méridien astronomique ;

3° Que la déviation est positive ou négative suivant que le pôle magnétique du bord se trouve dans l'Est ou dans l'Ouest par rapport au méridien magnétique de la Terre.

Cela posé, nous supposerons que l'on se serve du compas de relèvement de tribord A' du *Suffren*, dont la table des déviations a été donnée précédemment.

I. *On veut gouverner au* N. 65° E. *vrai : trouver la route à suivre au compas, sachant que la déclinaison est* 19° N.-O. *ou* $-$ 19°.

$$R = 65° ;$$

la table des déviations donne

$$\delta = -13°15'.$$
$$V = D + \delta = -19° - 13°15' = -32°15.$$

Par suite

$$\zeta = R - V = 65° + 32°15' = 97°15' \quad (S.\ 82°45'\ E.).$$

On devra par conséquent, pour suivre la route N. 65° E. de la carte, gouverner au S. 82°45' E. du compas.

II. *On gouverne au* N. 54° O. *du compas ; trouver la route correspon-*

dante sur la carte, sachant que la déclinaison est 15° N.-E. *ou* + 15°.

$$\zeta' = \text{N. } 54° \text{ O.} = 306°.$$

D'après la table des déviations du compas,

$$\delta = -8° 30' ;$$

d'où

$$V = D + \delta = 15° - 8° 30' = + 6° 30'.$$
$$R = \zeta' + V = 306° + 6° 30' = 312° 30' \quad (\text{N. } 47° 30' \text{ O.}).$$

Pour les relèvements on peut se servir de la même notation que pour les problèmes de route. Les relations employées $R = \zeta' + V$ et $R = \zeta + D$ ne sont autre chose que la relation générale $Az = Az_m + V$, où Az représente l'azimut vrai, Az_m l'azimut magnétique, et V la variation ; R est en effet l'azimut vrai de l'avant du navire, et ζ' l'azimut de l'avant par rapport au compas.

On représentera le relèvement vrai par R et le relèvement observé au compas par ζ'. Mais on prendra pour δ la déviation qui convient au cap du navire au moment de l'observation.

III. *On a relevé un objet au* S. 42° O. *du compas, on demande le relèvement à porter sur la carte, sachant que la déclinaison est* 11° N.-O. *ou* — 11°, *et que le cap du navire était* S. 52° 15' O. *au moment de l'observation.*

$$\zeta' = \text{S. } 42° \text{ O.} = 222°.$$

La déviation pour le cap au S. 52° 15' O. égale à + 26° 30' d'après la table.

Donc

$$V = D + \delta = -11° + 26° 30' = + 15° 30' ;$$

d'où

$$R = \zeta' + V = 222° + 15° 30' = 237° 30' \quad (\text{S. } 57° 30' \text{ O.}).$$

Le relèvement à porter sur la carte sera S. 57° 30' O.

IV. *On veut relever un objet* N.-S. *du monde : on demande quel sera le relèvement correspondant au compas, sachant que la déclinaison est* 18° N.-E. *ou* + 18°, *et le cap du navire au* S. 12° 30' E.

$$R = 0 \quad \text{ou} \quad 180° ;$$

d'après la table des déviations

$$\delta = + 23° 45' ;$$

d'où

$$V = D + \delta = 18° + 23°45' = +41°45'.$$

Comme

$$R = \zeta' + \delta, \quad \zeta' = R - \delta = 0° - 41°45' \quad (41°45'\text{ N.-O.}).$$

On devra relever l'objet au compas au N. 41°45' N.-O. ou au S. 41°45' E. On remarquera que ces divers problèmes se résolvent tous avec une simplicité extrême par l'emploi des deux équations

$$R = \zeta' + V; \quad V = D + \delta.$$

Il est seulement indispensable de toujours compter les angles de 0 à 360° en prenant le point N pour origine.

On a imaginé divers moyens mnémoniques qui permettent de se servir immédiatement des angles donnés par l'observation sans recourir à leurs compléments à 180 ou 360°. En principe nous ne sommes pas partisan de ces prétendues simplifications; elles exposent souvent les meilleurs calculateurs à de très graves confusions.

5. Usage des constantes de la déviation. — Les constantes de déviation servent soit à résoudre les problèmes ordinaires relatifs aux routes et aux relèvements, soit à construire une table complète des déviations du compas.

On va d'abord appliquer les constantes à la résolution des divers problèmes qui viennent d'être traités au moyen de la table des déviations et l'on reprendra les mêmes exemples pour mettre les résultats obtenus en parallèle. On supposera également que l'on se serve du compas T. A'. du *Suffren*.

I. *Trouver la route à suivre au compas pour gouverner au N. 65° E. vrai, sachant que la déclinaison est égale à 19° N.-O.*

$R = \zeta + D$, de sorte que $\zeta = R - D$.

$$
\begin{aligned}
R &= \quad 65°00' \\
D &= -19\ 00 \\
\hline
\zeta = R - D &= \quad 84°00'
\end{aligned}
$$

Cela posé, au moyen de cette valeur de ζ et des cinq constantes α, ε, β, γ et η, on calculera ζ' par la formule

$$\operatorname{tg} \zeta' = \operatorname{cotg} \eta\, \frac{\sin M \cos (M - \gamma)}{\cos N \cos (N - \beta)}.$$

Le calcul à exécuter sera le suivant :

$$M = 48°45' \qquad \log\sin = 9,8761253 \,+$$
$$M - \gamma = 27\ 05 \qquad \log\cos = 9,9493585 \,+$$
$$N = 93°37'30'' \text{ ou } 86\ 22'30'' \quad c'\log\cos = 1,1991044 \,-$$
$$N - \beta = -7\ 07\ 30 \qquad c'\log\cos = 0,0033667 \,+$$
$$\eta = \ 53\ 10 \qquad \log\cotg = 9,8744838 \,+$$

N étant remplacé par son supplément, cos N aura le signe ··, par suite tg ζ' sera négative et ζ' devra être remplacé par son supplément.

$$\log\operatorname{tg}\zeta' = 0,9026387 \,-$$
$$[\zeta'] = 82°52'$$
$$\zeta' = (180° - 82°52') = 97°08' = S.\ 82°52'\ E.$$

Ainsi on devra gouverner au S. 82°52' E. du compas ; en employant la table des déviations, on a trouvé précédemment S. 82°45' E.

II. *On gouverne au N. 54° O. du compas ; trouver la route correspondante sur la carte, sachant que la déclinaison est 15° N.-E.*

$$\zeta' = N.\ 54°\ O. = 306°00'.$$

On se servira des constantes α_0, ε_0, β_0, γ_0 et η_0 et l'on calculera ζ au moyen des deux formules

$$\operatorname{tg}\varphi = \cotg\eta_0 \frac{\sin(\zeta'-\alpha_0)}{\cos(\zeta'-\varepsilon_0)}, \quad \sin(\zeta-\varphi) = \sin\varphi\,\operatorname{tg}\beta_0 \frac{\sin(\zeta'-\gamma_0)}{\sin(\zeta'-\alpha_0)}.$$

Nous donnons encore le détail du calcul pour mettre en évidence l'attention qu'il est nécessaire de porter à la numération des angles et aux signes qui en sont la conséquence.

$$\zeta'-\alpha_0 = 312°10' \text{ ou } -47°50' \quad \log\sin = 9,8699326 \,-$$
$$\zeta'-\varepsilon_0 = 302\ 40 \text{ ou } -57\ 20 \quad \log\cos = 0,2678068 \,+$$
$$\eta_0 = 36\ 20 \quad \log\cotg = 0,1307911 \,+$$

$$\log\operatorname{tg}\varphi = 0,2685305 \,-$$
$$[\varphi] = \ 61°41'$$
$$\varphi = 298\ 19$$

$$\varphi = 298°19' \text{ ou } -61°41' \quad \log\sin = 9,9446501 \,-$$
$$\beta_0 = -18\ 20 \qquad \log\operatorname{tg} = 9,5203052 \,-$$
$$\zeta'-\gamma_0 = 362\ 00 \text{ ou } +\ 2\ 00 \quad \log\sin = 0,5428192 \,+$$
$$\zeta'-\alpha_0 = 312\ 10 \text{ ou } -47\ 50 \quad c'\log\sin = 0,1300674 \,-$$

$$\log\sin(\zeta-\varphi) = 8,1378419 \,-$$
$$\zeta-\varphi = -0°47'$$
$$\zeta = \varphi - 0°47' = 298°19' - 0°47' = 297°32'.$$

Par suite

$$R = \zeta + D = 297°\,32' + 15° = 312°\,32' \ (N.\ 47°\,28'\ O.).$$

En se servant de la table des déviations on a trouvé $R = 318°\,30'$ ou N. $47°\,30'$ O.; les deux résultats sont absolument identiques.

III. *On a observé un objet au S. 42° O. du compas ; on demande le relèvement à porter sur la carte, sachant que la déclinaison est 11° N.-O. et que cap du navire était S. 52° 15' O. au moment de l'observation.*

Pour résoudre ce problème au moyen des constantes de la déviation, il faut chercher quel est le cap magnétique du navire qui correspond au cap donné et en conclure ensuite la déviation. On déterminera donc ζ en fonction de ζ' et l'on se servira alors des constantes α_0, ε_0, β_0, γ_0 et η_0 du calcul inverse. C'est le problème précédent.

On trouvera

$$[\varphi] = -\,60°\,20',$$

d'où

$$\varphi = 240°\,20'.$$

$$\zeta - \varphi = +\,18°\,40',$$

d'où

$$\zeta = 240°\,20' + 18°\,40' = 259°\,00'.$$

D'ailleurs

$$\zeta' = S.\ 52°\,15\ O. = 232°\,15'.$$

Par conséquent

$$\delta = \zeta - \zeta' = +\,26°\,45'.$$

A l'aide de la déviation on calculera le relèvement vrai, comme on l'a fait précédemment; on trouvera

$$V = D + \delta = -\,11° + 26°\,45' = +\,15°\,45'.$$

Relèvement cherché $= 322°\,00' + 15°\,45' = 237°\,45$ (S. 57° 45' O.).

On avait trouvé S. 57° 30' O.

Le problème IV se résoudrait d'une manière analogue : on chercherait le cap magnétique du navire au moyen des coefficients du calcul inverse et l'on en conclurait la déviation, puis ensuite le relèvement cherché.

Ainsi qu'on doit le remarquer pour tous les problèmes de relèvement, il est nécessaire de passer par l'intermédiaire de la déviation.

Voici maintenant deux exemples relatifs à la déviation de bande que l'on traitera successivement au moyen de la table des déviations et des constantes de la déviation de bande, On supposera qu'il s'agisse du *Warrior*.

I. *On veut faire route au N. 42° 10' O., trouver la route à suivre au compas, sachant que le navire donne* 10° *de bande sur tribord et que la déclinaison est égale à* 17° N.-O.

$$R = \text{N. } 42° 10' \text{ O.} = 317° 50', \quad D = -17°.$$

D'après la table des déviations du *Warrior*, on trouvera, en appelant δ_0 la déviation pour le navire supposé droit et δ_i la déviation pour le navire à la bande,

$$\delta_0 = -6° 30', \quad \delta_i = -18° 40',$$
$$\textit{Déviation totale} = \delta = \delta_0 + \delta_i = -25° 10,$$

d'où

$$V = D + \delta = -17° - 25° 10' = -42° 10'$$

et

$$\zeta' = R - V = 317° 50' + 42° 10 = 360°.$$

On devra gouverner au N. du compas.

Si l'on veut maintenant calculer ζ' au moyen des constantes de la déviation de bande, on devra se servir de la formule

$$\text{tg } \zeta' = \frac{\sin M' \cos (M' - \gamma')}{\cos N' \cos (N' - \beta')},$$

dans laquelle

$$2M' = \zeta + \alpha' + \gamma' \quad \text{et} \quad 2N' = \zeta + \varepsilon' + \beta',$$
$$\zeta = R - D = 317° 50' + 17° = 334° 50', \quad \tfrac{1}{2}\zeta = 167° 25'.$$

On a trouvé précédemment pour $\alpha, \varepsilon, \beta, \gamma, \eta$

$$\alpha = +0° 30', \quad \varepsilon = +1° 30', \quad \beta = 110° 45' \quad \gamma = +6° 00', \quad \eta = 53° 50',$$

et l'on a

$$\alpha' = \alpha + mi, \quad \varepsilon' = \varepsilon - ni, \quad \beta' = \beta - qi, \quad \gamma' = \gamma - ri, \quad \eta' = \eta + pi.$$

Or on a trouvé

$$m = 0, \quad n = 0, \quad q = 0, \quad r = -1{,}867 \quad p = -0{,}117.$$

On conclura pour $i' = +10°$

$$\alpha' = +0° 30', \quad \varepsilon' = +1° 30, \quad \beta' = 110° 45', \quad \gamma' = +24° 40', \quad \eta' = 52° 40'.$$

Effectuant alors, comme précédemment, le calcul logarithmique de $\operatorname{tg} \zeta'$, on trouvera

$$\operatorname{tg} \zeta' = 0,$$

d'où

$$\zeta' = 360°.$$

Le cap cherché est le Nord du compas.

II. *On gouverne au S. 45° E. du compas et le navire donne 8° de bande sur bâbord; on demande la route sur la carte, sachant que la déclinaison est 23° N.-O.*

$$\zeta' = S.\,45° E. = 135°, \quad R = \zeta' + V, \quad V = D + \delta.$$

D'après la table des déviations

$$\delta_0 = -23°30', \quad \delta_i = -12°51', \quad \text{pour } 10° \text{ de bande.}$$

On conclut

$$\delta_i = \tfrac{8}{10}\,12°51' = -10°30',$$
$$\delta = \delta_0 + \delta_i = -33°47',$$
$$V = D + \delta = -23°00' - 33°47' = -56°47'$$

et

$$R = \zeta' + V = 135° - 56°47' = 78°13'.$$

La route indiquée par le compas correspond sur la carte au N. 78°13' E.

Si l'on veut résoudre le même problème au moyen des constantes, il faudra calculer d'abord α'_0, ε'_0, γ'_0, β'_0 et η'_0 dans l'hypothèse où $i = -8°$.

Dans le cas du navire droit, on trouve

$$\alpha_0 = +0°22', \ \varepsilon_0 = +2°05', \ \gamma_0 = -12°10', \ \beta_0 = -20°00', \ \eta_i = 36°00'.$$

D'ailleurs

$$m_0 = 0, \quad n_0 = 0, \quad q_0 = 0, \quad p_0 = p = -0,117,$$

d'où

$$\alpha'_0 = +0°22', \quad \varepsilon'_0 = +2°05', \quad \beta'_0 = -20°00', \quad \eta'_0 = 35°00'.$$

Enfin on trouve

$$\gamma'_0 = +17°40'.$$

Calculons au moyen de ces éléments les deux formules

$$\operatorname{tg}\varphi' = \operatorname{cotg}\eta'_0\,\frac{\sin(\zeta'-\alpha'_0)}{\cos(\zeta'-\varepsilon'_0)}, \quad \sin(\zeta-\varphi') = \sin\varphi'\,\operatorname{tg}\beta'_0\,\frac{\sin(\zeta'-\gamma_0)}{\sin(\zeta'-\alpha_0)},$$

en faisant $\zeta' = 135°00'$, on trouvera

$$[\varphi] = 56°10, \quad \text{d'où} \quad \varphi' = 123°50' \quad \text{et} \quad \zeta-\varphi' = -22°10',$$

et par suite

$$\zeta = 101°40'$$

et enfin

$$R = \zeta + D = 101°40' - 23°00' = 78°40'.$$

Ce résultat diffère de 27' de celui que nous avons trouvé tout à l'heure. Cela n'a rien d'extraordinaire, eu égard au degré d'exactitude des observations consignées dans le tableau des déviations du *Warrior*.

Si l'on avait à corriger des relèvements pris à bord du navire incliné sur un bord ou sur l'autre, il faudrait, comme on l'a fait précédemment, calculer préalablement le cap magnétique du navire au moyen des constantes. On calculerait ensuite la déviation et au moyen de cette déviation on corrigerait les relèvements.

Il doit résulter des divers calculs qui viennent d'être exposés qu'il est toujours infiniment plus commode de se servir d'une table des déviations que d'employer les constantes. L'usage de ces constantes suppose, en effet, toujours un calcul logarithmique plus ou moins long suivant les circonstances.

Or la table des déviations n'est que le résultat immédiat de la régulation des compas dans un port; et comme les constantes β et γ varient avec le temps et avec la position géographique, il est évident que cette table n'est applicable que dans un rayon très limité.

6. Régulation des compas en mer. — Il n'y a pas lieu de songer à établir une nouvelle table des déviations toutes les fois que les constantes β et γ ayant changé de valeur, on a besoin néanmoins de connaître la déviation du compas. Pendant le cours d'une navigation au large, on a généralement besoin, une fois par jour, de connaître la déviation pour un seul cap, celui qui correspond à la route du navire. Dans ces conditions, le calcul d'une table complète des déviations serait un travail superflu qui ne serait nullement en rapport avec l'objet que l'on se propose. Dans ce cas, il est pratique, après avoir calculé β et γ pour le lieu où l'on se trouve, de déterminer directement, soit ζ', soit ζ, au moyen des constantes et en exécutant par suite un calcul logarithmique. Mais quand on se trouve dans le voisinage de l'atterrissage, les conditions ne sont plus les mêmes; on peut être exposé à changer de route fréquemment, et, en outre, à prendre et à corriger un grand nombre de relèvements. Si l'on voulait alors faire usage des constantes, on serait obligé d'exécuter un grand nombre de calculs logarithmiques, ce qui ne serait nullement pratique. Il y a lieu d'ailleurs de remarquer que, dans la plupart des cas, les relèvements doivent être portés rapidement sur la carte et que l'obligation de faire un calcul préparatoire entraînerait toujours une grande perte de temps qui pourrait avoir de fâcheuses conséquences. Il est indispensable alors d'établir une table de déviation dont on se servira ensuite pour corriger les routes et les relèvements. On n'a généralement pas le loisir de faire exécuter au navire un tour complet de manière à mesurer les déviations relatives aux trente-deux quarts. On calcule alors les constantes β et γ et, au moyen de leurs valeurs, on détermine ensuite les déviations pour un nombre de caps suffisant; en d'autres termes, on construit une table des déviations.

En somme, il y a lieu de distinguer deux cas :

1° Le navire se trouve au large, et l'on n'a besoin de la déviation que pour un cap du compas;

2° Le navire se trouve à l'atterrissage ou dans le voisinage des terres, et il est nécessaire de connaître la déviation pour un cap quelconque.

Dans le premier cas, on calcule directement, soit la route magnétique ζ, soit la route au compas ζ', au moyen des valeurs connues des constantes.

Nous avons donné précédemment des exemples de ce genre de calcul.

Dans le second cas, on calcule une table complète des déviations en se servant des valeurs connues des constantes.

Le calcul complet des trente-deux déviations relatives aux trente-deux quarts de la rose, effectué au moyen des formules, est un travail généralement pénible qui ne peut être rapidement exécuté que par un calculateur déjà très-exercé. Il y a presque toujours avantage à le remplacer par un tracé graphique. Nous indiquerons bientôt un tracé de ce genre dû à M. Fournier qui nous paraît résoudre la question de la manière la plus satisfaisante.

Quoi qu'il en soit, il résulte de ce qui précède que, dans tous les cas, le véritable problème à résoudre tout d'abord est la détermination des constantes β et γ, les trois autres α, ε, η restant invariables et se trouvant toujours données par la régulation exécutée dans le port.

Ainsi que nous avons eu l'occasion de le montrer, les constantes β et γ peuvent toujours s'obtenir immédiatement par deux observations exécutées à deux caps cardinaux du compas. On choisit pour cela les deux caps les plus voisins de la route que l'on suit; gouvernant exactement à l'un de ces caps, on relève le Soleil, la Lune ou ce qui vaut mieux une étoile bien connue. On calcule ensuite l'azimut de l'astre observé au moyen des coordonnées du lieu; avec la déclinaison donnée par la carte, on conclut ensuite le cap magnétique du navire qui correspond au cap cardinal du compas. On trouvera ainsi deux quelconques des éléments que nous avons appelés N_0, E_0, S_0 et O_0. Pour obtenir ensuite β et γ, il suffira d'appliquer, suivant le quadrant dans lequel on tient la route, l'un des quatre systèmes :

$$\text{N.-E.} \begin{cases} \beta = 180° - (E_0 + \varepsilon), \\ \gamma = -(N_0 + \alpha); \end{cases} \qquad \text{E.-S.} \begin{cases} \beta = 180° - (E_0 + \varepsilon), \\ \gamma = S_0 + \alpha - 180°; \end{cases}$$

$$\text{S.-O.} \begin{cases} \beta = O_0 + \varepsilon - 180°, \\ \gamma = S_0 + \alpha - 180°; \end{cases} \qquad \text{O.-N.} \begin{cases} \beta = O_0 + \varepsilon - 180°, \\ \gamma = -(N_0 + \alpha). \end{cases}$$

La détermination de β et de γ suppose toujours en réalité des observations et des calculs d'une grande simplicité. Il est donc possible de régler à la mer ses compas quand on le veut sans être jamais obligé de se déranger beaucoup de la route que l'on suit.

Nous devons dire à ce sujet que l'on ne devra jamais attendre, pour régler les compas en vue de l'atterrissage, le moment précis où cette opération deviendra indispensable. Le capitaine qui voudra être fixé à un moment quelconque sur le degré de confiance qu'il doit accorder à ses compas devra, pour ainsi dire, se tenir journellement au courant des variations de ces instruments. Ce n'est qu'à cette condition qu'il sera bien sûr de n'être jamais pris à l'improviste. La marche des compas doit être étudiée avec autant de soin que celle des chronomètres; cela est très facile au moyen des observations astronomiques qui s'exécutent journellement à bord. On peut ainsi enregistrer sur un carnet spécial les valeurs trouvées successivement pour les constantes β et γ, suivre attentivement leurs variations successives, et en conclure en temps opportun d'importants résultats.

Nous avons vu précédemment que deux valeurs différentes de β et de γ obtenues dans des lieux différents permettent de calculer les constantes c, f, P et Q quand on connait déjà a, e, α et ε, et, en outre, l'inclinaison θ et la force horizontale H pour chacun des deux lieux considérés au moyen des relations

$$c \, \mathrm{tg}\, \theta + \frac{P}{H} = (1 + a) \frac{\cos \beta}{\cos \varepsilon}; \qquad f \, \mathrm{tg}\, \theta + \frac{Q}{H} = -(1 + e) \frac{\sin \gamma}{\cos \alpha}.$$

Au moyen des observations dont nous parlions tout à l'heure, il sera toujours facile de calculer, avec toute l'exactitude suffisante, les constantes qui entrent dans ces formules ; il suffira ensuite de donner à θ et H les valeurs qui leur conviennent pour le lieu où l'on se trouve pour conclure *à priori* les nouvelles valeurs de β et γ ; on pourra toujours d'ailleurs comparer les résultats calculés à ceux qui seront donnés par l'observation.

Ces remarques doivent suffire pour faire comprendre comment, en enregistrant périodiquement les valeurs obtenues pour les constantes en particulier β et γ, on peut être conduit à posséder tous les éléments nécessaires pour régler les compas à une époque quelconque et dans un lieu quelconque sans qu'il soit nécessaire d'exécuter aucune observation nouvelle.

Les divers procédés de régulation qui viennent d'être indiqués jusqu'à présent supposent ou des observations astronomiques ou des relèvements d'objets terrestres dont la position est bien connue sur la carte. M. Fournier, lieutenant de vaisseau, a fait connaître, il y a quelques années, un moyen très simple et très pratique de déterminer les constantes β et γ indépendamment de toute observation terrestre ou astronomique ; ce moyen suppose l'emploi d'un instrument particulier qu'il appelle *alidade déviatrice* dont nous devons ici dire quelques mots.

7. Alidade déviatrice de M. Fournier. — Cet instrument se

Fig. 26.

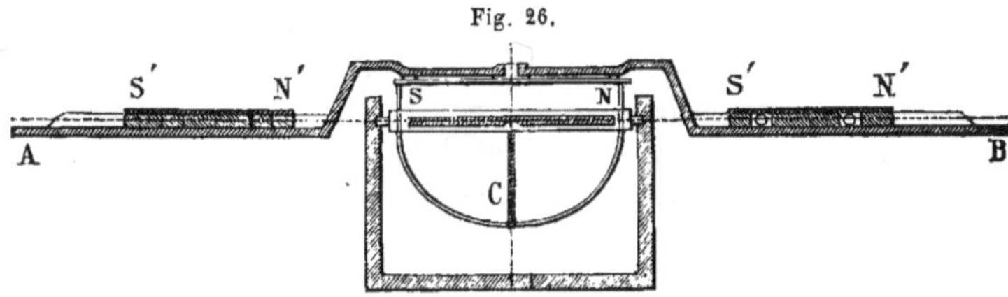

compose d'une alidade en cuivre AB, disposée comme l'indique la figure, s'installant sur la boîte du compas C et pouvant tourner à frottement doux autour de l'axe vertical du compas. Sur chaque branche de l'alidade, on place un barreau aimantée S'N' de 0^m,15 à 0^m,18 de manière à lui faire présenter le pôle de nom contraire à celui de l'aiguille SN du compas qui se trouve placé en regard.

Il suffit de jeter les yeux sur la figure pour comprendre immédiatement que, si l'on imprime à l'alidade un mouvement de rotation horizontal autour de l'axe du compas, les deux aimants S'N' constitueront un couple magnétique dont l'action sur le compas se traduira par une déviation déterminée. On observe que le compas est dévié de sa position d'équilibre d'un angle d'autant plus grand que la direction de l'alidade fait avec l'aiguille du compas un angle plus voisins de 90°.

M. Fournier démontre que l'écart maximum a lieu quand l'alidade et l'aiguille font entre elles un angle de 90°.

Cela posé, M. Fournier établit le principe suivant : quel que soit le cap du compas, si l'on désigne par ε l'écart maximum obtenu avec l'alidade déviatrice et par H' la force directrice horizontale du bord sur le compas, *le produit* $H' \sin \varepsilon$ *reste constant.*

Si, par conséquent, on appelle ε_1, ε_2 les écarts maximums obtenus pour deux caps différents et H'_1, H'_2 les forces directrices du bord correspondantes, on a toujours la relation

$$H'_1 \sin \varepsilon_1 = H'_2 \sin \varepsilon_2$$

ou

$$\frac{H'_1}{H'_2} = \frac{\sin \varepsilon_1}{\sin \varepsilon_2}.$$

L'alidade déviatrice est par suite un véritable magnétomètre qui permet de trouver immédiatement le rapport des forces directrices horizontales du compas pour deux caps quelconques.

Le principe établi par M. Fournier a été généralisé depuis par M. Caspari, ingénieur hydrographe (*Annales hydrographiques de* 1873). M. Caspari substitue à l'alidade de M. Fournier une seconde rose identique à celle du compas et qu'il installe sur le même axe au-dessus du compas de manière que les pôles de noms contraires des aiguilles se trouvent en présence. Faisant ensuite tourner autour de son axe la rose supérieure, il observe les déviations de la rose inférieure ; il démontre ainsi la proposition suivante :

Si l'on observe avec le même appareil à différents caps du navire, avec le même angle polaire arbitrairement choisi, l'écart de l'aiguille, les produits des sinus des écarts par les forces directrices sont constants.

L'angle défini angle polaire est l'angle formé par les deux aiguilles ; si l'on suppose cet angle égal à 90°, on retrouve le principe des écarts maximums de M. Fournier. La rose de M. Caspari constitue un couple magnétique absolument comme l'alidade déviatrice. On peut donc conclure, d'une manière générale, que toutes les fois que l'aiguille aimantée du compas se trouve soumise à l'action d'un couple magnétique établi d'une manière quelconque, on pourra admettre comme exacte la loi suivante :

Pour un même appareil et pour un même angle polaire, les sinus des écarts sont entre eux dans le rapport inverse des forces directrices, quelle que soit d'ailleurs la grandeur de l'angle polaire qui ait été choisi pour l'observation.

On remarquera que l'appareil de M. Fournier et celui de E. Caspari sont toujours faciles à installer à bord d'un navire. On a généralement, en effet, à sa disposition des barreaux aimantés de 0^m,15 à 0^m,18 et une rose de rechange à peu près identique à celle du compas. Toutefois l'appareil de **M.** Fournier, exigeant la construction préalable d'une alidade en cuivre, se trouve en réalité moins facile à improviser que celui de **M.** Caspari.

Cela posé, nous allons montrer comment, de l'observation des écarts de l'aiguille du compas sous l'action d'un couple magnétique, on peut conclure la valeur des constantes de déviation β et γ. Nous désignerons, dans ce qui va suivre, l'angle d'écart par la lettre ε_n; l'angle d'écart ainsi représenté pourra être indifféremment *l'écart maximum* ou l'écart qui correspond à un angle polaire quelconque choisi arbitrairement; il y a lieu de remarquer qu'il y a avantage, au point de vue de la précision des observations, à prendre un angle polaire différent de 90°, et, par suite, un angle d'écart différent de l'écart maximum. La sensibilité du compas devient, en effet, de plus en plus faible au fur et à mesure que l'écart s'approche du maximum.

8. Formules de M. Fournier. — Reprenons les équations d'équilibre fondamentales de l'aiguille du compas :

$$\sin(\zeta + \alpha) + \sin\gamma = \cos\alpha \, \frac{H'}{(1+e)H} \sin\zeta';$$

$$\cos(\zeta + \varepsilon) + \cos\beta = \cos\varepsilon \, \frac{H'}{(1+a)H} \cos\zeta'.$$

On fait évoluer le navire successivement aux quatre caps cardinaux du compas et à chacun de ces caps on observe les écarts ε_n pour un même angle polaire du couple déviateur.

Soient comme précédemment N_0, E_0, S_0, O_0 les caps magnétiques qui correspondent aux caps cardinaux N, E, S et O du compas. Soient, en outre, H'_1, H'_2, H'_3, H'_4 les intensités de la force directrice du bord pour ces différents caps, et ε_1, ε_2 ε_3, ε_4 les écarts correspondants observés avec l'appareil déviateur.

En introduisant successivement dans les équations d'équilibre les hypothèses $\zeta' = N = 0°$, $\zeta' = E = 90°$, $\zeta' = S = 180°$, $\zeta' = O = 270°$, on aura les quatre systèmes d'équations :

$$(1) \qquad \zeta' = 0 \left\{ \begin{array}{l} \sin(N_0 + \alpha) + \sin\gamma = 0, \\[2mm] \cos(N_0 + \varepsilon) + \cos\beta = \cos\varepsilon \, \dfrac{H'_1}{(1+a)H}; \end{array} \right.$$

$$(2) \qquad \zeta' = 90° \left\{ \begin{array}{l} \sin(E_0 + \alpha) + \sin\gamma = \cos\alpha \, \dfrac{H'_2}{(1+e)H}, \\[2mm] \cos(E_0 + \varepsilon) + \cos\beta = 0; \end{array} \right.$$

$$(3) \qquad \zeta' = 180° \begin{cases} \sin(S_0 + \alpha) + \sin\gamma = 0, \\ \cos(S_0 + \varepsilon) + \cos\beta = -\cos\varepsilon \dfrac{H'_3}{(1+a)H}; \end{cases}$$

$$(4) \qquad \zeta' = 270° \begin{cases} \sin(O_0 + \alpha) + \sin\gamma = -\cos\alpha \dfrac{H'_4}{(1+e)H}, \\ \cos(O_0 + \varepsilon) + \cos\beta = 0. \end{cases}$$

Or, on a trouvé précédemment

$$\alpha = 90° - \tfrac{1}{2}(S_0 + N_0), \qquad \varepsilon = 180° - \tfrac{1}{2}(E_0 + O_0);$$

d'où

$$S_0 = 180° - N_0 - 2\alpha, \qquad O_0 = 360° - E_0 - 2\varepsilon.$$

Éliminant S_0 et O_0 des équations (3) et (4) au moyen de ces valeurs, on aura :

$$(3)' \qquad \zeta' = 180° \begin{cases} \sin(N_0 + \alpha)\sin\gamma = 0, \\ \cos(N_0 + 2\alpha - \varepsilon) - \cos\beta = \cos\varepsilon \dfrac{H'_3}{(1+a)H}; \end{cases}$$

$$(4)' \qquad \zeta' = 270° \begin{cases} \sin(E_0 + 2\varepsilon - \alpha) - \sin\gamma = \cos\alpha \dfrac{H'_4}{(1+e)H}, \\ \cos(E_0 + \varepsilon) + \cos\beta = 0. \end{cases}$$

Éléminant successivement par addition ou soustraction γ et β des équations (1) et (2), puis des équations (3)$'$ et (4)$'$, on trouvera :

$$\begin{cases} \sin(E_0 + \alpha) - \sin(N_0 + \alpha) = \cos\alpha \dfrac{H'_2}{(1+e)H}, \\ \cos(N_0 + \varepsilon) - \cos(E_0 + \varepsilon) = \cos\varepsilon \dfrac{H'_1}{(1+a)H}, \\ \sin(E_0 + 2\varepsilon - \alpha) + \sin(N_0 + \alpha) = \cos\alpha \dfrac{H'_4}{(1+e)H}, \\ \cos(N_0 + 2\alpha - \varepsilon) + \cos(E_0 + \varepsilon) = \cos\varepsilon \dfrac{H'_3}{(1+a)H}; \end{cases}$$

Transformant les sommes et différences de sinus ou de cosinus en produits et posant :

$$\tfrac{1}{2}(E_0 + N_0) = \Sigma, \qquad \tfrac{1}{2}(E_0 - N_0) = \Delta + \alpha;$$

ces quatre équations deviennent :

$$\left\{\begin{aligned}
2\sin(\Delta+\alpha)\cos(\Sigma+\alpha) &= \cos\alpha\,\frac{H'_2}{(1+e)H}, \\
2\sin(\Delta+\alpha)\sin(\Sigma+\varepsilon) &= \cos\varepsilon\,\frac{H'_1}{(1+a)H}, \\
2\cos(\Delta+\varepsilon)\sin(\Sigma+\varepsilon) &= \cos\alpha\,\frac{H'_4}{(1+e)H}, \\
2\cos(\Delta+\varepsilon)\cos(\Sigma+\alpha) &= \cos\varepsilon\,\frac{H'_3}{(1+a)H};
\end{aligned}\right.$$

d'où, en divisant membre à membre,

$$\left\{\begin{aligned}
\frac{\sin(\Sigma+\varepsilon)}{\cos(\Sigma+\alpha)} &= \frac{\cos\varepsilon}{\cos\alpha}\frac{H'_1}{H'_2}\left(\frac{1+e}{1+a}\right), \\
\frac{\sin(\Sigma+\varepsilon)}{\cos(\Sigma+\alpha)} &= \frac{\cos\alpha}{\cos\varepsilon}\frac{H'_4}{H'_3}\left(\frac{1+a}{1+e}\right);
\end{aligned}\right.
\quad
\left\{\begin{aligned}
\frac{\sin(\Delta+\alpha)}{\cos(\Delta+\varepsilon)} &= \frac{\cos\alpha}{\cos\varepsilon}\frac{H'_2}{H'_3}\left(\frac{1+a}{1+e}\right), \\
\frac{\sin(\Delta+\alpha)}{\cos(\Delta+\varepsilon)} &= \frac{\cos\varepsilon}{\cos\alpha}\frac{H'_1}{H'_4}\left(\frac{1+e}{1+a}\right).
\end{aligned}\right.$$

Et comme

$$\operatorname{cotg}\eta = \frac{\cos\varepsilon}{\cos\alpha}\left(\frac{1+e}{1+a}\right),$$

$$(a)\left\{\begin{aligned}
\frac{\sin(\Sigma+\varepsilon)}{\cos(\Sigma+\alpha)} &= \frac{H'_1}{H'_2}\operatorname{cotg}\eta, \\
\frac{\sin(\Sigma+\varepsilon)}{\cos(\Sigma+\alpha)} &= \frac{H'_4}{H'_3}\operatorname{tg}\eta;
\end{aligned}\right.
\qquad
(b)\left\{\begin{aligned}
\frac{\sin(\Delta+\alpha)}{\cos(\Delta+\varepsilon)} &= \frac{H'_2}{H'_3}\operatorname{tg}\eta, \\
\frac{\sin(\Delta+\alpha)}{\cos(\Delta+\varepsilon)} &= \frac{H'_1}{H'_4}\operatorname{cotg}\eta.
\end{aligned}\right.$$

On remarquera en passant que l'on déduit de ces équations les relations remarquables :

$$\operatorname{tg}\eta = \sqrt{\frac{H'_1 H'_3}{H'_2 H'_4}}, \quad
\frac{\sin(\Sigma+\varepsilon)}{\cos(\Sigma+\alpha)} = \sqrt{\frac{H'_1 H'_4}{H'_2 H'_3}}, \quad
\frac{\sin(\Delta+\alpha)}{\cos(\Delta+\varepsilon)} = \sqrt{\frac{H'_1 H'_2}{H'_3 H'_4}}.$$

Dans l'hypothèse du fer doux symétrique, c'est-à-dire quand $\varepsilon=0$ et $\alpha=0$, les deux dernières deviennent simplement :

$$\operatorname{tg}\Sigma = \sqrt{\frac{H'_1 H'_4}{H'_2 H'_3}}, \quad
\operatorname{tg}\Delta = \sqrt{\frac{H'_1 H'_2}{H'_3 H'_4}} \quad (*),$$

(*) *Théorie des déviations des compas* de M. Fournier.

Les rapports des forces horizontales H sont donnés par des observations d'écarts avec l'appareil déviateur, de sorte que l'on a :

$$\frac{H'_1}{H'_2} = \frac{\sin \varepsilon_2}{\sin \varepsilon_1}, \quad \frac{H'_2}{H'_3} = \frac{\sin \varepsilon_3}{\sin \varepsilon_2}, \quad \frac{H'_4}{H'_3} = \frac{\sin \varepsilon_3}{\sin \varepsilon_4}, \quad \frac{H'_1}{H'_4} = \frac{\sin \varepsilon_4}{\sin \varepsilon_1}.$$

On pourra donc, au moyen des écarts observés, calculer les quantités auxiliaires Σ et Δ. On remarquera qu'il sera nécessaire, dans tous les cas, d'exécuter trois observations à trois caps cardinaux. Alors, suivant les cas, on calculera Σ et Δ, soit au moyen des premières des équations (a) et (b), soit avec la première de (a) et la seconde de (b) ou inversement, soit enfin avec la deuxième de (a) et la deuxième de (b).

Le calcul de Σ, aussi bien que celui de Δ, dépend la résolution de la même équation

$$\frac{\sin (x + a)}{\cos (x + b)} = m.$$

Cette résolution ne présente aucune difficulté ; on a, en effet,

$$\sin a + \cos a \, \mathrm{tg}\, x = m \cos b - m \sin b \, \mathrm{tg}\, x ;$$

d'où

$$\mathrm{tg}\, x = \frac{m \cos b - \sin a}{m \sin b + \cos a}.$$

Soient

$$m \cos b = \cos a \, \mathrm{tg}\, \varphi \quad \text{et} \quad m \sin b = \sin a \, \mathrm{tg}\, \psi,$$

on trouvera finalement

$$\mathrm{tg}\, x = \frac{\sin (\varphi - a)}{\cos (\psi + a)} \frac{\cos \psi}{\cos \varphi}.$$

Pour le calcul de Σ, par exemple pour des observations faites au N. à l'E. et au S.,

$$\mathrm{tg}\, \varphi = \frac{\sin \varepsilon_2}{\sin \varepsilon_1} \cot \eta \, \frac{\cos \alpha}{\cos \varepsilon} ; \quad \mathrm{tg}\, \psi = \frac{\sin \varepsilon_2}{\sin \varepsilon_1} \cot \eta \, \frac{\sin \alpha}{\sin \varepsilon},$$

et pour le calcul de Δ dans la même hypothèse

$$\mathrm{tg}\, \varphi = \frac{\sin \varepsilon_3}{\sin \varepsilon_2} \, \mathrm{tg}\, \eta \, \frac{\cos \varepsilon}{\cos \alpha} ; \quad \mathrm{tg}\, \psi = \frac{\sin \varepsilon_3}{\sin \varepsilon_2} \, \mathrm{tg}\, \eta \, \frac{\sin \varepsilon}{\sin \alpha}.$$

Si l'on avait un grand nombre de calculs de ce genre à exécuter, ce qui peut arriver dans les parages dangereux où les brumes sont fréquentes, il serait pratique de mettre la formule $\dfrac{\sin (x + a)}{\cos (x + b)} = m$ en table; on obtiendrait alors immédiatement à vue la valeur de x, qui correspond à une valeur quelconque trouvée pour m par l'observation des écarts.

Connaissant Σ et Δ, on conclura sans difficulté les coefficients β et γ; on a, en effet,

$$\Sigma = \tfrac{1}{2}(E_0 + N_0) \quad \text{et} \quad \Delta + \alpha = \tfrac{1}{2}(E_0 - N_0)$$

et

$$\beta = 180° - (E_0 + \varepsilon), \quad \gamma = - (N_0 + \alpha).$$

Substituons dans ces dernières équations les valeurs

$$E_0 = \Sigma + \Delta + \alpha \quad \text{et} \quad N_0 = \Sigma - (\Delta + \alpha)$$

tirées des deux premières, on aura finalement

$$\begin{cases} \beta = 180° - (\Sigma + \Delta + \alpha + \varepsilon), \\ \gamma = \Delta - \Sigma. \end{cases}$$

Les valeure de β et de γ se trouvent ainsi déterminées.

Nous ne donnerons pas d'exemples du calcul précédent; il est, au fond, d'une simplicité extrême dans les applications; il suffira d'en avoir exécuté un ou deux pour n'éprouver jamais aucun embarras dans l'exécution.

Nous allons maintenant exposer sommairement deux tracés graphiques susceptibles de rendre les plus grands services dans la pratique. Le premier est dû à M. Fournier et le second à M. Napier de Glasgow; tous les deux sont d'une grande simplicité et d'une remarquable élégance.

9. Ellipse de régulation ou tracé graphique de Fournier. — LEMME FONDAMENTAL.

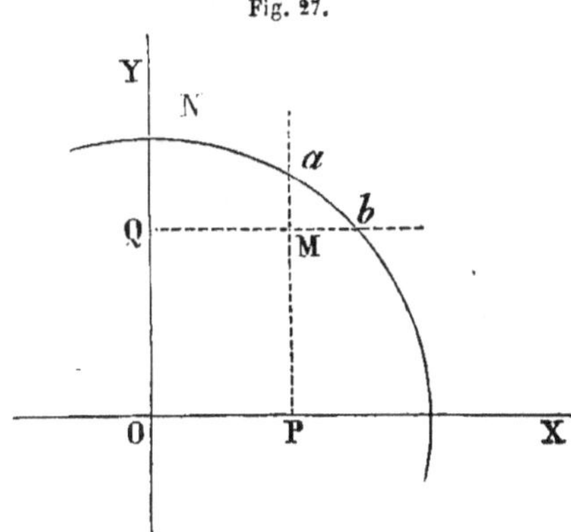

Si à partir d'un point N d'une circonférence pris pour origine on porte dans le même sens des arcs Na, Nb, tels que Na $= \zeta + \alpha$, Nb $= \zeta + \varepsilon$, ζ étant un arc quelconque que l'on peut faire varier de 0 à 360° et α, ε des arcs qui restent constants, et qu'ensuite par a on fasse passer une verticale, et par b une horizontale, le lieu des points de rencontre M de ces deux ordonnées est une ellipse. Soient, en effet, x et y les deux coordonnées du point **M** :

$$x = \text{OP} = \sin \text{N}a = \sin(\zeta + \alpha),$$
$$y = \text{OQ} = \cos \text{N}b = \cos(\zeta + \varepsilon),$$

en prenant le rayon de la circonférence pour unité.

Éliminant successivement $\cos\zeta$ et $\sin\zeta$ entre ces deux relations, on trouvera

$$x\cos\varepsilon - y\sin\alpha = \cos(\alpha - \varepsilon)\sin\zeta,$$
$$x\sin\varepsilon + y\cos\alpha = \cos(\alpha - \varepsilon)\cos\zeta;$$

d'où, en éliminant l'élément variable ζ,

$$(x\cos\varepsilon - y\sin\alpha)^2 + (x\sin\varepsilon + y\cos\alpha)^2 = \cos^2(\alpha - \varepsilon),$$

ou

$$x^2 + y^2 - 2xy\sin(\alpha - \varepsilon) = \cos^2(\alpha - \varepsilon),$$

équation qui représente une ellipse rapportée à son centre.

On reconnaît aisément que chacun des axes de cette ellipse est incliné de 45° sur les axes de coordonnées. Si l'on veut rapporter l'ellipse à ces axes principaux, on remplacera alors

$$x \text{ par } \tfrac{1}{2}\sqrt{2}(\text{X} - \text{Y}) \quad \text{et} \quad y \text{ par } \tfrac{1}{2}\sqrt{2}(\text{Y} + \text{X}).$$

L'équation deviendra, toutes réductions faites,

$$[1 - \sin(\alpha - \varepsilon)]\,\text{X}^2 + [1 + \sin(\alpha - \varepsilon)]\,\text{Y}^2 = \cos^2(\alpha - \varepsilon).$$

Soient

$$1 - \sin(\alpha - \varepsilon) = \text{B}^2 \quad \text{et} \quad 1 + \sin(\alpha - \varepsilon) = \text{A}^2,$$

l'équation devient

$$\text{A}^2\text{Y}^2 + \text{B}^2\text{Y}^2 = \text{A}^2\text{B}^2;$$

et l'on voit immédiatement sous cette forme qu'elle représente une ellipse rapportée à ses axes principaux.

On a pour expression de la grandeur des demi-axes :

$$\text{A} = \sqrt{1 + \sin(\alpha - \varepsilon)}, \quad \text{B} = \sqrt{1 - \sin(\alpha - \varepsilon)}.$$

L'ellipse lieu des points **M** sera donc toujours facile à construire. Il est facile de reconnaître que le grand axe de cette ellipse aura la direction N.-E au N.-O, suivant que $\alpha < \varepsilon$ ou $\alpha > \varepsilon$.

Cela posé, l'ellipse dont on vient d'exposer le mode de construction va conduire à une relation remarquable.

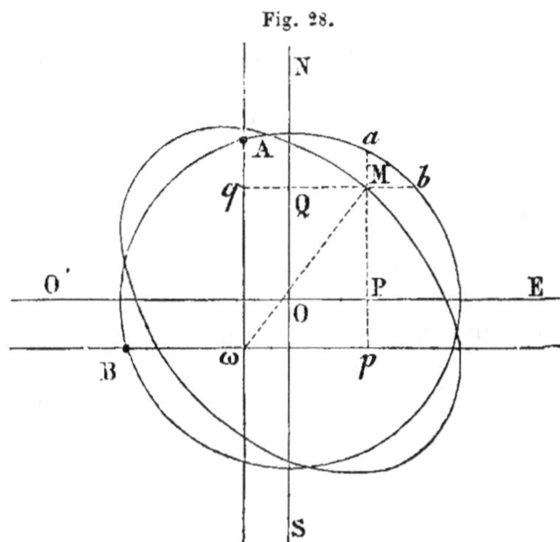

Fig. 28.

Soit O le centre d'un cercle et d'une ellipse construite de telle sorte que pour un quelconque de ses points M on ait

$$Na = \zeta + \alpha \quad \text{et} \quad Nb = \zeta + \varepsilon.$$

A partir du point N et de droite à gauche, portons un arc $NA = \gamma$; à partir du point S et de gauche à droite, portons un arc $SB = \beta$; par le point A, faisons passer une verticale, et par le point B une horizontale, et soit ω le point de rencontre de ces deux ordonnées; joignons le point ω en un point M, nous aurons

$$\operatorname{tg} A\omega M = \frac{Mq}{\omega q} = \frac{MQ + Qq}{MP + Pp} = \frac{\sin Na + \sin NA}{\cos Nb + \cos SB} = \frac{\sin(\zeta + \alpha) + \sin \gamma}{\cos(\zeta + \varepsilon) + \cos \beta},$$

en admettant que les arcs γ et β soient comptés comme il a été indiqué ci-dessus, l'angle ζ étant au contraire compté de gauche à droite.

Si maintenant on suppose que les quantités α, ε, β, γ employées dans la construction soient précisément les constantes de déviation qui ont été définies précédemment, et si l'on se rappelle en outre que la loi générale des déviations du compas est donnée par la relation

$$\operatorname{tg} \zeta' = \operatorname{cotg} \eta \, \frac{\sin(\zeta + \alpha) + \sin \gamma}{\cos(\zeta + \varepsilon) + \cos \beta},$$

on conclura immédiatement

$$\operatorname{tg} A\omega M = \operatorname{tg} \zeta' \operatorname{tg} \eta.$$

Nous représenterons par ω l'angle $A\omega M$; M. Fournier appelle le point ω *pôle de régulation* et l'angle ω *angle polaire*.

L'angle polaire jouit donc de cette propriété remarquable que sa tangente est égale au produit de la constante $\operatorname{tg}\eta$ par la tangente du cap de compas; inversement

$$\operatorname{tg} \zeta' = \operatorname{cotg} \eta \operatorname{tg} \omega.$$

Sans qu'il soit nécessaire d'insister davantage, on doit comprendre maintenant immédiatement le tracé graphique suivant :

Ayant décrit une circonférence d'un rayon convenable, on la gradue en 360°. Prenant le point N pour origine, on se sert des constantes α et ε pour construire une ellipse de la manière qui a été indiquée tout à l'heure, et l'on gradue cette ellipse en 360° de telle sorte que le numéro de graduation qui affecte un point M de l'ellipse se trouve le même que celui qui appartient à un arc ζ de la circonférence si l'on a $N a = \zeta + \alpha$, $N b = \zeta + \varepsilon$.

Il est bien entendu d'ailleurs que dans cette construction $\zeta + \alpha$ et $\zeta + \varepsilon$ sont des sommes algébriques, de sorte que α et ε restent affectés des signes qui leur ont été donnés par les calculs de régulation, ou en d'autres termes peuvent être positifs ou négatifs et doivent par suite s'ajouter ou se retrancher suivant les cas.

L'ellipse ainsi construite et graduée, on portera sur la circonférence à partir du point N un arc $NA = \gamma$ de droite à gauche si γ est positif, et de gauche à droite si γ est négatif; on portera de même sur la circonférence à partir du point S et *toujours* vers la gauche un arc $SB = \beta$. Par les points A et B ainsi obtenus on mènera deux ordonnées dont l'intersection déterminera le pôle de régulation ω.

On construira ensuite une table des valeurs du produit $\operatorname{cotg}\eta \operatorname{tg}\omega$ pour toutes les valeurs de ω de 0 à 360° ou simplement de 0 à 90° au moyen de la constante $\operatorname{cotg}\eta$ connue par le calcul de régulation.

Au moyen du tracé graphique et de la table ainsi obtenue, on sera en mesure de résoudre immédiatement tous les problèmes relatifs aux compas.

Il s'agit par exemple de trouver la route ζ' qui correspond à la route magnétique ζ, on mesurera un arc ζ sur l'ellipse, ce qui se fera immédiatement au moyen de la graduation inscrite sur l'ellipse; on joindra l'extrémité de l'arc ainsi obtenu au pôle de régulation ω et l'on mesurera au rapporteur l'angle polaire correspondant : entrant dans la table avec l'angle polaire pour argument, on trouvera la route ζ' cherchée.

Inversement si l'on veut la route magnétique ζ qui correspond à la route ζ' du compas, on commencera par chercher dans la table l'angle polaire ω : traçant ensuite cet angle polaire ω sur l'ellipse avec un rapporteur, la graduation de l'ellipse fera connaître immédiatement la route cherchée ζ.

La déviation étant égale à $\zeta - \zeta'$ résulte de l'une ou de l'autre des deux opérations qui viennent d'être indiquées, de sorte que le tracé graphique résout également tous les problèmes de relèvement. Il y a lieu de remarquer toutefois que dans toutes les circonstances où l'on aura besoin de porter sur la carte un grand nombre de relèvements à de fréquents intervalles, ce qui arrive aux approches de l'atterrissage, l'emploi de la table et du tracé graphique, quoique très-simple, pourrait entraîner des longueurs et présenter quelques difficultés de pratique : il ne faut pas oublier en effet que ces opérations s'exécutent souvent sur la passerelle du navire et par suite dans des conditions quelquefois incommodes. Il est préférable alors de se servir de l'ellipse de régulation et de la table de l'angle polaire pour calculer une table des déviations. On conçoit aisément que le calcul de cette table puisse dans tous les cas s'exécuter très facilement et avec la plus grande rapidité, sans qu'il soit nécessaire de donner aucune explication nouvelle à cet égard.

L'usage de l'ellipse de régulation est également plus expéditif à la mer pour corriger les routes que le calcul logarithmique indiqué précédemment, même quand on n'a affaire qu'à une seule route. Comme d'ailleurs le tracé graphique, s'il est exécuté dans des proportions suffisantes, est susceptible de donner des angles approchés au demi-degré près, on peut regarder ce procédé comme présentant toute l'approximation désirable : on doit donc le recommander sans réserve, comme éminemment pratique à tous égards.

Comme exemples d'ellipses de régulation nous donnons (Pl. I) le tracé graphique que nous avons fait exécuter pour les deux compas de route de passerelle avant du cuirassé le *Suffren*. Comme nous avons fait connaître précédemment les éléments de régulation donnés par l'observation pour ce navire, il sera facile de se rendre compte de la construction et de la reproduire au besoin comme exercice. L'ellipse N.-E. $(\alpha > \varepsilon)$ a été tracée à l'encre rouge et l'ellipse N.-O. $(\alpha < \varepsilon)$ à l'encre bleue.

Cet exemple est un des mieux choisis que l'on puisse prendre au point de vue théorique. Comme les constantes α et ε sont assez fortes, les ellipses sont nettement accentuées. D'un autre côté, comme les deux compas sont assez éloignés de l'axe du navire et placés l'un à bâbord et l'autre à tribord, les ellipses sont orientées en sens inverse.

Généralement les ellipses de régulation sont loin d'être aussi fortement accusées que celles que nous présentons ici ; α et ε sont ordinairement de petites quantités angulaires souvent moindres que 1° : alors les ellipses tendent à se confondre avec la circonférence, et le tracé devient de plus en plus difficile à bien exécuter.

Dans l'hypothèse du fer doux symétrique ou de $\alpha = 0$ et $\varepsilon = 0$, l'ellipse se confond rigoureusement avec la circonférence. Le pôle de régulation existe toujours en dehors du centre de la circonférence. Dans ce cas l'épure devient très-simple, puisqu'elle se réduit au tracé d'une circonférence et des deux axes du pôle de régulation. Les opérations à exécuter pour la détermination de ζ et de ζ' restent d'ailleurs toujours les mêmes : seulement les arcs sont comptés avec la graduation de la circonférence au lieu de l'être avec celle de l'ellipse.

Toutes les fois que α et ε ne dépassent pas un demi-degré, on peut admettre, avec une approximation suffisante pour la pratique, que l'ellipse se confond avec la circonférence et se dispenser en conséquence de tracer l'ellipse.

On remarquera que le tracé de l'ellipse ne dépendant que des éléments α et ε et la construction de la table polaire de l'élément η et ces trois constantes restant invariables ou à peu près toutes les fois que le fer doux du navire ne subit ni déplacements ni modifications notables, l'ellipse et la table qui auront été établies dans le principe aussitôt après la régulation du compas dans le port, pourront servir indéfiniment quelle que soit la position géographique que vienne occuper le navire.

Les constantes β et γ se modifiant sans cesse dans le courant d'une traversée, le pôle de régulation en revanche se déplacera constamment.

Cela est important à considérer. Dans le tracé graphique de M. Fournier, les seules parties véritablement laborieuses sont la construction de la table polaire et la graduation de l'ellipse : s'il y avait lieu de les recommencer toutes les fois que l'on a besoin de régler les compas, le travail serait assez pénible pour que l'on fût obligé d'y renoncer. Mais comme au contraire les données de ce travail préliminaire sont applicables pour tous les points du globe, il y a tout avantage à les établir une fois pour toutes et avec le plus grand soin.

La table polaire et l'ellipse devront par conséquent être construites avec toute la précision possible immédiatement après la régulation des compas ; l'ellipse et la circonférence seront tracées à l'encre et graduées minutieusement. Les axes du pôle de régulation seront tracés seulement au crayon de manière à pouvoir être effacés et remplacés par d'autres au fur et à mesure que l'on obtiendra de nouvelles valeurs de β et de γ. L'usage du tracé graphique reposera alors essentiellement sur la détermination de ces deux constantes.

Nous sommes ainsi amené à reconnaître une fois de plus la nécessité de calculer fréquemment les deux constants β et γ. On peut en conclure que la seule préoccupation du marin à la mer, en ce qui concerne la régulation des compas du bord, doit être la détermination de ces deux éléments fondamentaux. Il lui faut en conséquence étudier leurs variations avec autant de soin que celles de la marche des chronomètres.

La méthode graphique qui vient d'être exposée est due à M. Ernest Fournier, ainsi que nous l'avons dit en commençant : comme on a pu le remarquer, elle est basée sur une des constructions géométriques les plus ingénieuses que l'on puisse imaginer. Mais son véritable avantage consiste à donner un moyen éminemment pratique de régler les compas du navire en toutes circonstances. Il serait véritablement à désirer que le tracé de l'ellipse de régulation, au moins pour le compas-étalon de chaque navire, fût rendu réglementaire dans la marine française, et qu'en conséquence au moins un exemplaire de l'épure de cette ellipse fût délivré à chaque capitaine avec les autres documents concernant la régulation du compas.

10. Diagramme ou tracé graphique de M. Napier. — Ce

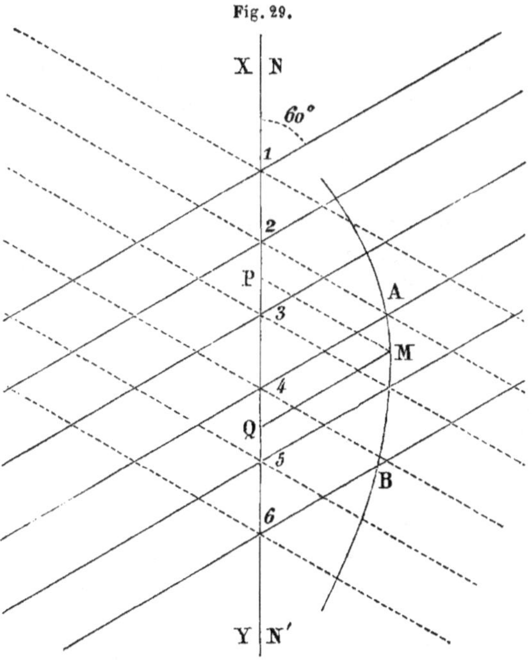

tracé est au fond purement et simplement la représentation géométrique de la relation $\delta = F(\zeta)$ qui existe entre la déviation et le cap magnétique du navire ; mais ce qui le caractérise essentiellement, c'est la disposition très ingénieuse qui a été adoptée pour compter les ordonnées de la courbe.

On trace une ligne verticale XY sur laquelle on prend arbitrairement une longueur NN' que l'on divise en 360 parties destinées à correspondre aux 360° de la circonférence. La longueur NN' doit être assez grande pour que les divisions soient suffisamment appréciables à l'œil.

Par chacun des points de division on fait passer deux droites inclinées l'une et l'autre de 60° sur l'axe XY ; la droite, menée de gauche à droite et de bas en haut est tracé en *trait plein*, celle qui est menée de droite à gauche et de bas en haut en *trait ponctué*. L'ensemble du tracé ainsi exécuté est ce que l'on appelle le *diagramme*. Pour simplifier l'ensemble du travail, on divise NN' seulement en 32 parties correspondant aux 32 quarts du compas et l'on construit le diagramme pour ces 32 divisions.

On devra remarquer tout d'abord qu'il résulte de ce mode de construction que toute ligne ponctuée qui vient à rencontrer une ligne pleine quelconque détermine avec le segment correspondant de XY un *triangle équilatéral;* en effet, chacune des lignes du diagramme étant inclinée sur l'axe XY de 60° le triangle est équiangle, et par suite équilatéral.

Cela posé, la courbe se construit de la manière suivante : la ligne NN', graduée en degrés et fractions de degré, étant prise pour échelle, on porte, à partir du point N, la longueur nécessaire pour représenter le nombre de degrés et minutes contenus dans un arc ζ mesurant un cap magnétique du compas. Soit par exemple $N2 = \zeta$. On mesure ensuite avec la même échelle une longueur figurant le nombre de degrés et minutes de la déviation δ qui correspond à ζ ; plaçant ensuite, à la division 2, la pointe du compas qui a servi à prendre cette mesure, on porte cette longueur sur la ligne *ponctuée* de 2 en A par exemple, *de gauche à droite si la déviation est positive et de droite à gauche si la déviation est au contraire négative*. Le point A ainsi obtenu est un point de la courbe.

On peut en employer les 32 déviations données par la table des déviations pour les 32 quarts du compas, obtenir ainsi 32 points et tracer ensuite la courbe à main levée. La courbe totale ainsi obtenue est ordinairement une espèce de sinusoïde dont une moitié se trouve placée à droite de l'axe XY et une autre moitié à gauche.

Il est maintenant bien facile de se rendre compte de l'application que l'on peut faire du tracé précédent. Soit M un point quelconque de la courbe ; menons la ligne ponctuée MP et la ligne pleine MQ. D'après le mode de construction adopté, il est évident que MP représente la déviation relative au cap magnétique $NP = \zeta$ et que de même $MQ = MP$ est la déviation qui correspond au cap du compas $\zeta' = NQ$.

En effet, le triangle PMQ étant équilatéral, $PQ = MP = MQ$. Comme d'ailleurs $\zeta' = \zeta + \delta$, il résulte que

$$NQ = NP + PQ = \zeta + \delta = \zeta'.$$

Si l'on observe que NN′ est gradué en degrés et minutes, on reconnaîtra qu'une simple lecture fera connaître la grandeur de $NQ = \zeta'$ et celle de la déviation $PQ = \delta$.

Il résultera de là que pour trouver le cap du compas ζ' qui correspond à un cap magnétique donné ζ, on mesurera à partir du point N un arc $NP = \zeta$; par le point P on mènera un trait ponctué jusqu'à la rencontre de la courbe en M; du point M on mènera ensuite un trait plein jusqu'à la rencontre de l'axe en Q ; NQ donnera immédiatement la grandeur du cap cherché ζ' du compas qui correspond au cap magnétique donné.

Inversement, si l'on veut la valeur de ζ qui correspond à une valeur donnée ζ', on portera à partir de N une longueur NQ égale à ζ; on mènera par le point Q un trait plein jusqu'à la rencontre de la courbe en M, puis par le point M un trait ponctué jusqu'en P ; NP sera alors le cap magnétique cherché ζ.

On reconnaît facilement que toutes ces opérations sont d'une remarquable simplicité. Le seul embarras que l'on puisse éprouver dans la pratique tient à la confusion que l'on peut être exposé à faire entre les traits pleins et les traits ponctués, faute d'une attention suffisante. Il s'agit en effet, avant toutes choses, dans la résolution de chaque problème, de savoir si l'on doit commencer par marcher sur un trait plein ou sur un trait ponctué.

Dans le but de prévenir, à ce sujet, les chances d'erreurs possibles, l'auteur a conseillé comme moyen mnémonique l'emploi de deux petits quatrains faciles à retenir et que nous traduisons librement en français de la manière suivante :

> Si vous voulez du bord
> La route magnétique,
> Tracez des points d'abord
> Puis une ligne oblique.
>
> Si le tracé suppose
> Un trait puis un ponctué,
> Il donne sur la rose
> La route au timonnier.

Il suffit de fort peu d'expérience pour reconnaître que toutes les fois que l'on aura ces deux strophes présentes à l'esprit, il est véritablement impossible de commettre aucune confusion.

Comme exemples du tracé graphique ou diagramme de Napier, nous donnons (Pl. II) l'épure que nous avons fait exécuter pour les deux compas de passerelle avant du cuirassé le *Suffren*. Il sera facile, au moyen des éléments de régulation de ces compas qui ont été donnés précédemment, de faire, comme exercice, quelques applications de la méthode graphique en question. Ces applications sont d'ailleurs d'une simplicité extrême et ne sauraient présenter la moindre difficulté.

Ainsi que nous l'avons avancé en commençant, la courbe de Napier est la traduction graphique de la table des déviations. Cette courbe n'est par suite applicable qu'autant que la table des déviations le devient elle-même. Or nous avons vu que la table des déviations ne peut être utilisée que dans le voisinage du port où elle a été construite ; il en est par suite de même de la courbe de Napier. Toutefois, comme le diagramme une fois construit la courbe est toujours très facile à tracer au moyen de la table des déviations, et que d'ailleurs, ainsi qu'on l'a vu précédemment, on est bon gré mal gré obligé de reconstruire cette table en arrivant à l'atterrissage, il sera toujours possible de retrouver cette courbe en très peu de temps si l'on a pris l'habitude de s'en servir. Il y a du reste avantage à procéder ainsi, l'emploi de la courbe de Napier étant préférable à celui de la table des déviations à cause des erreurs de signe toujours possibles avec cette dernière.

Nous terminerons ici l'exposé de la théorie des déviations du compas. Pour quiconque ne fera que jeter un coup d'œil superficiel sur l'ensemble de cette théorie, les calculs qui ont été développés pourront paraître, au premier abord, longs et fastidieux ; au fond il n'en est rien. Ces calculs sont tous d'une simplicité extrême ; il suffit, pour les suivre aisément, de posséder les principes les plus élémentaires de l'algèbre et de la trigonométrie. On remarquera, en effet, que, dans aucun cas, il n'a été nécessaire d'avoir recours aux données de l'analyse infinitésimale. A ce point de vue, le livre de la théorie des déviations du compas est de beaucoup le plus élémentaire de cet ouvrage.

La théorie des déviations est aujourd'hui l'objet d'une science parfaitement déterminée et basée sur des données certaines qu'il n'est plus permis d'ignorer. L'introduction sur une grande échelle des matériaux en fer dans la construction des navires impose, à ce sujet, de véritables obligations à tous les officiers de marine. Ainsi que nous l'avons répété souvent, l'étude de la marche du compas est aussi indispensable que celle de la marche des chronomètres. Cette étude ne saurait d'ailleurs avoir pour conséquence un travail bien pénible.

Toutes les fois que l'on aura consenti à consacrer quelques heures d'attention à l'étude de la théorie des déviations et que l'on se sera rendu compte de la nature et de la signification des éléments que nous avons appelés les constantes de la déviation, on ne tardera pas à devenir très expérimenté dans la matière et à posséder bientôt toute la science nécessaire pour la pratique de la navigation. On arrivera alors, presque sans aucun travail, à improviser dans toutes les circonstances des procédés simples et expéditifs pour se tenir non-seulement au courant de la marche des compas, mais encore pour régler au besoin ces instruments d'une manière complète, à un moment quelconque et dans un intervalle de temps extrêmement limité. On remarquera d'ailleurs que les calculs que l'on sera obligé de faire dans ce but sont toujours des plus élémentaires et ne présentent, dans aucun cas, le côté ardu et quelquefois rebutant pour les personnes peu familiarisées avec les méthodes de l'analyse, qui caractérisent quelques-uns des calculs astronomiques employés en navigation.

LIVRE VIII.

EXPOSÉ SOMMAIRE DES CALCULS LES PLUS USUELS A LA MER.

INTRODUCTION.

Ce huitième livre est, ainsi que son titre l'annonce, un résumé très succinct des calculs nautiques dont l'application se présente à chaque instant dans la pratique de la navigation. La théorie de ces calculs a été exposée, dans le cours de cet ouvrage, d'une manière suffisamment complète pour qu'il nous soit permis d'en adopter les résultats comme principes ; mais il nous a paru utile de reproduire, sous une forme synthétique, le canevas des diverses opérations numériques qui en sont les conséquences, et qu'il y a lieu d'exécuter toutes les fois que l'on veut établir un *point estimé* ou *un point astronomique.*

Faute d'un exercice suffisant, on perd très facilement l'habitude des calculs ; on oublie les formules et l'on cesse d'avoir présents à l'esprit les détails essentiels d'où résultent quelquefois des difficultés, qui ne sont jamais bien sérieuses mais qui peuvent entraîner des erreurs toujours fort importantes. Cela est vrai, surtout en ce qui concerne les calculs de navigation. Les marins se trouvent à chaque instant dans la nécessité de faire, pour ainsi dire à l'improviste, un calcul qu'ils ont perdu de vue depuis quelque temps ; il leur importe alors d'avoir sous les yeux une sorte d'aide-mémoire qui leur indique la marche à suivre pour obtenir rapidement le résultat cherché en les mettant en garde contre toutes les erreurs possibles, par exemple contre les erreurs de signe. Nous nous sommes proposé ici d'exposer au moins les parties les plus utiles d'un aide-mémoire de ce genre.

Le premier chapitre est consacré au calcul du point d'estime. Nous y avons rappelé d'une manière précise la convention adoptée pour compter les routes et les azimuts ; il est tout à fait indispensable de se bien pénétrer tout d'abord de cette convention ; ce n'est, en effet, qu'à la condition expresse de l'avoir bien comprise que la plupart de nos formules pourront paraître intelligibles, et que l'on pourra s'en servir avec avantage dans les applications numériques. Deux questions, qui n'ont pu trouver place ailleurs et qui ont une certaine importance, ont été traitées sommairement : *le tracé de l'arc de grand cercle sur la carte* et *le calcul approché de l'heure de la pleine mer.* Nous avons déjà dit quelques mots de l'arc de grand cercle dans le premier volume; c'était insuffisant, et il y avait lieu de reproduire avec détails les opérations numériques nécessaires pour obtenir les éléments du tracé graphique. Il n'a pas été possible, dans le cours de cet ouvrage, de faire une théorie, même abrégée, du phénomène des marées; en réalité, du reste, cela n'eût été que d'un intérêt tout à fait secondaire. Mais comme il importe souvent de connaître l'heure de la pleine mer, en particulier quand on est sur le point d'atterrir, nous avons donné, abstraction faite de toute démonstration théorique, une formule très simple qui permettra de calculer cette heure avec toute l'approximation nécessaire.

Le second chapitre a eu pour objet exclusif tous les calculs principaux ou accessoirs que l'on doit exécuter pour déterminer le point astronomique. Dans chaque cas particulier nous nous sommes attaché à mettre en évidence les signes qui conviennent aux éléments donnés ou calculés. Nos formules pourront être appliquées aveuglément à la seule condition de tenir compte de ce que l'on appelle en algèbre la *Règle des signes.* Par le fait on se trompe assez rarement sur les combinaisons de signes; mais il est toujours à craindre que l'on commette quelque confusion sur les signes des lignes trigonométriques de l'angle horaire et particulièrement de celles de l'azimut faute d'une habitude suffisante. On évitera toute chance d'erreur si, tenant compte avec soin de la convention adoptée pour compter les angles ou les arcs, on a bien présent à l'esprit le quadrant dans lequel se termine l'arc que l'on considère. Pour calculer le point par deux hauteurs extraméridiennes, nous avons exposé les deux méthodes différentielles qui ont été appelées *méthode des hauteurs* et *méthode des latitudes;* nous n'avons pas cru devoir reproduire la *méthode des angles horaires,* parce qu'elle est d'un calcul un peu plus long et qu'elle donne généralement des résultats d'une précision beaucoup moins grande. Appelons encore une fois, à ce sujet, l'attention sur la méthode des latitudes qui donne des corrections d'une exactitude absolue toutes les fois que les hauteurs sont correspondantes ou à peu près.

Enfin le troisième chapitre traite du calcul de l'azimut ou de la détermination de la route au compas et de la *Régulation du compas* lui-même. Le nombre des marins qui connaissent bien la théorie de la *Déviation* et savent en faire des applications, est encore, il faut bien le reconnaître, extrêmement limité. Or la connaissance de cette science est devenue aujourd'hui d'un intérêt capital : nul ne devrait l'ignorer. Tous les auteurs qui traitent des choses de la navigation doivent s'efforcer de la vulgariser et d'en faciliter les applications par tous les moyens imaginables. Nous avons essayé de tracer en quelques lignes la marche des calculs les plus essentiels qui peuvent résumer la mise en pratique de cette importante théorie.

Nous n'avons pas cru devoir parler dans ce livre des calculs de longitude : ces calculs, qui sont toujours très longs et surtout très délicats, ne pouvaient trouver place dans un aide-mémoire aussi succinct que celui-ci. Toutes les fois que l'on aura besoin d'exécuter des opérations de ce genre, il sera indispensable de revoir la théorie avec une certaine attention, de manière à se bien pénétrer de l'enchaînement des calculs et de la nature des difficultés dont il faudra se préoccuper.

CHAPITRE I.

POINT D'ESTIME. — ARC DE GRAND CERCLE. — MARÉES.

1. Numération des routes ou des caps et des relèvements. — Les routes ou les caps et les relèvements se comptent de 0° à 360° du point Nord pris pour origine vers l'Est, le Sud, l'Ouest, etc.

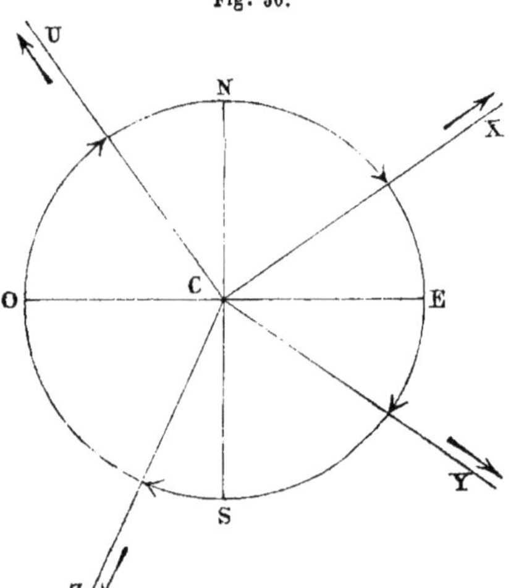

Fig. 30.

Figurons sur une circonférence C les quatre points cardinaux N., E., S., O. Soient dans les quatre quadrants les directions de routes CX, CY, CZ, CU, les flèches qui les accompagnent indiquant le sens de la marche du navire. Les angles de route ou simplement les routes qui correspondent à chacune de ces directions se compteront à partir du point Nord en marchant vers la droite, de sorte que

NCX ($< 90°$) est la *Route* pour la direction CX,

NCY ($> 90°$ et $< 180°$) est la *Route* pour la direction CY,

NCZ ($> 180°$ et $< 270°$) est la *Route* pour la direction CZ,

NCU ($> 270°$ et $< 360°$) est la *Route* pour la direction CU.

Si CX, CY, CZ, CU représentaient les directions dans lesquelles auraient été relevés certains points remarquables, les mêmes angles

NCX, NCY, NCZ, NCU comptés de la même manière seraient les *relèvements* de ces points.

Dans tout ce qui va suivre, les routes et les relèvements seront comptés ainsi que nous venons de l'expliquer.

2. Connaissant la route au compas, trouver la route sur la carte et réciproquement. — Pour résoudre ce problème, on se servira de la relation fondamentale

$$R_g = R_m + V,$$

dans laquelle :

$$R_g = \text{\textit{Route géographique ou Route sur la carte,}}$$
$$R_m = \text{\textit{Route magnétique ou Route au compas.}}$$

Chacune de ces routes étant comptée de 0° à 360°, la première à partir du Nord du monde, et la seconde à partir du Nord magnétique pris pour origine,

$$V = \text{\textit{Variation du compas à bord.}}$$

Par variation nous entendons ici l'angle formé par le méridien géographique avec le méridien magnétique du compas; la variation est, d'après cela, la somme algébrique de la déclinaison de l'aiguille aimantée due à l'influence magnétique terrestre et de la déviation du compas dû à l'attraction particulière du fer du navire.

La variation V est *positive* et affectée du signe $+$ quand le Nord magnétique est dans l'Est par rapport au Nord du monde, et *négative* ou affectée du signe $-$ quand le Nord magnétique se trouve dans l'Ouest.

La Route géographique est égale à la *somme algébrique* de la Route magnétique ou Route au compas et de la variation.

Quand on navigue à la voile, il peut y avoir lieu de tenir compte de la *Dérive* D. On a alors

$$R_g = R_m + V + D.$$

La Dérive Tribord (Bâbord amures) est positive et affectée du signe $+$.
La Dérive Bâbord (Tribord amures) est négative et affectée du signe $-$.

La Route géographique est égale à la *somme algébrique* de la Route au compas de la variation et de la Dérive.

Si la somme $R_m + V + D$ était plus grande que 360°, on en trancherait 360°.

Exemple. — *Trouver la Route sur la carte, sachant que la Route au compas est* 215° (S. 35° O.), *la variation égale à* 20° N.-E., *et la Dérive* 10° *Bâbord.*

$$
\begin{aligned}
&\text{Route au compas ou } R_m. \;.\;.\; &215° \\
&\text{Variation ou } + V. \;.\;.\;.\;.\;.\; &+\;20 \\
&\text{Dérive ou } + D. \;.\;.\;.\;.\;.\;.\; &-\;10 \\
\hline
&\text{Route sur la carte ou } R_g. \;.\;.\; &225°\;(S.\;45°\;E.).
\end{aligned}
$$

Le problème inverse, c'est-à-dire la détermination de la route au compas quand on connaît la route sur la carte, et la variation sera résolue par la relation

$$ R_m = R_g - V. $$

Dans ce cas on ne se préoccupe pas de la dérive ; si, en effet, il y a une dérive, c'est que l'on est obligé de serrer le vent : la route est alors celle que l'on peut tenir au plus près des voiles carrées.

EXEMPLE. *Trouver la route au compas, sachant que la route sur la carte est* 345° (N. 15° O.), *et la variation* 20° N.-O.

$$
\begin{aligned}
&\text{Route sur la carte ou } R_g. \;.\;.\; &345° \\
&\text{Variation ou } - V. \;.\;.\;.\;.\;.\; &+\;20 \\
\hline
&\text{Route au compas ou } R_m. \;.\;.\; &365° \\
&\qquad\qquad\qquad\text{Ou} &5°\;(N.\;5°\;E.).
\end{aligned}
$$

3. Porter sur la carte un relèvement au compas et réciproquement. — Les relèvements se corrigent de la variation absolument comme les routes ; si l'on appelle R_g^t un relèvement géographique et R_m^t le relèvement au compas correspondant

$$ R_g^t = R_m^t + V. $$

Les relèvements s'estiment à bord en mesurant l'angle formé par la direction du point visé avec la direction Nord : un relèvement exécuté à bord doit, par suite, être augmenté de 180° pour donner l'angle sous lequel le navire serait vu du point qui a été relevé, d'où il résulte que le relèvement à porter sur la carte a pour expression

$$ R_g^t = R_m + V + 180°. $$

Si maintenant on tient compte de ce que le rapporteur est gradué de 0° à 180°, on déduira de cette relation générale les deux règles particulières suivantes :

1° Si le point relevé est dans l'Ouest par rapport au navire, on placera sur la carte le centre du rapporteur sur ce point en orientant l'instrument de manière que le zéro de la graduation soit au Nord, et l'on obtiendra le relèvement du navire en comptant à partir de zéro et dans le sens de la graduation un angle

$$R_g^t = (R_m^t + V + 180°) - 360° = R_m + V - 180°.$$

2° Si le point relevé est dans l'Est par rapport au navire, ayant placé le centre sur ce point, on orientera le rapporteur de manière que le 0 de la graduation soit au Sud, et l'on aura le relèvement du navire en comptant à partir du zéro et dans le sens de la graduation un angle

$$R_g^t = (R_m^t + V + 180°) - 180° = R_m^t + V.$$

Le problème inverse (trouver pour le compas un relèvement mesuré sur la carte) se résoudra d'une manière analogue

$$R_m^t = R_g^t - V - 180°.$$

Et l'on devra ajouter 360° au résultat toutes les fois que l'on trouvera pour R_m^t une valeur négative.

Exemple. *D'un point placé sur la carte on veut relever le navire au Nord géographique, trouver le relèvement correspondant de ce point au compas du bord, sachant que la variation est 20° N.-O.*

Relèvement géographique ou R_g^t. . . .	0°
Variation du compas — V.	+ 20
. . . .	— 180
	— 160°
Ou en ajoutant 360° au résultat. . . .	200°

Le point de la carte devra être relevé au compas à 200 (S. 20° O.).

4. Calcul du point d'estime. — Le journal du bord fait connaître la route au compas suivie par le navire et le nombre de milles parcourus à cette route. La route au compas est, avant toutes choses, corrigée de la variation et de la dérive s'il y a lieu; appelons R la route corrigée ou route géographique et S le nombre de milles parcourus correspondants. Les chemins parcourus par le navire du Nord au Sud et de l'Est à l'Ouest sont donnés par les relations :

$$\text{Chemin Nord et Sud} = S \cos R$$
$$\text{Chemin Est et Ouest} = S \sin R.$$

Les produits $S \cos R$ et $S \sin R$ sont donnés à vue par les tables dites *Tables pour faire le point* (XLV de Guépratte, IV de Callet, IV de Caillet). Ces tables ont pour arguments le nombre de milles parcourus S et l'angle de route R. Le produit $S \cos R$ se trouve dans la colonne intitulée N.-S. et le produit $S \sin R$ dans la colonne E.-O.

Les tables ne donnent l'angle R que de 0° à 90°; or, comme les routes se comptent de 0° à 360°, il y a lieu à une petite transformation : il faut en outre tenir compte des signes. On pourra alors s'aider du tableau suivant dans lequel $[R]$ représente le nombre de degrés ou la valeur tabulaire avec laquelle il faudra entrer dans la table pour faire le point.

1° Le navire fait route dans le premier quadrant :

$$R < 90°; \quad [R] = R \begin{cases} \sin R = + \sin [R] & \text{ch. E.-O.} = + \\ \cos R = + \cos [R] & \text{ch. N.-S.} = + \end{cases}$$

2° Le navire fait route dans le second quadrant :

$$R > 90° \text{ et } < 180°; \quad [R] = 180° - R \begin{cases} \sin R = + \sin [R] & \text{ch. E.-O.} = + \\ \cos R = - \cos [R] & \text{ch. N.-S.} = - \end{cases}$$

3° Le navire fait route dans le troisième quadrant :

$$R > 180° \text{ et } < 270°; \quad [R] = R - 180° \begin{cases} \sin R = - \sin [R] & \text{ch. E.-O.} = - \\ \cos R = - \cos [R] & \text{ch. N.-S.} = - \end{cases}$$

4° Le navire fait route dans le quatrième quadrant :

$$R > 270° \text{ et } < 360°; \quad [R] = 360° - R \begin{cases} \sin R = - \sin [R] & \text{ch. E.-O.} = - \\ \cos R = + \cos [R] & \text{ch. N.-S.} = + \end{cases}$$

Applications :

1° $S = 25$ milles $R = 35°$ (N. 35° E.) :

$$[R] = 35° \begin{cases} \text{chemin Est et Ouest} = + 14^m,3 \\ \text{chemin Nord et Sud} = + 20 ,5 \end{cases}$$

2° $S = 45$ milles $R = 150°$ (S. 30° E.) :

$$[R] = 180° - R = 30° \begin{cases} \text{chemin Est et Ouest} = + 22^m,5 \\ \text{chemin Nord et Sud} = - 39 ,0 \end{cases}$$

3° S = 60 milles,   R = 250° (S. 70° O.) :

$$[R] = R - 180° = 70° \begin{cases} \text{chemin Est et Ouest} = -56^m,4 \\ \text{chemin Nord et Sud} = -20\ ,5 \end{cases}$$

4° S = 34 milles   R = 295° (N. 65° O.) :

$$[R] = 360° - R = 65° \begin{cases} \text{chemin Est et Ouest} = -30^m,8 \\ \text{chemin Nord et Sud} = +14\ ,4 \end{cases}$$

Il arrive souvent que dans l'intervalle de temps pour lequel on veut estimer les chemins parcourus, le navire a suivi plusieurs routes différentes ; il faut alors calculer les chemins partiels qui conviennent à chacune de ces routes particulières ; ces chemins partiels pourront d'ailleurs se trouver affectés de signes différents ; on en conclura ensuite un déplacement total en faisant la somme des déplacements partiels :

Chemin N.-S. total = Somme algébrique des ch. N.-S. partiels
Chemin E.-O. total = Somme algébrique des ch. E.-O. partiels.

Les chemins N.-S. et E.-O. étant connus, il ne restera plus qu'à en déduire les déplacements en latitude et en longitude.

Déplacement en latitude = Chemin Nord et]Sud.

Si l'on appelle φ_1 la latitude du point initial et φ_2 celle du point d'arrivée ou de celui dont on veut établir les coordonnées, il en résultera

$$\varphi_2 - \varphi_1 = \textit{Chemin Nord et Sud}$$

ou

$$\varphi_2 = \varphi_1 + \textit{Chemin Nord et Sud.}$$

Pour calculer la longitude, on se sert habituellement de la relation approchée

$$\textit{Déplacement en longitude} = \frac{\textit{Chemin Est et Ouest}}{\cos \varphi_m},$$

φ_m étant la latitude moyenne des deux relations, de sorte que

$$\varphi_m = \tfrac{1}{2} (\varphi_2 + \varphi_1).$$

Le déplacement en longitude se calculera au moyen des tables pour faire le point. En effet, comme

$$\textit{Chemin E.-O.} = \textit{Dép}^t \textit{ en long. } \cos\varphi_m.$$

Dans la colonne N.-S. qui correspond au nombre de degrés φ_m, on cherchera le nombre de milles représentés par le chemin Est et Ouest, et l'on trouvera en regard, dans la colonne *milles parcourus*, le *déplacement en longitude* exprimé en minutes.

La formule que nous employons ici pour calculer le déplacement en longitude n'est pas tout à fait exacte ; elle est toutefois en général suffisamment approchée ; l'expression rigoureuse serait

$$\textit{Déplacement en longitude} = \text{ch. N.-S.} \times \text{tg R.}$$

Quoi qu'il en soit, si ψ_1 est la longitude du point initial et ψ_2 celle du point dont on cherche les coordonnées

$$\psi_2 = \psi_1 - \textit{Déplacement en longitude } (*).$$

Finalement, les coordonnées estimées cherchées seront fournies par les deux relations

$$\varphi_2 = \varphi_1 + \textit{Chemin Nord et Sud},$$
$$\psi_2 = \psi_1 - \textit{Déplacement en longitude}.$$

Dans la première, la latitude φ se comptera de 0° à 90° de l'équateur au pôle avec le signe $+$ dans l'hémisphère Nord et le signe $-$ dans l'hémisphère Sud. La longitude se comptera du premier méridien, soit de 0° à 360° dans le sens du mouvement diurne, soit de 0 à 180° avec le signe $+$ dans l'Ouest du premier méridien et avec le signe $-$ dans l'Est de ce méridien.

EXEMPLE. *Ayant corrigé les routes de la variation et de la dérive, on a trouvé que l'on avait parcouru successivement* 25 *milles à la route* 280° (N. 80 O.), 15 *milles à la route* 273° (N. 87° O.), 34 *milles à la route* 264° (S. 84 O.), 59 *milles à la route* 261° (S. 81 O.) *et* 13 *milles à la route* 285° (S. 75 O.), *à partir du point dont les coordonnées étaient : Latitude ou* $\varphi_1 = -4° 15' (4°15' Sud)$ *et Longitude* $\psi_1 = 33° 44'$; *on demande le point d'estime ?*

---

(1) Pour avoir des notations tout à fait rationnelles, il eût fallu changer le signe du chemin E.-O.; nous aurions alors $\psi_2 = \psi_1 + \text{Dép}^t$ en longitude. Nous ne l'avons pas fait pour ne pas contrarier les usages reçus, cela n'a en réalité qu'une importance secondaire; il suffit de se rappeler que la variation de longitude $d\psi$ est égale au déplacement en longitude changé de signe.

On dressera avec les tables le tableau suivant :

ROUTES R	ROUTES [R]	MILLES PARCOURUS	CHEMINS N.-S.	CHEMINS E.-O.
280	80	25	+ 4,3	— 24,6
273	87	15	+ 0,8	— 15,0
264	84	34	— 3,6	— 33,8
261	81	59	— 9,2	— 58,3
285	75	13	— 3,4	— 12,6
			— 11,1	— 144,3

$$Déplacement\ en\ latitude = -11',1,$$

$$\varphi_2 = \varphi_1 + Dépl^t\ en\ latitude = -4°15' - 11' = -4°26'.$$

$$Latitude\ moyenne\ \varphi = \frac{\varphi_2 + \varphi_1}{2} = -4°23'.$$

$$Déplacement\ en\ longitude = \frac{ch.\,E.-O.}{\cos\varphi_m} = -\frac{144,3}{\cos 4°23'} = -144',7$$

$$ou\ -145'\ ou\ 2°25'.$$

$$\psi_2 = \psi_1 - Dépl^t\ en\ longitude = 33°44' + 2°25' = 36°09'.$$

Les coordonnées estimées du point seront par suite

$$Latitude = 4°26'\ Sud,$$
$$Longitude = 36°09'.$$

5. Tracé de l'arc de grand cercle. — L'arc de grand cercle qui joint le point de départ au point d'arrivée étant le plus court chemin à parcourir du premier au second, il y un véritable intérêt à le suivre au point de vue de la rapidité de la traversée; cela est surtout utile pour les bâtiments qui naviguent constamment à la vapeur, puisqu'il peut en résulter des économies de charbon très notables. La navigation, suivant l'arc de grand cercle, présente moins d'importance à bord des bâtiments à voiles : alors, en effet, il faut se préoccuper avant tout de tracer sa route en tenant compte des courants et des vents régnants; il arrive toutefois assez fréquemment que dans ce dernier cas on peut encore parcourir des espaces considérables en suivant la ligne de plus courte distance. Mais nous devons ajouter qu'il n'y a véritablement lieu d'exécuter le tracé de l'arc de grand cercle qu'à la condition que le chemin total à parcourir dépasse au moins quelques centaines de lieues.

Soient D le point de départ, A le point d'arrivée, P le pôle. Pour tracer sur la carte l'arc de grand cercle qui joint ces deux points, on commencera tout d'abord par calculer les angles PDA et PAD au

Fig. 31.

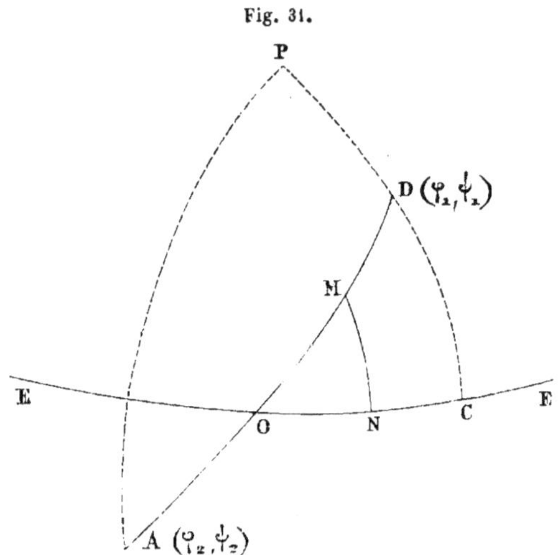

moyen des coordonnées géographiques φ_1 et ψ_1 du point D, φ_2 et ψ_2 du point A; il faudra pour cela se servir des analogies de Néper. Soient D $=$ PDA et A $=$ PAD,

$$\operatorname{tg}\tfrac{1}{2}(A+D) = \cotg\tfrac{1}{2}(\psi_2-\psi_1)\frac{\cos\tfrac{1}{2}(\varphi_2-\varphi_1)}{\sin\tfrac{1}{2}(\varphi_2+\varphi_1)},$$

$$\operatorname{tg}\tfrac{1}{2}(A-D) = \cotg\tfrac{1}{2}(\psi_2-\psi_1)\frac{\sin\tfrac{1}{2}(\varphi_2-\varphi_1)}{\cos\tfrac{1}{2}(\varphi_2+\varphi_1)}.$$

Pour l'application de ces formules, on remarquera que la différence $\psi_2-\psi_1$, est en valeur absolue, égale à l'angle APD; si les deux longitudes avaient des signes contraires, la différence $\psi_2-\psi_1$ devrait évidemment être remplacée par $\psi_2+\psi_1$. Les latitudes φ_1 et φ_2 sont toujours prises avec leurs signes $+$ dans l'hémisphère Nord et $-$ dans l'hémisphère Sud.

Ayant calculé l'angle D $=$ PDA, on conclura la valeur de l'angle $Q_1=$ ADC et par suite la route sur la carte au point de départ $(180°+Q_1)$ (dans le cas de la figure).

Avec l'angle Q_1 et le côté DC $= \varphi_1$, il faudra ensuite calculer les éléments OC et DOC $= \varepsilon$ dans le triangle rectangle DOC, O étant le point de rencontre de l'arc de grand cercle avec l'équateur EE',

$$\operatorname{tg} CO = \sin \varphi_1 \operatorname{tg} Q \quad \text{et} \quad \operatorname{tg} DOC = \operatorname{tg} \varepsilon = \frac{\operatorname{tg} \varphi_1}{\sin CO}.$$

On pourra de même calculer l'arc DO ou la distance à parcourir sur le grand cercle pour atteindre l'équateur,

$$\operatorname{tg} OD = \frac{\operatorname{tg} OC}{\cos \varepsilon}.$$

La connaissance de l'angle ε permet de déterminer rapidement les latitudes sous lesquelles les divers méridiens sont coupés par l'arc de grand cercle; soient, en effet, M le point de rencontre avec un méridien donné et φ la latitude correspondante,

$$\operatorname{tg} \varphi = \operatorname{tg} \varepsilon \sin ON ;$$

et l'angle de route au point M résultera de la relation

$$\operatorname{tg} Q = \frac{\operatorname{tg} ON}{\sin \varphi}.$$

Ce calcul ayant été fait pour un certain nombre de méridiens, on portera les résultats obtenus sur la carte ; les points d'intersection des divers méridiens avec l'arc de grand cercle se trouveront alors marqués ; joignant ces divers points par un trait continu, la courbe résultante figurera le tracé sur la carte de l'arc de grand cercle.

Il pourra arriver que l'angle Q varie de quelques degrés dans l'intervalle des deux méridiens consécutifs pour lesquels on a déterminé l'intersection avec l'arc de grand cercle ; il y a lieu alors de modifier la route dans cet intervalle ; il est inutile de faire un nouveau calcul dans le but d'obtenir des angles de route moins différents ; il suffit de se servir des éléments trouvés pour en conclure, par parties proportionnelles, le chemin qu'il aura fallu parcourir pour changer la route d'un degré ou de 30′ si l'on navigue au demi-degré près ; on pourrait se servir aussi de la relation différentielle qui existe entre dS et dQ, S étant le chemin parcouru, mais ce calcul, qui est un peu plus long, comporte une approximation dont on n'a pas besoin ; en procédant par parties proportionnelles, on obtient des résultats qui sont suffisamment approchés.

Application numérique. — Tracer l'arc de grand cercle du Havre à Montevideo. — On prendra pour coordonnées du point de départ D et du point d'arrivée A :

$$D \left\{ \begin{array}{l} \varphi_1 = + 49°28'40'' \\ \psi_1 = 2°16'10'' \end{array} \right. \qquad A \left\{ \begin{array}{l} \varphi_2 = - 34°53'20'' \\ \psi_2 = 58°33'10'' \end{array} \right.$$

Les angles D et A seront trouvés :

$$D = 136°27'10'', \quad \text{d'où} \quad Q = 180° - D = 43°33'00'';$$
$$A = 33°04'40''.$$

La route au point de départ sera

$$R = 180° + Q = 223°33'00''(\text{S. } 43°33'0).$$

De la valeur de Q et de celle de la latitude, on conclura :

$$\varepsilon = 63°24'20''; \quad CO = 55°51'10''.$$

La valeur de CO ajoutée à ψ_1 donnera la longitude du point O et cette longitude permettra d'obtenir un arc tel que ON correspondant à un méridien de longitude ψ; on aura, en effet : $ON = CO - \psi$, le point M étant placé dans l'Est par rapport au méridien de M, et $ON = \psi - CO$ s'il se trouve dans l'Ouest. Avec ε et ON, on calculera la latitude $\varphi = NM$, l'angle Q correspondant et le chemin à parcourir $S = OM$ pour autant de méridiens qu'il sera nécessaire. Supposons, par exemple, que l'on se propose de déterminer les intersections de l'arc de cercle avec les méridiens numérotés 5°, 10°, 15°, etc., sur la carte; les formules à appliquer seront :

$$\text{tg}\,\varphi = \sin ON \,\text{tg}\,\varepsilon; \quad \text{tg}\,Q = \frac{\text{tg}\,ON}{\sin \varphi}; \quad \text{tg}\,OM = \frac{\text{tg}\,ON}{\cos \varepsilon}.$$

Effectuant les calculs, on dressera les tableaux suivants :

ψ	VALEURS de ON	VALEURS de MN ou φ	CHEMINS PARCOURUS DM ou S	ΔS
(D) 2° 16′ 10″	35° 51′ 10″	49° 28′ 40″	0° 00″	
5 00 00	33 07 20	47 30 20	2 41	161
10 00 00	28 07 20	43 16 30	8 11	330
15 00 00	23 07 20	38 06 40	14 35	384
20 00 00	18 07 20	31 51 10	22 04	449
25 00 00	13 07 20	24 23 40	30 44	520
30 00 00	8 07 20	15 45 30	40 34	590
35 00 00	3 07 20	6 12 30	51 18	644
38 07 20	0 00 00	0 00 00	58 15	417
40 00 00	1 52 40	3 44 40	4 11	251
45 00 00	6 52 40	13 27 10	15 05	654
50 00 00	11 52 40	22 21 C0	25 10	605
55 00 00	16 52 40	30 06 40	34 08	538
(A) 58 33 10	20 25 50	34 53 20	39 46	338

ψ	VALEURS de l'angle Q	ROUTE R		ΔQ	VALEURS DE ΔS pour ΔQ=30′
(D) 2° 16′ 00″	43° 33′ 00″	223° 30	ou S. 43° 30′ O.		
5 00 00	41 30 20	221 30	S. 41 30 O.	123′	39ᵐ
10 00 00	37 56 20	218 00	S. 38 00 O.	214	46
15 00 00	34 40 30	214 30	S. 34 30 O.	196	59
20 00 00	31 48 20	212 00	S. 32 00 O.	172	78
25 00 00	29 26 30	209 30	S, 29 30 O.	142	110
30 00 00	27 43 20	207 30	S. 27 30 O.	103	172
35 00 00	26 46 00	207 00	S. 27 00 O.	57	339
38 07 20	26 35 40	206 30	S. 26 30 O.	10	»
40 00 00	26 39 30	206 30	S. 26 30 O.	4	»
45 00 00	27 24 20	207 30	S. 27 30 O.	43	»
50 00 00	28 57 00	209 00	S. 29 00 O,	93	195
55 00 00	31 09 50	211 00	S. 31 00 O.	153	122
(A) 58 33 10	33 04 30	213 00	S. 33 00 O.	115	88

Dans chaque tableau, la première colonne renferme les longitudes des méridiens dont on a calculé l'intersection avec l'arc de grand cercle; la deuxième colonne du premier tableau donne la distance au point O de chaque méridien pour lequel on a fait le calcul, cette distance étant comptée sur l'équateur à partir du point O vers la droite ou vers la gauche, suivant la position du point M; la troisième colonne contient les latitudes des points d'intersection; il suffit de porter ces latitudes sur la carte pour obtenir le tracé de l'arc de grand cercle; la quatrième colonne contient les distances parcourues soit à partir du point de départ, soit à partir du point O; on en a conclu les différences correspondantes ΔS pour l'intervalle de deux méridiens consécutifs et on les a exprimées en milles.

Le deuxième tableau renferme les valeurs de l'angle Q relatives à chaque intersection et les différences de deux angles consécutifs exprimées en minutes; de la valeur obtenue pour Q on a conclu la route R en nombre rond de demi-degrés; enfin la dernière colonne donne le nombre moyen de milles à parcourir dans l'intervalle de deux méridiens pour qu'il y ait lieu de changer la route de demi-degré ou 30'; ces nombres ont été obtenus en multipliant par 30 le rapport $\dfrac{\Delta S}{\Delta Q}$: le résultat est loin d'être bien exact, mais il est d'une approximation largement suffisante : il ne faut pas oublier en effet qu'étant données les conditions les plus favorables, il est impossible de gouverner à moins de 30'; les calculs de précision deviennent alors tout à fait superflus.

Toutes les fois que l'on fait une traversée en suivant l'arc de grand cercle, on arrive finalement à décomposer l'arc de grand cercle qui joint le point de départ au point d'arrivée en une série de petits arcs de loxodromie partiels et à parcourir successivement chacun de ces petits arcs : il est impossible qu'il en soit autrement eu égard au peu de précision des indications du compas et à la nécessité de ne pas modifier trop fréquemment la route suivie. Dans cet ordre d'idées, il peut être inutile de calculer l'angle Q : ayant joint les divers points d'intersection de l'arc de grand cercle avec les méridiens par des droites partielles, on pourra s'en servir pour mesurer sur la carte la route au rapporteur et s'en servir ensuite pour le compas : si deux angles consécutifs présentaient entre eux une différence notable, on pourrait, avec cette différence et la distance ΔS à parcourir entre les deux méridiens, déterminer après combien de milles parcourus il y a lieu de faire varier la route de 30' et s'en servir au besoin. En procédant ainsi on n'obtiendra pas des résultats sensiblement différents de ceux que nous avons trouvés par le calcul, cela eu égard au degré de l'approximation finale.

6. Calcul approché de l'heure de la marée. —Nous n'avons pas cru, dans cet ouvrage, devoir donner la théorie du phénomène des marées, parce que cette théorie, qui d'ailleurs ne saurait être exposée d'une manière élémentaire, n'offre en réalité qu'un intérêt d'ordre tout à fait secondaire pour le navigateur. En admettant en effet que l'on sache calculer très exactement l'heure de la pleine mer et la profondeur de l'eau pour un point donné, ces éléments seront rarement suffisants pour permettre à un capitaine de se rendre au mouillage en toute sécurité. Les marées ont pour conséquence des courants locaux des entraînements de sable qui sont souvent variables et modifient plus ou moins les fonds à l'entrée des rades et des fleuves : ces phénomènes, qui sont tout à fait accidentels, ne peuvent être prévus d'avance, et il est impossible d'en tenir compte, à moins d'avoir pour ainsi dire une expérience journalière du port où l'on se propose d'entrer. La seule chose que le navigateur ait besoin de connaître pour atterrir dans de bonnes conditions, c'est l'heure approchée de la marée haute ou de la pleine mer. Aussitôt que l'on est suffisamment rapproché du port, on rencontre presque toujours au large des pilotes qui possèdent à fond la pratique de la navigation locale et se trouvent en mesure de fournir tous les renseignements sur les phénomènes particuliers qui dépendent de la marée : aussi, quand on aura pris un pilote avant l'heure de la marée haute, on sera presque toujours sûr de pouvoir immédiatement se rendre au mouillage.

A bord des navires de commerce, les règlements imposés par les compagnies d'assurances exigent presque toujours que le pilote, aussitôt monté à bord, prenne pour ainsi dire le commandement du navire et le conduise lui-même dans le port. Sur les bâtiments de guerre les choses ne se passent pas de la même manière : le capitaine continue à commander personnellement et à diriger lui-même sa manœuvre pour se rendre au mouillage en mettant à profit les indications qui lui sont fournies par le pilote. C'est en réalité la seule manière de procéder qui soit vraiment rationnelle. Un pilote, bien qu'il puisse être lui-même un fort bon capitaine, ne saurait manœuvrer avec intelligence un navire qu'il ne connaît pas, et cela dans une opération aussi délicate que celle d'un mouillage. Ajoutons du reste que les bons pilotes sont rares et qu'on ne les rencontre que dans les parages les plus fréquentés. Quoi qu'il en soit, le pilote, en montant à bord, doit être en mesure de fournir tous les renseignements sur la marée : profondeur de l'eau, courants, ensablements, etc.; il donne en outre toutes les indications utiles concernant les alignements de balises, de bouées, les signaux de port, etc.; enfin il fait connaître au capitaine le point de la rade ou du port où il trouvera le mouillage le plus avantageux. Mais, comme nous l'avons dit tout à l'heure, pour être en mesure de se rendre immédiatement au mouillage avec le secours du pilote, il est indispensable d'avoir manœuvré préalablement pour atterrir à marée haute.

La connaissance de l'heure de la pleine mer importe donc au navigateur à l'époque où il est sur le point d'arriver à destination.

Les heures des marées sont habituellement données par l'*Annuaire des marées* du dépôt hydrographique, tous les jours de l'année, au moins pour les ports les plus fréquentés par les navires; les renseignements fournis par cet annuaire sont très complets en ce qui concerne les côtes de l'Europe et des États-Unis : il suffit de savoir les mettre à profit. Mais il arrive encore assez souvent que l'on est obligé d'atterrir en certains points pour lesquels l'*Annuaire* ne fournit aucun renseignement : il faut alors calculer directement l'heure de la marée en se servant de l'*Établissement du port* que l'on trouve toujours marqué sur la carte particulière de la rade où l'on veut pénétrer. Ce calcul est du reste toujours très simple.

Le phénomène de la marée est, comme chacun le sait, la conséquence de l'attraction particulière exercée par la Lune sur la sphère terrestre. En vertu de cette attraction, les eaux de la mer subissent une sorte d'entraînement dans la direction du mouvement de la Lune autour de la Terre. Théoriquement il devrait arriver alors que la marée haute se produise à l'époque du passage de la Lune au méridien : les choses ne se passent pas tout à fait ainsi en réalité. L'heure de la marée a toujours lieu un certain nombre d'heures après le passage de la Lune au méridien : ce retard est dû à l'inertie opposée par la masse des eaux à l'attraction lunaire, au frottement des eaux contre le fond et à certaines configurations des côtes; ce retard varie avec les ports, mais il est représenté par une quantité constante dans chaque port : on lui donne le nom d'*Établissement du port*. L'heure de la marée dépend en outre de la grandeur de la parallaxe lunaire : il est évident en effet que l'intensité de l'attraction doit être fonction de la distance de la Lune à la Terre; comme la parallaxe de la Lune est essentiellement variable, il en résulte qu'elle modifie tous les jours dans une certaine mesure l'heure de la marée. On calculera pour un lieu déterminé l'heure de la marée au moyen de la relation suivante :

Heure de la marée = Heure du passage de la Lune au méridien du lieu + Établissement du port + Correction.

La correction dépend de la parallaxe; on la trouvera toute calculée en grandeur et en signe et exprimée en minutes dans la table suivante. Cette table a deux arguments : l'heure du passage de la Lune au méridien et la parallaxe horizontale; on obtient la correction en les faisant cadrer.

HEURE DU PASSAGE de la Lune au miridien du lieu	PARALLAXE HORIZONTALE DE LA LUNE.							
	61′	60′	59′	58′	57′	56′	55′	54′
0^h ou 12^h. . .	— 4^m	— 3^m	— 2^m	— 1^m	— 0^m	+ 2^m	+ 4^m	+ 6^m
20^m.	— 8	— 7	— 7	— 6	— 5	— 4	— 3	— 1
40	— 13	— 12	— 12	— 11	— 11	— 10	— 9	— 8
1^h ou 13^h. . .	— 17	— 17	— 17	— 17	— 17	— 16	— 16	— 15
20^m.	— 22	— 22	— 22	— 22	— 22	— 22	— 22	— 22
40	— 27	— 27	— 27	— 28	— 28	— 28	— 29	— 29
2^h ou 14^h. . .	— 32	— 32	— 33	— 33	— 34	— 35	— 36	— 37
20^m.	— 36	— 37	— 38	— 38	— 39	— 41	— 42	— 43
40	— 41	— 42	— 43	— 44	— 44	— 46	— 48	— 50
3^h ou 15^h. . .	— 45	— 46	— 47	— 49	— 50	— 52	— 54	— 56
20^m.	— 49	— 51	— 52	— 53	— 54	— 57	— 60	— 63
40	— 53	— 54	— 56	— 57	— 59	— 62	— 65	— 68
4^h ou 16^h. . .	— 56	— 58	— 59	— 61	— 65	— 66	— 69	— 73
20^m.	— 59	— 61	— 62	— 64	— 66	— 69	— 73	— 77
40	— 60	— 62	— 64	— 66	— 68	— 72	— 76	— 80
5^h ou 17^h. . .	— 61	— 63	— 65	— 67	— 69	— 73	— 77	— 81
20^m.	— 61	— 63	— 65	— 67	— 69	— 73	— 77	— 81
40	— 58	— 60	— 62	— 63	— 65	— 69	— 72	— 76
6^h ou 18^h. . .	— 56	— 58	— 60	— 61	— 63	— 66	— 70	— 73
20^m.	— 49	— 50	— 51	— 53	— 54	— 56	— 59	— 62
40	— 43	— 44	— 45	— 46	— 47	— 49	— 51	— 53
7^h ou 19^h. . .	— 33	— 35	— 33	— 34	— 34	— 35	— 36	— 37
20^m.	— 22	— 22	— 22	— 22	— 22	— 22	— 22	— 22
40	— 12	— 12	— 11	— 11	— 10	— 9	— 8	— 8
8^h ou 20^h. . .	— 2	— 2	— 0	+ 1	+ 2	+ 4	+ 6	+ 9
20^m.	+ 4	+ 5	+ 7	+ 8	+ 9	+ 12	+ 15	+ 17
40	+ 12	+ 13	+ 15	+ 17	+ 18	+ 22	+ 25	+ 29
9^h ou 21^h. . .	+ 14	+ 15	+ 17	+ 19	+ 21	+ 24	+ 28	+ 31
20^m.	+ 17	+ 19	+ 21	+ 23	+ 24	+ 28	+ 32	+ 36
40	+ 17	+ 19	+ 21	+ 23	+ 25	+ 29	+ 33	+ 37
10^h ou 22^h. . .	+ 16	+ 18	+ 20	+ 22	+ 24	+ 27	+ 31	+ 35
20^m.	+ 14	+ 16	+ 18	+ 19	+ 21	+ 25	+ 28	+ 32
40^m.	+ 11	+ 13	+ 15	+ 16	+ 18	+ 21	+ 25	+ 28
11^h ou 23^h. . .	+ 8	+ 10	+ 11	+ 13	+ 14	+ 17	+ 20	+ 23
20^m.	+ 4	+ 6	+ 7	+ 9	+ 10	+ 13	+ 15	+ 18
40	+ 1	+ 2	+ 3	+ 4	+ 5	+ 7	+ 10	+ 12
12^h ou 24^h. . .	— 4	— 3	— 2	— 1	0	+ 2	+ 4	+ 6

EXEMPLE. *On demande l'heure de la marée à l'entrée de l'estuaire du Gabon, à la date du 3 septembre 1878, sachant que l'établissement du port est $4^h 42^m$.*

On trouvera dans la *Connaissance des Temps*, pour le 3 septembre 1878 :

Heure du passage de la Lune au méridien à Paris. . . $5^h 37^m$ (T. M. P.)

Parallaxe horizontale de la Lune. . . . . 58′

D'ailleurs la longitude du lieu est d'environ 25^m, d'où l'on peut conclure avec une approximation suffisante :

Heure de passage de la Lune au méridien du lieu. $6^h 00^m$ (T. M. du lieu)

Établissement du port. . . . . 4 42   —

Correction donnée par la table. . . . .—1 01   —

Heure de la marée. . . . . . . $9^h 41^m$ (T. M. du lieu)

Telle sera l'heure cherchée exprimée en temps moyen du lieu. Comme on le voit, le calcul est des plus élémentaires.

CHAPITRE II.

CALCUL DU POINT ASTRONOMIQUE.

---

1. Calcul du temps du premier méridien qui correspond à l'époque de l'observation. — Toutes les fois que l'on fait une observation à bord, on se sert du compteur pour mesurer le Temps. Cet instrument ayant été préalablement comparé à l'un des chronomètres, est ensuite transporté sur le pont; l'observateur mesure une ou plusieurs séries de hauteur, pendant qu'un auxiliaire, placé à côté de lui, suit attentivement l'aiguille des secondes. Chaque contact est annoncé par un mot bref, et l'auxiliaire enregistre sur un carnet et la hauteur mesurée et le temps accusé par le compteur. L'opération terminée, le compteur est de nouveau comparé au chronomètre; les résultats des deux comparaisons doivent être ordinairement identiques; on en conclura le temps du chronomètre qui correspond à chaque observation et ensuite le temps moyen du premier méridien en se servant de l'état et de la marche du chronomètre.

Nous supposerons ici que l'état E_0 inscrit sur le registre des chronomètres soit le temps accusé par le chronomètre à midi T. M. de Paris, d'où il résulte que l'état est affecté du signe $+$ quand le temps du chronomètre est en retard sur le temps du premier méridien, et affecté du signe $-$ dans le cas contraire. Si alors on appelle T_{m_0} le temps moyen du premier méridien, T_{ch} et E le temps et l'état correspondant du chronomètre à une époque donnée,

$$T_{m_0} = T_{ch} + E$$

et l'on avait à l'époque 0^h T. M. de Paris immédiatement antérieure à T_{m_0} :

$$0 = T_{ch_0} + E_0,$$

de sorte que l'état E est égal à l'état E_0 augmenté de la marche pendant l'intervalle $I = T_{ch} - T_{ch_0}$; si par suite m est la marche qui correspond à cet intervalle, M celle qui convient à 24^h, ou, en d'autres termes, celle qui est inscrite sur le registre des chronomètres,

$$\frac{m}{M} = \frac{I}{24}, \quad \text{d'où} \quad m = \frac{M \cdot I}{24},$$

et par suite

$$T_{m_0} = T_{ch} + E_0 + \frac{M(T_{ch} - T_{ch_0})}{24}.$$

EXEMPLE. *Le 30 octobre 1878, on a fait une observation de hauteur. Le temps du chronomètre correspondant était* $23^h 40^m 22^s$; *d'ailleurs, pour le midi T. M. de Paris immédiatement antérieur, le registre du chronomètre donnait* $E_0 = -2^h 10^m 18^s,5$; *marche* $M = -2^s,79$; *trouver l'heure T. M. de Paris qui convient à l'observation.*

On calculera l'état E du chronomètre, ou plutôt la correction de marche $\dfrac{T_{ch} - T_{ch_0}}{24} \cdot M$.

$$
\begin{aligned}
T_{ch}. &\quad\ldots\ldots\ldots\ldots\quad 23^h 40^m 22^s,0 \\
T_{ch_0}. &\quad\ldots\ldots\ldots\ldots\quad 2^h 10^m 18^s,5 \\
\hline
I. &\quad\ldots\ldots\ldots\ldots\quad 21^h 30^m 03^s,5 \ \text{ou}\ 21^h,5
\end{aligned}
$$

L'intervalle I s'exprime habituellement en heures et fractions décimales d'heure; on trouvera ensuite :

$$\frac{21,5}{24} = 0,90 \quad \text{et} \quad m = 0,90\, M = -2^s,5.$$

Par suite :

$$
\begin{aligned}
T_{ch}. &\quad\ldots\ldots\ldots\ldots\quad 23^h 40^m 22^s,0 \\
E_0. &\quad\ldots\ldots\ldots\ldots\quad -2\ 10\ 18\ ,5 \\
\text{Corr.} &\quad\ldots\ldots\ldots\ldots\quad -0\ 00\ 02\ ,5 \\
\hline
T_{m_0} = T_{ch} + E_0 + \text{Corr.} &\quad\ldots\quad 21^h 30^m 01^s,0 \ (\text{T. M.}) \ \text{de Paris.}
\end{aligned}
$$

Telle sera l'heure (T. M.) de Paris qui s'appliquera à l'observation.

2. Calcul des éléments des Éphémérides pour l'époque de l'observation. — Quand on aura, au moyen de l'état et de la marche du chronomètre, établi l'époque (T. M.) de Paris de l'observation, on calculera pour cette même époque les éléments des Éphémérides dont on devra avoir besoin. Ces éléments seront ordinairement des demi-diamètres et des parallaxes pour les astres ayant, comme la Lune et le Soleil, un demi-diamètre apparent et un mouvement propre et ensuite des déclinaisons ou des ascensions droites ou l'Équation du temps.

Les valeurs données à vue pour les demi-diamètres et les parallaxes par la *Connaissance des Temps* sont toujours d'une approximation suffisante pour les calculs ordinaires. Il n'y a que dans les calculs de grande précision et dans le cas où ces éléments seraient donnés de 12^h en 12^h seulement qu'il y aurait lieu de tenir compte des différences second s.

La déclinaison du Soleil et l'équation du temps sont données de 24^h en 24^h, la première pour midi T. M. de Paris, et la seconde pour midi T. M. et midi T. V. de Paris; c'est habituellement de l'équation à midi moyen qu'il y a lieu de se servir, puisque l'époque pour laquelle on veut calculer cet élément est elle-même exprimée en T. M. de Paris.

En regard se trouve inscrite la variation moyenne dans l'intervalle de temps représenté par une heure; on s'en servira pour calculer par parties proportionnelles la valeur de déclinaison ou d'équation du temps qui convient à l'époque de l'observation. A la mer, dans les calculs de points, on ne cherchera jamais une approximation plus grande.

C'est seulement pour les opérations de précision, comme la régulation d'un chronomètre ou un calcul de longitude, qu'il y a lieu d'établir la valeur de l'élément avec toute la rigueur possible ; on calculera alors les différences secondes, et même les différences troisièmes, si c'est nécessaire, et l'on en conclura des corrections correspondantes à l'aide des tables calculées dans ce but (XV, XVI et XVII de Callet).

Dans le cas où l'on a besoin de se servir de la différence $\alpha - \alpha_m$, les ascensions droites α et α_m se calculent ordinairement par parties proportionnelles. Nous remarquerons ici que la quantité α_m que nous appelons l'ascension droite moyenne du Soleil, et qui est donnée par la colonne intitulée Temps sidéral, ne doit pas être confondue avec cet élément. L'ascension droite moyenne du Soleil varie de $3^m 56',555$, le temps sidéral de $24^h 03^m 56',555$ dans 24^h de temps moyen. A midi moyen, l'ascension droite moyenne est égale à l'heure sidérale. Enfin, toutes les fois que l'ascension droite α est l'ascension droite vraie du Soleil, la différence $\alpha - \alpha_m$ est en grandeur et en signe la quantité appelée Équation du temps dans la *Connaissance des Temps*.

EXEMPLE. *Calculer, pour l'époque* $21^h 30^m 01'$ *T. M. Paris, 30 octobre* 1878, *la déclinaison du Soleil et l'équation du temps.*

On trouvera dans la *Connaissance des Temps* pour le 30 octobre, à midi T. M. de Paris,

$$\delta_0 = -13°50'36'',6 ; \qquad \Delta\delta_0 = -49''17 \text{ en } 1^h,$$
$$\text{Eq}_0 = -15^m13^s,77 ; \qquad \Delta\text{Eq}_0 = -0^s,118 \text{ en } 1^h.$$

Il en résultera

$$\Delta\delta_0 \text{ en } 21^h30^m = -1057'',2 \text{ ou } -17'37'',2,$$

et par suite

$$\delta = \delta_0 + \Delta\delta_0 = -14°08'13'',8$$
$$= -14°08'10''$$

en arrondissant le chiffre des secondes, ce qu'il y a toujours lieu de faire dans les calculs de peu de précision comme les calculs ordinaires de point

$$\Delta\text{Eq}_0 \text{ en } 21^h30 = -2^s,54 ;$$

d'où

$$\text{Eq} = \text{Eq}_0 + \Delta\text{Eq}_0 = -16^m16^s,31.$$

Si l'on voulait calculer l'équation du temps avec l'ascension droite du Soleil, on aurait

Le 30 oct. à midi T. M. de Paris $\alpha_0 =$	$14^h18^m25^s,23$	$\Delta\alpha_0 = 9^s,739$ en 1^h
$\Delta\alpha_0$ pour 21^h30^s. . . . . $+$	$3\ 29\ 39$	
α. . . . . $=$	$14^h21^m54^s,62$	
Temps sidéral ou α_{m0}. . . . . . $=$	$14\ 34\ 39,03$	
$\Delta\alpha_{m0}$ ou 21^h30^m. . . . . $+$	$3\ 31,91$	
α_m. . . . . $=$	$14^h38^m10^s,94$	
$\alpha - \alpha_m$ ou Eq. . . . . $= -$	$0\ 16\ 16,32$	

3. Réduction des observations. — Toute observation instrumentale de hauteur doit, avant toutes choses, être réduite de l'*erreur instrumentale* et de la *dépression apparente* de l'horizon. L'erreur instrumentale a dû préalablement être déterminée avec le plus grand soin par l'observateur lui-même ; elle résulte le plus souvent de mesures exécutées sur le demi-diamètre du Soleil ou sur une distance de deux étoiles très voisines. La dépression est donnée à vue par des tables en fonction de la hauteur de l'œil de l'observateur au-dessus de niveau de la mer (I de Guépratte, VII de Callet, XV de Caillet). La dépression se retranche toujours. La hauteur corrigée de l'erreur instrumentale et de la dépression apparente sera dite *hauteur observée* et désignée par h_0.

$$\textit{Haut. obs.} \quad \text{ou} \quad h_0 = \textit{haut.instrum.} \pm \varepsilon - \textit{Dép.}$$

De la hauteur observée h_0 on retranche la réfraction R. Dans les calculs de précision, la réfraction moyenne R_m donnée par les tables doit être corrigée des influences météorologiques; mais pour les calculs de point, on se servira simplement de la réfraction moyenne (tables IV de Guépratte, VIII de Callet et XVI de Caillet); ces tables sont calculées avec la hauteur h_0 prise pour argument.

$$h_1 = h_0 - R_m.$$

Comme la hauteur mesurée a eu pour objectif l'un des bords de l'astre, et que l'on a besoin de la hauteur du centre, il faut ensuite ajouter ou retrancher le demi-diamètre apparent suivant que l'observation aura été faite sur le bord inférieur ou sur le bord supérieur, ou encore ajouter algébriquement le demi-diamètre apparent affecté du signe $+$ ou du signe $-$ suivant le bord observé

$$\textit{Haut. app. du centre} \quad \text{ou} \quad h_2 = h_1 \pm \tfrac{1}{2} D,$$

Dans le cas de la Lune et pour les calculs de précision, le demi-diamètre $\tfrac{1}{2} D$ sera remplacé par $\tfrac{1}{2} D_1$

$$\tfrac{1}{2} D_1 = \tfrac{1}{2} D + \textit{Augm. en hauteur.}$$

Dans les calculs du point on ne tiendra jamais compte de l'augmentation en hauteur; on prendra simplement le demi-diamètre $\tfrac{1}{2} D$ fourni par les Éphémérides pour l'époque de l'observation.

A la hauteur apparente du centre il faut ensuite ajouter la parallaxe en hauteur; pour le Soleil, cette parallaxe ($\pi \cos h_2$) est donnée à vue par des tables, pour toutes les hauteurs; en fonction de la parallaxe horizontale équatoriale π des Éphémérides et de la hauteur apparente du centre h_2; on pourra toujours se dispenser d'en tenir compte dans le calcul des points. Pour la Lune, la parallaxe en hauteur p

$$p = P \cos h_2 + i P \sin h_2 \cos A.$$

P est la parallaxe horizontale équatoriale π corrigée de la variation due à la latitude ($P = \pi + \delta\pi$), i la différence des latitudes, A l'azimut et h_2 la hauteur apparente du centre; dans les calculs ordinaires de points, on remplacera P par π et l'on négligera entièrement le terme $i\mathrm{P}\sin h_2 \cos \mathrm{A}$. Finalement la hauteur h dont on devra se servir pour faire le point à la mer sera :

1° Dans le cas d'une étoile :

$$h = Haut.\ instrum. \pm \varepsilon - Dép. - \mathrm{R}_m;$$

2° Dans le cas du Soleil ou d'une planète :

$$h = Haut.\ instrum. \pm \varepsilon - Dép. - \mathrm{R}_m \pm \tfrac{1}{2}\mathrm{D};$$

3° Dans le cas de la Lune :

$$h = Haut.\ instrum. \pm \varepsilon - Dép. - \mathrm{R}_m \pm \tfrac{1}{2}\mathrm{D} + p.$$

Dans ce dernier cas, on trouvera $p - \mathrm{R}_m$ calculé avec une précision suffisante dans des tables particulières (XII de Callet).

(Voir, pour les développements relatifs aux réductions, tome I, liv. IV; tome II, pages 115, 264 et suiv.)

Exemple. *Le 30 octobre 1878, à* $21^h 30^m 04^s$ *(T. M. de Paris), l'œil étant élevé de 6 mètres au-dessus du niveau de la mer, on a mesuré la hauteur du bord inférieur du Soleil* ⊙ ; *cette hauteur ayant été corrigée de l'erreur instrumentale a été trouvée égale à* $17°38'50''$; *on demande la hauteur vraie du centre sachant que, d'après les Éphémérides,* $\tfrac{1}{2}\mathrm{D} = 16'09''$.

Le calcul à exécuter sera le suivant :

$$
\begin{aligned}
&Hauteur \pm \varepsilon. \ldots\ldots = 17°38'50'' \\
&Dépression. \ldots\ldots = -\ \ 4\ 21 \\
\hline
&Haut.\ observée\ ou\ h_0. = 17°34'29'' \\
&Réfraction\ \mathrm{R}_m. \ldots = -\ \ 3\ 03 \\
\hline
&Hauteur\ h_1. \ldots\ldots = 17°31'26'' \\
&\tfrac{1}{2}Diamètre\ app.\ \tfrac{1}{2}\mathrm{D} = +\ 16\ 09 \\
\hline
&Hauteur\ vraie\ ou\ h = 17°47'35''
\end{aligned}
$$

On prendra pour le calcul $h = 17°47'30''$ ou $h = 17°47'40''$ indifféremment.

Le 13 juin 1878, à $7^h 30$ *(T. M. de Paris), l'œil étant élevé de 5 mètres, on a mesuré la hauteur du bord supérieur de la Lune* ☽ ; *cette hauteur, corrigée de l'erreur instrumentale, a été trouvée* $52°13'10''$; *trouver la hauteur vraie du centre sachant que, d'après les Éphémérides,* $\tfrac{1}{2}\mathrm{D} = 15'58''$ *et* $\pi = 58'30''$.

$$
\begin{aligned}
&Hauteur \pm \varepsilon \ldots \ldots = 52°13'10'' \\
&Dépression \ldots \ldots = -\ \ 3\ 58 \\
\hline
&Hauteur\ h_0 \ldots \ldots = 52°09'12'' \\
&Demi\text{-}diam.\ app. \ldots = -\ 15\ 58 \\
\hline
&Haut.\ app.\ du\ centre = 51°53'14'' \\
&Par.\ -\ Réf. \ldots \ldots = +\ 35\ 05 \\
\hline
&Haut.\ vraie\ du\ centre = 52°28'19''
\end{aligned}
$$

Telle sera la hauteur cherchée; on prendra $h = 52°28'20''$.

4 Calcul de l'angle horaire. — Ce calcul est toujours des plus élémentaires. On remplace tout d'abord la hauteur vraie h qui est résultée de l'observation par la distance zénithale correspondante $z = 90° - h$ et l'on forme la *somme algébrique* $2S = z + \delta + \varphi$, δ étant la déclinaison à l'époque de l'observation et φ la latitude du lieu, soit la latitude vraie si elle est connue, soit la latitude estimée si l'on n'en a pas d'autres; φ et δ sont toujours pris chacun avec leur signe; connaissant la somme $2S$, on en conclut S, puis $S - z$, $S - \delta$ et $S - \varphi$ et l'on calcule l'angle horaire T par la formule

$$
\operatorname{tg} \tfrac{1}{2} T = \pm \sqrt{\frac{\sin(S - \delta)\sin(S - \varphi)}{\cos S \cos(S - z)}}.
$$

Cette valeur est affectée du double signe : le signe $+$ convient au cas où l'astre est placé dans l'Ouest et le signe $-$ s'il se trouve dans l'Est. Dans le premier cas, l'angle horaire cherché sera égal à la valeur tabulaire (T) résultat immédiat du calcul de la formule et dans le second l'angle horaire sera le complément à 360° de la valeur tabulaire, ou

$$
T = 360° - (T).
$$

Quand on a calculé l'angle T, on peut en conclure immédiatement la valeur de l'azimut A et de l'angle de position C :

$$
\operatorname{cotg} \tfrac{1}{2} A = \pm \frac{\cos(S - z)}{\sin(S - \delta)} \operatorname{tg} \tfrac{1}{2} T ;
$$

$$
\operatorname{tg} \tfrac{1}{2} C = \pm \frac{\cos S}{\sin(S - \delta)} \operatorname{tg} \tfrac{1}{2} T.
$$

Pour chacune de ces formules le signe $+$ s'applique au cas où l'astre est dans l'Est et le signe $-$ s'il est dans l'Ouest; dans ce dernier cas la vapeur tabulaire est remplacée par son complément à 360°; nous supposons ici que $\operatorname{tg} \tfrac{1}{2} T$ soit toujours pris positivement.

On exprimera T en temps en divisant le résultat trouvé par 15; on aura ainsi le temps vrai; ajoutant l'équation du temps pour l'époque s'il s'agit du Soleil et la différence $(\alpha - \alpha_m)$ s'il s'agit d'un autre astre, on déterminera le temps moyen du lieu qui correspond au temps de l'observation.

EXEMPLE. *Le 30 octobre, vers 9 heures du matin (T. M. du lieu), on a observé la hauteur du bord inférieur du Soleil, que l'on a trouvée égale à $17°34'30''$; trouver l'angle horaire et par suite le temps moyen du lieu correspondant, sachant que la latitude du lieu était $\varphi = 48°09'$.*

Le temps du chronomètre a donné $21^h 30^m 01^s$ T. M. de Paris pour époque de l'observation, et à cette époque on a trouvé dans la *Connaissance des Temps* :

$$\delta_0 = = 14°08'10' ; \quad Eq = - 16^m 16^s3.$$

Enfin, il est résulté de la réduction de la hauteur observée

$$\text{\textit{Hauteur vraie ou } } h = 17°47'30'',$$

d'où

$$\text{\textit{Distance zénithale } } z = 90° - h = 72°12'30''.$$

Cela posé, on disposera le calcul de la manière suivante :

$$
\begin{aligned}
z &= \quad 72°\ 12'\ 30'' \\
\varphi &= + 48\ 09\ 00 \\
\delta &= - 14\ 08\ 10 \\
\hline
2S &= \quad 106°\ 13'\ 20'' \\
S &= \quad 53°\ 06'\ 40'' \quad \ldots \ldots \ldots \ c.\!\log\cos = 0,2216569 \\
S - z &= \quad 19\ 05\ 50 \quad \ldots \ldots \ldots \ c.\!\log\cos = 0,0245844 \\
S - \varphi &= \quad 4\ 57\ 40 \quad \ldots \ldots \ldots \quad \log\sin = 8,9369135 \\
S - \delta &= \quad 67\ 14\ 50 \quad \ldots \ldots \ldots \quad \log\sin = 9,9648167 \\
\end{aligned}
$$

$$Somme = 19,1479715$$
$$\log \operatorname{tg}(\tfrac{1}{2}T) = \tfrac{1}{2}\,Somme = 9,5739857$$
$$(\tfrac{1}{2}T) = 20°\ 33'\ 20''$$
$$(T) = 41\ 06\ 40$$

(L'astre était dans l'Est) $\quad T = 318\ 53\ 20$

$$\text{\textit{Heure, Temps vrai }} T = 21^h 15^m 33^s,3$$
$$Eq = - \quad 16\ 16\ ,3$$

$$\text{\textit{Heure, Temps moyen du lieu }} T_m = 20^h 59^m 17^s,0$$
$$\text{\textit{Heure, Temps moyen de Paris }} T_{m_0} = 21\ 30\ 01\ ,0$$

$$\text{\textit{Longitude du lieu }} \psi = T_{m_0} - T_m = 0^h 30^m 44^s,0$$

$$\text{ou} \quad 7°41'00'' \text{ Ouest}$$

La longitude du lieu, conséquence du calcul, sera par suite égale à $30^m 44^s$ ou $7°41'00''$ Ouest.

On obtiendra incidemment l'azimut et l'angle C :

$$\log \text{cotg} \tfrac{1}{2} A = 9{,}5845846,$$

d'où

$$[\tfrac{1}{2} A] = 68°59' \quad \text{et} \quad A = [A] = 137°58';$$
$$\log \text{tg} \tfrac{1}{2} C = 9{,}3875121,$$

d'où

$$[\tfrac{1}{2} C] = 13°43' \quad \text{et} \quad C = [C] = 27°26'.$$

Il n'est pas toujours bien utile de connaître l'angle C; mais il ne faut jamais oublier de calculer l'azimut A : *on en a toujours besoin.*

Tous les calculs d'angle horaire sont identiques avec le précédent. La seule différence à signaler est la suivante : dans le cas du Soleil l'angle horaire T est égal au temps vrai, de sorte qu'il suffit de lui ajouter l'équation du temps pour obtenir le temps moyen. S'il s'agissait de la Lune, d'une planète ou d'une étoile, il faudrait à l'angle horaire calculé T ajouter la différence $\alpha - \alpha_m$, α étant l'ascension droite vraie de l'astre observé et α_m l'ascension droite moyenne du Soleil pour l'époque de l'observation. En général :

$$\text{Temps moyen ou } T_m = T + (\alpha - \alpha_m).$$

Dans le cas du Soleil $\alpha - \alpha_m = \text{Eq.}$

5. Calcul de la hauteur et de l'azimut quand on connaît déjà la latitude et la longitude ou le temps moyen du lieu. — Ce problème, qui est l'inverse du précédent, peut être l'objet d'applications fréquentes. Sa solution résultera du calcul des trois formules :

$$\text{tg } M = \frac{\text{tg } \delta}{\cos T}; \quad \text{tg } A = \frac{\cos M \, \text{tg } T}{\sin (\varphi - M)}; \quad \text{tg } h = - \cos A \, \text{cotg} (\varphi - M),$$

les lignes trigonométriques étant toujours prises rigoureusement *avec les signes conventionnels.*

δ = déclinaison de l'astre pour l'époque à laquelle on veut obtenir la hauteur;

T = angle horaire de l'astre pour cette même époque; $T = T_m - (\alpha - \alpha_m)$ T_m étant le temps moyen du lieu, α l'ascension droite vraie de l'astre, α_m l'ascension droite moyenne du Soleil pour cette époque, T_m résulte immédiatement du temps moyen de Paris donné par le chronomètre et de la longitude du lieu $T_m = T_{mo} - \psi$;

$M =$ angle auxiliaire positif ou négatif, mais toujours moindre que 90°
en valeur absolue ;

$\varphi =$ latitude du lieu ;

$\varphi - M =$ différences algébriques des éléments φ et M ;

$A =$ azimut vrai de l'astre.

tg A peut être positif ou négatif. La valeur absolue de l'azimut se
déduira de la valeur tabulaire avec le tableau suivant :

$$1^{\circ} \ \text{tg } A = + \cdots \begin{cases} A = [A] \text{ si } T > 180° \\ A = 180° + [A] \text{ si } T < 180° \end{cases}$$

$$2^{\circ} \ \text{tg } A = - \cdots \begin{cases} A = 180° - [A] \text{ si } T > 180° \\ A = 360° - [A] \text{ si } T < 180° \end{cases}$$

Enfin tg h sera toujours positif, sauf le cas où pour l'époque considérée l'astre se trouverait au-dessous de l'horizon.

EXEMPLE. *Calculer, à la date du 13 juin 1878 pour $10^h 10^m$ T. M.
d'un lieu situé par $10°$ de latitude Nord ($\varphi = + 10°$) et $21^h 20^m$ ($40°$ Est)
de longitude, l'azimut et la hauteur vraie du centre de la Lune.*

On calculera d'abord l'heure T. M. de Paris : $T_{m_0} = T_m + \psi$

$$T_m. \ldots \quad 10^h 10^m$$

$$\psi. \ldots \ldots \quad 21 \ 20$$

$$T_{m_0} = T_m + \psi = 31^h 30^m \text{ ou } 7^h 30^m$$

Il faut seulement prendre garde de se tromper de date. Or, si la
somme $T_m + \psi$ était moindre que 24, la date de Paris serait en retard
d'un jour sur celle du lieu ; dans le cas actuel $7^h 30^m$ de Paris, le 13 juin
correspond bien à $10^h 10^m$ pour ce même 13 juin ; si l'on avait eu
$T_m = 1^h 30^m$, par exemple, on eût trouvé $22^h 50^m$, et alors l'époque eût
été le 12 juin à $22^h 50^m$ T. M. de Paris. Il suffit d'un peu d'attention
pour éviter toute confusion.

A l'époque $7^h 30^m$ T. M. de Paris et le 13 juin, on calculera en se servant de la *Connaissance des Temps* :

Déclinaison de la Lune ou δ. . . $= - 26° 11' 20''$

Ascension droite de la Lune ou α. $= \quad 16^h 18^m 42^s,4$

Ascension droite moyenne ou α_m. $= \quad 5 \ 27 \ 51 ,7$

Différence $\alpha - \alpha_m$. . . . . $= \quad 10 \ 50 \ 50 ,7$

Angle horaire $T = T_m - (\alpha - \alpha_m)$. $= \quad 23 \ 19 \ 09 .3$

D'où pour la valeur tabulaire à employer pour T

$$[\mathrm{T}] = 10^{\circ}\, 12'\, 40''.$$

Cela posé, il ne reste plus qu'à exécuter le calcul logarithmique

$$\log \operatorname{tg} \delta = 9{,}691\,8063$$
$$\mathrm{c'}\log \cos \mathrm{T} = 0{,}006\,9337$$
$$\overline{\qquad\qquad}$$
$$\log \operatorname{tg} \mathrm{M} = 9{,}698\,7402$$
$$\mathrm{M} = -\,26^{\circ}\,33'\,10''$$
$$\varphi - \mathrm{M} = +\,36\;32\;10$$

$$\log \operatorname{tg} \mathrm{T} = 9{,}255\,5827$$
$$\log \cos \mathrm{M} = 9{,}951\,5915$$
$$\mathrm{c'}\log \sin (\varphi - \mathrm{M}) = 0{,}225\,0723$$
$$\overline{\qquad\qquad}$$
$$\log \operatorname{tg} \mathrm{A} = 9{,}432\,2465$$
$$[\mathrm{A}] = 15^{\circ}\,08'\,20''$$
$$\mathrm{A} = 164\;51\;40$$

$$\log \cos \mathrm{A} = 9{,}984\,6603$$
$$\log \operatorname{cotg} (\varphi - \mathrm{M}) = 0{,}129\,9547$$
$$\overline{\qquad\qquad}$$
$$\log \operatorname{tg} h = 0{,}114\,6150$$
$$h = 52^{\circ}\,28'\,20''$$

M est négatif, parce que δ a le signe —; T étant compris entre 270°
et 360°, tg T est négatif : tg A est par suite négatif; comme T > 180°,
la valeur tabulaire [A] est remplacée par son supplément, de sorte
que A = 180° — [A].

En somme ce calcul est d'une simplicité extrême, mais il exige
toujours une certaine attention : on ne saurait trop se tenir en garde
contre la facilité avec laquelle on commet des erreurs de signe.

6. Calcul de la latitude. — Nous considérons ici le cas le plus
général, celui où l'astre est placé très notablement en dehors du méridien. On devra se servir de l'un ou de l'autre des deux systèmes de
formules :

$$(a)\;\begin{cases} \operatorname{tg} \mathrm{M} = \dfrac{\operatorname{tg} \delta}{\cos \mathrm{T}} \\[2ex] \cos(\varphi - \mathrm{M}) = \dfrac{\sin h \sin \mathrm{M}}{\sin \delta} \\[2ex] \cos \mathrm{A} = -\operatorname{tg}(\varphi - \mathrm{M})\operatorname{tg} h \end{cases} \qquad (b)\;\begin{cases} \operatorname{tg} \mathrm{M} = \dfrac{\operatorname{tg} \delta}{\cos \mathrm{T}} \\[2ex] \sin \mathrm{A} = -\dfrac{\cos \delta \sin \mathrm{T}}{\cos h} \\[2ex] \operatorname{tg}(\varphi - \mathrm{M}) = -\cos \mathrm{A} \operatorname{cotg} h. \end{cases}$$

Dans chaque système le signe de $\varphi - \mathrm{M}$ résulte de celui de cos A
qui est toujours connu si l'on a eu soin de relever approximativement
au compas l'astre observé; $\varphi - \mathrm{M}$ sera > 0 si cos A est positif et < 0
si cos A est négatif. Comme d'ailleurs l'astre n'est jamais bien éloigné
du méridien, il ne saurait y avoir de confusion.

EXEMPLE. *Le* 30 *octobre* 1878, à 23ʰ 30ᵐ 02ˢ,2, *T. M. de Paris, dans
un lieu situé par* 32ᵐ 13ˢ *de longitude Ouest, on a trouvé pour hauteur*

vraie du centre du Soleil, h $= 27°04'40''$, *trouver la latitude, sachant que
l'astre a été relevé à peu près dans le* S.-S.-E.

Pour la date indiquée on trouvera dans la *Connaissance des Temps :*

$$\delta = -14°09'50'', \qquad \text{Eq.} -16^m 16',2$$

et ensuite

$$T = T_m - \text{Eq.} = T_{m_0} - \psi - \text{Eq.} = 360° - 11°29' ;$$

appliquant alors le système (a)

$$\log \sin h = 9,658\,2019$$
$$\log \text{tg}\,\delta = 9,402\,0350 \qquad \log \sin M = 9,396\,8863$$
$$c'\cos T = 0,008\,7816 \qquad c'\sin \delta = 0,611\,3725$$

$$\log \text{tg}\,M = 9,410\,8166 \qquad \log \cos (\varphi - M) = 9,666\,4607$$
$$M = -14°26'30'' \qquad \varphi - M = +62°21'30''$$
$$M = -14\;26\;30$$

$$\varphi = +47°55'$$

$$\log \text{tg}\,h = 9,708\,6427$$
$$\log \text{tg}\,(\varphi - M) = 0,280\,9061$$

$$\log \cos A = 9,989\,5488$$
$$[A] = 12°31'10''$$
$$A = 167\;28\;50$$

Pour cet exemple l'astre étant placé dans le S.-S.-E., $\cos A$ est évidemment négatif, de sorte qu'il est donné avec son signe par la formule à la condition que $\varphi - M$ soit positif : d'où l'on conclut $\varphi - M > 0$
ou $\varphi - M = +$.

Toutes les fois que l'on peut observer la hauteur d'un astre à son
passage au méridien, la détermination de la latitude est des plus élémentaires. Dans ce cas, si l'on appelle z la distance zénithale $90° - h$

$$\varphi = \delta + z ;$$

quand l'observateur a effectué son observation en faisant face au Sud, et

$$\varphi = \delta - z$$

s'il la fait face au Nord ; φ et δ ont d'ailleurs leurs signes respectifs.

EXEMPLE. *Le 31 octobre, vers* $0^h 16^m 50'$ *T. M. de Paris, on a observé
une hauteur méridienne du bord du Soleil ; cette hauteur a donné pour la*

hauteur vraie du centre h $= 28°03'20''$; *d'ailleurs pour la même époque* $\delta = -14°10'20''$ *et* Eq. $= 16^m 16',2$; *trouver la latitude du lieu; l'observateur faisait face au Sud.*

$$z = 90° - h = \quad 61°56'40''$$
$$\delta = -14\ 10\ 20$$
$$\varphi = \delta + z = +47°46'20''$$

Quand la hauteur observée n'est pas rigoureusement méridienne, mais en est suffisamment voisine, on dit qu'elle est circumméridienne et l'on cherche à en déduire, sans calculs, la latitude méridienne au moyen de tables construites dans ce but.

Soit n le nombre de minutes de temps renfermées dans l'angle horaire T. Dans le cas où l'observateur fait face au Sud

$$\varphi = \delta + z - n^2 M \qquad \text{ou} \qquad \varphi = \delta + z - n^2 N,$$

et s'il fait face au Nord

$$\varphi = \delta - z + n^2 M \qquad \text{ou} \qquad \varphi = \delta - z + n^2 N.$$

Les quantités M et N sont données à vue en secondes par des tables (Table XXVI de Callet); M correspond au cas où la latitude et la déclinaison ont des noms différents; N à celui où elles ont le même nom.

Nous avons critiqué la construction de ces tables; nous n'y reviendrons pas. Il serait à désirer que l'on mît en tables les développements que nous avons donnés (pages 117 et 118) sur la théorie des circumméridiennes. En désignant par I, II, III les termes de divers ordres, on aurait en général

$$\varphi = \delta \pm z + I + II + III,$$

les nombres I, II, III se calculant avec les tables; comme les séries sont très convergentes et que d'ailleurs on n'a besoin de la latitude qu'à $30''$ environ, on pourrait ainsi obtenir immédiatement des latitudes pour des positions relativement très éloignées du méridien. On peut du reste baser sur cette manière de procéder une méthode d'une grande simplicité pour faire le point, ainsi que nous le verrons tout à l'heure.

7. Calcul du point avec un angle horaire et une hauteur méridienne. — La méthode la plus généralement adoptée par les marins français pour faire ce calcul est la suivante :

Vers 9 heures du matin, c'est-à-dire environ 3 heures avant le passage du Soleil au méridien, on observe la hauteur du Soleil; on fait

avec cette hauteur et la latitude estimée un calcul d'angle horaire : il
en résulte une longitude qui est plus ou moins inexacte suivant que
la latitude estimée diffère plus ou moins de la latitude vraie. A midi
on exécute une observation méridienne et l'on obtient la latitude vraie
pour cette époque; ayant fait le point d'estime pour l'intervalle des
deux observations, on aura les changements en longitude et en latitude
correspondants, et par suite la latitude vraie φ pour l'époque de la
première observation; comparant cette latitude à celle dont on s'est
servi, c'est-à-dire à la latitude estimée φ_0, on en conclura l'erreur
$\Delta\varphi_0 = \varphi - \varphi_0$ et par suite l'erreur de temps $\Delta T = -\dfrac{\cot A}{\cos\varphi_0}\,\Delta\varphi_0$. On
aura finalement, après correction, les coordonnées vraies à l'époque
de la première observation. Ajoutant les déplacements en longitude
et en latitude jusqu'à midi, le point astronomique se trouvera calculé
pour midi (T. V. du lieu).

EXEMPLE. *Le 30 octobre, à* $21^h 30^m 01^s$ *T. M. de Paris, par une latitude
estimée* $\varphi_0 = 40° 21'$ *N., on a observé le Soleil et l'on a trouvé : Hauteur
vraie* $= 17° 47' 30''$; *on a fait ensuite 32 milles à la route* 225° *ou*
S. 45° O. *et l'on a observé une hauteur méridienne que l'on a trouvée
égale à* 28° 03' 20''; *calculer le point astronomique pour midi T. V. du lieu.*

La *Connaissance des Temps* donnera pour l'époque de la première observation :

$$\delta = -14° 08' 10'' \qquad Eq. = -16^m 17^s{,}5$$

Avec la déclinaison δ, la distance zénithale vraie 72° 12' 30 et la latitude estimée, il faudra faire le calcul d'angle horaire. Il en résultera :

$$[T] = 40° 46' 20'' = 2^h 43^m 05^s$$

d'où
$$T = 21^h 16^m 55^s$$
$$Eq. = -16\ 17\ {,}5$$

$$T_m = T + Eq. = 21^h 00^m 37^s{,}5$$

Telle serait la valeur du temps moyen du lieu si la latitude était
exacte; comme le temps correspondant de Paris $T_{m_0} = 21^h 30^m 01^s$, on
en conclurait :

$$\psi = T_{m_0} - T_m = 0^h 29^m 23^s{,}5 = 7° 20' 53''.$$

En même temps que l'on a fait le calcul de T, on a dû déterminer
l'azimut A; $[\tfrac{1}{2} A] = 69° 09' 00$, d'où A $= 138° 18' 00''$. Cet azimut permet

d'obtenir de suite le coefficient $-\dfrac{\operatorname{cotg} A}{\cos \varphi}$ de $\Delta\varphi$ dans la relation

$$\Delta T = -\frac{\operatorname{cotg} A}{\cos \varphi_0}\, \Delta\varphi_0.$$

Dans le cas actuel $\operatorname{cotg} A$ est négatif, de sorte que $-\dfrac{\operatorname{cotg} A}{\cos \varphi_0}$ est une quantité positive

$$\log\left(-\frac{\operatorname{cotg} A}{\cos \varphi_0}\right) = 0{,}2\,277\,614.$$

La hauteur méridienne a donné pour latitude vraie à midi $47°46'$. D'ailleurs le point d'estime a appris que dans l'intervalle des deux observations le navire s'est déplacé

1° de 23 milles en latitude,
2° de 36 milles en longitude.

Il en résulte que la latitude vraie φ à l'époque de la première observation était égale à $\varphi = 47°46' + 23' = 48°09'$: or la latitude employée φ_0 était $48°21'$; il faudra en conclure

$$\Delta\varphi_0 = \varphi - \varphi_0 = -12'.$$

Il en résultera

$$\Delta T_0 = -\frac{\operatorname{cotg} A_0}{\cos \varphi_0}\, \Delta\varphi_0 = -20'20''$$

et ensuite

$$\psi = \psi_0 + \Delta\psi_0 = \psi_0 - \Delta T_0$$
$$= 7°20'53'' + 20'20'' = 7°41'00.$$

Ajoutant à ce résultat le déplacement en longitude jusqu'à midi, c'est-à-dire 36 milles, on trouvera

Longitude pour midi $=\ \ 8°17'00''.$
On a déjà trouvé : *Latitude pour midi* $= 47\ 46\ 00$.

Le point astronomique se trouve ainsi calculé.

On peut craindre que l'on ne se trompe sur les signes de $\Delta\varphi$ et de $\Delta\psi$. On évitera toute chance d'erreur si l'on applique aveuglément les relations suivantes, en tenant compte des signes particuliers des éléments suivant les règles ordinaires de l'algèbre :

$$\Delta\varphi_0 = \varphi - \varphi_0 = \textit{Lat. vraie.} - \textit{Lat. estimée}$$

$$\Delta T_0 = - \frac{\text{cotg } A_0}{\cos \varphi_0} \Delta\varphi_0,$$

$$\psi = \psi_0 - \Delta T_0 = \psi_0 + \frac{\text{cotg } A_0}{\cos \varphi_0} \Delta\varphi_0.$$

$\psi_0 = \textit{Longitude calculée pour l'époque de la première observation.}$

$$\textit{Longitude à midi} = \psi + \textit{Dépl}^t \textit{ en long.}$$

8. Calculer pour un lieu donné une observation de hauteur exécutée dans un autre lieu. — Ce problème se présente habituellement toutes les fois que, voulant faire le point au moyen de deux hauteurs extraméridiennes, on a observé le même astre à des époques différentes et que le navire a fait route dans l'intervalle des deux observations. (Voir pages 146 et suiv.). Il se résoudra toujours très simplement par la relation

$$h_2 = h_1 + s \cos(A - R) + \tfrac{1}{2} s^2 \text{ tg } h_1 \sin^2(A - R),$$

dans laquelle h_2 est la hauteur cherchée pour la deuxième station, h_1 la hauteur trouvée à la première, s le nombre de milles parcourus de la première station à la seconde, R la route suivie et A l'azimut de l'astre vu de la seconde station à l'époque de la première observation ; comme cet azimut n'est pas connu et que l'on ne peut le calculer qu'après coup, on pourra, sans inconvénient, prendre pour valeur de A l'azimut de l'astre obtenu au compas de relèvement lors de la première observation de hauteur.

Nous ne donnons pas ici d'exemple : on en trouvera dans le paragraphe suivant.

9. Calcul du point astronomique avec deux hauteurs extraméridiennes par la méthode des hauteurs. — Nous supposerons pour fixer les idées que les observations ont été faites le matin : on en conclura aisément la règle pour deux positions quelconques. (Voir du reste pour les développements à ce sujet p. 204 et suiv.) On a fait une première observation de hauteur très loin du méridien, par exemple pour un angle horaire compris entre 3 heures et 4 heures. On a enregistré le temps T_1 du chronomètre à l'époque de l'observation, et puis calculé la déclinaison et l'équation du temps, et enfin réduit l'observation de hauteur. On fait route et l'on parcourt un certain nombre de milles ; environ 3 heures après la première observation, on mesure une seconde hauteur H_2, on la réduit et l'on note le temps T_2 du premier méridien au moyen du chronomètre. On ramène alors la première hauteur au lieu de la seconde et l'on fait avec la hauteur h_1 ainsi obtenue un calcul d'angle horaire. Si à l'angle horaire, résultat de ce calcul, on ajoute l'intervalle chronométrique des époques des deux observations, on obtiendra évidemment l'angle horaire de la seconde observation ; on fera avec cet angle horaire un calcul de hauteur et l'on trouvera une seconde hauteur h_2 qui ne devra différer en rien de la hauteur observée si les coordonnées estimées sont exactes. Toutes les fois qu'il y aura une différence entre les hauteurs, on posera :

$$\eta = \mathrm{H}_2 - h_2 = \textit{Hauteur observée.} - \textit{Hauteur calculée,}$$

et l'on en tirera pour corriger la latitude et l'angle horaire :

$$\Delta\varphi_0 = -\frac{\sin \mathrm{A}_1}{\sin (\mathrm{A}_2 - \mathrm{A}_1)}\,\eta\,; \qquad \Delta \mathrm{T}_0 = \frac{\cos \mathrm{A}_1}{\cos\varphi_0 \sin (\mathrm{A}_2 - \mathrm{A}_1)}\,\eta,$$

A_1 et $\mathrm{A}_2 =$ azimuts de l'astre à sa première puis à sa seconde position. $\varphi_0 =$ latitude estimée de la seconde station ; enfin pour cette station

$$\varphi = \varphi_0 + \Delta\varphi_0, \qquad \mathrm{T} = \mathrm{T}_0 + \Delta\mathrm{T}_0.$$

EXEMPLE. *Le 30 octobre 1878, à* $20^h 30^m 01^s$ *T. M. de Paris, par une latitude estimée* 48° 28′, *on a trouvé pour hauteur vraie du centre du Soleil* 10° 20′ 30″, *et pour azimut de ce même astre* 124° 45′; *on a fait* 30^m *à la route* R $=$ 225° (S. 45° O.), *et l'on a de nouveau, à l'époque* $23^h 30^m 01^s$ *T. M. de Paris, mesuré une hauteur* $\mathrm{H}_2 = 27° 04′ 30″$. *On demande le point pour l'époque de la seconde observation ?*

Le calcul se disposera de la manière suivante :

$$1^{re}\ \textit{Observation.} \ . \ . \left\{ \begin{array}{l} h = 10° 20′ 30″ \\ \delta = -14° 07′ 20″ \\ \mathrm{Eq} = -16^m 16^s,0 \end{array} \right.$$

Il faudra alors calculer la hauteur h_1 pour la deuxième station

$$h = 10° 20′ 30″; \quad \mathrm{S} = 30; \quad \mathrm{A} = 124° 45′; \quad \mathrm{R} = 225°;$$
$$\mathrm{A} - \mathrm{R} = -100° 15′ \quad \text{ou} \quad +100° 15′.$$

A $-$ R est compris entre 90° et 180°, de sorte que son cosinus est négatif.

$$h_1 = h - \mathrm{S} \cos 79° 45′ = h - 5′ 30″,$$
$$h_1 = 10° 15′ 00″.$$

On calculera le déplacement en latitude qui correspond au chemin parcouru S $=$ 30 milles, et l'on trouvera :

Latitude estimée de la seconde station $= 48°07'$.

Avec cette latitude, la hauteur $h_1 = 10°15'00$ et la déclinaison $-14°07'20''$ qui s'applique à l'époque $20^h30^m01^s$ (T. M. de Paris), on fera un calcul d'angle horaire. Les résultats de ce calcul seront

$$[T] = 56°15'40''; \quad A_1 = 124°58'.$$

Retranchant $3^h = (23^h30^m01 - 20^h30^m01^s)$ de la valeur tabulaire $[T]$ ainsi obtenue, on aura évidemment celle qui conviendrait à l'époque de la dernière observation.

$$[T] = 11°15'40''.$$

Avec cette valeur de $[T]$, la déclinaison $-14°09'50''$ qui convient à l'époque $23^h30^m01^s$ (T. M. de Paris), et la latitude estimée $48°07'$ calculons l'azimut et la hauteur; nous trouverons successivement

$$M = -14°25'50'', \quad A = 167°44'30'', \quad h_2 = 26°55'00.$$

La hauteur calculée h_2 diffère de la hauteur observée H_2

$$
\begin{aligned}
H_2 &= \quad 27°04'30'' \\
h_2 &= \quad 26°55'00 \\
\hline
\eta = (H_2 - h_2) = + &\quad 9'30'' \quad \text{ou} \quad 9',5
\end{aligned}
$$

Nous en conclurons que la latitude estimée et par suite le temps calculé sont affectés d'erreurs.

En prenant :

$$
\begin{aligned}
A_1 &= 124°58' \\
A_2 &= 167°45' \\
\hline
A_2 - A_1 &= \quad 42°47'
\end{aligned}
$$

d'où
et

$$\varphi_0 = 48°07',$$

on trouvera :

$$\Delta\varphi_0 = -\frac{\sin A_1}{\sin(A_2 - A_1)}\,\eta = -11'30'',$$

$$\Delta T_1 = +\frac{\cos A_1}{\cos\varphi_0 \sin(A_2 - A_1)}\,\eta = -48^s, \quad (\cos A_1 < 0).$$

d'où

$$\varphi = \varphi_0 + \Delta\varphi_0 = 48°07'00'' - 11'30'' = 47°55'30''.$$

L'angle horaire estimé était déterminé par la valeur tabulaire

$$(T) = 11^\text{h} 15' 40'',$$

d'où il résulte

$$
\begin{aligned}
\textit{Temps vrai correspondant} &= 23^\text{h} 14^\text{m} 57^\text{s},2 \\
\text{Eq} &= -\ 16\ \ 16\ \ ,2 \\
\hline
\textit{Temps moyen ou } T_0 &= 22^\text{h} 58^\text{m} 41^\text{s},0 \\
\Delta T_0 &= -\ 00\ \ 48\ \ ,0 \\
\hline
\textit{Temps moyen du lieu} &= 22^\text{h} 57^\text{m} 53^\text{s},0 \\
\textit{Temps moyen de Paris} &= 23\ \ 30\ \ 01\ \ ,0 \\
\hline
\textit{Longitude du lieu ou } \psi &= 00^\text{h} 32^\text{m} 08^\text{s},0 \\
&= 8° 02'
\end{aligned}
$$

Les coordonnées du lieu se trouveront ainsi calculées pour l'époque $24^\text{h} 30^\text{m} 01^\text{s}$ (T. M. de Paris); elles peuvent être regardées comme exactes à un demi-mille près.

10. Calcul du point astronomique avec deux hauteurs extraméridiennes par la méthode des latitudes. — Environ 1 heure ou $1^\text{h} 30$ avant le passage au méridien, on fait une observation de hauteur; on note l'heure temps moyen de Paris et l'on détermine les éléments de la *Connaissance des Temps* pour cette époque. On fait route; 1 heure ou $1^\text{h} 30$ après le passage au méridien, on prend une seconde hauteur h_2 et l'on note le temps moyen de Paris et les éléments de la *Connaissance des Temps*.

On ramène la première hauteur à la seconde station et avec la hauteur h_1 ainsi obtenue on fait un calcul de latitude en se servant du temps moyen estimé ou de la longitude estimée du lieu; on fait un second calcul de latitude avec la hauteur h_2 et la longitude estimée; soient φ_1, φ_2 les deux latitudes; toutes les fois que ces deux latitudes présenteront entre elles une différence quelconque, les coordonnées estimées doivent subir une correction. Soit :

$$\sigma = \varphi_2 - \varphi_1 = \textit{Latitude obtenue avec } h_2 - \textit{Latitude obtenue avec } h_1,$$

$$\Delta\varphi_1 = -\ \frac{\sin A_1 \cos A_2}{\sin(A_2 - A_1)}\ \sigma, \qquad \Delta\varphi_2 = -\ \frac{\sin A_2 \cos A_1}{\sin(A_2 - A_1)}\ \sigma,$$

$$\Delta T_0 = +\ \frac{\cos A_1 \cos A_2}{\cos\varphi \sin(A_2 - A_1)}\ \sigma,$$

$A_1 = $ Azimut relatif à la première observation (h_1),

$A_2 = $ Azimut relatif à la seconde (h_2).

Finalement :

$$\varphi = \varphi_1 + \Delta\varphi_1, \qquad \varphi = \varphi_2 + \Delta\varphi_2, \qquad T = T_0 + \Delta T_0,$$

Cette méthode se présenterait sous une forme extrêmement simple si les différents termes des développements que nous avons donnés dans la théorie des circumméridiennes étaient mis en tables; or, la chose est fort possible et l'on pourra reconnaître que ces tables pourront être applicables dans un très grand nombre de cas.

Nous avons trouvé pour le cas de l'observateur faisant face au Nord

$$\varphi = \delta - z + \mathrm{P}\sin^2\tfrac{1}{2}\mathrm{T} - (p - q)\mathrm{P}^2\sin^4\tfrac{1}{2}\mathrm{T}$$
$$+ \,[(p - q)(p - 2q) - \tfrac{1}{3}]\mathrm{P}^3\sin^6\tfrac{1}{2}\mathrm{T},$$

et pour celui de l'observateur, face au Sud

$$\varphi = \delta + z - \mathrm{P}\sin^2\tfrac{1}{2}\mathrm{T} - (p + q)\mathrm{P}^2\sin^4\tfrac{1}{2}\mathrm{T}$$
$$- \,[(p + q)(p + 2q) - \tfrac{1}{3}]\mathrm{P}^3\sin^6\tfrac{1}{2}\mathrm{T}.$$

Imaginons que l'on appelle A, B, C ou A′, B′, C′ les termes de divers ordres du second membre, nous aurons pour calculer la latitude :

$$\varphi = \delta - z + \mathrm{A} - \mathrm{B} + \mathrm{C},$$
$$\varphi = \delta + z - \mathrm{A}' - \mathrm{B}' - \mathrm{C}'.$$

Les nombres A, B, C ou A′, B′, C′ résulteront de l'usage des tables et la latitude s'obtiendra par simple addition. Il n'est pas nécessaire d'insister davantage pour comprendre tout l'intérêt que présente la méthode des latitudes dans de pareilles conditions. Comme les corrections peuvent se calculer avec des tables spéciales, on en arrivera à déterminer très vite la latitude et la longitude sans aucun calcul logarithmique. Remarquons, d'un autre côté, que si les deux hauteurs sont correspondantes, ou à peu près, les corrections seront rigoureuses, les termes du deuxième ordre s'annulant d'eux-mêmes.

Exemple. *Le 30 octobre 1878, à 23ʰ00ᵐ01ˢ, T. M. de Paris, on a observé une hauteur de Soleil qui, toutes réductions faites, a été trouvée égale à 25°37′30″; l'azimut a été observé ou calculé 159°15′; on a fait route et l'on a parcouru 30 milles à la route 225° ou S. 45°; on a alors observé une seconde hauteur du Soleil et l'on a trouvé à l'époque 2ʰ00ᵐ01ˢ, T. M. de Paris, $h_2 = 24°05′10′$. On demande le point pour la seconde station sachant que la longitude a été estimée 8°44′00″ ou 34ᵐ56ˢ.*

On rapportera d'abord la première observation à la seconde station :

$$h_1 = h + \mathrm{S}\cos(\mathrm{A} - \mathrm{R});$$
$$\mathrm{S} = 30', \quad \mathrm{A} - \mathrm{R} = 159°15' - 225° = -65°45';$$
$$\mathrm{S}\cos(\mathrm{A} - \mathrm{R}) = +12';$$
$$h_1 = 25°37'30 + 12' = 25°49'30.$$

Pour l'époque $23^h 00^m 01^s$ T. M. de Paris, la *Connaissance des Temps* donnera :

$$\delta = -14°09'40'';$$
$$\mathrm{Eq} = 16^m 16^s,1.$$

Avec la longitude estimée, on en conclura pour valeur estimée de l'angle horaire

$$(\mathrm{T}) = 19°39'40''.$$

Avec δ, T et h_1, on fera un calcul de latitude en employant, soit le système de formules (a), soit le système (b).

Les résultats seront :

$$\varphi_1 = 47°33'30'', \quad \mathrm{A}_1 = 158°45'.$$

On fera le même calcul pour l'époque de la 2° observation, $2^h 00^m 01^s$, T. M. de Paris. Les éléments à employer seront :

$$\delta = -14°11'50''$$
$$\mathrm{Eq} = -16^m 16^s,5$$
$$\mathrm{T} = \quad 25°20'40''$$

Les résultats du calcul de latitude ont été trouvés :

$$\varphi_2 = 47°42'40'' \qquad \mathrm{A}_2 = 207°02'.$$

Comparant les deux valeurs de latitude obtenues :

$$\varphi_2 = \quad 47°42'40''$$
$$\varphi_1 = \quad 47\ 33\ 30$$
$$\overline{\varphi_2 - \varphi_1 = \sigma = + \quad 9'10''}$$

Ces deux valeurs sont différentes ; il faut en conclure que la longitude estimée est erronée ; appliquant les formules de correction

$$\Delta\varphi_1 = -\frac{\sin \mathrm{A}_1 \cos \mathrm{A}_2}{\sin(\mathrm{A}_2 - \mathrm{A}_1)}\,\sigma = +\ 4'00''$$

$$\Delta\varphi_2 = -\frac{\sin \mathrm{A}_2 \cos \mathrm{A}_1}{\sin(\mathrm{A}_2 - \mathrm{A}_1)}\,\sigma = -\ 5'10''$$

$$\Delta\mathrm{T} = +\frac{\cos \mathrm{A}_1 \cos \mathrm{A}_2}{\cos\varphi \sin(\mathrm{A}_2 - \mathrm{A}_1)}\,\sigma = +15'00''.$$

$$\varphi = \varphi_1 + \Delta\varphi_1 = 47°37'30''$$
$$\varphi = \varphi_2 + \Delta\varphi_2 = 47\ 37\ 30$$
$$T = 25°20'30'' + 15' = 25°35'30'',$$
$$\psi = longit.\ estim.\quad \text{ou}\quad 8°44'00 - 15' = 8°29'00.$$

Telles seront les coordonnées; elles sont exactes à 10'' près.

Ce calcul ne présente aucune difficulté et il est toujours d'une très grande précision. Il faut seulement prendre garde dans le calcul des corrections de se tromper sur les signes des lignes trigonométriques des azimuts : il suffit, pour cela, de tenir compte avec soin de la véritable grandeur de l'azimut; aucune erreur n'est alors possible. Dans l'exemple qui vient d'être traité A_1 est compris entre 90° et 180°, de sorte que $\sin A_1 > 0$ et $\cos A_1 < 0$, A_2 est compris entre 180° et 270° d'où il résulte $\sin A_2 < 0$ et $\cos A_2 < 0$.

Nous avons dit précédemment que la mise en tables des termes du développement en séries que nous avons fait connaître pouvait simplifier considérablement l'application de la méthode des latitudes à la détermination du point. Il est facile de s'en rendre compte sur l'exemple qui vient d'être traité. Supposons, en effet, que les nombres A, B, C soient fournis par des tables, le calcul se présentera de la manière suivante :

1re OBSERVATION.	2e OBSERVATION.
$z = 64°10'30''$	$z = 65°54'50''$
$\delta = -14\ 09\ 40$	$\delta = -14\ 11\ 50$
Nombre $A = -2\ 18\ 40$	Nombre $A = -3\ 37\ 40$
Nombre $B = -0\ 08\ 00$	Nombre $B = -0\ 20\ 30$
Nombre $C = -0\ 00\ 30$	Nombre $C = -0\ 2\ 00$
$\varphi_1 = 47°33'40$	$\varphi_2 = 47°42'50''$

D'où

$$\sigma = \varphi_2 - \varphi_1 = 9'10''.$$

Au moyen des formules de correction on calculera ensuite $\Delta\varphi_1$, $\Delta\varphi_2$, ΔT. Il est à remarquer que ces formules ne renfermant que des sinus ou des cosinus et les corrections à déterminer ne représentant jamais qu'un petit nombre de milles, le calcul des résultats peut toujours s'effectuer avec une exactitude suffisante avec des tables fournissant à vue les produits $a\sin x$ ou $a\cos x$, par exemple avec les tables destinées au calcul du point d'estime.

CHAPITRE III.

CALCUL DE L'AZIMUT. — RÉGULATION DES COMPAS.

1. Calcul de l'azimut et de la variation des compas. —
L'azimut d'un astre peut se calculer immédiatement au moyen de la
hauteur observée de cet astre; soit, en remplaçant la hauteur par le
complément de la distance zénithale z ($h = 90° - z$) : $2s = z + \delta + \varphi$,
l'azimut est donné par la formule

$$\operatorname{tg} \tfrac{1}{2} A = \sqrt{\frac{\sin(s-\delta)\cos s}{\cos(s-z)(\sin s - \varphi)}}.$$

$\operatorname{tg} \tfrac{1}{2} A$ aura le signe $+$ si l'astre est placé dans l'Est et le signe $-$ s'il
se trouve dans l'Ouest : dans le premier cas la valeur tabulaire sera
la valeur absolue, dans le second elle sera remplacée par son supplément.

Le calcul numérique de $\operatorname{tg} \tfrac{1}{2} A$ est identique à celui qui a été fait
pour l'angle horaire : aussi il n'y a pas lieu d'en donner un nouvel
exemple.

Dans la pratique il n'arrive pour ainsi dire jamais que l'on ait à exécuter le calcul qui vient d'être indiqué : quand on mesure une hauteur,
on a généralement pour objectif un calcul de temps ou de latitude :
la détermination de l'azimut résulte incidemment de ce calcul qui est
toujours le principal. Si, par exemple, on a voulu obtenir un angle
horaire, on aura, en se servant des éléments du calcul,

$$\operatorname{cotg} \tfrac{1}{2} A = \pm \frac{\cos(s-z)}{\sin(s-\delta)} \operatorname{tg} \tfrac{1}{2} T.$$

Si l'on s'est proposé de déterminer une latitude par une hauteur
prise en dehors du méridien, l'azimut est un élément qu'il est indispensable de calculer pour avoir la latitude, soit que l'on se serve du
système de formules (a), soit que l'on se serve du système (b).

Le calcul d'azimut qui est susceptible de se présenter le plus fréquemment est en réalité le suivant :

On connaît avec une approximation suffisante les coordonnées du lieu où l'on se trouve et l'on veut obtenir immédiatement l'azimut d'un astre qui peut être le Soleil, la Lune ou une étoile sans avoir besoin de recourir à une observation de hauteur. Dans ce cas le calcul de l'azimut résultera de celui des deux relations

$$\operatorname{tg} M = \frac{\operatorname{tg} \delta}{\cos T}; \quad \operatorname{tg} A = \frac{\operatorname{tg} T \cos M}{\sin (\varphi - M)},$$

dans lesquelles :

    M = angle auxiliaire positif ou négatif, mais toujours moindre que 90° en valeur absolue ;
    δ = déclinaison de l'astre ;
    T = angle horaire de l'astre ;
    φ = latitude astronomique du lieu.

L'angle horaire T a besoin d'être calculé préalablement au moyen du temps moyen T_m du lieu.

Dans le cas du Soleil :

$$T = T_m - Eq.$$

Dans le cas d'un astre quelconque

$$T = T_m - (\alpha - \alpha_m),$$

Eq. étant l'équation du temps, α l'ascension droite de l'astre et α_m l'ascension droite moyenne du Soleil pour l'époque considérée.

Cela posé, le calcul numérique des deux formules ci-dessus ne présentera aucune difficulté ; mais il faudra tenir compte des signes avec la plus grande attention. Il y a lieu de remarquer en effet que les diverses lignes trigonométriques qui entrent dans ces formules peuvent toutes être positives ou négatives et que le signe de $\operatorname{tg} A$ résulte finalement de la combinaison de leurs différents signes.

Quant à la valeur absolue de l'azimut cherché A, elle se déduira de la valeure tabulaire $[A]$ d'après le tableau suivant :

1° $\operatorname{tg} A = +$ $\begin{cases} A = [A] \text{ si l'astre est dans l'Est ;} \\ A = 180° + [A] \text{ si l'astre est dans l'Ouest.} \end{cases}$

2° $\operatorname{tg} A = -$ $\begin{cases} A = 180° - [A] \text{ si l'astre est dans l'Est ;} \\ A = 360° - [A] \text{ si l'astre est dans l'Ouest.} \end{cases}$

EXEMPLE. — *Le 13 juin 1878, dans un lieu situé par 10° de latitude Sud et 40° de longitude Est* (21ʰ20ᵐ), *on propose de déterminer l'azimut de l'Étoile α du Scorpion pour l'époque* 10ʰ30ᵐ *T. M. de Paris ou* 13ʰ10ᵐ *T. M. du lieu.*

On trouvera dans la *Connaissance des Temps* :

$$\textit{Déclinaison de l'Étoile ou} \quad \delta = -26°\,09'\,50''$$

$$\textit{Ascension droite de l'Étoile ou} \quad \alpha = 16ʰ\,21ᵐ\,59ˢ,55$$

$$\textit{Ascension droite moyenne ou} \quad \alpha_m = 5\quad 28\quad 21\quad 28$$

$$\alpha - \alpha_m = 10\quad 53\quad 28\quad 27$$

$$\textit{Temps moyen ou } T_m = 13\quad 10\quad 00\quad 00$$

$$\textit{Angle horaire } T = T_m - (\alpha - \alpha_m) = 2ʰ\,16ᵐ\,21ˢ\,73''$$
$$= 34°\,05'\,30''$$

Cela posé, on procédera au calcul numérique de A.

$$\log \text{tg}\,\delta = 9,691\,3235$$
$$\text{et } \log \cos T = 0,081\,8953$$
$$\overline{\log \text{tg}\,M = 9,773\,2188}$$
$$M = -30°\,40'\,40''$$
$$\varphi = -10\quad 00\quad 00$$
$$\varphi - M = +20\quad 40\quad 40$$

$$\log \text{tg}\,T = 9,830\,4863$$
$$\log \cos M = 9,934\,5238$$
$$\text{et } \log \sin (\varphi - M) = 0,452\,0875$$
$$\overline{\log \text{tg}\,A = 0,217\,0976}$$
$$[A] = 58°\,45'\,30''$$
$$A = 238°\,45'\,30''$$

Il résulte de la valeur de l'angle horaire que l'astre se trouve placé dans l'Ouest ; comme tg A a le signe $+$, la valeur tabulaire doit être augmentée de 180° : A = 180° + [A].

Dans la pratique ordinaire de la navigation, il arrive bien rarement que l'on ait besoin de connaître la valeur d'un azimut avec une approximation plus grande que 15 ou 20 minutes : cela tient à ce que les compas dont on se sert à bord ne permettent pas de mesurer un angle avec une précision plus grande, à cause des imperfections de leur construction. Il est généralement suffisant de connaître un azimut à 20 ou 30 minutes près : dans de pareilles conditions, il est tout à fait superflu de faire un calcul numérique d'une certaine précision. Il est plus court et tout aussi exact de prendre l'azimut cherché dans les tables particulières qui donnent les azimuts avec la déclinaison et l'angle horaire pour arguments. Nous avons déjà parlé des Tables d'azimut de M. Labrosse qui sont aujourd'hui fort répandues ; nous citerons encore celles de M. Perrin qui sont d'un volume plus restreint que celles de M. Labrosse, bien que tout aussi complètes, et par suite d'un usage plus commode.

Toutes les fois que l'on aura déterminé l'azimut d'un astre à une époque quelconque, on aura dû en même temps observer ou faire observer au compas principal le relèvement ou azimut magnétique de cet astre, de manière à pouvoir conclure ultérieurement la valeur de la variation du compas. Nous avons déjà dit, qu'en principe, toute observation de hauteur, qu'elle soit destinée à un calcul d'angle horaire ou qu'elle ait pour objet une mesure de latitude, doit avoir incidemment pour conséquence une détermination de l'azimut; il en résulte que, si l'on veut tirer parti de ce résultat pour la mesure de la variation, il faut avoir soin de faire relever l'astre observé au compas chaque fois que l'on exécute une mesure de hauteur.

Soit maintenant Az l'azimut astronomique calculé à la suite de l'observation ou en général déterminé d'une manière quelconque à une certaine époque; soit Az_m l'azimut magnétique ou relèvement de l'astre observé au compas à la même époque; si l'on appelle V la variation du compas, cette variation résultera, dans tous les cas, de la relation fondamentale

$$Az = Az_m + V,$$

d'où

$$V = Az - Az_m;$$

$Az =$ Azimut astronomique calculé, cet azimut étant compté de 0° à 360° à partir du Nord géographique ou Nord astronomique pris pour origine;

$Az_m =$ Azimut magnétique observé au compas, cet azimut étant compté comme le précédent de 0° à 360°, mais à partir du Nord du compas pris ponr origine.

V sera positif, si $Az - Az_m > 0$, et négatif, si $Az - Az_m < 0$.

La variation ainsi déterminée, en grandeur et en signe, sera appliquée telle quelle pour établir la route au compas R_m quand on connaîtra la route sur la carte R_g ou inversement

$$R_g = R_m + V.$$

Ainsi que nous avons eu l'occasion de le remarquer ailleurs, la quantité V, que nous appelons la *Variation du compas*, est, en réalité, la somme algébrique de deux autres quantités : D la déclinaison de l'aiguille aimantée due à la force magnétique terrestre et δ la déviation du compas causée par l'attraction locale du bord,

$$V = D + \delta.$$

Les quantités D et δ varient l'une et l'autre avec les positions géographiques; δ dépend, en outre, essentiellement du cap du navire. Les mouvements de D et δ, qui résultent du déplacement du navire, sont, en général, assez faibles pour qu'il n'y ait pas lieu de s'en préoccuper pendant un certain laps de temps, sauf certains cas particuliers dont nous dirons quelques mots tout à l'heure; mais δ est susceptible de varier d'une manière très-sensible toutes les fois que la route vient à être changée. Il importe alors de calculer la variation V quand le navire a déjà le cap à la route que l'on veut suivre; cette remarque est fort importante et il est bon de ne jamais l'oublier, sous peine de s'exposer quelquefois à des erreurs de plusieurs degrés.

2. Vérification continue de la route au compas. — Aussi longtemps que la variation V conservera la valeur qui lui a été attribuée par les observations astrononomiques, on pourra être sûr que la route au compas du navire correspondra exactement à la route tracée sur la carte. Toutes les fois qu'un navire se trouve dans des parages suffisamment éloignés des pôles magnétiques et, en outre, navigue bien au large des terres, la variation du compas n'y éprouve que des modifications fort lentes et toujours très régulières; à la condition de changer légèrement la variation une ou deux fois en vingt-quatre heures suivant la vitesse du navire, il sera permis, en général, d'avoir une confiance absolue dans les indications du compas et, par suite, de naviguer en toute sécurité.

Dans le voisinage des pôles magnétiques, l'expérience montre que l'usage des compas à bord est toujours des plus délicats; cela tient à ce que la déclinaison varie très-rapidement et que, en outre, les aiguilles aimantées soumises à des attractions magnétiques des plus intenses deviennent d'une sensibilité exagérée. Il est douteux, dans ce cas particulier, que la théorie ordinaire de la déviation soit suffisamment exacte et qu'il soit permis d'en appliquer les résultats. Quand le navire se trouve près des terres, à moins d'un mille, par exemple, il devient extrêmement difficile de se servir des indications des compas; sur les rades ou dans les golfes, il n'y faut pas compter : les aiguilles sont, pour ainsi dire, affolées sur leurs pivots et ne paraissent obéir à aucune loi régulière. Toutes les fois que l'on fait route à une certaine distance des côtes, il est possible de gouverner; mais alors il est indispensable de mesurer la variation presque constamment, cet élément se modifiant sans cesse et pouvant prendre même des proportions inattendues. Nous devons dire maintenant que si l'on est appelé à naviguer près des pôles, on sera par le fait toujours averti d'avance, de sorte que l'on pourra prendre préalablement toutes les précautions indiquées par l'expérience et enfin quand le moment sera venu, mesurer fréquemment la variation et contrôler sa route d'une manière incessante.

Au large et loin des côtes, il n'est généralement pas utile d'exercer sur le compas une surveillance exagérée ; deux ou trois variations suffisent presque toujours dans l'espace de vingt-quatre heures pour donner toutes les garanties désirables. Si quelque perturbation venait à se produire, on ne manquerait pas d'en être averti en faisant le point le lendemain ; on pourrait alors en chercher la cause et y remédier ; mais dans tous les cas, il ne saurait en résulter d'accidents graves pour le navire.

Quand on navigue près des côtes, il n'en est plus ainsi : l'expérience a démontré que dans ce cas, en particulier à bord des bâtiments en fer, la variation se modifie quelquefois à l'improviste d'une manière considérable ; la véritable cause de ce phénomène n'est pas bien connue ; elle peut tenir à une perturbation locale aussi bien qu'à une altération de la déviation des compas, peut-être même et très probablement à ces deux motifs réunis. Quoi qu'il en soit, le fait existe et il peut en résulter pour les navigateur les dangers les plus sérieux. Si en effet la variation vient à se modifier brusquement sans que l'on s'en aperçoive, le navire ne suivra plus la route tracée sur la carte, et comme il se trouve près des côtes, il pourra courir bien vite à une perte certaine.

Le danger que nous venons de signaler est un des plus graves que l'on rencontre dans la navigation. Ce danger ne sera toutefois réel que pendant la nuit ; le jour il arrivera généralement que les relèvements observés indiquront que la variation employée est mauvaise ; l'attention sera alors éveillée et l'on ne manquera pas de constater que le compas se trouve momentanément soumis à quelque perturbation. Or, à partir du moment où l'on aura été averti, on se tiendra sur ses gardes, et par le fait le danger n'existera plus. La nuit, pour reconnaître si un mouvement inusité vient à altérer la variation du compas, il sera indispensable de contrôler cette variation au moins toutes les heures et même plus souvent si cela paraît nécessaire. Dans ce but, on observera des relèvements d'étoiles et on les comparera à ceux que l'on a calculés avec une table d'azimut en prenant pour variation du compas celle qui a servi à établir la route du navire. Un autre moyen tout aussi commode consiste à observer les passages au méridien d'un certain nombre d'étoiles circumpolaires. Quand 'un astre passe au méridien, son azimut est 0° ou 180°, de sorte que dans la relation $Az = Az_m + V$, $Az = 0$ ou $180°$, et l'azimut magnétique estimé par rapport au point cardinal le plus voisin est égal et de signe contraire à la variation.

Le calcul de l'heure du passage d'une étoile au méridien est toujours des plus élémentaires. En appelant T_m le temps moyen du lieu, T l'angle horaire de l'étoile, α son ascension droite et α_m l'ascension droite moyenne du Soleil, on a, en général,

$$T_m = T + (\alpha - \alpha_m).$$

Or pour le passage au méridien $T = 0$, de sorte que

$$\alpha = T_m + \alpha_m,$$

ayant pris des temps T_m échelonnés par exemple d'heure en heure et formé la somme $T_m + \alpha_m$, on aura les valeurs des ascensions droites d'étoiles qui passent au méridien à ces temps T_m; cherchant ces valeurs dans la *Connaissance des Temps*, on trouvera les noms des étoiles elles-mêmes. Le plus souvent on ne rencontrera pas des valeurs identiques à celles que l'on a calculées; d'un autre côté, on doit choisir autant que possible des étoiles remarquables faciles à reconnaître : on prendra alors les étoiles dont les ascensions droites se rapprochent le plus des valeurs calculées, et l'on fera, au besoin, subir une petite correction au temps T_m pour avoir aussi exactement que possible l'heure du passage au méridien. (Voir un calcul de ce genre, p. 100.)

La montre du bord étant habituellement réglée sur le temps vrai, il peut y avoir intérêt à déterminer en temps vrai l'heure du passage au méridien. On corrigera alors le résultat précédent de l'équation du temps.

Dans le but de créer un contrôle régulier de la variation du compas qui permette de constater immédiatement tous les mouvements extra-ordinaires qui peuvent se produire, il est bien facile d'établir à bord des navires une mesure d'ordre générale qui soit d'une application facile et qui, en même temps, ne complique pas beaucoup le travail ordinaire des calculs astronomiques. Sur les grands navires, le compas principal est habituellement sous la surveillance directe d'un timonier expérimenté chargé à peu près uniquement de faire gouverner en route. A bord des bâtiments de guerre, c'est un sous-officier de timonerie qui est au compas principal : il ne doit pas le perdre de vue, et il est tenu de s'assurer d'une manière incessante que le navire est bien en route. Ce ne sera pas compliquer le travail du timonier chargé du compas que d'exiger qu'en dehors de son service de surveillance, il prenne d'heure en heure et plus souvent, s'il y a lieu, soit le relèvement du Soleil, soit celui d'une étoile, ou à des époques calculées d'avance les relèvements d'étoiles déterminées au moment de leur passage au méridien. L'officier chargé des montres à bord pourra, le matin et le soir, inscrire sur un tableau particulier les relèvements qu'il aura calculés, en tenant compte de la variation employée et les époques correspondantes; il donnera ce tableau au timonier, qui devra, de son côté, observer aux heures indiquées et inscrire le relèvement qu'il aura observé en regard du relèvement calculé. Toutes les fois qu'un écart notable viendra à se produire entre le résultat calculé et l'observation, il est certain que la variation aura subi une modification importante. Le sous-officier informera immédiatement l'officier de quart de l'anomalie qu'il vient de constater. A partir de ce moment, on sera averti. On exercera une surveillance plus attentive sur le compas, et l'on changera la route en temps opportun.

3. Régulation du compas en rade ou calcul des cinq constantes fondamentales. — La déviation du compas pour un cap quelconque étant déterminée quand on connaît ce que nous avons appelé les cinq constantes fondamentales, on peut dire qu'un compas se trouve entièrement réglé quand ces constantes sont données. D'après cela, l'opération que l'on appelle la *Régulation des compas* d'un navire doit être regardée comme ayant pour objet essentiel la mesure des éléments nécessaires au calcul de ces constantes; c'est uniquement à ce point de vue que nous l'envisageons ici.

Dans les ports les plus importants ou sur les rades qui les avoisinent, il existe habituellement un point fixé par une bouée par rapport auquel on a déterminé avec soin, en se servant de la déclinaison locale de l'aiguille aimantée, les relèvements magnétiques d'un certain nombre de points remarquables, ou même les directions exactes des points cardinaux magnétiques. Un navire qui veut régler ses compas vient se placer sur la bouée, et au moyen d'amarres convenablement élongées, évite successivement à différents caps, de manière à faire le tour de la rose; pour chaque cap auquel on maintient le navire stationnaire, on note simultanément et le cap du navire et le cap magnétique correspondant, d'où un ensemble d'observations pouvant servir, soit à établir une table des déviations, soit à calculer les constantes fondamentales.

Nous conseillerons de procéder de la manière suivante dans le but de calculer les constantes avec toute la précision désirable :

On fera éviter le navire successivement au Nord, à l'Est, au Sud et à l'Ouest du compas, et l'on observera les caps magnétiques (ζ) correspondants que nous appellerons N_0, E_0, S_0, O_0; ces observations devront être faites avec tout le soin possible : dans ce but il sera bon, en agissant convenablement sur les amarres, de réitérer les observations après avoir fait osciller le cap du navire tantôt dans un sens, tantôt dans un autre. En faisant évoluer successivement le navire, on exécutera les mêmes observations à divers caps intermédiaires dans le but d'obtenir accessoirement une table complète des déviations comme résultat de l'opération; mais on s'attachera particulièrement à observer aux caps N.-E., S.-E., S.-O, et N.-O. du compas pour déterminer la constante η. Toutes ces observations n'ont évidemment pas besoin d'être exécutées avec le même soin : ce sont surtout celles qui ont pour conséquences le calcul des constantes qui doivent être faites avec toute l'exactitude possible.

Cela posé, les quatre constantes α, ε, β, γ seront données par les relations :

$$\alpha = 90° - \tfrac{1}{2}(N_0 + S_0)$$
$$\varepsilon = 180° - \tfrac{1}{2}(E_0 + O_0)$$
$$\beta = \tfrac{1}{2}(O_0 - E_0)$$
$$\gamma = \tfrac{1}{2}(S_0 - N_0) - 90°$$

N_0, E_0, S_0 et O_0 sont toujours comptés de 0° à 360° dans le sens ordinaire ; toutefois N_0 peut être pris négativement si on le juge plus commode dans le cas où, ainsi compté, il serait plus grand que 360°.

La valeur de la constante η sera donnée par la formule

$$\cot g\, \eta = \frac{\cos N \cos (N - \beta)}{\sin M \cos (M - \gamma)},$$

dans laquelle

$$N = \tfrac{1}{2}(\zeta + \alpha + \gamma) \quad \text{et} \quad M = \tfrac{1}{2}(\zeta + \varepsilon + \beta);$$

ζ étant le cap magnétique du compas qui correspond à l'un des points N.-E., S.-E., S.-O. et N.-O.; ordinairement on fait le calcul pour ces quatre points séparément, et l'on prend pour valeur de η la moyenne des quatre résultats.

EXEMPLE. *On a observé successivement :*

$N_0 = -13°\,30'$; $E_0 = 76°\,45'$; $S_0 = 209°\,45'$; $O_0 = 278°\,15'$;

$N_0 E_0 = 34°\,15'$; $S_0 E_0 = 132°\,15'$; $S_0 O_0 = 254°\,10'$; $N_0 O_0 = 303°\,35'$.

Calculer les cinq constantes.

On trouvera :

$$\alpha = 90° - \tfrac{1}{2}(N_0 + S_0) = -\ 8°\,10'$$
$$\varepsilon = 180° - \tfrac{1}{2}(E_0 + O_0) = +\ 2\quad 30$$
$$\beta = \tfrac{1}{2}(O_0 - E_0) \qquad = \quad 100\quad 45$$
$$\gamma = \tfrac{1}{2}(S_0 - N_0) - 90° = \quad 21\quad 40$$
$$\eta = \ldots\ldots\ldots\ldots = \quad 53\quad 10$$

Le compas est ainsi réglé aussi complétement que possible : on se trouve en effet avoir établi directement une table des déviations et calculé les cinq constantes fondamentales.

Toutes les observations destinées à la régulation des compas doivent être faites directement sur le *compas principal* ou *compas-étalon*, celui dont l'installation a dû être l'objet d'une attention toute spéciale, à l'armement du navire, et le seul qui se trouve toujours indépendant de tout barreau compensateur. Les autres compas sont réglés par comparaison sur le compas principal.

Le compas ayant été réglé, le calcul des routes ou des relèvements est toujours une opération des plus élémentaires, soit que l'on se serve de la table des déviations, soit que l'on préfère employer les constantes.

Avec la table des déviations, on aura dans tous les cas :

$$R_m = R'_m + \delta$$

$R_m\ (\zeta) = $ *Route ou relèvement magnétique.*

$R'_m\ (\zeta') = $ *Route ou relèvement au compas*

$\delta \quad\quad = $ *Déviation correspondante.*

Les routes ou les relèvements se comptent toujours suivant la convention habituelle de 0° à 360°.

Dans le cas des relèvements, il ne faut jamais oublier que l'on doit prendre pour δ la déviation qui convient au cap du navire au moment de l'observation.

Quand on voudra se servir des constantes, on devra appliquer la formule :

$$\operatorname{tg} R'_m = \operatorname{cotg} \eta \, \frac{\sin (R_m + \alpha) + \sin \gamma}{\cos (R_m + \varepsilon) + \cos \beta},$$

ou en posant

$$2M = R_m + \alpha + \gamma; \quad\quad 2N = R_m + \varepsilon + \beta$$

$$\operatorname{tg} R'_m = \operatorname{cotg} \eta \, \frac{\sin M \cos (M - \gamma)}{\cos N \cos (N - \beta)}.$$

Ces calculs étant basés sur l'emploi de la route magnétique supposent la connaissance préalable de la déclinaison de l'aiguille aimantée.

En réalité, à la mer on se sert assez rarement de la table des déviations, ou des constantes, quand on se propose seulement de tracer la route. La variation qui est la somme algébrique de la déclinaison et de la déviation étant donnée directement par les observations astronomiques, on s'en sert pour corriger les routes ; mais il ne faut jamais oublier que la variation à employer dans ce cas est celle qui convient au cap du navire supposé en route : si l'on mesurait la variation pour un autre cap, on pourrait s'exposer à de graves erreurs, la déviation et par suite la variation se trouvant, avant tout, fonction de la route suivie.

Bien que l'on se serve de la variation d'une manière à peu près exclusive pour le tracé de la route, il n'en sera pas moins utile de comparer le résultat employé à celui qui serait donné par l'usage des constantes, et cela dans le but d'étudier la marche du compas. Toutes les fois que les deux résultats obtenus cesseront d'être d'accord, on sera à peu près certain que l'état du compas a varié, et que, selon toutes les probabilités, les constantes β, γ ont changé de valeur; ce sera toujours une indication précieuse dont on devra vérifier l'exactitude par des observations directes.

4. Régulation des compas à la mer. — Les constantes $\alpha, \varepsilon, \eta$ restant invariables, ou du moins ne subissant jamais que des variations à peu près insensibles, tandis que les constantes β et γ éprouvent, au contraire, des modifications quelquefois considérables avec les positions géographiques, la régulation des compas à la mer doit avoir pour unique objet la détermination de ces deux dernières constantes. Le problème sera toujours, des plus élémentaires : on fera évoluer successivement le navire de manière à le mettre en route aux deux caps cardinaux les plus voisins de la route que l'on suit, et on le maintiendra aussi exactement que possible, à chacun de ces caps, le temps nécessaire pour observer le Soleil ou tout autre astre que l'on aura choisi. Connaissant la déclinaison de l'aiguille aimantée (*) pour le lieu où l'on se trouve, on connaîtra la direction du Nord magnétique, et l'on possédera tous les éléments nécessaires pour calculer les deux constantes β et γ.

Les relations à employer seront, suivant les routes suivies :

$$
\begin{array}{ll}
\text{Route entre} & \begin{cases} \beta = 180° - (E_0 + \varepsilon) \\ \gamma = -(N_0 + \alpha) \end{cases} \qquad
\text{Route entre} \begin{cases} \beta = 180° - (E_0 + \varepsilon) \\ \gamma = S_0 + \alpha - 180° \end{cases} \\
\text{le N. et l'E.} & \qquad\qquad\qquad\qquad\qquad\quad \text{l'E. et le S.}
\end{array}
$$

$$
\begin{array}{ll}
\text{Route entre} \begin{cases} \beta = O_0 + \varepsilon - 180° \\ \gamma = S_0 + \alpha - 180° \end{cases} \qquad
\text{Route entre} \begin{cases} \beta = O_0 + \varepsilon - 180° \\ \gamma = -(N_0 + \alpha) \end{cases} \\
\text{le S. et l'O.} \qquad\qquad\qquad\qquad\qquad\quad \text{l'O. et le N.}
\end{array}
$$

Les quantités N_0, E_0, S_0, O_0 (ζ_m) résulteront de l'observation astronomique et de la valeur connue de la déclinaison

$$\zeta_m = \zeta'_m + \delta; \quad \zeta = \zeta'_m + V; \quad V = D + \delta.$$

EXEMPLE. *On fait route au S. 40° O.; régler les compas, sachant que l'on a déjà* $\alpha = +4°00'$; $\varepsilon = -5°10'$; $\eta = 53°30'$, *et que la déclinaison de l'aiguille aimantée, pour le lieu, est 19° N.-O.*

On fera d'abord évoluer le navire de manière à mettre le cap exactement au Sud du compas et l'on observera un astre, le Soleil par exem-

---

ple. Soit :

$$\text{\textit{Relèvement du Soleil}} \ \text{ ou } \ \zeta'_m = 267^\bullet \text{ (S. 87° O.).}$$

D'ailleurs le calcul, ou la table des azimuts, donne

$$\text{\textit{Azimut vrai du Soleil}} \ \text{ ou } \ \zeta = 214°15' \text{ (S. 34°15' O.).}$$

On en conclut

$$V = Az - Az_m = \zeta - \zeta'_m = -52°45'.$$

et comme la déclinaison est égale à $19°$ N_0 ou $-19°$,

$$V = D + \delta = -19° + \delta,$$

d'où

$$\delta = -33°45'.$$

Cette valeur de la déviation permettra de calculer le cap magnétique S_0 qui correspond au Sud du compas,

$$\zeta_m = \zeta'_m + \delta, \qquad S_0 = 180^\bullet - 33°45' = 146°15'.$$

On mettra ensuite le cap à l'Ouest du compas et l'on observera le Soleil : il en résultera par un calcul identique au précédent

$$O_0 = 286°50'.$$

Enfin des valeurs de S_0 et O_0 ainsi obtenues, on conclura les constantes cherchées

$$\beta = O_0 + \varepsilon - 180° = 286.50 - 5°10' - 180° = 101°40'$$
$$\gamma = S_0 + \alpha - 180° = 146°15' + 4°00' - 180° = -29°45'.$$

Les constantes β et γ se trouveront ainsi calculées.

Comme la connaissance de la variation suffit pour établir la route au compas, il est en général inutile de se préoccuper à la mer de la détermination journalière des constantes β et γ, à moins que l'on veuille étudier avec soin la marche du compas, ce qui, sans être d'une nécessité absolue, peut être au moins quelquefois d'une grande utilité ; mais toutes les fois que l'on arrive au mouillage et dans un lieu suffisamment éloigné du port où ont été réglés les compas, il devient indispensable de calculer les constantes β et γ avec tout le soin possible : on s'en sert ensuite pour construire une table complète des déviations.

5. Construction et usage de la table des déviations. — Quand les constantes de la déviation ont été établies par l'observation, la détermination de la déviation ($\delta = \zeta - \zeta'$), pour un cap quelconque, résulte immédiatement du calcul de la relation

$$\operatorname{tg} \zeta' = \operatorname{cotg} \eta \, \frac{\sin(\zeta + \alpha) + \sin \gamma}{\cos(\zeta + \varepsilon) + \cos \beta}$$

qui fait connaître le cap du compas en fonction du cap magnétique.

Par le fait, dans la pratique, toutes les fois que l'on a besoin de calculer plusieurs déviations, on est conduit à en dresser une table complète, c'est-à-dire à la déterminer pour les divisions principales de la circonférence, par exemple pour les trente-deux quarts de la rose. Dans de pareilles conditions l'établissement d'une table des déviations serait évidemment toujours un calcul assez pénible : on remplacera avantageusement ce calcul par l'usage d'un tracé graphique; l'application de l'ellipse de régulation de M. Fournier nous paraît à ce sujet éminemment pratique.

La construction et la graduation de l'ellipse de régulation dépendent uniquement des deux constantes α et ε; dans le cas où ces deux constantes sont très petites l'ellipse peut être regardée sans erreur sensible comme se confondant avec la circonférence.

D'un autre côté, la table polaire ($\operatorname{tg} \zeta' = \operatorname{cotg} \eta \, \operatorname{tg} \omega$) peut être calculée *à priori* avec la constante η.

Comme les constantes α, ε, η sont indépendantes des positions géographiques, il résulte de là que les éléments essentiels pour l'usage du tracé graphique de M. Fournier, ceux dont la construction demande un certain travail, peuvent être déterminés aussitôt après la régulation du compas dans le port, et appliqués ensuite sans modifications, quels que soient les parages où l'on se trouve.

Ayant donc construit et gradué l'ellipse ou la circonférence de régulation préalablement, on y placera le pôle de régulation aussitôt que l'on aura les constantes β et γ : mesurant alors divers angles polaires ω correspondant à autant de caps magnétiques ζ, on en conclura autant de valeurs de caps ζ', au moyen de la table polaire, et l'on construira ainsi, en quelques instants, une table complète des déviations.

La table des déviations est indispensable quand on arrive à l'atterrissage et surtout quand on se dirige vers le mouillage : il arrive alors en effet que l'on a besoin de prendre fréquemment des relèvements pour établir la position du navire, et en outre de relever certains points importants dans des directions déterminées pour changer de route à propos lorsque l'on se trouve dans le voisinage de quelque danger. Les routes aussi bien que les relèvements fournis par le compas doivent pouvoir être transformés rapidement en routes ou relèvements géographiques : il importe toujours, eu égard à la vitesse du navire, que cette opération se fasse très vite et très exactement : cela n'est possible qu'avec le secours d'une table complète des déviations.

Aujourd'hui, sur presque tous les bâtiments à vapeur, le compas principal est, par la force des choses, généralement assez éloigné du banc de commandement, de la passerelle où se place le capitaine ou l'officier qui commande la manœuvre; la passerelle est en effet sur l'avant, à proximité de la machine et dans le voisinage de la cheminée; le compas principal, qui doit se trouver le plus loin possible de cette partie du navire, est au contraire sur l'arrière à une distance plus ou moins grande. Il résulte de cette disposition qu'il est indispensable, pour l'exécution des manœuvres, d'établir tout d'abord avec un certain soin un système de correspondance bien entendu entre la passerelle et le compas principal, en particulier dans le cas où le navire gouverne pour se rendre au mouillage.

Un des meilleurs modes de procéder est le suivant: L'officier chargé des compas se place au compas principal, muni de la table des déviations, d'une feuille de papier et d'un crayon, et se tient prêt à répondre à toutes les questions qui lui seront adressées de la passerelle : *Où est le cap?... Dans quelle direction relève-t-on tel point?...,* etc. Il sera convenu que les réponses seront toujours faites en *routes ou relèvements géographiques :* l'officier qui est au compas transformera en conséquence rapidement les indications du compas au moyen des données de la table des déviations et de la valeur connue de la déclinaison pour le lieu, avant de formuler sa réponse. D'un autre côté, sur la passerelle, pour faciliter les opérations qui se font au compas principal, on devra toujours avertir quand on change de cap et quand on se trouve en route : on devra éviter surtout de venir sur un bord ou sur l'autre toutes les fois que l'officier du compas sera occupé à prendre un relèvement.

En adoptant en principe les dispositions précédentes ou d'autres plus particulières qui peuvent être suggérées par les aménagements du bâtiment, il ne sera pas bien difficile d'arriver à établir une entente parfaite entre la passerelle et le compas de relèvement : le capitaine sera alors certain de suivre exactement la route qu'il a tracée sur la carte et de se diriger vers le mouillage en pleine sécurité.

FIN DU SECOND VOLUME.

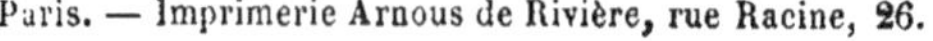

Paris. — Imprimerie Arnous de Rivière, rue Racine, 26.